위험물 산업기사

실기

은송기 저

다락원

머리말
Introduction

급진적인 화학산업의 성장과 경제 발전으로 위험물 제조 및 취급, 저장시설이 대규모화 되어 가고 있습니다. 따라서 각 산업체에서는 유능한 인재의 체계적인 운영과 대형사고의 방지를 위해 위험물 안전관리에 대한 필요성이 대두되고 있고, 위험물 자격증의 취득도 필수 요소로 인식되고 있습니다. 이에 본 저자는 위험물 산업기사 자격시험 합격을 위해 열심히 공부하는 수험생 여러분을 돕고자 합니다.

본서의 특징

▶ 저자의 오랜 실무 경험과 학원 강의 경력을 바탕으로 집필하였습니다.
▶ 각 과목별로 이론은 최대한 핵심적인 것만을 다루고, 변경된 출제기준에 맞춰 최신경향 적중예제를 수록해 학습능력을 높였습니다.
▶ 최근 과년도 문제와 핵심적인 해설을 상세히 설명하였습니다.
▶ 출제빈도가 높은 키워드만을 정리한 '합격노트'를 별책으로 첨부하였습니다.
▶ **저자 직강 동영상 강의를 무료로 제공합니다.**
　　* 자세한 사항은 옆면 참고

이와 같이 본 저자가 심혈을 기울여 집필을 하였지만 그런 중에도 미비한 점이 있을까 염려되는 바, 수험자 여러분의 지도편달을 통해 지속적인 개정이 가능하도록 힘쓸 것입니다.

수험자 여러분 모두에게 합격의 기쁨이 있기를 기원하며, 본서가 발행되기까지 수고하여 주신 다락원 사장님과 편집부 직원들에게 진심으로 감사를 드립니다.

저자 은송기 드림

위험물산업기사 실기
원큐패스! 한번에 합격하기!

저자직강 무료 동영상 강의

합격노트 부록집에 기재되어 있는 쿠폰번호를 이용하여 무료 동영상 강의를 학습할 수 있습니다.

쿠폰 등록 및 강의 수강 방법

다락원 홈페이지 회원가입 후 이용할 수 있습니다.

1. 다락원 PC 또는 모바일 홈페이지에 로그인해주세요.
2. 마이페이지 – 내 쿠폰함 – 쿠폰번호 입력 후 쿠폰을 등록해주세요.
3. 쿠폰목록에서 쿠폰 확인 후 사용하기 버튼을 클릭해주세요.
4. 내 강의실에서 강의를 수강해주세요.

쿠폰 관련 유의사항

〈위험물산업기사 실기 저자직강 강의 무료수강〉 쿠폰은 2024년 3월 31일까지 등록하실 수 있습니다.
등록기한이 지난 쿠폰은 사용할 수 없으니 기한 내에 꼭 등록하시기 바랍니다. 쿠폰은 환불 또는 교환되지 않습니다.

쿠폰에 대해 궁금한 점은
고객지원팀(02-736-2031, 내선 313, 314)으로 문의바랍니다.

www.darakwon.co.kr

개요

위험물은 발화성, 인화성, 가연성, 폭발성 때문에 사소한 부주의에도 커다란 재해를 가져올 수 있다. 또한 위험물의 용도가 다양해지고, 제조시설도 대규모화되면서 생활공간과 가까이 설치되는 경우가 많아짐에 따라 위험물의 취급과 관리에 대한 안전성을 높이고자 자격제도를 제정하였다.

수행직무

소방법시행령에 규정된 위험물의 저장, 제조, 취급소에서 위험물을 안전하도록 취급하고 일반작업자를 지시·감독하며, 각 설비 및 시설에 대한 안전점검 실시, 재해발생시 응급조치 실시 등 위험물에 대한 보안, 감독 업무를 수행한다.

진로 및 전망

위험물(제1류~제6류)의 제조, 저장, 취급전문업체에 종사하거나 도료제조, 고무제조, 금속제련, 유기합성물제조, 염료제조, 화장품제조, 인쇄잉크제조업체 및 지정수량 이상의 위험물 취급업체에 종사할 수 있다.

산업체에서 사용하는 발화성, 인화성 물품을 위험물이라 하는데 산업의 고도성장에 따라 위험물의 수요와 종류가 많아지고 있어 위험성 역시 대형화되어가고 있다. 이에 따라 위험물을 안전하게 취급·관리하는 전문가의 수요는 꾸준할 것으로 전망된다. 또한 위험물산업기사의 경우 소방법으로 정한 위험물 제1류~제6류에 속하는 모든 위험물을 관리할 수 있으므로 취업영역이 넓다.

취득방법	• 시행처 : 한국산업인력공단

• 시행처 : 한국산업인력공단
• 관련학과 : 전문대학 및 대학의 화학공업, 화학공학 등 관련학과
• 시험과목
  – 필기 : 일반화학, 화재예방과 소화방법, 위험물의 성질과 취급
  – 실기 : 위험물 취급 실무
• 검정방법
  – 필기 : 객관식 4지 택일형, 과목당 20문항(과목당 30분)
  – 실기 : 필답형(2시간)
• 합격기준
  – 필기 : 100점을 만점으로 하여 과목당 40점 이상, 전과목 평균 60점 이상
  – 실기 : 100점을 만점으로 하여 60점 이상

시험일정

구 분	실기원서접수(인터넷)	실기시험	최종 합격자 발표일
정기 1회	2023. 3. 28~3. 31	2023. 4. 22~5. 7	2023. 6. 9
정기 2회	2023. 6. 27~6. 30	2023. 7. 22~8. 6	2023. 8. 17
정기 4회	2023. 10. 10~10. 13	2023. 11. 4~11. 17	2023. 11. 29

＊자세한 일정은 한국산업인력공단 참고

자격종목 : 위험물산업기사
실기검정방법 : 필답형
시험시간 : 2시간
직무내용 : 위험물을 저장·취급·제조하는 제조소등에서 위험물을 안전하게 저장·취급·제조하고 일반 작업자를 지시 감독하며, 각 설비에 대한 점검과 재해 발생 시 응급조치 등의 안전 관리 업무를 수행하는 직무

위험물 취급 실무

1. 위험물 성상
 - 위험물의 성질을 이해하기
 - 위험물 취급하기 및 연소 특성 파악하기

2. 위험물 소화 및 화재, 폭발 예방
 - 위험물의 소화 및 화재, 폭발 예방하기

3. 위험물 시설기준
 - 위험물 시설 파악하기

4. 위험물 저장·취급 기준
 - 위험물의 저장·취급에 관한 사항 파악하기

5. 관련법규 적용
 - 위험물 안전관리 법규 적용하기

6. 위험물 운송·운반기준 파악
 - 운송·운반 기준 파악하기
 - 운송시설의 위치·구조·설비 기준 파악하기
 - 운반시설 파악하기

7. 위험물 운송·운반 관리
 - 운송·운반 안전 조치하기

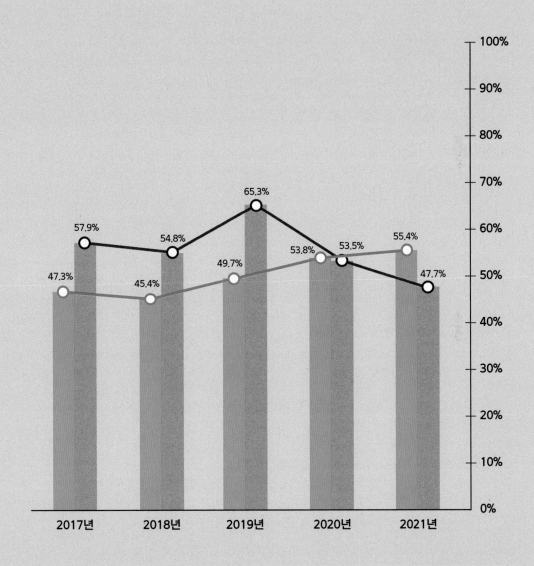

Q 시험 일정이 궁금합니다.

A 시험 일정은 매년 상이하므로, 큐넷 홈페이지(www.q-net.or.kr)를 참고하거나 다락원 원큐패스카페(http://cafe.naver.com/1qpass)를 이용하면 편리합니다. 원서접수기간, 필기시험일정 등을 확인할 수 있습니다.

Q 자격증을 따고 싶은데 시험 응시방법을 잘 모르겠습니다.

A 시험 응시방법은 간단합니다.

[홈페이지에 접속하여 회원가입]
국가기술자격은 보통 한국산업인력공단과 한국기술자격검정원 홈페이지에서 응시하면 됩니다.
그 외에도 한국보건의료인국가시험원, 대한상공회의소 등이 있으니 자격증의 주관사를 먼저 아는 것이 중요합니다.

[사진 등록]
회원가입한 내역으로 원서를 등록하기 때문에, 규격에 맞는 본인확인이 가능한 사진으로 등록해야 합니다.
• 접수가능사진 : 6개월 이내 촬영한 (3×4cm) 칼라사진, 상반신 정면, 탈모, 무 배경
• 접수불가능사진 : 스냅 사진, 선글라스, 스티커 사진, 측면 사진, 모자 착용, 혼란한 배경사진, 기타 신분확인이 불가한 사진

원서접수 신청을 클릭한 후, 자격선택 → 종목선택 → 응시유형 → 추가입력 → 장소선택 → 결제하기 순으로 진행하면 됩니다.

Q 시험장에서 따로 유의해야 할 점이 있나요?

A 시험당일 신분증을 지참하지 않은 경우에는 당해 시험이 정지(퇴실) 및 무효 처리되므로, 신분증을 반드시 지참하기 바랍니다.

[공통 적용]
① 주민등록증(주민등록증발급신청확인서 포함), ② 운전면허증(경찰청에서 발행

된 것), ③ 건설기계조종사면허증, ④ 여권, ⑤ 공무원증(장교·부사관·군무원신분증 포함), ⑥ 장애인등록증(복지카드)(주민등록번호가 표기된 것), ⑦ 국가유공자증, ⑧ 국가기술자격증(국가기술자격법에 의거 한국산업인력공단 등 10개 기관에서 발행된 것), ⑨ 동력수상레저기구 조종면허증(해양경찰청에서 발행된 것)

[한정 적용]
초·중·고등학생 및 만18세 이하인 자
① 초·중·고등학교 학생증(사진·생년월일·성명·학교장 직인이 표기·날인된 것), ② 국가자격검정용 신분확인증명서(검정업무 매뉴얼 별지 제1호 서식에 따라 학교장 확인·직인이 날인된 것), ③ 청소년증(청소년증발급신청확인서 포함), ④ 국가자격증(국가공인 및 민간자격증 불인정)

미취학 아동
① 한국산업인력공단 발행 "국가자격검정용 임시신분증"(검정업무매뉴얼 별지 제5호 서식에 따라 공단 직인이 날인된 것), ② 국가자격증(국가공인 및 민간자격증 불인정)

사병(군인)
국가자격검정용 신분확인증명서(검정업무 매뉴얼 별지 제1호 서식에 따라 소속부대장이 증명·날인한 것)

외국인
① 외국인등록증, ② 외국국적동포국내거소신고증, ③ 영주증

※ 일체 훼손·변형이 없는 원본 신분증인 경우만 유효·인정
  – 사진 또는 외지(코팅지)와 내지가 탈착·분리 등의 변형이 있는 것, 훼손으로 사진·인적사항 등을 인식할 수 없는 것 등
  – 신분증이 훼손된 경우 시험응시는 허용하나, 당해 시험 유효처리 후 별도 절차를 통해 사후 신분확인 실시
※ 사진, 주민등록번호(최소 생년월일), 성명, 발급자(직인 등)가 모두 기재된 경우에 한하여 유효·인정

이 책의 구성

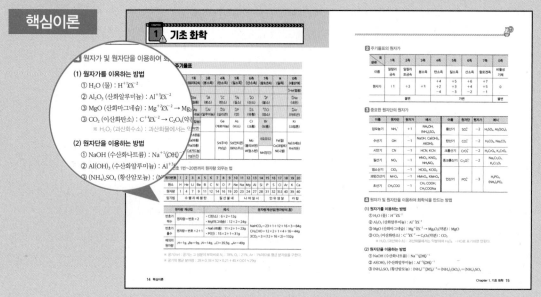

● 시험에 자주 출제되고 반드시 알아야 하는 핵심이론을 과목별로 분류하여 이해하기 쉽도록 정리했습니다.

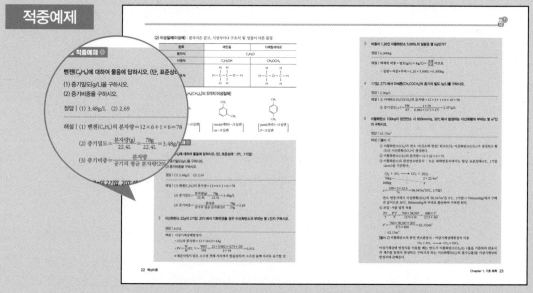

● 변경된 출제기준에 맞춰 챕터별로 최신경향을 반영한 적중예제를 수록해 이론학습 과 문제풀이를 반복하여 학습률을 높일 수 있습니다.

기출문제

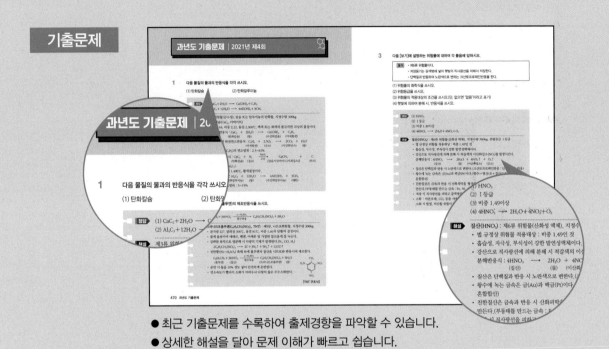

- 최근 기출문제를 수록하여 출제경향을 파악할 수 있습니다.
- 상세한 해설을 달아 문제 이해가 빠르고 쉽습니다.

합격노트

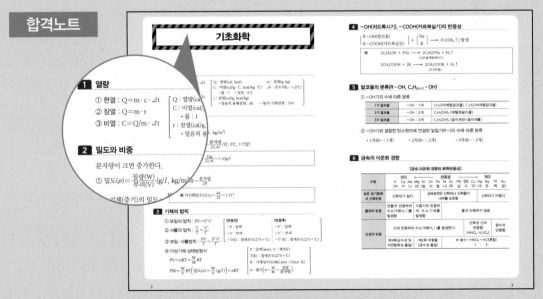

- 실기시험에 자주 출제되는 핵심이론을 쏙쏙 뽑아 정리했습니다. 시험 직전 최종마무리로 활용하기 편리합니다.

차례

핵심이론

시험에 자주 출제되고 반드시 알아야 하는 핵심이론을 챕터별로 분류하여 이해하기 쉽도록 정리했으며, 새롭게 바뀐 한국산업인력공단의 출제기준 개편에 따라 난이도가 높아진 시험출제경향에 맞춰 적중예제를 수록했습니다.

기초 화학

① 원소의 주기율표

주기＼족	1족 (알칼리금속)	2족 (알칼리토금속)	3족 (붕소족)	4족 (탄소족)	5족 (질소족)	6족 (산소족)	7족 (할로겐족)	※ (철족)	0족 (비활성기체)
1	$_1^1H$(수소)								$_2^4He$(헬륨)
2	$_3^7Li$ (리튬)	$_4^9Be$ (베릴륨)	$_5^{11}B$ (붕소)	$_6^{12}C$ (탄소)	$_7^{14}N$ (질소)	$_8^{16}O$ (산소)	$_9^{19}F$ (불소)		$_{10}^{20}Ne$ (네온)
3	$_{11}^{23}Na$ (나트륨)	$_{12}^{24}Mg$ (마그네슘)	$_{13}^{27}Al$ (알루미늄)	$_{14}^{28}Si$ (실리콘)	$_{15}^{31}P$ (인)	$_{16}^{32}S$ (유황)	$_{17}^{35.5}Cl$ (염소)		$_{18}^{40}Ar$ (아르곤)
4	$_{19}^{39}K$ (칼륨)	$_{20}^{40}Ca$(칼슘) Zn(아연)		Ge (게르마늄)	As (비소)	Cr (크롬)	Br (브롬)		Kr (크립톤)
....	Cu(구리) Ag(은) Au(금)	Sr(스트론듐) Ba(바륨) Ra(라듐) Cd(카드뮴) Hg(수은)		Sn(주석) Pb(납)	Sb(안티몬) Bi(비스무스)	Mo (몰리브덴) W(텅스텐)	I(요오드) Mn(망간)	Fe(철) Co(코발트) Ni(니켈)	Xe(크세논) Rn(라돈)

1 원자번호 1번~20번까지 원자량 외우는 법

원자번호	1	2	3	4	5	6	7	8	9	10	11	12	13	14	15	16	17	18	19	20
원소	H	He	Li	Be	B	C	N	O	F	Ne	Na	Mg	Al	Si	P	S	Cl	Ar	K	Ca
원자량	1	4	7	9	11	12	14	16	19	20	23	24	27	28	31	32	35.5	40	39	40
암기법	수	헬	리	베	붕	탄	질	산	불	네	나	마	알	시	인	유	염	알	카	칼

	원자량 계산법	예시	분자량계산법(원자량의 합)
번호가 짝수	원자량＝번호×2	• C(탄소) : $6×2=12g$ • Mg(마그네슘) : $12×2=24g$	
번호가 홀수	원자량＝번호×2＋1	• Na(나트륨) : $11×2+1=23g$ • P(인) : $15×2+1=31g$	$NaHCO_3＝23+1+12+16×3=84g$ $CH_3CHO＝12×2+1×4+16=44g$ $3CO_2＝3×(12+16×2)=132g$
예외의 원자량	$_1H=1g$, $_4Be=9g$, $_7N=14g$, $_{17}Cl=35.5g$, $_{18}Ar=40g$		

※ 공기(Air) : 공기는 그 성분이 부피비로 N_2 : 78%, O_2 : 21%, Ar : 1%이므로 평균 분자량을 구한다.

※ 공기의 평균 분자량 : $28×0.78+32×0.21+40×0.01≒29g$

2 주기율표의 원자가

분류 \ 족	1족	2족	3족	4족	5족	6족	7족	0족
이름	알칼리 금속	알칼리 토금속	붕소족	탄소족	질소족	산소족	할로겐족	비활성 기체
원자가	$+1$	$+2$	$+3$	$+4$ $+2$ -4	$+5$ $+3$ -3	$+6$ $+4$ -2	$+7$ $+5$ -1	0
	불변			가변				불변

3 중요한 원자단의 원자가

이름	원자단	원자가	예시	이름	원자단	원자가	예시
암모늄기	NH_4^+	$+1$	NH_4OH, $(NH_4)_2SO_4$	황산기	SO_4^{2-}	-2	H_2SO_4, $Al_2(SO_4)_3$
수산기	OH^-	-1	$NaOH$, $Ca(OH)_2$, $Al(OH)_3$	탄산기	CO_3^{2-}	-2	H_2CO_3, Na_2CO_3
시안기	CN^-	-1	HCN, KCN	크롬산기	CrO_4^{2-}	-2	H_2CrO_4, K_2CrO_4
질산기	NO_3^-	-1	HNO_3, KNO_3, NH_4NO_3	중크롬산기	$Cr_2O_7^{2-}$	-2	$Na_2Cr_2O_7$, $K_2Cr_2O_7$
염소산기	ClO_3^-	-1	$HClO_3$, $KClO_3$	인산기	PO_4^{3-}	-3	H_3PO_4, $(NH_4)_3PO_4$
과망간산기	MnO_4^-	-1	$HMnO_4$, $KMnO_4$				
초산기	CH_3COO^-	-1	CH_3COOH, CH_3COONa				

4 원자가 및 원자단을 이용하여 화학식을 만드는 방법

(1) 원자가를 이용하는 방법

① H_2O (물) : $H^{+1}_2 O^{-2}$

② Al_2O_3 (산화알루미늄) : $Al^{+3}_2 O^{-2}_3$

③ MgO (산화마그네슘) : $Mg^{+2}_2 O^{-2}_2 \rightarrow Mg_2O_2$(약분) : MgO

③ CO_2 (이산화탄소) : $C^{+4}_2 O^{-2}_4 \rightarrow C_2O_4$(약분) : CO_2

※ H_2O_2 (과산화수소) : 과산화물에서는 약분하여 $H_2O_2 \rightarrow HO$로 표기하면 안된다.

(2) 원자단을 이용하는 방법

① $NaOH$ (수산화나트륨) : $Na^{+1}(OH)^{-1}$

② $Al(OH)_3$ (수산화알루미늄) : $Al^{+3}(OH)^{-1}_3$

③ $(NH_4)_2SO_4$ (황산암모늄) : $(NH_4)^{+1}_2(SO_4)^{-2}_1 = (NH_4)_2(SO_4)_1 = (NH_4)_2SO_4$

(3) 화학식을 읽는 방법

음성 원소 이름 끝에 '화'를 붙여 뒤에서부터 앞쪽으로 읽는다.(음성부분 '소'는 생략) 또한 원자단은 '화'를 붙이지 않고 음성부분부터 읽는다.

① $NaCl$ → 염소화나트륨＝염화나트륨, Al_2O_3 → 산소화알루미늄＝산화알루미늄

② $Al_2(SO_4)_3$＝황산알루미늄, CH_3COONa＝초산나트륨(아세트산나트륨)

5 화학방정식을 세우는 방법

(1) 아세톤(CH_3COCH_3)의 연소반응식

CH_3COCH_3 분자식에서 C(탄소)는 산소(O_2)와 연소 반응 후 CO_2(이산화탄소), H(수소)는 산소(O_2)와 연소반응 후 H_2O(물)이 생성된다.

① 1단계 : $CH_3COCH_3 + O_2 \rightarrow CO_2 + H_2O$

② 2단계 : 미정계수법을 이용하여 반응물과 생성물의 원자수가 같아지도록 계수를 맞춘다.

$$\underbrace{aCH_3COCH_3 + bO_2}_{\text{반응물}} \rightarrow \underbrace{cCO_2 + dH_2O}_{\text{생성물}}$$

원자	C	H	O
관계식	$3a = c$	$6a = 2d$	$a + 2b = 2c + d$

- $a = 1$로 하면
- C : $3 \times 1 = c$, $c = 3$
- H : $6 \times 1 = 2d$, $d = 3$
- O : $1 + 2b = 2 \times 3 + 3$, $b = 4$

③ 3단계 : $a = 1$, $b = 4$, $c = 3$, $d = 3$ 등을 반응식에 적용하여 완성시킨다.

∴ $CH_3COCH_3 + 4O_2 \rightarrow 3CO_2 + 3H_2O$

2 열량(cal, kcal)

1 현열($Q = m \cdot c \cdot \Delta t$)

물질의 상태는 변하지 않고 온도만 변화할 때의 열량

2 잠열($Q = m \cdot r$)

온도는 변하지 않고 상태만 변화할 때의 열량

- 얼음의 융해잠열 : 80, 물의 기화잠열 : 539

3 비열(C=Q/m·⊿t)

물질 1g을 1℃ 올리는 데 필요한 열량
- 물의 비열 : 1, 얼음의 비열 : 0.5

  Q : 열량(cal, kcal), C : 비열(cal/g℃, kcal/kg℃), m : 질량(g, kg), r : 잠열(cal/g, kcal/kg), ⊿t : 온도 차(t_2-t_1)(℃)

3 밀도와 비중

1 밀도(ρ)=$\dfrac{질량(W)}{부피(V)}$

(1) 고체, 액체의 밀도

고체(액체)의 단위체적당 질량(단위 : g/cc, kg/L, t/m^3)

예 알코올의 밀도 : 0.8g/cc → 알코올 1cc=0.8g, 물의 밀도 : 1g/cc → 물 1g=1cc

(2) 기체의 밀도

기체의 단위부피당 질량(단위 : g/L, kg/m^3)

기체(증기)의 밀도=$\dfrac{분자량(M)}{22.4L}$ (단, 0℃, 1기압 : 표준상태)

예 산소(O_2) $\rho=\dfrac{32g}{22.4L}=1.43g/L$, 이산화탄소($CO_2$)=$\dfrac{44g}{22.4L}=1.96g/L$

2 비중 (단위가 없음)

(1) 고체, 액체의 비중=$\dfrac{동일한\ 체적의\ 물체의\ 무게(g)}{동일한\ 체적의\ 4℃\ 순수한\ 물의\ 무게(g)}$

$$=\dfrac{물질의\ 밀도(g/cc)}{4℃의\ 순수한\ 물의\ 밀도(g/cc)}$$

물을 기준하여 물보다 얼마나 무거운지 또는 가벼운지를 나타내는 수치이므로 물의 밀도는 1g/cc이고, 물의 비중도 1로서 같으므로 밀도(g/cc)=비중이 된다.

예 질산의 비중 : 1.49 → 밀도 1.49g/cc(1cc=1.49g)

(2) 기체(증기)의 비중=$\dfrac{기체의\ 분자량(M)}{29(공기의\ 평균\ 분자량)}$

예 이산화탄소(CO_2)=$\dfrac{44}{29}=1.517$, 아세톤(CH_3COCH_3)=$\dfrac{58}{29}=2$

4 아보가드로 법칙

모든 기체 1mol(1g 분자)은 표준상태(0℃, 1기압)에서 22.4L이고 그 속에 들어있는 분자 개수는 6.02×10^{23}개이다.

㉠ • O_2(분자량 32)＝1mol(1g 분자) : 22.4L : 6.02×10^{23}개(0℃, 1기압)
   • N_2(분자량 28)＝1mol(1g 분자) : 22.4L : 6.02×10^{23}개(0℃, 1기압)
   ※ 모든 기체는 종류에 관계없이 동온, 동압, 동부피, 동개수를 갖는다.

5 기체의 법칙

1 보일의 법칙

일정한 온도에서 일정량의 기체의 부피는 압력에 비례한다.

• $PV = P'V'$

2 샤를의 법칙

일정한 압력하에서 일정량의 기체의 부피는 절대온도에 비례한다.

• $\dfrac{V}{T} = \dfrac{V'}{T'}$

3 보일·샤를 법칙

일정량의 기체가 차지하는 부피는 압력에 반비례하고 절대온도에 비례한다.

• $\dfrac{PV}{T} = \dfrac{P'V'}{T'}$

[반응 전]	[반응 후]
• P : 압력	• P′ : 압력
• V : 부피	• V′ : 부피
• T(K) : 절대온도(273＋t℃)	• T′(K) : 절대온도(273＋t℃)

4 이상기체상태방정식

• $PV = nRT = \dfrac{W}{M}RT$

• $PM = \dfrac{W}{V}RT = \rho RT$

※밀도$(\rho) = \dfrac{W}{V}$(g/L)

• P : 압력(atm), V : 체적(L)
• T(K) : 절대온도(273＋t℃)
• R : 기체상수(0.082atm·L/mol·K)
• n : 몰수$\left(n = \dfrac{W}{M} = \dfrac{질량(g)}{분자량} \right)$(mol)

※ 1atm＝760mmHg이므로 만약 750mmHg로 주어졌다면 반드시 $\dfrac{750mmHg}{760mmHg}$＝0.986atm(기압)으로 환산하여 줄것

6 이온화 경향(금속성이 강한 순서)

[금속 이온화 경향의 화학반응성]

구분	크다 ← 반응성 → 작다		
	K Ca Na Mg Al Zn Fe Ni Sn Pb (H) Cu Hg Ag Pt Au (카 카 나 마) (알 아 철 니) (주 납 수 구) (수 은 백 금)		
상온 공기중에서 산화반응	산화되기 쉬움	금속표면은 산화되나 산화물이 내부를 보호함	산화되기 어려움
물과의 반응	찬물과 반응하여 수소기체 ($H_2\uparrow$)를 발생함	수증기와 반응하여 수소기체를 발생함	물과 반응하지 않음
산과의 반응	산과 반응하여 수소기체($H_2\uparrow$)를 발생함		수소기체(H_2) 발생하지 않음
	제1류 위험물 (자연발화성 및 금수성물질)	제2류 위험물 (금수성물질)	※ 왕수＝HNO_3＋HCl(혼합산) 1 : 3 (체적비율)

1 산화반응(공기중 산소와의 반응)

$$4K + O_2 \rightarrow 2K_2O, \qquad 4Al + 3O_2 \rightarrow 2Al_2O_3$$

2 물과의 반응(수소 기체 발생)

$$2Na + 2H_2O \rightarrow 2NaOH + H_2\uparrow, \qquad Mg + 2H_2O \rightarrow Mg(OH)_2 + H_2\uparrow$$

3 산과의 반응(수소 기체 발생)

$$2Na + 2CH_3COOH \rightarrow 2CH_3COONa + H_2\uparrow, \qquad Fe + 2HCl \rightarrow FeCl_2 + H_2\uparrow$$

> **참고**
>
> 제2류 위험물(Mg, Al, Zn, Fe)의 금수성물질과 제3류 위험물(K, Na, Ca)의 자연발화성 및 금속성 물질에 대한 화학 반응식이므로 꼭 특징을 숙지할 것

7 탄소화합물(유기화합물)

1 탄소화합물

(1) 탄소화합물의 일반적 성질

① 구성 원소는 주로 C, H, O 외 N, S, P, 할로겐족으로 되어 있다.

　　※ 무기화합물 : 탄소를 포함하지 않고 주로 금속이 포함되어 있는 화합물

② 공유결합으로 이루어진 분자성물질이다.

③ 유기용매(알코올, 벤젠, 에테르 등)에 잘 녹고 물에 잘 녹지 않는다.

④ 비전해질이며 연소 시 CO_2와 H_2O가 된다.

$$※\begin{bmatrix} C \cdot H \cdot O \\ C \cdot H \end{bmatrix} + O_2 \xrightarrow[\text{열, 빛}]{\text{산화(연소)}} CO_2 + H_2O$$

　　　(유기물질)　(산소)　　　(이산화탄소) (물)

(2) 관능기(작용기)의 분류

명칭	관능기	일반명	보기
히드록시기(수산기)	$-OH$	알코올, 페놀	CH_3OH, C_6H_5OH
알데히드기	$-CHO$	알데히드	$HCHO$, CH_3CHO
카르복실기	$-COOH$	카르복실산	$HCOOH$, CH_3COOH
카르보닐기(케톤기)	$>CO$	케톤	CH_3COCH_3, $CH_3COC_2H_5$
니트로기	$-NO_2$	니트로화합물	$C_6H_5NO_2$, $C_6H_2(NO_2)_3CH_3$[TNT]
아미노기	$-NH_2$	아민	$C_6H_5NH_2$
술폰산기	$-SO_3H$	술폰산	$C_6H_5SO_3H$
아세틸기	$-COCH_3$	아세틸화합물	CH_3COCH_3, CH_3COOH
에테르기	$-O-$	에테르	$C_2H_5OC_2H_5$
에스테르기	$-COO-$	에스테르	$HCOOCH_3$, $CH_3COOC_2H_5$
비닐기	$CH_2=CH-$	비닐	$C_6H_5CH=CH_2$
페닐기(벤젠기)	$-C_6H_5$ [⬡]	톨루엔	$C_6H_5CH_3$ [⬡$-CH_3$]

(3) 탄소화합물의 분류

① 지방족화합물(사슬모양 화합물) : 탄소 원자들이 사슬모양 형태로 결합되어 있는 화합물

예

화학식	C_2H_6(에탄)	CH_3COCH_3(아세톤)	$C_2H_5OC_2H_5$(디에틸에테르)
구조식	H─C─C─H (구조식)	H─C─C─C─H (구조식)	H─C─C─O─C─C─H (구조식)

② 방향족화합물(고리모양 화합물) : 벤젠의 구조식을 가진 고리모양의 화합물

• 벤젠(C_6H_6)의 구조식

예

화학식	페놀[C_6H_5OH]	니트로벤젠[$C_6H_5NO_2$]	크실렌[$C_6H_4(CH_3)_3$]
구조식	OH (구조식)	NO_2 (구조식)	CH_3 CH_3 (구조식)

2 알칸족탄화수소

(1) 알칸족탄화수소(메탄계열, C_nH_{2n+2})와 알킬기($C_nH_{2n+1}-$, $R-$)의 명칭

n수	일반식(C_nH_{2n+2})	분자식	이름	알킬기($C_nH_{2n+1}-$, $R-$)	알킬기 이름
1	$C_1H_{2\times1+2}$	CH_4	메탄	$C_1H_{2\times1+1}(CH_3-)$	메틸기
2	$C_2H_{2\times2+2}$	C_2H_6	에탄	$C_2H_{2\times2+1}(C_2H_5-)$	에틸기
3	$C_3H_{2\times3+2}$	C_3H_8	프로판	$C_3H_{2\times3+1}(C_3H_7-)$	프로필기
4	$C_4H_{2\times4+2}$	C_4H_{10}	부탄	$C_4H_{2\times4+1}(C_4H_9-)$	부틸기
5	$C_5H_{2\times5+2}$	C_5H_{12}	펜탄	$C_5H_{2\times5+1}(C_5H_{11}-)$	아밀기

(2) 이성질체(이성체) : 분자식은 같고, 시성식이나 구조식 및 성질이 다른 물질

분류	에탄올	디메틸에테르
분자식	C_2H_6O	
시성식	C_2H_5OH	CH_3OCH_3
구조식	H H | | H—C—C—O—H | | H H	H H | | H—C—O—C—H | | H H

[크실렌(자이렌) $[C_6H_4(CH_3)_2]$의 3가지 이성질체]

[ortho(오르토)-크실렌
o-크실렌]

[meta(메타)-크실렌
m-크실렌]

[para(파라)-크실렌
P-크실렌]

최신경향 적중예제 ⚛

1 벤젠(C_6H_6)에 대하여 물음에 답하시오. (단, 표준상태 : 0℃, 1기압)

(1) 증기밀도(g/L)을 구하시오.
(2) 증기비중을 구하시오.

정답 | (1) 3.48g/L   (2) 2.69

- -

해설 | (1) 벤젠(C_6H_6)의 분자량$=12\times6+1\times6=78$

(2) 증기밀도$=\dfrac{\text{분자량(g)}}{22.4L}=\dfrac{78g}{22.4L}=3.48g/L$

(3) 증기비중$=\dfrac{\text{분자량}}{\text{공기의 평균 분자량(29)}}=\dfrac{78g}{29g}=2.69$

2 이산화탄소 22g이 2기압, 20℃에서 기화하였을 경우 이산화탄소의 부피는 몇 L인지 구하시오.

정답 | 6.01L

- -

해설 | 이상기체상태방정식

- CO_2의 분자량$=12+16\times2=44g$

- $PV=\dfrac{W}{M}RT$, $V=\dfrac{WRT}{PM}=\dfrac{22\times0.082\times(273+20)}{2\times44}=6.01L$

※ 계산식에서 답은 소수점 셋째 자리에서 반올림하여 소수점 둘째 자리로 표기할 것

3 비중이 1.26인 이황화탄소 5,000L의 질량은 몇 kg인가?

정답 | 6,300kg

해설 | 액체의 비중＝밀도(g/cc＝kg/L)＝$\dfrac{질량}{부피}$이므로

$\therefore$ 질량＝비중×부피＝1.26×5,000L＝6,300kg

4 1기압, 27℃에서 아세톤(CH_3COCH_3)의 증기의 밀도 (g/L)를 구하시오.

정답 | 2.36g/L

해설 | ① 아세톤(CH_3COCH_3)의 분자량＝12×3＋1×6＋16＝58

② 증기밀도(ρ)＝$\dfrac{PM}{RT}$＝$\dfrac{1\times58}{0.082\times(273+27)}$＝2.357g/L

5 이황화탄소 100kg이 완전연소 시 800mmHg, 30℃에서 발생하는 이산화황의 부피는 몇 m³인지 구하시오.

정답 | 62.15m³

해설 | [풀이 1]

① 이황화탄소(CS_2)가 연소 시(산소와 반응) 탄소(C)는 이산화탄소(CO_2)가 생성되고 황(S)은 이산화황(SO_2)이 생성된다.

② 이황화탄소(CS_2)의 분자량＝12＋32×2＝76

③ 이황화탄소의 완전연소반응식 : 모든 화학반응식에서는 항상 표준상태(0℃, 1기압(atm))을 기준한다.

$$\begin{array}{ccccc} CS_2 & + & 3O_2 & \longrightarrow & CO_2 + 2SO_2 \\ 76kg & & : & & 2\times22.4m^3 \\ 100kg & & : & & x \end{array}$$

$$x=\frac{100\times2\times22.4}{76}=58.947m^3(0℃, 1기압)$$

연소 반응식에서 이산화황(SO_2)의 58.947m³은 0℃, 1기압(＝760mmHg)에서 구해진 값이므로 30℃, 800mmHg의 부피로 환산하여 구하면 된다.

④ 보일·샤를 법칙 적용

$$\frac{PV}{T}=\frac{P'V'}{T'}=\frac{760\times58.947}{(273+0)}=\frac{800\times V'}{(273+30)}$$

$$V'=\frac{760\times58.947\times303}{273\times800}=62.153m^3$$

$\therefore$ 62.15m³

[풀이 2] 이황화탄소의 완전 연소반응식 : 이상기체상태방정식 이용

$$CS_2+3O_2 \longrightarrow CO_2+2SO_2$$

이상기체상태 방정식을 이용할 때는 반드시 이황화탄소(CS_2)는 1몰을 기준하여 반응식의 계수를 맞춰서 완성하고 구하고자 하는 이산화황(SO_2)의 몰수(2몰)를 이상기체상태 방정식에 곱해준다.

- $V = \dfrac{WRT}{PM} \times SO_2$의 몰수

$$= \dfrac{100 \times 0.082 \times 303}{1.05 \times 76} \times 2 = 62.27\text{m}^3$$

$\therefore 62.27\text{m}^3$

$\left[\begin{array}{l} \text{P : 압력}\left(\dfrac{800\text{mmHg}}{760\text{mmHg}} \times 1\text{atm} \fallingdotseq 1.05\text{atm}\right),\ \text{T(K) : 절대온도}(273 + 30℃ = 303\text{K}) \\ \text{M : 분자량}(CS_2 = 12 + 32 \times 2 = 76\text{kg/kmol}),\ \text{W : 질량}(100\text{kg}) \\ \text{R : 기체상수}(0.082\text{atm} \cdot \text{m}^3/\text{kmol} \cdot \text{k}) \end{array} \right.$

※ [풀이 1]과 [풀이 2]중 한 가지 선택하여 쓰면 된다. 이때 정답은 계산방식에 따라 약간 다를 수 있지만 모두 정답으로 인정한다.

6 다음 금속에 대한 물음에 답하시오.

(1) 금속칼륨(K)과 물과의 반응식과 이때 발생하는 기체의 명칭을 쓰시오.
(2) 금속나트륨(Na)과 초산과의 반응식과 이때 발생하는 기체의 명칭을 쓰시오.

정답 | (1) • 칼륨(K)의 물과의 반응식 : $2K + 2H_2O \rightarrow 2KOH + H_2\uparrow$
　　　• 발생하는 기체의 명칭 : 수소(H_2)
　　(2) • 나트륨(Na)의 초산과의 반응식 : $2Na + 2CH_3COOH + 2CH_3COONa + H_2\uparrow$
　　　• 발생하는 기체의 명칭 : 수소(H_2)

해설 | ① 금속칼륨과 금속나트륨은 금속의 이온화 경향이 수소보다 크기 때문에 물 또는 산과 반응 시 전부 수소($H_2\uparrow$)기체를 발생시킨다. (제 3류 위험물 : 자연발화성, 금수성물질)
　　② 금속(K, Na)은 물과 반응 시 염기성[OH^- : 수산기]을 나타내므로 KOH(수산화칼륨) 또는 NaOH(수산화나트륨)을 만든다.

7 다음 금속에 대한 물음에 답하시오.(단, 물은 수증기이다)

(1) Al의 산화반응식과 물과의 반응식을 쓰시오.
(2) Mg와 물과의 반응식을 쓰시오.
(3) Fe와 염산과 물과의 반응식을 쓰시오.

정답 | (1) ① Al의 산화반응식 : $4Al + 3O_2 \longrightarrow 2Al_2O_3$
　　　② Al과 물과의 반응식 : $2Al + 6H_2O \longrightarrow 2Al(OH)_3 + 3H_2\uparrow$
　　(2) Mg와 물과의 반응식 : $Mg + 2H_2O \longrightarrow Mg(OH)_2 + H_2\uparrow$
　　(3) ① Fe와 염산과의 반응식 : $Fe + 2HCl \longrightarrow FeCl_2 + H_2\uparrow$
　　　② Fe와 물과의 반응식 : $Fe + 2H_2O \longrightarrow Fe(OH)_2 + H_2\uparrow$

해설 | ① Al, Mg, Fe 등은 제 2류 위험물의 금수성 물질로서 수소보다 금속의 이온화 경향이 크므로 물과 반응 시 수소기체($H_2\uparrow$)를 발생시킨다.
　　② 화학식을 만드는 방법
　　　$Al^{+3}O^{-2}$: Al_2O_3,　　　$Al^{+3}(OH)^{-1}$: $Al(OH)_3$,
　　　$Mg^{+2}(OH)^{-1}$: $Mg(OH)_2$,　　$Fe^{+2}Cl^{-1}$: $FeCl_2$

③ 금속(Al, Mg, Fe 등)은 물과 반응 시 염기성을 나타내므로 수산기[OH⁻]와 결합한다.
$Al(OH)_3$, $Mg(OH)_2$, $Fe(OH)_2$

④ Al과 물과의 반응식에서 미정계수법으로 계수 맞추는 방법(반응물 계수=생성물 계수)

$$aAl + bH_2O \longrightarrow cAl(OH)_3 + dH_2\uparrow$$
└─ 반응물 ─┘　　　└── 생성물 ──┘

원자	Al	O	H
관계식	$a=c$	$b=3c$	$2b=3c+2d$

- $a=1$로 하면 Al : $c=1$, O : $b=3\times1$, $b=3$, H : $2\times3=3\times1+2d$, $d=\dfrac{3}{2}$

- $Al + 3H_2O \longrightarrow Al(OH)_3 + \dfrac{3}{2}H_2\uparrow$ … 양변에 $\times2$

∴ $2Al + 6H_2O \longrightarrow 2Al(OH)_3 + 3H_2\uparrow$

8 대기압 상태에서 0℃ 물 100kg을 100℃ 수증기로 변화시키는 데 필요한 열량은 몇 kcal인가?

정답 | 63,900kcal

해설 | $\boxed{0℃\ 물} \xrightarrow[\text{현열}]{Q_1} \boxed{100℃\ 물} \xrightarrow[\text{잠열}]{Q_2} \boxed{100℃\ 수증기}$

① Q_1(현열)$=m\cdot c\cdot\varDelta t=100kg\times1kcal/kg℃\times(100℃-0℃)=10,000kcal$

② Q_2(잠열)$=m\cdot r=100kg\times539\ kcal/kg=53,900kcal$

∴ $Q=Q_1+Q_2=10,000kcal+53,900kcal=63,900kcal$

여기서,
Q_1(현열) : 0℃ 물이 100℃로 변할 때 온도만 변하고 상태는 변화하지 않으므로 현열구간이 된다.
Q_2(잠열) : 100℃ 물이 100℃ 수증기로 변할 때 온도는 변화하지 않고 액체(물)가 기체(수증기)로 상태만 변화하였으므로 잠열구간이 된다.

9 오황화인(P_2S_5)에 대하여 물음에 답하시오.

(1) 완전연소반응식을 쓰시오

(2) 물과의 반응식을 쓰시오

정답 | (1) $P_2S_5 + 7.5O_2 \longrightarrow P_2O_5 + 5SO_2$

(2) $P_2S_5 + 8H_2O \longrightarrow 5H_2S + 2H_3PO_4$

해설 | ① 오황화인(P_2S_5)의 화학식 만드는 방법
- P의 원자가 : 5족(+5, −3), S의 원자가 : 6족(+6, −2)
  두 원자 사이에 전기 음성도가 큰 S가 (−)원자가를 갖기 때문에 P는 +5가, S는 −2가의 원자가를 갖게 된다.
  ∴ $P^{+5}S^{-2}$: P_2S_5

※ 전기음성도 : $F > O > N > Cl > Br > C > \underline{S} > I > H > \underline{P}$

② 오황화인(P_2S_5) 연소반응식 만드는 방법
- P(인)은 연소 시 O(산소)와 반응하기 때문에 $P^{+}\overset{}{O}^{-2}$: P_2O_5(오산화인)이 된다.
  $$4P(적린) + 5O_2 \longrightarrow 2P_2O_5$$
- S(황)은 연소 시 O(산소)와 반응하여 $S + O_2 \longrightarrow SO_2$(이산화황)이 된다.
  $$\therefore P_2S_5 + 7.5O_2 \longrightarrow P_2O_5 + 5SO_2$$
③ 오황화인(P_2S_5)과 물과의 반응식 만드는 방법
- P(인)과 S(황)은 모두 비금속이므로 물과 반응 시 모두 산성인 수소(H^+)이온을 갖는 물질을 만든다.
- P는 인산(H_3PO_4), S는 황화수소(H_2S)가 된다.
  $$\therefore P_2S_5 + 8H_2O \longrightarrow 5H_2S + 2H_3PO_4$$

10 다음 물질의 물과의 반응식을 쓰시오.

(1) 탄화칼슘(CaC_2)

(2) 인화칼슘(Ca_3P_2)

(3) 인화알루미늄(AlP)

정답 | (1) $CaC_2 + 2H_2O \longrightarrow Ca(OH)_2 + C_2H_2$
(2) $Ca_3P_2 + 6H_2O \longrightarrow 3Ca(OH)_2 + 2PH_3$
(3) $AlP + 3H_2O \longrightarrow Al(OH)_3 + PH_3$

해설 | (1) 탄화칼슘(CaC_2)의 구성원소에서 칼슘(Ca)은 주기율표 2족(원자가 : $+2$가)의 금속 원소로서 물[$H_2O \longrightarrow H^+ + OH^-$]의 수산기[$OH^-$]와 반응하여 염기성인 수산화 칼슘[$Ca^{+2}(\overset{}{OH})^{-1}$: $Ca(OH)_2$]이 생성되고 탄소(C)는 물의 수소이온[H^+]과 반응하여 아세틸렌(C_2H_2)의 기체를 생성한다.

$$CaC_2 + 2H_2O \longrightarrow Ca(OH)_2 + C_2H_2 \uparrow$$
(탄화칼슘)　(물)　　　(수산화칼슘)　(아세틸렌)

(2) 인화칼슘(Ca_3P_2)의 구성원소에서 칼슘(Ca)은 주기율표 2족(원자가 : $+2$가)의 금속이고 인(P)은 5족(원자가 : -3가)의 비금속이므로 화학식은 $Ca^{+2}\overset{}{P}^{-3}$: Ca_3P_2(인화칼슘)이 된다.
- 인화칼슘(Ca_3P_2)에서 칼슘(Ca)은 금속으로 물[$H_2O \longrightarrow H^+ + OH^-$]의 수산기[$OH^-$]와 반응하여 수산화칼슘[$Ca(OH)_2$]이 되고 인(P)은 비금속으로서 물의 수소이온[H^+]과 반응하여 인화수소[$P^{-3}\overset{}{H}^{+1}$: PH_3]의 산성기체가 생성된다.

$$Ca_3P_2 + 6H_2O \longrightarrow 3Ca(OH)_2 + 2PH_3 \uparrow$$
(인화칼슘)　(물)　　　(수산화칼슘)　(인화수소＝포스핀)

(3) 인화알루미늄(AlP)의 구성원소에서 알루미늄(Al)은 주기율표 3족(원자가 : $+3$가)의 금속이고 인(P)은 5족(원자가 : -3가)의 비금속이므로 화학식은 $Al^{+3}\overset{}{P}^{-3}$: Al_3P_3 $\longrightarrow AlP$(인화알루미늄)이 된다.

- 인화알루미늄(AlP)에서 알루미늄(Al)은 금속으로 물[$H_2O \longrightarrow H^+ + OH^-$]의 수산기[$OH^-$]와 반응하여 수산화알루미늄[$Al^{+3}(OH)^{-1}$: $Al(OH)_3$]이 되고 인(P)은 비금속으로서 물의 수소이온[H^+]과 반응하여 인화수소(PH_3)의 산성기체가 생성된다.

  AlP(인화알루미늄)$+3H_2O$(물) $\longrightarrow Al(OH)_3$(수산화알루미늄)$+PH_3\uparrow$(인화수소＝포스핀)

※ 인(P)과 물(H_2O)의 반응식에서의 생성물

  - 오황화인(P_2S_5) : 구성원소인 인(P)과 황(S)이 모두 비금속간에 공유결합일 때 인(P)은 물(H_2O)과 반응 시 인산(H_3PO_4)이 생성된다.(비금속＋H_2O → 산성물질)

    $$P_2S_5 + 8H_2O \longrightarrow 5H_2S + 2H_3PO_4$$
    (오황화인) (물)   (황화수소) (인산)

  - 인화칼슘(Ca_3P_2) : 구성원소인 칼슘(Ca)의 금속과 인(P)의 비금속간에 이온결합일 때 인(P)은 물(H_2O)과 반응 시 인화수소(PH_3＝포스핀) 기체가 생성된다.

    (금속＋H_2O → 염기성 물질($NaOH$, KOH 등), 비금속＋H_2O → 산성물질(HCl, PH_3, H_3PO_4 등)

    $$Ca_3P_2 + 6H_2O \longrightarrow 3Ca(OH)_2 + 2PH_3\uparrow$$
    (인화칼슘)   (물)   (수산화칼슘) (인화수소＝포스핀)

CHAPTER 2

화재예방 및 소화방법

1 연소이론

1 연소의 3요소

연소의 3요소는 가연물, 산소공급원, 점화원이며 '연쇄반응' 추가 시 4요소가 된다.

(1) 가연물이 되기 쉬운 조건

① 산소와 친화력이 클 것

② 발열량이 클 것

③ 표면적이 클 것

④ 열전도율이 작을 것(열축적이 잘됨)

⑤ 활성화 에너지가 작을 것

⑥ 연쇄반응을 일으킬 것

(2) 가연물이 될 수 없는 조건

① 주기율표의 0족 원소(불활성기체) : He, Ne, Ar, Kr, Xe, Rn

② 질소와 질소산화물(산소와 흡열반응하는 물질) : N_2, NO_2 등

③ 이미 산화반응이 완결된 산화물 : CO_2, H_2O, Al_2O_3 등

2 전기 및 정전기 불꽃

(1) $E = \dfrac{1}{2}CV^2 = \dfrac{1}{2}QV$

$$\begin{bmatrix} E : 착화(정전기)에너지(J) & Q : 전기량(C)[Q=C\cdot V] \\ V : 전압 & C : 전기(정전기)용량(F) \end{bmatrix}$$

(2) 정전기 방지법

① 접지 할 것

② 상대습도를 70% 이상으로 할 것

③ 제진기를 설치할 것

④ 공기를 이온화 할 것

⑤ 유속을 1m/s 이하로 유지할 것

3 연소의 종류

(1) **확산연소** : LPG, LNG, 수소(H_2), 아세틸렌(C_2H_2)등의 가연성기체

(2) **증발연소** : 황, 파라핀(양초), 나프탈렌, 휘발유, 등유 등의 제4류 위험물

(3) **표면연소** : 숯, 코크스, 목탄, 금속분(Al, Mg 등)

(4) **분해연소** : 목재, 석탄, 종이, 합성수지, 중유, 타르 등

(5) **자기연소(내부연소)** : 질산에스테르, 셀룰로이드, 니트로화합물 등의 제5류 위험물

> **참고**
>
> • 표면연소(무염연소, 작열연소) : 가연물＋산소＋점화원
> • 불꽃연소 : 가연물＋산소＋점화원＋연쇄반응

4 연소의 물성

(1) **인화점** : 점화원 접촉 시 불이 붙은 최저온도

(2) **착화점** : 점화원 없이 착화되는 최저온도(압력증가 시 낮아짐)

(3) **연소점** : 연소 시 화염이 꺼지지 않고 계속 유지되는 최저온도(연소점＋5~10℃ 높음)

> **참고** : **착화점이 낮아지는 조건**
>
> • 발열량, 반응활성도, 산소의 농도, 압력 등이 높을수록 낮아진다.
> • 열전도율, 습도 및 가스압 등이 낮을수록 낮아진다.
> • 분자구조가 복잡할수록 낮아진다.

5 연소범위(폭발범위)

(1) 정의

가연성가스가 공기 또는 산소 중에 혼합하여 연소할 수 있는 농도의 범위를 말하며 이때 낮은 농도(C_1)를 연소하한, 높은 농도(C_2)를 연소상한이라 한다(단위 : Vol %)

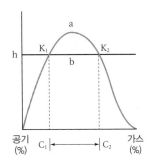

$$\begin{bmatrix} a : \text{열의 발생속도} \\ b : \text{열의 방열속도} \\ c_1 : \text{연소하한(LEL)} \\ c_2 : \text{연소상한(UEL)} \\ K_1, K_2 : \text{착화온도} \end{bmatrix}$$

① 연소범위 중 하한값이 낮을수록, 상한값이 높을수록, 연소범위가 넓을수록 위험성이 크다.

② 연소범위는 온도가 높아지면 하한은 낮아지고 상한은 높아지며, 압력이 높아지면 하한값은 크게 변화지 않지만 상한값은 높아진다.

③ 산소중에서 연소범위는 하한값은 크게 변하지 않지만 상한값은 높아져서 연소범위가 넓어진다.

(2) 위험도(H) : 가연성가스의 폭발범위로 구하며 수치가 클수록 위험성이 크다.

$$H = \frac{U-L}{L} \quad \begin{bmatrix} H : 위험도 \\ U : 폭발(연소)상한치 \\ L : 폭발(연소)하한치 \end{bmatrix}$$

㉖ 이황화탄소(CS_2)의 위험도(연소범위 : 1.2~44%)

$$H = \frac{44-1.2}{1.2} = 35.6 \quad \therefore \ 위험도 : 35.6$$

(3) 혼합가스의 폭발범위를 구하는 계산식(르샤트리에 법칙)

$$\frac{V}{L} = \frac{V_1}{L_1} + \frac{V_2}{L_2} + \frac{V_3}{L_3} \ \cdots \cdots \ + \frac{V_n}{L_n}$$

$$\begin{bmatrix} V : 혼합가스 중 가연성가스의 합계농도 \\ L : 혼합가스의 폭발 한계값(상한값 또는 하한값) \\ L_1, L_2, L_3 \cdots \cdots : 각 가스 성분의 폭발 한계값(상한값 또는 하한값) \\ V_1, V_2, V_3 \cdots \cdots : 각 가스 성분의 부피(\%) \end{bmatrix}$$

6 자연발화

(1) 자연발화 형태
① 산화열 : 건성유, 석탄, 원면, 고무분말, 금속분, 기름걸레 등
② 분해열 : 셀룰로이드, 니트로셀룰로오소, 질산에스테르류 등 제5류 위험물
③ 흡착열 : 활성탄, 목탄분말 등
④ 미생물 : 퇴비, 먼지, 곡물 등
⑤ 중합열 : 시안화수소(HCN), 산화에틸렌(C_2H_4O)

(2) 자연발화 방지법
① 통풍을 잘 시킬 것
② 저장실 온도를 낮출 것
③ 퇴적 및 수납 시 열이 쌓이지 않게 할 것
④ 습도를 낮출 것
⑤ 물질의 표면적을 최소화 할 것

7 피뢰설비 설치대상

지정수량 10배 이상의 위험물을 취급하는 제조소이다.(제6류 위험물은 제외)

1 고체의 연소형태 4가지와 황의 연소형태를 쓰시오.

정답 | ① 고체의 연소형태 : 표면연소, 분해연소, 증발연소, 자기연소(내부연소)
② 황의 연소형태 : 증발연소

해설 | 1. 연소형태(물질의 상태)
　　• 기체연소 : 확산연소, 예혼합연소(공기＋가연성가스)
　　• 액체연소 : 증발연소, 액적연소(분무연소), 분해연소, 등심연소(심화연소)
　　• 고체연소 : 표면연소, 분해연소, 증발연소, 내부연소(자기연소)
　　2. 연소형태
　　• 표면연소 : 숯, 목탄, 코크스, 금속분 등
　　• 분해연소 : 석탄, 종이, 목재, 플라스틱, 중유 등
　　• 증발연소 : 황, 파라핀(양초), 나프탈렌, 휘발유, 등유 등 제4류 위험물
　　• 자기연소(내부연소) : 니트로셀룰로오스, 니트로글리세린 등 제5류 위험물
　　• 확산연소 : 수소, 아세틸렌, LPG, LNG 등의 가연성기체

2 아래 보기를 참조하여 연소형태에 따라 구분하여 쓰시오.

┌ 보기 ┐
　　　금속분, 에탄올, TNT, 나트륨, 디에틸에테르, 피크르산

정답 | ① 표면연소 : 금속분, 나트륨
② 증발연소 : 에탄올, 디에틸에테르
③ 자기연소 : TNT, 피크르산

해설 | 예제 1번 해설 참고

3 연소의 3요소 중 가연물이 되기 쉬운 조건 3가지를 쓰시오.

정답 | ① 산소와 친화력이 클 것
② 발열량이 클 것
③ 열전도율이 작을 것
④ 표면적이 클 것
⑤ 활성화 에너지가 작을 것
※ 이들 중 3가지만 쓸 것

4 정전기 방지방법 3가지를 쓰시오.

정답 | ① 접지할 것
② 상대습도를 70% 이상으로 할 것
③ 공기를 이온화할 것

5 아세톤의 연소범위는 2.6~12.8%이다. 아세톤의 위험도를 구하시오.

정답 | 3.92

해설 | 위험도$(H) = \dfrac{\text{연소상한}(U) - \text{연소하한}(L)}{\text{연소하한}(L)}$

$$= \dfrac{12.8 - 2.6}{2.6} = 3.92$$

6 A물질 : 50%, B물질 : 30%, C물질 : 20%의 농도로 혼합된 가연성증기의 폭발범위를 계산하시오.(단, 각 물질의 폭발범위는 A물질 : 5~15%, B물질 : 3~12%, C물질 : 2~10%이다)

정답 | 3.33~12.77%

해설 | 혼합가스의 폭발범위 계산식

$$\dfrac{V}{L} = \dfrac{V_1}{L_1} + \dfrac{V_2}{L_2} + \dfrac{V_3}{L_3} \cdots\cdots \dfrac{V_n}{L_n}$$

$\left[\begin{array}{l} V : \text{혼합가스 중 가연성가스의 합계농도} \\ L : \text{혼합가스의 폭발한계값(상한값 또는 하한값)} \\ L_1, L_2, L_3 \cdots\cdots : \text{각 가스 성분의 폭발한계값(상한값 또는 하한값)} \\ V_1, V_2, V_3 \cdots\cdots : \text{각 가스 성분의 부피(\%)} \end{array}\right.$

풀이 | • 폭발하한 $= \dfrac{100}{L} = \dfrac{50}{5} + \dfrac{30}{3} + \dfrac{20}{2} = 30 \quad \therefore L = \dfrac{100}{30} = 3.33\%$

• 폭발상한 $= \dfrac{100}{L} = \dfrac{50}{15} + \dfrac{30}{12} + \dfrac{20}{10} = 7.83 \quad \therefore L = \dfrac{100}{7.83} = 12.77\%$

② 화재 및 소화

① 화재의 분류

종류	등급	표시색상	소화방법	화재의 구분
일반화재	A급	백색	냉각소화	종이·목재·고무 등의 화재
유류화재	B급	황색	질식소화	석유류(기름), 알코올류 등의 화재
전기화재	C급	청색	질식소화	전기기기 등의 화재
금속화재	D급	―	피복소화	금속(Na·Mg·Al) 등의 화재

② 소화방법

(1) 물리적 소화방법

① 냉각소화 : 연소물체로부터 열을 빼앗아 발화점 이하로 온도를 낮추는 방법

주로 주수(물)소화에 해당되며 가연물 화재시 물의 증발(기화)잠열이 연소면에서 흡수하여 온도를 낮추는 소화방법이다.

⑩ 물, 강화액, 산·알칼리소화기 등

② 질식소화 : 공기중의 산소농도를 21%에서 15% 이하로 낮추어 산소공급을 차단시켜 연소를 중단시키는 방법

⑩ 포말, CO_2, 분말, 할로겐소화기, 마른모래, 팽창질석, 팽창진주암 등

③ 제거소화 : 연소할 때 필요한 가연성물질을 제거시키는 소화방법

⑩ 가스차단밸브, 촛불, 유전화재, 산불화재, 전원차단 등

(2) 화학적 소화방법

① 부촉매(억제)소화 : 가연성물질 연소시 연속적으로 연쇄반응속도를 느리게 하는 소화방법

⑩ 할로겐화합물(증발성 액체)소화기, 제3종 분말소화기 등

③ 유류 및 가스탱크의 화재발생 현상

(1) 보일 오버(boil over) : 탱크 바닥의 물이 비등하여 부피팽창으로 유류가 넘쳐 연소하는 현상

(2) 슬롭 오버(slop over) : 물 방사 시 뜨거워진 유류표면에서 비등 증발하여 연소유와 함께 분출하는 현상

(3) 블레비(BLEVE) : 액화가스 저장탱크의 압력상승으로 폭발하는 현상

(4) 프로스 오버(froth over) : 탱크바닥의 물이 비등하여 부피팽창으로 유류가 연소하지 않고 넘치는 현상

④ 소화기의 분류

1. 물소화기의 약제(냉각소화)

(1) 물소화기(A급 화재)

① 방출방식 : 축압식, 가스가압식, 수동펌프식

② 장점

• 구입이 용이하고 가격이 저렴하다.

• 인체에 무해하고 취급이 간편하다.

• 냉각효과가 우수하다.

③ 단점
- 동절기(0℃ 이하)에 동파우려가 있다.
- 전기화재(C급), 금속화재(D급)에는 소화효과가 없다.
- 유류화재시 연소면 확대의 우려가 있다.

(2) 강화액 소화기(A급, 무상방사 시 B, C급 화재) [물＋탄산칼륨(K_2CO_3)]

① $-30℃$의 한냉지에서도 사용가능($-30 \sim -25℃$)

$$H_2SO_4 + K_2CO_3 \longrightarrow K_2SO_4 + H_2O + CO_2 \uparrow$$

② 소화약제 pH＝12(알칼리성)

③ 방출방식
- 축압식 : 압력원은 축압된 공기
- 가스가압식, 파병식(반응식) : 압력원은 탄산가스(CO_2) 압력

(3) 산·알칼리 소화기(A급, C급 화재)

① $H_2SO_4 + 2NaHCO_3 \longrightarrow Na_2SO_4 + 2H_2O + 2CO_2 \uparrow$

② 방출용액 pH＝5.5

③ 방출방식 : 탄수소나트륨과 황산을 반응시켜 생성되는 이산화탄소(CO_2)를 압력원으로 사용된다.

2. 포(포말)소화기(질식소화 : A급, B급 화재)

물의 소화능력을 향상시키기 위하여 거품(Foam)을 방사할 수 있는 약제를 첨가하여 만든 소화약제이다.

(1) 포소화약제의 구비조건

① 독성이 없을 것

② 포의 안정성, 유동성이 좋을 것

③ 유류의 표면에 잘 분산되고 부착성이 좋을 것

④ 포의 소포성이 적을 것

(2) 포소화기의 종류 : 화학포, 기계포

① 화학포 : 탄산수소나트륨[$NaHCO_3$]과 황산알루미늄[$Al_2(SO_4)_3$]을 반응시켜 생성되는 이산화탄소(CO_2)를 이용하여 포를 발생시킨다.
- 외약제(A제) : 탄산수소나트륨($NaHCO_3$), 기포안정제(사포닌, 계면활성제, 소다회, 가수분해단백질)
- 내약제(B제) : 황산알루미늄[$Al_2(SO_4)_3$]
- 반응식(포핵 : CO_2)

$$6NaHCO_3 + Al_2(SO_4)_3 \cdot 18H_2O \longrightarrow 3Na_2SO_4 + 2Al(OH)_3 + 6CO_2 \uparrow + 18H_2O$$

② 기계포(공기포) : 포소화약제 원액을 물에 용해시켜 공기발포기로 혼합하여 거품을 만드는 형식으로 유류화재에 적합하다.
  • 종류 : 단백포, 수성막포(light water), 합성계면활성제포, 내알코올용포

> **참고**
>
> • 수성막포 : 유류화재에 탁월함
> • 내알코올용포 : 수용성물질 화재에 적합함(알코올류, 아세톤, 초산 등)

3. 이산화탄소(CO_2)소화기(질식소화 : B급, C급 화재)

① 소화기 용기에 액화탄산가스(이산화탄소)가 충전되어 있으며 방사시 자체의 CO_2 압력에 의해 방사된다.
② 비중은 1.52로 공기보다 무거워 심부화재에 적합하다.
③ 이산화탄소(CO_2)소화기의 장·단점
  • 장점 : 화재 진화 후 소방대상물의 오염, 손상이 없이 깨끗하며 자체 압력을 사용하므로 방출동력이 필요없다.
  • 단점 : 방사시 소음이 매우 크고 피부 접촉시 동상에 걸리기 쉽다.
④ **줄 - 톰슨효과** : 액체탄산가스의 약제를 가는 관으로 통과시키면 압력과 온도가 급격히 내려가 관내에 드라이아이스가 생성되는 현상(이러한 현상으로 CO_2 소화기 노즐이 막힐 우려가 있으므로 주의할 것)

4. 분말소화약제(질식, 냉각소화)

종류	주성분	화학식	색상	적응화재	열분해반응식
제1종	탄산수소나트륨 (중탄산나트륨)	$NaHCO_3$	백색	B, C급	• 1차 열분해(270℃) $2NaHCO_3 \rightarrow Na_2CO_3 + CO_2 + H_2O$ • 2차 열분해(850℃) $2NaHCO_3 \rightarrow Na_2O + 2CO_2 + H_2O$
제2종	탄산수소칼륨 (중탄산칼륨)	$KHCO_3$	담자 (회)색	B, C급	• 1차 열분해(190℃) $2KHCO_3 \rightarrow K_2CO_3 + CO_2 + H_2O$ • 2차 열분해(590℃) $2KHCO_3 \rightarrow K_2O + 2CO_2 + H_2O$
제3종	제1인산암모늄	$NH_4H_2PO_4$	담홍색 (핑크색)	A, B, C급	• 완전열분해반응식 : $NH_4H_2PO_4 \rightarrow HPO_3 + NH_3 + H_2O$ 190℃ : $NH_4H_2PO_4 \rightarrow NH_3 + H_3PO_4$ 215℃ : $2H_3PO_4 \rightarrow H_2O + H_4P_2O_7$ 300℃ : $H_4P_2O_7 \rightarrow H_2O + 2HPO_3$

제4종	탄산수소칼륨 +요소	KHCO₃ +CO(NH₂)₂	회색	B, C급	2KHCO₃+(NH₂)₂CO → K₂CO₃+2NH₃+2CO₂

- 제1종 분말소화약제가 식용유화재에 효과가 좋은 이유 : 식용유(지방)와 탄산수소나트륨이 반응 시 비누화 현상으로 거품이 생성되어 이 거품이 화재면을 덮어 질식시키는 소화의 원리이다.

※ 분말소화약제 열분해반응식에서 몇 차 또는 열분해 온도가 주어지지 않을 경우 제1종과 제2종은 1차 반응식, 제3종은 완전열분해반응식을 쓰면 된다.

5. 할로겐화합물 소화기(증발성 액체소화약제 : 억제소화) (B급, C급 화재)

메탄(CH_4)과 에탄(C_2H_6)의 수소원자 일부 또는 전부가 할로겐 원소(F, Cl, Br, I)로 치환된 소화약제로 주된 소화효과는 부촉매(억제)효과이고, 질식·냉각효과도 있다.

(1) 할로겐화합물 구비조건

① 비점이 낮고 기화가 쉬울 것
② 비중은 공기보다 무겁고 불연성일 것
③ 증발잠열이 클 것
④ 전기화재에 적응성이 있을 것

(2) 할로겐화합물 소화약제 명명법 : 할론 번호는 탄소수, 불소수, 염소수, 브롬수, 아이오딘 순이다.

- Halon - 1   2   1   1 [CF_2ClBr]

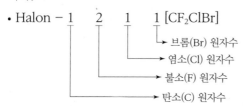

- Halon 1301 [CF_3Br]
- Halon 1001[CH_3Br] : 메탄(CH_4)에서 수소(H) 원자 4개 중 1개만 Br 1개와 치환되었으므로 나머지 3개의 수소 원자는 그대로 남아있다.

[할로겐소화약제 구조식]

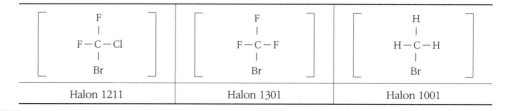

Halon 1211	Halon 1301	Halon 1001

(3) 할로겐화합물 소화약제의 종류

할론소화기	화학식	명칭	상온의상태
할론 1301	CF_3Br	일브롬화 삼불화메탄(BTM)	기체
할론 1211	CF_2ClBr	일브롬화 일염화이불화메탄(BCF)	기체
할론 2402	$C_2F_4Br_2$	이브롬화 사불화에탄(FB)	액체
할론 104	CCl_4	사염화탄소(CTC)	액체

(4) 사염화탄소(CCl_4, CTC소화기) : 사용시 맹독성인 포스겐($COCl_2$)가스가 발생하므로 현재는 법적으로 사용금지되었다.

① 공기중 : $2CCl_4$(사염화탄소)$+O_2$(산소) $\rightarrow$ $2COCl_2$(포스겐)$+2Cl_2$(염소)

② 습기중 : CCl_4(사염화탄소)$+H_2O$(물) $\rightarrow$ $COCl_2$(포스겐)$+HCl$(염화수소)

③ 탄산가스중 : CCl_4(사염화탄소)$+CO_2$(이산화탄소) $\rightarrow$ $2COCl_2$(포스겐)

6. 할론소화기 및 CO_2 소화기 설치금지장소(단, 할론 1301 및 청정소화약제는 제외)

① 지하층

② 무창층

③ 거실 또는 사무실 바닥 면적이 $20m^2$ 미만인 곳

7. 불활성가스[IG(Inergen)] 청정소화약제의 성분 비율(%)

소화약제명	화학식
IG-01	Ar(100%)
IG-100	N_2(100%)
IG-541	N_2 : 52%, Ar : 40%, CO_2 : 8%
IG-55	N_2 : 50%, Ar : 50%

$$IG - A \quad B \quad C$$

- CO_2의 농도([%]) : 첫째자리 반올림, 생략가능
- Ar의 농도([%]) : 첫째자리 반올림
- N_2의 농도([%]) : 첫째자리 반올림

1 다음은 화재에 관한 사항이다. ( ) 안에 알맞은 말을 쓰시오.

(1) B급 화재는 ( )에 의한 화재이며 ( ) 색상으로 표시한다.
(2) C급 화재는 ( )에 의한 화재이며 ( ) 색상으로 표시한다.

정답 | (1) 유류, 황색
　　　(2) 전기, 청색

해설 | 화재의 종류

종류	등급	색상표시	주된 소화방법
일반화재	A급	백색	냉각소화
유류화재	B급	황색	질식소화
전기화재	C급	청색	질식소화
금속화재	D급	—	피복소화

2 이산화탄소 소화기에 대하여 물음에 답하시오.

(1) 주된 소화효과 2가지만 쓰시오.
(2) 이산화탄소 소화기 사용시 줄−톰슨효과에 의해 생성되는 물질 명을 쓰시오.

정답 | (1) 질식효과, 냉각효과
　　　(2) 드라이아이스

해설 | 줄−톰슨효과 : 액체탄산가스의 약제를 가는 관으로 통과시키면 압력과 온도가 급격히
내려가 관내에 드라이아이스가 생성되는 현상으로 CO_2 소화기 노즐이 막힐 우려가 있으
므로 주의할 것

3 겨울철 한냉지(−25℃)에서도 사용할 수 있도록 물에 염류를 가하는 소화기에 대하여 물음에 답
하시오.

(1) 소화기 명칭 :
(2) 염류의 화학식 :
(3) 소화약제의 수소이온농도(pH)값 :

정답 | (1) 강화액 소화기
　　　(2) K_2CO_3(탄산칼륨)
　　　(3) pH=12

4 포소화약제의 구비조건 중 3가지만 쓰시오.

정답 | (1) 독성이 없을 것
　　　 (2) 포의 안정성, 유동성이 좋을 것
　　　 (3) 포의 소포성이 적을 것
　　　 (4) 유류의 표면에 잘 분산되고 부착성이 좋을 것
　　　※ 이들 중 3가지만 쓰면 된다. (안)정성, (부)착성, (소)포성, (유)동성 : 안부소유)

5 화학포소화약제에 대해 다음 물음에 답하시오.

(1) 화학포소화기의 반응식을 쓰시오.
(2) 탄산수소나트륨 3몰이 황산알루미늄과 반응시 이산화탄소는 0℃, 1기압에서 몇 L 발생하는가?
(3) 화학포소화약제의 기포안정제 2가지만 쓰시오.

정답 | (1) $6NaHCO_3 + Al_2(SO_4)_3 \cdot 18H_2O \longrightarrow 3Na_2SO_4 + 2Al(OH)_3 + 6CO_2 + 18H_2O$
　　　 (2) 67.2L
　　　 (3) 사포닌, 계면활성제, 가수분해단백질
　　　　　※ 이 중 2가지만 쓰면 된다.

해설 | 화학포소화기 반응식[모든 기체 1몰의 부피는 표준상태(0℃, 1기압)에서 22.4L이다.]
　　　 $\underline{6NaHCO_3} + Al_2(SO_4)_3 \cdot 18H_2O \longrightarrow 3Na_2SO_4 + 2Al(OH)_3 + \underline{6CO_2} + 18H_2O$
　　　　　6몰　　　　　　　　　 : 　　　　　　　　　 6×22.4L
　　　　　3몰　　　　　　　　　 : 　　　　　　　　　 x
　　　 $x = \dfrac{3 \times 6 \times 224}{6} = 67.2L$

6 제1종 분말소화약제에 대해 물음에 답하시오.

(1) 270℃에서의 열분해반응식을 쓰시오.
(2) 850℃에서의 열분해반응식을 쓰시오.

정답 | (1) $2NaHCO_3 \longrightarrow Na_2CO_3 + CO_2 + H_2O$
　　　 (2) $2NaHCO_3 \longrightarrow Na_2O + 2CO_2 + H_2O$

해설 | 270℃는 1차, 850℃에서는 2차 열분해반응식을 말한다.

7 약 190℃에서 분말소화약제인 탄산수소칼륨의 열분해반응식을 쓰고, 탄산수소칼륨 200kg이 분해시 탄산가스가 1기압, 200℃에서 몇 m³ 발생하는지 구하시오.

정답 | 38.81m³ 또는 38.79m³

해설 | (1) 탄산수소칼륨($KHCO_3$) : 제2종 분말소화약제
　　　　• 1차 열분해반응식(190℃) : $2KHCO_3 \longrightarrow K_2CO_3 + CO_2 + H_2O$
　　　　• 2차 열분해반응식(590℃) : $2KHCO_3 \longrightarrow K_2O + 2CO_2 + H_2O$

(2) KHCO$_3$의 분자량＝39＋1＋12＋16×3＝100은 표준상태(0℃, 1기압)에서
　　100g/mol＝22.4L/mol, 100kg/kmol＝22.4m^3/kmol이 된다.

계산 과정

[풀이 1]

• KHCO$_3$ 분자량＝39＋1＋12＋16×3＝100

• 190℃에서 KHCO$_3$의 열분해반응식(0℃·1기압 : 표준상태기준)

$$2KHCO_3 \longrightarrow K_2CO_3 + CO_2 + H_2O$$

$$2 \times 100kg \quad : \quad 22.4m^3$$

$$200kg \quad : \quad x$$

$$x = \frac{200 \times 22.4}{2 \times 100} = 22.4m^3 \text{ [표준상태 : 0℃, 1atm 기준]}$$

• 여기서 0℃, 1atm, 22.4m^{3}을 1atm(기압) 200℃에서 부피(m^3)로 환산 (보일－샤를법칙적용)

$$\frac{P_1V_1}{T_1} = \frac{P_2V_2}{T_2} \times \frac{1 \times 22.4}{273+0} = \frac{1 \times V_2}{273+200}$$

$$\therefore V_2 = \frac{1 \times 22.4 \times 473}{273} = 38.81m^3$$

[풀이 2]

(1) 이상기체상태방정식 적용할 경우

190℃에서 KHCO$_3$의 열분해반응식에 반드시 KHCO$_3$ 1mol를 기준하여 열분해반응식의 계수를 맞춘다.

$$2KHCO_3 \longrightarrow K_2CO_3 + CO_2 + H_2O \cdots\cdots KHCO_3 \text{ 1몰 기준으로 바꾸어 준다.}$$

$$KHCO_3 \longrightarrow 0.5K_2CO_3 + 0.5CO_2 + 0.5H_2O \cdots\cdots KHCO_3 \text{ 1몰 기준}$$

(2) 이상기체상태방정식

$$PV = \frac{W}{M}RT, \ V = \frac{WRT}{PM} \times CO_2\text{의 몰수} = \frac{200 \times 0.082 \times (273+200)}{1 \times 100} \times 0.5 = 38.79m^3$$

[풀이 1]과 [풀이 2] 중 한 가지 선택하여 쓰면 된다.

이때 정답은 계산방식에 따라 약간 다를 수 있지만 모두 정답으로 인정한다.

참고 | 이상기체상태방정식

$$PV = nRT, \ PV = \frac{W}{M}RT$$

P : 압력(atm), V : 부피(m^3), n : 몰수(kmol), M : 분자량, W : 질량(kg)

R : 기체상수(0.082 atm·m^3/kg-mol·k), T[K] : 절대온도(273＋t℃)

8 주방용 일반 식용유 화재 시 가장 적합한 분말 소화약제의 종별 및 화학식과 이 소화약제의 적응성이 있는 이유를 쓰시오.

정답 | (1) 종별 : 제1종 분말소화약제

(2) 화학식 : NaHCO$_3$

(3) 이유 : 식용유(지방)와 탄산수소나트륨이 반응 시 비누화 현상으로 거품이 생성되어 이 거품이 화재 면을 덮어 질식시키는 소화이다.

9 다음 표에 할로겐화합물 소화약제의 화학식을 쓰시오.

할론1301	할론2402	할론1211
(1)	(2)	(3)

정답 | (1) CF_3Br

      (2) $C_2F_4Br_2$

      (3) CF_2ClBr

해설 | (1) 할로겐화합물 소화약제 명명법

$$Halon - 1 \quad 3 \quad 0 \quad 1 \quad [CF_3Br]$$

(C 원자수) ← ┘   └ → (Br 원자수)

   (F 원자수) ← ┘   └ → (Cl 원자수)

(2) 할로겐소화약제

구분＼종류	할론1301	할론1211	할론2402	할론1011
화학식	CF_3Br	CF_2ClBr	$C_2F_4Br_2$	CH_2ClBr
상태(상온)	기체	기체	액체	액체

10 불활성가스 소화약제의 종류에 따른 구성성분 및 구성비를 각각 적으시오.

(1) IG – 01

(2) IG – 100

(3) IG–541

정답 | (1) Ar : 100%

      (2) N_2 : 100%

      (3) N_2 : 52%, Ar : 40%, CO_2 : 8%

해설 | 불활성가스[IG] 청정소화약제의 성분 비율(%)

소화약제명	화학식
IG–01	Ar(100%)
IG–100	N_2(100%)
IG–541	N_2 : 52%, Ar : 40%, CO_2 : 8%
IG–55	N_2 : 50%, Ar : 50%

11 제3종 분말소화약제 열분해에 대하여 다음 물음에 답하시오.

(1) 오르토인산이 발생시키는 열분해반응식을 쓰시오.

(2) 300℃에서 피로인산의 열분해반응식을 쓰시오.

(3) 완전열분해반응식을 쓰시오.

정답 | (1) $NH_4H_2PO_4 \longrightarrow NH_3 + H_3PO_4$

(2) $H_4H_2O_7 \longrightarrow H_2O + 2HPO_3$

(3) $NH_4H_2PO_4 \longrightarrow NH_3 + H_2O + HPO_3$

해설 | 제3종 분말소화약제($NH_4H_2PO_4$) 열분해반응식

① 1차(190℃)열분해 : $NH_4H_2PO4 \longrightarrow NH_3 + H_3PO_4$(오르토인산, 인산)

② 2차(215℃)열분해 : $2H_3PO_4 \longrightarrow H_2O + H_4H_2O_7$(피로인산)

③ 3차(300℃)열분해 : $H_4P_2O_7 \longrightarrow H_2O + 2HPO_3$(메타인산)

④ 완전열분해반응식 : $NH_4H_2PO_4 \longrightarrow NH_3 + H_2O + HPO_3$
(인산암모늄)　(암모니아) (수증기) (메타인산)

12 제3종 분말소화약제인 $NH_4H_2PO_4$ 230g이 열분해할 경우 몇 g의 HPO_3이 생기는지 화학반응식을 쓰고 구하시오.

정답 | (1) 열분해반응식 : $NH_4H_2PO_4 \longrightarrow NH_3 + H_2O + HPO_3$

(2) 메타인산(HPO_3)의 양(g)

① $NH_4H_2PO_4$의 분자량 $= 14 + 1 \times 6 + 31 + 16 \times 4 = 115$

② HPO_3의 분자량 $= 1 + 31 + 16 \times 3 = 80$

③ $NH_4H_2PO_4$의 열분해반응식

$$\underline{NH_4H_2PO_4} \longrightarrow NH_3 + H_2O + \underline{HPO_3}$$
$$115g \quad : \quad 80g$$
$$230g \quad : \quad x$$

$x = \dfrac{230 \times 80}{115} = 160g(HPO_3$의 양)

∴ 160g

---

③ 소방시설의 종류 및 설치

1 소방시설

소방시설은 소화설비, 경보설비, 피난설비, 소화용수설비 및 소화활동설비로 구분한다.

(1) 소화설비

① 소화설비 : 물 또는 그 밖의 소화약제를 사용하여 소화하는 기계, 기구 또는 설비

② 종류 : 소화기구, 자동소화장치, 옥내(외)소화전 설비, 스프링클러 설비, 물분무등 소화설비

(2) 소화기구 : 소형수동식 소화기와 대형수동식 소화기로 구분

(3) 소화기구 설치대상

① 건축물의 연면적 $33m^2$ 이상인 소방대상물

② 지정문화재 및 가스시설

③ 터널

(4) 소화기 사용법

① 적응화재에만 사용할 것

② 성능에 따라 화점 가까이 접근하여 사용할 것

③ 바람을 등지고 풍상에서 풍하로 실시할 것

④ 양옆으로 비로 쓸 듯이 골고루 방사할 것

> **참고**
>
> • 소화기는 초기 화재에만 효과가 있음
> • 보행거리 : 소형 20m 이내, 대형 30m 이내
> • 소화기구 설치높이 : 바닥으로부터 1.5m 이내

(5) 소화기의 표시사항

구분	A-5	B-7	C적용
적응화재	A급(일반화재)	B급(유류화재)	C급(전기화재)
능력단위	5단위	7단위	능력단위 없음

※ 간이용 소화용구 : 마른모래(건조사), 팽창질석, 팽창진주암

(6) 전기설비의 소화설비

제조소등에 전기설비가 설치된 경우에는 면적 100m² 마다 소형수동식소화기를 1개 이상 설치할 것

(7) 소화능력단위에 의한 분류

① 소형소화기 : 소화능력단위 1단위 이상 대형소화기의 능력단위 미만

② 대형소화기 : 소화능력단위 ┌ A급 : 10단위 이상
└ B급 : 20단위 이상

[소화설비의 능력단위]

소화설비	용량	능력단위
소화전용 물통	8L	0.3
수조(소화전용 물통 3개 포함)	80L	1.5
수조(소화전용 물통 6개 포함)	190L	2.5
마른 모래(삽 1개 포함)	50L	0.5
팽창질석 또는 팽창진주암(삽 1개 포함)	160L	1.0

(8) 소요단위에 의한 분류

① 소요 1단위 : 소화설비의 설치대상이 되는 건축물, 그 밖의 공작물의 규모 또는 위험물의 양의 기준단위

[소요 1단위의 산정방법]

건축물	내화구조의 외벽	내화구조가 아닌 외벽
제조소 및 취급소	연면적 100m^2	연면적 50m^2
저장소	연면적 150m^2	연면적 75m^2
위험물	지정수량의 10배	

※ 옥외에 설치된 제조소 또는 일반취급소의 공작물은 외벽이 내화구조인 것으로 간주하고 공작물의 최대 수평 투영 면적을 연면적으로 간주한다.

② 대형소화기의 소화약제의 기준

종류	소화약제의 양
포 소화기(기계포)	20L 이상
강화액 소화기	60L 이상
물 소화기	80L 이상
분말 소화기	20kg 이상
할로겐화합물 소화기	30kg 이상
이산화탄소 소화기	50kg 이상

최신경향 적중예제 ⚙

1 화재 시 소화기 사용방법 4가지를 쓰시오.

정답 | ① 적응 화재에만 사용할 것
② 성능에 따라 화점 가까이 접근하여 사용할 것
③ 바람을 등지고 풍상에서 풍하로 실시할 것
④ 양옆으로 비로 쓸 듯이 골고루 방사할 것

2 방호대상물로부터 다음 수동식 소화기까지의 보행거리는 몇 m 이하에 설치해야 하는지 각각 쓰시오.

(1) 소형소화기
(2) 대형소화기

정답 | (1) 20m 이하
(2) 30m 이하

3 다음 (　) 안에 알맞은 답을 쓰시오.

> 제조소등에 전기설비가 설치된 경우에는 면적 (①)마다 (②) 소화기를 1개 이상 설치할 것

정답 | ① 100m² ② 소형수동식

4 간이소화용구에 대하여 빈칸에 알맞은 능력단위를 쓰시오.

소화설비	용량	능력단위
마른모래(삽 1개 포함)	50L	①
팽창질석 또는 팽창진주암(삽 1개 포함)	160L	②
소화전용 물통	8L	③

정답 | ① 0.5 ② 1.0 ③ 0.3

해설 | 간이소화용구의 능력단위

소화약제	용량	능력단위
소화전용 물통	8L	0.3
수조(소화전용 물통 3개 포함)	80L	1.5
수조(소화전용 물통 6개 포함)	190L	2.5
마른모래(삽 1개 포함)	50L	0.5
팽창질석 또는 팽창진주암(삽 1개 포함)	160L	1.0

5 외벽이 내화구조인 제조소의 연면적이 450m²일 때 이 제조소의 소요단위를 쓰시오.

정답 | 4.5단위

해설 | 소요 1단위의 산정방법

건축물	내화구조의 외벽	내화구조가 아닌 외벽
제조소 및 취급소	연면적 100m²	연면적 50m²
저장소	연면적 150m²	연면적 75m²
위험물	지정수량의 10배	

• 제조소의 소요단위 $= \dfrac{450m^2}{100m^2} = 4.5$단위

2 옥내소화전 설비

(1) 옥내소화전의 설치기준
① 개폐 밸브 및 호스 접속의 설치 높이 : 바닥으로부터 1.5m 이하
② 옥내소화전의 호스 접속구까지 수평거리 : 25m 이하

③ 수원의 양 계산 : 옥내소화전이 가장 많이 설치된 층의 옥내소화전 설치개수(설치개수가 5개 이상인 경우는 5개)에 7.8m³를 곱한 양 이상

- 방수량 : 260L/min 이상   - 방수압 : 350kPa 이상

※ 수원의 양(Q) : Q(m³)=N(소화전 개수 : 최대 5개)×7.8m³
  - 0.26m³/min×30min=7.8m³

④ 비상전원 : 45분 이상 작동할 것

⑤ 옥내소화전함에는 '소화전'이라고 표시할 것

⑥ 옥내소화전함의 상부의 벽면에 적색의 표시등을 설치하되, 부착면과 15도 이상의 각도가 되는 방향으로 10m 떨어진 곳에서도 식별이 가능할 것

(2) 가압송수장치의 설치기준

① 고가수조를 이용한 가압송수장치 : 낙차(수조의 하단으로부터 호스 접속구까지의 수직거리)는 다음 식에 의하여 구한 수치 이상으로 할 것

$$H = h_1 + h_2 + 35m$$

- H : 필요낙차 (단위 : m)
- h_1 : 방수용 호스의 마찰손실수두 (단위 : m)
- h_2 : 배관의 마찰손실수두

② 압력수조를 이용한 가압송수장치 : 압력수조의 압력은 다음 식에 의하여 구한 수치 이상으로 할 것

$$P = P_1 + P_2 + P_3 + 0.35MPa$$

- P : 필요한 압력 (단위 : MPa)
- P_1 : 소방용 호스의 마찰손실수두압 (단위 : MPa)
- P_2 : 배관의 마찰손실수두압 (단위 : MPa)
- P_3 : 낙차의 환산수두압 (단위 : MPa)

③ 펌프를 이용한 가압송수장치 : 펌프의 전양정은 다음 식에 의하여 구한 수치 이상으로 할 것

$$H = h_1 + h_2 + h_3 + 35m$$

- H : 펌프의 전양정 (단위 : m)
- h_1 : 소방용 호스의 마찰손실수두 (단위 : m)
- h_2 : 배관의 마찰손실수두 (단위 : m)
- h_3 : 낙차 (단위 : m)

참고 ┊ **단위환산**

$1kg/cm^2 = 10mH_2O(수두) = 100KPa = 0.1MPa$

※ $3.5kg/cm^2 = 35mH_2O = 350KPa = 0.35MPa$

3 옥외소화전 설비

(1) 옥외소화전의 설치기준

① 사용처 : 건축물의 1, 2층의 저층에 사용된다.

② 건축물에서 호스접속구까지 수평거리 : 40m 이하

③ 옥외소화전함과 소화전으로부터 보행거리 : 5m 이하

④ 수원의 양 계산 : 옥외소화전의 설치개수(설치개수가 4개 이상인 경우는 4개)에 13.5m³
를 곱한 양 이상

• 방수량 : 450L/min 이상   • 방수압 : 350kPa 이상

※ 수원의 양(Q) : Q(m³)＝N(소화전 개수 : 최대 4개)×13.5m³
   • 0.45m³/min×30min＝13.5m³

⑤ 비상전원 : 45분 이상 작동할 것

⑥ 옥외소화전에는 직근의 보기 쉬운 장소에 '소화전'이라고 표시할 것

최신경향 적중예제 ⚛

1 다음은 옥내소화전 설비의 가압송수장치 중 압력수조를 이용한 가압송수장치에 필요한 압력을
구하는 공식이다. (   ) 안에 알맞은 것을 보기에서 골라 그 기호를 쓰시오.

$$P=(①)+(②)+(③)+(④)$$

┌ 보기 ┐
A : 소방용 호스의 마찰손실수두압(MPa)
B : 배관의 마찰손실수두압(MPa)
C : 낙차의 환산수두압(MPa)
D : 낙차(m)
E : 배관의 마찰손실수두(m)
F : 소방용 호스의 마찰손실수두(m)
G : 0.35MPa
H : 35MPa

정답 | ① A ② B ③ C ④ G

해설 | 옥내소화전 설비의 압력수조를 이용한 가압송수장치 : 압력수조의 압력은 다음 식에 의
하여 구한 수치 이상으로 할 것

$P=P_1+P_2+P_3+0.35MPa$
┌ P : 필요한 압력(MPa)
│ P_1 : 소방용 호스의 마찰손실 수두압(MPa)
│ P_2 : 배관의 마찰손실 수두압(MPa)
└ P_3 : 낙차의 환산 수두압(MPa)

2 위험물제조소에 다음과 같이 옥내소화전이 설치되었을 때 수원의 양은 몇 m³인지 다음 각 물음에 답하시오.

(1) 1층에 1개, 2층에 3개로 총 4개의 옥내소화전이 설치된 경우
(2) 1층에 2개, 2층에 7개로 총 9개의 옥내소화전이 설치된 경우

정답| (1) 23.4m³ 이상   (2) 39m³ 이상

해설| 옥내소화전 수원의 양 계산 : 옥내소화전이 가장 많이 설치된 층의 소화전 설치 개수에 7.8m³을 곱한 양 이상이다.(단, 옥내소화전 개수가 5개 이상일 경우에는 5개만 곱해준다)

그러므로 (1) 번은 2층에 3개, (2) 번은 2층에 7개지만 5개만 계산하여 준다.

∴ 수원의 양(Q : m³)＝N(소화전 개수 : 최대 5개)×7.8m³

(1) 수원의 양(Q : m³)＝3×7.8m³＝23.4m³ 이상

(2) 수원의 양(Q : m³)＝5×7.8m³＝39m³ 이상

3 위험물제조소에 옥외소화전이 6개 설치되었을 경우 수원의 수량은 몇 m³ 이상인가?

정답| 54m³

해설| 옥외소화전 수원의 양 계산 : 옥외소화전 개수에 13.5m³을 곱한 양 이상이다. (단, 옥외소화전 개수가 4개 이상일 경우에는 4개만 곱해준다)

∴ 수원의 양(Q : m³)＝ N(소화전 개수 : 최대 4개)×13.5m³＝4×13.5m³＝54m³ 이상

4 스프링클러 설비

(1) 스프링클러 헤드의 종류 : 개방형(감열체가 있음), 폐쇄형(감열체가 없음)

① 개방형 스프링클러 헤드의 설치기준
- 스프링클러 헤드의 보유 공간 : 반사판으로부터 하방으로 0.45m, 수평방향으로 0.3m의 공간을 보유할 것
- 스프링클러 헤드 설치 : 헤드의 축심이 헤드의 부착면에 직각이 되도록 설치할 것
- 스프링클러 설비의 방사구역 : 150m² 이상으로 할 것(단, 방호대상물의 바닥 면적이 150m² 미만 : 해당 바닥면적)

② 폐쇄형 스프링클러 헤드의 설치기준
- 스프링클러 헤드의 반사판과 헤드의 부착면과의 거리 : 0.3m 이하 일 것
- 스프링클러 헤드는 당해 헤드의 부착면으로부터 0.4m 이상 돌출한 보 등에 의하여 구획된 부분마다 설치할 것
- 급배기용 덕트등의 긴 변의 길이가 1.2m를 초과하는 것이 있는 경우 : 당해 덕트 등의 아랫면에 스프링클러 헤드를 설치할 것

③ 제어밸브 설치 높이 : 바닥으로부터 0.8m 이상 1.5m 이하

(2) 스프링클러 설비의 수원의 양

① 개방형 스프링클러 헤드 : 스프링클러 헤드가 가장 많이 설치된 방사구역의 스프링클러 헤드 설치 개수에 2.4m³를 곱한 양 이상

② 폐쇄형 스프링클러 헤드 : 30개(헤드 설치개수가 30 미만인 방호대상물 : 당해 설치개수)에 2.4m³를 곱한 양 이상

③ 방수량 : 80L/min 이상, 방수압 : 100KPa 이상

  ※ 수원의 양(Q) : $Q(m^3) = N(헤드수) \times 2.4m^3$

  • $0.08m^3/min \times 30min = 2.4m^3$

  • N(헤드수) : 폐쇄형은 최대 30개 미만, 개방형은 설치개수

(3) 비상전원 : 45분 이상 작동할 것

5 물분무 소화설비

(1) 물분무 소화설비의 방사구역 : 150m² 이상으로 할 것(단, 방호대상물의 표면적이 150m² 미만 : 해당 표면적)

(2) 수원의 양 : 방사구역의 표면적 1m²당 1분간 20L의 비율로 계산한 양으로 30분간 방사할 수 있는 양 이상

  ※ 수원의 양(Q) : $Q(m^3) = A(방호대상물의 표면적\ m^2) \times 0.6m^3/m^2$

  $0.02m^3/min \cdot m^2 \times 30min = 0.6m^3/m^2$

  • 방사압력 : 350KPa 이상

  ※ 물분무등 소화설비의 종류 : 물분무 소화설비, 포 소화설비, 이산화탄소 소화설비, 할로겐화물 소화설비, 분말 소화설비

[위험물제조소등의 소화설비 설치기준 (비상전원 : 45분)]

소화설비	수평거리	방수량	방수압력	수원의 양(Q : m³)
옥내	25m 이하	260(L/min) 이상	350(KPa) 이상	Q=N(소화전개수 : 최대 5개) × 7.8m³ (260L/min × 30min)
옥외	40m 이하	450(L/min) 이상	350(KPa) 이상	Q=N(소화전개수 : 최대 4개) × 13.5m³ (450L/min × 30min)
스프링클러	1.7m 이하	80(L/min) 이상	100(KPa) 이상	Q=N(헤드수) × 2.4m³ (80L/min × 30min)
물분무	–	20(L/m²·min) 이상	350(KPa) 이상	Q=A(바닥면적 m²) × 0.6m³/m² (20L/m²·min × 30min)

6 포 소화설비

(1) 고정식 방출구의 종류

탱크지붕의 구조	포 주입법	포 방출구의 종류
고정식 지붕구조의 탱크 (콘루프탱크 : CRT)	상부포 주입법	Ⅰ형
		Ⅱ형
	저부포 주입법	Ⅲ형
		Ⅳ형
부상식 지붕구조의 탱크 (플로팅루프 탱크 : FRT)	상부포 주입법	특형

참고 : 상부포 주입법과 저부포 주입법

- 상부포 주입법 : 고정 방출구를 탱크 옆판의 상부에 설치하여 액표면상에 포를 방출하는 방법
- 저부포 주입법 : 탱크의 액면하에 설치된 포방 출구로부터 포를 탱크 내에 주입하는 방법

(2) 보조포 소화전 설치기준

① 상호간 보행거리 : 75m 이하

② 보조포 소화전 3개(3개 미만 : 그 개수)의 노즐을 동시에 방사 시

- 방수압력 : 0.35MPa 이상
- 방사량 : 400L/min 이상

(3) 포헤드 방식의 포헤드 설치기준

① 포헤드 수 : 방호 대상물의 표면적 $9m^2$당 1개 이상 설치할 것

② 방사량 : 방호 대상물의 표면적 $1m^2$당 6.5L/min 이상일 것

③ 방사구역 : $100m^2$ 이상으로 할 것(단, 방호 대상물의 표면적이 $100m^2$ 미만 : 그 표면적)

④ 수원(Q)＝표면적$(m^2) \times 6.5L/min \cdot m^2 \times 10min$

(4) 포 모니터 노즐의 설치기준

위치가 고정된 노즐의 방사각도를 수동 또는 자동으로 조준하여 포를 방사하는 설비를 말한다.

① 노즐선단의 방사량 : 1,900L/min 이상

② 수평 방사거리 : 30m 이상

③ 수원(Q)＝N(노즐 수)×방사량(1,900L/min)×30min

(5) 포소화약제의 혼합장치

① 펌프 프로포셔너 방식(펌프혼입방식) : 펌프의 토출관과 흡입관 사이의 배관도중에 흡입기를 설치하여 펌프에서 토출된 물의 일부를 보내고, 농도 조정밸브에서 조정된 포소화약제의 필요량을 포소화약제 탱크에서 펌프 흡입측으로 보내어 혼합하는 방식

② 프레셔 프로포셔너 방식(차압혼입방식) : 펌프와 발포기의 중간에 벤추리관을 설치하여 벤추리 작용과 펌프 가압수의 포 소화약제 저장탱크에 대한 압력으로 포소화약제를 흡입·혼합하는 방식

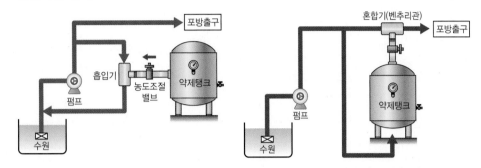

[펌프 프로포셔너 방식]　　　　　[프레셔 프로포셔너 방식]

③ 라인 프로포셔너 방식(관로혼합방식) : 펌프와 발포기의 중간에 벤추리관을 설치하여 벤추리작용에 의해 포소화약제를 흡입·혼합하는 방식

④ 프레셔사이드 프로포셔너 방식(압입 혼합방식) : 펌프의 토출관에 압입기를 설치하여 포소화약제 압입용 펌프로 포소화약제를 압입·혼합하는 방식

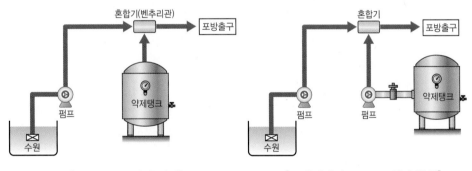

[라인 프로포셔너 방식]　　　　　[프레셔사이드 프로포셔너 방식]

7 분말 소화설비

(1) 전역방출 방식의 분사헤드

① 방사된 소화약제가 방호구역의 전역에 균일하고 신속하게 확산할 수 있도록 설치할 것

② 방사압력 : 0.1MPa 이상, 소화약제의 방사시간 : 30초 이내

(2) 국소방출 방식의 분사헤드

① 방호대상물의 모든 표면이 분사헤드의 유효사정내에 있도록 설치할 것

② 방사압력 : 0.1MPa 이상, 소화약제의 방사시간 : 30초 이내

8 불활성가스 소화설비

(1) 분사헤드의 방사 및 용기의 충전비

구분		전역방출방식			국소방출방식 (이산화탄소)
		이산화탄소(CO_2)		불활성가스	
		저압식 (−18℃ 이하로 저장)	고압식 (20℃로 저장)	IG−100, IG−55, IG−541	
분사 헤드	방사압력	1.05MPa 이상	2.1MPa 이상	1.9MPa 이상	−
	방사시간	60초 이내	60초 이내	60초 이내(약제량 95% 이상)	30초 이내
용기의 충전비		1.1 이상 1.4 이하	1.5 이상 1.9 이하	충전압력 32MPa 이하	−

(2) 불활성가스 저장용기 설치기준

① 방호구역 외의 장소에 설치할 것

② 온도가 40℃ 이하이고 온도변화가 적은 장소에 설치할 것

③ 직사일광 및 빗물이 침투할 우려가 적은 장소에 설치할 것

④ 저장용기에는 안전장치를 설치할 것

⑤ 저장용기의 외면에 소화약제의 종류와 양, 제조년도 및 제조자를 표시할 것

※ 용기 간의 간격은 점검에 지장이 없도록 3cm 이상 간격을 유지할 것

(3) 저압식 저장용기 설치기준

① 액면계, 압력계를 설치할 것

② 23MPa 이상의 압력 1.9MPa 이하의 압력에서 작동하는 압력경보장치를 설치할 것

③ 용기내부의 온도를 −20℃ 이상 −18℃ 이하로 유지할 수 있는 자동냉동기를 설치할 것

④ 파괴판을 설치할 것

⑤ 방출밸브를 설치할 것

(4) 비상전원의 용량(자가발전설비, 축전지설비) : 1시간 이상 작동

9 할로겐화합물 소화설비

(1) 전역 및 국소방출방식 분사헤드의 방사압력 및 방사시간

구분	소화약제	방사압력	방사시간
할로겐화합물	할론 2402	0.1 MPa 이상	30초 이내
	할론 1211	0.2 MPa 이상	
	할론 1301	0.9 MPa 이상	

※ 할론 2402를 방사하는 분사헤드는 당해 소화약제를 무상으로 방사하는 것일 것

(2) 할로겐화물 소화약제의 충전비 : 저장용기의 내용적(L)/소화약제의 중량(L/kg)

약제	할론 2402		할론 1211
	가압식	축압식	
충전비	0.51 이상 0.67 미만	0.67 이상 2.75 이하	0.7 이상 1.4 이하

최신경향 적중예제 ⚙

1 불활성가스 소화설비에 대하여 다음 각 물음에 답을 쓰시오.

(1) 다음의 이산화탄소 소화설비의 분사헤드의 방사압력을 쓰시오.
　 ① 고압식 :　　　　　　　　　　② 저압식 :
(2) 저압식 저장용기에는 내부온도를 영하 몇 ℃ 이상, 영하 몇 ℃ 이하로 유지할 수 있는 자동냉동기를 설치해야 하는가?
(3) 저압식 저장용기에는 몇 MPa 이상의 압력 및 몇 MPa 이하의 압력에서 작동하는 압력 경보장치를 설치해야 하는가?

정답 | (1) ① 2.1MPa 이상　② 1.05MPa 이상
　　　　(2) 영하 20℃, 영하 18℃
　　　　(3) 2.3MPa, 1.9MPa
- -
해설 | (1) 이산화탄소 소화설비의 분사헤드의 방사압력
　　　　　① 고압식 : 2.1MPa 이상　② 저압식 : 1.05MPa 이상
　　　　(2) 저압식 저장용기에는 용기 내부의 온도를 영하 20℃ 이상, 영하 18℃ 이하로 유지할 수 있는 자동냉동기를 설치해야 한다.
　　　　(3) 저압식 저장용기에는 2.3MPa 이상의 압력 및 1.9MPa 이하의 압력에서 작동하는 압력 경보장치를 설치해야 한다.

2 물분무소화설비의 설치기준에 대해 다음 (　) 안에 알맞은 수치를 쓰시오.

> 가. 물분무소화설비의 방사구역은 (①)m² 이상으로 할 것
> 나. 수원의 수량은 분무헤드가 가장 많이 설치된 방사구역의 모든 분무헤드를 동시에 사용할 경우에 당해 방사구역의 표면적 1m²당 1분간 (②)L의 비율로 계산한 양으로 (③)분간 방사할 수 있는 양 이상이 되도록 설치할 것

정답 | ① 150　② 20　③ 30
- -
해설 | ① 물분무소화설비의 방사구역은 150m² 이상(단, 방호대상물의 표면적이 150m² 미만인 경우 : 당해 표면적)으로 할 것
　　　　② 물분무헤드 방사압력 : 350kPa 이상

3 다음 할로겐화합물 소화설비의 분사헤드에 대하여 (   )에 알맞은 수치를 쓰시오.

(1) 할론2402 : 방사압력 (   )MPa 이상

(2) 할론1301 : 방사압력 (   )MPa 이상

(3) 분사헤드의 방사시간 : (   )초 이내

정답 | (1) 0.1   (2) 0.9   (3) 30

해설 | 할로겐화합물 소화설비의 분사헤드의 방사압력 및 방사시간

구분	소화약제	방사압력	방사시간
할로겐화합물	할론2402	0.1MPa 이상	30초 이내
	할론1211	0.2MPa 이상	
	할론1301	0.9MPa 이상	

④ 소화설비의 설치기준

1 소화설비

1. 소화난이도등급 Ⅰ

(1) 소화난이도등급 Ⅰ에 해당하는 제조소등

제조소등의 구분	제조소등의 규모, 저장 또는 취급하는 위험물의 품명 및 최대수량 등
제조소 일반취급소	연면적 1,000m² 이상인 것
	지정수량의 100배 이상인 것(고인화점위험물만을 100℃ 미만의 온도에서 취급하는 것 및 제 48조의 위험물을 취급하는 것은 제외)
	지면으로부터 6m 이상의 높이에 위험물 취급설비가 있는 것(고인화점위험물만을 100℃ 미만의 온도에서 취급하는 것은 제외)
	일반취급소로 사용되는 부분 외의 부분을 갖는 건축물에 설치된 것(내화구조로 개구부 없이 구획된 것 및 고인화점위험물만을 100℃ 미만의 온도에서 취급하는 것은 제외)
주유취급소	법 규정상(주유취급소의 직원 외의 자가 출입하는 부분)의 면적의 합이 500m²를 초과하는 것

옥내 저장소	지정수량의 150배 이상인 것(고인화점위험물만을 저장하는 것 및 제48조의 위험물을 저장하는 것은 제외)
	연면적 150m²를 초과하는 것(150m² 이내마다 불연재료로 개구부 없이 구획된 것 및 인화성 고체 외의 제2류 위험물 또는 인화점 70℃ 이상의 제4류 위험물만을 저장하는 것은 제외)
	처마높이가 6m 이상인 단층건물의 것
	옥내저장소로 사용되는 부분 외의 부분이 있는 건축물에 설치된 것(내화구조로 개구부 없이 구획된 것 및 인화성고체 외의 제2류 위험물 또는 인화점 70℃ 이상의 제4류 위험물만을 저 장하는 것은 제외)
옥외 탱크 저장소	액표면적이 40m² 이상인 것(제6류 위험물을 저장하는 것 및 고인화점위험물만을 100℃ 미 만의 온도에서 저장하는 것은 제외)
	지반면으로부터 탱크 옆판의 상단까지 높이가 6m 이상인 것(제6류위험물을 저장하는 것 및 고인화점위험물만을 100℃ 미만의 온도에서 저장하는 것은 제외)
	지중탱크 또는 해상탱크로서 지정수량의 100배 이상인 것(제6류 위험물을 저장하는 것 및 고 인화점위험물만을 100℃ 미만의 온도에서 저정하는 것은 제외)
	고체위험물을 저장하는 것으로서 지정수량의 100배 이상인 것
옥내 탱크 저장소	액표면적이 40m² 이상인 것(제6류 위험물을 저장하는 것 및 고인화점위험물만을 100℃ 미 만의 온도에서 저장하는 것은 제외)
	바닥면으로부터 탱크 옆판의 상단까지 높이가 6m 이상인 것(제6류 위험물을 저장하는 것 및 고인화점위험물만을 100℃ 미만의 온도에서 저장하는 것은 제외)
	탱크전용실이 단층건물 외의 건축물에 있는 것으로서 인화점 38℃ 이상 70℃ 미만의 위험물 을 지정수량의 5배 이상 저장하는 것(내화구조로 개구부 없이 구획된 것은 제외)
옥외 저장소	덩어리 상태의 유황을 저장하는 것으로서 경계표시 내부의 면적(2 이상의 경계표시가 있는 경우에는 각 경계표시의 내부의 면적을 합한 면적)이 100m² 이상인 것
	인화성고체, 제1석유류 또는 알코올류의 위험물을 저장하는 것으로서 지정수량의 100배 이상인 것
암반 탱크 저장소	액표면적이 40m² 이상인 것(제6류 위험물을 저장하는 것 및 고인화점위험물만을 100℃ 미 만의 온도에서 저장하는 것은 제외)
	고체위험물만을 저장하는 것으로서 지정수량의 100배 이상인 것
이송취급소	모든 대상

(2) 소화난이도등급 Ⅰ의 제조소등에 설치하여야 하는 소화설비

제조소등의 구분			소화설비
제조소 및 일반취급소			옥내소화전설비, 옥외소화전설비, 스프링클러설비 또는 물분무등소화설비(화재발생 시 연기가 충만할 우려가 있는 장소에는 스프링클러설비 또는 이동식 외의 물분무등소화설비에 한한다)
옥내저장소	처마높이가 6m 이상인 단층건물 또는 다른 용도의 부분이 있는 건축물에 설치한 옥내저장소		스프링클러설비 또는 이동식 외의 물분무등소화설비
	그 밖의 것		옥외소화전설비, 스프링클러설비, 이동식 외의 물분무등소화설비 또는 이동식 포소화설비(포소화전을 옥외에 설치하는 것에 한한다)
옥외탱크저장소	지중탱크 또는 해상탱크 외의 것	유황만을 저장 취급하는 것	물분무소화설비
		인화점 70℃ 이상의 제4류 위험물만을 저장취급하는 것	물분무소화설비 또는 고정식 포소화설비
		그 밖의 것	고정식 포소화설비(포소화설비가 적응성이 없는 경우에는 분말소화설비)
	지중탱크		고정식 포소화설비, 이동식 이외의 이산화탄소 소화설비 또는 이동식 이외의 할로겐화합물소화설비
	해상탱크		고정식 포소화설비, 물분무소화설비, 이동식 이외의 이산화탄소 소화설비 또는 이동식 이외의 할로겐화합물소화설비
옥내탱크저장소	유황만을 저장취급하는 것		물분무소화설비
	인화점 70℃ 이상의 제4류 위험물만을 저장취급하는 것		물분무소화설비, 고정식 포소화설비, 이동식 이외의 이산화탄소소화설비, 이동식 이외의 할로겐화합물소화설비 또는 이동식 이외의 분말소화설비
	그 밖의 것		고정식 포소화설비, 이동식 이외의 이산화탄소소화설비, 이동식 이외의 할로겐화합물소화설비 또는 이동식 이외의 분말소화설비
옥외저장소 및 이송취급소			옥내소화전설비, 옥외소화전설비, 스프링클러설비 또는 물분무등소화설비(화재발생시 연기가 충만할 우려가 있는 장소에는 스프링클러설비 또는 이동식 이외의 물분무소화설비에 한한다)
암반탱크저장소	유황만을 저장취급하는 것		물분무소화설비
	인화점 70℃ 이상의 제4류 위험물만을 저장취급하는 것		물분무소화설비 또는 고정식 포소화설비
	그 밖의 것		고정식 포소화설비(포소화설비가 적응성이 없는 경우에는 분말소화설비)

2. 소화난이도등급 Ⅱ

(1) 소화난이도등급 Ⅱ에 해당하는 제조소등

제조소 등의 구분	제조소등의 규모, 저장 또는 취급하는 위험물의 품명 및 최대수량 등
제조소 일반취급소	연면적 600m² 이상인 것
	지정수량의 10배 이상인 것(고인화점위험물만을 100℃ 미만의 온도에서 취급하는 것 및 제48조의 위험물을 취급하는 것은 제외)
	일반취급소로서 소화난이도등급 Ⅰ의 제조소등에 해당하지 아니하는 것(고인화점위험물만을 100℃ 미만의 온도에서 취급하는 것은 제외)
옥내 저장소	단층건물 이외의 것
	제2류 또는 제4류의 위험물(인화성 고체 및 인화점 70℃ 미만 제외)만을 저장·취급하는 다층건물 또는 지정수량의 50배 이하인 소규모 옥내저장소
	지정수량의 10배 이상인 것(고인화점위험물만을 저장하는 것 및 제48조의 위험물을 저장하는 것은 제외)
	연면적 150m² 초과인 것
	지정수량 20배 이하의 옥내저장소로서 소화난이도등급 Ⅰ의 제조소등에 해당하지 아니하는 것
옥외 탱크저장소 옥내 탱크저장소	소화난이도등급 Ⅰ의 제조소등 외의 것(고인화점위험물만을 100℃ 미만의 온도로 저장하는 것 및 제6류 위험물만을 저장하는 것은 제외)
옥외 저장소	덩어리 상태의 유황을 저장하는 것으로서 경계표시 내부의 면적(2 이상의 경계표시가 있는 경우에는 각 경계표시의 내부의 면적을 합한 면적)이 5m² 이상 100m² 미만인 것
	인화성고체, 제1석유류, 알코올류의 위험물을 저장하는 것으로서 지정수량의 10배 이상 100배 미만인 것
	지정수량의 100배 이상인 것(덩어리 상태의 유황 또는 고인화점위험물을 저장하는 것은 제외)
주유취급소	옥내주유취급소
판매취급소	제2종 판매취급소

(2) 소화난이도등급 Ⅱ의 제조소등에 설치하여야 하는 소화설비

제조소등의 구분	소화설비
제조소, 옥내저장소, 옥외저장소, 주유취급소, 판매취급소, 일반취급소	방사능력범위 내에 당해 건축물, 그 밖의 공작물 및 위험물이 포함되도록 대형수동식소화기를 설치하고, 당해 위험물의 소요단위의 1/5 이상에 해당되는 능력단위의 소형수동식소화기등을 설치할 것
옥외탱크저장소, 옥내탱크저장소	대형수동식소화기 및 소형수동식소화기등을 각각 1개 이상 설치할 것

3. 소화난이도등급 Ⅲ

(1) 소화난이도등급 Ⅲ에 해당하는 제조소등

제조소등의 구분	제조소등의 규모, 저장 또는 취급하는 위험물의 품명 및 최대수량 등
제조소 일반취급소	화약류에 해당하는 위험물을 취급하는 것
	화약류에 해당하는 위험물 외의 것을 취급하는 것으로서 소화난이도등급 Ⅰ 또는 소화난이도등급 Ⅱ의 제조소등에 해당하지 아니하는 것
옥내저장소	화약류에 해당하는 위험물을 취급하는 것
	화약류에 해당하는 위험물 외의 것을 취급하는 것으로서 소화난이도등급 Ⅰ 또는 소화난이도등급 Ⅱ의 제조소등에 해당하지 아니하는 것
지하탱크저장소 간이탱크저장소 이동탱크저장소	모든 대상
옥외저장소	덩어리 상태의 유황을 저장하는 것으로서 경계표시 내부의 면적(2 이상의 경계표시가 있는 경우에는 각 경계표시의 내부의 면적을 합한 면적)이 5m² 미만인 것
	덩어리 상태의 유황 외의 것을 저장하는 것으로서 소화난이도등급 Ⅰ 또는 소화난이도등급 Ⅱ의 제조소등에 해당하지 아니하는 것
주유취급소	옥내주유취급소외의 것
제1종 판매취급소	모든 대상

(2) 소화난이도등급 Ⅲ의 제조소등에 설치하여야 하는 소화설비

제조소등의 구분	소화설비	설치기준	
지하탱크저장소	소형수동식소화기등	능력단위의 수치가 3 이상	2개 이상
이동탱크저장소	자동차용소화기	무상의 강화액 8L 이상	2개 이상
		이산화탄소 3.2킬로그램 이상	
		일브롬화일염화이플루오르화메탄(CF_2ClBr) 2L 이상	
		일브롬화삼플루오르화메탄(CF_3Br) 2L 이상	
		이브롬화사플루화메탄($C_2F_4Br_2$) 1L 이상	
		소화분말 3.5킬로그램 이상	
	마른모래 및 팽창질석 또는 팽창진주암	마른모래 150L 이상	
		팽창질석 또는 팽창진주암 640L 이상	

그 밖의 제조소등	소형수동식소화기등	능력단위의 수치가 건축물 그 밖의 공작물 및 위험물의 소요단위의 수치에 이르도록 설치할 것. 다만, 옥내소화전설비, 옥외소화전설비, 스프링클러설비, 물분무등소화설비 또는 대형수동식소화기를 설치한 경우에는 당해 소화설비의 방사능력범위내의 부분에 대하여는 수동식소화기등을 그 능력단위의 수치가 당해 소요단위의 수치의 1/5 이상이 되도록 하는 것으로 족하다.

최신경향 적중예제 ⚙

1 소화난이도등급Ⅰ에 해당하는 제조소 및 일반취급소에 대한 물음이다. (   ) 안에 알맞은 답을 쓰시오.

(1) 연면적 (   )m² 이상일 것
(2) 저장(취급)하는 위험물의 최대수량이 지정수량의 (   )배 이상일 것
(3) 지면으로부터 (   )m 이상의 높이에 위험물 취급설비가 있는 것

정답 | ① 1000   ② 100   ③ 6

해설 | 본문 참고

2 소화난이도 등급별로 해당하는 것을 다음 보기에서 골라 그 기호를 쓰시오.

┌ **보기** ┐

A : 연면적이 1,000m²인 제조소
B : 취급하는 위험물의 최대수량이 지정수량의 10배 이상인 제조소
C : 처마 높이가 6m 이상인 단층건물의 옥내저장소
D : 지하탱크 저장소
E : 제2종 판매취급소
F : 이송취급소
G : 이동탱크저장소

(1) 소화난이도등급 Ⅰ :
(2) 소화난이도등급 Ⅱ :
(3) 소화난이도등급 Ⅲ :

정답 | (1) A, C, F   (2) B, E   (3) D, G

해설 | 본문 참고

3 소화난이도등급 I에 해당하는 옥내저장소에 대한 물음이다. (   ) 안에 알맞은 답을 쓰시오.

(1) 저장(취급)하는 위험물의 최대수량이 지정수량의 (   )배 이상일 것

(2) 연면적 (   )m²를 초과하는 것

정답 | (1) 150   (2) 150

해설 | 본문 참고

4 소화난이도등급 I에 해당하는 옥내(외)탱크저장소에 대한 물음이다. (   ) 안에 알맞은 답을 쓰시오.

(1) 액표면적이 (   )m² 이상일 것

(2) 바닥(지반)면으로부터 탱크옆판의 상단까지 높이가 (   )m 이상인 것

정답 | (1) 40   (2) 6

해설 | (1) 옥내탱크저장소의 소화난이도등급 I
  • 바닥면으로부터 탱크 옆판의 상단까지 높이가 6m 이상인 것
(2) 옥외탱크저장소의 소화난이도등급 I
  • 지반면으로부터 탱크 옆판까지의 상단까지 높이가 6m 이상인 것

5 소화난이도등급 I의 옥외탱크저장소에 설치하는 소화설비를 각각 쓰시오.

(1) 유황만을 저장취급 시 설치하는 소화설비는?

(2) 인화점 70℃ 이상의 제4류 위험물만을 저장취급 시 설치하는 소화설비는?

정답 | (1) 물분무소화설비   (2) 물분무소화설비 또는 고정식 포 소화설비

해설 | 소화난이도등급 I의 옥외탱크저장소에 설치하는 소화설비
  • 유황만을 저장 취급시 : 물분무 소화설비
  • 인화점 70℃ 이상의 제4류 위험물만을 저장취급 시 : 물분무소화설비 또는 고정식 포 소화설비
  • 그 밖의 것 : 고정식 포 소화설비(포 소화설비가 적응성이 없을 경우 : 분말소화설비)

6 소화난이도등급 III의 이동탱크저장소에 설치하는 자동차용 소화기에 대한 소화설비 설치기준에 대하여 다음 물음에 답하시오.

(1) 무상의 강화액은 몇 L 이상 설치해야 하는가?

(2) 이산화탄소는 몇 kg 이상 설치해야 하는가?

(3) 무상강화액과 이산화탄소는 몇 개 이상 설치해야 하는가?

정답 | (1) 8   (2) 3.2   (3) 2

해설 | 본문 참고

4. 소화설비의 적응성 ★★★ 실기시험 출제빈도가 매우 높음 ★★★

소화설비의 구분		건축물 그밖의 공작물	전기 설비	제1류 위험물 알칼리금속과산화물등	제1류 위험물 그밖의 것	제2류 위험물 철분·금속분·마그네슘등	제2류 위험물 인화성 고체	제2류 위험물 그밖의 것	제3류 위험물 금수성 물품	제3류 위험물 그밖의 것	제4류 위험물	제5류 위험물	제6류 위험물
옥내소화전설비 또는 옥외소화전설비		○			○		○	○		○		○	○
스프링클러설비		○			○		○	○		○	△	○	○
물분무등소화설비	물분무소화설비	○	○		○		○	○		○	○	○	○
	포소화설비	○			○		○	○		○	○	○	○
	이산화탄소소화설비		○				○				○		
	할로겐화합물소화설비		○				○				○		
	분말소화설비 인산염류 등	○	○		○		○	○			○		○
	분말소화설비 탄산수소염류 등		○	○		○	○		○		○		
	분말소화설비 그 밖의 것			○		○			○				
대형·소형수동식소화기	봉상수(棒狀水)소화기	○			○		○	○		○		○	○
	무상수(霧狀水)소화기	○	○		○		○	○		○		○	○
	봉상강화액소화기	○			○		○	○		○		○	○
	무상강화액소화기	○	○		○		○	○		○	○	○	○
	포소화기	○			○		○	○		○	○	○	○
	이산화탄소소화기		○				○			○	○		△
	할로겐화합물소화설비		○				○			○	○		
	분말소화기 인산염류소화기	○	○		○		○	○			○		○
	분말소화기 탄산수소염류소화기		○	○		○	○		○		○		
	분말소화기 그 밖의 것			○		○			○				
기타	물통 또는 수조	○			○		○	○		○		○	○
	건조사			○	○	○	○	○	○	○	○	○	○
	팽창질석 또는 팽창진주암			○	○	○	○	○	○	○	○	○	○

※ 비고 : 'O'표시는 당해 소방대상물 및 위험물에 대하여 소화설비가 적응성이 있음을 표시한다.

※ 제4류 위험물에 '△'표시의 의미 : 제4류 위험물을 저장 또는 취급하는 장소의 살수기준면적에 따라 스프링클러설비의 살수밀도가 다음 표에 정하는 기준 이상인 경우에는 당해 스프링클러설비가 제4류 위험물에 대하여 적응성이 있음을 의미한다.

[제4류 위험물취급장소에 스프링클러설비 설치 시 1분당 방사밀도]

살수기준면적(m²)	방사밀도(L/m²·분)		비고
	인화점 38℃ 미만	인화점 38℃ 이상	
279 미만	16.3 이상	12.2 이상	살수기준면적은 내화구조의 벽 및 바닥으로 구획된 하나의 실의 바닥면적을 말한다. 다만, 하나의 실의 바닥면적이 465m² 이상인 경우의 살수기준면적은 465m²로 한다.
279 이상 372 미만	15.5 이상	11.8 이상	
372 이상 465 미만	13.9 이상	9.8 이상	
465 이상	12.2 이상	8.1 이상	

※ 제6류 위험물에서 '△'표시의 이미 : 제6류 위험물을 저장 또는 취급하는 장소로서 폭발의 위험이 없는 장소에 한하여 이산화탄소소화기가 제6류 위험물에 대하여 적응성이 있음을 의미한다.

최신경향 적중예제 ⚙

1 물분무등 소화설비의 종류 5가지를 쓰시오.

정답 | ① 물분무소화설비   ② 포소화설비   ③ 불활성가스소화설비
　　　④ 할로겐화물 소화설비   ⑤ 분말소화설비

해설 | 본문 참고

2 제6류 위험물에 적응성이 있는 분말소화설비를 쓰시오.

정답 | 인산염류 등 소화설비

해설 | 제6류 위험물에 탄산수소염류 분말소화설비는 적응성이 없고 인산염류 분말소화설비만 적응성이 있다.

3 다음 중 나트륨에 적응성이 있는 소화설비를 모두 골라 쓰시오.

> 팽창질석, 포소화설비, 인산염류분말소화설비, 건조사, 불활성가스 소화설비

정답 | 팽창질석, 건조사

해설 | 나트륨(Na) : 제3류(자연발화성 및 금수성물질)위험물로 적응성 있는 소화설비
　　　• 탄산염류분말소화설비
　　　• 건조사(마른모래)
　　　• 팽창질석 또는 팽창진주암
　　　※ 특히, 탄산염류분말소화설비는 적응성이 있으나 인산염류분말소화설비는 금수성물질과 3류 및 5류에는 적응성이 없다.

4 다음 소화설비에 적응성이 있는 위험물을 보기에서 골라 그 기호를 쓰시오.

┌ 보기 ┐
　A. 제1류 위험물 중 무기과산화물(알칼리금속과산화물 제외)
　B. 제2류 위험물 중 인화성고체
　C. 제3류 위험물(금수성물질 제외)
　D. 제4류 위험물
　E. 제5류 위험물
　F. 제6류 위험물

(1) 포 소화설비 :

(2) 불활성가스 소화설비 :

(3) 옥외소화전 설비 :

정답 | (1) A, B, C, D, E, F　(2) B, D　(3) A, B, C, E, F

- -

해설 | ① 포 소화설비 : 질식소화, 냉각소화(물 함유)

　　② 불활성가스 소화설비 : 질식소화

　　③ 옥외소화전 설비 : 냉각소화

　　※ 제2류 위험물 중 인화성 고체는 모든 소화약제에 적응성이 있다.

5 다음 중 불활성가스 소화설비에 적응성이 있는 위험물을 골라 그 기호를 쓰시오.

A. 제1류 위험물　　　B. 제2류 위험물 중 인화성고체　　　C. 제3류 위험물 중 금수성물질
D. 제4류 위험물　　　E. 제5류 위험물　　　　　　　　　　　F. 제6류 위험물

정답 | B, D

- -

해설 | 불활성가스 소화설비에 적응성이 있는 소화설비

- 전기설비
- 제2류 위험물 중 인화성고체
- 제4류 위험물

참고 | 소화설비의 적응성에 대해서는 여러 형태로 실기 시험에 자주 출제되므로 무조건 다음 표를 암기할 것

대상물 구분 / 소화설비의 구분		건축물 그밖의 공작물	전기설비	제1류 위험물		제2류 위험물			제3류 위험물		제4류 위험물	제5류 위험물	제6류 위험물
				알칼리금속과 산화물등	그밖의 것	철분·금속분·마그네슘등	인화성 고체	그밖의 것	금수성 물품	그밖의 것			
옥내소화전설비 또는 옥외소화전설비		○			○		○	○		○		○	○
스프링클러설비		○			○		○	○		○	△	○	○
물분무등소화설비	물분무소화설비	○	○		○		○	○		○	○	○	○
	포소화설비	○			○		○	○		○	○	○	○
	이산화탄소소화설비		○				○				○		
	할로겐화합물소화설비		○				○				○		
	분말소화설비 인산염류 등	○	○		○		○				○		○
	분말소화설비 탄산수소염류 등		○	○		○	○		○		○		
	분말소화설비 그 밖의 것			○		○			○				

❷ 경보설비 및 피난설비의 설치기준

1. 경보설비

(1) 제조소등별로 설치하여야 하는 경보설비의 종류

제조소등의 구분	제조소등의 규모, 저장 또는 취급하는 위험물의 종류 및 최대수량	경보설비
1. 제조소 및 일반취급소	• 연면적 500m² 이상인 것 • 옥내에서 지정수량의 100배 이상을 취급하는 것(고인화점 위험물만을 100℃ 이상의 온도에서 취급하는 것을 제외) • 일반취급소로 사용되는 부분 외의 부분이 있는 건축물에 설치된 일반취급소	자동화재 탐지설비
2. 옥내저장소	• 지정수량의 100배 이상을 저장 또는 취급하는 것(고인화점위험물만을 저장 또는 취급하는 것을 제외) • 저장창고의 연면적이 150m²를 초과하는 것 • 처마높이가 6m 이상인 단층건물의 것 • 옥내저장소로 사용되는 부분 외의 부분이 있는 건축물에 설치된 옥내저장소	
3. 옥내탱크저장소	단층 건물 외의 건축물에 설치된 옥내탱크저장소로서 소화 난이도등급 Ⅰ에 해당하는 것	
4. 주유취급소	옥내주유취급소	
5. 옥외탱크저장소	특수인화물, 제1석유류 및 알코올류를 저장 또는 취급하는 탱크용량이 1000만L 이상인 것	자동화재탐지설비, 자동화재속보설비
6. 제1호 내지 제5호의 자동화재탐지설비 설치대상에 해당하지 아니하는 제조소등	지정수량의 10배 이상을 저장 또는 취급하는 것	자동화재탐지설비, 비상경보설비, 확성장치 또는 비상방송설비 중 1종 이상

※ 고인화점 위험물 : 인화점이 100℃ 이상인 제4류 위험물

(2) 자동화재탐지설비의 설치기준

① 자동화재탐지설비의 경계구역(화재가 발생한 구역을 다른 구역과 구분하여 식별할 수 있는 최소단위의 구역을 말한다. 이하 이 호 및 제2호에서 같다)은 건축물 그 밖의 공작물의 2 이상의 층에 걸치지 아니하도록 할 것. 다만, 하나의 경계구역의 면적이 500m² 이하이면서 당해 경계구역이 두 개의 층에 걸치는 경우이거나 계단·경사로·승강기의 승강로 그 밖에 이와 유사한 장소에 연기감지기를 설치하는 경우에는 그러하지 아니하다.

② 하나의 경계구역의 면적은 600m² 이하로 하고 그 한변의 길이는 50m(광전식분리형

감지기를 설치할 경우에는 100m)이하로 할 것. 다만, 당해 건축물 그 밖의 공작물의 주요한 출입구에서 그 내부의 전체를 볼 수 있는 경우에 있어서는 그 면적을 1,000m² 이하로 할 수 있다.

③ 자동화재탐지설비의 감지기는 지붕(상층이 있는 경우에는 상층의 바닥) 또는 벽의 옥내에 면한 부분(천장이 있는 경우에는 천장 또는 벽의 옥내에 면한 부분 및 천장의 뒷부분)에 유효하게 화재의 발생을 감지할 수 있도록 설치할 것

④ 자동화재탐지설비에는 비상전원을 설치할 것

2. 피난설비

(1) 유도등의 설치기준

① 주유소취급소 중 건축물의 2층 이상의 부분을 점포·휴게음식점 또는 전시장의 용도로 사용하는 것에 있어서는 당해 건축물의 2층 이상으로부터 직접 주유취급소의 부지 밖으로 통하는 출입구와 당해 출입구로 통하는 통로·계단 및 출입구에 유도등을 설치해야 한다.

② 옥내주유취급소에 있어서는 당해 사무소 등의 출입구 및 피난구와 당해 피난구로 통하는 통로·계단 및 출입구에 유도등을 설치하여야 한다.

③ 유도등에는 비상전원을 설치하여야 한다.

최신경향 적중예제 ⊛

1 제조소등별로 자동화재탐지설비의 설치대상에 대한 물음에 답하시오.

(1) 제조소의 연면적은 몇 m²이상인가?
(2) 옥내저장소의 저장창고의 연면적은 몇 m²를 초과한 것인가?
(3) 옥내저장소에서 저장(취급)하는 위험물의 최대수량은 지정수량 몇 배 이상인가?

정답 | (1) 500m² 이상   (2) 150m²   (3) 100배 이상

해설 | 본문 참고

2 위험물 제조소에서 위험물의 지정수량이 몇 배 이상일 때 자동화재탐지설비, 비상경보설비, 확성장치 또는 비상방송설비 중 1종 이상의 경보설비를 설치해야 하는가?

정답 | 10배

해설 | 본문 참고

3 다음은 옥외탱크저장소에 설치해야 할 경보설비에 대한 내용이다. ( ) 안에 알맞은 답을 쓰시오.

> (①), 제1석유류 및 (②)류를 저장 또는 취급하는 탱크의 용량이 1,000만L 이상일 경우 자동화재탐지설비 또는 (③)의 경보설비를 설치해야 한다.

정답 | ① 특수인화물, ② 알코올류, ③ 자동화재속보설비

해설 | 본문 참고

4 다음은 자동화재탐지설비의 설치기준이다. ( ) 안에 알맞은 수치를 쓰시오.

> 하나의 경계구역의 면적은 (①)m² 이하로 하고 그 한변의 길이는 (②)m (광전식 분리형 감지기를 설치할 경우에는 100m) 이하로 할 것, 다만 당해 건축물의 출입구에서 그 내부의 전체를 볼 수 있는 경우에 있어서는 그 면적을 (③)m² 이하로 할 수 있다.

정답 | ① 600 ② 50 ③ 1000

해설 | 본문 참고

5 고인화점 위험물의 정의를 간단히 쓰시오.

정답 | 인화점이 100℃ 이상인 제4류 위험물

해설 | 본문 참고

6 위험물안전관리법령에 근거하여 위험물제조소등에 설치해야 하는 경보설비의 종류를 2가지만 쓰시오.

정답 | ① 자동화재탐지설비
    ② 비상경보설비
    ③ 확성장치(휴대용 확성기를 포함) 및 비상방송설비 중 2가지

해설 | • 위험물을 저장 또는 취급하는 제조소등의 경보설비 : 지정수량 10배 이상 저장 또는 취급하는 제조소등(이동 탱크 저장소는 제외)
    • 경보설비 : 자동화재탐지설비, 비상경보설비, 확성장치(휴대용 확성기 포함) 및 비상방송설비

위험물의 종류 및 성질

❶ 위험물의 구분

❶ 위험물의 정의

인화성 또는 발화성 등의 성질을 가지는 것으로서 대통령령이 정하는 물품을 말한다.

❷ 지정수량

1. 지정수량

위험물의 종류별로 위험성을 고려하여 대통령령이 정하는 수량으로서 제조소등의 설치 허가 등에 있어서 기준이 되는 최저의 수량

2. 2품명 이상의 지정수량 배수 환산방법

$$\frac{\text{A품명 저장수량}}{\text{A품명의 지정수량}} + \frac{\text{B품명 저장수량}}{\text{B품명의 지정수량}} + \cdots = \text{배수 환산값}$$

※ 환산값의 합계가 1 이상이 되면 지정수량 이상의 위험물로 본다.

❸ 위험물의 유별 저장·취급의 공통기준

① 제1류 위험물은 가연물과의 접촉·혼합이나 분해를 촉진하는 물품과의 접근 또는 과열·충격·마찰 등을 피하는 한편, 알칼리금속의 과산화물 및 이를 함유한 것에 있어서는 물과의 접촉을 피하여야 한다.

② 제2류 위험물은 산화제와의 접촉·혼합이나 불티·불꽃·고온체와의 접근 또는 과열을 피하는 한편, 철분·금속분·마그네슘 및 이를 함유한 것에 있어서는 물이나 산과의 접촉을 피하고 인화성 고체에 있어서는 함부로 증기를 발생시키지 아니어야 한다.

③ 제3류 위험물 중 자연발화성물질에 있어서는 불티·불꽃 또는 고온체와의 접근·과열 또는 공기와의 접촉을 피하고, 금수성 물질에 있어서는 물과의 접촉을 피하여야 한다.

④ 제4류 위험물은 불티·불꽃·고온체와의 접근 또는 과열을 피하고, 함부로 증기를 발생시키지 아니하여야 한다.

⑤ 제5류 위험물은 불티·불꽃·고온체와의 접근이나 과열·충격 또는 마찰을 피하여야 한다.

⑥ 제6류 위험물은 가연물과의 접촉·혼합이나 분해를 촉진하는 물품과의 접근 또는 과열을 피하여야 한다.

❹ 위험물의 성질에 따른 구분

1. 제1류 위험물(산화성고체)

'산화성 고체'라 함은 고체[액체(1기압 및 섭씨 20도에서 액상인 것 또는 섭씨 20도 초과 섭씨 40도 이하에서 액상인 것을 말한다. 이하 같다) 또는 기체(1기압 및 섭씨 20도에서 기상인 것을 말한다) 외의 것을 말한다. 이하 같다]로서 산화력의 잠재적인 위험성 또는 충격에 대한 민감성을 판단하기 위하여 소방청장이 정하여 고시(이하 '고시'라 한다)하는 시험에서 고시로 정하는 성질과 상태를 나타내는 것을 말한다. 이 경우 '액상'이라 함은 수직으로 된 시험관(안지름 30mm, 높이 120mm의 원통형유리관을 말한다)에 시료를 55mm까지 채운 다음 당해 시험관을 수평으로 하였을 때 시료액면의 선단이 30mm를 이동하는데 걸리는 시간이 90초 이내에 있는 것을 말한다.

2. 제2류 위험물(가연성고체)

'가연성 고체'라 함은 고체로서 화염에 의한 발화의 위험성 또는 인화의 위험성을 판단하기 위하여 고시로 정하는 시험에서 고시로 정하는 성질과 상태를 나타내는 것을 말한다.

① 유황은 순도가 60중량% 이상인 것을 말한다. 이 경우 순도측정에 있어서 불순물은 활석 등 불연성 물질과 수분에 한한다.

② '철분'이라 함은 철의 분말로서 53마이크로미터의 표준체를 통과하는 것이 50중량% 미만인 것은 제외한다.

③ '금속분'이라 함은 알칼리금속·알칼리토류금속·철 및 마그네슘 외의 금속의 분말을 말하고, 구리분·니켈분 및 150마이크로미터의 체를 통과하는 것이 50중량% 미만인 것을 제외한다.

④ 마그네슘 및 제2류 제8호의 물품 중 마그네슘을 함유한 것에 있어서는 다음에 해당하는 것은 제외한다.
　가) 2mm의 체를 통과하지 아니하는 덩어리 상태의 것
　나) 직경 2mm 이상의 막대 모양의 것

⑤ '인화성 고체'라 함은 고형알코올 그 밖에 1기압에서 인화점이 섭씨 40도 미만인 고체를 말한다.

⑥ 황화린·적린·유황 및 철분은 가연성 고체의 규정에 의한 성상이 있는 것으로 본다.

3. 제3류 위험물(자연발화성물질 및 금수성물질)

'자연발화성물질 및 금수성물질'이라 함은 고체 또는 액체로서 공기 중에서 발화의 위험성이 있거나 물과 접촉하여 발화하거나 가연성가스를 발생하는 위험성이 있는 것을 말한다. 칼륨·나트륨·알킬알루미늄·알킬리튬 및 황린은 자연발화성물질 및 금수성물질의 규정에 의한 성상이 있는 것으로 본다.

4. 제4류 위험물(인화성액체)

'인화성액체'라 함은 액체(제3석유류, 제4석유류 및 동식물유류에 있어서는 1기압과 섭씨 20도에서 액상인 것에 한한다)로서 인화의 위험성이 있는 것을 말한다.

① '특수 인화물'이라 함은 이황화탄소, 디에틸에테르 그 밖에 1기압에서 발화점이 섭씨 100도 이하인 것 또는 인화점이 섭씨 영하 20도 이하이고 비점이 섭씨 40도 이하인 것을 말한다.

② '제1석유류'라 함은 아세톤, 휘발유 그 밖에 1기압에서 인화점이 섭씨 21도 미만인 것을 말한다.

③ '알코올류'라 함은 1분자를 구성하는 탄소원자의 수가 1개부터 3개까지인 포화1가 알코올(변성알코올을 포함한다)을 말한다. 다만, 다음에 해당하는 것은 제외한다.
- 1분자를 구성하는 탄소원자의 수가 1개 내지 3개의 포화1가 알코올의 함유량이 60중량% 미만인 수용액
- 가연성 액체량이 60중량% 미만이고 인화점 및 연소점이 에틸알코올 60중량% 수용액의 인화점 및 연소점을 초과하는 것

④ '제2석유류'라 함은 등유, 경유 그 밖에 1기압에서 인화점이 섭씨 21도 이상 섭씨 70도 미만인 것을 말한다. 다만, 도료류 그 밖의 물품에 있어서 가연성 액체량이 40중량% 이하이면서 인화점이 섭씨 40도 이상인 동시에 연소점이 섭씨 60도 이상인 것은 제외한다.

⑤ '제3석유류'라 함은 중유, 클레오소트유 그 밖에 1기압에서 인화점이 섭씨 70도 이상 섭씨 200도 미만인 것을 말한다. 다만 도료류 그 밖의 물품은 가연성 액체량이 40중량% 이하인 것은 제외한다.

⑥ '제4석유류'라 함은 기어류, 실린더유 그 밖의 1기압에서 인화점이 섭씨 200도 이상 섭씨 250도 미만의 것을 말한다. 다만 도료류 그 밖의 물품은 가연성 액체량이 40중량% 이하인 것은 제외한다.

⑦ '동식물유류'라 함은 동물의 지육 등 또는 식물의 종자나 과육으로부터 추출한 것으로서 1기압에서 인화점이 섭씨 250도 미만인 것을 말한다. 다만, 행정안정부령으로 정

하는 용기기준과 수납·저장기준에 따라 저장·보관되고 용기의 외부에 물품의 통칭명, 수량 및 화기엄금의 표시가 있는 경우를 제외한다.

5. 제5류 위험물(자기반응성물질)

'자기반응성 물질'이라 함은 고체 또는 액체로서 폭발의 위험성 또는 가열 분해의 격렬함을 판단하기 위하여 고시로 정하는 시험에서 고시로 정하는 성질과 상태를 나타내는 것을 말한다.

6. 제6류 위험물(산화성액체)

'산화성 액체'라 함은 액체로서 산화력의 잠재적인 위험성을 판단하기 위하여 고시로 정하는 성질과 상태를 나타내는 것을 말한다.
① 과산화수소는 그 농도가 36중량% 이상인 것에 한한다.
② 질산은 그 비중이 1.49 이상인 것에 한한다.

> **참고**
>
> 실기 시험에서 (   )를 채우는 형태 등으로 자주 출제되므로 반드시 숙지 할 것

5 위험물의 시험 및 판정

1. 산화성고체 시험방법(제1류 위험물)

(1) 산화성 시험

① 분립상 물품의 연소시험(1기압, 20℃에서 5회 반복 시험 후 평균값을 구함)
  [분립상 : 매 분당 160회의 타진을 받으며 2mm의 체를 30분에 걸쳐 통과하는 양이 10중량% 이상의 것을 말한다]
  • 표준 물질의 연소시험 : 표준물질(과염소산칼륨)과 목분을 중량비 1:1로 섞어 혼합물 30g을 만들어 연소시킨 후 불꽃이 없어지기까지의 연소시간을 측정한다.
  • 시험 물품의 연소시험 : 시험물품과 목분을 중량비 1:1 및 중량비 4:1로 섞어 혼합물 30g을 각각 만들어 연소 시 연소시간을 구한 다음 둘 중 짧은 연소시간을 선택한다.
  • 판정 기준 : 시험물품의 연소시험시간이 표준물질의 연소시험 시간보다 짧은 것을 산화성 고체로 정한다.
② 분립상 외의 물품의 대량연소시험(1기압, 20℃에서 5회 반복 시험 후 평균값을 구함)
  • 표준물질의 대량 연소시험 : 표준물질(과염소산칼륨)과 목분을 중량비 4:6으로 섞어 혼합물 500g을 만들어 연소시킨 후 연소시간을 측정한다.

- 시험물품의 대량 연소시험 : 시험 물품과 목분을 체적비 1:1로 섞어 혼합물 500g을 만들어 연소시킨 후 연소시간을 측정한다.
- 판정기준 : 시험 물품의 대량연소시험시간이 표준 물질의 대량연소시험시간보다 짧은 것을 산화성 고체로 정한다.

(2) 충격 민감성 시험(낙구타격 감도시험)

① 분립상 물품 : 강철재 원기둥에 적린(5mg)을 쌓고 그 위에 질산칼륨(5mg)을 쌓은 후 쇠구슬($\varnothing$ 10)을 10cm 높이에서 혼합물 위에 직접 40회 이상 낙하시켜 폭점 산출법으로 혼합물의 50%폭점(폭발 확률이 50% 이상)을 구하여 그 폭점에서 시험물품을 연소시킨다. 이 시험에 의한 폭발 확률이 50% 이상인 것을 산화성 고체로 정한다.

② 분립상 외의 물품 : 시험물품의 철관 시험에 의하여 철관이 완전히 파열하는 것

2. 인화성액체 시험방법(제4류 위험물)

※ 인화성액체 중 수용성 액체 : 20℃, 1기압에서 동일한 양의 증류수와 완만하게 혼합하여, 혼합액의 유동이 멈춘 후 당해 혼합액이 균일한 외관을 유지하는 것을 말한다.

(1) 태그밀폐식 인화점 측정기에 의한 인화점 측정시험

① 측정결과가 0℃ 미만인 경우 : 당해 측정 결과를 인화점으로 한다.

② 측정결과가 0℃ 이상 80℃ 이하인 경우 : 동점도 측정을 하여 동점도가 $10mm^2/s$ 미만인 경우에는 당해 측정결과를 인화점으로 하고, 동점도가 $10mm^2/s$ 이상인 경우에는 신속평형법 인화점 측정기로 다시 측정한다.

③ 태그밀폐식 시험방법
- 시험장소는 1기압, 무풍의 장소로 할 것
- 인화점 측정기의 시료컵에 시험물품 $50cm^3$을 넣고 시험물품 표면의 기포를 제거한 후 뚜껑을 덮을 것
- 시험을 점화하고 화염의 크기를 직경이 4mm가 되도록 조정할 것

(2) 신속평형법 인화점 측정기에 의한 인화점 측정시험

① 측정결과가 0℃ 이상 80℃ 이하인 경우 : 동점도를 측정하여 동점도가 $10mm^2/s$ 이상인 경우에는 당해 측정 결과를 인화점으로 한다.

② 측정결과가 80℃를 초과하는 경우 : 클리브랜드 개방컵 인화점 측정기로 다시 측정한다.

③ 신속평형법 시험방법
- 시험장소는 1기압, 무풍의 장소로 할 것
- 인화점 측정기의 시료컵을 설정온도까지 가열 또는 냉각하여 시험물품(설정온도가 낮은 온도인 경우에는 설정온도까지 냉각한 것) 2mL를 시료컵에 넣고 즉시 뚜껑 및 개폐기를 닫을 것

• 시험 불꽃을 점화하고 화염의 크기를 직경 4mm가 되도록 조정할 것

(3) 클리브랜드 개방컵 인화점 측정기에 의한 인화점 측정시험

① 측정결과가 80℃를 초과하는 경우 : 당해 측정결과를 인화점으로 한다.

② 클리브랜드 개방컵 시험방법

• 시험장소는 1기압, 무풍의 장소로 할 것

• 인화점 측정기의 시료컵의 표선(標線)까지 시험물품을 채우고 시험물품 표면의 기포를 제거할 것

• 시험불꽃을 점화하고 화염의 크기를 직경 4mm가 되도록 조정할 것

3. 산화성액체 시험방법(제6류 위험물)

(1) 연소시간의 측정시험

목분, 표준물질인 질산 90% 수용액 및 시험물품을 사용하여 온도 20℃ 습도 50% 1기압의 실내에서 연소시험을 실시하여 시험물품과 목분과의 혼합물의 연소시간이 표준물질(질산 90% 수용액)과 목분과의 혼합물의 연소시간 이하인 경우에는 산화성 액체에 해당하는 것으로 한다.(단, 배기를 행하는 경우 : 바람의 흐름과 평행하게 측정한 풍속이 0.5m/s 이하일 것)

최신경향 적중예제 ⚛

1 다음은 위험물의 유별 저장·취급의 공통기준이다. ( ) 안에 알맞은 말을 쓰시오.

(1) 제1류 위험물은 (   )과의 접촉·혼합이나 분해를 촉진하는 물품과의 접근 또는 과열·충격·마찰 등을 피하는 한편, 알칼리금속과산화물 및 이를 함유한 것에 있어서는 (   )과의 접촉을 피하여야 한다.

(2) 제2류 위험물은 (   )와의 접촉·혼합이나 불티·불꽃·고온체와의 접근 또는 과열을 피하는 한편, 철, 금속분· 마그네슘 및 이를 함유한 것에 있어서는 물이나 (   )과의 접촉을 피하고 인화성 고체에 있어서는 함부로 (   )를 발생시키지 아니하여야 한다.

(3) 제3류 위험물 중 자연발화성물질에 있어서는 불티·불꽃 또는 고온체와 접근·과열 또는 (   )와 접촉을 피하고, 금수성물질에 있어서는 (   )과의 접촉을 피하여야 한다.

(4) (   ) 위험물은 불티·불꽃·고온체와의 접근이나 과열·충격 또는 마찰을 피하여야 한다.

(5) (   ) 위험물은 불티·불꽃·고온체와의 접근 또는 과열을 피하고, 함부로 증기를 발생시키지 아니하여야 한다.

(6) 제6류 위험물은 (   )과의 접촉·혼합이나 (   )를 촉진하는 물품과의 접근 또는 과열을 피하여야 한다.

정답 | (1) 가연물, 물 (2) 산화제, 산, 증기 (3) 공기, 물
　　　 (4) 제5류　　　(5) 제4류　　　　(6) 가연물, 분해

- 제1류 위험물은 가연물과 접촉·혼합이나 분해를 촉진하는 물품과의 접근 또는 과열, 충격, 마찰 등을 피하는 한편, 알칼리금속의 과산화물 및 이를 함유한 것에 있어서는 물과의 접촉을 피하여야 한다.
- 제2류 위험물은 산화제와의 접촉·혼합이나 불티·불꽃·고온체와의 접근 또는 과열을 피하는 한편, 철분, 금속분, 마그네슘 및 이를 함유한 것에 있어서는 물이나 산과의 접촉을 피하고 인화성 고체에 있어서는 함부로 증기를 발생시키지 아니하여야 한다.
- 제3류 위험물 중 자연발화성물질에 있어서는 불티·불꽃 또는 고온체와의 접근·과열 또는 공기와의 접촉을 피하고, 금수성 물질에 있어서는 물과의 접촉을 피하여야 한다.
- 제4류 위험물은 불티·불꽃·고온체와의 접근 또는 과열을 피하고, 함부로 증기를 발생시키지 아니하여야한다.
- 제5류 위험물은 불티·불꽃·고온체와의 접근이나 과열, 충격 또는 마찰을 피하여야 한다.
- 제6류 위험물은 가연물과의 접촉·혼합이나 분해를 촉진하는 물품과의 접근 또는 과열을 피하여야 한다.

2 다음은 제2류 위험물의 품명에 대한 정의이다. (   ) 안에 알맞은 수치를 쓰시오.

(1) 유황은 순도 (①)중량% 이상인 위험물이다.

(2) 철분은 철의 분말로서 (②)마이크로미터의 표준체를 통과 하는 것이 (③)중량% 미만을 제외한다.

(3) 금속분은 알칼리금속·알칼리토금속·철 및 마그네슘 외의 금속분말을 말하고, 구리분·니켈분 및 (④)마이크로미터의 체를 통과하는 것이 (⑤)중량 % 미만인 것을 제외한다.

(4) 인화성고체는 고형알코올, 그 밖에 1기압에서 인화점이 (⑥)℃ 미만인 고체를 말한다.

정답 | ① 60 ② 53 ③ 50 ④ 150 ⑤ 50 ⑥ 40

해설 | 제2류 위험물의 마그네슘은 다음에 해당하는 것은 제외한다.

- 2mm의 체를 통과하지 아니하는 덩어리 상태의 것
- 직경이 2mm 이상의 막대 모양의 것

3 다음은 제4류 위험물의 정의이다. (   ) 안에 알맞은 내용을 쓰시오.

(1) '특수인화물'이라 함은 이황화탄소, 디에틸에테르 그 밖에 1기압에서 발화점이 (   )℃ 이하이거나, 인화점이 영하 20℃ 이하이고, 비점이 (   )℃ 이하인 것을 말한다.

(2) '제2석유류' 함은 등유, 경유 그 밖에 1기압에서 인화점이 (   )℃ 이상 (   )℃ 미만인 것을 말한다.(단, 도료류, 그 밖의 물품에 있어서 가연성 액체량이 (   )중량% 이하이면서 인화점이 40℃ 이상인 동시에 연소점이 60℃ 이상인 것은 제외한다)

(3) '알코올류'라 함은 1분자를 구성하는 탄소원자수가 1개부터 (   )개 까지의 포화 1가 알코올(변성알코올을 포함한다)을 말한다.(단, 1분자를 구성하는 탄소원자의 수가 1개 내지 (   )개의 포화1가 알코올의 함유량이 (   )중량% 미만인 수용액은 제외한다)

정답 | (1) 100, 40 (2) 21, 70, 40 (3) 3, 3, 60

해설 | • 특수인화물 : 이황화탄소, 디에틸에테르 그 밖에 1기압에서 발화점이 100℃ 이하이거나 인화점이 영하 20℃ 이하이고, 비점이 40℃ 이하인 것을 말한다.

- 제1석유류 : 아세톤, 휘발유 그 밖에 1기압에서 인화점이 21℃미만인 것
- 알코올류 : 1분자를 구성하는 탄소원자수가 1개부터 3개까지의 포화 1가 알코올(변성 알코올을 포함한다)을 말한다. 단, 다음에 해당하는 것은 제외한다.
  - 1분자를 구성하는 탄소원자수가 1개 내지 3개의 포화 1가 알코올의 함유량이 60 중량% 미만인 수용액
  - 가연성 액체량이 60중량% 미만이고 인화점 및 연소점이 에틸알코올 60중량% 수 용액의 인화점 및 연소점을 초과하는 것
- 제2석유류 : 등유, 경유 그 밖에 1기압에서 인화점이 21℃ 이상 70℃ 미만인 것을 말한다. 단, 도료류, 그 밖의 물품에 있어서 가연성 액체량이 40중량% 이하이면서 인화점이 40℃ 이상인 동시에 연소점이 60℃ 이상인 것은 제외한다.
- 제3석유류 : 중유, 클레오소트유, 그 밖에 1기압에서 인화점이 70℃ 이상 200℃ 미만인 것을 말한다. 단, 도료류, 그 밖의 물품은 가연성 액체량이 40중량% 이하인 것은 제외한다.
- 제4석유류 : 기어유, 실린더유, 그 밖에 1기압에서 인화점이 200℃ 이상 250℃ 미만인 것을 말한다. 단, 도료류, 그 밖의 물품은 가연성 액체량이 40중량% 이하인 것은 제외한다.
- 동식물유류 : 동물의 지육 등 또는 식물의 종자나 과육으로부터 추출한 것으로서 1기압에서 인화점이 250℃ 미만인 것을 말한다.

4 다음 제6류 위험물에 적용을 받는 기준을 쓰시오.

(1) 과산화수소
(2) 질산

정답 | (1) 농도가 36중량% 이상   (2) 비중 1.49 이상

해설 | 제6류 위험물의 적용대상(기준)
  - 과산화수소(H_2O_2) : 농도가 36중량% 이상인 것
  - 질산(HNO_3) : 비중 1.49 이상인 것
  - 과염소산($HClO_4$)과 할로겐간화합물 : 기준없이 무조건 제6류 위험물에 적용됨

5 인화성 액체의 인화점 측정시험 방법 3가지를 쓰시오.

정답 | ① 태그밀폐식   ② 신속평형법   ③ 클리브랜드 개방컵

6 다음은 어느 인화점 측정기에 대한 시험방법인가?

〈시험방법〉
- 시험장소는 1기압 무풍의 장소로 할 것
- 인화점 측정기의 시료컵에 시험물품 50cm³를 넣고 시험물품 표면의 기포를 제거한 후 뚜껑을 덮을 것
- 시험 불꽃을 점화하고 화염의 크기를 직경이 4mm가 되도록 조정할 것

정답 | 태그밀폐식 인화점 측정기

7 다음은 산화성 액체의 시험방법 및 판정기준이다. (   ) 안에 알맞은 말을 쓰시오

(①), (②) 90% 수용액 및 시험물품을 사용하여 온도 20℃, 습도 50%, 1기압의 실내에서 연소시험을 시험방법에 의하여 실시한다.(단, 배기를 행하는 경우 : 풍속 0.5m/s 이하일 것)

정답 | ① 목분 ② 질산

8 산화성 고체의 낙구타격감도시험에서 위험물안전관리법령상 충격 민감성 시험을 하여 시험물품의 낙구타격감도시험에 의해 폭발확률이 몇 % 이상이어야 하는가?

정답 | 50% 이상

해설 | • 분립상 물품에 있어서는 시험물품의 낙구타격감도시험에 의한 폭발 확률이 50% 이상인 것
   • 분립상 외의 물품에 있어서는 시험물품의 철관시험에 의하여 철관이 완전히 파열하는 것

2 위험물의 종류 및 성질

1 제1류 위험물(산화성고체)

1. 제1류 위험물의 종류 및 지정수량

성질	위험등급	품명[주요품목]	지정수량
산화성 고체	I	1. 아염소산염류[$NaClO_2$, $KClO_2$, $Ca(ClO_2)_2$]	50kg
		2. 염소산염류[$NaClO_3$, $KClO_3$, NH_4ClO_3]	
		3. 과염소산염류[$KClO_4$, $NaClO_4$, NH_4ClO_4]	
		4. 무기과산화물[Na_2O_2, K_2O_2, MgO_2, BaO_2]	
	II	5. 브롬산염류[$KBrO_3$, $NaBrO_3$]	300kg
		6. 질산염류[KNO_3, $NaNO_3$, NH_4NO_3, $AgNO_3$]	
		7. 요오드산염류[KIO_3, $NaIO_3$]	
	III	8. 과망간산염류[$KMnO_4$, $NaMnO_4$]	1,000kg
		9. 중크롬산염류[$K_2Cr_2O_7$, $Na_2Cr_2O_7$]	
	I ~ III	10. 그 밖에 행정안전부령이 정하는것[CrO_3, KIO_4, $NaNO_2$ 등] 11. 1~10호의 하나 이상을 함유한것	50kg, 300kg 또는 1,000kg

2. 제1류 위험물의 일반적인 성질

① 불연성으로 산소를 포함한 산화성고체로서 강산화제이다.

② 대부분 무색결정 또는 백색분말로 조해성 및 수용성이다.

③ 과열, 타격, 충격, 마찰 및 다른 화합물(환원성물질)과 접촉 시 쉽게 분해, 폭발 위험성이 있다.

④ 가연물과 혼합 시 격렬하게 연소 또는 폭발성이 있다.

⑤ 알칼리금속의 과산화물은 물과 반응하여 산소를 발생한다.

⑥ 대부분 비중이 1보다 크고 무기화합물이며 유독성과 부식성이 크다.

※ 조해성 : 고체의 물질이 공기중에 습기를 흡수하여 스스로 녹아 버리는 성질

3. 제1류 위험물의 저장방법

제1류 위험물은 조해성 물질이 많기 때문에 용기를 밀봉, 밀전하여 냉암소에 보관해야만 공기중 수분을 흡수하여 녹거나 분해되는 것을 방지하기 때문이다.

4. 제1류 위험물의 소화방법

① 다량의 물로 냉각소화 한다.

② 무기(알칼리금속)과산화물은 금수성물질로서 물과 반응 시 발열하므로 마른 모래 등으로 질식소화 한다.(단, 주수소화는 절대엄금)

③ 자체적으로 산소를 함유하고 있어 질식소화는 효과가 없고 다량의 물로 냉각소화가 효과적이다.

5. 제1류 위험물의 종류 및 성상

(1) 아염소산염류(지정수량 : 50kg)

1) 아염소산나트륨($NaClO_2$)

① 무색의 결정성분말로서 조해성이 있다.

② 130~140℃에서 열분해시 염화나트륨과 산소를 발생한다.

열분해반응식 : $NaClO_2 \longrightarrow NaCl + O_2$

③ 산과 반응시 분해하여 이산화염소(ClO_2)의 유독가스를 발생한다.

④ 소화방법 : 물로 냉각소화한다.

(2) 염소산염류(지정수량 : 50kg)

1) 염소산칼륨($KClO_3$)
① 무색의 결정 또는 백색분말로 비중 2.32이다.
② 온수 및 글리세린에 잘 녹고 냉수, 알코올에는 잘 녹지 않는다.
③ 400℃에서 분해하여 염화칼륨과 산소를 방출한다.

열분해반응식 : $2KClO_3 \xrightarrow{\Delta} 2KCl + 3O_2$

④ 황산과 반응하여 유독성인 이산화염소(ClO_2)를 발생하고 발열 폭발한다.

황산과의 반응식 : $6KClO_3 + 3H_2SO_4 \longrightarrow 2HClO_4 + 3K_2SO_4 + 4ClO_2 + 2H_2O$

⑤ 소화방법 : 물로 냉각소화한다.

2) 염소산나트륨($NaClO_3$)
① 알코올, 물, 에테르, 글리세린에 잘 녹는다.
② 조해성이 크고 철제를 부식시키므로 철제용기는 사용을 금한다.
③ 300℃에서 열분해하여 산소를 발생한다.

열분해반응식 : $2NaClO_3 \xrightarrow[\Delta]{300℃} 2NaCl + 3O_2 \uparrow$

④ 산과 반응하여 독성과 폭발성이 강한 이산화염소(ClO_2)를 발생한다.
⑤ 소화방법 : 물로 냉각소화한다.

3) 염소산암모늄(NH_4ClO_3)
① 무색 결정 또는 백색 분말이다.
② 부식성, 조해성이 있다.
③ 100℃에서 열분해하여 질소, 염소, 산소를 발생한다.

열분해반응식 : $2NH_4ClO_3 \longrightarrow N_2 + Cl_2 + O_2 + 4H_2O$

④ 산화기$[ClO_3]^-$와 폭발기$[NH_4]^+$의 결합으로 폭발성을 가진다.
⑤ 소화방법 : 물로 냉각소화한다.

(3) 과염소산염류(지정수량 : 50kg)

1) 과염소산칼륨($KClO_4$)
① 물, 알코올, 에테르에 녹지 않는 무색 결정이다.
② 400℃에서 분해 시작, 610℃에서 완전분해되어 산소를 방출한다.

열분해반응식 : $KClO_4 \xrightarrow[\Delta]{610℃} KCl + 2O_2$

③ 소화방법 : 물로 냉각소화한다.

2) 과염소산나트륨($NaClO_4$)
① 물, 알코올, 아세톤에 잘 녹고 에테르에는 녹지 않는다.

② 조해성, 흡습성이 있다.

③ 400℃에서 분해하여 산소를 발생한다.

열분해반응식 : $NaClO_4 \longrightarrow NaCl + 2O_2 \uparrow$

④ 소화방법 : 물로 냉각 소화한다.

3) 과염소산암모늄(NH_4ClO_4)

① 물, 알코올, 아세톤에 잘 녹고 에테르에는 녹지 않는다.

② 130℃에서 분해 시작, 300℃에서 급격히 분해한다.

열분해반응식 : $2NH_4ClO_4 \longrightarrow N_2 + Cl_2 + 2O_2 + 4H_2O$

③ 황산과 반응시 황산수소 암모늄(NH_4HSO_4)과 과염소산($HClO_4$)이 생성한다.

황산과의 반응식 : $NH_4ClO_4 + H_2SO_4 \longrightarrow NH_4HSO_4 + HClO_4$

④ 소화방법 : 물로 냉각 소화한다.

최신경향 적중예제

1 다음 제1류 위험물에 대한 지정수량을 쓰시오.

(1) 염소산염류

(2) 무기과산화물

(3) 질산염류

(4) 요오드산염류

(5) 중크롬산염류

정답 | (1) 염소산염류 : 50kg   (2) 무기과산화물 : 50kg   (3) 질산염류 : 300kg
(4) 요오드산염류 : 300kg   (5) 중크롬산염류 : 1,000kg

- -

해설 | 제1류 위험물의 품명 및 지정수량

성질	위험등급	품명	지정수량
산화성고체	I	아염소산염류, 염소산염류, 과염소산염류, 무기과산화물	50kg
	II	브롬산염류, 질산염류, 요오드산염류	300kg
	III	과망간산염류, 중크롬산염류	1000kg
	I~III	그밖의 행정부령이 정하는 것 [CrO_3, KIO_4등]	50kg, 300kg, 1,000kg

2 위험물안전관리법령상 다음 각 위험물의 지정수량을 쓰시오.

(1) K_2O_2 :

(2) $KClO_3$:

(3) CrO_3 :

(4) KNO_3 :

(5) $KMnO_4$:

정답ㅣ (1) 50kg (2) 300kg (3) 300kg (4) 300kg (5) 1,000kg

해설ㅣ (1) K_2O_2(과산화칼륨) : 무기과산화물 − 50kg

(2) $KClO_3$(염소산칼륨) : 염소산염류 − 300kg

(3) CrO_3(삼산화크롬) : 크롬의산화물 − 300kg

(4) KNO_3(질산칼륨) : 질산염류 − 300kg

(5) $KMnO_4$(과망간산칼륨) : 과망간산염류 − 1,000kg

3 염소산칼륨과 적린이 혼촉 발화 시 다음 물음에 답하시오.

(1) 두 물질의 반응식을 쓰시오.

(2) 두 물질이 반응 시 생성되는 기체와 물과의 반응식을 쓰고 생성된 물질의 명칭을 쓰시오.

① 반응식

② 명칭

정답ㅣ (1) $5KClO_3 + 6P \longrightarrow 3P_2O_5\uparrow + 5KCl$

(2) ① $P_2O_5 + 3H_2O \longrightarrow 2H_3PO_4$ ② 인산

해설ㅣ • 염소산칼륨($KClO_3$) : 제1류 위험물(산화성 고체 : 산소공급원)

열분해반응식 : $2KClO_3 \longrightarrow 2KCl$(염화칼륨)$ + 3O_2\uparrow$(산소공급원)

• 적린(P) : 제2류 위험물(가연성고체 : 가연물)

연소반응식 : $4P + 5O_2 \longrightarrow 2P_2O_5$(오산화인)

∴ 염소산칼륨($KClO_3$)과 적린(P)과의 반응식 : 염소산칼륨에서 발생하는 산소(O_2)와 적린(P)이 반응하여 오산화인(P_2O_5)의 백색 기체가 발생하고 나머지 염화칼륨(KCl)이 생성된다.

$5KClO_3 + 6P \longrightarrow 3P_2O_5\uparrow + 5KCl$

• 두 물질이 반응 시 발생하는 기체인 오산화인(P_2O_5)이 물과 반응 시 인산(H_3PO_4)이 생성된다.(비금속 산화물은 물과 반응 시 산성물질을 생성한다)

오산화인과 물의 반응식 : $P_2O_5 + 3H_2O \longrightarrow 2H_3PO_4$

4 염소산칼륨($KClO_3$) 1kg이 고온에서 완전 열분해 시 발생되는 산소의 질량(g)과 부피(L)를 구하시오.(단, 표준상태를 기준한다)

(1) 산소의 질량(g) :

(2) 산소의 부피(L) :

정답 | (1) 391.84g (2) 274.29L

해설 | [풀이1]
- 염소산칼륨($KClO_3$)의 분자량 : $39+35.5+16\times3=122.5$
- 염소산칼륨의 완전열분해반응식

$$\underline{2KClO_3} \longrightarrow 2KCl+\underline{3O_2}$$
$$2\times122.5g : 3\times32g$$
$$1,000g : x$$

$$x=\frac{1000\times3\times32}{2\times122.5}=391.836g$$

[풀이2]
- 염소산칼륨의 완전 열분해반응식

$$\underline{2KClO_3} \longrightarrow 2KCl+\underline{3O_2}$$
$$2\times122.5g : 3\times22.4L$$
$$1,000g : x$$

$$x=\frac{1,000\times3\times22.4}{2\times122.5}=274.285L(표준상태 : 0℃, 1기압)$$

5 염소산나트륨이 산과 반응 시 발생하는 유독한 기체의 명칭을 쓰시오.

정답 | 이산화염소(ClO_2)

해설 | 반응식 : $NaClO_3+HCl \longrightarrow NaCl+ClO_2\uparrow+0.5H_2O_2$

(4) 무기과산화물(지정수량 : 50kg)

1) 과산화나트륨(Na_2O_2)

① 백색 분말로 알코올에 잘 녹지 않는다.

② 조해성이 강하고 물과 격렬히 분해 반응하여 열을 발생하고 산소를 발생시킨다.

물과의 반응식 : $2Na_2O_2+2H_2O \longrightarrow 4NaOH+O_2\uparrow$ (주수소화 엄금)

③ 460℃에서 열분해하여 산소(O_2)를 발생한다.

열분해반응식 : $2Na_2O_2 \longrightarrow 2Na_2O(산화나트륨)+O_2\uparrow$

④ 공기 중 탄산가스(CO_2)와 반응하여 산소(O_2)를 발생한다.

이산화탄소와의 반응식 : $2Na_2O_2+2CO_2 \longrightarrow 2Na_2CO_3(탄산나트륨)+O_2\uparrow$ (CO_2 소화엄금)

⑤ 알코올에 녹지 않으며, 산과 반응 시 과산화수소(H_2O_2)를 발생한다.

초산과의 반응식 : $Na_2O_2 + 2CH_3COOH \longrightarrow 2CH_3COONa$(초산나트륨)$+ H_2O$

⑥ 소화방법 : 주수소화 및 CO_2 소화는 엄금하고 마른모래, 팽창질석, 팽창진주암, 탄산수소 염류 분말 소화약제등으로 질식소화한다.

2) 과산화칼륨(K_2O_2)

① 무색 또는 오렌지색 분말로 에틸알코올에 용해, 흡습성 및 조해성이 강하다.

② 490℃에서 열분해 및 물과 반응 시 산소(O_2)를 발생한다.

열분해반응식 : $2K_2O_2 \xrightarrow{\varDelta} 2K_2O + O_2\uparrow$

물과 반응식 : $2K_2O_2 + 2H_2O \longrightarrow 4KOH + O_2\uparrow$ (주수소화 엄금)

③ 산과 반응 시 과산화수소(H_2O_2)를 생성한다.

초산과의 반응식 : $K_2O_2 + 2CH_3COOH \longrightarrow 2CH_3COOK$(초산칼륨)$+ H_2O$

④ 공기 중 탄산가스(CO_2)와 반응 시 산소(O_2)를 발생한다.

이산화탄소와의 반응식 : $2K_2O_2 + 2CO_2 \longrightarrow 2K_2CO_3$(탄산칼륨)$+ O_2\uparrow$ (CO_2 소화엄금)

⑤ 소화방법 : 과산화나트륨과 동일함

3) 과산화리튬(Li_2O_2)

① 백색분말이다.

② 195℃에서 열분해 시 산화리튬과 산소를 발생시킨다.

열분해반응식 : $2Li_2O_2 \longrightarrow 2Li_2O$(산화리튬)$+ O_2$

③ 물과 반응 시 산소와 열을 발생한다.

물과의 반응식 : $2Li_2O_2 + 2H_2O \longrightarrow 4LiOH$(수산화리튬)$+ O_2$(주수소화 엄금)

④ 소화방법 : 과산화나트륨과 동일함

4) 과산화바륨(BaO_2)

① 냉수에 약간 녹으나 알코올, 에테르, 아세톤에는 녹지 않는다.

② 열분해 및 온수와 반응 시 산소(O_2)를 발생한다.

열분해반응식 : $2BaO_2 \xrightarrow[\varDelta]{840℃} 2BaO + O_2\uparrow$

온수와의 반응식 : $2BaO_2 + 2H_2O \longrightarrow 2Ba(OH)_2 + O_2\uparrow$ (주수소화엄금)

③ 산화 반응 시 과산화수소(H_2O_2)를 생성한다.

황산과의 반응식 : $BaO_2 + H_2SO_4 \longrightarrow BaSO_4$(황산바륨)$+ H_2O$

④ 탄산가스(CO_2)와 반응 시 탄산염과 산소를 발생한다.

이산화탄소와의 반응식 : $2BaO_2 + 2CO_2$

$\longrightarrow 2BaCO_3$(탄산바륨)$+ O_2\uparrow$ (CO_2 소화엄금)

⑤ 테르밋의 점화제에 사용한다.

⑥ 소화방법 : 과산화나트륨과 동일함

5) 과산화마그네슘(MgO_2) : 백색 분말로 물에 녹지 않는다.

　　열분해반응식 : $2MgO_2 \longrightarrow 2MgO(산화마그네슘)+O_2\uparrow$

　　염산과의 반응식 : $MgO_2+2HCl \longrightarrow MgCl_2(염화마그네슘)+H_2O_2$

　　물과의 반응식 : $2MgO_2+2H_2O \longrightarrow 2Mg(OH)_2(수산화마그네슘)+O_2\uparrow$

6) 과산화칼슘(CaO_2) : 백색 분말로 물에 약간 녹는다.

　　열분해반응식 : $2CaO_2 \longrightarrow 2CaO(산화칼슘)+O_2\uparrow$

　　물과의 반응식 : $2CaO_2+2H_2O \longrightarrow 2Ca(OH)_2(수산화칼슘)+O_2\uparrow$

　　염산과의 반응식 : $CaO_2+2HCl \longrightarrow CaCl_2(염화칼슘)\ H_2O_2$

참고 ┊ 무기과산화물의 특징

- 무기과산화물의 열분해 $\xrightarrow{\Delta}$ 산소($O_2\uparrow$) 발생

- 무기과산화물 $+\begin{bmatrix}물(H_2O)\\이산화탄소(CO_2)\end{bmatrix}\rightarrow$ 산소($O_2\uparrow$) 발생 [고열발생]

- 무기과산화물+산(HCl, CH_3COOH 등) → 과산화수소(H_2O_2) 생성

- 소화방법 : 주수 및 CO_2 소화엄금, 건조사, 팽창질석, 팽창진주암, 탄산수소 염류분말소화기 등으로 질식소화한다.

최신경향 적중예제

1 과산화나트륨과 다음 물질과의 반응식을 쓰시오.

　(1) 이산화탄소와의 반응식
　(2) 초산과의 반응식

　정답 | (1) $2Na_2O_2+2CO_2 \longrightarrow 2Na_2CO_3+O_2$
　　　　(2) $Na_2O_2+2CH_3COOH \longrightarrow 2CH_3COONa+H_2O_2$

- -

　해설 | 제1류 위험물 중 무기과산화물 $+\begin{bmatrix}물(H_2O),\ 이산화탄소(CO_2) \rightarrow 산소(O_2\uparrow)\ 발생\\산(HCl,\ CH_3COOH\ 등) \rightarrow 과산화수소(H_2O_2)\ 생성\end{bmatrix}$

2 다음 위험물과 물과의 반응식을 쓰시오.

　(1) 과산화나트륨
　(2) 과산화마그네슘
　(3) 과산화리튬

　정답 | (1) $2Na_2O_2+2H_2O \longrightarrow 4NaOH+O_2$
　　　　(2) $2MgO_2+2H_2O \longrightarrow 2Mg(OH)_2+O_2$
　　　　(3) $2Li_2O_2+2H_2O \longrightarrow 4LiOH+O_2$

해설 | • 금속산화물은 물과 반응 시 염기성인 수산기[OH^-]를 가지는 물질이 생성되고 비금속산화물은 물과 반응 시 산성인 수소이온[H^+]을 가지는 물질이 생성되는 것을 꼭 숙지해야 한다.

• 과산화나트륨(Na_2O_2), 과산화마그네슘(MgO_2), 과산화리튬(Li_2O_2) 등의 무기과산화물은 전부 금속산화물이므로 염기성인 수산기[OH^-]를 가지는 물질을 생성시킨다.

3 과산화칼슘의 열분해반응식과 염산과의 반응식을 쓰시오.

(1) 열분해반응식
(2) 염산과의 반응식

정답 | (1) $2CaO_2 \longrightarrow 2CaO + O_2$

(2) $CaO_2 + 2HCl \longrightarrow CaCl_2 + H_2O_2$

4 과산화나트륨 1kg이 열분해 시 발생하는 산소의 부피는 1기압, 350℃에서 몇 L인지 구하시오.

정답 | 327.68L

해설 | [풀이 1]

• 과산화나트륨(Na_2O_2)의 분자량 $= 23 \times 2 + 16 \times 2 = 78$

• 과산화나트륨 열분해반응식(표준상태 : 0℃, 1기압 기준)

$$2Na_2O_2 \longrightarrow 2Na_2O + O_2$$
$$2 \times 78g \longleftarrow \quad : \quad 1 \times 22.4L$$
$$1,000g \quad\quad : \quad x$$

$$x = \frac{1000 \times 1 \times 22.4}{2 \times 78} = 143.589L \text{(표준상태 : 0℃, 1기압)}$$

• 여기서 0℃, 1기압, 143.589L을 350℃, 1기압일 때 부피로 환산한다.
보일-샤를 법칙 적용

$$\frac{P_1 V_1}{T_1} = \frac{P_2 V_2}{T_2}, \quad \frac{1 \times 143.589}{(273+0)} = \frac{1 \times V_2}{(273+350)}$$

$$V_2 = \frac{1 \times 143.589 \times (273+350)}{273 \times 1} = 327.677L$$

∴ 327.68L

[풀이 2]

• 과산화나트륨(Na_2O_2)의 분자량 $= 23 \times 2 + 16 \times 2 = 78$

• 과산화나트륨 열분해반응식[과산화나트륨 1몰을 기준할 것]

$$Na_2O_2 \longrightarrow Na_2O + 0.5O_2$$

이상기체상태방정식을 이용할 때는 반드시 과산화나트륨(Na_2O_2)은 1몰을 기준하여 반응식의 계수를 맞춰서 반응식을 완성하고 구하고자 하는 산소(O_2)의 몰수 (0.5몰)을 이상기체상태방정식에 곱해준다.

$$\cdot \ PV = nRT, \ PV = \frac{W}{M}RT$$

$$\therefore V = \frac{WRT}{PM} \times 산소의 \ 몰수$$

$$= \frac{1000 \times 0.082 \times (273 + 350)}{1 \times 78} \times 0.5$$

$$= 327.474L$$

$$\therefore \ 327.47L$$

$\left[\begin{array}{l} P : 압력(atm), \ V : 부피(L) \\ n : 몰수 \ (= \frac{W}{M}) \ (mol) \\ M : 분자량, \ W : 질량(g) \\ R : 기체상수(0.082 \ atm \cdot L/mol \cdot K) \\ T[K] : 절대온도(273 + t\ ℃) \end{array}\right.$

※ [풀이1]과 [풀이2] 중 한 가지를 선택하여 쓰면 된다. 이 때 정답은 계산과정에 따라 약간 다를 수 있지만 모두 정답으로 인정한다.

(5) 브롬산염류(지정수량 : 300kg)

브롬산칼륨($KBrO_3$), 브롬산나트륨($NaBrO_3$), 브롬산아연[$Zn(BrO_3)_2 \cdot 6H_2O$] 등이 있다.

(6) 질산염류(지정수량 : 300kg)

1) **질산칼륨**(KNO_3) : 초석

① 무색 결정 또는 백색 분말로 조해성 및 흡습성이 없다.

② 물, 글리세린에 잘 녹고 알코올에는 녹지 않는다.

③ 열분해온도 400℃로 분해 시 산소를 발생한다.

열분해반응식 : $2KNO_3 \longrightarrow 2KNO_2$(아질산칼륨)$+O_2\uparrow$

④ 흑색화약[= 질산칼륨＋숯＋유황] 원료에 사용된다.

흑색화약 반응식 : $16KNO_3 + 3S + 21C$
$$\longrightarrow 13CO_2 + 3CO + 8N_2 + 5K_2CO_3 + K_2SO_4 + 2K_2S$$

⑤ 소화방법 : 물로 냉각소화한다.

2) **질산나트륨**($NaNO_3$) : 칠레초석

① 무색결정 또는 분말로 조해성이 크고 흡수성이 강하므로 습도에 주의한다.

② 물·글리세린에 잘녹고 무수알코올에는 녹지 않는다.

③ 380℃에서 열분해 시 산소를 발생한다.

열분해반응식 : $2NaNO_3 \longrightarrow 2NaNO_2$(아질산나트륨)$+O_2\uparrow$

④ 소화방법 : 물로 냉각소화한다.

3) **질산암모늄**(NH_4NO_3)

① 무색 결정 또는 분말로 물, 알코올에 잘 녹는다.

② 물에 용해 시 흡열반응으로 열의 흡수로 인해 한제로 사용한다.

③ 220℃로 가열 시 산소(O_2)를 발생하며, 충격을 주면 단독 분해폭발한다.

열분해반응식 : $2NH_4NO_3 \longrightarrow 4H_2O + 2N_2\uparrow + O_2\uparrow$

※ 실기문제 출제시 질산암모늄 열분해할 때 발생되는 H_2O(물)은 액체상태가 아닌 기체상태(수증기)로 계산해 줄 것(기체상태 : N_2, O_2, H_2O)

④ 조해성, 흡수성이 강하고 혼합화약원료에 사용된다.

AN-FO 폭약의 기폭제 : NH_4NO_3(94%)+경유(6%) 혼합

⑤ 소화방법 : 물로 냉각소화한다.

4) 질산은($AgNO_3$)

① 무색 투명한 결정으로 물, 아세톤, 알코올에 잘 녹는다.

② 직사광선에 변하므로 갈색 병에 보관한다.

분해반응식 : $2AgNO_3 \longrightarrow 2Ag + 2NO_2$(이산화질소)$+ O_2 \uparrow$

최신경향 적중예제 ◈

1 흑색화약에 대하여 다음 물음에 답하시오.

(1) 흑색화약의 원료 3가지 :

(2) 원료 중 위험물에 해당되는 물질 2가지

　• ① 화학식 :　　　　② 품명 :　　　　③ 지정수량 :

　• ① 화학식 :　　　　② 품명 :　　　　③ 지정수량 :

정답 | (1) ① 질산칼륨　② 황　　③ 숯(목탄)
　　　 (2) • ① KNO_3　② 질산염류　③ 300kg
　　　　　 • ① S　　② 황　　③ 100kg

- -

해설 | • 흑색화약원료 3가지 : 질산칼륨, 황, 숯(목탄)
　　　 • 흑색화약원료 중 2가지의 위험물의 물성

명칭	화학식	종류별	품명	성질	지정수량	위험등급
질산칼륨	KNO_3	제1류 위험물	질산염류	산화성고체(산소공급원)	300kg	II
황(유황)	S	제2류 위험물	황	가연성고체(가연물)	100kg	II

　　　 • 질산칼륨의 열분해 시 아질산칼륨과 산소를 발생한다.

열분해반응식 : $2KNO_3 \longrightarrow 2KNO_2$(아질산칼륨)$+ O_2 \uparrow$ (산소)

　　　 • 황의 연소반응식 : $S + O_2 \longrightarrow SO_2 \uparrow$ (이산화황)

2 질산암모늄의 열분해반응식을 쓰고, 질산암모늄 800g이 표준상태에서 열분해 시 발생하는 기체의 총 부피를 구하시오.

(1) 열분해반응식 :

(2) 기체의 부피(L) :

정답 | (1) $2NH_4NO_3 \longrightarrow 2N_2 + O_2 + 4H_2O$
　　　 (2) 784L

> **해설 |** ・질산암모늄(NH_4NO_3)의 분자량＝$14 \times 2 + 1 \times 4 + 16 \times 3 = 80$
> ・질산암모늄 열분해반응식[반응식에서는 표준상태 : 0℃, 1기압 기준]
>
> $$2NH_4NO_3 \longrightarrow 2N_2 + O_2 + 4H_2O$$
> $$2 \times 80g \quad : \quad 156.8L$$
> $$800g \quad : \quad x$$
>
> $$\therefore x = \frac{800 \times 156.8}{2 \times 80} = 784L$$
>
> $\Big[$ 질산암모늄(NH_4NO_3) 열분해 후 반응식에서 생성되는 기체 :
> 질소(N_2) 2몰＋산소(O_2) 1몰＋물[H_2O : 수증기(기체)] 4몰＝총 7몰이 된다.
> $\therefore$ 총 부피 : 7몰 $\times$ 22.4L＝156.8L $\Big]$
>
> ※ANFO 폭약원료＝NH_4NO_3(94%)＋경유(6%)
>
> **3** 다음 위험물의 열분해반응식을 각각 쓰시오.
>
> (1) 질산칼륨
>
> (2) 질산나트륨
>
> (3) 질산은
>
> **정답 |** (1) $2KNO_3 \longrightarrow 2KNO_2 + O_2$
> (2) $2NaNO_3 \longrightarrow 2NaNO_2 + O_2$
> (3) $2AgNO_3 \longrightarrow 2Ag + 2NO_2 + O_2$

(7) 요오드산염류(지정수량 : 300kg)

요오드산칼륨(KIO_3), 요오드산칼슘[$Ca(IO_3)_2 \cdot 6H_2O$], 요오드산암모늄(NH_4IO_3) 등이 있다.

(8) 삼산화크롬(무수크롬산 CrO_3, 지정수량 : 300kg)

① 암적자색 결정으로 물, 알코올에 잘 녹으며 독성이 강하다.

② 250℃로 가열 시 분해하여 산소를 발생하고 삼산화이크롬의 녹색으로 변한다.

$$\text{열분해반응식} : 4CrO_3 \xrightarrow[\Delta]{250℃} 2Cr_2O_3(\text{삼산화이크롬}) + 3O_2 \uparrow$$

③ 물과 접촉 시 발열하여 착화위험이 있다.

④ 소화방법 : 물로 냉각소화한다.

(9) 과망간산염류(지정수량 : 1,000kg)

1) 과망간산칼륨($KMnO_4$) : 카멜레온

① 흑자색의 주상결정으로 물에 녹아 진한 보라색을 나타내고 아세톤, 초산, 메탄올에 잘 녹는다.

② 240℃로 가열하면 분해하여 산소(O_2)를 발생한다.

$$\text{열분해반응식} : 2KMnO_4 \xrightarrow[\Delta]{240℃} K_2MnO_4 \ + \ MnO_2 \ + \ O_2 \uparrow$$

（과망간산칼륨）　　　（망간산칼륨）　　（이산화망간）　　（산소）

③ 알코올, 에테르, 진한황산 등과 혼촉 시 발화 및 폭발 위험성이 있다.

묽은황산과의 반응식 : $4KMnO_4 + 6H_2SO_4 \longrightarrow 2K_2SO_4 + 4MnSO_4 + 6H_2O + 5O_2\uparrow$
(과망간산칼륨) (황산)   (황산칼륨) (황산망간) (물)   (산소)

④ 염산과 반응 시 염소(Cl_2)를 발생한다.(염소의 제법)

염산과의 반응식 : $2KMnO_4 + 16HCl \longrightarrow 2KCl + 2MnCl_2 + 8H_2O + 5Cl_2\uparrow$
(과망간산칼륨) (염산)   (염화칼륨) (염화망간) (물)   (염소)

(10) 중크롬산염류(지정수량 : 1,000kg)

1) 중크롬산칼륨($K_2Cr_2O_7$)

① 등적색 결정 또는 분말로 물에 잘 녹고 알코올에는 녹지 않는다.

② 500℃에서 열분해하여 산소를 발생시키고 삼산화이크롬과 크롬산칼륨으로 분해된다.

열분해반응식 : $4K_2Cr_2O_7 \longrightarrow 4K_2CrO_4 + 2Cr_2O_3 + 3O_2\uparrow$
(중크롬산칼륨)   (크롬산칼륨) (삼산화이크롬) (산소)

③ 소화방법 : 물로 냉각소화한다.

2) 중크롬산암모늄[$(NH_4)_2Cr_2O_7$]

① 등적색 침상결정이다.

② 225℃에서 열분해하여 삼산화이크롬과 질소가스를 발생한다.

열분해반응식 : $(NH_4)_2Cr_2O_7 \longrightarrow Cr_2O_3 + N_2\uparrow + 4H_2O$
(중크롬산암모늄)   (삼산화이크롬) (질소)   (물)

최신경향 적중예제 ⚙

1 다음 제1류 위험물의 열분해반응식을 각각 쓰시오.

(1) 과염소산나트륨
(2) 삼산화크롬
(3) 질산나트륨

정답 | (1) $NaClO_4 \longrightarrow NaCl + 2O_2$
(2) $4CrO_3 \longrightarrow 2Cr_2O_3 + 3O_2$
(3) $2NaNO_3 \longrightarrow 2NaNO_2 + O_2$

2 과망간산칼륨과 묽은황산과의 반응 시 생성되는 물질 3가지를 화학식으로 쓰시오.

정답 | K_2SO_4, $MnSO_4$, H_2O

해설 | 과망간산칼륨($KMnO_4$)과 묽은황산의 반응식
$4KMnO_4 + 6H_2SO_4 \longrightarrow 2K_2SO_4 + 4MnSO_4 + 6H_2O + 5O_2\uparrow$

3 중크롬산칼륨과 중크롬산암모늄의 열분해반응식을 쓰고 이들 반응식에서 공통적으로 생성되는 물질의 명칭을 쓰시오.

(1) 중크롬산칼륨 열분해반응식 :

(2) 중크롬산암모늄 열분해반응식 :

(3) 명칭 :

정답 | (1) $4K_2Cr_2O_7 \longrightarrow 4K_2CrO_4 + 2Cr_2O_3 + 3O_2$

(2) $(NH_4)_2Cr_2O_7 \longrightarrow Cr_2O_3 + N_2 + 4H_2O$

(3) 삼산화이크롬(Cr_2O_3)

4 과망간산칼륨의 분해반응식을 쓰고 과망간산칼륨 1몰이 분해 시 발생되는 산소량(g)을 구하시오.

(1) 분해반응식

(2) 산소량(g)

정답 | (1) $2KMnO_4 \longrightarrow K_2MnO_4 + MnO_2 + O_2$

(2) 16g

해설 | 과망간산칼륨 분해반응식

$$\underset{\substack{2몰 \\ 1몰}}{2KMnO_4} \longrightarrow K_2MnO_4 + MnO_2 + \underset{\substack{32g \\ x}}{O_2}$$

$$\therefore x = \frac{1 \times 32}{2} = 16g \quad \therefore 16g$$

2 제2류 위험물(가연성고체)

(1) 제2류 위험물의 종류 및 지정수량

성질	위험등급	품명[주요품목]	지정수량
가연성 고체	II	1. 황화린 [P_4S_3, P_2S_5, P_4S_7]	100kg
		2. 적린 [P]	
		3. 황 [S]	
	III	4. 철분 [Fe]	500kg
		5. 금속분 [Al, Zn]	
		6. 마그네슘 [Mg]	
		7. 인화성고체 [고형알코올]	1,000kg

(2) 제2류 위험물의 일반적인 성질

① 가연성고체로서 낮은 온도에 착화하기 쉬운 물질이다.

② 연소속도가 빠르고, 연소 시 유독가스가 발생한다.

③ 철분, 마그네슘, 금속분은 산화가 쉽고, 물 또는 산과 접촉 시 수소를 발생하며 폭발한다.

④ 비중은 1보다 크고 물에 녹지 않으며 인화성 고체를 제외하고는 무기화합물이다.

(3) 제2류 위험물의 저장방법

① 가연성물질이므로 화기 및 점화원을 피한다.

② 산화제(제1류, 제6류 : 산소공급원)와 혼합 및 접촉을 피한다.

③ 철분, 마그네슘, 금속분 등은 물 또는 산과의 접촉을 피한다.

④ 통풍이 잘되는 냉암소에 보관, 저장한다.

(4) 제2류 위험물의 소화방법

① 금속분을 제외하고 주수에 의한 냉각소화를 한다.

② 철, 마그네슘, 금속분은 마른 모래(건조사)에 의한 피복소화가 좋다.

> **참고**
>
> 적린, 유황은 다량의 주수로 냉각소화한다.

(5) 제2류 위험물의 종류 및 성상

1) 황화린(지정수량 : 100kg)

① 황화린은 삼황화린(P_4S_3), 오황화린(P_2S_5), 칠황화린(P_4S_7)의 3종류가 있다.

② 소화 시 다량의 물로 냉각소화가 좋으며 때에 따라 질식소화도 효과가 있다.

삼황화린(P_4S_3)	• 착화점 100℃, 황색 결정으로 조해성은 없다. • 질산, 알칼리, 이황화탄소(CS_2)에 녹고 물, 염산, 황산에는 녹지 않는다. • 자연발화하고 연소 시 유독한 오산화인과 아황산가스를 발생한다. 　연소반응식 : $P_4S_3 + 8O_2 \longrightarrow 2P_2O_5 + 3SO_2\uparrow$
오황화린(P_2S_5)	• 발화점 142℃, 담황색 결정으로 조해성이 있어 수분 흡수 시 분해한다. • 알코올, 이황화탄소(CS_2)에 잘 녹는다. • 물, 알칼리와 반응 시 인산(H_3PO_4)과 황화수소(H_2S)가스를 발생한다. 　물과의 반응식 : $P_2S_5 + 8H_2O \longrightarrow 5H_2S + 2H_3PO_4$ 　황화수소의 연소반응식 : $2H_2S + 3O_2 \longrightarrow 2SO_2$(이산화황)$+ 2H_2O$ • 연소시 이산화황(SO_2)과 오산화인(P_2O_5)이 발생한다. 　연소반응식 : $2P_2S_5 + 15O_2 \longrightarrow 10SO_2 + 2P_2O_5$
칠황화린(P_4S_7)	• 발화점 250℃, 담황색 결정으로 조해성이 있어 수분 흡수 시 분해한다. • 연소 시 이산화황(SO_2)과 오산화인(P_2O_5)이 발생한다. 　연소반응식 : $P_4S_7 + 12O_2 \longrightarrow 7SO_2 + 2P_2O_5$

(2) 적린(P, 지정수량 : 100kg)

① 암적색분말로서 브롬화인(PBr_3)에 녹고 물, CS_2, 에테르, NH_3에는 녹지 않는다.

② 황린(P_4)과 동소체이며 황린보다 안정하다.

③ 독성 및 자연발화성이 없다(발화점 : 260℃)

④ 연소 시 유독성인 오산화인(P_2O_5)이 발생한다.

연소반응식 : $4P + 5O_2 \longrightarrow 2P_2O_5$

⑤ 적린과 염소산칼륨($KClO_3$)과 반응하여 오산화인과 염화칼륨이 생성된다.

염소산칼륨과의 반응식 : $6P + 5KClO_3 \longrightarrow 3P_2O_5 + 5KCl$(염화칼륨)

⑥ 소화방법 : 다량의 물로 냉각 소화한다.

최신경향 적중예제

1 황화린에 대하여 다음 물음에 답하시오.

(1) 3종류의 화학식을 쓰시오.
(2) 황화린 중 조해성이 없는 것의 명칭을 쓰시오.
(3) 황화린 중 발화점이 가장 낮은 것의 연소반응식을 쓰시오.

정답 | (1) P_4S_3, P_2S_5, P_4S_7
　　　(2) 삼황화린
　　　(3) $P_4S_3 + 8O_2 \longrightarrow 3SO_2 + 2P_2O_5$

해설 | (1) 황화린 : 제2류(가연성고체), 지정수량 100kg, 위험등급Ⅱ

구분	삼황화린(P_4S_3)	오황화린(P_2S_5)	칠황화린(P_4S_7)
조해성	없음	있음	있음
발화점	100℃	142℃	250℃

(2) 황화린의 연소 반응식

• 삼황화린 : $P_4S_3 + 8O_2 \longrightarrow 3SO_2 + 2P_2O_5$
• 오황화린 : $2P_2S_5 + 15O_2 \longrightarrow 2P_2O_5 + 10SO_2$
• 칠황화린 : $P_4S_7 + 12O_2 \longrightarrow 2P_2O_5 + 7SO_2$

2 삼황화린과 오황화린에 대하여 다음 물음에 답하시오.

(1) 연소 시 공통적으로 생성되는 물질을 화학식으로 쓰시오.
(2) 연소 시 발생하는 물질 중 대기를 오염시키는 독성 가스의 명칭을 쓰시오.

정답 | (1) P_2O_5, SO_2
　　　(2) 이산화황(아황산가스)

3 오황화린에 대하여 다음 물음에 답하시오.

(1) 물과의 반응식
(2) 물과 반응 시 발생하는 기체의 연소반응식

정답 | (1) $P_2S_5 + 8H_2O \longrightarrow 3H_3PO_4 + 5H_2S$

(2) $2H_2S + 3O_2 \longrightarrow 2SO_2 + 2H_2O$

해설 | • 오황화린(P_2S_5)의 구성하는 원소의 인(P)과 황(S)은 비금속이므로 물과 반응 시 산성 [H^+ : 수소이온]을 나타내어 인(P)은 인산(H_3PO_4), 황(S)은 황화수소(H_2S)기체를 생성한다.

$P_2S_5 + 8H_2O \longrightarrow 2H_3PO_4 + 5H_2S\uparrow$

※ 금속은 물과 반응 시 염기성 [OH^- : 수산기]을 나타냄 : NaOH, Ca(OH)$_2$ 등

• 황화수소(H_2S)의 구성원소인 수소(H)는 연소 시 물(H_2O)이 되고 황(S)은 이산화황 (SO_2)이 된다.

수소의 연소반응식 : $2H_2 + O_2 \longrightarrow 2H_2O$

황의 연소반응식 : $S + O_2 \longrightarrow SO_2$

∴ 황화수소 연소반응식 : $2H_2S + 3O_2 \longrightarrow 2SO_2 + 2H_2O$

• 오황화린(P_2S_5)의 연소반응식에서 인(P)은 연소 시 산소(O_2)와 반응하여 오산화인 (P_2O_5)이 되고 황(S)은 산소(O_2)와 반응하여 이산화황(SO_2)이 된다.

오황화린의 연소반응식 : $2P_2S_5 + 15O_2 \longrightarrow 10SO_2 + 2P_2O_5$

4 적린에 대하여 다음 물음에 답을 쓰시오.

(1) 연소반응식
(2) 염소산칼륨과의 반응식

정답 | (1) $4P + 5O_2 \longrightarrow 2P_2O_5$

(2) $6P + 5KClO_3 \longrightarrow 3P_2O_5 + 5KCl$

해설 | • 염소산칼륨($KClO_3$)은 제1류 위험물로서 분해 시 염화칼륨(KCl)과 산소(O_2)로 분해된다.

$2KClO_3 \longrightarrow 2KCl + 3O_2$

• 인(P)은 염소산칼륨에서 분해된 산소와 결합하여 오산화인(P_2O_5)이 되고 나머지 염화 칼륨(KCl)이 생성된다.

$4P + 5O_2 \longrightarrow 2P_2O_5$

∴ $6P + 5KClO_3 \longrightarrow 3P_2O_5 + 5KCl$

(3) 유황(S, 지정수량 : 100kg)

① 동소체로 사방황, 단사황, 고무상황이 있다.

② 물에 녹지 않고, 고무상황을 제외하고 이황화탄소(CS_2)에 잘 녹는 황색의 고체(분말)이다.

③ 공기 중에 연소 시 푸른빛을 내며 유독한 아황산가스(SO_2)를 발생한다.

연소반응식 : $S + O_2 \longrightarrow SO_2$

④ 공기 중 미분상은 분진 폭발위험이 있다.

⑤ 소화방법 : 다량의 물로 냉각소화 또는 질식소화한다.

> **참고**
>
> 유황은 순도가 60wt% 미만은 제외한다.(순도 측정 시 불순물은 활석 등 불연성 물질과 수분에 한함

(4) 철분(Fe, 지정수량 : 500kg)

① 은백색의 광택있는 금속으로 열, 전기의 양도체의 분말이다.

② 산 또는 수증기와 반응 시 수소(H_2)가스를 발생한다.(금속의 이온화 경향 : Fe＞H)

    염산과의 반응식 : $Fe + 2HCl \longrightarrow FeCl_2$ (염화제일철) $+ H_2 \uparrow$

    물과의 반응식 : $Fe + 2H_2O \longrightarrow Fe(OH)_2$ (수산화제일철) $+ H_2 \uparrow$

③ 공기 중 산화하여 삼산화이철되어 황갈색으로 변한다.

    산화반응식 : $4Fe + 3O_2 \longrightarrow 2Fe_2O_3$ (삼산화이철)

④ 소화방법 : 주수소화는 엄금, 건조사 등으로 질식소화한다.

> **참고**
>
> 철분은 53μm의 표준체 통과 50wt% 미만인 것은 제외한다.

(5) 마그네슘분(Mg, 지정수량 : 500kg)

① 은백색의 광택이 나는 경금속(비중 1.74)이다.

② 공기 중에서 화기에 의해 분진폭발 위험과 습기에 의해 자연발화 위험이 있다.

③ 산과 반응하여 수소($H_2 \uparrow$)기체를 발생한다.(금속의 이온화 경향 : Mg＞H)

    염산과의 반응식 : $Mg + 2HCl \longrightarrow MgCl_2$(염화마그네슘)$+ H_2 \uparrow$

    황산과의 반응식 : $Mg + H_2SO_4 \longrightarrow MgSO_4$(황산마그네슘)$+ H_2 \uparrow$

④ 온수(수증기)와 반응 시 수산화마그네슘과 수소(H_2)기체를 발생한다.(금속의 이온화 경향 Mg＞H)

    물과의 반응식 : $Mg + 2H_2O \longrightarrow Mg(OH)_2$ (수산화마그네슘)$+ H_2 \uparrow$

⑤ 이산화탄소와 반응 시 산화마그네슘과 가연 물질인 탄소(C)를 생성한다.

    이산화탄소와의 반응식 : $2Mg + CO_2 \longrightarrow 2MgO$(산화마그네슘)$+ C$(탄소)

⑥ 가열 시 순간적으로 맹렬히 폭발연소한다.

    연소반응식 : $2Mg + O_2 \longrightarrow 2MgO$ (산화마그네슘)

⑦ 소화방법 : 주수소화, CO_2, 포, 할로겐화합물은 절대엄금, 마른 모래, 탄산수소염류 등으로 질식 소화한다.

> **참고 : 마그네슘(Mg)**
>
> • 2mm의 체를 통과 못하는 덩어리는 제외한다.
> • 직경 2mm 이상의 막대모양은 제외한다.

(6) 금속분류(지정수량 : 500kg)

알칼리금속, 알킬리토금속 및 철분, 마그네슘분 이외의 금속분이다.

(단, 구리분, 니켈분과 150μm의 체를 통과하는 것이 50wt% 미만인 것은 제외)

1) 알루미늄(Al)분

① 은백색의 경금속(비중 2.7)으로 연소 시 많은 열을 발생한다.

연소반응식 : $4Al + 3O_2 \longrightarrow 2Al_2O_3$ (산화 알루미늄)

② 산과 반응 시 수소($H_2\uparrow$)를 발생시킨다.(금속의 이온화 경향 : Al > H)

염산과의 반응식 : $2Al + 6HCl \longrightarrow 2AlCl_3$(염화알루미늄)$ + 3H_2\uparrow$

황산과의 반응식 : $2Al + 3H_2SO_4 \longrightarrow Al_2(SO_4)_3$(황산알루미늄)$ + 3H_2\uparrow$

③ 온수(수증기)와 반응하여 수산화알루미늄과 수소($H_2\uparrow$)를 발생시킨다. (금속의 이온화 경향 Al > H)

물과의 반응식 : $2Al + 6H_2O \longrightarrow 2Al(OH)_3$(수산화알루미늄)$ + 3H_2\uparrow$

④ 공기 중에서 부식방지하는 산화피막을 형성하여, 내부를 보호한다.(부동태)

⑤ 분진폭발 위험이 있으며, 수분 및 할로겐 원소(F, Cl, Br, I)와 접촉 시 자연발화의 위험이 있다.

⑥ 산, 알칼리와 반응 시 수소(H_2)를 발생하는 양쪽성원소이다.

> **참고 : 양쪽성원소**
>
> Al, Zn, Sn, Pb(알아주나)

⑦ 소화방법 : 주수소화, 포, 할로겐화합물은 절대엄금, 마른모래, 탄산수소염류 등으로 질식소화한다.

2) 아연(Zn)분

① 은백색 분말로서 분진폭발 위험성이 있다.

② 물 또는 산과 반응 시 수소($H_2\uparrow$)기체를 발생한다.(금속의 이온화경향 Zn > H)

물과의 반응식 : $Zn + 2H_2O \longrightarrow Zn(OH)_2$ (수산화아연)$ + H_2\uparrow$

염산과의 반응식 : $Zn + 2HCl \longrightarrow ZnCl_2$(염화아연)$ + H_2\uparrow$

황산과의 반응식 : $Zn + H_2SO_4 \longrightarrow ZnSO_4$(황산아연)$ + H_2$

③ 산, 알칼리와 반응 시 수소($H_2\uparrow$)를 발생하는 양쪽성원소이다.

④ 공기중에 가열 시 녹백색 빛을 내며 연소한다.

연소반응식 : $2Zn + O_2 \longrightarrow 2ZnO$(산화아연)

⑤ 소화방법 : 주수소화, 포, 할로겐화합물은 절대엄금, 마른모래, 탄산수소염류 등으로 질식소화한다.

(7) 인화성고체(지정수량 : 1,000kg)

① 고형알코올 또는 1기압에서 인화점이 40℃ 미만인 고체를 말한다.

② 메타알데히드$[(CH_3CHO)_4]$, 제삼부틸알코올$[(CH_3)_3COH]$ 등이 있다.

③ 소화방법 : 질식, 냉각, 할로겐화물 등 모두 가능하다.

최신경향 적중예제 ⚙

1 철분에 대하여 다음 물음에 답하시오.

(1) 염산과의 반응식

(2) 온수(물)와의 반응식

(3) 상기의 반응식에서 공통적으로 발생하는 기체의 명칭

정답 | (1) $Fe + 2HCl \longrightarrow FeCl_2 + H_2$
(2) $Fe + 2H_2O \longrightarrow Fe(OH)_2 + H_2$
(3) 수소

해설 | 철(Fe)은 수소보다 금속의 이온화 경향(화학적 활성도)이 큰 금속이므로 산 또는 물과 반응 시 수소(H_2)를 발생시킨다.(금속의 이온화 경향 : Fe > H)

2 마그네슘에 대하여 다음 물음에 답하시오.

(1) 염산과의 반응식

(2) 이산화탄소와의 반응식

(3) 소화 시 이산화탄소의 소화기를 사용할 수 없는 이유

정답 | (1) $Mg + 2HCl \longrightarrow MgCl_2 + H_2$
(2) $2Mg + CO_2 \longrightarrow 2MgO + C$
(3) 마그네슘과 이산화탄소와의 반응에서 가연성 물질인 탄소가 생성되어 폭발할 위험이 있으므로 사용할 수 없다.

3 알루미늄분에 대하여 다음 물음에 답하시오.

(1) 물과의 반응식

(2) 연소 반응식

(3) 염산과의 반응식

정답 | (1) $2Al + 6H_2O \longrightarrow 2Al(OH)_3 + 3H_2$

(2) $4Al + 3O_2 \longrightarrow 2Al_2O_3$

(3) $2Al + 6HCl \longrightarrow 2AlCl_3$

해설 | • 알루미늄(Al)은 수소보다 금속의 이온화 경향이 큰 금속이므로 물 또는 산과 반응 시 수소($H_2\uparrow$)를 발생하고 물과 반응 시 금속이므로 염기성[OH^- : 수산기]을 가지는 수산화알루미늄[$Al(OH)_3$]을 생성한다.(금속의 이온화 경향 Al > H)

• 화학식 : Al^{+3}(3족), O^{-2}(6족), OH^-(수산기), Cl^{-1}(7족)

$Al^{+3}O^{-2}$: Al_2O_3(산화알루미늄), $Al^{+3}(OH)^{-1}$: $Al(OH)_3$(수산화알루미늄),

$Al^{+3}Cl^{-1}$: $AlCl_3$(염화알루미늄)

4 제2류 위험물에 대하여 다음 물음에 답하시오.

(1) 지정수량이 100kg인 품명 3가지와 위험등급을 쓰시오.

(2) 고형알코올은 1기압에서 인화점이 몇 ℃ 미만인 고체인가?

(3) 아연과 황산과의 반응식을 쓰시오.

정답 | (1) 황화린, 적린, 유황

(2) 40℃

(3) $Zn + H_2SO_4 \longrightarrow ZnSO_4 + H_2$

해설 | 제2류 위험물의 지정수량

성질	위험등급	품명	지정수량
가연성고체	II	황화린, 적린, 유황	100kg
	II	철분, 마그네슘, 금속분	500kg
	III	인화성 고체	1,000kg

• 인화성고체 : 고형알코올 그 밖에 1기압에서 인화점이 섭씨 40도 미만인 고체

• 아연(Zn)은 수소보다 금속의 이온화 경향이 큰 금속이므로 산, 물과 반응 시 수소($H_2\uparrow$)를 발생한다.(금속의 이온화 경향 : Zn > H)

황산과의 반응식 : $Zn + H_2SO_4 \longrightarrow ZnSO_4 + H_2\uparrow$

염산과의 반응식 : $Zn + 2HCl \longrightarrow ZnCl_2 + H_2\uparrow$

물과의 반응식 : $Zn + 2H_2O \longrightarrow Zn(OH)_2 + H_2\uparrow$

연소반응식 : $2Zn + O_2 \longrightarrow 2ZnO$

3 제3류 위험물(자연발화성물질 및 금수성물질)

1. 제3류 위험물의 종류와 지정수량

성질	위험등급	품명[주요품목]	지정수량
자연발화성 물질 및 금수성 물질	I	1. 칼륨[K]	10kg
		2. 나트륨[Na]	
		3. 알킬알루미늄($C_2H_5)_3Al$ 등	
		4. 알킬리튬[C_2H_5Li]	
		5. 황린[P_4]	20kg
	II	6. 알칼리금속(K, Na 제외) 및 알칼리토금속[Li, Ca 등]	50kg
		7. 유기금속화합물[Te($C_2H_5)_2$ 등] (알킬알루미늄 및 알킬리튬 제외)	
	III	8. 금속의 수소화물[LiH 등]	300kg
		9. 금속의 인화물[Ca_3P_2 등]	
		10. 칼슘 또는 알루미늄의 탄화물[CaC_2, Al_4C_3 등]	
	I, II, III	11. 그 밖에 행정안전부령이 정하는 것	10kg, 20kg, 50kg, 300kg
		12. 염소화규소화합물[$SiHCl_3$ 등]	300kg

2. 제3류 위험물의 일반적인 성질

① 대부분 무기화합물의 고체이다.(단, 알킬알루미늄은 액체)
② 금수성물질(황린은 자연발화성)로 물과 반응 시 발열 또는 발화하고 가연성가스를 발생한다.
③ 금속칼륨, 금속나트륨, 알킬알루미늄, 알킬리튬은 공기 중에서 급격히 산화하여 자연발화하고, 물과 접촉 시 가연성가스를 발생하여 발화한다.

3. 제3류 위험물의 저장방법

① 황린은 자연발화성 물질로 물에 녹지 않으므로 물속(pH=9, 약알칼리성)에 보관한다.
② 칼륨, 나트륨 등의 물질은 공기중 자연발성이 있으며, 금속의 이온화 경향(활성도)이 매우 커, 물과 반응하여 수소를 발생하므로 보호액인 석유류(등유, 경유, 유동파라핀 등)속에 저장한다.
③ 저장시 조금씩 나누어(소분) 밀봉, 밀전하여 냉암소에 저장한다.

4. 제3류 위험물의 소화방법

① 주수소화는 절대엄금(단, 황린은 물로 냉각소화), CO_2와도 격렬하게 반응하여 가연성 물질인 탄소(C)를 생성하므로 절대 사용금지한다.

② 마른 모래, 금속화재용 분말약제인 탄산수소염류를 사용한다.

③ 팽창질식 및 팽창진주암은 알킬알루미늄화재 시 주로 사용한다.

5. 제3류 위험물의 종류 및 성상

(1) 칼륨(K, 지정수량 : 10kg)

① 비중 0.86, 융점 63.5℃의 은백색 무른 경금속이다.

② 연소 시 보라색 불꽃 반응을 하면서 연소한다.

　　연소반응식 : $4K + O_2 \longrightarrow 2K_2O$(산화칼륨)

③ 수소(H)보다 금속의 이온화 경향(활성도)이 매우 큰 금속으로 화학적인 반응성이 좋아 물, 또는 알코올 등과 반응하여 수소($H_2\uparrow$)기체를 발생시킨다.(이온화경향 : K>H)

　　물과의 반응식 : $2K + 2H_2O \longrightarrow 2KOH$(수산화칼륨)$+ H_2\uparrow$(수소) [주수소화엄금]

　　메틸알코올과의 반응식 : $2K + CH_3OH \longrightarrow 2CH_3OK$(칼륨메틸레이트)$+ H_2$(수소)

　　에틸알코올과의 반응식 : $2K + 2C_2H_5OH$

　　　　　　$\longrightarrow 2C_2H_5OK$(칼륨에틸레이트)$+ H_2\uparrow$(수소)

④ 이산화탄소와 폭발적으로 반응하여 가연성 물질인 탄소를 생성한다.

　　이산화탄소의 반응식 : $4K + 3CO_2 \longrightarrow 2K_2CO_3$(탄산칼륨)$+ C$(탄소) [$CO_2$ 소화엄금]

⑤ 공기와 접촉 시 자연발화가 일어나므로 석유류(등유, 경유, 유동파라핀)의 보호액 속에 보관한다.

⑥ 소화방법 : 주수소화 및 CO_2 소화는 절대엄금, 마른모래, 탄산수소수소염류, 팽창질석, 팽창진주암 등으로 질식 소화한다.

(2) 나트륨(Na, 지정수량 : 10kg)

① 비중 0.97, 융점 97.8℃의 은백색의 무른 경금속이다.

② 연소 시 노란색 불꽃 반응을 하면서 연소한다.

　　연소반응식 : $4Na + O_2 \longrightarrow 4Na_2O$(산화나트륨)

③ 수소(H)보다 금속의 이온화 경향이 큰 금속이므로 물 또는 알코올 등과 반응하여 수소($H_2\uparrow$) 기체를 발생시킨다.(이온화 경향 Na>H)

　　물과의 반응식 : $2Na + 2H_2O \longrightarrow 2NaOH$(수산화나트륨)$+ H_2\uparrow$(수소) [주수소화엄금]

　　메틸알코올과의 반응식 : $2Na + 2CH_3OH$

　　　　　　$\longrightarrow 2CH_3ONa$(나트륨메틸레이트)$+ H_2\uparrow$(수소)

에틸알코올과의 반응식 : $2Na+2C_2H_5OH$

$$\longrightarrow 2C_2H_5ONa(나트륨에틸레이트)+ H_2\uparrow(수소)$$

④ 이산화탄소와 폭발적으로 반응하여 가연성물질인 탄소를 생성한다.

이산화탄소와의 반응식 : $4Na+3CO_2$

$$\longrightarrow 2Na_2CO_3(탄산나트륨)+C(탄소) [CO_2소화엄금]$$

⑤ 공기와 접촉 시 자연발화가 일어나므로 석유류(등유, 경유, 유동파라핀)의 보호액 속에 보관한다.

⑥ 소화방법 : 칼륨과 동일함(피부접촉시 화상주의)

(3) 알킬알루미늄(R–Al, 지정수량 : 10kg)

- 알킬기$(C_nH_{2n+1}-, R-)$에 알루미늄(Al)이 결합된 화합물이다.

  [CH_3- : 메틸기, C_2H_5- : 에틸기, C_3H_7- : 프로필기, C_4H_9- : 부틸기 등]

- 탄소수가 $C_{1~4}$까지는 자연발화하고, C_5 이상은 연소반응하지 않는다.

1) 트리메틸알루미늄[$(CH_3)_3Al$, TMA]

① 비중 0.752, 융점 15℃의 무색 투명한 액체이다.

② 물 또는 알코올과 반응하여 메탄(CH_4)가스를 발생한다.

물과의 반응식 : $(CH_3)_3Al+3H_2O \longrightarrow Al(OH)_3(수산화알루미늄)+3CH_4\uparrow(메탄)$

※메탄가스의 연소범위 : 5~15%

메틸알코올과의 반응식 : $(CH_3)_3Al+3CH_3OH$

$$\longrightarrow (CH_3O)_3Al(알루미늄메틸레이트)+3CH_4(메탄)$$

에틸알코올과의 반응식 : $(CH_3)_3Al+3C_2H_5OH$

$$\longrightarrow (C_2H_5O)_3Al(알루미늄에틸라이트)+3CH_4(메탄)$$

③ 공기중에 노출 시 자연 발화한다.

연소반응식 : $2(CH_3)_3Al+12O_2 \longrightarrow Al_2O_3(산화알루미늄)+9H_2O+6CO_2\uparrow$

④ 저장시 용기에 질소(N_2) 또는 아르곤(Ar) 등 불활성가스를 봉입하고 화기, 습기, 공기와의 접촉을 피하여 냉암소에 보관한다.(희석 안정제 : 벤젠, 톨루엔, 헥산 등)

⑤ 소화방법 : 주수는 절대 엄금하고 팽창질석, 팽창진주암, 마른모래 등으로 질식 소화한다.

2) 트리에틸알루미늄[$(C_2H_5)_3Al$, TEA]

① 비중 0.837, 융점 -46℃의 무색 투명한 액체이다.

② 물 또는 알코올과 반응하여 에탄(C_2H_6) 가스를 발생한다.

물과의 반응식 : $(C_2H_5)_3Al+3H_2O \longrightarrow Al(OH)_3(수산화알루미늄)+3C_2H_6\uparrow(에탄)$

메틸알코올과의 반응식 : $(C_2H_5)_3Al+3CH_3OH$

$$\longrightarrow (CH_3O)_3Al(알루미늄메틸레이트)+3C_2H_6\uparrow(에탄)$$

에틸알코올과의 반응식 : $(C_2H_5)_3Al+3C_2H_5OH$

$$\longrightarrow (C_2H_5O)_3Al(알루미늄에틸레이트)+3C_2H_6\uparrow(에탄)$$

③ 공기중에 노출 시 자연발화한다.

연소반응식 : $2(C_2H_5)_3Al + 21O_2 \longrightarrow 12CO_2 + Al_2O_3(산화알루미늄) + 15H_2O$

④ 저장 시 용기에 질소(N_2) 또는 아르곤(Ar) 등 불활성가스를 봉입하고 화기, 습기, 공기와의 접촉을 피하여 냉암소에 보관한다.(희석 안정제 : 벤젠, 톨루엔, 헥산 등)

⑤ 소화방법 : 주수는 절대 엄금하고 팽창질석, 팽창진주암, 마른모래 등으로 질식소화한다.

(4) 알킬리튬(R-Li, 지정수량 : 10kg)

① 메틸리튬(CH_3Li), 에틸리튬(C_2H_5Li), 부틸리튬(C_4H_9Li) 등이 있다.

② 공기중 자연발화, CO_2와 격렬히 반응하므로 위험하다.

③ 물과 반응 시 가연성가스를 발생한다.

메틸리튬과 물과의 반응식 : $CH_3Li + H_2O \longrightarrow LiOH(수산화리튬) + CH_4 \uparrow (메탄)$

에틸리튬과 물과의 반응식 : $C_2H_5Li + H_2O \longrightarrow LiOH(수산화리튬) + C_2H_6 \uparrow (에탄)$

부틸리튬과 물과의 반응식 : $C_4H_9Li + H_2O \longrightarrow LiOH(수산화리튬) + C_4H_{10} \uparrow (부탄)$

④ 저장 및 소화방법 : 알킬알루미늄과 동일함

(5) 황린[백린(P_4), 지정수량 : 20kg]

① 발화점 : 34℃, 비중1.82의 백색 또는 담황색의 가연성 및 자연발화성고체이다.

② 물에 녹지 않고 이황화탄소(CS_2)에 잘 녹는다.

③ 공기 중 연소 시 오산화인(P_2O_5)의 흰 연기를 발생한다.

연소반응식 : $P_4 + 5O_2 \longrightarrow 2P_2O_5(오산화인 : 흰 연기)$

④ 착화온도(34℃)가 매우 낮아서 공기 중 자연발화의 위험이 있으므로 소량의 수산화칼슘 [$Ca(OH)_2$]을 넣어서 만든 pH=9인 약알칼리성의 물속에 보관한다.

　※ 이유 : pH=9 이상인 강알칼리용액이 되면 독성이 강한 포스핀(PH_3, 인화수소)가스를 발생하며 공기 중에서 자연 발화한다.

수산화칼륨수용액과의 반응식 : $P_4 + 3KOH + H_2O \longrightarrow 3KH_2PO_2 + PH_3 \uparrow$

⑤ 피부접촉 시 화상을 입고 공기 중 자연발화온도는 40~50℃이다.

⑥ 공기보다 무겁고 마늘냄새가 나는 맹독성물질이다.

⑦ 공기를 차단하고 황린(P_4)을 260℃로 가열하면 적린(P)이 된다.

⑧ 소화방법 : 물로 냉각소화, 마른모래 등으로 질식 소화한다.(고압주수소화는 황린을 비산시켜 연소면 확대분산의 위험이 있음)

1 다음 제3류 위험물의 지정수량을 각각 쓰시오.

① 칼륨   ② 알킬리튬   ③ 탄화알루미늄   ④ 황린   ⑤ 인화칼슘   ⑥ 칼슘

정답 | ① 10kg   ② 10kg   ③ 300kg   ④ 20kg   ⑤ 300kg   ⑥ 50kg

해설 | ① 칼륨 : 10kg

② 알킬리튬 : 10kg

③ 탄화알루미늄(품명 : 알루미늄탄화물) : 300kg

④ 황린 : 20kg

⑤ 인화칼슘(품명 : 금속인화물) : 300kg

⑥ 칼슘(품명 : 알칼리토금속) : 50kg

2 칼륨에 대하여 다음 물음에 답하시오.

(1) 보호액 한 가지를 쓰시오.

(2) 이산화탄소와의 반응식을 쓰시오.

(3) 에틸알코올과의 반응식을 쓰시오.

정답 | (1) 등유, 경유, 유동파라핀 중 1개

(2) $4K + 3CO_2 \longrightarrow 2K_2CO_3 + C$

(3) $2K + 2C_2H_5OH \longrightarrow 2C_2H_5OK + H_2$

해설 | • 칼륨(K)과 나트륨(Na)의 금속은 금속의 이온화 경향이 매우 큰 금속이고 금수성이므로 물 또는 알코올과 반응하여 수소(H_2)를 발생시킨다. 또한 공기 중에서 자연발화성 물질이므로 석유류(등유, 경유, 유동파라핀) 속에 보관한다.

물과의 반응식 : $2K + 2H_2O \longrightarrow 2KOH + H_2 \uparrow$ (주수소화엄금)

산화반응식 : $4K + O_2 \longrightarrow 2K_2O$

• 칼륨(K)은 이산화탄소와 반응 시 탄산칼륨(K_2CO_3)과 가연성 물질인 탄소(C)를 생성한다.

이산화탄소와의 반응식 : $4K + 3CO_2 \longrightarrow 2K_2CO_3 + C$ (CO_2 소화엄금)

• 칼륨(K)은 에틸알코올과 반응하여 칼륨에틸레이트(C_2H_5OK)와 수소(H_2)를 발생한다.

에틸알코올과의 반응식 : $2K + 2C_2H_5OH \longrightarrow 2C_2H_5OK + H_2$

3 금속나트륨에 대해 다음 물음에 답하시오.

(1) 지정수량

(2) 불꽃반응색깔

(3) 물과의 반응식

정답 | (1) 10kg   (2) 노란색   (3) $2Na + 2H_2O \longrightarrow 2NaOH + H_2$

해설 | 금속나트륨(Na)이 연소 시 노란색 불꽃 반응을 하면서 산화나트륨(Na_2O)을 생성한다.

연소반응식 : $4Na + O_2 \longrightarrow 2Na_2O$

물과의 반응식 : $2Na + 2H_2O \longrightarrow 2NaOH + H_2$

4 알킬알루미늄에 대해 다음 물음에 답하시오.

(1) 트리메틸알루미늄의 연소반응식과 물과의 반응식을 쓰시오.
(2) 트리에틸알루미늄의 연소반응식과 물과의 반응식을 쓰시오.

정답 | (1) 연소반응식 : $2(CH_3)_3Al + 12O_2 \longrightarrow Al_2O_3 + 6CO_2 + 9H_2O$
　　　　물과의 반응식 : $(CH_3)_3Al + 3H_2O \longrightarrow Al(OH)_3 + 3CH_4$
　　　(2) 연소반응식 : $2(C_2H_5)_3Al + 21O_2 \longrightarrow Al_2O_3 + 12CO_2 + 15H_2O$
　　　　물과의 반응식 : $(C_2H_5)_3Al + 3H_2O \longrightarrow Al(OH)_3 + 3C_2H_6$

해설 | ① 알킬알루미늄의 연소반응식에서 알킬기(CH_3－메틸기, C_2H_5－에틸기)는 탄소(C)와 수소(H)로 되어 있기 때문에 연소하면 이산화탄소(CO_2)와 물(H_2O)이 된다.

$$※ \text{유기물의 연소반응식} : \begin{bmatrix} C \cdot H \cdot O \\ C \cdot H \end{bmatrix} + O_2 \xrightarrow[\text{빛·열}]{\text{산화(연소)}} CO_2 + H_2O$$
$$\text{[유기물질]} \qquad \text{[산소]} \qquad \text{[이산화탄소]} \quad \text{[물]}$$

그리고, 알루미늄은 산화(연소)하여 산소와 결합 시 산화알루미늄(Al_2O_3)이 된다.
∴ 알킬알루미늄(R–Al)이 연소 시(R–Al + O_2 ⟶ 생성물) 생성물은 $Al_2O_3 + CO_2 + H_2O$가 된다.
② 알킬알루미늄이 물과의 반응에서 알킬기가 메틸기(CH_3－)일 때는 물[$H_2O \rightarrow H^+ + OH^-$]의 수소[$H^+$]와 반응하여 메탄($CH_4$)이 되고, 에틸기($C_2H_5$－)일 때는 에탄($C_2H_6$)이 된다. 또한 알루미늄(Al)은 금속이므로 물과 반응시 염기성인 수산기[OH^-]와 반응하여 수산화알루미늄[$Al(OH)_3$]이 생성된다.
∴ 알킬알루미늄(R–Al)이 물과 반응 시(R–Al + $H_2O \rightarrow$ 생성물) 수산화알루미늄[$Al(OH)_3$]과 메틸기(CH_3–)는 메탄(CH_4), 에틸기(C_2H_5–)는 에탄(C_2H_6)의 가연성가스가 발생하기 때문에 물로 소화를 하면 안되는 이유다.

5 알킬리튬과 물과의 반응식을 쓰시오.

① 메틸리튬　　　② 에틸리튬　　　③ 부틸리튬

정답 | ① $CH_3Li + H_2O \longrightarrow LiOH + CH_4$
　　　② $C_2H_5Li + H_2O \longrightarrow LiOH + C_2H_6$
　　　③ $C_4H_9Li + H_2O \longrightarrow LiOH + C_4H_{10}$

해설 | 알킬리튬(R–Li)의 물과의 반응식에서 알킬기가 메틸기(CH_3－)는, 메탄(CH_4), 에틸기(C_2H_5－)는 에탄(C_2H_6), 부틸기(C_4H_9－)는 부탄(C_4H_{10})이 생성되고 리튬(Li)은 금속이므로 물과 반응하여 염기성인 수산화리튬(LiOH)이 생성된다.

6 트리에틸알루미늄 228g이 표준상태에서 물과 반응 시 가연성가스의 부피(L)를 구하시오.

정답 | 134.4L

해설 | • 트리에틸알루미늄[$(C_2H_5)_3Al$]의 분자량$=(12×2+1×5)×3+27)=114g$
• 아보가드로 법칙 : 모든기체는 1mol$=22.4L$(표준상태 : 0℃, 1기압)이다.
• 트리에틸알루미늄이 물과 반응 시 수산화알루미늄[$Al(OH)_3$]과 가연성가스인 에탄(C_2H_6)이 발생한다.
• 물과의 반응식 : $(C_2H_5)_3Al + 3H_2O \longrightarrow Al(OH)_3 + \underline{3C_2H_6}$
114g : 3×22.4L
228g : x

$\therefore x=\dfrac{228×3×22.4}{114}=134.4L$

7 트리에틸알루미늄에 대해 답을 쓰시오.

(1) 메틸알코올과의 반응식
(2) 에틸알코올과의 반응식

정답 | (1) $(C_2H_5)_3Al+3CH_3OH \longrightarrow (CH_3O)_3Al+3C_2H_6$
 (2) $(C_2H_5)_3Al+3C_2H_5OH \longrightarrow (C_2H_5O)_3Al+3C_2H_6$

해설 | 트리에틸알루미늄[$(C_2H_5)_3Al$]
• 메틸알코올(CH_3OH)과 반응하면 알루미늄메틸레이트[$(CH_3O)_3Al$]와 에탄(C_2H_6)이 생성된다.
• 에틸알코올(C_2H_5OH)과 반응하면 알루미늄에틸레이트[$(C_2H_5O)_3Al$]와 에탄(C_2H_6)이 생성된다.

8 제3류 위험물 중 물속에 저장하며 연소 시 백색 연기를 발생하는 물질의 명칭을 쓰시오. 이 물질을 강알칼리성 염류를 첨가한 물에 저장할 경우 발생하는 독성가스의 화학식을 쓰시오.

① 물질의 명칭 ② 독성가스의 화학식

정답 | ① 황린 ② PH_3

해설 | 황린(P_4) : 제3류(자연발화성), 지정수량 20kg
• 황린(P_4)은 발화온도가 34℃로 매우 낮아 공기 중에서 자연발화의 위험성 크기 때문에 이를 방지하기 위해서 pH=9인 약알칼리성의 물속에 저장한다.
• 황린(P_4)이 공기 중 연소 시 산소와 반응하여 유독성인 오산화인(P_2O_5)의 백색연기(기체)를 발생한다.
연소반응식 : $P_4+2O_2 \longrightarrow 2P_2O_5$(백색연기)
• 황린(P_4)을 저장하는 물의 액성이 강알칼리성 용액(KOH수용액)이 되면 맹독성인 포스핀(PH_3)가스를 발생하기 때문에 이를 방지하기 위하여 물에 소량의 수산화칼슘[$Ca(OH)_2$]을 넣어 pH=9인 약알칼리성으로 만들어 황린(P_4)을 저장한다.
수산화칼륨수용액과의 반응식 : $P_4+3KOH+H_2O \longrightarrow 3KH_2PO_2+PH_3\uparrow$

(6) 알칼리금속(K, Na 제외) 및 알칼리토금속(Mg 제외)[지정수량 :50kg]

1) 리튬(Li) : 알칼리금속

① 비중 0.53, 융점 180℃, 비점 1,336℃의 은백색의 가장 가볍고 무른 경금속이다.

② 가열 연소 시 적색 불꽃을 낸다.

③ 물과 격렬히 반응하여 수소(H_2)를 발생한다.

　　　물과의 반응식 : $2Li + 2H_2O \longrightarrow 2LiOH$(수산화리튬)$+ H_2 \uparrow$(수소)

④ 2차 전지의 원료에 사용된다.

2) 칼슘(Ca) : 알킬리토금속

① 비중 1.57, 융점 845℃, 비점 1,484℃의 은백색의 무른 경금속이다.

② 물 또는 산과 반응하여 수소(H_2)를 발생한다(금속의 이온화 경향 Ca>H)

　　　물과의 반응식 : $Ca + 2H_2O \longrightarrow Ca(OH)_2$(수산화칼슘)$+ H_2 \uparrow$(수소)

　　　염산과의 반응식 : $Ca + 2HCl \longrightarrow CaCl_2$(염화칼슘)$+ H_2 \uparrow$(수소)

(7) 금속의 수소화합물(지정수량 : 300kg)

① 수소화리튬(LiH), 수소화칼륨(KH), 수소화나트륨(NaH), 수소화칼슘(CaH_2), 수소화알루미늄리튬($LiAlH_4$) 등이 있다.

② 물과 반응 시 수소(H_2)를 발생하고 공기 중 자연발화한다.

　　　수소화리튬과 물과의 반응식 : $LiH + H_2O \longrightarrow LiOH$(수산화리튬)$+ H_2 \uparrow$(수소)

　　　수소화칼륨과 물과의 반응식 : $KH + H_2O \longrightarrow KOH$(수산화칼륨)$+ H_2 \uparrow$(수소)

　　　수소화나트륨과 물과의 반응식 : $NaH + H_2O \longrightarrow NaOH$(수산화나트륨)$+ H_2 \uparrow$(수소)

　　　수소화칼슘과 물과의 반응식 : $CaH_2 + 2H_2O \longrightarrow Ca(OH)_2$(수산화칼슘)$+ H_2 \uparrow$(수소)

　　　수소화알루미늄리튬과 물과의 반응식 : $LiAlH_4 + 4H_2O$

　　　　　　　　　　　$\longrightarrow LiOH + Al(OH)_3$(수산화알루미늄)$+ 4H_2 \uparrow$(수소)

　　　수소화알루미늄리튬 열분해반응식 : $LiAlH_4 \longrightarrow Li + Al + 2H_2 \uparrow$(수소)

(8) 금속의 인화합물(지정수량 : 300kg)

1) 인화칼슘[인화석회, Ca_3P_2]

① 비중 2.51, 융점 1,600℃ 적갈색의 괴상의 고체이다.

② 물 또는 묽은산과 반응하여 가연성이며 맹독성인 인화수소(PH_3 : 포스핀)가스를 발생한다.

　　　물과의 반응식 : $Ca_3P_2 + 6H_2O \longrightarrow 3Ca(OH)_2$(수산화칼슘)$+ 2PH_3 \uparrow$(포스핀)

　　　염산과의 반응식 : $Ca_3P_2 + 6HCl \longrightarrow 3CaCl_2$(염화칼슘)$+ 2PH_3 \uparrow$(포스핀)

③ 소화방법 : 마른 모래 등으로 질식 소화한다.(주수 및 포 소화약제는 절대엄금)

2) 인화알루미늄[AlP]

물, 또는 산과 반응하여 인화수소(PH_3 : 포스핀)의 유독성가스를 발생한다.

물과의 반응식 : $AlP + 3H_2O \longrightarrow Al(OH)_3$(수산화알루미늄)$+ PH_3 \uparrow$(포스핀)

염산과의 반응식 : $AlP + 3HCl \longrightarrow AlCl_3$(염화알루미늄)$+ PH_3 \uparrow$(포스핀)

(9) 칼슘 또는 알루미늄의 탄화물(지정수량 : 300kg)

1) 탄화칼슘(카바이트, CaC_2)

① 비중2.2, 융점2,300℃, 비점350℃ 회백색의 불규칙한 괴상의 고체이다.

② 물과 반응 시 수산화칼슘과 아세틸렌가스를 발생한다.

물과의 반응식 : $CaC_2 + 2H_2O \longrightarrow Ca(OH)_2$(수산화칼슘)$+ C_2H_2 \uparrow$(아세틸렌)

※ 아세틸렌(C_2H_2)가스 연소범위 : 2.5 ~ 81%

※ 아세틸렌 연소반응식 : $2C_2H_2 + 5O_2 \longrightarrow 4CO_2 + 2H_2O$

③ 고온(700℃ 이상)에서 질소(N_2)와 반응하여 석회질소($CaCN_2$)를 생성한다.(질화반응)

질소와의 반응식 : $CaC_2 + N_2 \longrightarrow CaCN_2$(석회질소)$+ C$(탄소)

④ 장기보관 시 용기 내에 불연성가스(N_2 등)를 봉입하여 저장한다.

⑤ 소화방법 : 마른 모래 등으로 질식 소화한다.(주수 및 포는 절대엄금)

2) 탄화알루미늄(Al_4C_3)

① 비중 2.36, 황색결정 또는 분말로 상온, 공기 중에서 안정하다.

② 물과 반응 시 가연성인 메탄(CH_4)가스를 발생하며 인화폭발의 위험이 있다.

물과의 반응식 : $Al_4C_3 + 12H_2O \longrightarrow 4Al(OH)_3$(수산화알루미늄)$+ 3CH_4 \uparrow$(메탄)

※ 메탄(CH_4)의 연소범위 : 5~15%

※ 메탄의 연소반응식 : $CH_4 + 2O_2 \longrightarrow CO_2 + 2H_2O$

③ 소화방법 : 마른 모래 등으로 피복소화한다.(주수 및 포는 절대엄금)

3) 탄화망간(Mn_3C)

물과 반응 시 메탄(CH_4)가스와 수소(H_2)가스가 발생한다.

물과의 반응식 : $Mn_3C + 6H_2O$

$\longrightarrow 3Mn(OH)_2$(수산화망간)$+ CH_4 \uparrow$(메탄)$+ H_2 \uparrow$(수소)

4) 기타 카바이드류와 물과의 반응식

① 탄화마그네슘 : $MgC_2 + 2H_2O \longrightarrow Mg(OH)_2$(수산화마그네슘)$+ C_2H_2 \uparrow$(아세틸렌)

② 탄화칼륨 : $K_2C_2 + 2H_2O \longrightarrow 2KOH$(수산화칼륨)$+ C_2H_2 \uparrow$(아세틸렌)

③ 탄화리튬 : $Li_2C_2 + 2H_2O \longrightarrow 2LiOH$(수산화리튬)$+ C_2H_2 \uparrow$(아세틸렌)

④ 탄화나트륨 : $Na_2C_2 + 2H_2O \longrightarrow 2NaOH$(수산화나트륨)$+ C_2H_2 \uparrow$(아세틸렌)

1 탄화칼슘이 고온에서 질소와 반응하여 석회질소를 생성하는 반응식을 쓰시오.

정답 | $CaC_2 + N_2 \longrightarrow CaCN_2 + C$

2 다음 물질의 물과의 반응식을 쓰시오.

(1) 칼슘
(2) 수소화칼륨
(3) 수소화칼슘
(4) 수소화알루미늄리튬

정답 | (1) $Ca + 2H_2O \longrightarrow Ca(OH)_2 + H_2$
(2) $KH + H_2O \longrightarrow KOH + H_2$
(3) $CaH_2 + 2H_2O \longrightarrow Ca(OH)_2 + H_2$
(4) $LiAlH_4 + 4H_2O \longrightarrow LiOH + Al(OH)_3 + 4H_2$

해설 | 금속 중 수소보다 금속의 이온화 경향이 큰 금속은 물과 반응 시 수소(H_2)를 발생시키고 염기성[OH^- 수산기]을 갖는다.
① 칼슘(Ca)은 물과 반응 시 수산화칼슘[$Ca(OH)_2$]과 수소(H_2)를 발생시킨다.
$Ca + 2H_2O \longrightarrow Ca(OH)_2 + H_2\uparrow$
② 수소화칼륨(KH)은 물과 반응 시 수산화칼륨(KOH)과 수소(H_2)를 발생한다.
$KH + H_2O \longrightarrow KOH + H_2\uparrow$
③ 수소화칼슘(CaH_2)은 물과 반응 시 수산화칼슘[$Ca(OH)_2$]과 수소(H_2)를 발생한다.
$CaH_2 + 2H_2O \longrightarrow Ca(OH)_2 + H_2\uparrow$
④ 수소화알루미늄리튬($LiAlH_4$)
$LiAlH_4 + 4H_2O \longrightarrow LiOH + Al(OH)_3 + 4H_2\uparrow$

3 인화칼슘에 대하여 다음 물음에 답을 쓰시오.

① 지정수량   ② 물과의 반응식   ③ 물과 반응 시 발생하는 기체

정답 | ① 300kg   ② $Ca_3P_2 + 6H_2O \longrightarrow 3Ca(OH)_2 + 2PH_3$ ③ 포스핀

해설 | • 인화칼슘(Ca_3P_2) : 제3류 위험물, 품명은 금속의 인화합물, 지정수량 300kg
• 인화칼슘(Ca_3P_2)이 물과 반응 시 칼슘(Ca)은 금속이므로 물과 반응하여 염기성[OH^- 수산기]과 결합하여 수산화칼슘[$Ca(OH)_2$]으로 되고 인(P)은 비금속이므로 물과 반응 시 수소이온[H^+]과 결합하여 포스핀[$P^{-3}H_3^{+1}$: PH_3]가스를 발생시킨다.

4 표준상태에서 인화알루미늄 580g이 물과 반응 시 발생하는 독성 기체의 부피는 몇 L인가?

정답 | 224L

해설 | • 인화알루미늄(AlP)의 분자량＝27＋31＝58
- 인화알루미늄과 물과의 반응식(표준상태 : 0℃, 1기압 기준)

$$AlP\ +\ 3H_2O\ \longrightarrow\ Al(OH)_3\ +\ \underset{1 \times 22.4L}{PH_3}$$

$$\underset{580g}{\underset{58g}{\longleftarrow}}\ \ \ \ \ \ :\ \ \ \ \ \ \underset{x}{}$$

$$\therefore\ x = \frac{580 \times 1 \times 22.4}{58} = 224L$$

5 탄화칼슘 32g이 물과 반응 시 발생하는 기체의 폭발범위와 이 기체를 표준 상태에서 완전 연소시키는데 필요한 산소의 부피(L)을 구하시오.

① 기체의 폭발범위　　② 산소의 부피(L)

정답 | ① 2.5~81%　② 28L

해설 | • 탄화칼슘(CaC_2, 카바이드)은 물과 반응 시 수산화칼슘[$Ca(OH)_2$]과 아세틸렌(C_2H_2)기체가 발생한다. 아세틸렌의 폭발범위 : 2.5~81%
- 탄화칼슘(CaC_2)의 분자량＝40＋12 × 2＝64
- 탄화칼슘과 물과의 반응식(표준상태 : 0℃, 1기압 기준)

$$CaC_2\ +\ 2H_2O\ \longrightarrow\ Ca(OH)_2\ +\ \underset{1 \times 22.4L}{C_2H_2}$$

$$\underset{32g}{\underset{64g}{\longleftarrow}}\ \ \ \ \ \ :\ \ \ \ \ \ \underset{x}{}$$

$$\therefore\ x = \frac{32 \times 1 \times 22.4}{64} = 11.2L (표준상태에서 아세틸렌부피)$$

이 반응식에서 탄화칼슘 32g을 물과 반응 시 발생한 아세틸렌기체 11.2L를 연소시키는데 필요한 산소량(L)을 구하면 된다.
- 아세틸렌 완전연소 반응식

$$2C_2H_2\ +\ 5O_2\ \longrightarrow\ 4CO_2\ +\ 2H_2O$$

$$\underset{11.2L}{\underset{2 \times 22.4L}{\longleftarrow}}\ :\ \underset{x}{5 \times 22.4L}$$

$$\therefore\ x = \frac{11.2 \times 5 \times 22.4}{2 \times 22.4} = 28L$$

6 탄화알루미늄에 대하여 다음 물음에 답하시오.

(1) 물과의 반응식을 쓰시오.
(2) 물과의 반응 시 발생하는 가스에 대해 다음 물음에 답하시오.
　① 화학식　　② 연소반응식　　③ 연소범위　　④ 위험도

정답 | (1) $Al_4C_3 + 12H_2O \longrightarrow 4Al(OH)_3 + 3CH_4$

(2) ① CH_4 ② $CH_4 + 2O_2 \longrightarrow CO_2 + 2H_2O$ ③ 5~15% ④ 2

해설 | • 탄화알루미늄(Al_4C_3)은 물과 반응 시 수산화알루미늄[$Al(OH)_3$]과 메탄(CH_4)가스를 발생한다.

물과의 반응식 : $Al_4C_3 + 12H_2O \longrightarrow 4Al(OH)_3 + 3CH_4\uparrow$

• 메탄(CH_4)은 연소 시 이산화탄소(CO_2)와 물(H_2O)이 생성된다.

$CH_4 + 2O_2 \longrightarrow CO_2 + 2H_2O$

• 메탄의 연소범위 : 5~15%

$$위험도(H) = \frac{U-L}{L} = \frac{연소상한 - 연소하한}{연소하한}$$

$$= \frac{15-5}{5} = 2$$

4 제4류 위험물(인화성액체)

1. 제4류 위험물의 종류 및 지정수량

성질	위험등급	품명		지정수량	지정품목	기타조건 (1기압에서)
인화성 액체	I	특수인화물		50L	이황화탄소, 디에틸에테르	• 발화점이 100℃ 이하 • 인화점 −20℃ 이하 & 비점 40℃ 이하
	II	제1석유류	비수용성	200L	휘발유, 아세톤	인화점 21℃ 미만
			수용성	400L		
		알코올류		400L		• 탄소의 원자수가 C_1~C_3까지인 포화 1가 알코올(변성알코올 포함) • 메틸알코올[CH_3OH], 에틸알코올[C_2H_5OH], 프로필알코올[(CH_3)$CHOH$]
	III	제2석유류	비수용성	1,000L	등유, 경유	인화점 21℃ 이상 70℃ 미만
			수용성	2,000L		
		제3석유류	비수용성	2,000L	중유, 클레오소트유	인화점 70℃ 이상 200℃ 미만
			수용성	4,000L		
		제4석유류		6,000L	기어유, 실린더유	인화점 200℃ 이상 250℃ 미만인 것
		동식물유류		10,000L	동물의 지육 또는 식물의 종자나 과육으로부터 추출한 것으로 1기압에서 인화점이 250℃ 미만인 것	

2. 제4류 위험물의 일반적인 성질

① 대부분 인화성액체로서 물보다 가볍고 물에 녹지 않는다.(단, 알코올류는 수용성물질이 많다)

② 증기의 비중은 공기보다 무겁다.(단, HCN 제외)

③ 증기와 공기가 조금만 혼합하여도 연소폭발의 위험이 있다(대부분 증발연소를 많이 한다).

④ 전기의 부도체로서 정전기 축적으로 인화의 위험이 있다.

3. 제4류 위험물의 저장방법

① 증기 및 액체의 누설, 정전기 축적에 주의할 것

② 화기를 멀리하고 용기는 밀봉·밀전하여 통풍이 잘되는 곳에 저장할 것

③ 증기는 높은 곳으로 배출시킬 것

4. 제4류 위험물 소화방법

① 물에 녹지 않고 물 위에 부상하여 연소면을 확대하므로 봉상의 주수소화는 절대 금한다.(단, 수용성은 제외)

② CO_2, 포, 분말, 물분무 등으로 질식소화한다.

③ 수용성인 알코올은 알코올포(내알코올포) 및 다량의 주수소화한다.(일반포소화약제는 소포성 때문에 효과없음)

5. 제4류 위험물의 종류 및 성상

(1) 특수인화물(지정수량 : 50L)

• 지정품목 : 이황화탄소, 디에틸에테르

• 지정성상(1기압에서) ┌ 발화점 100℃ 이하인 것
                        └ 인화점 −20℃ 이하, 비점 40℃ 이하인 것

1) 디에틸에테르($C_2H_5OC_2H_5$) : 지정수량 50L

① 인화점 −45℃, 발화점 180℃, 비점 34.6℃, 연소범위 1.9~48%

② 휘발성이 강한 무색 액체이다.

③ 물에 약간 녹고 알코올에 잘 녹으며 마취성이 있다.

④ 공기와 장기간 접촉 시 과산화물을 생성한다.(갈색병에 보관할 것)

연소반응식 : $C_2H_5OC_2H_5 + 6O_2 \longrightarrow 4CO_2 + 5H_2O$

※ 과산화물 검출시약 : 디에틸에테르＋KI(10%)용액 → 황색변화

　과산화물 제거시약 : 30%의 황산제일철 또는 환원철

⑤ 제법 : 에틸알코올에 촉매로 진한황산(탈수)을 넣고 140℃에서 축합반응(반응 후 물이 빠지는 반응)에 의하여 생성된다.

$$\text{디에틸에테르 제조 반응식 : } C_2H_5OH + C_2H_5OH \xrightarrow[\text{탈수}]{c-H_2SO_4} C_2H_5OC_2H_5 + H_2O$$
　　　　　　　　　　　(에틸알코올) (에틸알코올)　　　　　　　(디에틸에테르)　 (물)

⑥ 저장 시 불활성가스를 봉입하고 정전기를 방지하기 위해 소량의 염화칼슘($CaCl_2$)을 넣어둔다.

⑦ 과산화물 생성을 방지하기 위해 구리망을 넣어둔다.

⑧ **소화방법** : CO_2, 분말, 포, 할로겐화합물 등의 소화약제로 질식소화한다.

2) 이황화탄소(CS_2) : 지정수량 50L

① 인화점 −30℃, 발화점 100℃, 비점 46.3℃, 연소범위 1.2~44%

② 무색투명한 액체, 불순물 존재 시 황색 및 불쾌한 냄새가 난다.

③ 비중 1.26으로 물보다 무겁고, 물에 녹지 않으며 알코올, 벤젠, 에테르 등에 잘 녹는다.

④ 제4류 위험물 중 발화점이 100℃로 가장 낮다.

⑤ 연소 시 유독한 아황산가스를 발생한다.

$$\text{연소반응식 : } CS_2 + 3O_2 \longrightarrow CO_2\uparrow + 2SO_2\uparrow$$

⑥ 저장 시 물속에 보관하여 가연성 증기의 발생을 방지시킨다.

⑦ 150℃ 이상의 물과 반응 시 황화수소(H_2S)와 이산화탄소(CO_2)가 발생한다.

$$\text{물(150℃ 이상)과의 반응식 : } CS_2 + 2H_2O \longrightarrow 2H_2S + CO_2$$

⑧ **소화방법** : CO_2, 분말, 포, 할로겐화합물등의 소화약제로 질식소화한다. 또한, 물에 녹지 않고 물보다 무겁기 때문에 물로 덮어 질식소화도 가능하다.

3) 아세트알데히드(CH_3CHO) : 지정수량 50L

① 인화점 −38℃, 발화점 185℃, 비점 21℃, 연소범위 4.1~57%

② 휘발성이 강하고, 과일냄새가 나는 무색 액체이다.

③ 물, 에테르, 에탄올에 잘 녹는다.(수용성)

④ 환원성 물질로 은거울반응, 펠링반응, 요오드포름반응 등을 한다.

⑤ 제조법 : 에틸렌(C_2H_4)에 촉매로 염화구리($CuCl_2$), 염화파라듐($PdCl_2$)을 사용하여 산화시킨다.

$$\text{에틸렌 직접산화법 : } 2C_2H_4 + O_2 \xrightarrow[\text{촉매}]{CuCl, PdCl_2} 2CH_3CHO$$

$$\text{연소반응식 : } 2CH_3CHO + 5O_2 \longrightarrow 4CO_2 + 4H_2O$$

⑥ 아세트알데히드가 산화되면 아세트산(초산)이 되고, 환원되면 에틸알코올이 된다.

　※ 산화와 환원
　　 • 산화 : 산소를 얻음[+O], 수소를 잃음[−H]
　　 　$2CH_3CHO + O_2 \longrightarrow 2CH_3COOH$(아세트산, 초산)

- 환원 : 산소를 잃음[－O], 수소를 얻음[＋H]

$$CH_3CHO + H_2 \longrightarrow C_2H_5OH(에틸알코올)$$

⑦ 소화방법 : 알코올용 포, 다량의 물, CO_2 등으로 질식소화한다.

4) 산화프로필렌(CH_3CHCH_2O) : 지정수량 50L

① 인화점 －37℃, 발화점 465℃, 비점 34℃, 연소범위 2.5~38.5%

② 에테르향의 냄새가 나는 휘발성이 강한 액체이다.

③ 물, 벤젠, 에테르, 알코올 등에 잘 녹고 피부접촉 시 화상을 입는다.(수용성)

④ 다량의 증기 흡입 시 폐부종을 일으킨다.

연소반응식 : $CH_3CHCH_2O + 4O_2 \longrightarrow 3CO_2 + 3H_2O$

⑤ 소화방법 : 알코올용 포, 다량의 물, CO_2 등으로 질식소화한다.

참고 : 아세트알데히드, 산화프로필렌의 공통사항

- Cu, Ag, Hg, Mg 및 그 합금 등과는 용기나 설비를 사용하지 말 것(중합반응 시 폭발성 물질 생성)
- 저장 시 불활성가스(N_2, Ar) 또는 수증기를 봉입하고 냉각장치를 사용하여 비점 이하로 유지할 것

---

5) 기타 특수인화물 : 지정수량 50L

구분	화학식	인화점	구분	화학식	인화점
펜탄	$CH_3(CH_2)_3CH_3$	－57℃	비닐에테르	$(CH_2=CH)_2O$	－30℃
이소펜탄	$CH_3CH_2CH(CH_3)_2$	－51℃	이소프로필아민	$(CH_3)_2CHNH_2$	－28℃
이소프렌	$CH_2=C(CH_3)$ $CH=CH_2$	－54℃	펜타보란	B_5H_9	－30℃

[구조식]

디에틸에테르	아세트알데히드	산화프로필렌

1 제4류 위험물 중 위험등급 Ⅱ에 해당하는 품명 2가지를 쓰시오.

정답 | 제1석유류, 알코올류

해설 | 제4류 위험물의 품명에 따른 위험등급분류
- 위험등급Ⅰ : 특수인화물
- 위험등급Ⅱ : 제1석유류, 알코올류
- 위험등급Ⅲ : 제2석유류, 제3석유류, 제4석유류, 동식물유류

2 제4류 위험물의 다음 유별로 지정품목 2가지와 인화점 범위를 쓰시오.

(1) 제1석유류 : ① 지정품목   ② 인화점범위
(2) 제2석유류 : ① 지정품목   ② 인화점범위
(3) 제3석유류 : ① 지정품목   ② 인화점범위
(4) 제4석유류 : ① 지정품목   ② 인화점범위

정답 | (1) ① 아세톤, 휘발유   ② 21℃ 미만
      (2) ① 등유, 경유   ② 21℃ 이상 70℃ 미만
      (3) ① 중유, 클레오소트유 ② 70℃ 이상 200℃ 미만
      (4) ① 기어유, 실린더유   ② 200℃ 이상 250℃ 미만

해설 | 본문 참고

3 디에틸에테르에 대해 다음 물음에 답하시오.

(1) 연소반응식
(2) 에탄올을 이용한 제조법
(3) 공기 중 장시간 노출 시 과산화물이 생성한다.
    ① 과산화물 생성 여부를 확인할 수 있는 용액과 변화하는 색상
    ② 과산화물 제거시약 1가지

정답 | (1) $C_2H_5OC_2H_5 + 6O_2 \longrightarrow 4CO_2 + 5H_2O$

      (2) $C_2H_5OH + C_2H_5OH \xrightarrow{\text{c}-H_2SO_4} C_2H_5OC_2H_5 + H_2O$

      (3) ① 10% 요오드화칼륨(KI)용액 – 황색변화
        ② 황산제1철 수용액 또는 환원철 중 1가지

해설 | • 디에틸에테르($C_2H_5OC_2H_5$) : 제4류 중 특수인화물(인화성액체), 지정수량 50L
      • 증기는 마취성이 있고 직사광선에 장시간 노출 시 과산화물을 생성한다.
        – 산화물 생성방지 : 40mech의 구리망을 넣어준다.
        – 과산화물 검출시약 : 10% KI용액(황색변화)
        – 과산화물 제거시약 : 환원철 또는 황산제1철수용액
      • 정전기 발생 방지제로 소량의 염화칼슘($CaCl_2$)을 넣어서 갈색병의 냉암소에 보관한다.

- 제조법 : 에틸알코올에 촉매로 진한황산(탈수)을 넣고 140℃에서 축합반응시켜 생성한다.

$$C_2H_5OH + C_2H_5OH \xrightarrow[\text{탈수}]{c-H_2SO_4} C_2H_5OC_2H_5 + H_2O$$

4 이황화탄소에 대하여 다음 물음에 답하시오.

(1) 지정수량과 연소범위

(2) 물속에 저장하는 이유

(3) 연소반응식

정답 | (1) 지정수량 : 50L, 연소범위 : 1.2~44%

(2) 가연성 증기 발생을 방지하기 위하여

(3) $CS_2 + 3O_2 \longrightarrow CO_2 + 2SO_2$

해설 | 이황화탄소(CS_2)

- 제4류 중 특수인화물, 지정수량 50L
- 인화점 $-30℃$, 발화점 100℃, 연소범위 1.2~44%
- 이황화탄소는 물보다 무겁고(비중 1.2) 물에 녹지 않으므로 가연성 증기의 발생을 방지시키기 위하여 물속에 저장한다.

5 아세트알데히드에 대하여 다음 물음에 답을 쓰시오.

(1) 시성식과 증기비중

(2) 에틸렌을 직접 산화시켜 제조하는 반응식

(3) 연소반응식

(4) 산화시 생성물질명과 화학식

정답 | (1) 시성식 : CH_3CHO, 증기비중 : 1.52

(2) $2C_2H_4 + O_2 \longrightarrow 2CH_3CHO$

(3) $2CH_3CHO + 5O_2 \longrightarrow 4CO_2 + 4H_2O$

(4) 물질명 : 초산(아세트산), 화학식 : CH_3COOH

해설 | 아세트알데히드(CH_3CHO)

- 제4류 중 특수인화물, 지정수량 50L

- 증기비중 $= \dfrac{\text{분자량}}{\text{공기의 평균분자량}(29)} = \dfrac{44}{29} = 1.52$

  [아세트알데히드(CH_3CHO)의 분자량 $= 12 \times 2 + 1 \times 4 + 16 = 44$]
- 에틸렌의 직접산화법 : 촉매로 염화구리($CuCl_2$), 염화파라듐($PdCl_2$) 사용

  $2C_2H_4 + O_2 \longrightarrow 2CH_3CHO$
- 산화반응식 : $2CH_3CHO + O_2 \longrightarrow 2CH_3COOH$(초산, 아세트산)
- 환원반응식 : $CH_3CHO + H_2 \longrightarrow C_2H_5OH$(에틸알코올)

참고 | • 연소반응식과 산화반응식의 구별 : 연소반응식은 산소(O_2)와 결합하되 열과 빛을 수 반하는 완전연소 반응식이고 산화반응식은 산소(O_2)와 결합하되 빛과 열이 없는 반응 식이다.
　　　• 제4류 위험물의 완전연소 반응식 : 연소 후 CO_2와 H_2O가 생성된다.

$$\left[\begin{matrix} C \cdot H \cdot O \\ C \cdot H \end{matrix}\right] + O_2 \xrightarrow[\text{산화(연소)}]{\text{빛 \cdot 열}} + CO_2 + H_2O$$

　　(유기물질)　　(산소)　　　　　　(이산화탄소)　(물)

6 인화점 −37℃, 분자량 58인 제4류 위험물에 대하여 다음 각 물음에 답하시오.

① 화학식　　　② 지정수량　　　③ 연소반응식

정답 | ① CH_3CHCH_2O　② 50L　③ $CH_3CHCH_2O + 4O_2 \longrightarrow 3CO_2 + 3H_2O$

해설 | 산화프로필렌(CH_3CHCH_2O)
　　　• 제4류 중 특수인화물, 지정수량 50L
　　　• 인화점 −37℃, 발화점 465℃, 비점 34℃, 연소범위 2.5~38.5%
　　　• 산화프로필렌(CH_3CHCH_2O)의 분자량 = $12 \times 3 + 1 \times 6 + 16 = 58$

(2) 제1석유류(지정수량 : 비수용성 200L, 수용성 400L)

> • 지정품목 : 아세톤, 휘발유(가솔린)
> • 지정성상(1기압, 20℃) : 인화점 21℃ 미만

비수용성 액체, 지정수량 200L

1) 가솔린(휘발유, $C_5H_{12} \sim C_9H_{20}$), 지정수량 200L
① 인화점 −43~−20℃, 발화점 300℃, 연소범위 1.4~7.6%, 증기비중 3~4
② 주성분은 $C_5 \sim C_9$의 포화·포화탄화수소의 혼합물로 주로 옥탄(C_8H_{18})이라 한다.
　　옥탄의 연소반응식 : $2C_8H_{18} + 25O_2 \longrightarrow 16CO_2 + 18H_2O$
　　※ 옥탄가 : 이소옥탄을 100, 노르말헵탄을 0으로 하여 가솔린의 성능을 측정하는 기준값

$$옥탄가 = \frac{이소옥탄(vol\%)}{이소옥탄(vol\%) + 노르말헵탄(vol\%)} \times 100$$

③ 소화방법 : 포(대량일 때), CO_2, 할로겐화합물, 분말 등으로 질식소화한다.

2) 벤젠(C_6H_6), 지정수량 200L
① 인화점 −11℃, 발화점 562℃, 연소범위 1.4~7.1%, 융점 5.5℃, 비점 80℃
② 무색, 투명한 방향성 냄새를 가진 휘발성이 강한 액체이다.
③ 증기는 마취성, 독성이 강하다.
④ 물에 녹지 않고 알코올, 에테르, 아세톤 등의 유기용제에 잘 녹는다.

연소반응식 : $2C_6H_6 + 15O_2 \longrightarrow 12CO_2 + 6H_2O$

⑤ 제법 : 철(Fe) 촉매하에 아세틸렌을 중합반응시켜 만든다.

벤젠의 제조반응식 : $3C_2H_2 \xrightarrow[\text{중합}]{\text{Fe 관통과}} C_6H_6$

⑥ 부가(첨가)반응보다 치환반응이 더 잘 일어난다.

⑦ 소화방법 : CO_2, 분말, 포, 할로겐, 물분무로 질식소화한다.

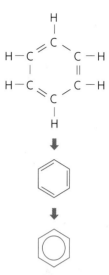

[벤젠의 구조식]

참고

1. **치환반응** : 클로로화($-Cl$), 술폰화($-SO_3H$), 니트로화($-NO_2$), 알킬화($-R$)

- 클로로화 반응 : 벤젠의 수소와 염소가 치환반응하여 클로로벤젠이 생성된다.

$$C_6H_6 + Cl_2 \xrightarrow{\text{Fe}} \underset{\text{(클로로벤젠)}}{C_6H_5Cl} + \underset{\text{(염화수소)}}{HCl}$$

- 술폰화 반응 : 벤젠의 수소와 술폰산기가 치환반응하여 벤젠술폰산이 생성된다.

$$\underset{\text{(HO·SO}_3\text{H)}}{C_6H_6 + H_2SO_4} \xrightarrow[\text{탈수}]{\text{발연황산}} \underset{\text{(벤젠술폰산)}}{C_6H_5SO_3H + H_2O}$$

- 니트로화반응 : 벤젠의 수소와 니트로기가 치환반응하여 니트로벤젠이 생성된다.

$$\underset{\text{(HO·NO}_2\text{)}}{C_6H_6 + HNO_3} \xrightarrow[\text{탈수}]{\text{진한 H}_2\text{SO}_4} \underset{\text{(니트로벤젠)}}{C_6H_5NO_2 + H_2O}$$

※ 니트로화반응 : A물질 + 질산 $\xrightarrow[\text{탈수반응}]{\text{c}-\text{H}_2\text{SO}_4(촉매)}$ 니트로·A화합물 + H_2O

- 알킬화(프리델-크라프츠) 반응 : 벤젠의 수소와 알킬기($-CH_3$: 메틸기)와 치환반응하여 톨루엔이 생성된다.

$$\underset{\text{(벤젠)}}{C_6H_6} + \underset{\text{(염화메틸)}}{CH_3Cl} \xrightarrow[\text{촉매}]{\text{AlCl}_3(염화알루미늄)} \underset{\text{(톨루엔)}}{C_6H_5CH_3} + \underset{\text{(염화수소)}}{HCl}$$

2. 첨가(부가)반응

- 시클로헥산(C_6H_{12}) : 니켈(Ni) 촉매하에 벤젠에 수소(H_2)를 첨가한다.

$$C_6H_6 + 3H_2 \xrightarrow[150℃]{\text{Ni(촉매)}} C_6H_{12}$$
(시클로헥산)

- 벤젠헥사클로라이드(B·H·C) : 햇빛(자외선) 촉매하에 벤젠에 염소(Cl_2)를 첨가한다.

$$C_6H_6 + 3Cl_2 \xrightarrow[\text{자외선}]{\text{햇빛}} C_6H_6Cl_6$$
(벤젠헥사클로라이드)

※ 방향족 : 벤젠의 구조식을 가지고 있는 고리모양의 화합물(벤젠, 톨루엔, 크실렌 등)

※ 지방족 : 사슬모양의 구조식을 가지고 있는 화합물(아세톤, 디에틸에테르 등)

[구조식]

클로로벤젠	벤젠술폰산	니트로벤젠
Cl	SO$_3$H	NO$_2$
톨루엔	시클로헥산	B·H·C
CH$_3$		

3) 톨루엔($C_6H_5CH_3$), 지정수량 : 200L

① 인화점 4℃, 발화점 552℃, 비점 111℃, 연소범위 1.4~6.7%

② 마취성, 독성이 있는 휘발성액체이다.(독성은 벤젠의 1/10정도)

③ 물에 녹지 않고 유기용제(알코올, 벤젠, 에테르 등)에 잘 녹는다.

④ TNT 폭약 원료에 사용한다.

트리니트로톨루엔(TNT) 제조반응식(니트로화반응)

$$C_6H_5CH_3 + 3HNO_3 \xrightarrow[\text{니트로화 반응}]{\text{c-}H_2SO_4(\text{탈수})} C_6H_2CH_3(NO_2)_3 + 3H_2O$$
(톨루엔)   (질산)   (트리니트로톨루엔(TNT))   (물)

연소반응식 : $C_6H_5CH_3 + 9O_2 \longrightarrow 7CO_2 + 4H_2O$

※ BTX : 벤젠(C_6H_6), 톨루엔($C_6H_5CH_3$), 크실렌[$C_6H_4(CH_3)_2$]의 3가지를 말한다.

⑤ 소화방법 : 벤젠과 동일함

4) 콜로디온, 지정수량 200L

① 무색의 점성있는 교질상태의 액체로 인화점은 $-18℃$이다.

② 약질화면에 에탄올과 디에틸에테르를 3:1의 부피의 비율로 혼합한 것이다.

5) 초산메틸(CH_3COOCH_3, 아세트산메틸), 지정수량 200L

① 인화점 $-10℃$, 발화점 454℃, 비점 60℃, 연소범위 3.1~16%

② 휘발성, 마취성이 있는 무색액체로 과일냄새가 난다.

③ 초산과 메틸알코올을 축합반응시켜 만든다.

$$\text{제조반응식} : \underset{(초산)}{CH_3COOH} + \underset{(메틸알코올)}{CH_3OH} \xrightarrow{c-H_2SO_4(탈수)} \underset{(초산메틸)}{CH_3COOCH_3} + \underset{(물)}{H_2O}$$

④ 가수분해 시 초산과 메틸알코올이 된다.

$$\text{가수분해반응식} : \underset{(초산메틸)}{CH_3COOCH_3} + \underset{(물)}{H_2O} \longrightarrow \underset{(초산)}{CH_3COOH} + \underset{(메틸알코올)}{CH_3OH}$$

$$\text{연소반응식} : 2CH_3COOCH_3 + 7O_2 \longrightarrow 6CO_2 + 6H_2O$$

※ 축합반응 : 반응물 사이에 촉매인 진한황산(탈수)에 의하여 물이 빠지는 반응

※ 가수분해반응 : 물을 가하여 분해시키는 반응

⑤ 소화방법 : CO_2, 분말, 할로겐 또는 알코올용포(수용성)를 사용한다.

6) 초산에틸($CH_3COOC_2H_5$, 아세트산에틸), 지정수량 200L

① 인화점 $-4℃$, 발화점 427℃, 비점 77℃, 연소범위 2.5~9.6%

② 무색투명한 액체로 과일 냄새와 맛을 낸다.(향료에 사용)

③ 초산과 에틸알코올을 축합 반응시켜 만든다.

$$\text{제조반응식} : \underset{(초산)}{CH_3COOH} + \underset{(에틸알코올)}{C_2H_5OH} \xrightarrow{c-H_2SO_4(탈수)} \underset{(초산에틸)}{CH_3COOC_2H_5} + \underset{(물)}{H_2O}$$

④ 가수분해 시 초산과 에틸알코올이 된다.

$$\text{가수분해반응식} : \underset{(초산에틸)}{CH_3COOC_2H_5} + \underset{(물)}{H_2O} \longrightarrow \underset{(초산)}{CH_3COOH} + \underset{(에틸알코올)}{C_2H_5OH}$$

$$\text{연소반응식} : CH_3COOC_2H_5 + 5O_2 \longrightarrow 4CO_2 + 4H_2O$$

⑤ 소화방법 : 초산메틸과 동일함

7) 의산에틸($HCOOC_2H_5$, 포름산에틸), 지정수량 : 200L

① 인화점 $-20℃$, 발화점 578℃, 비점 54℃, 비중 0.92, 연소범위 2.7~13.5%

② 무색투명한 액체로 과일냄새가 난다.

③ 의산과 에틸알코올을 축합반응시켜 만든다.

$$\text{제조반응식} : \underset{(초산)}{HCOOH} + \underset{(에틸알코올)}{C_2H_5OH} \xrightarrow{c-H_2SO_4(탈수)} \underset{(의산에틸)}{HCOOC_2H_5} + \underset{(물)}{H_2O}$$

$$\text{가수분해반응식} : \underset{(의산에틸)}{HCOOC_2H_5} + \underset{(물)}{H_2O} \longrightarrow \underset{(의산)}{HCOOH} + \underset{(에틸알코올)}{C_2H_5OH}$$

연소반응식 : $2HCOOC_2H_5 + 7O_2 \longrightarrow 6CO_2 + 6H_2O$

④ 소화방법 : 초산메틸과 동일함

8) 메틸에틸케톤($CH_3COC_2H_5$, MEK), 지정수량 200L

① 분자량 72, 인화점 $-1℃$, 발화점 516℃, 비점 80℃, 연소범위 1.8~11%

② 무색 휘발성액체로 알코올, 에테르 등에 잘녹는다.

③ 증기는 마취성 탈지 작용을 일으킨다.

④ 소화방법 : CO_2, 분말, 물분무, 할로겐 등으로 질식소화한다.

9) 기타 : 염화아세틸(CH_3COCl), 시클로헥산(C_6H_{12}) 등, 지정수량 200L

[구조식]

톨루엔	초산메틸	초산에틸
CH₃ 구조식	H-C-C-O-C-H 구조식	H-C-C-O-C-C-H 구조식

의산에틸	메틸에틸케톤	
H-C-O-C-H 구조식	H-C-O-C-C-H 구조식	

수용성 액체, 지정수량 400L

1) 아세톤(CH_3COCH_3, 디메틸케톤), 지정수량 400L

① 인화점 $-18℃$, 발화점 538℃, 비중 0.79, 비점 56.5℃, 연소범위 2.6~12.8%

② 무색 독특한 냄새나는 휘발성 액체로 보관 중 황색으로 변색한다.

③ 수용성, 알코올, 에테르, 가솔린 등에 잘 녹는다.

④ 탈지작용, 요오드포름반응, 아세틸렌 용제에 사용한다.

연소반응식 : $CH_3COCH_3 + 4O_2 \longrightarrow 3CO_2 + 3H_2O$

⑤ 직사광선에 의해 폭발성 과산화물을 생성한다.

⑥ 소화방법 : 알코올포, 다량의 주수로 희석소화한다.

2) 의산메틸($HCOOCH_3$, 포름산메틸), 지정수량 400L

① 인화점 $-19℃$, 발화점 449℃, 비점 32℃, 연소범위 5~20%

제조반응식 : $HCOOH + CH_3OH \xrightarrow[\text{축합반응}]{c-H_2SO_4(\text{탈수})} HCOOCH_3 + H_2O$

(의산)   (메탄올)   (의산메틸) (물)

가수분해반응식 : $HCOOCH_3 + H_2O \longrightarrow HCOOH + CH_3OH$

(의산메틸) (물)   (의산)   (메탄올)

② 소화방법 : 알코올용포, 다량의 주수로 냉각 소화한다.

3) 시안화수소(HCN), 지정수량 400L

① 인화점 −18℃, 착화점 538℃, 비점 26℃, 연소범위 5.6~40%

② 비중이 0.69로 물보다 가볍고, 증기비중도 0.93(＝27/29)으로 공기보다 가벼운 맹독성 액체이다.

③ 소화방법 : 알코올용포, 다량의 주수로 냉각소화한다.

4) 피리딘(C_6H_5N), 지정수량 400L

① 분자량 79, 인화점 20℃, 발화점 482℃, 연소범위 1.8~12.4%

② 물, 알코올, 에테르에 잘 녹는 무색의 액체이며 공업용은 담황색이다.

③ 약알칼리성이며 강한 악취와 독성 및 흡습성이 있다.

연소반응식 : $4C_5H_5N + 29O_2 \longrightarrow 20CO_2 + 10H_2O + 4NO_2$

④ 소화방법 : 알코올용포, 다량의 주수로 냉각소화한다.

[구조식]

아세톤	의산메틸	시안화수소	피리딘

1 다음 벤젠에 대한 물음에 답을 쓰시오.

(1) 인화점

(2) 연소범위

(3) 연소반응식

(4) 1기압, 90℃에서 벤젠 32g의 부피는 몇 L인가?

정답 | (1) -11℃

(2) $1.4 \sim 7.1\%$

(3) $2C_6H_6 + 15O_2 \longrightarrow 12CO_2 + 6H_2O$

(4) 12.21L

해설 | 1. 벤젠(C_6H_6) : 제4류, 제1석유류(비수용성), 지정수량 200L

• 인화점 -11℃, 착화점 562℃, 연소범위 $1.4 \sim 7.1\%$, 융점 5.5℃

• 분자량 : $12 \times 6 + 1 \times 6 = 78$

2. 이상기체상태 방정식

$$PV = \frac{W}{M}RT = nRT$$

$$V = \frac{WRT}{PM}$$

$$= \frac{32 \times 0.082 \times (273 + 90)}{1 \times 78}$$

$$= 12.21L$$

$$\begin{bmatrix} \text{P : 압력(atm), V : 부피(L)} \\ \text{n : 몰수} \left(= \dfrac{W}{M} = \dfrac{\text{질량(g)}}{\text{분자량(g)}} \right) \\ \text{R : 기체상수}(0.082\text{atm} \cdot \text{L/mol} \cdot \text{k}) \\ \text{T[K] : 절대온도}(273 + t℃) \end{bmatrix}$$

2 톨루엔에 대하여 다음 물음에 답하시오.

(1) ① 품명　② 지정수량　③ 증기비중

(2) BTX란 (　①　), 톨루엔, (　②　)의 3가지를 말한다.

정답 | (1) ① 제1석유류(비수용성)　② 200L　③ 3.17

(2) ① 벤젠　② 크실렌

해설 | 톨루엔($C_6H_5CH_3$) : 제4류 위험물, 제1석유류(비수용성), 지정수량 200L

• 톨루엔($C_6H_5CH_3$)의 분자량 $= 12 \times 7 + 1 \times 8 = 92$

• 증기비중 $= \dfrac{\text{분자량}}{\text{공기의 평균분자량}(29)} = \dfrac{92}{29} = 3.17$

• BTX란 벤젠(C_6H_6), 톨루엔($C_6H_5CH_3$), 크실렌[$C_6H_4(CH_3)_2$]의 3가지를 말한다.

3 분자량 58, 인화점 -18℃이며, 요오드포름 반응을 하는 제4류 위험물에 대해 다음 물음에 답하시오.

(1) ① 명칭　② 시성식　③ 지정수량　④ 증기비중

(2) 연소반응식

정답 | (1) ① 아세톤　② CH_3COCH_3　③ 400L　④ 2

(2) $CH_3COCH_3 + 4O_2 \longrightarrow 3CO_2 + 3H_2O$

해설 | 아세톤(CH_3COCH_3) : 제4류 중 제1석유류(수용성), 지정수량 400L

- 증기비중 $= \dfrac{58}{29} = 2$
- 연소반응식 : $CH_3COCH_3 + 4O_2 \longrightarrow 3CO_2 + 3H_2O$
- 요오드포름 반응

$$\begin{bmatrix} CH_3COCH_3(\text{아세톤}) \\ CH_3CHO(\text{아세트알데히드}) \\ C_2H_5OH(\text{에틸알코올}) \end{bmatrix} + \boxed{KOH + I_2} \xrightarrow[\Delta]{\text{가열}} CHI_3 \downarrow (\text{요오드포름 : 노란색 침전})$$

4 제4류 위험물 중 분자량 27, 인화점 −18℃, 비점 26℃인 것에 대하여 다음 물음에 답하시오.

(1) 화학식

(2) 증기비중

정답 | (1) HCN　　(2) 0.93

해설 | 시안화수소(HCN) : 제4류 중 제1석유류(수용성), 지정수량 400L

- 인화점 −18℃, 비점 26℃, 시안화수소(HCN)의 분자량 $= 1 + 12 + 14 = 27$
- 증기비중 $= \dfrac{\text{분자량}}{\text{공기의 평균분자량}(29)} = \dfrac{27}{29} = 0.93(\text{공기보다 가볍다})$

※ 제4류 위험물 중 공기보다 가벼운 것은 유일하게 시안화수소뿐이다.

5 다음 위험물의 인화점을 각각 쓰시오.

① 산화프로필렌　　② 아세톤　　③ 디에틸에테르
④ 이황화탄소　　⑤ 아닐린　　⑥ 메틸알코올

정답 | ① −37℃　　② −18℃　　③ −45℃　　④ −30℃　　⑤ 75℃　　⑥ 11℃

해설 |

구분	화학식	인화점	품명	지정수량
산화프로필렌	CH_3CHCH_2O	−37℃	특수인화물	50L
아세톤	CH_3COCH_3	−18℃	제1석유류(수용성)	400L
디에틸에테르	$C_2H_5OC_2H_5$	−45℃	특수인화물	50L
이황화탄소	CS_2	−30℃	특수인화물	50L
아닐린	$C_6H_5NH_2$	75℃	제3석유류(비수용성)	2000L
메틸알코올	CH_3OH	11℃	알코올류	400L

6 피리딘에 대해 다음 물음에 답하시오.

① 인화점　　② 분자량　　③ 구조식

정답 | ① 20℃　　② 79　　③

해설 | 피리딘(C_5H_5N) : 제4류중 제1석유류(수용성), 지정수량 400L

- 피리딘(C_5H_5N)의 분자량 $= 12 \times 5 + 1 \times 5 \times 14 = 79$

(3) 알코올류(R-OH, 지정수량 : 400L), 수용성 액체

1) 메틸알코올(목정, CH_3OH, 메탄올), 지정수량 400L

① 인화점 11℃, 발화점 464℃, 연소범위 7.3%~36%

② 물, 유기용매에 잘 녹고 독성이 강하여 마시면 실명 또는 사망한다.

$$\text{산화반응식 : } \underset{\text{(메탄올)}}{CH_3OH} \xrightarrow[{[-2H]}]{\text{산화}} \underset{\text{(포름알데히드)}}{H \cdot CHO} \xrightarrow[{[+O]}]{\text{산화}} \underset{\text{(포름산=의산)}}{H \cdot COOH}$$

$$\text{연소반응식 : } 2CH_3OH + 3O_2 \longrightarrow 2CO_2 + 4H_2O$$

2) 에틸알코올(주정, C_2H_5OH, 에탄올), 지정수량 400L

① 인화점 13℃, 발화점 423℃, 연소범위 4.3~19%

② 무색투명한 휘발성액체로 특유한 맛과 향이 있으며 독성은 없다.

③ 술의 주성분으로 주정이라 한다.

$$\text{산화반응식 : } \underset{\text{(에탄올)}}{C_2H_5OH} \xrightarrow[{[-2H]}]{\text{산화}} \underset{\text{(아세트알데히드)}}{CH_3CHO} \xrightarrow[{[+O]}]{\text{산화}} \underset{\text{(초산=아세트산)}}{CH_3COOH}$$

④ 연소 시 연한불꽃을 내어 잘 보이지 않는다.

$$\text{연소반응식 : } C_2H_5OH + 3O_2 \longrightarrow 2CO_2 + 3H_2O$$

⑤ 요오드포름 반응한다.(에탄올 검출반응)

$$C_2H_5OH + \boxed{KOH + I_2} \longrightarrow CHI_3 \downarrow \text{ (요오드포름 : 노란색 침전)}$$

　　※ 요오드포름 반응하는 물질 : 에틸알코올(C_2H_5OH), 아세톤(CH_3COCH_3), 아세트알데히드
　　(CH_3CHO), 이소프로필알코올[$(CH_3)_2CHOH$]

⑥ 알칼리금속(Na, K)과 반응 시 수소(H_2)를 발생한다.

$$\text{나트륨과의 반응식 : } 2Na + 2C_2H_5OH \longrightarrow 2C_2H_5ONa(\text{나트륨에틸레이드}) + H_2 \uparrow$$

⑦ 에탄올에 촉매로 진한황산(탈수)을 넣고 가열 시 온도에 따라 생성물이 달라진다.

$$140℃ : C_2H_5OH + C_2H_5OH \underset{\text{탈수}}{\overset{c-H_2SO_4}{\rightleftharpoons}} C_2H_5OC_2H_5(\text{디에틸에테르}) + H_2O$$

$$160℃ : C_2H_5OH \underset{\text{탈수}}{\overset{c-H_2SO_4}{\rightleftharpoons}} C_2H_4(\text{에틸렌}) + H_2O$$

　　※ 메틸알코올과 에틸알코올의 구분방법 : 요오드포름 반응으로 구분한다.
　　메틸알코올은 요오드포름 반응을 하지 않고 에틸알코올만 요오드포름 반응한다.

3) 기타 : 프로필알코올(C_3H_7OH, 프로판올), 이소프로필알코올[$(CH_3)_2CHOH$], 지정수량 400L

참고

1. 알코올(R−OH, C_nH_{2n+1}−OH)

(1) 알코올의 분류

① −OH기의 수에 따라 1가, 2가, 3가의 알코올로 분류한다.

1가 알코올	−OH : 1개	CH_3OH(메틸알코올), C_2H_5OH(에틸알코올)
2가 알코올	−OH : 2개	$C_2H_4(OH)_2$ (에틸렌글리콜)
3가 알코올	−OH : 3개	$C_3H_5(OH)_3$ (글리세린＝글리세롤)

② −OH기와 결합한 탄소원자에 연결된 알킬기(R−)의 수에 따라 1차, 2차, 3차 알코올이라 한다.

1차 알코올		2차 알코올		3차 알코올	
H | R − C − OH | H	(예) H | CH_3 − C − OH | H	H | R − C − OH | R′	(예) H | CH_3 − C − OH | CH_3	H | R′ − C − OH | R″	(예) CH_3 | CH_3 − C − OH | CH_3
	에틸알코올		iso−프로판올		tert−부탄올 (트리메틸카비놀)

(2) 알코올의 산화, 환원 반응 : 산화 : [+O] 또는 [−H], 환원 : [−O] 또는 [+H]

① 1차 알코올 $\xrightarrow[\text{[−2H]}]{\text{산화}}$ 알데히드 $\xrightarrow[\text{[+O]}]{\text{산화}}$ 카르복실산
　　(R−OH)　　　　　(R−CHO)　　　　(R−COOH)

> (예) ・ CH_3OH $\underset{\text{환원[+2H]}}{\overset{\text{산화[−2H]}}{\rightleftharpoons}}$ H・CHO $\underset{\text{환원[−O]}}{\overset{\text{산화[+O]}}{\rightleftharpoons}}$ H・COOH
> 　　　(메탄올)　　　　　　　(포름알데히드)　　　　　(의산＝포름산)
>
> 　　　・ C_2H_5OH $\underset{\text{환원[+2H]}}{\overset{\text{산화[−2H]}}{\rightleftharpoons}}$ CH_3CHO $\underset{\text{환원[×]}}{\overset{\text{산화[+O]}}{\rightleftharpoons}}$ CH_3COOH
> 　　　(에탄올)　　　　　　　(아세트알데히드)　　　　(초산＝아세트산)

② 2차 알코올 $\xrightarrow[\text{[−2H]}]{\text{산화}}$ 케톤($>$CO)

$$\left[\begin{array}{c} OH \\ | \\ R − C − R′ \\ | \\ H \end{array}\right] \xrightarrow[\text{[−2H]}]{\text{산화}} \left[\begin{array}{c} O \\ \| \\ R − C − R′ \end{array}\right]$$

> (예) 　OH
　　　\|
CH_3 − C − CH_3 $\xrightarrow[\text{[−2H]}]{\text{산화}}$ $\begin{array}{c} O \\ \| \\ CH_3 − C − CH_3 \end{array}$ ＋ H_2O
> 　　　\|
　　　H
> 　(이소프로필알코올)　　　　　　(아세톤)　　　　(물)

2. 알코올류의 정의

1분자를 구성하는 탄소(C)수가 1~3인 포화 1가 알코올(변성 알코올 포함)을 말한다. 단, 다음의 경우에는 제외한다.

① 알코올 함유량(농도)이 60중량% 미만인 수용액

② 가연성 액체량이 60중량% 미만이고 인화점 및 연소점이 에틸알코올 60중량% 수용액의 인화점 및 연소점을 초과하는 것

3. 소화방법

수용성물질이므로 알코올용포, 주수에 의한 희석 및 냉각소화를 한다. 또는 CO_2, 분말 소화약제에 의한 질식소화도 적응성이 있다.

※ 연소시 분자 중 수소보다 탄소의 비율이 적기 때문에 그을음이 발생하지 않아 불꽃이 잘 보이지 않으므로 주의할 것

최신경향 적중예제 ◎

1 분자량 32, 인화점이 11℃이며 마시면 실명 또는 사망에 이르는 제4류 위험물에 대하여 다음 물음에 답하시오.

(1) 명칭
(2) 지정수량
(2) 품명

정답 | (1) 메틸알코올(메탄올)　　(2) 400L　　(3) 알코올류

해설 | 메틸알코올(CH_3OH, 목정) : 제4류 중 알코올류, 지정수량 400L
 - 메틸알코올(CH_3OH) 분자량＝$12+1×4+16=32$
 - 인화점 11℃, 발화점 464℃, 연소범위 : 7.3~36%
 - 독성이 있어 마시면 실명 또는 사망한다.

2 메탄올에 대하여 다음 물음에 답하시오.

(1) 완전연소반응식
(2) 메탄올이 산화되어 생성되는 물질의 명칭을 쓰시오.

정답 | (1) $2CH_3OH+3O_2 \longrightarrow 2CO_2+4H_2O$
　　　 (2) 포름알데히드(HCHO)

해설 | 메탄올의 산화반응

$$CH_3OH \xrightarrow{\text{산화}[-2H]} HCHO \xrightarrow{\text{산화}[+O]} HCOOH$$

(메틸알코올)　　　　　　(포름알데히드)　　　　　(포름산)

3 에틸알코올에 대하여 다음 각 물음에 답하시오.

(1) 연소반응식을 쓰시오.
(2) 칼륨과 반응식을 쓰고 생성물 2가지의 명칭을 쓰시오.
  ① 반응식   ② 명칭
(3) 에틸알코올과 이성질체인 디메틸에테르의 시성식을 쓰시오.

정답 | (1) $C_2H_5OH + 3O_2 \longrightarrow 2CO_2 + 3H_2O$
    (2) ① 반응식 : $2C_2H_5OH + 2K \longrightarrow 2C_2H_5OK + H_2$
      ② 명칭 : 칼륨에틸레이트(C_2H_5OK), 수소(H_2)
    (3) CH_3OCH_3

해설 | 에틸알코올(C_2H_5OH) : 제4류 중 품명은 알코올류, 지정수량 400L
 • 칼륨(K)과 에틸알코올이 반응하면 칼륨에틸레이트(C_2H_5OK)와 수소($H_2\uparrow$)기체가 발생한다.
   $2C_2H_5OH + 2K \longrightarrow 2C_2H_5OK + H_2\uparrow$
 • 이성질체 : 분자식은 같고 시성식이나 구조식 및 성질이 다른 물질을 말한다.

분류	에틸알코올	디메틸에테르
시성식(특유의 원자단이 있는 식)	C_2H_5OH	CH_3OCH_3
분자식(원소별로 모아 놓은 식)	C_2H_6O	C_2H_6O

4 이소프로필알코올(이소프로판올)에 가열된 구리(산화구리 : CuO)를 넣어 산화 반응을 시켰을 때 생성되는 물질명과 화학식을 쓰시오.

정답 | 물질명 : 아세톤, 화학식 : CH_3COCH_3

해설 | 이소프로필 알코올의 산화 반응

$$CH_3 - \overset{\displaystyle \overset{OH}{|}}{CH} - CH_3 \xrightarrow[\text{가열된 CuO}]{[+O]} CH_3 - CO - CH_3 + H_2O$$
(이소프로필 알코올)   (아세톤)   (물)

5 다음 제4류 위험물 중 인화점이 낮은 순서대로 명칭과 품명을 쓰시오.

> 아세톤, 아닐린, 이황화탄소, 메틸알코올, 클로로벤젠

정답 | ① 이황화탄소 : 특수인화물
    ② 아세톤 : 제1석유류(수용성)
    ③ 메틸알코올 : 알코올류
    ④ 클로로벤젠 : 제2석유류(비수용성)
    ⑤ 아닐린 : 제3석유류(비수용성)

해설 |

구분	화학식	품명	인화점	지정수량
아세톤	CH_3COCH_3	제1석유류(수용성)	$-18℃$	400L
아닐린	$C_6H_5NH_2$	제3석유류(비수용성)	$75℃$	2,000L
이황화탄소	CS_2	특수인화물	$-30℃$	50L
메틸알코올	CH_3OH	알코올류	$11℃$	400L
클로로벤젠	C_6H_5Cl	제2석유류(비수용성)	$32℃$	1,000L

※ 인화점 낮은 순서 : ① 특수인화물 ② 제1석유류 ③ 알코올류 ④ 제2석유류 ⑤ 제3석유류
　　　　　　　　　⑥ 제4석유류 ⑦ 동식물유류

6 제4류 위험물 중 메틸알코올, 에틸알코올, 아세톤, 디에틸에테르, 가솔린에 대하여 다음 물음에 답하시오.

(1) 연소범위가 가장 넓은 것을 고르시오.
(2) 제1석유류에 해당하는 것을 고르시오.
(3) 증기 비중이 가장 가벼운 것을 쓰시오.

정답 | (1) 디에틸에테르　　(2) 아세톤, 가솔린　　(3) 메틸알코올

해설 |

구분	메틸알코올	에틸알코올	아세톤	디에틸에테르	가솔린(휘발유)
화학식	CH_3OH	C_2H_5OH	CH_3COCH_3	$C_2H_5OC_2H_5$	$C_5H_{12}{\sim}C_9H_{20}$
연소범위	7.3~36%	4.3~19%	2.6~12.8%	1.9~48%	1.4~7.6%
유별	알코올류	알코올류	제1석유류	특수인화물	제1석유류
증기비중	1.1	1.6	2.0	2.6	3~4

※ 증기비중 : $\dfrac{분자량(M)}{공기의\ 분자량(29)}$ 이므로 분자량이 작을수록 가볍다.

(4) 제2석유류(지정수량 : 비수용성 1,000L, 수용성 2,000L)

> • 지정품목 : 등유, 경유
> • 지정성상(1기압) : 인화점 21℃ 이상 70℃ 미만
>   단, 도료류, 그 밖의 물품에 있어서 가연성 액체량이 40중량% 이하이면서 인화점이
>   40℃ 이상인 동시에 연소점이 60℃ 이상인 것은 제외한다.

비수용성 액체, 지정수량 1,000L

1) 등유(케로신), 지정수량 1,000L
① 인화점 30~60℃, 발화점 254℃, 증기비중 4~5, 연소범위 1.1~6%
② 탄소수가 $C_9{\sim}C_{18}$가 되는 포화·불포화탄화수소의 혼합물이다.

③ 물에 불용, 증기는 공기보다 무거우므로 정전기 발생에 주의한다.

④ 소화방법 : 포, 분말, CO_2, 할론소화제 등으로 질식소화한다.

2) 경유(디젤유), 지정수량 1,000L

① 인화점 50~70℃, 발화점 257℃, 증기비중 4~5, 연소범위 1~6%

② 탄소 수가 C_{10}~C_{20}가 되는 포화·불포화탄산수소의 혼합물이다.

③ 소화방법 : 등유와 동일함

3) 크실렌[$C_6H_4(CH_3)_2$, 자이렌], 지정수량 1,000L

① 크실렌은 3가지 이성질체가 있다.

② 무색 투명한 액체로 물에 녹지 않고 유기용제에 잘 녹는다.

명칭	ortho(오르토)—크실렌	meta(메타)—크실렌	para(파라)—크실렌
인화점	32℃	25℃	25℃
구조식			

※이성질체 : 분자식은 같고 시성식이나 구조식 및 성질이 서로 다른 물질

③ 소화방법 : 등유와 동일함

4) 클로로벤젠(C_6H_5Cl), 지정수량 1,000L

① 인화점 32℃, 발화점 63.8℃, 비중 1.1(물보다 무겁다)

연소반응식 : $C_6H_5Cl + 7O_2 \longrightarrow 6CO_2 + 2H_2O + HCl$(염화수소)

② 소화방법 : 등유와 동일함

5) 스틸렌($C_6H_5CHCH_2$), 지정수량 1,000L

① 인화점 32℃, 발화점 490℃, 비점 146℃, 비중 0.81

② 독특한 냄새가 나는 액체이다.

③ 소화방법 : 등유와 동일함

6) 기타 : 제2석유류(비수용성), 지정수량 1,000L

구분	화학식	인화점	발화점
테레핀유(송정유)	$C_{10}H_{16}$	35℃	240℃
부틸알코올	C_4H_9OH	35℃	117℃
벤즈알데히드	C_6H_5CHO	64℃	190℃

[구조식]

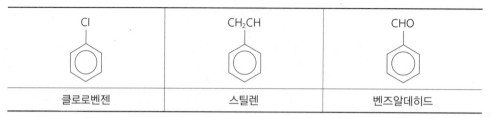

Cl	CH₂CH	CHO
클로로벤젠	스틸렌	벤즈알데히드

수용성 액체, 지정수량 2,000L

1) 의산(포름산, 개미산, HCOOH), 지정수량 2,000L

① 인화점 69℃, 발화점 601℃, 비중 1.2

② 무색, 강한 산성의 신맛이 나는 자극성액체이다.

③ 물에 잘 녹고 물보다 무거우며(비중1.2) 유기용제에 잘 녹는다.

연소반응식 : $2HCOOH + O_2 \longrightarrow 2CO_2 + 2H_2O$

④ 진한황산을 가하여 탈수하면 일산화탄소(CO) 기체를 발생시킨다.

$HCOOH \xrightarrow[\text{탈수}]{c-H_2SO_4} CO\uparrow + H_2O$

⑤ 소화방법 : 알코올용포, 다량의 주수소화한다.

2) 아세트산(초산, CH₃COOH), 지정수량 2,000L

① 분자량 60, 인화점 40℃, 발화점 427℃, 융점 16.7℃, 비중 1.05

② 자극성냄새와 신맛이 나는 무색 액체로 물에 잘 녹고 물보다 무겁다.

③ 융점(16.7℃) 이하에서는 얼음처럼 존재하므로 '빙초산'이라고 한다.

④ 피부접촉 시 화상을 입으며 3~5% 수용액을 '식초'라고 한다.

⑤ 알칼리금속(Na, K)과 반응 시 수소(H₂)를 발생한다.

나트륨과의 반응식 : $2CH_3COOH + 2Na \longrightarrow 2CH_3COONa(초산나트륨) + H_2\uparrow$

연소반응식 : $CH_3COOH + 2O_2 \longrightarrow 2CO_2 + 2H_2O$

⑥ 소화방법 : 의산과 동일함

3) 히드라진(N₂H₄), 지정수량 2,000L

① 분자량 32, 인화점 38℃, 발화점 270℃, 연소범위 4.7~100%

② 무색 맹독성인 가연성의 발연성 액체이다.

③ 공기 중에서 180℃로 가열 시 암모니아(NH₃), 질소(N₂), 수소(H₂)로 분해한다.

열분해반응식 : $2N_2H_4 \xrightarrow[\triangle]{180℃} 2NH_3 + N_2 + H_2$

④ 과산화수소와 반응 시 질소와 물이 생성한다.(로켓 원료에 사용)

과산화수소와의 반응식 : $N_2H_4 + 2H_2O_2 \longrightarrow N_2 + 4H_2O$(폭발적 반응)

⑤ 소화방법 : 의산과 동일하다.

4) 아크릴산($CH_2 = CHCOOH$), 지정수량 2,000L

① 인화점 51℃, 발화점 438℃, 비점 141℃, 비중 1.05

② 초산 냄새가 나는 부식성, 인화성 액체이다.

③ 소화 : 의산과 동일하다.

[구조식]

포름산	아세트산	아크릴산

최신경향 적중예제

1 크실렌(자이렌)의 3가지의 이성질체의 명칭과 구조식을 쓰시오.

정답 | ① o-크실렌   ② m-크실렌   ③ p-크실렌

해설 | • 이성질체 : 분자식은 같고 시성식이나 구조식 및 성질이 다른 물질
  • 크실렌[$C_6H_4(CH_3)_2$, 자이렌] : 제4류 위험물 중 제2석유류(비수용성), 지정수량 1,000L, 3가지의 이성질체를 가지고 있다.

2 다음 물질의 연소반응식을 쓰시오.

(1) 클로로벤젠
(2) 아세트산

정답 | (1) $C_6H_5Cl + 7O_2 \longrightarrow 6CO_2 + 2H_2O + HCl$
       (2) $CH_3COOH + 2O_2 \longrightarrow 2CO_2 + 2H_2O$

3 히드라진에 대하여 다음 물음에 답하시오.

(1) 품명
(2) 지정수량
(3) 히드라진과 과산화수소와의 반응식
(4) 분해 반응식

정답 | (1) 제2석유류(수용성)
　　　 (2) 2,000L
　　　 (3) $N_2H_4 + 2H_2O_2 \longrightarrow N_2 + 4H_2O$
　　　 (4) $2N_2H_4 \longrightarrow 2NH_3 + N_2 + H_2$

해설 | 히드라진(N_2H_4) : 제4류 중 제2석유류(수용성), 지정수량 2,000L
　　　 • 히드라진과 제6류 위험물인 과산화수소를 반응시켜 로켓 원료에 사용한다.

(5) 제3석유류(지정수량 : 비수용성 2,000L, 수용성 4,000L)

> • 지정품목 : 중유, 클레오소트유
> • 지정성상(1기압) : 인화점 70℃ 이상 200℃ 미만
> 　단, 도료류, 그 밖의 물품에 있어서 가연성 액체량이 40중량% 이하인 것은 제외한다.

비수용성 액체, 지정수량 2,000L

1) 중유, 지정수량 2,000L

① 인화점 60~150℃, 비점 300~350℃, 비중 0.95(물보다 가볍다)
② 갈색의 끈적끈적한 액체로 직류중유와 분해증류로 나눈다.
③ 점도에 따라 A중유, B중유, C중유로 구분한다.
④ 대형탱크 화재 시 보일오버 또는 슬롭오버 현상이 일어난다.
⑤ 소화방법 : CO_2, 분말, 할로겐 등의 질식소화한다.
※ 보일오버 : 탱크 바닥의 물이 비등하여 부피 팽창으로 유류가 넘쳐 연소하는 현상
※ 슬롭오버 : 물 방사 시 뜨거워진 유류표면에서 비등 증발하여 연소유와 함께 분출하는 현상

2) 클레오소트유(타르유), 지정수량 2,000L

① 인화점 74℃, 발화점 336℃, 비중 1.05(물보다 무겁다)
② 황갈색의 기름모양의 액체로 증기는 유독하다.
③ 콜타르 증류 시 얻으며 목재의 방부제에 사용된다.
④ 소화방법 : 중유와 동일하다.

3) 아닐린($C_6H_5NH_2$), 지정수량 2,000L

① 분자량 93, 인화점 75℃, 발화점 538℃, 비중 1.02(물보다 무겁다)

② 독성이 강하고 염기성을 나타내는 적갈색 액체이다.

③ 제조방법 : 니트로벤젠을 환원시켜 만든다.

$$\text{제조반응식} : C_6H_5NO_2 + 3H_2 \underset{\text{산화}[+O, -H]}{\overset{Fe+HCl(\text{환원})}{\rightleftarrows}} C_6H_5NH_2$$
(니트로벤젠)　　　　　　　　　　　　　　(아닐린)

④ 니트로벤젠을 환원시키면 아닐린이 된다.

⑤ 아닐린을 산화시키면 니트로벤젠이 된다.

⑥ 알칼리금속과 반응시 수소(H_2)와 아닐리드를 생성한다.

⑦ 표백분($CaOCl_2$) 용액에서 붉은 보라색을 띤다.

⑧ 소화방법 : 중유와 동일하다.

4) 니트로벤젠($C_6H_5NO_2$), 지정수량 2,000L

① 인화점 88℃, 발화점 482℃, 비중 1.2(물보다 무겁다)

② 갈색의 액체로 증기는 독성이 있다.

③ 진한황산(탈수) 촉매하에 벤젠과 질산을 니트로화 반응시켜 만든다.

$$\text{제조반응식} : C_6H_6 + HNO_3 \underset{\text{니트로화}}{\overset{c-H_2SO_4}{\longrightarrow}} C_6H_5NO_2 + H_2O$$

④ 소화방법 : 중유와 동일하다.

5) 기타 : 제3석유류(비수용성), 지정수량 2,000L

구분	화학식	인화점	비중	비고
니트로톨루엔	$C_6H_4CH_3NO_2$	106℃	1.16	
염화벤조일	$C_6H_5COCl_2$	72℃	1.21	물보다 무겁다
메타크레졸	$C_6H_4CH_3OH$	86℃	1.03	

[구조식]

아닐린	니트로벤젠	니트로톨루엔	메타크레졸

명칭	o−크레졸	m−크레졸	p−크레졸
구조식	CH₃ / OH	CH₃ / OH	CH₃ / OH

수용성 액체, 지정수량 4,000L

1) 에틸렌글리콜[$C_2H_4(OH)_2$], 지정수량 4,000L

① 인화점 111℃, 발화점 410℃, 비중1.1(물보다 무겁다)

② 무색, 단맛이 있고 점성이 있는 액체로 물에 잘 녹는다.

③ 독성이 있는 2가 알코올이며, 부동액에 사용한다.

④ 소화방법 : 알콜용포, 다량의 주수소화한다.

[아틸렌글리콘의 구조식]

2) 글리세린[$C_3H_5(OH)_3$], 지정수량 4,000L

① 인화점 160℃, 발화점 393℃, 비중 1.26(물보다 무겁다)

② 무색, 단맛이 있고 점성이 있는 액체로 물에 잘 녹는다.

③ 독성이 없는 3가 알코올이고 화장품의 원료에 사용한다.

④ 소화방법 : 알코올포, 다량의 주수소화한다.

[글리세린의 구조식]

(6) 제4석유류(지정수량 : 6,000L)

- 지정품목 : 기어유, 실린더유
- 지정성상(1기압) : 인화점 200℃ 이상 250℃ 미만

  단, 도료류 그 밖의 물품은 가연성 액체량이 40중량% 이하인 것을 제외한다.

1) 윤활유 : 기계의 마찰을 적게하기 위하여 사용하는 물질
- 종류 : 기어유(인화점 220℃), 실린더유(인화점 250℃), 터빈유(인화점 230℃) 등

2) 가소제 : 합성수지 등의 물질에 첨가시켜 자유롭게 유연성을 주는 물질
- 종류 : DOP(프탈산디옥틸, 인화점 219℃), DIDP(프탈산디이소데실, 인화점 221℃) 등

(7) 동식물유류(지정수량 : 10,000L)

> • 지정성상(1기압) : 동물의 지육 또는 식물의 종자나 과육으로부터 추출한 것으로 인화점이 250℃ 미만인 것
> • 단, 행정안전부령으로 정하는 용기 기준에 따라 수납되어 저장 · 보관되고 용기의 외부에 물품의 통칭명, 수량 및 화기엄금의 표시(화기엄금과 동일한 의미를 갖는 표시를 포함)가 있는 경우를 제외한다.

1) 건성유 : 요오드값 130 이상
- 불포화도(이중결합)가 커, 산화열 축적으로 인해 자연발화가 잘 일어나므로 위험성이 크다.
- 종류 : 해바라기유, 동유, 아마인유, 정어리기름, 들기름 등 [암기법 : 해동아정들라]

2) 반건성유 : 요오드값 100~130
- 종류 : 참기름, 옥수수기름, 청어기름, 채종유, 면실유(목화씨유), 콩기름, 쌀겨기름 등

3) 불건성유 : 요오드값 100 이하
- 종류 : 야자유, 동백유, 올리브유, 피마자유, 땅콩기름(낙화생유), 소기름, 돼지기름[암기법 : 야동보면 모두(올) 소, 돼지처럼 피똥(땅) 싼다]

참고 | **요오드값**

유지 100g에 부가되는 요오드의 g수 (불포화도를 나타내며, 2중 결합수에 비례함)

1 제3석유류 중 분자량이 92, 무색, 단맛이 있고 독성이 없는 3가 알코올인 물질에 대하여 다음 물음에 답하시오.

(1) 명칭
(2) 지정수량
(3) 구조식

정답 | (1) 글리세린
(2) 4,000L
(3)

```
        H   H   H
        |   |   |
    H — C — C — C — H
        |   |   |
        OH  OH  OH
```

해설 | • 글리세린[$C_3H_5(OH)_3$] : 제4류 중 제3석유류(수용성), 지정수량 : 4,000L
• 인화점 160℃, 비중 1.26(물보다 무겁다)
• 글리세린[$C_3H_5(OH)_3$]은 히드록시기[−OH]수가 3개 있으므로 3가 알코올이다.
• $C_3H_5(OH)_3$의 분자량$= 12 \times 3 + 1 \times 5 + (16 + 1) \times 3 = 92$

2 제4류 위험물 중 동식물유에 대하여 다음 물음에 답하시오.

(1) 요오드값의 정의를 쓰시오.
(2) 동식물유를 3가지로 구분하고 각각의 요오드값의 범위를 쓰시오.

정답 | (1) 유지 100g에 부가(첨가)되는 요오드의 g수
(2) 건성유 : 요오드값 130 이상, 반건성유 : 요오드값 100~130, 불건성유 : 요오드값 100 이하

해설 | 동식물유류(제4류 위험물) : 동물의 지육 또는 식물의 종자나 과육으로부터 추출한 것으로 1기압에서 인화점이 250℃ 미만인 것
• 요오드값은 유지 100g에 부가되는 요오드의 g수이다.
• 요오드값이 큰 건성유는 불포화도가 크므로 자연발화 위험성이 크다.
• 요오드값이 클수록 불포화도가 높고 산화되기 쉽다.
• 요오드값에 따른 분류
┌ 건성유(130 이상) : 해바라기기름, 등유, 아마인유, 정어리기름, 들기름 등
├ 반건성유(100~130) 면실유(목화씨기름), 참기름, 청어기름, 채종유, 콩기름 등
└ 불건성유(100 이하) : 야자유, 동백기름, 올리브유, 피마자유, 땅콩기름(낙화생유), 소기름, 돼지기름 등

3 다음 동식물유류 중 건성유, 반건성유, 불건성유로 구분하여 쓰시오.

> 아마인유, 야자유, 들기름, 쌀겨기름, 목화씨기름, 땅콩기름

① 건성유   ② 반건성유   ③ 불건성유

정답 | ① 건성유 : 아마인유, 들기름
　　　 ② 반건성유 : 쌀겨기름, 목화씨기름
　　　 ③ 불건성유 : 야자유, 땅콩기름

4 이황화탄소 200L, 아세톤 1,200L, 스티렌 3,000L, 글리세린 8,000L의 지정수량 배수의 합을 구하시오.

정답 | 12배

해설 |

물질명	품명	지정수량
이황화탄소(CS_2)	특수인화물	50L
아세톤(CH_3COCH_3)	제1석유류(수용성)	400L
스티렌($C_6H_5CH_2CH$)	제2석유류(비수용성)	1,000L
글리세린[$C_3H_5(OH)_3$]	제3석유류(수용성)	4,000L

풀이 | 지정수량 배수의 합 $= \dfrac{\text{저장수량}}{\text{지정수량}} = \dfrac{200L}{50L} + \dfrac{1,200L}{400L} + \dfrac{3,000L}{1,000L} + \dfrac{8,000L}{4,000L} = 12$배

5 다음 위험물 중 인화점이 21℃ 이상 70℃ 미만이며 수용성인 물질만 모두 고르시오.

> 시안화수소, 이황화탄소, 피리딘, 히드라진, 스티렌, 포름산

정답 | 히드라진, 포름산

해설 |

물질명	품명	지정수량	물질명	품명	지정수량
시안화수소(HCN)	제1석유류(수용성)	400L	이황화탄소(CS_2)	특수인화물(비수용성)	50L
피리딘(C_5H_5N)	제1석유류(수용성)	400L	히드라진(N_2H_4)	제2석유류(수용성)	2,000L
스티렌($C_6H_5CH_2CH$)	제2석유류(비수용성)	1,000L	포름산(HCOOH)	제2석유류(수용성)	2,000L

6 다음 위험물 중 인화점이 낮은 것부터 순서대로 그 번호를 쓰시오.

| ① 에틸렌글리콜 | ② 메탄올 | ③ 니트로벤젠 | ④ 초산에틸 | ⑤ 클로로벤젠 |

정답 | ④-②-⑤-③-①

해설 |

물질명	인화점	품명	지정수량
① 에틸렌글리콜[$C_2H_4(OH)_2$]	111℃	제3석유류(수용성)	4,000L
② 메탄올(CH_3OH)	11℃	알코올류	400L
③ 니트로벤젠($C_6H_5NO_2$)	88℃	제3석유류(비수용성)	2,000L
④ 초산에틸($CH_3COOC_2H_5$)	−4℃	제1석유류(비수용성)	200L
⑤ 클로로벤젠(C_6H_5Cl)	32℃	제2석유류(비수용성)	1,000L

5 제5류 위험물(자기반응성 물질)

1. 제5류 위험물의 종류 및 지정수량

성질	위험등급	품명	지정수량
자기반응성 물질	I	유기과산화물[과산화벤조일 등]	10kg
		질산에스테르류[니트로셀룰로오스, 질산에틸 등]	
	II	니트로화합물[TNT, 피크린산 등]	200kg
		니트로소화합물[파라니트로소 벤젠]	
		아조화합물[아조벤젠 등]	
		디아조화합물[디아조 디니트로페놀]	
		히드라진 유도체[디메틸 히드라진]	
		히드록실아민[NH_2OH]	100kg
		히드록실아민염류[황산히드록실아민]	
		그 밖에 행정안전부령이 정하는 것 • 금속의 아지화합물[NaN_3 등] • 질산구아니딘[$HNO_3 \cdot C(NH)(NH_2)_2$]	200kg

2. 제5류 위험물의 일반적인 성질

① 자체 내에 가연물과 산소(산소공급원)를 함께 함유한 물질로 자기연소(내부연소)가 가능한 물질이다.

② 비중은 1보다 크며 물에 녹지 않는다.

③ 연소 또는 분해속도가 매우 빠른 폭발성 물질이다.

④ 공기 중 장시간 방치 시 자연 발화한다.

3. 제5류 위험물의 저장방법

① 용기는 밀봉, 밀전하여 저장한다.

② 화재 발생 시 소화가 곤란하므로 소분하여 저장한다.

③ 점화원 및 분해를 촉진시키는 물질로부터 멀리해야 한다.

4. 제5류 위험물의 소화방법

① 다량의 물로 주수소화한다.(냉각소화)

② 자체 내에 산소를 함유하고 있어 질식소화는 효과가 없다.

5. 제5류 위험물의 종류 및 성상

(1) 유기과산화물(지정수량 : 10kg)

일반적으로 [−O−O−]기의 과산화구조를 가진 '유기과산화물'이다.

1) 과산화벤조일[$(C_6H_5CO)_2O_2$]

① 분해온도 75~80℃, 발화점 125℃, 비중 1.33, 융점 103~105℃

② 무색무취의 백색분말 또는 결정이다.

③ 물에 불용, 알코올에는 약간 녹으며 유기용제(에테르, 벤젠 등)에는 잘 녹는다.

④ 가열 시 약 100℃에서 흰 연기를 내며 분해한다.

⑤ 희석제(DMP, DBP)와 물을 사용하여 폭발성을 낮출 수 있다.

⑥ 운반할 경우 30% 이상의 물과 희석제를 첨가하여 안전하게 수송한다.

※ 희석제 : 프탈산디메틸(DMP), 프탈산디부틸(DBP)

2) 메틸에틸케톤퍼옥사이드[$[CH_3COC_2H_5]_2O_2$, MEKPO, 과산화메틸에틸케톤]

① 분해온도 40℃, 발화점 205℃, 인화점 58℃, 융점 −20℃

② 무색, 특이한 냄새가 나는 기름모양의 액체이다.

③ 물에 약간 녹고, 알코올, 에테르에는 잘 녹는다.

④ 110℃ 이상에서 흰 연기의 분해가스를 발생, 발화연소한다.

3) 아세틸퍼옥사이드[$(CH_3CO)_2O_2$]

① 인화점 45℃, 발화점 121℃, 비점 63℃, 융점 30℃

② 무색의 가연성 고체이다.

③ 충격에 민감한 폭발성 물질로 유기용제에 잘 녹는다.

(2) 질산에스테르류(지정수량 : 10kg)

질산(HNO_3)의 수소(H)를 알킬기(R-, C_nH_{2n+1}-)와 치환된 물질(R-O-NO_2)의 형태이다.

1) 질산메틸(CH_3ONO_2)

① 분자량 77, 비점 66℃, 증기비중=2.66(=77/29)

② 무색투명한 액체로서 향긋한 냄새와 단맛이 난다.

③ 물에 녹지 않고 알코올, 에테르에 잘 녹는다.

④ 인화의 위험성이 있다.

⑤ 메틸알코올(CH_3OH)과 질산(HNO_3)을 에스테르화 반응시켜 제조한다.

제조반응식 : $CH_3OH + HNO_3 \xrightarrow[\text{에스테르화}]{c-H_2SO_4(탈수)} CH_3ONO_2 + H_2O$

2) 질산에틸($C_2H_5ONO_2$)

① 분자량 91, 인화점 -10℃, 비점 88℃, 증기비중 3.14(=91/29)

② 무색투명한 액체로서 향긋한 냄새와 단맛이 난다.

③ 물에 녹지 않고 알코올, 에테르에 잘 녹는다.

④ 인화점이 -10℃로서 대단히 낮아 겨울에도 인화하기 쉽다.

⑤ 에틸알코올(C_2H_5OH)과 질산(HNO_3)을 에스테르화 반응시켜 제조한다.

제조반응식 : $C_2H_5OH + HNO_3 \xrightarrow[\text{에스테르화}]{c-H_2SO_4(탈수)} C_2H_5ONO_2 + H_2O$

3) 니트로글리콜[$C_2H_4(ONO_2)_2$]

① 발화점 215℃, 비점 105.5℃

② 순수한 것은 무색이나 공업용은 담황색의 액체이다.

③ 니트로글리세린보다 충격 감도는 약하나 충격, 가열에 의해 폭발한다.

④ 니트로글리세린(20%)과 혼합하여 다이너마이트 등의 폭약에 사용된다.

4) 니트로글리세린[$C_3H_5(ONO_2)_3$, NG]

① 분자량 227, 융점 2.8℃, 비점 160℃, 비중 1.6(물보다 무겁다)

② 무색, 단맛이 나는 액체(상온)이나 겨울철에는 동결한다.

③ 가열, 마찰, 충격에 민감하여 폭발하기 쉽다.

④ 규조토에 흡수시켜 폭약인 다이너마이트를 제조한다.

열분해반응식 : $4C_3H_5(ONO_2)_3 \longrightarrow 12CO_2\uparrow + 10H_2O\uparrow + 6N_2\uparrow + O_2\uparrow$

⑤ 글리세린과 질산을 반응시키고 촉매인 진한황산으로 탈수시켜 제조한다.(니트로화 반응)

제조반응식 : $\underset{\text{(글리세린)}}{C_3H_5(OH)_3} + \underset{\text{(질산)}}{3HNO_3} \xrightarrow[\text{니트로화 반응}]{c-H_2SO_4(탈수)} \underset{\text{(니트로글리세린)}}{C_3H_5(ONO_2)_3} + \underset{\text{(물)}}{3H_2O}$

5) 니트로셀룰로오스[$C_6H_7O_2(ONO_2)_3$]n

① 인화점 13℃, 발화점 180℃, 분해온도 130℃, 비점 83℃

② 셀룰로오스를 진한질산(3)과 진한황산(1)의 혼합액을 반응시켜 만든 셀룰로오스에스테르이다.

③ 맛, 냄새가 없고, 물에 불용, 아세톤, 알코올, 에테르에 녹는 고체상태의 물질이다.

④ 직사광선, 산·알칼리에 분해하여 자연발화한다.

⑤ 질화도(질소함유율)가 클수록 분해도·폭발성이 증가한다.

⑥ 저장·운반 시 물(20%) 또는 알코올(30%)로 습윤시킨다.(건조 시 발화의 위험이 있다)

열분해반응식 : $2C_{24}H_{29}O_9(ONO_2)_{11}$

$$\longrightarrow 24CO_2\uparrow + 24CO\uparrow + 12H_2O + 17H_2\uparrow + 11N_2\uparrow$$

[구조식]

과산화벤조일	과산화메틸에틸케톤	아세틸퍼옥사이드
질산메틸	질산에틸	니트로글리콜
니트로글리세린		

1 다음 제5류 위험물을 위험등급별로 골라 쓰시오.(단, 위험등급이 없는 경우 '없음'이라 쓰시오)

> 유기과산화물, 아조화합물, 히드록실아민, 질산에스테르, 히드라진 유도체, 니트로화합물

(1) 위험등급 I
(2) 위험등급 II
(3) 위험등급 III

정답 | (1) 유기과산화물, 질산에스테르
(2) 아조화합물, 히드록실아민, 히드라진유도체, 니트로화합물
(3) 없음

해설 | 제5류 위험물의 위험등급

성질	품명	지정수량	위험등급
자기 반응성 물질	1. 유기과산화물 2. 질산에스테르류	10kg	I
	3. 니트로화합물 4. 니트로소화합물 5. 아조화합물 6. 디아조화합물 7. 히드라진 유도체	200kg	II
	8. 히드록실아민 9. 히드록실아민염류	100kg	II
	10. 금속아지화합물 11. 질산구아니딘	200kg	II

2 다음 물질 중 위험물에서 제외되는 물질을 모두 고르시오.

> | 보기 |
>
> 황산, 질산구아니딘, 금속의 아지드화합물, 구리분, 과요오드산

정답 | 황산, 구리분

해설 | • 질산구아니딘[$HNO_3 \cdot C(NH)(NH_2)_2$], 금속의 아지드화합물 : 제5류 위험물, 지정수량 200kg
• 과요오드산[HIO_4] : 제1류 위험물, 지정수량 300kg

3 과산화벤조일에 대하여 다음 물음에 답하시오.

(1) ① 유별   ② 품명   ③ 지정수량
(2) 1 소요단위는 몇 kg인가?
(3) 구조식

정답 | (1) ① 제5류 위험물   ② 유기과산화물   ③ 10kg

(2) 100kg

(3) $O = C - O - O - C = O$

해설 | 과산화벤조일[$(C_6H_5CO)_2O_2$] : 제5류, 유기과산화물, 지정수량 10kg
- 위험물의 1소요단위 = 지정수량 × 10배 = 10kg × 10 = 100kg

4 다음 화합물의 대해 각 물음에 답하시오.

(1) 과산화메틸에틸케톤 : ① 화학식   ② 구조식
(2) 아세틸퍼옥사이드 : ① 화학식   ② 구조식

정답 | (1) ① $(CH_3COC_2H_5)_2O_2$ ②

(2) ① $(CH_3CO)_2O_2$ ②

5 다음 위험물의 증기비중을 구하시오.

(1) 질산메틸
(2) 질산에틸

정답 | (1) 2.66   (2) 3.14

해설 | (1) 질산메틸(CH_3ONO_2)의 분자량 = $12 \times 1 + 1 \times 3 + 16 \times 3 + 14 = 77$

$$증기비중 = \frac{분자량}{공기의\ 분자량(29)} = \frac{77}{29} = 2.66$$

(2) 질산에틸($C_2H_5ONO_2$)의 분자량 = $12 \times 2 + 1 \times 5 + 16 \times 3 + 14 = 91$

$$증기비중 = \frac{91}{29} = 3.14$$

6 니트로글리세린에 대해 다음 물음에 답하시오.

① 품명   ② 지정수량   ③ 다이너마이트 원료   ④ 분해반응식

정답 | ① 질산에스테르류   ② 200kg
③ 니트로글리세린, 규조토   ④ $4C_3H_5(ONO_2)_3 \longrightarrow 12CO_2 + 10H_2O + 6N_2 + O_2$

해설 | 니트로글리세린[$C_3H_5(ONO_2)_3$] : 제5류, 질산에스테르류, 지정수량 200kg
- 다이너마이트는 니트로글리세린을 규조토에 흡수시켜 만든 폭약이다.

(3) 니트로화합물(지정수량 : 200kg)

유기화합물의 수소원자를 2 이상의 니트로기($-NO_2$)로 치환된 화합물이다.

1) 트리니트로톨루엔[$C_6H_2CH_3(NO_2)_3$, TNT]

① 분자량 227, 발화점 300℃, 융점 81℃, 비중 1.66

② 담황색 결정이나 햇빛에 의해 다갈색으로 변한다.

③ 물에 불용, 에테르, 벤젠, 아세톤, 알코올에 잘 녹는다.

④ 강력한 폭약으로 폭발력의 표준 폭약으로 사용된다.

열분해반응식 : $2C_6H_2CH_3(NO_2)_3 \longrightarrow 12CO\uparrow + 2C + 3N_2\uparrow + 5H_2\uparrow$

⑤ 톨루엔과 질산을 반응시키고 촉매인 진한황산으로 탈수시켜 제조한다.(니트로화반응)

제조반응식 : $C_6H_5CH_3 + 3HNO_3 \xrightarrow[\text{니트로화 반응}]{c-H_2SO_4(\text{탈수})} C_6H_2CH_3(NO_2)_3 + 3H_2O$

(톨루엔)　　(질산)　　　　　　　　　　　(트리니트로톨루엔(TNT))　(물)

(톨루엔)　　　　　(질산)　　　　　　　　　(TNT)　　　(물)

※ ①번의 방식인 벤젠의 수소(H)와 질산의 니트로기($-NO_2$)가 치환하는 니트로화 반응이 ②번과 ③
번도 똑같이 3번 이루어진다.

⑥ 건조된 고체 상태는 위험하므로 약간 습기가 있게 저장한다.

2) 피크린산[$C_6H_2OH(NO_2)_3$, 트리니트로페놀(TNP)]

① 분자량 229, 발화점 300℃, 비점 255℃, 융점 122.5℃, 비중 1.8

② 황색의 침상결정으로 쓴맛이 있고 독성이 있다.

③ 찬물에 불용, 온수, 알코올, 벤젠 등에 잘 녹는다.

④ 단독으로는 마찰, 충격에 둔감하나 금속(구리, 아연, 납 등)과 혼합하여 생성된 피크린산
금속염은 민감하여 마찰, 충격으로 인한 폭발의 위험이 있다.

열분해반응식 : $2C_6H_2OH(NO_2)_3 \longrightarrow 2C + 3N_2\uparrow + 3H_2\uparrow + 4CO_2\uparrow + 6CO\uparrow$

⑤ 페놀과 질산을 반응시키고 촉매인 진한황산으로 탈수시켜 제조한다.(니트로화반응)

제조반응식 : $C_6H_5OH + 3HNO_3 \xrightarrow[\text{니트로화 반응}]{c-H_2SO_4(\text{탈수})} C_6H_2OH(NO_2)_3 + 3H_2O$

(페놀)　　(질산)　　　　　　　　　(트리니트로페놀(TNP))　(물)

⑥ 건조된 고체상태는 위험하므로 약간 습기가 있게 저장한다.

3) 기타 : 테트릴[$C_6H_2(NO_2)_4NCH_3$], 헥소겐[$(CH_2NNO_2)_3$] 등이 있다.

(4) 히드록실아민[NH₂OH], (지정수량 : 100kg)

① 분자량 31, 융점 33℃, 비점 142℃

② 무색의 결정으로 조해성이 있으며, 물, 에탄올에 녹고 에테르, 벤젠 등에는 녹지 않는다.

열분해반응식 : $3NH_2OH \longrightarrow NH_3 + N_2 + 3H_2O$

[구조식]

| TNT | 피크린산 |

최신경향 적중예제 ⚛

1 분자량이 227이고 물에 녹지 않으며 아세톤, 벤젠에 잘 녹고 햇빛에 다갈색으로 변하는 폭약의 원료이다. 이 물질에 대하여 다음 물음에 답하시오.

(1) ① 화학식   ② 지정수량   ③ 품명   ④ 명칭

(2) 제조방법을 사용원료를 중심으로 설명하시오.

정답 | (1)① $C_6H_2CH_3(NO_2)_3$ ② 200kg   ③ 니트로화합물   ④ 트리니트로톨루엔

(2) 톨루엔과 질산을 반응시키고 진한황산으로 탈수시켜 제조한다.

- -

해설 | 트리니트로톨루엔[$C_6H_2CH_3(NO_2)_3$] : 제5류, 니트로화합물, 지정수량 200kg

- 트리니트로톨루엔[$C_6H_2CH_3(NO_2)_3$]의 분자량$=12×7+1×5+(14+16×2)×3=227$
- 톨루엔과 질산을 반응시키고 진한황산으로 탈수시켜 니트로화 반응하여 제조한다.

제조반응식 : $C_6H_5CH_3 + 3HNO_3 \xrightarrow[\text{니트로화 반응}]{c-H_2SO_4} C_6H_2CH_3(NO_2)_3 + 3H_2O$

(톨루엔)   (질산)   [트리니트로톨루엔(TNT)]   (물)

2 트리니트로톨루엔에 대해 물음에 답하시오.

(1) 열분해반응식

(2) 열분해 시 발생하는 기체를 화학식으로 쓰시오.

정답 | (1) $2C_6H_2CH_3(NO_2)_3 \longrightarrow 12CO + 2C + 3N_2 + 5H_2$

(2) CO(일산화탄소), N_2(질소), H_2(수소)

3 비중 1.8, 융점 122.5℃, 황색의 침상결정으로 쓴맛과 독성을 가지고 있는 위험물에 대해 물음에 답하시오.

(1) 명칭   (2) 지정수량   (3) 품명   (4) 화학식

정답 | (1) 트리니트로페놀   (2) 200kg   (3) 니트로화합물   (4) $C_6H_2OH(NO_2)_3$

4 다음 화합물의 구조식을 쓰시오.

(1) 트리니트로톨루엔
(2) 트리니트로페놀

정답 | (1)

(2)

6 제6류 위험물(산화성 액체)

1. 제6류 위험물의 종류 및 지정수량

성질	위험등급	품명	지정수량
산화성액체	I	과염소산[$HClO_4$]	300kg
		과산화수소[H_2O_2]	
		질산[HNO_3]	
		할로겐간 화합물[BrF_3, IF_5 등]	

2. 제6류 위험물의 공통성질

① 산소를 함유한 강산화성액체(강산화제)이며 불연성물질이다.
② 분해 시 산소를 발생하므로 다른 가연물질의 연소를 돕는다.
③ 무기화합물로 액비중은 1보다 크고 물에 잘 녹는다.
④ 강산성물질로 물과 접촉 시 발열한다.(H_2O_2는 제외)
⑤ 부식성이 강한 강산으로 증기는 유독하다.
⑥ 저장 시 갈색의 내산성용기(유리, 도자기)에 넣어 냉암소에 저장한다.

3. 제6류 위험물의 소화방법

① 다량의 물로 냉각소화, 인산염류분말소화약제 등을 사용한다.

② 물과 접촉 시 발열하므로 물 사용은 되도록 피하는 것이 좋다.(피부 접촉시 다량의 물로 씻을 것)

4. 위험물의 종류 및 성상

(1) 과염소산($HClO_4$, 지정수량 : 300kg)

① 분자량 34, 비점 39℃, 융점 -112℃, 비중 1.7

② 무색의 불연성 액체로 산화력이 강한 최강산이다.

③ 분해 시 유독성 기체인 염화수소(HCl)와 산소(O_2)를 발생시킨다.

분해반응식 : $HClO_4 \longrightarrow HCl\uparrow + 2O_2\uparrow$

④ 유해성이 강하며 흡입 시 기관지 손상우려가 있으므로 주의해야 한다.

⑤ 산화력이 강하여 종이, 나무조각과 접촉 시 연소폭발한다.

> **참고 : 산성의 세기**
>
> $HClO_4$(과염소산) > $HClO_3$(염소산) > $HClO_2$(아염소산) > $HClO$(차아염소산)

---

(2) 과산화수소(H_2O_2, 지정수량 : 300kg)

※위험물 안전관리 법령상 과산화수소는 농도가 36중량% 이상인 것을 말한다.

① 분자량 34, 비점 80.2℃, 융점 -0.89℃, 비중 1.46

② 점성 있는 무색 액체이며 다량일 경우 청색으로 보인다.

③ 물, 알코올, 에테르 등에 잘 녹고 석유나 벤젠 등에는 녹지 않는다.

④ 분해 시 정촉매로 이산화망간(MnO_2)을 사용한다.(산화력검사 : KI전분지 $\longrightarrow$ 보라색으로 변색)

분해반응식 : $2H_2O_2 \xrightarrow{MnO_2} 2H_2O + O_2\uparrow$

⑤ 강산화제이지만 환원제로도 사용한다.

⑥ 일반 시판품은 30~40%의 수용액으로 분해하기 쉽다.

※분해안정제 : 인산(H_3PO_4), 요산($C_5H_4N_4O_3$) 첨가

⑦ 과산화수소 3%의 수용액을 옥시풀(소독약)로 사용한다.

⑧ 고농도의 60% 이상은 충격마찰에 의해 단독으로 분해 폭발위험이 있다.

⑨ 히드라진(N_2H_4)과 접촉 시 분해하여 발화폭발한다.

히드라진과의 반응식 : $2H_2O_2 + N_2H_4 \longrightarrow 4H_2O + N_2\uparrow$

⑩ 저장용기의 마개에는 작은 구멍이 있는 것을 사용한다.

   (이유 : 분해 시 발생하는 산소를 방출시켜 폭발을 방지하기 위하여)

⑪ 햇빛에 의해 분해하므로 갈색 병에 넣어 냉암소에 보관한다.

(3) 질산(HNO_3, 지정수량 : 300kg)

※위험물 안전관리법령상 질산은 비중이 1.49 이상인 것을 말한다.

① 분자량 63, 비중 1.49, 비점 86℃, 융점 −42℃

② 흡습성, 자극성, 부식성이 강한 발연성액체이다.

③ 강산으로 직사광선에 의해 분해 시 적갈색의 이산화질소(NO_2)를 발생시킨다.

   분해반응식 : $4HNO_3 \longrightarrow 2H_2O + 4NO_2\uparrow + O_2\uparrow$

④ 질산은 단백질과 반응 시 노란색으로 변한다.(크산토프로테인반응 : 단백질검출 반응)

⑤ 왕수에 녹는 금속은 금(Au)과 백금(Pt)이다.

   (왕수＝염산(3)＋질산(1) : 부피의 비로 혼합한 용액)

⑥ 진한질산은 금속과 반응 시 산화피막을 형성하여 금속의 내부를 보호하는 부동태를 만든다.(부동태를 만드는 금속 : Fe, Ni, Al, Cr, Co)

⑦ 진한질산은 물과 접촉 시 심하게 발열하고 가열 시 NO_2(적갈색)를 발생한다.

⑧ 진한질산은 산화력이 강하여 금속과 반응 시 발생하는 수소(H_2)를 산화(O_2)시켜 물(H_2O)이 되기 때문에 사용할 수 없다. 그러나 묽은질산은 산화력이 약하여 금속(Fe,Zn 등)과 반응 시 수소($H_2\uparrow$)기체를 발생시킨다.

   묽은질산과 철의 반응식 : $Fe + 2HNO_3 \longrightarrow Fe(NO_3)_2$(질산제일철)$+ H_2\uparrow$

   진한질산과 철의 반응식 : $Fe + 4HNO_3 \longrightarrow Fe(NO_3)_2$(질산제일철)$+ 2NO_2\uparrow + 2H_2O$

참고

- 발연질산＝진한질산＋이산화질소 $[c - HNO_3 + NO_2]$
- 발연황산＝진한황산＋삼산화황(무수황산) $[c - H_2SO_4 + SO_3]$

---

(4) 할로겐간 화합물 (지정수량 : 300kg)

두 할로겐 X와 Y로 이루어진 2성분 화합물로 보통 상호성분을 직접 작용시키면 생긴다.

- 종류 : 삼불화브롬(BrF_3), 오불화브롬(BrF_5), 염화요오드(ICl), 브롬화요오드(IBr), 오불화요오드(IF_5) 등이 있다.

1 다음은 위험물안전관리법령상 제6류 위험물에 적용을 받는 기준을 쓰시오.(단, 기준이 없으면 '없음'으로 쓰시오)

① 과염소산　　② 과산화수소　　③ 질산

정답 | ① 없음　　② 농도가 36중량% 이상　　③ 비중이 1.49 이상

해설 | 제6류 위험물의 판단기준
　　　　① 과염소산($HClO_4$) : 농도 및 비중의 기준이 없다.
　　　　② 과산화수소(H_2O_2) : 농도가 36중량% 이상인 것
　　　　③ 질산(HNO_3) : 비중 1.49 이상인 것(진한질산에 해당됨)

2 다음 물질의 분해반응식을 쓰고, 각 물음에 답하시오.

(1) 과염소산
(2) 과산화수소
　　　① 분해반응식　　② 이 반응에서 이산화망간의 역할
(3) 질산
　　　① 분해반응식　　② 이 반응에서 발생하는 적갈색 기체 명칭

정답 | (1) $HClO_4 \longrightarrow HCl + 2O_2$
　　　　(2) ① $2H_2O_2 \longrightarrow 2H_2O + O_2$　　② 정촉매
　　　　(3) ① $4HNO_3 \longrightarrow 2H_2O + 4NO_2 + O_2$　　② 이산화질소(NO_2)

해설 | 과산화수소 분해반응식에서 이산화망간(MnO_2)의 역할은 분해반응속도를 빠르게 하는 정촉매 역할이다.(부촉매 : 반응속도를 느리게 하는 것)

$$2H_2O_2 \xrightarrow[\text{정촉매}]{MnO_2} 2H_2O + O_2\uparrow$$

3 과산화수소에 대해 물음에 답하시오.

(1) ① 위험등급　　② 지정수량　　③ 분해안정제 2가지 명칭
(2) 히드라진과의 반응식
(3) 저장용기 마개에 작은 구멍이 있는 이유

정답 | (1) ① I　　② 300kg　　③ 인산, 요산
　　　　(2) $2H_2O_2 + N_2H_4 \longrightarrow 4H_2O + N_2$
　　　　(3) 산소를 방출시켜 폭발을 방지하기 위해서

해설 | 모든 제6류 위험물의 위험등급은 I등급이며 지정수량도 300kg이다.
　　　• 히드라진과 과산화수소를 폭발반응시켜 로켓원료에 사용한다.
　　　• 용기마개에 작은 구멍이 있는 이유는 과산화수소가 분해 시 산소를 발생하기 때문에 용기 밖으로 산소를 방출시켜 용기 내의 압력을 내려 폭발을 방지하기 위해서이다.
　　　• 분해를 방지하기 위해 안정제로 인산(H_3PO_4), 요산($C_5H_4N_4O_3$) 등을 사용한다.

4 질산에 대하여 다음 물음에 답하시오.

(1) 단백질과 접촉 시 노란색으로 변하는 반응을 무슨 반응이라고 하는가?

(2) 백금과 금을 녹일 수 있는 왕수의 제조법은?

(3) 철(Fe), 코발트(Co), 니켈(Ni), 알루미늄(Al), 크롬(Cr) 등의 금속과 질산이 반응 시 금속표면에 산화피막을 형성하여 내부를 보호하는 현상을 무엇이라고 하는가?

정답 | (1) 크산토프로테인 반응

(2) 염산과 질산을 부피의 비로 3:1 혼합한 용액

(3) 부동태

해설 | • 질산이 피부(단백질)에 접촉 시 노란색으로 변한다.(단백질 검출 반응＝크산토프로테인 반응)

• 왕수는 염산(HCl)과 질산(HNO_3)을 3:1의 부피비로 혼합시킨 용액으로 백금과 금을 녹일 수 있는 물질이다.

• Fe, Ni, Al, Co, Cr 등의 금속과 질산이 반응하면 Fe_2O_3, NiO, Al_2O_3 등의 산화물이 금속표면에 형성되어 더이상 부식(산화)이 되지 않게 하여 내부를 보호하는 현상을 부동태라 한다.

CHAPTER 4

위험성 안전관리 및 기술기준

① 위험물 안전관리

① 위험물 안전관리법

1. 용어의 정의

① 위험물 : 인화성 또는 발화성 등의 성질을 가진 것으로 대통령령이 정하는 물품
② 지정수량 : 대통령령이 정하는 수량, 제조소등의 설치허가 시 최저기준이 되는 수량
③ 제조소등 : 제조소, 저장소 및 취급소
  • 제조소 : 위험물을 제조할 목적으로 지정수량 이상의 위험물을 취급하기 위하여 허가를 받은 장소
  • 저장소 : 지정수량 이상의 위험물을 저장하기 위한 대통령령이 정하는 장소로서 허가를 받은 장소
    - 위험물 저장소의 구분 : 옥내저장소, 옥외저장소, 옥내탱크저장소, 옥외탱크저장소, 지하탱크저장소, 간이탱크저장소, 이동탱크저장소, 암반탱크저장소(액체위험물 저장)
  • 취급소 : 지정수량 이상의 위험물을 제조 외의 목적으로 취급하기 위한 대통령령이 정하는 장소로서 허가를 받은 장소
    - 위험물 취급소의 구분 : 주유취급소, 판매취급소, 이송취급소, 일반취급소

> **참고**
>
> • 지정수량 미만의 위험물 저장 및 취급 : 시·도의 조례로 정함
> • 둘 이상의 위험물 취급 시 지정수량 배수계산
>
> $$지정수량의 \ 배수합 = \frac{A의 \ 저장량}{A의 \ 지정수량} + \frac{B의 \ 저장량}{B의 \ 지정수량} + \cdots\cdots$$
>
> ∴ 지정수량의 배수합계가 1 이상인 경우 : 지정수량 이상의 위험물로 본다.

2. 위험물 제조소등의 설치허가 및 신고(시·도지사)

① 제조소등을 설치하고자 하는 자 : 시·도지사의 허가
② 제조소 등의 위치·구조 또는 설비를 변경하고자 하는 자 : 변경하고자 하는 날의 1일 전까지 시·도지사에게 신고
  ※시·도지사 : 특별시장, 광역시장, 특별자치시장, 도지사, 특별자치도지사
③ 제조소등의 설치자의 지위를 승계한 자 : 승계한 날부터 30일 이내에 시·도지사에게 신고
④ 제조소등의 용도 폐지 : 용도를 폐지한 날로부터 14일 이내에 시·도지사에게 신고

⑤ 허가없이 제조소등을 설치하거나 그 위치, 구조 및 설비를 변경할 수 있으며 신고 없이 위험물의 품명, 수량 또는 지정수량 배수를 변경할 수 있는 경우
- 주택의 난방시설(공동주택의 중앙난방시설을 제외한다)을 위한 저장소 또는 취급소
- 농예용·축산용 또는 수산용으로 필요한 난방시설 또는 건조시설을 위한 지정수량 20배 이하의 저장소

최신경향 적중예제 ◈

1 다음 (   )안에 알맞은 답을 쓰시오.
(1) '위험물'이라 함은 (①) 또는 (②) 등의 성질을 가지는 것으로 대통령령이 정하는 물품을 말한다.
(2) '(   )'이라 함은 위험물의 종류별로 위험성을 고려하여 대통령령이 정하는 수량으로서 제조소등의 설치 허가 등에 있어서 최저의 기준이 되는 수량을 말한다.
(3) '제조소등'이라 함은 (①), (②) 및 (③)를 말한다.

정답 | (1) ① 인화성   ② 발화성
(2) 지정수량
(3) ① 제조소   ② 저장소   ③ 취급소

---

3. 완공검사

(1) 완공검사 : 제조소등의 설치 또는 위치, 구조 및 설비의 변경을 마칠 시 시·도지사가 행하는 완공검사를 받아야하며 그 결과가 행정안전부령의 기술기준에 적합할 경우 시·도지사는 완공검사합격확인증을 교부하여야 한다.

(2) 완공검사의 신청시기
① 지하탱크가 있는 제조소등의 경우 : 지하탱크를 매설하기 전
② 이동탱크저장소의 경우 : 이동저장탱크를 완공하고 상치장소를 확보한 후
③ 이송취급소의 경우 : 이송배관공사의 전체 또는 일부를 완료한 후
④ 전체공사가 완료된 후에는 완공검사를 실시하기 곤란한 경우
- 위험물 설비 또는 배관의 설치가 완료되어 기밀시험 또는 내압시험을 실시하는 시기
- 배관을 지하에 설치하는 경우에는 시·도지사, 소방서장 또는 기술원이 지정하는 부분을 매몰하기 직전
- 기술원이 지정하는 부분의 비파괴 시험을 실시하는 시기
⑤ 그 밖의 제조소등의 경우 : 제조소등의 공사를 완료한 후

4. 위험물 안전관리자

(1) 위험물 안전관리자의 선임 및 해임

① 제조소등의 관계인은 제조소등마다 위험물안전관리자로 선임한다.

② 안전관리자를 해임하거나 퇴직한 때에는 해임하거나 퇴직한 날부터 30일 이내에 재선임한다.

③ 안전관리자를 선임한 경우에는 선임한 날부터 14일 이내에 소방본부장 또는 소방서장에게 신고한다.

④ 안전관리자를 해임하거나 안전관리자가 퇴직한 경우 관계인 또는 안전관리자는 소방본부장이나 소방서장에게 그 사실을 알려 해임되거나 퇴직한 사실을 확인받을 수 있다.

⑤ 안전관리자를 선임한 제조소등의 관계인은 안전관리자가 여행·질병 그 밖의 사유로 직무를 수행할 수 없을 경우 대리자(代理者)를 지정한다. 직무의 대행하는 기간은 30일을 초과할 수 없다.

(2) 위험물 취급자격자(위험물 안전관리자로 선임할 수 있는 자)

위험물 취급자격자의 구분	취급할 수 있는 위험물
「국가기술자격법」에 의한 자격 취득자. 위험물기능장. 위험물산업기사, 위험물기능사	모든 위험물
안전관리자 교육 이수자	제4류 위험물
소방공무원 경력자(소방공무원으로 근무한 경력이 3년 이상인 자)	

(3) 다수의 제조소등을 설치한 자가 1인의 안전관리자를 중복하여 선임할 수 있는 경우

① 동일구내에 있거나 상호 100m 이내의 거리에 있는 저장소로서 저장소의 규모, 저장하는 위험물의 종류 등을 고려하여 저장소를 동일인이 설치한 경우
   - 10개 이하의 옥내저장소, 옥외저장소, 암반탱크저장소
   - 30개 이하의 옥외탱크저장소
   - 옥내탱크저장소, 지하탱크저장소, 간이탱크저장소

② 다음 각목의 기준에 모두 적합한 5개 이하의 제조소등을 동일인이 설치한 경우
   - 각 제조소등이 동일 구내에 위치하거나 상호 100m 이내의 거리에 있을 것
   - 각 제조소등에서 저장 또는 취급하는 위험물의 최대 수량이 지정수량의 3,000배 미만일 것(단, 저장소의 경우는 제외)

5. 정기점검

(1) 정기점검 대상인 제조소등

① 예방규정을 정하여야 하는 제조소등
- 지정수량의 10배 이상의 위험물을 취급하는 제조소
- 지정수량의 100배 이상의 위험물을 저장하는 옥외저장소
- 지정수량의 150배 이상의 위험물을 저장하는 옥내저장소
- 지정수량의 200배 이상을 저장하는 옥외탱크저장소
- 암반탱크저장소
- 이송취급소
- 지정수량의 10배 이상의 위험물을 취급하는 일반취급소

② 지하탱크저장소

③ 이동탱크저장소

④ 지하탱크가 있는 제조소, 주유 취급소 또는 일반취급소

(2) 정기점검 횟수 : 연 1회 이상

6. 정기검사

정기검사 대상인 제조소등 : 액체위험물을 저장 또는 취급하는 50만L 이상의 옥외탱크저장소(특정·준특정 옥외탱크저장소)

> **참고**
>
> - 특정 옥외저장탱크 : 100만L 이상의 옥외저장탱크
> - 준특정 옥외저장탱크 : 50만L 이상 100만L 미만의 옥외저장탱크

7. 탱크안전성능검사 및 탱크시험자

대통령령이 정하는 위험물 탱크가 있는 제조소등의 허가를 받은 자가 위험물탱크의 설치 또는 그 위치·구조 또는 설비의 변경공사를 하는 때에는 완공검사를 받기 전에 시·도지사가 실시하는 탱크안전성능검사를 받아야 한다.

(1) 탱크안전성능검사의 종류와 대상탱크

① 기초·지반검사 : 옥외탱크저장소의 액체위험물탱크 중 100만L 이상인 탱크

② 충수·수압검사 : 액체위험물을 저장 또는 취급하는 탱크

③ 용접부검사 : 옥외탱크저장소의 액체위험물탱크 중 100만L 이상인 탱크

④ 암반탱크검사 : 액체위험물을 저장 또는 취급하는 암반 내의 공간을 이용한 탱크

(2) 탱크시험자의 기술능력·시설 및 장비

① 기술능력

필수인력	• 위험물기능장, 위험물산업기사, 위험물기능사 중 1명 이상 • 비파괴검사기술사 1명 이상 또는 초음파비파괴검사, 자기비파괴검사 및 침투비파괴 검사 별로 기사 또는 산업기사 각 1명 이상
필요한 경우에 두는 인력	• 충·수압시험, 진공시험, 기밀시험 또는 내압시험의 경우 : 누설비파괴검사기사, 산업기사 또는 기능사 • 수직·수평도 시험의 경우 : 측량 및 지형공간정보기술사·기사·산업기사 또는 측량기능사 • 방사선투과시험의 경우 : 방사선비파괴검사기사 또는 산업기사

② 시설 : 전용사무실
③ 장비

필수장비	자기탐상시험기, 초음파두께측정기 및 다음 중 어느 하나 • 영상초음파탐상시험기 • 방사선투과시험기 및 초음파시험기
필요한 경우에 두는 장비	충·수압시험, 진공시험, 기밀시험, 수직·수평도 측정기

최신경향 적중예제

1 위험물 취급소의 4가지의 종류를 쓰시오.

정답 | 주유취급소, 판매취급소, 이송취급소, 일반취급소

2 다음 물음에 답하시오.

(1) 위험물 제조소등이 위험물탱크의 변경공사를 할 때 완공검사를 받기 전 시·도지사에게 받아야 할 검사는?
(2) 지하탱크가 있는 제조소등의 완공검사 신청시기는?
(3) 이동저장탱크저장소의 완공검사 신청시기는?
(4) 제조소등의 완공검사를 실시한 결과 행정안전부령이 정한 기술기준에 적합하다고 인정할 경우 시·도지사는 무엇을 교부해야 하는가?

정답 | (1) 탱크안전성능검사
(2) 지하탱크를 매설하기 전
(3) 이동저장탱크를 완공하고 상치장소를 확보한 후
(4) 완공검사합격확인증

3 안전관리자에 대해 다음 물음에 답하시오.

(1) 제조소등마다 안전관리자는 누가 선임해야 하는가?
(2) 안전관리자를 해임 또는 퇴직한 경우는 해임 또는 퇴직한 날로부터 며칠 이내에 선임해야 하는가?
(3) 안전관리자를 선임한 경우 선임한 날부터 며칠 이내에 누구에게 신고해야 하는가?
(4) 안전관리자 직무대행 기간은 며칠을 초과할 수 없는가?

정답 | (1) 제조소등의 관계인
      (2) 30일
      (3) 14일 이내, 소방본부장 또는 소방서장
      (4) 30일

4 정기점검대상인 제조소등의 예방규정 적용대상은 지정수량 몇 배 이상 저장 또는 취급해야 되는지 각 물음에 답하시오.

① 제조소   ② 옥외저장소   ③ 옥내저장소   ④ 옥외탱크저장소

정답 | ① 10배   ② 100배   ③ 150배   ④ 200배

해설 | 예방규정을 정하여야 하는 제조소등
- 지정수량의 10배 이상의 위험물을 취급하는 제조소
- 지정수량의 100배 이상의 위험물을 저장하는 옥외저장소
- 지정수량의 150배 이상의 위험물을 저장하는 옥내저장소
- 지정수량의 200배 이상을 저장하는 옥외탱크저장소
- 암반탱크저장소
- 이송취급소
- 지정수량의 10배 이상의 위험물을 취급하는 일반취급소

5 옥외탱크저장소의 정기검사 대상이 저장 및 취급하는 양은 몇 L 이상인가?

정답 | 50만L

해설 | 옥외탱크 저장소의 정기검사 대상이 액체위험물을 저장 또는 취급하는 양은 50만L 이상으로 ① 특정 옥외저장탱크 : 100만L 이상 ② 준특정 옥외저장탱크 : 50만L 이상 100만L 미만이므로 모두 정기검사 대상이 된다.

6 탱크시험자는 기술능력, 시설 및 장비를 갖추어야 한다. 기술능력 중 필수인력에 해당되는 자를 모두 골라 쓰시오.

• 위험물기능장	• 비파괴검사기능사	• 측량기능사	• 위험물산업기사
• 누설비파괴검사기사	• 지형공간기술사	• 초음파비파괴검사기사	

8. 자체소방대

(1) 설치대상

① 제4류 위험물의 최대수량의 합이 지정수량의 3,000배 이상 취급하는 제조소 또는 일반취급소

　※자체소방대의 설치 제외 대상인 일반취급소
- 보일러, 버너 그 밖에 이와 유사한 장치로 위험물을 소비하는 일반취급소
- 이동저장탱크 그 밖에 이와 유사한 것에 위험물을 주입하는 일반취급소
- 용기에 위험물을 옮겨 담는 일반취급소
- 유압 장치, 윤활유 순환 장치 그 밖에 이와 유사한 장치로 위험물을 취급하는 일반취급소
- 광산 보안법의 적용을 받는 일반취급소

② 제4류 위험물의 최대수량이 지정수량의 50만 배 이상을 저장하는 옥외탱크저장소

(2) 자체소방대에 두는 화학 소방자동차 및 인원

사업소	지정수량의 양	화학소방자동차	자체소방대원의 수
제조소 또는 일반취급소에서 취급하는 제4류 위험물의 최대수량의 합계	3천 배 이상 12만 배 미만인 사업소	1대	5인
	12만 배 이상 24만 배 미만인 사업소	2대	10인
	24만 배 이상 48만 배 미만인 사업소	3대	15인
	48만 배 이상인 사업소	4대	20인
옥외탱크저장소에 저장하는 제4류 위험물의 최대수량	50만 배 이상인 사업소	2대	10인

　※포말을 방사하는 화학소방차의 대수 : 상기표의 규정대수의 2/3 이상으로 할 수 있다.

(3) 자체소방대 편성의 특례

2 이상의 사업소가 상호응원에 관한 협정을 체결하고 있는 경우 다음 기준에 준할 것

① 당해 모든 사업소를 하나의 사업소로 본다.

② 제조소 또는 취급소에서 취급하는 제4류 위험물의 합산한 양을 하나의 사업소에서 취급하는 최대 수량으로 간주한다.

③ 상호응원에 관한 협정을 체결하고 있는 각 사업소의 자체소방대에는 규정에 의한 화학

소방차 대수의 1/2 이상의 대수와 화학소방자동차마다 5인 이상의 자체소방대원을 두어야 한다.

(4) 화학소방자동차에 갖추어야 하는 소화능력 및 설비의 기준

화학소방자동차의 구분	소화능력 및 설비의 기준
포수용액 방사차	• 포수용액의 방사능력이 매분 2,000L 이상일 것 • 소화약액탱크 및 소화약액혼합장치를 비치할 것 • 10만L 이상의 포수용액을 방사할 수 있는 양의 소화약제를 비치할 것
분말 방사차	• 분말의 방사능력이 매초 35kg 이상일 것 • 분말탱크 및 가압용 가스설비를 비치할 것 • 1,400kg 이상의 분말을 비치할 것
이산화탄소 방사차	• 이산화탄소의 방사능력이 매초 40kg 이상일 것 • 이산화탄소 저장용기를 비치할 것 • 3,000kg 이상의 이산화탄소를 비치할 것
할로겐화물 방사차	• 할로겐화물의 방사능력이 매초 40kg 이상일 것 • 할로겐화물탱크 및 가압용 가스설비를 비치할 것 • 3,000kg 이상의 할로겐화물을 비치할 것
제독차	• 가성소다 및 규조토를 각각 50kg 이상 비치할 것

9. 벌칙

(1) 제조소등에서 위험물을 유출·방출 또는 확산시킬 경우

① 사람의 생명·신체 또는 재산에 대하여 위험을 발생시킨 자 : 1년 이상 10년 이하의 징역

② 사람을 상해에 이르게 한 때 : 무기 또는 3년 이상의 징역

③ 사람을 사망에 이르게 한 때 : 무기 또는 5년 이상의 징역

(2) 업무상 과실로 인해 제조소등에서 위험물의 유출·방출 또는 확산시킬 경우

① 사람의 생명·신체 또는 재산에 대하여 위험을 발생시킨 자 : 7년 이하의 금고 또는 7천만 원 이하의 벌금

② 사람을 사상에 이르게 한 자 : 10년 이하의 징역 또는 금고나 1억 원 이하의 벌금

(3) 제조소등의 설치허가를 받지 아니하고 제조소등을 설치한 자

5년 이하의 징역 또는 1억 원 이하의 벌금

(4) 저장소 또는 제조소등이 아닌 장소에서 지정수량 이상의 위험물을 저장 또는 취급한 자

3년 이하의 징역 또는 3천만 원 이하의 벌금

(5) 1년 이하의 징역 또는 1천만 원 이하의 벌금

① 탱크시험자로 등록하지 아니하고 탱크시험자의 업무를 한 자

② 정기점검 또는 정기검사를 하지 아니하거나 점검기록을 허위로 작성한 자
③ 자체소방대를 두지 아니한 자
④ 운반용기의 검사를 받지 아니하고 사용 또는 유통시킨 자
⑤ 자료제출을 거부 또는 허위보고한 자 또는 출입·검사 또는 수거를 거부, 방해, 기피한 자
⑥ 제조소등에 대한 긴급 사용정지·제한명령을 위반한 자

10. 제조소등 설치허가의 취소와 사용정지 등

시·도지사는 제조소등의 관계인이 다음 각 호의 어느 하나에 해당하는 때에는 허가를 취소하거나 6개월 이내의 기간을 정하여 제조소등의 전부 또는 일부의 사용정지를 명할 수 있다.
① 변경허가를 받지 아니하고 제조소등의 위치·구조 또는 설비를 변경한 때
② 완공검사를 받지 아니하고 제조소등을 사용한 때
③ 수리·개조 또는 이전의 명령을 위반한 때
④ 위험물 안전관리자를 선임하지 아니한 때
⑤ 안전관리 대리자를 지정하지 아니한 때
⑥ 정기점검 및 정기검사를 받지 아니한 때
⑦ 저장·취급기준 준수명령을 위반한 때

최신경향 적중예제

1 자체소방대 설치대상에 대한 다음 물음에 답하시오.(제4류 위험물에 해당됨)

(1) 제조소 또는 일반취급소는 최대수량의 합이 지정수량의 몇 배 이상인가?
(2) 옥외탱크저장소는 최대저장수량이 지정수량의 몇 배 이상인가?

정답 | (1) 3,000배 이상
　　　(2) 50만 배 이상

2 다음 자체소방대를 설치해야 하는 제조소 중 화학소방자동차의 대수와 자체소방대원의 수를 쓰시오.(해당 없으면 '없음'이라 쓰시오)

(1) 염소산칼륨 250ton을 취급하는 제조소
(2) 이황화탄소 250KL을 취급하는 일반취급소

정답 | (1) 없음　(2) 화학소방자동차 : 1대, 자체소방대원의 수 : 5인

해설 | 1. 자체소방대 설치대상 사업소
- 지정수량의 3천 배 이상 제4류 위험물을 취급하는 제조소 또는 일반취급소
- 지정수량이 50만 배 이상 제4류 위험물을 저장하는 옥외탱크저장소

2. 자체소방대에 두는 화학소방차 및 인원

제조소 또는 일반취급소에서 취급하는 제4류 위험물의 최대수량의 합	화학소방 자동차	자체소방 대원의 수
지정수량의 3천 배 이상 12만 배 미만인 사업소	1대	5인
12만 배 이상 24만 배 미만	2대	10인
24만 배 이상 48만 배 미만	3대	15인
지정수량의 48만 배 이상인 사업소	4대	20인
옥외탱크 저장소의 지정 수량이 50만 배 이상인 사업소	2대	10인

※포말을 방사하는 화학소방차의 대수 : 규정대수의 2/3 이상으로 할 수 있다.

풀이 | (1) 염소산칼륨($KClO_3$) : 제1류 위험물, 염소산염류, 지정수량 50kg

취급하는 양 250ton＝250,000kg이므로

$$지정수량 \ 배수 ＝ \frac{취급량}{지정수량} ＝ \frac{250,000kg}{50kg} ＝ 5,000배가 \ 된다.$$

이 양은 3,000배 이상이 되지만 제1류 위험물은 자체소방대 설치대상이 아니므로 해당이 없다.(제4류만 적용됨)

(2) 이황화탄소(CS_2) : 제4류 위험물, 특수인화물, 지정수량 50L

취급하는 양 250KL＝250,000L이므로 지정수량배수＝$\frac{250,000L}{50L}$＝5,000배가 된다.

이 양은 3,000배 이상 12만 배 미만이 되므로 화학소방차 1대 당 자체소방대원수는 5인이 된다.

3 제조소 또는 옥외탱크저장소에서 제4류 위험물을 취급하는 양이 다음과 같다면 화학소방자동차의 대수와 자체소방대원의 수를 쓰시오.

(1) 지정수량이 48만 배 이상인 경우

(2) 옥외탱크저장소의 지정수량이 50만 배 이상인 경우

정답 | (1) 화학소방자동차 : 4대, 자체소방대원의 수 : 20인

(2) 화학소방자동차 : 2대, 자체소방대원의 수 : 10인

해설 | • 화학소방차 1대당 자체소방대원의 수는 5명씩 계산하면 되므로 지정수량 48만 배 이상은 소방차 4대×5＝20인의 대원수가 된다.

4 다음은 화학소방자동차가 갖추어야 할 소화능력 및 설비의 기준이다. ( ) 안에 알맞게 쓰시오.

(1) 포수용액방사차에 대하여

① 포수용액의 방사능력이 매분 ( )L 이상일 것

② ( ) 이상의 포수용액을 방사할 수 있는 양의 소화약제를 비치할 것

③ 제조소에서 4류 위험물 취급량이 24만 배일 때 화학소방차 대수는?

(2) 분말 방사차의 분말 방사능력은 매초 ( )kg 이상일 것

(3) 이산화탄소방사차의 이산화탄소 방사능력은 매초 ( )kg 이상일 것

> **정답 |** (1) ① 2,000L ② 10만L ③ 2대
> (2) 35kg
> (3) 40kg
> ---
> **해설 |** (1)① 포수용액의 방사능력은 매분 2,000L 이상일 것
> ② 10만L 이상의 포수용액을 방사할 수 있는 양의 소화 약제를 비치할 것
> ③ 포를 방사하는 화학소방자동차대수는 규정대수의 2/3 이상이다. 지정수량 24만
> 배 이상 48만 배는 자동차 대수가 3대이므로 3대×2/3=2대가 된다.
> (2) 분말방사차의 분말방사능력은 매초 35kg 이상일 것
> (3) 이산화탄소방사차의 이산화탄소방사능력은 매초 40kg 이상일 것
>
> **5** 다음 물음에 대하여 벌칙을 쓰시오.
>
> (1) 저장소 또는 제조소등이 아닌 장소에서 지정수량 이상의 위험물을 저장 또는 취급한 자
> (2) 제조소 허가 받는 사업소의 관계인이 자체소방대를 두지 아니한 경우
> (3) 정기점검 및 정기검사를 하지 아니한 자
>
> **정답 |** (1) 3년 이하의 징역 또는 3천만 원 이하의 벌금
> (2) 1년 이하의 징역 또는 1천만 원 이하의 벌금
> (3) 1년 이하의 징역 또는 1천만 원 이하의 벌금

2 위험물 저장 및 취급 공통기준

(1) 제조소등에서의 저장·취급 공통기준

① 위험물을 저장 또는 취급하는 건축물, 공작물 및 설비는 당해 위험물의 성질에 따라 차광
또는 환기를 실시하여야 한다.

② 위험물은 온도계, 습도계, 압력계 그 밖의 계기를 감시하여 해당 위험물의 성질에 맞는 적
정한 온도, 습도 또는 압력을 유지하도록 저장 또는 취급하여야 한다.

③ 위험물의 변질, 이물의 혼입 등에 의하여 당해 위험물의 위험성이 증대되지 아니하도록 필
요한 조치를 강구하여야 한다.

④ 위험물이 남아 있거나 남아 있을 우려가 있는 설비, 기계·기구, 용기 등을 수리하는 경우
에는 안전한 장소에서 위험물을 완전하게 제거한 후에 실시하여야 한다.

⑤ 위험물을 용기에 수납하여 저장 또는 취급할 때에는 그 용기는 당해 위험물의 성질에 적
응하고 파손·부식·균열 등이 없는 것으로 하여야 한다.

⑥ 가연성의 액체·증기 또는 가스가 새거나 체류할 우려가 있는 장소 또는 가연성의 미분이
현저하게 부유할 우려가 있는 장소에서는 전선과 전기기구를 완전히 접속하고 불꽃을 발
하는 기계·기구·공구·신발 등을 사용하지 아니하도록 한다.

⑦ 위험물을 보호액에 보존하는 경우에는 해당 위험물이 보호액으로부터 노출되지 아니하도록 하여야 한다.

최신경향 적중예제 ⊛

1 다음은 위험물 저장·취급의 공통기준에 대하여 ( ) 안에 알맞은 답을 쓰시오.

(1) 위험물을 저장 또는 취급하는 건축물, 공작물 및 설비는 당해 위험물의 성질에 따라 차광 또는 (①)를 실시하여야 한다.

(2) 위험물은 온도계, 습도계, (②)계 그 밖의 계기를 감시하여 해당 위험물의 성질에 맞는 적정한 온도, 습도 또는 (②)을 유지하도록 저장 또는 취급하여야 한다.

(3) 위험물 용기에 수납하여 저장 또는 취급할 때에는 그 용기는 당해 위험물의 성질에 적응하고 파손·(③)·균열 등이 없는 것으로 하여야 한다.

(4) (④)의 액체·증기 또는 가스가 새거나 체류할 우려가 있는 장소 또는 (④)의 미분이 현저하게 부유할 우려가 있는 장소에서는 전선과 전기기구를 완전히 접속하고 불꽃을 발하는 기계·기구·공구·신발 등을 사용하지 아니하도록 한다.

(5) 위험물을 (⑤) 중에 보존하는 경우에는 해당 위험물이 (⑤)으로부터 노출되지 아니하도록 하여야 한다.

정답 | ① 환기 ② 압력 ③ 부식 ④ 가연성 ⑤ 보호액

---

(2) 위험물 저장기준

① 옥내저장소 또는 옥외저장소에 있어서 유별을 달리하는 위험물을 저장할 수 없지만 서로 1m 이상의 간격을 두고 종류별로 모아서 저장할 수 있는 경우
- 제1류 위험물(알칼리금속의 과산화물은 제외)과 제5류 위험물을 저장하는 경우
- 제1류 위험물과 제6류 위험물을 저장하는 경우
- 제1류 위험물과 제3류 위험물 중 자연발화성물질(황린)을 저장하는 경우
- 제2류 위험물 중 인화성고체와 제4류 위험물을 저장하는 경우
- 제3류 위험물 중 알킬알루미늄 등과 제4류 위험물(알킬알루미늄 또는 알킬리튬을 함유한 것)을 저장하는 경우
- 제4류 위험물 중 유기과산화물과 제5류 위험물 중 유기과산화물을 저장하는 경우

② 제3류 위험물 중 황린 그 밖에 물속에 저장하는 물품과 금수성 물질은 동일한 저장소에서 저장하지 아니하여야 한다.

③ 옥내저장소에서 동일 품명의 위험물이더라도 자연발화할 우려가 있는 위험물 또는 재해가 현저하게 증대할 우려가 있는 위험물을 다량 저장하는 경우에는 지정수량의 10배 이하마다 구분하여 상호간 0.3m 이상의 간격을 두어 저장하여야 한다. 다만, 위험물 또는 기계에 의하여 하역하는 구조로 된 용기에 수납한 위험물에 있어서는 그러하지 아니하다.

④ 옥내저장소에는 용기에 수납하여 저장하는 위험물의 온도가 55℃ 이하로 하여야 한다.

(3) 옥내저장소·옥외저장소에 위험물을 저장할 경우(높이 제한)

① 기계에 의하여 하역 구조로 된 용기만을 겹쳐 쌓는 경우 : 6m 이하

② 제4류 위험물 중 제3석유류, 제4석유류, 동식물유류의 용기 : 4m 이하

③ 그 밖의 경우 : 3m 이하

> **참고**
>
> 1. 용기를 선반에 저장하는 경우(높이 제한)
>   • 옥내저장소 : 제한없음
>   • 옥외저장소 : 6m 이하
> 2. 용기를 위험물 운반차량에 겹쳐 쌓는 경우(높이제한)
>   • 모든 위험물 : 3m 이하

(4) 위험물 저장탱크에 저장할 경우

1) 알킬알루미늄 등, 아세트알데히드 등 및 디에틸에테르 등의 저장기준

① 옥외 및 옥내저장탱크 또는 지하저장탱크의 저장유지온도

위험물의 종류	압력외의 탱크	위험물의 종류	압력탱크
산화프로필렌, 디에틸에테르 등	30℃ 이하	아세트알데히드 등 디에틸에테르 등	40℃ 이하
아세트알데히드	15℃ 이하		

② 이동저장탱크의 저장유지 온도

위험물의 종류	보냉장치가 있는 경우	보냉장치가 없는 경우
아세트알데히드 등 디에틸에테르 등	비점 이하	40℃ 이하

2) 이동탱크저장소에서의 위험물 취급기준

① 이동저장탱크로부터 위험물의 인화점이 40℃ 미만인 위험물을 주입할 때에는 원동기를 정지시킬 것

② 이동저장탱크에 위험물(휘발유, 등유, 경유)을 교체 주입 시 정전기 방지 조치사항

   • 이동저장탱크의 상부로부터 위험물을 주입할 때는 위험물의 액표면이 주입관의 선단을 넘는 높이가 될 때까지 그 주입관 내의 유속을 초당 1m 이하로 할 것

   • 이동저장탱크의 밑부분으로부터 위험물을 주입할 때는 위험물의 액표면이 주입관의 정상부분을 넘는 높이가 될 때까지 그 주입관 내의 유속을 초당 1m 이하로 할 것

③ 이동저장탱크에 알킬알루미늄 등을 저장하는 경우에는 20kpa 이하의 압력으로 불활성기체를 봉입하여 둘 것

※꺼낼 때는 200kpa 이하의 압력으로 불활성기체를 봉입해야 한다.

④ 이동저장탱크에 아세트알데히드 등을 저장하는 경우에는 항상 불활성기체를 봉입하여 둘 것

※ 꺼낼 때는 100kpa 이하의 압력으로 불활성기체를 봉입해야 한다.

3) 판매취급소에서 위험물을 배합하거나 옮겨 담는 작업을 할 수 있는 위험물
① 도료류
② 제1류 위험물 중 염소산염류 및 염소산염류만을 함유한 것
③ 유황 또는 인화점이 38℃ 이상인 제4류 위험물

(5) 위험물 취급기준

1) 위험물 취급 중 제조에 관한 기준
① 증류공정 : 위험물을 취급하는 설비의 경우 내부압력의 변동 등에 의하여 액체 또는 증기가 새지 않도록 할 것
② 추출공정 : 추출관의 내부압력이 비정상으로 상승하지 않도록 할 것
③ 건조공정 : 위험물의 온도가 국부적으로 상승하지 아니하는 방법으로 가열 또는 건조할 것
④ 분쇄공정 : 위험물의 분말이 현저하게 부유하거나 기계, 기구 등에 부착하고 있는 상태로 그 기계, 기구를 취급하지 않을 것

2) 위험물 취급 중 소비에 관한 기준
① 분사도장작업 : 방화상 유효한 격벽 등으로 구획된 안전한 장소에서 실시할 것
② 담금질 또는 열처리작업 : 위험물이 위험한 온도에 이르지 않도록 실시할 것
③ 버너를 사용하는 작업 : 버너의 역화를 방지하고 위험물이 넘치지 않도록 할 것

최신경향 적중예제 ⚙

1 옥내저장소 또는 옥외저장소에 유별을 달리하는 위험물을 1m 이상 간격을 두고 저장할 수 있는 경우이다. ( ) 안에 알맞은 답을 쓰시오.

(1) 제1류 위험물 중 ( )은 제외하고 5류 위험물을 저장하는 경우

(2) 제1류 위험물과 제3류 위험물 중 ( )을 저장하는 경우

(3) 제4류 위험물 중 ( )과 제5류 위험물 중 ( )을 저장하는 경우

정답 | (1) 알칼리금속과산화물

　　　(2) 자연발화성물질인 황린

　　　(3) 유기과산화물

해설 | 옥내저장소 또는 옥외저장소에 유별을 달리하는 위험물을 저장할 수 없으나 1m 이상 간격을 두고 저장할 수 있는 경우

- 제1류 위험물(알칼리금속의 과산화물 제외)과 제5류 위험물
- 제1류 위험물과 제6류 위험물
- 제1류 위험물과 제3류 위험물 중 자연발화성물질(황린)
- 제2류 위험물 중 인화성고체와 제4류 위험물
- 제3류 위험물 중 알킬알루미늄 등과 제4류 위험물(알킬알루미늄 또는 알킬리튬을 함유한 것에 한함)
- 제4류 위험물 중 유기과산화물과 제5류 위험물 중 유기과산화물

2 옥내저장소에서 위험물 저장에 대한 물음에 대해 ( ) 안을 채우시오.

(1) 옥내저장소에서 동일 품명의 위험물이라도 자연 발화할 우려가 있는 위험물을 다량 저장하는 경우 지정수량의 (①)배 이하마다 구분하여 상호간 (②)m 이상 간격을 두어 저장하여야 한다.

(2) 옥내저장소에는 용기에 수납하여 저장하는 위험물의 온도가 ( ) 이하로 하여야 한다.

정답 | (1) ① 10　② 0.3

　　　(2) 55℃

3 옥내저장소에 용기를 겹쳐 쌓는 높이 제한으로 몇 m 이하로 해야 하는지 다음 각 물음에 답하시오.

(1) 기계에 의하여 하역구조로 된 용기일 경우

(2) 제3석유류를 수납한 용기일 경우

(3) 동식물유를 수납한 용기일 경우

(4) 제1석유류를 수납한 용기일 경우

정답 | (1) 6m 이하　(2) 4m 이하　(3) 4m 이하　(4) 3m 이하

해설 | 옥내저장소, 옥외저장소에 위험물 용기를 겹쳐 쌓는 높이 기준

- 기계에 의하여 하역 구조로 된 용기만을 겹쳐 쌓는 경우 : 6m 이하
- 제4류 위험물 중 제3석유류, 제4석유류, 동식물유류의 용기 : 4m 이하
- 그 밖의 경우 : 3m 이하이므로 제1석유류는 3m 이하에 해당된다.

4 다음 위험물을 옥외저장탱크 중 압력탱크 외의 탱크에 저장하는 경우 유지해야 하는 온도는 몇 ℃ 이하인가?

(1) 아세트알데히드
(2) 산화프로필렌
(3) 디에틸에테르

정답 | (1) 15℃   (2) 30℃   (3) 30℃

해설 | 옥외 및 옥내저장탱크 또는 지하저장탱크의 저장유지온도

위험물의 종류	압력 외의 탱크	위험물의 종류	압력탱크
산화프로필렌, 디에틸에테르 등	30℃ 이하	아세트알데히드 등 디에틸에테르 등	40℃ 이하
아세트알데히드	15℃ 이하		

5 아세트알데히드와 디에틸에테르의 위험물을 이동저장탱크에 저장 시 유지해야 하는 온도를 각각 쓰시오.

(1) 보냉 장치가 있는 경우
(2) 보냉 장치가 없는 경우

정답 | (1) 비점 이하   (2) 40℃ 이하

해설 | 이동저장탱크의 저장유지온도

위험물의 종류	보냉장치가 있는 경우	보냉장치가 없는 경우
아세트알데히드 등 디에틸에테르 등	비점 이하	40℃ 이하

6 다음 이동저장탱크에 대하여 (   )에 답을 쓰시오.

(1) 이동저장탱크에 알킬알루미늄을 저장하는 경우 (①)Kpa 이하의 압력으로, 꺼낼 때는 (②)Kpa 이하의 압력으로 불활성기체를 봉입해야 한다.
(2) 이동저장탱크에 저장된 아세트알데히드를 꺼낼 때 (①)Kpa 이하의 압력으로 (②)를 봉입해야 한다.

정답 | (1) ① 20   ② 200
        (2) ① 100   ② 불활성기체

해설 | • 이동저장탱크에 알킬알루미늄 등을 저장하는 경우에는 20Kpa 이하의 압력으로 불활성기체를 봉입하여 둘 것 : 꺼낼 때 200Kpa 이하의 압력으로 불활성기체를 봉입해야 한다.
        • 이동저장탱크에 아세트알데히드 등을 저장하는 경우에는 항상 불활성기체를 봉입하여 둘 것 : 꺼낼 때 100Kpa 이하의 압력으로 불활성기체를 봉입해야 한다.

7 판매취급소에서 배합하거나 옮겨 담는 작업을 할 수 있는 제2류 위험물을 쓰시오.

> **정답|** 유황
> ---
> **해설|** 판매취급소에서 배합하거나 옮겨 담는 작업을 할 수 있는 위험물
>   • 도료류
>   • 제1류 위험물 중 염소산염류
>   • 유황 또는 인화점 38℃ 이상인 제4류 위험물
>   ※ 유황 : 제2류 위험물

3 위험물 운반 및 운송기준

1. 운반용기의 기준

(1) 운반용기의 재질 : 강판, 알루미늄, 양철판, 유리, 금속판, 종이, 플라스틱, 섬유판, 고무류, 합성섬유, 삼, 짚 또는 나무로 한다.

(2) 운반용기 적재 방법

1) 고체위험물 : 운반용기 내용적의 95% 이하의 수납률

2) 액체위험물 : 운반용기 내용적의 98% 이하의 수납률(55℃에서 누설되지 않도록 공간 용적유지)

3) 제3류 위험물의 운반용기 수납기준
① 자연발화성물질 : 불활성기체 밀봉
② 자연발화성물질 이외 : 보호액 밀봉 또는 불활성기체 밀봉
③ 알킬알루미늄, 알칼리튬 : 운반용기 내용적의 90% 이하 수납, 50℃에서 5% 이상 공간 용적 유지

4) 운반용기 겹쳐 쌓는 높이 제한 : 3m 이하

5) 운반용기 적재 시 위험물에 따른 조치사항

차광성 피복을 해야 하는 경우	방수성 피복으로 덮어야 하는 경우
• 제1류 위험물 • 제3류 위험물 중 자연발화성 물질 • 제4류 위험물 중 특수인화물 • 제5류 위험물 • 제6류 위험물	• 제1류 위험물 중 알칼리금속의 과산화물 • 제2류 위험물 중 철분, 금속분, 마그네슘 • 제3류 위험물 중 금수성물질

※ 제5류 위험물 중 55℃ 이하의 온도에서 분해될 우려가 있는 것은 보냉 컨테이너에 수납하는 등 적정한 온도관리를 할 것

6) 유별 위험물의 혼재기준

구분	제1류	제2류	제3류	제4류	제5류	제6류
제1류		×	×	×	×	○
제2류	×		×	○	○	×
제3류	×	×		○	×	×
제4류	×	○	○		○	×
제5류	×	○	×	○		×
제6류	○	×	×	×	×	

※ 이 표는 지정수량의 $\frac{1}{10}$ 이하의 위험물에 대하여는 적용하지 아니한다.

7) 운반용기 외부 표시사항
① 위험물의 품명, 위험등급, 화학명 및 수용성(제4류 위험물의 수용성인 것에 한함)
② 위험물의 수량
③ 수납하는 위험물에 따른 주의사항

종류별	구분	주의사항
제1류 위험물(산화성고체)	알칼리금속의 과산화물	'화기·충격주의', '물기엄금', '가연물접촉주의'
	그 밖의 것	'화기·충격주의' 및 '가연물접촉주의'
제2류 위험물(가연성고체)	철분, 금속분, 마그네슘	'화기주의' 및 '물기엄금'
	인화성고체	'화기엄금'
	그 밖의 것	'화기주의'
제3류 위험물 (자연발화성 및 금수성물질)	자연발화성물질	'화기엄금' 및 '공기접촉엄금'
	금수성물질	'물기엄금'
제4류 위험물(인화성액체)	―	'화기엄금'
제5류 위험물(자기반응성물질)	―	'화기엄금' 및 '충격주의'
제6류 위험물(산화성액체)	―	'가연물접촉주의'

8) 운반 시 표지판 설치기준

① 표기 : '위험물'

② 색상 : 흑색 바탕에 황색 반사도료

③ 크기 : 0.3m 이상×0.6m 이상인 직사각형

④ 부착위치 : 차량의 전면 및 후면

9) 위험물의 위험등급

구분	위험등급 I	위험등급 II	위험등급 III
제1류 위험물	아염소산염류, 염소산염류, 과염소산염류, 무기과산화물, 그 밖에 지정수량이 50kg인 위험물	브롬산염류, 질산염류, 요오드산염류, 그 밖에 지정수량이 300kg인 위험물	위험등급 I 위험등급 II 외의 것
제2류 위험물	―	황화린, 적린, 유황, 그 밖에 지정수량이 100kg인 위험물	
제3류 위험물	칼륨, 나트륨, 알킬알루미늄, 알킬리튬, 황린, 그 밖에 지정수량이 10kg 또는 20kg인 위험물	알칼리금속(칼륨 및 나트륨을 제외), 알칼리토금속, 유기금속화합물(알킬알루미늄 및 알킬리튬을 제외), 그 밖에 지정수량이 50kg인 위험물	
제4류 위험물	특수인화물	제1석유류, 알코올류	
제5류 위험물	유기과산화물, 질산에스테르류, 그 밖에 지정수량이 10kg인 위험물	위험등급 I 에서 정하는 위험물 외의 것	
제6류 위험물	모두	―	

(3) 운반용기의 최대 용적 또는 중량

① 고체위험물

내장 용기 종류	내장 최대용적/중량	외장 용기 종류	외장 최대용적/중량	제1류 I	제1류 II	제1류 III	제2류 II	제2류 III	제3류 I	제3류 II	제3류 III	제5류 I	제5류 II
유리용기 또는 플라스틱용기	10L	나무상자 또는 플라스틱상자(필요에 따라 불활성의 완충재를 채울 것)	125kg	○	○	○	○	○	○	○	○	○	○
			225kg		○	○		○		○	○		○
		파이버판상자(필요에 따라 불활성의 완충재를 채울 것)	40kg	○	○	○	○	○	○	○	○	○	○
			55kg		○	○		○		○	○		○
금속제용기	30L	나무상자 또는 플라스틱상자	125kg	○	○	○	○	○	○	○	○	○	○
			225kg		○	○		○		○	○		○
		파이버판상자	40kg	○	○	○	○	○	○	○	○	○	○
			55kg		○	○		○		○	○		○
플라스틱필름포대 또는 종이포대	5kg	나무상자 또는 플라스틱상자	50kg	○	○	○	○	○			○		○
	50kg		50kg	○	○	○	○	○					○
	125kg		125kg	○	○	○	○	○					
	225kg		225kg			○		○					
	5kg	파이버판상자	40kg	○	○	○	○	○	○	○	○	○	
	40kg		40kg	○	○	○	○	○					○
	55kg		55kg				○	○					
–	–	금속제용기(드럼 제외)	60L	○	○	○	○	○	○	○	○	○	○
		플라스틱용기(드럼 제외)	10L	○	○	○	○	○		○	○		○
			30L					○			○		○
		금속제드럼	250L	○	○	○	○	○	○	○	○	○	○
		플라스틱드럼 또는 파이버드럼(방수성이 있는 것)	60L	○	○	○	○	○	○	○	○	○	○
			250L		○	○				○	○		○
		합성수지포대(방수성이 있는 것), 플라스틱필름포대, 섬유포대(방수성이 있는 것) 또는 종이포대(여러겹으로서 방수성이 있는 것)	50kg		○	○	○	○		○	○		○

② 액체 위험물

운반용기				수납 위험물의 종류								
내장 용기		외장 용기		제3류			제4류			제5류		제6류
용기의 종류	최대용적 또는 중량	용기의 종류	최대용적 또는 중량	I	II	III	I	II	III	I	II	I
유리용기	5L	나무상자 또는 플라스틱상자(불활성의 완충재를 채울 것)	75kg	○	○	○	○	○	○	○	○	○
	10L		125kg		○	○		○	○		○	
			225kg						○			
	5L	파이버판상자(불활성의 완충재를 채울 것)	40kg	○	○	○	○	○	○	○	○	○
	10L		55kg						○			
플라스틱 용기	10L	나무 또는 플라스틱상자(필요에 따라 불활성의 완충재를 채울 것)	75kg	○	○	○	○	○	○	○	○	○
			125kg		○	○		○	○		○	
			225kg						○			
		파이버판상자(필요에 따라 불활성의 완충재를 채울 것)	40kg	○	○	○	○	○	○	○	○	○
			55kg						○			
금속제 용기	30L	나무상자 또는 플라스틱상자	125kg	○	○	○	○	○	○	○	○	○
			225kg						○			
		파이버판상자	40kg	○	○	○	○	○	○	○	○	○
			55kg		○	○		○	○		○	
—	—	금속제용기(금속제드럼 제외)	60L		○	○		○	○		○	
		플라스틱용기 (플라스틱드럼 제외)	10L		○	○		○	○		○	
			20L					○	○			
			30L						○		○	
		금속제드럼(뚜껑 고정식)	250L	○	○	○	○	○	○	○	○	○
		금속제드럼(뚜껑 탈착식)	250L					○	○			
		플라스틱 또는 파이버드럼(플라스틱 내용기 부착의 것)	250L		○	○			○		○	

1 운반용기 수납률에 대하여 ( )안에 알맞은 수치를 쓰시오.

(1) 고체위험물의 수납률 : 운반용기 내용적의 ( )% 이하

(2) 액체위험물의 수납률 : 운반용기 내용적의 ( )% 이하이며 ( )℃에서 누설되지 않도록 충분한 공간 용적을 유지할 것

정답 | (1) 95 (2) 98, 55

해설 | • 고체위험물의 수납률 : 운반용기 내용적의 95% 이하

• 액체위험물의 수납률 : 운반용기 내용적의 98% 이하(55℃에서 누설되지 않도록 공간 용적 유지)

2 제3류 위험물의 자연발화성 물질인 알킬알루미늄 등의 운반용기 수납율과 50℃에서 공간용적 유지는 몇% 이상인가?

정답 | 수납율 : 90% 이하, 공간용적 : 5% 이상

해설 | 제3류 위험물의 알킬알루미늄 등은 운반용기 내용적의 90% 이하로 수납하고 50℃에서 5% 이상 공간용적을 유지하여야 한다.

3 다음은 운반 적재 시 위험물에 따른 조치사항이다. 물음에 답을 쓰시오.

(1) 차광성 피복을 해야하는 제3류 위험물질의 성질을 쓰시오.

(2) 방수성 피복을 해야 하는 제2류 위험물의 품명 3가지를 쓰시오.

(3) 차광성 및 방수성 피복 모두 해야하는 제1류 위험물의 품명을 쓰시오.

정답 | (1) 자연발화성물질 (2) 철분, 금속분, 마그네슘 (3) 알칼리금속의 과산화물

해설 |

차광성으로 피복해야 하는 경우	방수성의 덮개를 해야 하는 경우
제1류 위험물 제3류 위험물 중 자연발화성 물질 제5류 위험물 제6류 위험물	제1류 위험물 중 알칼리금속의 과산화물 제2류 위험물 중 철분, 금속분, 마그네슘 제3류 위험물 중 금수성 물질

※ 위험물 운반 시 차광성 및 방수성 피복을 전부해야 할 위험물

• 제1류 중 알칼리금속의 과산화물 : K_2O_2, Na_2O_2 등

• 제3류 중 자연발화성 및 금수성 물질 : K, Na, R−Al, R−Li 등

4 위험물 운반기준에서 다음 유별로 혼합적재가 가능한 위험물을 각각 쓰시오.

(1) 제2류 위험물과 혼합적재 가능한 위험물

(2) 제4류 위험물과 혼합적재 가능한 위험물

(3) 제5류 위험물과 혼합적재 가능한 위험물

정답 | (1) 제4류, 제5류 (2) 제2류, 제3류, 제5류 (3) 제2류, 제4류

해설 | 혼재기준의 표를 작성 시 ④②③, ⑤②④, ⑥①을 암기하고 4류를 기준해서 2류와 3류,
5류를 기준해서 2류와 4류, 6류를 기준해서 1류를 각각 가로로 한번씩, 세로로 한번씩
'O' 표시를 해보세요.

구분	제1류	제2류	제3류	제4류	제5류	제6류
제1류		×	×	×	×	○
제2류	×		×	○	○	×
제3류	×	×		○	×	×
제4류	×	○	○		○	×
제5류	×	○	×	○		×
제6류	○	×	×	×	×	

5 다음 각 위험물의 운반용기의 수납률은 몇 % 이하로 해야 하는가?

① 과염소산   ② 질산   ③ 질산칼륨
④ 이황화탄소   ⑤ 트리에틸알루미늄   ⑥ 메틸리튬

정답 | ① 98% ② 98% ③ 95% ④ 98% ⑤ 90% ⑥ 90%

해설 | 1. 고체위험물의 수납률은 95% 이하이므로
   • 질산칼륨[KNO_3] : 제1류(산화성고체)
2. 액체위험물의 수납률은 98% 이하이며 55℃에서 누설되지 않도록 충분한 공간용적을
   유지할 것
   • 과염소산($HClO_4$), 질산(HNO_3) : 제6류(산화성액체)
   • 이황화탄소(CS_2) : 제4류(인화성액체)
3. 알킬알루미늄 등의 수납률은 90% 이하이며 50℃에서 5% 이상 공간용적을 유지할 것
   • 알킬알루미늄 등은 알킬알루미늄과 알킬리튬의 제3류(자연발화성 및 금수성 물질)
   로서 트리에틸알루미늄[$(C_2H_5)_3Al$]과 메틸리튬[CH_3Li]은 액체이다.

6 다음은 운반용기 외부표시사항 중 주의사항을 각각 쓰시오.

① 제1류 위험물 중 알칼리금속의 과산화물
② 제2류 위험물 중 금속분
③ 제3류 위험물 중 자연발화성 물질
④ 제4류 위험물
⑤ 제5류 위험물
⑥ 제6류 위험물

정답 | ① 화기·충격주의, 물기엄금 및 가연물접촉주의
② 화기주의 및 물기엄금
③ 화기엄금 및 공기접촉엄금
④ 화기엄금
⑤ 화기엄금 및 충격주의
⑥ 가연물접촉주의

해설 | 위험물 운반용기의 외부표시사항

- 위험물의 품명, 위험등급, 화학명 및 수용성(제4류 위험물의 수용성인 것에 한함)
- 위험물의 수량
- 위험물에 따른 주의사항

유별	구분	주의사항
제1류 위험물 (산화성고체)	알칼리금속의 과산화물	화기·충격주의, 물기엄금 및 가연물접촉주의
	그 밖의 것	화기·충격주의 및 가연물접촉주의
제2류 위험물 (가연성고체)	철분, 금속분, 마그네슘	화기주의 및 물기엄금
	인화성고체	화기엄금
	그 밖의 것	화기주의
제3류 위험물	자연발화성물질	화기엄금 및 공기접촉엄금
	금수성물질	물기엄금
제4류 위험물	인화성액체	화기엄금
제5류 위험물	자기반응성물질	화기엄금 및 충격주의
제6류 위험물	산화성 액체	가연물접촉주의

7 위험등급 I 에 해당하는 액체위험물을 운반용기에 저장할 때 내장용기로서 용기의 최대용적을 다음 물음에 대하여 각각 쓰시오.

(1) 유리용기
(2) 플라스틱용기
(3) 금속제용기

정답 | (1) 5L   (2) 10L   (3) 30L

해설 | • 유리용기는 5L와 10L 중 5L는 위험등급 I, II, III 모두 해당되고 10L는 위험등급 II, III만 해당되므로 위험등급 I 은 5L에 해당된다.
   • 플라스틱용기는 10L로 위험등급 I, II, III 모두 해당된다.
   • 금속제용기는 30L로 위험등급 I, II, III 모두 해당된다.

2. 위험물의 운송기준

(1) 이동탱크저장소에 의하여 위험물을 운송하는 자는 해당 위험물을 취급할 수 있는 국가기술자격자 또는 안전교육을 받은 자

(2) 알킬알루미늄, 알킬리튬은 운송책임자의 <mark>감독·지원을 받아 운송</mark>하여야 한다.

   ※ 알킬알루미늄, 알킬리튬의 운송책임자의 자격

     • 해당 위험물의 취급에 관한 국가기술자격을 취득하고 관련 업무에 1년 이상 종사한 경력이 있는 자

     • 위험물의 운송에 관한 안전교육을 수료하고 관련 업무에 2년 이상 종사한 경력이 있는 자

(3) 위험물 운송자의 기준

   ① 운전자를 2명 이상으로 장거리를 운송하는 경우

     • 고속국도에서는 340km 이상

     • 그 밖의 도로에서는 200km 이상

   ② 운전자를 1명 이상으로 운송하는 경우

     • 운송책임자를 동승시킨 경우

     • 운송하는 위험물이 제2류 위험물, 제3류 위험물(칼슘 또는 알루미늄의 탄화물을 함유한 것에 한함) 또는 제4류 위험물(특수인화물을 제외)인 경우

     • 운송도중에 2시간 이내마다 20분 이상씩 휴식하는 경우

   ※ 위험물 운송자는 위험물 안전카드를 전 위험물 모두(제1류~제6류) 휴대하여야 한다. 단, 제4류 위험물은 특수인화물, 제1석유류만 <mark>위험물 안전카드</mark>를 휴대한다.

3. 위험물 저장탱크의 용량

(1) 탱크의 용량 = 탱크의 내용적 − 탱크의 공간용적

(2) 탱크의 공간용적의 구분

   ① 탱크의 공간용적 : 탱크의 내용적의 <mark>5/100 이상 10/100 이하</mark>(5~10% 이하)로 한다.

     ※ • 탱크의 최대용량(95%) : 공간용적 5%

       • 탱크의 최저용량(90%) : 공간용적 10%

   ② 소화설비를 설치하는 탱크의 공간용적(소화제 방출구를 탱크 안의 윗부분에 설치한 것에 한함) : 해당 소화설비의 소화약제 방출구 아래의 0.3m 이상 1m 미만 사이의 면으로부터 윗부분의 용적을 공간용적으로 한다.

   ③ 암반탱크의 공간용적 : 해당 탱크 내에 용출하는 7일간의 지하수의 양에 상당하는 용적과 해당 탱크의 내용적의 1/100 용적 중에서 큰 용적을 공간용적으로 한다.

(3) 탱크의 내용적 계산방법

① 타원형탱크의 내용적

[양쪽이 볼록한 것]

 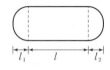

$$\therefore \text{내용적}(V) = \frac{\pi ab}{4}\left(l + \frac{l_1 + l_2}{3}\right)$$

[한쪽이 볼록하고 다른 한쪽은 오목한 것]

$$\therefore \text{내용적}(V) = \frac{\pi ab}{4}\left(l + \frac{l_1 - l_2}{3}\right)$$

② 원통형탱크의 내용적

[횡으로 설치한 것]

 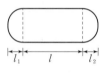

$$\therefore \text{내용적}(V) = \pi r^2\left(l + \frac{l_1 + l_2}{3}\right)$$

[종으로 설치한 것]

$$\therefore \text{내용적}(V) = \pi r^2 l$$

최신경향 적중예제 ⚛

1 위험물을 운송할 경우 운송책임자의 지원·감독을 받아 운송을 하여야 하는 위험물 2가지를 쓰시오.

정답 | 알킬알루미늄, 알킬리튬

해설 | 알킬알루미늄, 알킬리튬은 운송책임자의 감독·지원을 받아 운송하여야 한다.

2 다음은 위험물 저장탱크의 공간용적에 대하여 ( ) 안에 알맞은 수치를 쓰시오.

> 탱크의 공간 용적은 탱크 용적의 100분의 (①) 이상 100분의 (②) 이하로 한다. 다만, 소화설비(소화약제 방출구를 탱크 안의 윗부분에 설치하는 것에 한한다)를 설치하는 탱크의 공간용적은 해당 소화설비의 소화약제 방출구 아래의 (③)미터 이상 (④)미터 미만 사이의 면으로부터 윗부분의 용적으로 한다. 암반탱크에 있어서는 해당 탱크 내에 용출하는 (⑤)일간의 지하수의 양에 상당하는 용적과 해당탱크의 내용적의 100분의 (⑥)의 용적 중에서 보다 큰 용적을 공간용적으로 한다.

정답 | ① 5 ② 10 ③ 0.3 ④ 1 ⑤ 7 ⑥ 1

3 다음 원통형 탱크의 용량은 몇 m³인지 구하시오. (단, 탱크의 공간 용적은 10%이다)

 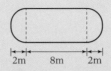

정답 | 237.51m³

해설 | • 탱크의 용량＝내용적－공간용적

• 탱크의 내용적$(V)=\pi r^2\left(l+\dfrac{l_1+l_2}{3}\right)=\pi+3^2\times\left(8+\dfrac{2+2}{3}\right)=263.894m^3$

• 공간용적 : $263.894m^3\times0.1=26.389m^3$

• 탱크의 용량＝$263.894m^3-26.389m^3=237.505m^3$

∴ $237.51m^3$

4 다음 원통형탱크의 내용적은 몇 m³인지 각각 구하시오.

(1) 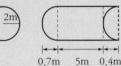   (2)

정답 | (1) 64.09m³   (2) 314.16m³

해설 | (1) 탱크의 내용적$(V)=\pi r^2\left(l+\dfrac{l_1-l_2}{3}\right)=\pi\times2^2\times\left(5+\dfrac{0.7-0.4}{3}\right)=64.088m^3$

∴ $64.09m^3$

(2) 탱크의 내용적$(V)=\pi r^2 l=\pi\times5^2\times4=314.159m^3$

∴ $314.16m^3$

2 위험물 제조소등의 시설기준

1 제조소

1. 제조소의 안전거리

(1) 제조소(제6류 위험물을 취급하는 제조소는 제외)

건축물의 외벽 또는 공작물의 외측으로부터 해당 제조소의 외벽 또는 이에 상당하는 공작물의 외측까지의 수평거리를 안전거리라 한다.

대상물	안전거리
사용전압 7,000V 초과 35,000V 이하의 특고압가공전선	3m 이상
사용전압 35,000V 초과하는 특고압가공전선	5m 이상
주거용(제조소가 설치된 부지 내에 있는 것은 제외)	10m 이상
고압가스, 액화석유가스, 도시가스의 시설	20m 이상
학교, 병원, 극장(300명 이상), 복지시설(20명 이상)	30m 이상
유형문화재, 지정문화재	50m 이상

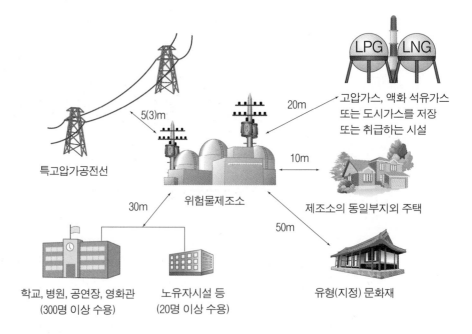

(2) 제조소등의 안전거리의 단축기준

방화상 유효한 담을 설치한 경우의 안전거리는 다음 표와 같다.

구분	취급하는 위험물의 최대수량 (지정수량의 배수)	안전거리(이상)		
		주거용 건축물	학교·유치원 등	문화재
제조소 · 일반취급소	10배 미만	6.5	20	35
	10배 미만	7.0	22	38
옥내저장소	5배 미만	4.0	12.0	23.0
	5배 이상 10배 미만	4.5	12.0	23.0
	10배 이상 20배 미만	5.0	14.0	26.0
	20배 이상 50배 미만	6.0	18.0	32.0
	50배 이상 200배 미만	7.0	22.0	38.0
옥외탱크저장소	500배 미만	6.0	18.0	32.0
	500배 이상 1,000배 미만	7.0	22.0	38.0
옥외저장소	10배 미만	6.0	18.0	32.0
	10배 이상 20배 미만	8.5	25.0	44.0

(3) 방화상 유효한 담의 높이

> - $H \leq pD^2 + a$인 경우 : $h = 2$
> - $H > pD^2 + a$인 경우 : $h = H - p(D^2 - d^2)$

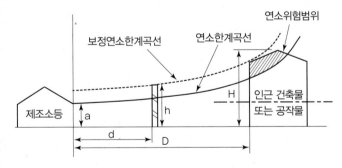

여기서, D : 제조소등과 인근 건축물 또는 공작물과의 거리(m)

H : 인근 건축물 또는 공작물의 높이(m)

a : 제조소등의 외벽의 높이(m)

d : 제조소등과 방화상 유효한 담과의 거리(m)

h : 방화상 유효한 담의 높이(m)

p : 상수(건축물 또는 공작물의 목조 : 0.04, 방화구조 : 0.15)

① 앞의 식에 의하여 산출된 수치가 2 미만일 때에는 담의 높이는 2m로, 4 이상일 때는 담의 높이를 4m로 하되, 다음의 소화설비를 보강하여야 한다.

- 당해 제조소등의 소형소화기 설치대상인 것에 있어서는 대형소화기를 1개 이상 증설할 것
- 당해 제조소등이 옥내소화전설비·옥외소화전설비·스프링클러설비·물분무소화설비·포소화설비·이산화탄소소화설비·할로겐화합물소화설비 또는 분말소화전설비 설치대상인 것에 있어서는 반경 30m마다 대형소화기 1개 이상을 증설할 것

② 방화상 유효한 담

- 제조소등으로부터 5m 미만의 거리에 설치할 경우 : 내화구조(5m 이상 : 불연재료)
- 제조소등의 벽을 높게 하여 방화상 유효한 담을 갈음할 경우 : 벽을 내화구조로 하고 개구부를 설치하여서는 아니된다.

2. 제조소의 보유공지

(1) 위험물을 취급하는 건축물의 주위에는 위험물의 최대수량에 따라 공지를 보유해야 한다.

취급하는 위험물의 최대수량	공지의 너비
지정수량의 10배 이하	3m 이상
지정수량의 10배 초과	5m 이상

(2) 제조소의 작업에 현저한 지장이 생길 우려가 있는 당해 제조소와 다른 작업장 사이에 기준에 따라 방화상 유효한 격벽을 설치한 때에는 공지를 보유하지 아니할 수 있다.

① 방화벽은 내화구조로 할 것(단, 제6류 위험물인 경우에는 불연재료로 할 수 있다)

② 방화벽에 설치하는 출입구 및 창 등의 개구부는 가능한 한 최소로 하고, 출입구 및 창에는 자동폐쇄식의 갑종방화문을 설치할 것

③ 방화벽의 양단 및 상단이 외벽 또는 지붕으로부터 50cm 이상 돌출하도록 할 것

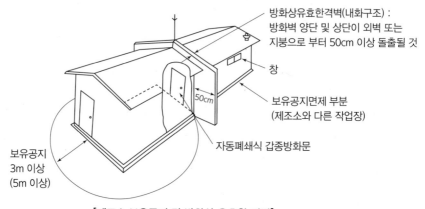

[제조소 보유공지 및 방화상 유효한 격벽]

3. 제조소의 표지 및 게시판

(1) 표지의 설치기준

① 표지의 기재사항 : '위험물 제조소'라고 표지하여 설치

② 표지의 크기 : 한변의 길이 0.3m 이상 다른 한변의 길이 0.6m 이상인 직사각형

③ 표지의 색상 : 백색 바탕에 흑색 문자

(2) 게시판 설치기준

① 기재사항 : 위험물의 유별·품명 및 저장최대수량 또는 취급최대수량, 지정수량의 배수 및 안전관리자의 성명 또는 직명

② 게시판의 크기 : 한변의 길이가 0.3m 이상, 다른 한변의 길이가 0.6m 이상인 직사각형

③ 게시판의 색상 : 백색 바탕에 흑색 문자

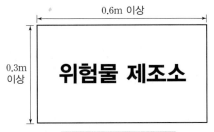

(위험물의 제조소의 표지판)

유별	제4류 제1석유류
품명	가솔린
취급 최대 수량	100,000리터
지정수량 배수	500배
위험물 안전관리자	은송기

(위험물 제조소의 게시판)

(3) 주의사항 표시 게시판

위험물의 종류	주의사항	게시판의 색상	크기
제1류 위험물 중 알칼리금속의 과산화물 제3류 위험물 중 금수성 물질	물기엄금	청색 바탕에 백색 문자	한변 : 0.3m 이상 다른한변 : 0.6m이상
제2류 위험물(인화성 고체는 제외)	화기주위	적색 바탕에 백색 문자	
제2류 위험물 중 인화성 고체 제3류 위험물 중 자연 발화성 물질 제4류 위험물 제5류 위험물	화기엄금		

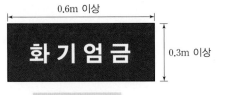

(적색 바탕 백색 문자)

(청색 바탕 백색 문자)

4. 제조소 건축물의 구조

① 지하층이 없도록 하여야 한다.

② 벽, 기둥, 바닥, 보, 서까래 및 계단 : 불연재료로 할 것

③ 연소의 우려가 있는 외벽 : 출입구 외의 개구부가 없는 내화구조의 벽으로 할 것

④ 지붕 : 폭발력이 위로 방출될 정도의 가벼운 불연재료로 할 것

※ 지붕을 내화구조로 할 수 있는 경우

- 제2류 위험물(분상의 것과 인화성 고체는 제외)
- 제4류 위험물 중 제4석유류, 동식물유류
- 제6류 위험물
- 밀폐형 구조의 건축물로서 다음 조건을 갖출 경우
  - 발생할 수 있는 내부의 과압(過壓) 또는 부압(負壓)에 견딜 수 있는 철근콘크리트 구조일 것
  - 외부화재에 90분 이상 견딜 수 있는 구조일 것

⑤ 출입구와 비상구에는 갑종방화문 또는 을종방화문을 설치할 것

- 연소우려가 있는 외벽에 설치하는 출입구 : 수시로 열 수 있는 자동폐쇄식의 갑종방화문을 설치할 것

⑥ 건축물의 창 및 출입구의 유리 : 망입유리로 할 것

⑦ 액체의 위험물을 취급하는 건축물의 바닥 : 위험물이 스며들지 못하는 재료를 사용하고, 적당한 경사를 두어 그 최저부에 집유설비를 하여야 한다.

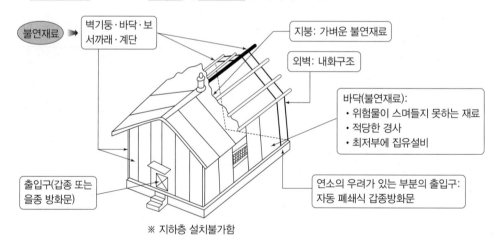

벽기둥·바닥·보 서까래·계단

불연재료

지붕: 가벼운 불연재료

외벽: 내화구조

바닥(불연재료):
- 위험물이 스며들지 못하는 재료
- 적당한 경사
- 최저부에 집유설비

출입구(갑종 또는 을종 방화문)

연소의 우려가 있는 부분의 출입구: 자동 폐쇄식 갑종방화문

※ 지하층 설치불가함

[위험물 제조소 건축물의 구조]

1 다음 제조소와 인근 건축물과의 안전거리를 각각 쓰시오.

① 학교, 병원　　　② 지정문화재　　　③ 주거용 건축물
④ 고압가스시설　　⑤ 7,000V 초과 35,000V 이하의 특고압 가공전선

정답 | ① 30m 이상　② 50m 이상　③ 10m 이상　④ 20m 이상　⑤ 3m 이상

해설 | 제조소의 안전거리(제6류 위험물 제외)

건축물	안전거리
사용전압이 7,000V 초과 35,000V 이하(특고압가공전선)	3m 이상
사용전압이 35,000V 초과(특고압가공전선)	5m 이상
주거용(주택)	10m 이상
고압가스, 액화석유가스, 도시가스	20m 이상
학교, 병원, 극장, 복지시설	30m 이상
유형문화재, 지정문화재	50m 이상

2 제조소와 학교 주변에 설치된 방화상 유효한 담 또는 벽을 설치 시 안전거리는 몇 m 이상인가?
(단, 취급하는 위험물은 지정수량 10배 이상이다)

정답 | 22m 이상

해설 | 제조소등의 안전거리의 단축기준
방화상 유효한 담을 설치 시 안전거리 (단위 : m)

구분	취급하는 위험물의 최대수량(지정수량의 배수)	안전거리(이상)		
		주거용 건축물	학교·유치원 등	문화재
제조소·일반취급소	10배 미만	6.5	20	35
	10배 이상	7.0	22	38

3 제조소의 보유 공지는 몇 m 이상인지 각각 쓰시오.

(1) 취급하는 위험물이 지정수량의 10배 이하
(2) 취급하는 위험물이 지정수량의 10배 초과

정답 | (1) 3m 이상　(2) 5m 이상

4 제조소와 다른 작업장 사이에 방화상 유효한 격벽을 설치한 때에는 공지를 보유하지 않아도 되는 기준이다. (　) 안에 알맞은 답을 쓰시오.

(1) 방화벽은 (①)로 할 것(단, 제6류 위험물인 경우에는 (②)로 할 수 있다)

(2) 방화벽에 설치하는 출입구 및 창 등의 개구부는 가능한 한 최소로 하고, 출입구 및 창에는 자동 폐쇄식의 (　　　　)을 설치할 것

(3) 방화벽 양단 및 상단이 외벽 또는 지붕으로부터 (　　　　) 이상 돌출하도록 할 것

정답 | (1) ① 내화구조　② 불연재료
　　　　(2) 갑종방화문
　　　　(3) 50cm

해설 | 제조소와 다른 작업장 사이에 방화상 유효한 격벽을 설치한 때에는 공지를 보유하지 않아도 되는 기준
- 방화벽은 내화구조로 할 것(단, 제6류 위험물인 경우 불연재료로 할 수 있다)
- 방화벽에 설치하는 출입구 및 창 등의 개구부는 가능한 한 최소로 하고, 출입구 및 창에는 자동폐쇄식의 갑종방화문을 설치할 것
- 방화벽의 양단 및 상단이 외벽 또는 지붕으로부터 50cm 이상 돌출하도록 할 것

5 제조소에서 다음 위험물을 취급할 경우 게시판의 내용 중 주의사항을 각각 쓰시오.

① 과산화나트륨　　② 황　　③ 니트로글리세린　　④ 황린

정답 | ① 물기엄금　② 화기주의　③ 화기엄금　④ 화기엄금

해설 | ① 과산화나트륨(Na_2O_2) : 제1류 위험물, 알칼리금속과산화물, 주의사항－물기엄금
　　　　② 황(S) : 제2류 위험물, 주의사항－화기주의
　　　　③ 니트로글리세린[$C_3H_5(ONO_2)_3$] : 제5류 위험물, 주의사항－화기엄금
　　　　④ 황린(P_4) : 제3류 위험물, 자연발화성 물질, 주의사항－화기엄금

※ 제조소의 주의사항 표시 게시판(크기 : 한 변의 길이 0.3m 이상, 다른 한 변의 길이 0.6m 이상)

위험물의 종류	주의사항	게시판의 색상
제1류 위험물 중 알칼리금속의 과산화물 제3류 위험물 중 금수성물질	물기엄금	청색 바탕에 백색 문자
제2류 위험물(인화성고체는 제외)	화기주의	적색 바탕에 백색 문자
제2류 위험물 중 인화성고체 제3류 위험물 중 자연발화성물질 제4류 위험물 제5류 위험물	화기엄금	적색 바탕에 백색 문자

6 위험물 제조소의 벽, 기둥, 바닥, 보, 서까래 및 계단 또는 지붕은 불연재료로 해야한다. 다음 물음에 답하시오.

(1) 내화구조로 해야 하는 것
(2) 지붕을 내화구조로 할 수 있는 위험물 3가지를 쓰시오.

정답 | (1) 연소우려가 있는 외벽
　　　(2) ① 제2류 위험물(분상의 것과 인화성 고체는 제외)
　　　　　② 제4류 위험물 중 제4석유류, 동식물유류
　　　　　③ 제6류 위험물

해설 | (1) 연소우려가 없는 외벽은 출입구 외의 개구부가 없는 내화구조의 벽으로 할 것
　　　(2) 지붕을 내화구조로 할 수 있는 경우
　　　　　① 제2류 위험물(분상의 것과 인화성 고체는 제외)
　　　　　② 제4류 위험물 중 제4석유류, 동식물유류
　　　　　③ 제6류 위험물
　　　　　④ 밀폐형 구조의 건축물로서 다음 조건을 갖출 경우
　　　　　　• 내부의 과압 또는 부압에 견딜 수 있는 철근콘크리트의 구조일 것
　　　　　　• 외부화재에 90분 이상 견딜 수 있는 구조일 것

5. 채광, 조명 및 환기설비

(1) 채광설비 : 불연재료로 하고, 채광면적을 최소로 할 것

(2) 조명설비
　① 가연성가스 등의 조명등은 방폭등을 할 것
　② 전선은 내화, 내열전선으로 할 것
　③ 점멸스위치는 출입구 바깥부분에 설치할 것

(3) 환기설비
　① 자연배기방식으로 할 것
　② 급기구 : 바닥면적 $150m^2$ 마다 1개 이상, 크기는 $800cm^2$ 이상으로 할 것

[단 , 바닥면적이 $150m^2$ 미만인 경우 급기구의 면적]

바닥면적	급기구의 면적
$60m^2$ 미만	$150cm^2$ 이상
$60m^2$ 이상 $90m^2$ 미만	$300cm^2$ 이상
$90m^2$ 이상 $120m^2$ 미만	$450cm^2$ 이상
$120m^2$ 이상 $150m^2$ 미만	$600cm^2$ 이상

③ 급기구 : 낮은 곳에 설치하고 인화방지망(가는 눈 구리망)을 설치할 것

④ 환기구 : 지붕 위 또는 지상 2m 이상 높이에 회전식 고정벤티레이터 또는 루프팬방식으로 설치할 것

6. 배출설비

가연성의 증기 또는 미분이 체류할 우려가 있는 건축물에 설치한다.

(1) 배출설비 : 국소방식으로 할 것

　　※ 전역방식으로 할 수 있는 경우

　　　• 위험물취급설비가 배관이음 등으로만 된 경우

　　　• 건축물의 구조, 작업장소의 분포 등의 조건에 의하여 전역방식이 유효한 경우

(2) 배출설비 : 배풍기, 배출덕트, 후드 등을 이용하여 강제적으로 배출하는 것

(3) 배출능력 : 1시간당 배출장소 용적의 20배 이상인 것(단, 전역방식 : 바닥면적 $1m^2$당 $18m^3$ 이상)

(4) 배출설비의 급기구 및 배출구 기준

　　① 급기구 : 높은 곳에 설치하고, 가는 눈의 구리망 등으로 인화방지망을 설치할 것

　　② 배출구 : 지상 2m 이상의 높이에 설치할 것

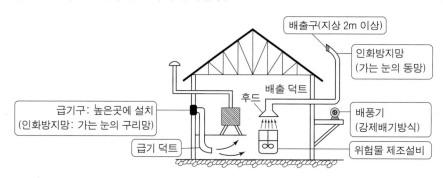

[국소 방식]

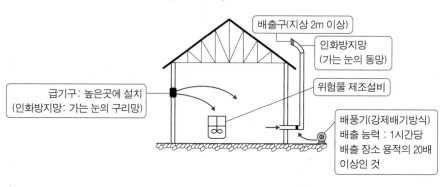

[전역 방식]

7. 옥외설비의 바닥(액체위험물 취급 시)

① 둘레에 높이 0.15m 이상의 턱을 설치할 것

② 바닥의 최저부에 집유설비를 설치할 것

③ 위험물을 취급하는 설비는 배수구에 흘러가지 않도록 집유설비에 유분리장치를 설치할 것

※ 집유설비 : 바닥에 웅덩이를 파서 흘러나온 위험물 등이 고이도록 한 설비

※ 유분리장치 : 누출된 물에 녹지 않는 위험물과 물 등의 이물질을 분리하는 장치

8. 기타설비

(1) 위험물의 누출, 비산방지

(2) 가열, 냉각설비 등의 온도측정장치

(3) 가열건조설비

(4) 압력계 및 안전장치(위험물의 압력이 상승할 우려가 있는 설비에 설치)

① 자동적으로 압력의 상승을 정지시키는 장치

② 감압측에 안전밸브를 부착한 감압밸브

③ 안전밸브를 병용하는 경보장치

④ 파괴판(안전밸브의 작동이 곤란한 가압설비에 한함)

(5) 정전기 제거설비

① 접지에 의한 방법

② 공기 중의 상대습도를 70% 이상으로 하는 방법

③ 공기를 이온화하는 방법

(6) 피뢰설비

지정수량의 10배 이상의 위험물을 취급하는 제조소(제6류 위험물 제조소는 제외)에는 피뢰침을 설치하여야 한다.

9. 위험물 취급탱크의 방유제

(1) 위험물 제조소의 옥외에 있는 위험물 취급탱크의 방유제 용량

① 하나의 취급탱크의 방유제의 용량 : 당해 탱크 용량의 50% 이상

② 2기 이상의 취급탱크의 방유제의 용량 : 당해 탱크 중 최대인 탱크 용량의 50%＋나머지 탱크 용량 합계의 10%

※ 이 경우 방유제 용량은 당해 방유제의 내용적에서 다음의 것을 뺀 것으로 한다.

• 용량이 최대인 탱크 외의 탱크의 방유제 높이 이하 부분의 용적

• 당해 방유제 내에 있는 모든 탱크의 지반면 이상 부분의 기초의 체적과 간막이둑의 체적

• 당해 방유제 내에 있는 배관등의 체적

(2) 위험물 제조소의 옥내에 설치하는 위험물 취급탱크의 방유턱의 용량

① 하나의 취급탱크의 방유턱의 용량 : 당해탱크 용량 이상

② 2기 이상의 취급탱크의 방유턱의 용량 : 최대탱크 용량 이상

10. 위험물의 성질에 따른 제조소의 특례

(1) 알킬알루미늄 등을 취급하는 제조소의 특례

알킬알루미늄 등을 취급하는 설비에는 불활성기체를 봉입하는 장치를 갖출 것

※ 알킬알루미늄 등 : 제3류 위험물(금수성물질) 중 알킬알루미늄, 알킬리튬 또는 이 중 어느 하나 이상을 함유한 것

(2) 아세트알데히드 등을 취급하는 제조소의 특례

① 취급하는 설비는 은(Ag), 수은(Hg), 동(Cu), 마그네슘(Mg) 또는 이들의 합금으로 만들지 않을 것

② 취급하는 설비에는 연소성 혼합기체의 생성 시 폭발을 방지하기 위한 불활성기체 또는 수증기를 봉입하는 장치를 갖출 것

※ 아세트알데히드 등 : 제4류 위험물 중 특수인화물의 아세트알데히드, 산화프로필렌 또는 이 중 어느 하나 이상 함유한 것

고인화점 위험물 : 제4류 위험물 중 인화점이 100℃ 이상인 것

(3) 히드록실아민 등을 취급하는 제조소의 특례

① 지정수량 이상 취급하는 제조소는 안전거리를 둘 것

※ 안전거리의 계산식 $D = \dfrac{51.1 \cdot N}{3}$

$\begin{bmatrix} D : 거리(m) \\ N : 당해\ 제조소에서\ 취급하는\ 히드록실아민\ 등의\ 지정수량의\ 배수 \end{bmatrix}$

② 히드록실아민 등을 취급하는 설비에는 히드록실아민 등의 온도 및 농도의 상승에 의한 위험한 반응을 방지하기 위한 조치를 강구할 것

③ 히드록실아민 등을 취급하는 설비에는 철이온 등의 혼입에 의한 위험한 반응을 방지하기 위한 조치를 강구할 것

※ 히드록실아민 등 : 제5류 위험물 중 히드록실아민·히드록실아민 염류 또는 이 중 어느 하나 이상을 함유한 것

1   제조소의 환기설비인 급기구에 대하여 다음 물음에 답하시오.

(1) 제조소의 바닥 면적이 450m²인 경우에 급기구의 설치개수는 몇 개 이상인가?

(2) 제조소의 바닥 면적이 100m²인 경우 급기구의 면적은 몇 cm² 이상인가?

(3) 급기구의 크기는 몇 cm² 이상으로 해야 하는가?

정답 | (1) 3개   (2) 450cm²   (3) 800cm²

- -

해설 | • 환기설비 : 자연배기 방식이므로 급기구를 낮은 곳에 설치한다.

　※ 배출설비 : 배풍기에 의하여 강제배기방식이므로 급기구를 높은 곳에 설치한다.

　• 급기구는 바닥면적 150m²마다 1개 이상, 크기는 800cm² 이상으로 할 것
　　(단, 바닥면적이 150m² 미만인 경우 : 급기구의 면적)

바닥면적	급기구의 면적
60m² 미만	150cm² 이상
60m² 이상, 90m² 미만	300cm² 이상
90m² 이상, 120m² 미만	450cm² 이상
120m² 이상, 150m² 미만	600cm² 이상

　※ $\frac{450m²}{150m²}=$3개, 바닥면적 100m² 이므로 급기구의 면적 크기는 450m² 이상이 된다.

2   제조소 환기설비에 대하여 (   ) 안에 알맞은 말을 쓰시오.

(1) 환기설비는 (   )방식으로 할 것

(2) 급기구는 (①) 곳에 설치하고 (②)을 설치할 것

(3) 환기구는 지붕 위 또는 지상 (   )m 이상 높이에 설치할 것

정답 | (1) 자연배기   (2) ① 낮은   ② 인화방지망   (3) 2

- -

해설 | • 환기설비는 자연배기방식으로 할 것

　　• 급기구는 낮은 곳에 설치하고 인화방지망을 설치할 것

　　• 환기구는 지붕 위 또는 지상 2m 이상 높이에 설치할 것

3   제조소의 배출설비 중 배출능력에 대하여 다음 물음에 답하시오.

(1) 국소방식의 배출능력은 시간당 배출장소 용적의 몇 배 이상으로 해야 하는가?

(2) 전역방식은 바닥면적 1m²당 몇 m³ 이상으로 해야 하는가?

정답 | (1) 20배 이상   (2) 18m³ 이상

- -

해설 | • 제조소의 배출설비의 원칙은 국소방식으로 한다.

　　• 국소방식의 배출능력 : 시간당 배출장소 용적의 20배 이상

　　• 전역방식의 배출능력 : 바닥면적 1m²당 18m³ 이상

4 제조소의 설비 중 정전기를 유효하게 제거할 수 있는 방법 3가지를 쓰시오.

정답 | ① 접지에 의한 방법
② 공기 중의 상대습도를 70% 이상으로 하는 방법
③ 공기를 이온화하는 방법

5 제조소의 옥외에 있는 아세톤 취급탱크가 한 방유제 안에 용량이 80,000L, 30,000L, 20,000L 의 3기의 탱크가 있을 때 방유제 용량은 몇 L 이상으로 해야하는가?

정답 | 45,000L

- -

해설 | • 제조소의 옥외에 2기 이상의 취급탱크가 있을 때 방유제 용량
＝당해 탱크 중 최대인 탱크 용량의 50%＋나머지 탱크 용량의 10%
＝80,000L×0.5＋(30,000L＋20,000L)×0.1
＝45,000L

6 다음 ( ) 안에 알맞은 답을 쓰시오.

(1) 제조소에서 히드록실아민 등을 취급하는 설비에는 히드록실아민 등의 (①) 및 (②)의 상승에 의한 위험한 반응을 방지하기 위한 조치를 강구할 것
(2) 제조소에서 히드록실아민 등을 취급하는 설비에는 (③) 등의 혼입에 의한 위험한 반응을 방지하기 위한 조치를 강구할 것

정답 | ① 온도   ② 농도   ③ 철이온

2 옥내저장소

1. 옥내저장소의 안전거리

(1) 옥내저장소의 안전거리는 제조소와 동일하다.

(2) 옥내저장소의 안전거리 제외대상

① 제4류 위험물 중 제4석유류와 동식물유류의 지정수량의 20배 미만인 것

② 제6류 위험물의 옥내저장소

③ 지정수량의 20배 이하로서 다음 기준에 적합한 경우

- 저장창고의 벽, 기둥, 바닥, 보 및 지붕이 내화구조인 것
- 저장창고의 출입구에 수시로 열 수 있는 자동폐쇄방식의 갑종방화문이 설치되어 있을 것
- 저장창고에 창을 설치하지 아니할 것

2. 옥내저장소의 보유공지

저장 또는 취급하는 위험물의 최대수량	공지의 너비	
	벽, 기둥 및 바닥이 내화구조로 된 건축물	그 밖의 건축물
지정수량의 5배 이하	–	0.5m 이상
지정수량의 5배 초과 10배 이하	1m 이상	1.5m 이상
지정수량의 10배 초과 20배 이하	2m 이상	3m 이상
지정수량의 20배 초과 50배 이하	3m 이상	5m 이상
지정수량의 50배 초과 200배 이하	5m 이상	10m 이상
지정수량의 200배 초과	10m 이상	15m 이상

※ 단, 지정수량의 20배를 초과하는 옥내저장소와 동일한 부지 내에 있는 다른 옥내저장소와의 사이에는 동표에 정하는 공지의 너비의 1/3(당해 수치가 3m 미만인 경우에는 3m)의 공지를 보유할 수 있다.

3. 옥내저장소의 표지 및 게시판

① 표지내용 : '위험물 옥내 저장소'
② 그 외의 기준은 위험물 제조소와 동일하다.

4. 옥내저장소의 저장창고 기준

① 전용으로 하는 독립된 건축물로 할 것
② 지면에서 처마높이는 6m 미만인 단층건물로 하고 그 바닥은 지반면보다 높게 할 것
※ 제2류 또는 제4류의 위험물만을 저장하는 경우 처마높이를 20m 이하로 할 수 있는 경우
   • 벽, 기둥, 바닥 및 보를 내화구조로 할 것
   • 출입구에 갑종방화문을 설치할 것
   • 피뢰침을 설치할 것(안전상 지장이 없는 경우에는 제외)
③ 벽·기둥 및 바닥 : 내화구조, 보와 서까래 : 불연재료
※ 벽, 기둥, 바닥을 불연재료로 할 수 있는 경우
   • 지정수량의 10배 이하의 위험물의 저장창고
   • 제2류 위험물(인화성고체는 제외)
   • 제4류 위험물(인화점이 70℃ 미만은 제외)만의 저장창고

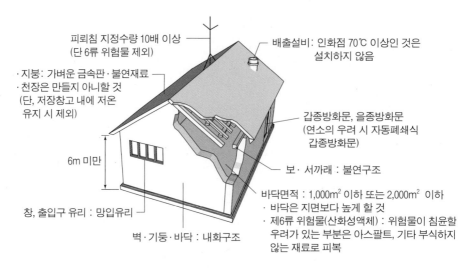

피뢰침 지정수량 10배 이상
(단 6류 위험물 제외)

배출설비 : 인화점 70℃ 이상인 것은
설치하지 않음

·지붕 : 가벼운 금속판·불연재료
·천장은 만들지 아니할 것
(단, 저장창고 내에 저온
유지 시 제외)

갑종방화문, 을종방화문
(연소의 우려 시 자동폐쇄식
갑종방화문)

6m 미만

보·서까래 : 불연구조

바닥면적 : 1,000㎡ 이하 또는 2,000㎡ 이하
·바닥은 지면보다 높게 할 것
·제6류 위험물(산화성액체) : 위험물이 침윤할
우려가 있는 부분은 아스팔트, 기타 부식하지
않는 재료로 피복

창, 출입구 유리 : 망입유리

벽·기둥·바닥 : 내화구조

[옥내저장소의 구조]

④ 지붕 : 폭발력이 위로 방출될 정도의 가벼운 불연재료로 하고 <mark>천장을 만들지 말 것</mark>

　※ 지붕을 내화구조로 할 수 있는 경우
　　• 제2류 위험물(분상의 것과 인화성 고체는 제외)
　　• 제6류 위험물만의 저장창고

　※ 천장을 난연재료 또는 불연재료로 설치할 수 있는 경우
　　• 제5류 위험물만의 저장창고(당해 저장창고 내의 온도를 저온으로 유지하기 위함)

⑤ 출입구 : 갑종방화문 또는 을종방화문 설치

⑥ 연소의 우려가 있는 외벽의 출입구 : 자동폐쇄식의 갑종방화문을 설치

⑦ 저장창고 바닥면적 설치기준

위험물을 저장하는 창고	바닥 면적
1. 제1류 위험물 중 아염소산염류, 염소산염류, 과염소산염류, 무기과산화물 그 밖에 지정수량이 50kg인 위험물 2. 제3류 위험물 중 칼륨, 나트륨, 알킬알루미늄, 알킬리튬 그 밖에 지정수량이 <mark>10kg인</mark> 위험물 및 황린 3. 제4류 위험물 중 <mark>특수인화물</mark>, 제1석유류 및 <mark>알코올류</mark> 4. 제5류 위험물 중 유기과산화물, 질산에스테르류 그 밖에 지정수량이 <mark>10kg인 위험물</mark> 5. 제6류 위험물	1,000㎡ 이하
1~5 외의 위험물을 저장하는 창고	2,000㎡ 이하
상기 위험물을 내화구조의 격벽으로 완전히 구획된 실	1,500㎡ 이하

5. 저장창고 바닥에 물이 스며들지 않는 구조로 해야 할 위험물

① 제1류 위험물 중 알칼리금속의 과산화물
② 제2류 위험물 중 철분, 금속분, 마그네슘
③ 제3류 위험물 중 금수성 물질
④ 제4류 위험물

※ 액상의 위험물의 저장창고 바닥 : 위험물이 스며들지 아니하는 구조로 하고, 적당히 경사를 지게 하여 그 최저부에 집유설비를 해야 한다.

6. 옥내저장소의 환기설비 및 배출설비

위험물 제조소의 환기설비 및 배출설비와 동일하다. 단, 인화점이 70℃ 미만인 위험물의 저장창고에는 배출설비를 갖추어야 한다.

최신경향 적중예제 ⚛

1 옥내저장소의 안전거리에 대하여 다음 물음에 답하시오.

(1) 주택에서 옥내저장소까지의 안전거리는 몇 m 이상인가?
(2) 지정수량이 20배를 저장하는 옥내저장소와 주택 사이에 방화상 유효한 담이 설치한 경우 안전거리는 몇 m 이상인가?

정답 | (1) 10m　　(2) 6m

해설 | 1. 옥내저장소와 주택과의 안전거리는 10m 이상이고 다음 3가지는 방화상 유효한 담을 설치할 경우에도 안전거리를 단축할 수 없다.
  • 사용전압이 7,000V 초과 35,000V 이하는 3m 이상
  • 사용전압이 35,000V 초과의 특고압 가공선은 5m 이상
  • 고압가스는 20m 이상
2. 옥내저장소로부터 다음 건축물 사이에 방화상 유효한 담을 설치한 경우에 다음 [표]와 같이 안전거리를 단축할 수 있다.

옥내저장소에서 취급하는 위험물의 최대수량(지정수량의 배수)	안전거리(이상)		
	주거용건축물	학교·유치원 등	문화재
5배 미만	4m	12m	23m
5배 이상 10배 미만	4m	12m	23m
10배 이상 20배 미만	5m	14m	26m
20배 이상 50배 미만	6m	18m	32m
50배 이상 200배 미만	7m	22m	38m

2 옥내저장소의 단층건물의 처마 높이는 6m 미만으로 해야한다. 단, 제4류 위험물을 저장하는 경우 처마높이를 20m 이하로 할 수 있는 경우 3가지를 쓰시오.

정답 | ① 벽·기둥·바닥 및 보를 내화구조로 할 것
② 출입구에 갑종방화문을 설치할 것
③ 피뢰침을 설치할 것

해설 | 제2류 또는 제4류 위험물만을 저장하는 경우 처마높이를 20m 이하로 할 수 있는 경우이다.

3 단층건물인 옥내저장소에 대하여 물음에 답을 쓰시오.

(1) 저장창고의 지붕을 내화구조로 할 수 있는 경우 2가지를 쓰시오.
(2) 천장을 난연재료 또는 불연재료로 설치하여 저장 가능한 위험물은 몇 류 위험물인가?

정답 | (1) ① 제2류 위험물(분상의 것과 인화성고체는 제외)
② 제6류 위험물만의 저장창고
(2) 제5류 위험물

해설 | 옥내저장소의 지붕은 폭발력이 위로 방출될 정도의 가벼운 불연재료로 하고 천장을 만들지 말 것

4 옥내저장소에 아세톤 20,000L를 저장할 경우 보유 공지의 너비는 몇 m 이상인지 물음에 답하시오.

(1) 벽·기둥 및 바닥이 내화구조인 건축물일 경우
(2) 그 밖의 건축물일 경우

정답 | (1) 3m 이상　　(2) 5m 이상

해설 | 아세톤(CH_3COCH_3) : 제4류 위험물, 제1석유류(수용성), 지정수량 400L

　• 지정수량배수 $= \dfrac{\text{저장수량}}{\text{지정수량}} = \dfrac{20{,}000L}{400L} = 50$배

　• 공지의 너비 : 지정수량의 20배 초과 50배 이하에 해당되므로 내화구조일 때는 3m 이상, 그 밖의 경우는 5m 이상이 된다.

5 옥내저장소에 다음 위험물을 저장할 경우 저장창고의 바닥면적은 몇 m² 이하인가?

(1) 과산화나트륨 저장
(2) 이황화탄소 저장
(3) 내화구조로 완전히 구획된 실에서 유기과산화물 저장

정답 | (1) 1,000m²　　(2) 1,000m²　　(3) 1,500m²

해설 | ① 과산화나트륨(Na_2O_2) : 제1류 위험물 중 무기과산화물, 지정수량 50kg → 바닥면적 1,000m² 이하

② 이황화탄소(CS_2) : 제4류 위험물 중 특수인화물, 지정수량 50L → 바닥면적 $1,000m^2$ 이하

③ 유기과산화물 : 제5류 위험물, 지정수량 10kg → 내화구조의 격벽으로 구획된 것 : 바닥면적은 $1,500m^2$ 이하

6 옥내저장소의 저장창고 바닥에 물이 스며들지 않는 구조로 해야할 제1류 위험물과 제2류 위험물의 품명을 쓰시오.

(1) 제1류   (2) 제2류

정답 | (1) 제1류 : 알칼리금속 과산화물
           (2) 제2류 : 철분, 금속분, 마그네슘

해설 | 옥내저장소의 저장창고 바닥에 물이 스며들지 않는 구조로 해야 할 위험물
  • 제1류 위험물 중 알칼리금속과산화물
  • 제2류 위험물 중 철분, 금속분, 마그네슘
  • 제3류 위험물 중 금수성 물질
  • 제4류 위험물

7 옥내저장소에 대하여 ( ) 안에 알맞은 답을 쓰시오.

(1) 액상의 위험물의 저장창고 바닥은 적당히 경사를 지게하여 그 (①)에 (②)를 해야한다.
(2) 옥내저장소는 인화점이 ( )℃ 미만인 위험물의 저장창고에는 배출설비를 갖추어야 한다.

정답 | (1) ① 최저부   ② 집유설비   (2) 70

해설 | 액상의 위험물의 저장창고 바닥은 위험물이 스며들지 아니하는 구조로 하고 적당히 경사를 지게하여 그 최저부에 집유설비를 해야 한다.

7. 다층 건물의 옥내저장소의 기준

① 저장 가능한 위험물
  • 제2류 위험물(인화성 고체는 제외)
  • 제4류 위험물(인화점이 70℃ 미만은 제외)
② 층고(바닥으로부터 상층바닥까지의 높이) : 6m 미만으로 한다.
③ 하나의 저장창고의 바닥면적 합계 : $1,000m^2$ 이하로 한다.
④ 2층 이상의 층의 바닥 : 개구부를 두지 아니한다.

8. 복합용도 건축물의 옥내저장소의 기준

① 저장가능한 양 : 지정수량의 20배 이하
② 층고 : 6m 미만
③ 옥내저장소의 용도에 사용되는 부분의 바닥면적 : $75m^2$ 이하로 한다.

9. 지정과산화물의 옥내저장소의 기준

(1) 지정과산화물의 정의

제5류 위험물 중 유기과산화물 또는 이를 함유하는 것으로서 지정수량이 10kg인 것

(2) 지정과산화물 옥내저장소의 보유공지

저장 또는 취급하는 위험물의 최대 수량(지정수량의 배수)	공지의 너비	
	저장창고의 주위에 담 또는 토제를 설치하는 경우	그 외의 경우
지정수량의 5배 이하	3.0m 이상	10m 이상
5배 초과 10배 이하	5.0m 이상	15m 이상
10배 초과 20배 이하	6.5m 이상	20m 이상
20배 초과 40배 이하	8.0m 이상	25m 이상
40배 초과 60배 이하	10.0m 이상	30m 이상
60배 초과 90배 이하	11.5m 이상	35m 이상
90배 초과 150배 이하	13.0m 이상	40m 이상
150배 초과 300배 이하	15.0m 이상	45m 이상
지정수량의 300배 초과	16.5m 이상	50m 이상

※ 2 이상의 지정과산화물 옥내저장소를 동일한 부지 내에 인접하여 설치하는 경우에는 저장소의 상호간 공지의 너비를 $\frac{2}{3}$로 할 수 있다.

(3) 저장창고는 150m² 이내마다 격벽으로 완전히 구획할 것

① 격벽의 두께
  • 철근(철골)콘크리트조 : 30cm 이상, 보강콘크리트블록조 : 40cm 이상
② 격벽의 돌출길이
  • 저장창고 양측의 외벽으로부터 : 1m 이상, 상부의 지붕으로부터 : 50cm 이상

> **참고**
>
> 위험물 제조소에서 격벽 돌출길이는 양측외벽 또는 상부의 지붕으로부터 50cm 이상

(4) 저장창고 외벽의 두께

철근(철골)콘크리트조 : 20cm 이상, 보강콘크리트블록조 : 30cm 이상

(5) 출입구 : 갑종방화문을 설치할 것

(6) 창 : 바닥면으로부터 2m 이상 높이 설치할 것

(7) **하나의 벽면에 두는 창의 면적합계** : 벽면적의 1/80 이내로 할 것

(8) **하나의 창의 면적** : 0.4m² 이내로 할 것

(9) **저장창고의 지붕 기준**

　① 중도리 또는 서까래의 간격 : 30cm 이하로 할 것

　② 지붕 아래쪽면의 강철제격자의 한변의 길이 : 45cm 이하로 설치할 것

　③ 목대 받침대의 크기 : 두께 5cm 이상, 너비 30cm 이상의 것으로 설치할 것

　④ 지붕의 아래쪽면에 철망을 쳐서 불연재료의 도리, 보 또는 서까래에 단단히 결합할 것

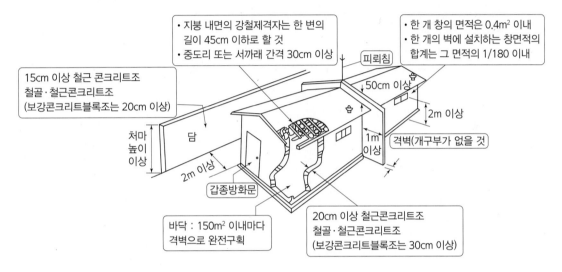

[지정유기과산화물의 지정창고]

10. 담 또는 토제의 기능

※ 담 또는 토제를 대신할 수 있는 경우 : 지정수량 5배 이하인 지정과산화물의 옥내 저장창고 외벽의 두께가 철근(철골)콘크리트조로 30cm 이상일 경우(건축물과 저장창고와의 거리 : 10m 이상)

　① 담 또는 토제와 저장창고 외벽과의 거리 : 2m 이상(단, 당해 옥내저장소 공지 너비의 1/5을 초과할 수 없다)

　② 담 또는 토제의 높이 : 저장창고의 처마 높이 이상으로 할 것

　③ 담의 두께

　　• 철근(철골)콘크리트조 : 15cm 이상, 보강콘크리트조 : 20cm 이상

　④ 토제의 경사면의 경사도 : 60도 미만

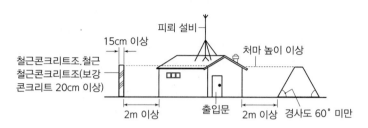

[지정 과산화물의 전체 구조]

최신경향 적중예제 ◎

1 다층건물의 옥내저장소의 기준에 대해 다음 각 물음에 답하시오.

(1) 저장 가능한 위험물의 유별 2가지를 쓰시오.
(2) 하나의 저장창고의 바닥면적의 합계를 쓰시오.

정답 | (1) ① 제2류 위험물(인화성 고체는 제외)
　　　　② 제4류 위험물(인화점이 70℃ 미만은 제외)
　　　(2) 1,000m² 이하

2 다음 ( ) 안에 알맞은 답을 쓰시오.

> 지정과산화물이란 제5류 위험물 중 (①) 또는 이를 함유하는 것으로서 지정수량이
> (②)kg인 것을 말한다.

정답 | ① 유기과산화물, ② 10kg

3 지정과산화물의 옥내저장소에 대하여 다음 ( ) 안에 알맞은 답을 각각 쓰시오.

(1) 저장창고는 ( )m² 이내마다 격벽으로 완전히 구획할 것
(2) 격벽의 두께는 철근콘크리트조 (①)cm 이상, 보강콘크리트블록조 (②)cm 이상으로 할 것
(3) 격벽의 돌출 길이는 저장창고 양측의 외벽으로부터 (①)m 이상, 상부의 지붕으로부터 (②)cm 이상으로 할 것

정답 | (1) 150
　　　(2) ① 30　② 40
　　　(3) ① 1　② 50

해설 | • 저장창고는 150m² 이내마다 격벽으로 완전히 구획할 것
　　　• 격벽의 두께는 철근(철골)콘크리트조 30cm 이상, 보강콘크리트블록조 40cm 이상으로 할 것
　　　• 격벽의 돌출길이는 저장창고 양측의 외벽으로부터 1m 이상, 상부의 지붕으로부터 50cm 이상으로 할 것

4 지정과산화물 옥내저장소 기준에 대하여 각 물음에 답하시오.

(1) 창은 바닥면으로부터 몇 m 이상 높게 설치하는가?
(2) 하나의 벽면에 두는 창의 면적 합계는 벽 면적의 얼마 이내로 해야 하는가?
(3) 하나의 창 면적은 몇 m² 이내로 하는가?

정답 | (1) 2m 이상　　(2) 1/80 이내　　(3) 0.4m² 이내

5 지정과산화물 옥내저장소에 설치하는 담 또는 토제에 대해 다음 (　　) 안에 알맞은 답을 쓰시오.

(1) 담 또는 토제와 저장창고 외벽과의 거리는 (①)m 이상일 것
　　단, 담 또는 토제와 저장창고 외벽과의 사이의 간격이 당해 옥내저장소 공지 너비의 (②)을 초과할 수 없다.
(2) 담의 두께는 철근콘크리트 (①)cm 이상, 보강콘크리트조 (②)cm 이상으로 할 것
(3) 토제의 경사면의 경사도는 (　　　　)도 미만으로 할 것

정답 | (1) ① 2　② 1/5　　(2) ① 15　② 20　　(3) 60

3 옥외저장소

1. 안전거리

위험물 제조소와 동일하다.

2. 옥외저장소의 보유공지

저장 또는 취급하는 위험물의 최대수량	공지의 너비
지정수량의 10배 이하	3m 이상
지정수량의 10배 초과 20배 이하	5m 이상
지정수량의 20배 초과 50배 이하	9m 이상
지정수량의 50배 초과 200배 이하	12m 이상
지정수량의 200배 초과	15m 이상

※ 제4류 위험물 중 제4석유류와 제6류 위험물을 저장 또는 취급하는 보유 공지는 공지너비의 $\frac{1}{3}$ 이상으로 할 수 있다.

3. 옥외저장소의 표지 및 게시판

① 표지내용 : '위험물 옥외저장소'
② 그 외의 기준은 위험물 제조소와 동일하다.

4. 옥외저장소에 저장할 수 있는 위험물

① 제2류 위험물 : 유황, 인화성고체(인화점 0℃ 이상인 것)
② 제4류 위험물 : 제1석유류[인화점 0℃ 이상인 것 : 톨루엔(4℃), 피리딘(20℃)], 제2석유
류, 제3석유류, 제4석유류, 알코올류, 동식물유류
③ 제6류 위험물
④ 시·도 조례로 정하는 제2류 또는 제4류 위험물
⑤ 국제해사기구가 채택한 국제해상위험물규칙(IMDG code)에 적합한 용기에 수납된 위
험물

참고

• 옥외저장소의 선반높이 : 6m 초과 금지
• 옥외저장소에 과산화수소 또는 과염소산을 저장할 경우 : 불(난)연성 천막으로 햇빛을 가릴 것

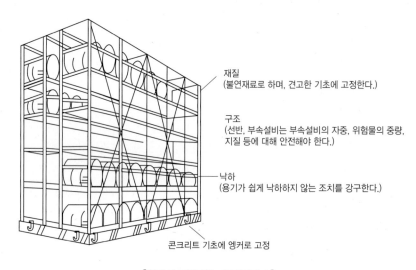

재질
(불연재료로 하며, 견고한 기초에 고정한다.)

구조
(선반, 부속설비는 부속설비의 자중, 위험물의 중량,
지질 등에 대해 안전해야 한다.)

낙하
(용기가 쉽게 낙하하지 않는 조치를 강구한다.)

콘크리트 기초에 엥커로 고정

[선반에 저장하는 옥외저장소]

5. 유황만을 덩어리 상태로 저장 및 취급할 경우

① 하나의 경계표시의 내부면적 : 100m² 이하일 것
② 2 이상의 경계표시를 설치하는 경우 내부의 면적을 합산한 면적 : 1,000m² 이하로 할 것
③ 인접하는 경계표시와의 상호간의 간격 : 보유공지 너비의 1/2 이상(단, 지정수량 200배
이상 : 10m 이상)
④ 경계표시 : 불연재료 구조로 하고 높이는 1.5m 이하로 할 것
⑤ 경계표시의 고정장치 : 천막으로 고정장치를 설치하고 경계표시의 길이 2m마다 1개 이

상 설치할 것

⑥ 유황을 저장(취급)하는 장소의 주위 : 배수구와 분리장치를 설치할 것

6. 인화성 고체, 제1석유류 또는 알코올류의 옥외저장소의 특례

① 인화성 고체(인화점이 21℃ 미만인 것), 제1석유류 또는 알코올류를 저장 또는 취급하는 장소에는 적당한 온도로 유지하기 위한 살수설비 등을 설치할 것

② 제1석유류 또는 알코올류를 저장 또는 취급하는 장소의 주위에는 배수구 및 집유설비를 설치할 것. 이 경우 제1석유류(온도 20℃의 물 100g에 용해되는 양이 1g 미만인 것에 한한다)를 저장 또는 취급하는 장소에 있어서는 집유설비에 유분리장치를 설치할 것

최신경향 적중예제 ⚛

1 옥외저장소의 보유공지는 몇 m 이상으로 해야 하는지 각 물음에 답하시오.

(1) 메탄올 4,000L를 저장하는 경우

(2) 질산 30,000kg을 저장하는 경우

정답 | (1) 3m 이상   (2) 4m 이상

해설 | • 옥외저장소 보유공지 : 제4류 위험물 중 제4석유류와 제6류 위험물을 저장(취급) 시 규정된 공지너비의 1/3 이상으로 할 수 있다.

① 메탄올(CH_3OH) : 제4류 위험물 중 알코올류, 지정수량 400L

• 지정수량 배수 = $\dfrac{4,000L}{400L}$ = 10배, 공지너비 : 3m 이상

② 질산(HNO_3) : 제6류 위험물, 지정수량 300kg

• 지정수량 배수 = $\dfrac{30,000kg}{300kg}$ = 100배, 공지너비 : 12m $\times \dfrac{1}{3}$ = 4m 이상

2 옥외저장소에 저장할 수 있는 위험물에 대하여 각 물음에 답하시오.

(1) 제2류 위험물의 품명 2가지를 쓰시오.

(2) 제4류 위험물 중 저장할 수 없는 위험물의 품명을 쓰시오.

정답 | (1) 유황, 인화성고체(인화점 0℃ 이상인 것)
        (2) 특수인화물

해설 | 옥외저장소에 저장할 수 있는 위험물

• 제2류 위험물 : 유황, 인화성 고체(인화점 0℃ 이상인 것)

• 제4류 위험물 : 제1석유류(인화점 0℃ 이상인 것), 제2석유류, 제3석유류, 제4석유류, 알코올류, 동식물유류

- 제6류 위험물
- 시·도 조례로 정하는 제2류 또는 제4류 위험물

3 옥외저장소에서 덩어리 유황만을 저장 및 취급할 경우에 대하여 다음 각 물음에 답하시오.

(1) 하나의 경계표시의 내부의 면적은 몇 m^2 이하로 해야 하는가?
(2) 2 이상의 경계표시의 내부면적을 합산한 면적은 몇 m^2 이하로 해야 하는가?
(3) 경계표시의 높이는 몇 m 이하로 해야 하는가?
(4) 인접한 경계표시의 상호간의 간격은 보유공지 너비의 얼마 이상으로 해야 하는가?

정답 | (1) 100m^2 이하   (2) 1,000m^2 이하   (3) 1.5m 이하   (4) 1/2 이상

4 옥외저장소 안에 위험물이 들어있는 드럼통이 저장되어 있다. 다음 ( ) 안에 알맞은 답을 쓰시오.

(1) 인화성 고체, 제1석유류 또는 알코올류를 저장 또는 취급하는 장소에는 당해 위험물을 적당한 온도로 유지하기 위한 (   ) 등을 설치하여야 한다.
(2) 제1석유류 또는 알코올류를 저장 또는 취급하는 장소의 주위에는 배수구 및 집유설비를 설치하여야 한다. 이 경우 제1석유류(온도 20℃의 물 100g에 용해되는 양이 1g 미만인 것에 한한다)를 저장 또는 취급하는 장소에 있어서는 집유설비에 (   )를 설치하여야 한다.

정답 | (1) 살수설비
         (2) 유분리장치

4 옥외탱크저장소

1. 옥외탱크저장소의 안전거리

위험물 제조소의 안전거리와 동일하다.

2. 옥외탱크저장소의 보유공지

저장 또는 취급하는 위험물의 최대 수량	공지의 너비
지정수량의 500배 이하	3m 이상
지정수량의 500배 초과, 1,000배 이하	5m 이상
지정수량의 1,000배 초과, 2,000배 이하	9m 이상
지정수량의 2,000배 초과, 3000배 이하	12m 이상
지정수량의 3,000배 초과, 4,000배 이하	15m 이상
지정수량의 4,000배 초과	당해 탱크의 수평 단면의 최대 지름(횡형인 경우에는 긴변)과 높이 중 큰 것과 같은 거리 이상 (단, 30m 초과의 경우에는 30m 이상으로, 15m 미만의 경우에는 15m 이상으로 할 것

① 제6류 위험물 외의 옥외저장탱크(지정수량의 4,000배 초과 시 제외)를 동일한 방유제 안에 2개 이상 인접 설치하는 경우 : 보유 공지의 $\frac{1}{3}$ 이상의 너비(단, 최소너비 3m 이상)

② 제6류 위험물의 옥외저장탱크일 경우 : 보유공지의 $\frac{1}{3}$ 이상의 너비(단, 최소너비 1.5m 이상)

③ 제6류 위험물의 옥외저장탱크를 동일구 내에 2개 이상 인접 설치할 경우 : 보유공지의 $\frac{1}{3}$ 이상×$\frac{1}{3}$ 이상(단, 최소너비 1.5m 이상)

④ 옥외저장탱크에 다음 기준에 적합한 물 분무설비로 방호조치 시 : 보유공지의 $\frac{1}{2}$ 이상의 너비(최소 3m 이상)로 할 수 있다.
- 탱크 표면에 방사하는 물의 양 : 원주길이 37L/m 이상
- 수원의 양 : 상기 규정에 의해 20분 이상 방사할 수 있는 양

※ 수원의 양(L)＝원주길이(m)×37(L/min·m)×20(min)

(여기서, 원주길이＝2πr이다.)

최신경향 적중예제 ⚙

1 옥외저장탱크 저장소에 휘발유 500,000L와 등유 400,000L의 2개의 저장탱크가 동일한 방유제 안에 설치되었을 경우 저장탱크 상호간의 거리는 몇 m 이상인가?

정답 | 3m 이상

해설 | ① 제4류 위험물의 지정수량 : 휘발유(제1석유류, 비수용성) 200L, 등유(제2석유류, 비수용성) 1,000L

- 휘발유 지정수량의 배수＝$\frac{500,000L}{200L}$＝2,500배(공지의 너비 : 12m 이상)

- 등유의 지정수량의 배수＝$\frac{400,000L}{1,000L}$＝400배(공지의 너비 : 3m 이상)

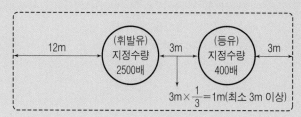

② 저장탱크 상호간의 거리 : 3m×$\frac{1}{3}$＝1m 이상이지만(단, 최소너비 3m 이상)

2 옥외저장탱크 저장소에 동일구 내에 2개 이상의 옥외저장탱크가 인접하여 제6류 위험물인 과산화수소 750,000kg가 저장되어 있다. 이 옥외탱크저장소에는 보유공지를 몇 m 이상 확보해야 하는가?

정답 | 1.5m 이상

해설 | ① 과산화수소 : 제6류 위험물, 지정수량 300kg

$$지정수량 배수 = \frac{저장수량}{지정수량} = \frac{750,000kg}{300kg} = 2,500배$$

② 공지의 너비계산 : 제6류 위험물일때는 규정 공지의 너비 $\times \frac{1}{3}$ 이므로 지정수량의 2,000배 초과 3,000배 이하 : 12m 이상

· 공지의 너비 = 12m $\times \frac{1}{3}$ = 4m 이상

③ 동일구 내에 2개 이상 인접하여 설치하는 경우 : 공지의 너비 $\times \frac{1}{3}$ 이상이므로

· 4m $\times \frac{1}{3}$ = 1.33m 인데 최소 보유 공지는 1.5m 이상이 되어야 하므로

∴ 1.5m 이상이 된다.

3. 옥외탱크저장소의 표지 및 게시판

① 표지내용 : '위험물 옥외탱크저장소'
② 그 외의 기준은 위험물 제조소와 동일하다.

4. 특정 옥외탱크저장소 등

① 특정 옥외저장탱크 : 액체 위험물의 최대수량이 100만L 이상의 옥외저장탱크
② 준특정 옥외저장탱크 : 액체 위험물의 최대수량 50만L 이상 100만L 미만의 옥외저장탱크

※ 압력탱크 : 최대 상용압력인 부압 또는 정압이 5Kpa를 초과하는 탱크

참고 │ 특정 옥외저장탱크의 용접방법

· 옆판의 용접(세로 및 가로이음) : 완전 용입 맞대기 용접
· 옆판과 에뉼러판(에뉼러판이 없는 경우에는 밑판)과의 용접 : 부분용입 그룹용접
  (용접 비드(Bead)는 매끄러운 형상을 가질 것)
· 에뉼러판과 에뉼러판 : 뒷면에 재료를 댄 맞대기 용접
· 에뉼러판과 밑판 및 밑판과 밑판의 용접 : 뒷면에 재료를 댄 맞대기 용접 또는 겹치기 용접(용접의 강도에 흠이 없을 것)
· 필렛 용접의 사이즈 구하는식
  $t_1 \geqq S \geqq \sqrt{2t_2}$ (단, $S \geqq 4.5$)

  t_1 : 얇은 쪽의 강관의 두께(mm)
  t_2 : 두꺼운 쪽의 강관의 두께(mm)
  S : 사이즈(mm)

5. 옥외저장탱크의 외부구조 및 설비

① 탱크의 두께 : 3.2mm 이상의 강철판(특정·준특정 옥외저장탱크는 제외)
② 압력탱크수압시험 : 최대 상용압력의 1.5배 압력으로 10분간 실시하여 이상 없을 것(압력 탱크 이외의 탱크 : 충수시험)

6. 탱크 통기관 설치기준(제4류 위험물의 옥외탱크에 한함)

(1) 밸브가 없는 통기관

① 직경이 30mm 이상일 것
② 선단은 수평면보다 45도 이상 구부려 빗물 등의 침투방지구조로 할 것
③ 인화점이 38℃ 미만인 위험물만을 저장 또는 취급하는 탱크에 설치하는 통기관에는 화염방지장치를 설치하고, 그 외의 탱크(인화점 38℃ 이상 70℃ 미만)에 설치하는 통기관에는 40메시(mesh) 이상의 구리망 또는 동등이상의 성능을 가진 인화방지장치를 설치할 것 (단, 인화점이 70℃ 이상인 위험물만을 해당 위험물의 인화점 미만의 온도로 저장(취급) 하는 탱크에 설치하는 통기관에는 인화방지장치를 설치하지 않을 수 있다.)
④ 가연성 증기를 회수하기 위한 밸브를 설치할 경우 통기관의 밸브를 설치할 수 있으며 항상 개방되어 있어야 한다.
  • 폐쇄되어 있을 경우 10Kpa 이하의 압력에서 개방되는 구조로 할 것(개방부분의 단면적 : 777.15mm² 이상)

(2) 대기 밸브 부착 통기관

① 5Kpa 이하의 압력차이로 작동할 수 있을 것
② 가는 눈의 구리망 등으로 인화방지장치를 할 것

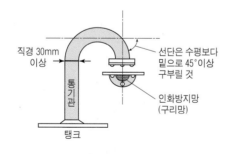

[밸브없는 통기관]

[밸브부착 통기관]

7. 인화점이 21℃ 미만의 위험물인 옥외탱크의 주입구 게시판

① 게시판의 크기 : 한 변의 0.3m 이상, 다른 한 변의 길이는 0.6m 이상인 직사각형
② 게시판의 기재사항 : 옥외저장탱크 주입구, 유별, 품명, 주의사항
③ 게시판의 색상 : 백색 바탕, 흑색 문자

④ 주의사항의 색상 : 백색 바탕, 적색 문자

8. 옥외저장탱크의 펌프설비

① 펌프설비의 주위에는 너비 3m 이상의 공지를 보유할 것

※ 보유 공지 제외 기준

- 방화상 유효한 격벽으로 설치된 경우
- 제6류 위험물을 저장, 취급하는 경우
- 지정수량 10배 이하의 위험물을 저장, 취급하는 경우

② 펌프설비로부터 옥외저장탱크까지의 사이 : 옥외저장탱크의 보유공지 너비의 1/3 이상의 거리를 유지할 것

③ 펌프실의 벽, 기둥, 바닥 및 보 : 불연재료로 할 것

④ 펌프실의 지붕 : 폭발력이 위로 방출될 정도의 가벼운 불연재료로 할 것

⑤ 펌프실 바닥의 주위 : 높이 0.2m 이상의 턱을 만들고 최저부에는 집유설비를 설치할 것

⑥ 펌프실 외의 장소에 설치하는 펌프설비의 바닥 기준

- 재질 : 콘크리트, 기타 위험물이 스며들지 않는 재료
- 턱의 높이 : 0.15m 이상
- 집유설비 : 적당히 경사지게 하여 그 최저부에 설치
- 유분리장치 : 제4류 위험물을 취급하는 펌프설비에 있어서는 당해 위험물이 직접 배수구에 유입하지 아니하도록 집유설비에 유분리장치를 설치할 것

※ 유분리장치는 물에 녹지 않는 비수용성 물질에 설치하여 물과 기름을 분리하는 장치이며 수용성 물질에는 설치할 필요가 없다.

9. 옥외탱크 저장소의 방유제(이황화탄소는 제외)

(1) **방유제** : 옥외탱크의 파손 또는 배관의 위험물 누출 사고 시 누출되는 위험물을 담기 위하여 만든 둑을 말한다.

(2) **방유제의 용량(단, 인화성이 없는 액체위험물은 110%를 100%로 본다)**

① 탱크가 하나일 경우 : 탱크의 용량의 100% 이상(비인화성액체 : 100%)

② 탱크가 2 이상일 경우 : 탱크 중 용량이 최대인 것의 용량의 110% 이상(비인화성액체 : 100%)

※ 방유제 안에 탱크가 2기 이상일 때의 방유제 용량은 당해 방유제의 내용적에서 다음의 것을 뺀 용적을 말한다.

- 용량이 최대인 탱크 외의 탱크의 방유제 높이 이하 부분의 용적
- 당해 방유제 내에 있는 모든 탱크의 지반면 이상 부분의 기초의 체적
- 칸막이 둑의 체적 및 방유제 내에 있는 배관 등의 체적

(3) **방유제** : 높이 0.5m 이상 3m 이하, 두께 0.2m 이상, 지하매설깊이 1m 이상으로 할 것

(4) **방유제 내의 면적** : 8만m^2 이하

(5) **방유제는 철근콘크리트로 할 것**

(6) **방유제 내에 설치하는 옥외저장탱크의 수**

① 인화점이 70℃ 미만인 위험물 탱크 : 10기 이하

② 모든 탱크의 용량이 20만L 이하이고, 인화점이 70℃ 이상 200℃ 미만(제3석유류) : 20기 이하

③ 인화점이 200℃ 이상 위험물(제4석유류) : 탱크의 수 제한없음

(7) **자동차 통행 확보도로** : 방유제 외면의 1/2 이상은 3m 이상 노면 폭을 확보할 것

(8) **방유제와 옥외저장탱크 옆판과의 유지해야 할 거리(단, 인화점이 200℃ 이상의 위험물은 제외)**

① 탱크의 지름이 15m 미만인 경우 : 탱크 높이의 1/3 이상

② 탱크의 지름이 15m 이상인 경우 : 탱크 높이의 1/2 이상

(9) **간막이 둑의 설치기준**

① 설치대상 : 방유제 내의 용량이 1,000만L 이상인 옥외저장탱크

② 간막이 둑의 높이 : 0.3m 이상(단, 방유제의 높이보다 0.2m 낮게 할 것)

③ 간막이 둑의 용량 : 탱크 용량의 10% 이상

④ 간막이 둑의 재질 : 흙 또는 철근콘크리트

(10) **계단 또는 경사로의 설치기준**

방유제 및 간막이 둑 안팎에는 높이 1m가 넘는 계단 또는 경사로를 약 50m 마다 설치할 것

(11) **방유제에 배수구를 설치하고 방유제 외부에 개폐밸브를 설치할 것(용량이 100만L 이상일 때 : 개폐상황을 확인할 수 있는 장치를 설치할 것)**

1 **옥외저장탱크의 통기관에 대하여 다음 (　) 안에 알맞은 답을 쓰고 물음에 답하시오.**

(1) 밸브 없는 통기관은 직경 (①)mm 이상, 선단은 수평면보다 (②)도 이상 구부려 빗물 등의 침투를 방지하는 구조로 하여야 하며 인화점이 38℃ 미만인 위험물만을 저장 또는 취급하는 탱크에는 (③)를 설치하고, 그 외의 탱크에는 (④)메시 이상의 구리망의 인화방지장치를 설치할 것

(2) 대기 밸브 부착 통기관은 (　　　)Kpa 이하의 압력차이로 작동할 수 있을 것

(3) 통기관은 몇류 위험물의 옥외탱크 저장소에 적용되는가?

정답 | (1) ① 30　　② 45　　③ 화염방지장치　　④ 40
　　　　(2) 5
　　　　(3) 제4류 위험물

해설 | 옥외탱크저장소의 통기관 설치기준(제4류 위험물에 한함)
　　　1. 밸브가 없는 통기관
　　　　• 직경이 30mm 이상일 것
　　　　• 선단은 수평면보다 45도 이상 구부려 빗물 등의 침투를 방지하는 구조일 것
　　　　• 인화점이 38℃ 미만인 위험물만을 저장 또는 취급하는 탱크에는 화염방지장치를 설치하고, 그 외의 탱크에는 40메시 이상의 구리망의 인화방지장치를 설치할 것
　　　　• 항상 개방되어 있는 구조로 할 것(단, 위험물을 주입하는 경우는 제외)
　　　　　(폐쇄 시 10Kpa 이하로 개방구조로 하고 개방부분의 유효단면적은 777.15mm^2 이상일 것)
　　　2. 대기 밸브가 부착된 통기관
　　　　• 5Kpa 이하의 압력차이로 작동할 수 있을 것

2 **벤젠을 저장하는 옥외저장탱크의 방유제에 대하여 다음 각 물음에 답하시오.**

(1) 방유제의 지하매설 깊이는 몇 m 이상인가?

(2) 방유제의 높이의 범위를 쓰시오.

(3) 방유제의 면적은 몇 m^2 이하로 하는가?

(4) 방유제 안에 몇 개의 탱크를 설치할 수 있는가?

정답 | (1) 1m 이상　　(2) 0.5m 이상 3m 이하　　(3) 8만m^2 이하　　(4) 10개 이하

해설 | 옥외탱크저장소의 방유제(액체 위험물)
　　　① 방유제의 두께는 0.2m 이상, 높이는 0.5m 이상 3m 이하, 지하의 매설깊이 1m 이상
　　　② 방유제의 면적은 80,000m^2 이하
　　　③ 방유제 내에 설치하는 옥외저장탱크의 수
　　　　• 인화점이 70℃ 미만인 위험물을 저장하는 옥외저장탱크(제1석유류, 제2석유류) : 10개 이하
　　　※ 벤젠의 인화점 : −11℃ 이므로 10개 이하에 해당된다.
　　　　• 모든 탱크의 용량이 20만L 이하이고, 인화점이 70~200℃ 미만(제3석유류) : 20기 이하
　　　　• 인화점 200℃ 이상 위험물(제4 석유류) : 탱크의 수 제한 없음

3 옥외저장탱크의 내용적이 5천만L에 휘발유가 3천만L 저장되어 있고, 옥외저장탱크의 내용적이 1억 2천만L에 경유가 8천만L 저장되어 있다. 이 두 개의 옥외저장탱크 하나의 방유제에 설치되었을 때 다음 각 물음에 답하시오.

(1) 두 탱크 중 내용적이 적은 탱크의 최대 용량은 몇 L 이상인가?

(2) 방유제의 용량은 몇 L 이상인가?(단, 두 개의 옥외저장탱크의 공간용적은 각각 10%이다)

(3) 두 옥외저장탱크 사이에는 무엇을 설치해야 하는가?

정답 | (1) 47,500,000L   (2) 118,800,000L   (3) 간막이둑

해설 | 1. 탱크의 용량＝탱크의 내용적－공간용적

    (1) 공간용적 : 탱크의 내용적의 5/100 이상 10/100 이하(5~10% 이하)

       • 탱크의 최대용량(95%) : 공간용적 5%

       • 탱크의 최저용량(90%) : 공간용적 10%

    (2) 두 탱크 중 내용적이 적은 5천만L의 휘발유 탱크의 최대용량(95%)

       50,000,000L×0.95＝47,500,000L

  2. 인화성이 있는 위험물의 옥외저장탱크의 방유제 용량[휘발유 및 경유 : 제4류(인화성 액체)]

    (1) 탱크가 1개일 때 : 탱크의 용량의 110% 이상

    (2) 탱크가 2개 이상일 때 : 탱크 중 용량이 최대인 것의 용량의 110% 이상

    ※ 공간용적이 10%일 때 두탱크의 용량(90%)

    • 5천만L의 탱크의 용량 : 50,000,000L×0.9＝45,000,000L

    • 1억 2천만L의 탱크의 용량 : 120,000,000L×0.9＝108,000,000L

    ∴ 방유제 용량 : 최대인 탱크 용량×110%＝108,000,000L×1.1＝118,800,000L 이상이 된다.

  3. 방유제 안에 탱크 중 용량이 1,000만L 이상인 옥외저장탱크의 주위에는 방유제에 탱크마다 간막이둑을 설치해야 한다.

참고 | 문제에서 탱크의 최대(95%) 또는 최소(90%) 용량으로 계산하여 풀이하는 문제이므로 휘발유나 등유의 저장량은 관계가 없다.

4 과산화수소를 저장하는 옥외저장탱크의 방유제에 대하여 다음 물음에 답하시오.

(1) 방유제 안에 500,000L 탱크 한 개가 있을 때 방유제 용량은?

(2) 방유제 안에 100,000L, 50,000L의 2개의 탱크가 있을 때 방유제 용량은?

정답 | (1) 500,000L 이상   (2) 100,000L 이상

해설 | 1. 과산화수소(H_2O_2) : 제6류 위험물(산화성액체), 비인화성 액체 위험물이다.

  2. 비인화성 액체를 저장하는 옥외 저장탱크의 방유제 용량

    • 탱크가 1개일 때 : 탱크의 용량이 100% 이상

      ∴ 방유제 용량 : 500,000L 이상

    • 탱크가 2개 이상일 때 : 탱크 중 용량이 최대인 것의 용량의 100% 이상

      ∴ 방유제 용량 : 100,000L 이상

5 다음 옥외저장탱크 옆판과 방유제 사이의 거리는 각각 몇 m 이상으로 해야 하는가?

(1) 옥외저장탱크의 높이 15m, 지름 6m일 때의 거리
(2) 옥외저장탱크의 높이 24m, 지름 15m일 때의 거리

정답 | (1) 5m 이상   (2) 12m 이상

해설 | 방유제와 옥외저장탱크 옆판과의 유지해야 할 거리

① 탱크 지름 15m 미만 : 탱크높이의 $\frac{1}{3}$ 이상

• 지름이 6m로 15m 미만이므로

∴ $15m \times \frac{1}{3} = 5m$ 이상

② 탱크 지름 15m 이상 : 탱크높이의 $\frac{1}{2}$ 이상

• 지름이 15m 이므로

∴ $24m \times \frac{1}{2} = 12m$ 이상

5 옥내탱크저장소

1. 안전거리와 보유 공지 : 없음

2. 옥내탱크저장소의 표지 및 게시판

(1) **표지내용** : '위험물 옥내탱크저장소'

(2) 그 외의 기준은 위험물 제조소와 동일하다.

3. 옥내탱크저장소의 구조(단층 건축물에 설치하는 경우)

(1) 단층건축물에 설치된 탱크 전용실에 설치할 것

(2) 옥내저장탱크와 탱크전용실의 벽 사이 간격 : 0.5m 이상 유지할 것

(3) 옥내저장탱크의 상호간의 간격 : 0.5m 이상 유지할 것

(4) 옥내저장탱크의 용량(동일한 탱크전용실에 2 이상 설치하는 경우에는 각 탱크의 용량의 합계)

(5) 옥내저장탱크의 통기관(압력탱크 제외)

① 밸브 없는 통기관 : 통기관의 선단은 건축물의 창, 출입구 등의 개구부로부터 1m 이상 떨어진 옥외의 장소에 지면으로부터 4m 이상의 높이로 설치하되, 인화점이 40℃ 미만인 위험물의 탱크에 설치하는 통기관에 있어서는 부지경계선으로부터 1.5m 이상 이격할 것

※ 기타 통기관의 기준은 옥외저장탱크 통기관의 기준과 동일하다.

② 대기밸브 부착 통기관 : 5Kpa 이하의 압력 차이로 작동할 수 있을 것

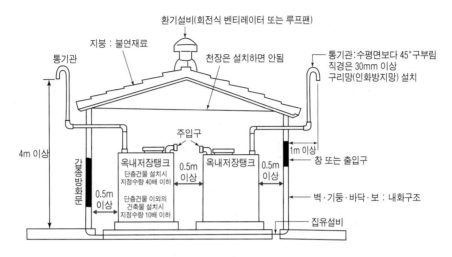

[옥내탱크저장소의 구조]

(6) 탱크 전용실의 구조

① 벽·기둥 및 바닥 : 내화구조

② 보 : 불연재료

③ 지붕 : 불연재료(천장은 설치하지 않을 것)

④ 창 및 출입구 : 갑종(을종)방화문을 설치할 것

　　단, 연소의 우려가 있는 외벽에 두는 출입구에는 수시로 열 수 있는 자동폐쇄식의 갑종
방화문을 설치할 것

4. 탱크전용실을 단층 건축물 외에 설치하는 경우

(1) 저장 및 취급이 가능한 위험물

① 제2류 위험물 중 황화린, 적린 및 덩어리 유황

② 제3류 위험물 중 황린

③ 제4류 위험물 중 인화점이 38℃ 이상인 위험물

④ 제6류 위험물 중 질산

(2) 단층이 아닌 1층 또는 지하층에 설치할 위험물

황화린, 적린 및 덩어리 유황, 황린, 질산의 탱크전용실

※ 단층건축물 : 위험물 전체(제1류~제6류) 저장(취급) 가능함

5. 다층 건축물의 옥내저장탱크의 용량(탱크전용실에 옥내저장탱크를 2 이상 설치하는 경우에는 각 탱크의 용량의 합계)

(1) 1층 이하의 층에 탱크 전용실을 설치할 경우

지정수량 40배 이하(단, 제4석유류 및 동식물유류 외에 제4류 위험물은 20,000L 초과 시 20,000L 이하로 함)

(2) 2층 이상의 층에 탱크전용실을 설치할 경우

지정수량 10배 이하(단, 제4석유류 및 동식물유류 외의 제4류 위험물은 5,000L 초과 시 5,000L 이하로 함)

최신경향 적중예제 ◈

1 옥내저장탱크와 탱크전용실의 벽과의 사이 및 옥내저장탱크의 상호간의 간격은 몇 m 이상을 유지하여야 하는가?

정답 | 0.5m 이상
- -
해설 | • 옥내저장탱크와 탱크전용실의 벽사이 간격 : 0.5m 이상 유지할 것
      • 옥내저장탱크의 상호간의 간격 : 0.5m 이상 유지할 것

2 옥내저장탱크의 밸브 없는 통기관에 대하여 다음 (   ) 안에 답을 쓰시오.

> 통기관의 선단은 건축물의 창·출입구 등의 개구부로부터 (①)m 이상 떨어진 옥외의 장소에 지면으로부터 (②)m 이상의 높이로 설치하되, 인화점이 (③)℃ 미만인 위험물의 탱크에 설치하는 통기관에 있어서는 부지경계선으로부터 (④)m 이상 이격할 것

정답 | ① 1   ② 4   ③ 40   ④ 1.5

3 옥내탱크저장소의 전용실을 단층건축물 외에 설치할 경우 건축물의 1층 또는 지하층에 탱크 전용실을 설치하여 보관해야 할 제3류 위험물은?

정답 | 황린
- -
해설 | 단층이 아닌 1층 또는 지하층에 탱크 전용실을 설치 보관해야 할 위험물
      • 제2류 : 황화린, 적린, 덩어리 유황
      • 제3류 : 황린
      • 제6류 : 질산

6 지하탱크저장소

1. 안전거리와 보유공지 : 없음

2. 지하탱크저장소의 표지 및 게시판

(1) 표지내용 : '위험물 지하 탱크 저장소'
(2) 그 외의 기준은 위험물 제조소와 동일하다.

3. 지하탱크저장소의 기준

① 지하저장탱크는 지하탱크 전용실에 설치하여야 한다. 단, 제4류 위험물의 지하저장탱크 를 탱크전용실에 설치하지 않아도 되는 경우는 아래와 같다.

• 당해 탱크를 지하철, 지하가 또는 지하터널로부터 수평거리 10m 이내의 장소 또는 지 하 건축물 내의 장소에 설치하지 아니할 것
• 당해 탱크를 그 수평투영의 세로 및 가로보다 각각 0.6m 이상 크고 두께가 0.3m 이상 인 철근콘크리트조의 뚜껑으로 덮을 것
• 뚜껑에 걸리는 중량이 직접 당해 탱크에 걸리지 아니하는 구조일 것
• 당해 탱크를 견고한 기초 위에 고정할 것
• 당해 탱크를 지하의 가장 가까운 벽, 피트, 가스관 등의 시설물 및 대지경계선으로부터 0.6m 이상 떨어진 곳에 매설할 것

② 지하저장탱크의 윗부분과 지면과의 깊이 : 0.6m 이상일 것

③ 지하저장탱크 2 이상 인접해 설치 시 상호간의 간격 : 1m 이상 유지할 것

　　단, 2 이상의 탱크용량의 합계가 지정수량의 100배 이하 : 0.5m 이상

④ 지하저장탱크의 강철판의 두께 : 3.2mm 이상

⑤ 탱크전용실과 지하의 벽, 피트, 가스관 및 대지경계선과의 간격 : 0.1m 이상 유지할 것

⑥ 지하저장탱크와 탱크 전용실의 안쪽과의 사이 간격 : 0.1m 이상 유지할 것

⑦ 탱크주위 : 입자지름 5mm 이하의 마른자갈 또는 마른모래로 채울 것

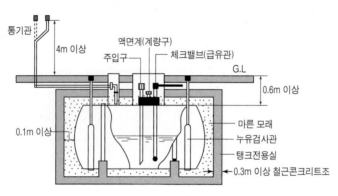

[지하저장탱크 매설도]

4. 지하저장탱크의 수압시험

(압력탱크 : 최대 상용압력이 46.7KPa 이상인 탱크)

탱크의 종류	수압 시험방법	판정기준
압력탱크	최대 상용압력의 1.5배 압력으로 10분간 실시	새거나 변형이 없을 것
압력탱크 외의 탱크	70KPa압력으로 10분간 실시	

※수압시험은 기밀시험과 비파괴시험을 동시에 실시하는 방법으로 대신할 수 있다.

5. 지하저장탱크의 통기관 설치기준

(1) 밸브없는 통기관

① 통기관은 지하저장탱크의 윗부분에 연결할 것

② 설치높이 : 지면으로부터 통기관 선단까지 4m 이상 높게 설치할 것

(2) 대기밸브 부착 통기관

※제4류 중 제1석유류를 저장하는 탱크는 다음의 압력 차이에서 작동하여야 한다.

① 정압 : 0.6KPa 이상 1.5KPa 이하

② 부압 : 1.5KPa 이상 3KPa 이하

6. 지하저장탱크의 배관 및 과충전 방지 장치

(1) 지하저장탱크의 배관은 당해 탱크의 윗부분에 설치하여야 한다.

※ 제외대상 : 제2석유류(인화점이 40℃ 이상), 제3석유류, 제4석유류, 동식물유류의 탱크로서 그 직근에 유효한 제어밸브를 설치한 경우

(2) 누유검사관(누설 검사를 하기 위한 관)

① 지하저장탱크에 4개소 이상 설치한다.

② 설치기준

- 이중관으로 할 것(단, 소공이 없는 상부는 단관으로 할 수 있다.)
- 재료는 금속관 또는 경질합성수지관으로 할 것
- 관은 탱크전용실의 바닥 또는 탱크의 기초까지 닿게 할 것
- 관의 밑부분으로부터 탱크의 중심 높이까지의 부분에는 소공이 뚫려 있을 것(단, 지하수위가 높은 장소에 있어서는 지하수위 높이까지의 부분에 소공이 뚫려 있어야 한다)
- 상부는 물이 침투하지 아니하는 구조로 하고, 뚜껑은 검사 시 쉽게 열 수 있도록 할 것

(3) 지하저장탱크의 용량이 90%찰 때 경보음이 울리는 과충전 방지 장치를 설치할 것

7. 인화점이 21℃ 미만의 위험물인 지하저장탱크의 주입구 게시판

① 게시판의 크기 : 한 변이 0.3m 이상, 다른 한 변의 길이는 0.6m 이상인 직사각형

② 게시판의 기재사항 : 지하저장탱크 주입구, 유별, 품명, 주의사항

③ 게시판의 색상 : 백색 바탕, 흑색 문자

④ 주의사항의 색상 : 백색 바탕, 적색 문자

1 지하저장탱크에 대하여 다음 각 물음에 답하시오.

① 지하저장탱크의 윗부분과 지면과의 깊이는 몇 m 이상인가?

② 지하저장탱크가 2개의 용량의 합이 지정수량의 200배일 때 탱크의 상호간의 간격은 몇 m 이상인가?

③ 지하저장탱크가 2개의 용량의 합이 지정수량의 100배일 때 탱크의 상호간의 간격은 몇 m 이상인가?

④ 탱크전용실과 대지경계선과의 간격은 몇 m 이상인가?

⑤ 지하저장탱크와 탱크전용실의 안쪽과의 사이 간격은 몇 m 이상인가?

정답 | ① 0.6m 이상   ② 1m 이상   ③ 0.5m 이상   ④ 0.1m 이상   ⑤ 0.1m 이상

해설 | 본문참고

2 지하저장탱크의 수압시험에 대해 물음에 답하시오.

① 압력탱크일 때 상용압력의 몇 배의 압력으로 10분간 실시하는가?

② 압력탱크 외의 탱크일 때 얼마의 압력으로 10분간 실시하는가?

정답 | ① 1.5배   ② 70KPa

해설 |

탱크의 종류	수압 시험방법	판정기준
압력탱크	최대 상용압력의 1.5배 압력으로 10분간 실시	새거나 변형이 없을 것
압력탱크 외의 탱크	70KPa압력으로 10분간 실시	

※ 수압시험은 기밀시험과 비파괴시험을 동시에 실시하는 방법으로 대신할 수 있다.

3 지하저장탱크의 밸브없는 통기관 설치기준에 대하여 다음 각 물음에 답을 쓰시오.

① 통기관은 지하저장탱크의 어느 부분에 연결해야 하는가?

② 통기관의 설치 높이는 지면으로부터 통기관 선단까지 몇 m 이상 높게 설치하는가?

정답 | ① 윗부분   ② 4m 이상

해설 | • 밸브없는 통기관은 지하저장탱크의 윗부분에 연결할 것

　　　　• 밸브없는 통기관의 설치 높이는 지면으로부터 통기관 선단까지 4m 이상 높게 설치할 것

4 다음 ( ) 안에 알맞은 답을 쓰시오.

(1) 지하저장탱크의 탱크전용실의 벽, 바닥 및 뚜껑의 두께는 (   )m 이상의 철근 콘크리트로 할 것
(2) 지하저장탱크의 강철판의 두께는 (   )mm 이상으로 할 것
(3) 탱크전용실 내부에 설치한 지하저장탱크의 주위에는 (①) 또는 습기 등에 의하여 응고되지 아니하는 입자지름이 (②)mm 이하의 (③)을 채울 것

정답 | (1) 0.3
　　　(2) 3.2
　　　(3) ① 마른 모래　 ② 5　 ③ 마른 자갈분

5 지하저장탱크에서 누설을 검사하기 위한 누유검사관에 대하여 다음 각 물음에 답하시오.

(1) 지하저장탱크 1개 당 몇 개소 이상 설치하는가?
(2) 관에 소공은 어느 부분에서 어디까지 소공을 뚫어야 하는가?
(3) 이중관의 재료 2가지를 쓰시오.

정답 | (1) 4개소 이상
　　　(2) 관의 밑부분부터 탱크의 중심 높이까지의 부분
　　　(3) 금속관, 경질합성수지관

해설 | 누유관 설치기준
　　　• 지하저장탱크 1개당 4개소의 누유검사관을 설치할 것
　　　• 이중관으로 할 것(단, 소공이 없는 상부는 단관으로 할 수 있다.)
　　　• 재료는 금속관 또는 경질합성수지관으로 할 것
　　　• 관은 탱크전용실의 바닥 또는 탱크의 기초까지 닿게 할 것
　　　• 관의 밑부분으로부터 탱크의 중심 높이까지의 부분에는 소공이 뚫려 있을 것
　　　• 상부는 물이 침투하지 아니하는 구조로 하고, 뚜껑은 검사 시 쉽게 열 수 있도록 할 것

6 지하저장탱크의 용량이 몇 %가 찰 때 경보음이 울려 위험물의 공급을 자동으로 차단시켜주는 과충전 방지장치를 설치하는가?

정답 | 90%

7 인화점이 21℃ 미만의 위험물인 지하저장탱크의 주입구 게시판에 대하여 다음 각 물음에 답하시오.

(1) 게시판의 바탕색과 문자의 색상을 쓰시오.
(2) 주의사항의 바탕색과 문자의 색상을 쓰시오.

정답 | (1) 바탕색 : 백색, 문자의 색상 : 흑색
　　　(2) 바탕색 : 백색, 문자의 색상 : 적색

7 간이탱크

1. 안전거리 : 없음

2. 보유공지

(1) **옥외에 설치하는 경우** : 공지 너비 1m 이상 둘 것

(2) **전용실 안에 설치하는 경우** : 탱크와 전용실의 벽과의 사이에 0.5m 이상 간격 유지

3. 간이탱크저장소의 표지 및 게시판

(1) **표지내용** : '위험물 간이탱크저장소'

(2) 그 외의 기준은 위험물 제조소와 동일하다.

4. 간이탱크저장소의 설치기준

(1) **하나의 간이탱크저장소에 설치하는 탱크의 수** : 3 이하(단, 동일한 품질의 위험물의 탱크를 2 이상 설치하지 아니할 것)

(2) **간이 저장탱크의 용량** : 600L 이하

(3) **간이 저장탱크의 강철판의 두께** : 3.2mm 이상

(4) **수압시험** : 70Kpa의 압력으로 10분간 실시하여 새거나 변형이 없는 것

5. 간이저장탱크의 통기관 설치기준

(1) **밸브 없는 통기관**
   ① 통기관의 지름 : 25mm 이상
   ② 옥외에 설치하고, 선단의 높이 : 지상 1.5m 이상
   ③ 통기관의 선단 : 수평면의 아래로 45℃ 이상 구부려 빗물 등의 침투를 방지할 것
   ④ 가는 눈의 구리망 등으로 인화방지 장치를 할 것

(2) **대기밸브부착 통기관**
   ① 5Kpa 이하의 압력 차이로 작동할 수 있을 것
   ② 옥외에 설치하고, 선단의 높이 : 지상 1.5m 이상
   ③ 가는 눈의 구리망 등으로 인화 방지장치를 설치할 것

8 암반탱크저장소

1. 안전거리 및 보유 공지 : 없음

2. 암반탱크저장소의 표지 및 게시판

(1) **표지내용** : '위험물 암반탱크저장소'

(2) 그 외의 기준은 위험물 제조소와 동일하다.

3. 암반탱크 설치기준

(1) 암반투수 계수가 1초당 10만분의 1m 이하인 천연 암반 내에 설치한다.

(2) 저장위험물의 증기압을 억제할 수 있는 지하수면 하에 설치한다.

4. 암반탱크의 공간용적

탱크 내에 용출하는 7일간의 지하수의 양에 상당하는 용적과 탱크의 내용적의 1/100의 용적 중에서 큰 용적을 공간 용적으로 한다.

최신경향 적중예제 ⚙️

1 간이탱크저장소를 옥외에 설치할 경우 보유 공지는 몇 m 이상 두어야 하는가?

정답 | 1m 이상

2 간이탱크저장소에 대하여 다음 물음에 답하시오.
(1) 하나의 간이탱크저장소에 설치할 수 있는 탱크 수는 몇 개 인가?
(2) 하나의 간이저장탱크의 용량은 몇 L 이하인가?
(3) 수압시험의 압력과 수압시험을 실시하는 시간을 쓰시오.

정답 | (1) 3개   (2) 600L   (3) 압력 : 70Kpa, 수압시험시간 : 10분

3 간이저장탱크에 설치하는 밸브 없는 통기관에 대하여 물음에 답하시오.

(1) 통기관의 지름은 몇 mm 이상으로 하는가?
(2) 통기관의 선단의 높이는 몇 m 이상으로 하는가?
(3) 통기관의 선단은 수평면에 대하여 몇 도 이상 구부려야 하는가?
(4) 인화방지장치는 무엇으로 하는가?

정답 | (1) 25mm   (2) 1.5m   (3) 45도   (4) 가는 눈의 구리망

9 이동탱크저장소

1. 이동탱크저장소의 상치장소

(1) 옥외에 있는 상치장소 : 화기를 취급하는 장소 또는 인근의 건축물로부터 5m 이상(인근의 건축물이 1층인 경우에는 3m 이상)의 거리를 확보하여야 한다.

(2) 옥내에 있는 상치장소 : 벽·바닥·보·서까래 및 지붕이 내화구조 또는 불연재료로 된 건축물의 1층에 설치하여야 한다.

2. 이동저장탱크의 구조

(1) 이동저장탱크의 강철판의 두께(또는 이와 동등 이상의 강도, 내열성, 내식성이 있는 금속)
① 탱크의 본체, 측면 틀, 안전칸막이 : 3.2mm 이상
② 방호 틀 : 2.3mm 이상
③ 방파판 : 1.6mm 이상

(2) 탱크의 수압시험

(압력탱크 : 최대상용압력이 46.7KPa 이상인 탱크)

탱크의 종류	수압 시험방법	판정기준
압력탱크	최대 상용압력의 1.5배 압력으로 10분간 실시	새거나 변형이 없을 것
압력탱크 외의 탱크	70KPa의 압력으로 10분간 실시	

※ 수압시험은 용접부에 대한 비파괴시험과 기밀시험으로 대신할 수 있다.

(3) 탱크내부의 칸막이 : 4,000L 이하마다 설치할 것

(4) 방파판
① 탱크실의 용량 : 2,000L 이상일 경우 설치한다.
② 방파판의 개수 : 하나의 구획부분에 2개 이상 설치한다.

③ 설치방법 : 이동저장탱크의 진행방향과 평행으로 설치한다.

④ 방파판의 단면적 : 하나의 구획된 부분의 수직단면적의 50% 이상으로 한다.(단, 수직단면이 원형 또는 지름이 1m 이하의 타원형의 탱크 : 40% 이상)

※ 칸막이와 방파판 : 액체의 출렁임과 쏠림 등을 완화해줌

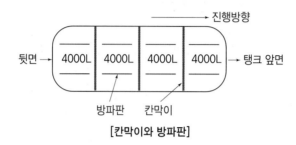

[칸막이와 방파판]

(5) 안전장치의 작동압력

① 사용압력이 20kPa 이하인 탱크 : 20kPa 이상 24kPa 이하의 압력

② 상용압력이 20kPa를 초과하는 탱크 : 상용압력의 1.1배 이하의 압력

(6) 측면틀 : 탱크 전복 시 탱크의 본체 파손 방지

① 탱크 뒷부분의 입면도에 있어서 측면틀의 최외측과 탱크의 최외측을 연결하는 직선의 수평면에 대한 내각이 75° 이상일 것

② 최대수량이 위험물을 저장한 상태에 있을 때의 당해 탱크중량의 중심점과 측면틀의 최외측을 연결하는 직선과 그 중심점을 지나는 직선 중 최외측선과 직각을 이루는 직선과의 내각이 35° 이상이 되도록 할 것

③ 탱크상부의 네 모퉁이에 당해 탱크의 전단 또는 후단으로부터 각각 1m 이내의 위치에 설치할 것

(7) 방호틀 : 탱크의 전복 시 맨홀, 주입구, 안전장치 등의 부속장치 파손 방지

• 설치높이 : 방호틀 정상부분은 부속장치보다 50mm 이상 높게 설치한다.

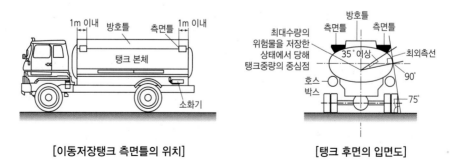

[이동저장탱크 측면틀의 위치]　　　　[탱크 후면의 입면도]

1 이동저장탱크에 대하여 ( ) 안에 알맞은 답을 쓰시오.

(1) 옥외에 있는 상치 장소는 화기를 취급하는 장소 또는 인근 건축물로부터 (①)m 이상(인근 건축물이 1층인 경우에는 (②)m 이상)의 거리를 확보해야 한다.

(2) 이동저장탱크는 그 내부에 (①) 이하마다 (②) 이상의 강철판 또는 이와 동등 이상의 강도·내열성 및 내식성이 있는 금속성의 것으로 칸막이를 설치하여야 한다.

(3) 방파판은 두께 ( ) 이상의 강철판 또는 이와 동등 이상의 강도·내열성 및 내식성이 있는 금속성의 것으로 할 것

정답 | (1) ① 5 ② 3   (2) ① 4,000L ② 3.2mm   (3) 1.6mm

2 경유 17,000L를 적재한 이동탱크저장소에 대해 다음 물음에 답하시오.

(1) 안전칸막이는 몇 개 이상 설치하여야 하는가?

(2) 방파판은 하나의 구획 부분에 몇 개 이상을 설치하여야 하는가?

(3) 이동저장탱크(맨홀 및 주입관의 뚜껑 포함)의 두께는 몇 mm 이상의 강철판을 사용하는가?

정답 | (1) 4개   (2) 2개   (3) 3.2mm

해설 | 1. 안전칸막이는 4,000L 이하마다 1개씩 설치하므로

$$안전칸막이 수(N) = \frac{17,000L}{4,000L} - 1 = 3.25개 \qquad \therefore \ 4개$$

2. 이동저장탱크(맨홀 및 주입관의 뚜껑포함)는 두께 3.2mm 이상 강철판을 사용한다.

3. 안전칸막이와 방파판의 설치기준

① 이동저장탱크는 그 내부에 4,000L 이하마다 3.2mm 이상의 강철판 또는 이와 동등 이상의 강도·내열성 및 내식성이 있는 금속성의 것으로 칸막이를 설치

4. 방파판 설치기준

① 두께 1.6mm 이상의 강철판 또는 이와 동등 이상의 강도·내열성 및 내식성이 있는 금속성의 것으로 할 것

② 하나의 구획부분에 2개 이상의 방파판을 이동탱크저장소의 진행방향과 평행으로 설치하되, 각 방파판은 그 높이 및 칸막이로부터의 거리를 다르게 할 것

③ 하나의 구획부분에 설치하는 각 방파판의 면적의 합계는 당해 구획부분의 최대 수직단면적의 50% 이상으로 할 것, 다만, 수직단면이 원형이거나 짧은 지름이 1m 이하의 타원형일 경우에는 40% 이상으로 할 수 있다.

3 이동저장탱크에 설치한 방호틀에 대하여 다음 물음에 답하시오.

(1) 방호틀의 두께

(2) 방호틀의 기능

(3) 방호틀 정상부분은 부속장치보다 얼마 이상 높게 하는가?

정답 | (1) 2.3mm 이상   (2) 탱크의 전복 시 부속장치의 파손방지   (3) 50mm 이상

해설 | • 방호틀 : 탱크의 전복 시 맨홀, 주입구, 안전장치 등의 부속장치의 파손을 방지하기 위하여 설치한다.
　　　• 방호틀의 두께와 형상 : 2.3mm 이상의 강철판으로 산모양의 형상으로 제작할 것
　　　• 방호틀의 높이 : 방호틀의 정상 부분은 부속장치보다 50mm 이상 높게 설치할 것

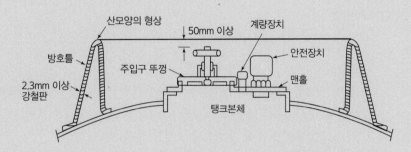

4　이동저장탱크의 사용압력이 20Kpa 이하인 탱크의 안전장치의 작동압력을 쓰시오.

정답 | 20Kpa 이상 24Kpa 이하

해설 | 이동저장탱크의 안전장치의 작동압력
　　　• 사용압력이 20Kpa 이하인 탱크 : 20Kpa 이상 24Kpa 이하의 압력
　　　• 사용압력이 20Kpa 초과하는 탱크 : 상용압력의 1.1배 이하의 압력

5　이동저장탱크 뒷부분의 입도면에 있어서 측면틀의 최외측과 탱크의 최외측을 연결하는 직선의 수평면에 대한 내각은 몇 도 이상으로 해야 하는가?

정답 | 75° 이상

3. 이동탱크저장소의 주입설비 설치기준

① 위험물이 샐 우려가 없고, 화재 예방상 안전한 구조로 할 것
② 주입설비의 길이는 50m 이내로 하고, 그 선단에 정전기 제거장치를 설치할 것
③ 분당 토출량은 200L 이하로 할 것
④ 주입호스는 내경이 23mm 이상이고, 0.3MPa 이상의 압력에 견딜 수 있을 것

4. 이동탱크저장소의 표지 및 경고 표기

(1) 표지판

① 부착위치 : 차량의 전면 상단 및 후면 상단
② 규격 : 60cm 이상×30cm 이상의 직사각형
③ 색상 및 문자 : 흑색 바탕에 황색의 반사도료로 '위험물'이라 표기

(2) 게시판

① 기재내용 : 유별, 품명, 최대수량, 적재중량

② 문자의 크기 : 가로 40mm 이상, 세로 45mm 이상(여러 품명 혼재 시 품명별 문자의 크기 : 20mm × 20mm 이상)

(3) UN번호

1) 그림문자의 외부에 표기하는 경우

① 부착위치 : 차량의 후면 및 양측면

② 규격 : 30cm 이상×12cm 이상의 횡형 사각형

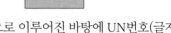

③ 색상 및 문자 : 흑색 테두리 선(굵기 1cm)과 오렌지색으로 이루어진 바탕에 UN번호(글자의 높이 6.5cm 이상)를 흑색으로 표기할 것

2) 그림문자의 내부에 표기하는 경우

① 부착위치 : 차량의 후면 및 양측면

② 규격 : 심벌 및 분류·구분의 번호를 가리지 않는 크기의 횡형 사각형

③ 색상 및 문자 : 흰색바탕에 흑색으로 UN번호(글자의 높이 6.5cm 이상)를 표기할 것

(4) 그림 문자

① 부착위치 : 차량의 후면 및 양측면

② 규격 : 25cm 이상×25cm 이상의 마름모꼴

③ 색상 및 문자 : 위험물의 품목별로 해당하는 심벌을 표기하고 그림문자의 하단에 분류 구분의 번호(글자의 높이 2.5cm 이상)를 표기할 것

차량에 부착할 표지	경고표지 예시(그림문자 및 UN번호)
위 험 물 (부착위치 : 전면 및 후면) [그림문자 3] 0000 (부착위치 : 후면 및 양측면)	휘 발 유 [그림문자 3] 1203

5. 컨테이너식 이동탱크저장소

강제로 된 상자형태의 틀 안에 이동저장탱크를 수납하여 만든 것으로 차량 등에 옮겨 싣는 구조로 된 것

(1) 강철판의 두께

① 본체·맨홀·주입구의 뚜껑 : 6mm 이상(단, 탱크의 직경 또는 장경이 1.8m 이하 : 5mm 이상)

② 칸막이 : 3.2mm 이상

(2) 컨테이너 체결 금속구 : 걸고리체결 금속구, 모서리체결 금속구, 유(U)자 볼트

① 걸고리체결 금속구, 모서리체결 금속구 : 이동저장탱크 하중의 4배의 전단하중에 견딜 것

② 유(U)자 볼트 : 용량이 6,000L 이하의 이동탱크저장소 차량의 샤시프레임에 체결할 수 있다.

(3) 부속장치와 상자틀의 최외측과의 간격 : 50mm 이상

(4) 표시판

① 크기 : 가로 0.4m 이상, 세로 0.15m 이상

② 색상 : 백색바탕에 흑색문자

③ 표시내용 : 허가청의 명칭 및 완공검사번호

6. 알킬알루미늄 등의 이동탱크저장소

① 탱크, 맨홀, 주입구의 뚜껑의 강철판의 두께 : 10mm 이상

② 수압시험 : 1MPa 이상의 압력으로 10분간 실시하여 새거나 변형이 없을 것

③ 이동저장탱크의 용량 : 1,900L 미만일 것

④ 안전장치 작동압력 : 이동저장탱크의 수압시험의 2/3를 초과하고 4/5를 넘지 않는 범위의 압력

⑤ 이동저장탱크 : 불활성기체 봉입장치를 설치할 것

⑥ 이동저장탱크의 배관 및 밸브 등의 설치위치 : 탱크의 윗부분에 설치

⑦ 이동저장탱크의 외면 색상 : 적색

⑧ 주의사항 색상 및 표시 : 백색 문자를 동관 양측면 및 경관에 표시한다.

7. 이동저장탱크의 외부도장

유별	도장의 색상	비고
제1류	회색	1. 탱크의 앞면과 뒷면을 제외한 면적의 40% 이내의 면적은 다른 유별의 색상 외의 색상으로 도장하는 것이 가능하다. 2. 제4류에 대해서는 도장의 색상 제한이 없으나 적색을 권장한다.
제2류	적색	
제3류	청색	
제5류	황색	
제6류	청색	

8. 접지도선

- 설치대상 : 제4류 위험물 중 특수인화물, 제1석유류, 제2석유류

최신경향 적중예제 ⚛

1 이동저장탱크 저장소의 주입설비에 대하여 다음 (   ) 안에 알맞은 답을 쓰시오.

(1) 위험물이 (   ) 우려가 없고 화재 예방상 안전한 구조로 할 것
(2) 주입설비의 길이는 (   ) 이내로 하고, 그 선단에 축적되는 (   )를 유효하게 제거할 수 있는 장치를 할 것
(3) 분당 토출량은 (   ) 이하로 한다.
(4) 주입호스내경은 (   )mm 이상이고, (   )Mpa 이상의 압력에 견딜 수 있을 것

정답 | (1) 샐   (2) 50m, 정전기   (3) 200L   (4) 25, 0.3

해설 | 이동저장탱크 저장소의 주입설비 설치기준
- 위험물이 샐 우려가 없고 화재 예방상 안전한 구조로 할 것
- 주입설비의 길이는 50m 이내로 하고, 그 선단에 축적되는 정전기를 유효하게 제거할 수 있는 장치를 할 것
- 분당 토출량은 200L 이하로 한다.
- 주입호스 내경은 25mm 이상이고, 0.3Mpa 이상의 압력에 견딜 수 있을 것

2 이동저장탱크의 표지판에 대하여 다음 각 물음에 답하시오.

(1) 표지내용   (2) 바탕색
(3) 문자색   (4) 부착위치

정답 | (1) 위험물   (2) 흑색   (3) 황색   (4) 차량의 전면상단 및 후면상단

해설 | 이동저장탱크 표지판
- 부착위치 : 차량의 전면상단 및 후면상단
- 규격 : 60cm 이상×30cm 이상의 직사각형
- 색상 및 문자 : 흑색 바탕에 황색의 반사도료로 '위험물'이라 표기

3 이동저장탱크의 경고표기에 대하여 다음 각 물음에 답하시오.

(1) UN번호 및 그림문자의 부착위치
(2) UN번호의 크기 및 형상
(3) 그림문자의 크기 및 형상

정답 | (1) 차량의 후면 및 양측면
　　　　(2) 30cm 이상×12cm 이상의 횡형 사각형
　　　　(3) 25cm 이상×25cm 이상의 마름모꼴

4 컨테이너식 이동탱크저장소에 대하여 다음 (   ) 안에 알맞은 답을 쓰시오.

(1) 이동저장탱크·맨홀 및 주입구의 뚜껑은 당해 탱크의 직경 또는 장경이 1.8m 이하인 것은
(   )mm 이상의 강판 또는 이와 동등 이상의 기계적 성질이 있는 재료로 할 것
(2) 부속장치는 상자틀의 최외측과 (   )mm 이상의 간격을 유지할 것

정답 | (1) 5   (2) 50

해설 | 컨테이너식 이동탱크 저장소의 구조

① 탱크의 본체·맨홀·주입구 뚜껑의 강철판의 두께
  • 탱크의 직경 또는 장경이 1.8m 초과 : 6mm 이상
  • 탱크의 직경 또는 장경이 1.8m 이하 : 5mm 이상
② 부속장치와 상자틀의 최외측과의 간격 : 50mm 이상
③ 칸막이의 강철판의 두께 : 3.2mm 이상

5 알킬알루미늄 등의 이동저장탱크에 대하여 다음 (   ) 안에 알맞은 답을 쓰시오.

(1) 이동저장탱크(맨홀, 주입구 뚜껑 포함)의 두께 (①)mm 이상의 강판으로 제작하고 (②)Mpa 이
상의 압력으로 10분간 수압 시험에서 새거나 변형이 없을 것
(2) 이동저장탱크의 용량은 (   )L 미만일 것
(3) 안전장치는 이동저장탱크의 수압시험의 압력의 (①)를 초과하고 (②)를 넘지 않는 범위의 압력
으로 작동할 것

정답 | (1) ① 10   ② 1   (2) 1900   (3) ① 2/3   ②4/5

해설 | 알킬알루미늄 등의 이동탱크저장소 설비기준

• 이동저장탱크는 두께 10mm 이상의 강판으로 제작하고, 1MPa 이상의 압력으로 10분
간 실시하는 수압시험에서 새거나 변형이 없을 것
• 이동저장탱크의 용량은 1,900L 미만일 것
• 안전장치는 이동저장탱크의 수압시험의 압력의 2/3를 초과하고 4/5를 넘지 아니하는
범위의 압력으로 작동할 것
• 이동저장탱크의 맨홀 및 주입구의 뚜껑은 두께 10mm 이상의 강판으로 할 것
• 이동저장탱크는 불활성기체 봉입장치를 설치할 것

6 이동저장탱크의 외부도장색상에 대하여 다음 각 물음에 답을 쓰시오.

① 제2류 위험물   ② 제4류 위험물   ③ 제5류 위험물

정답 | ① 적색   ② 제한없음   ③ 황색

해설 | 이동저장탱크의 외부도장색상

유별	1류	2류	3류	4류	5류	6류
도장색상	회색	적색	청색	제한없음 (적색권장)	황색	청색

3 위험물 취급소의 시설 기준

1 주유취급소

1. 주유공지

① **주유공지** : 고정주유설비에서 주유를 받을 자동차 등이 출입할 수 있도록 너비 15m 이상 길이 6m 이상의 콘크리트로 포장한 보유 공지
② **공지의 바닥** : 주위 지면보다 높게 하고 표면을 적당히 경사지게 하며 배수구, 집유설비 및 유분리 장치를 설치할 것

2. 주요취급소의 표지 및 게시판

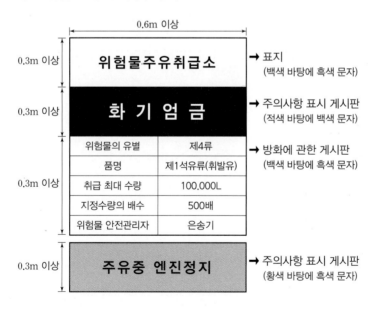

	0.6m 이상	
0.3m 이상	**위험물주유취급소**	→ 표지 (백색 바탕에 흑색 문자)
0.3m 이상	**화 기 엄 금**	→ 주의사항 표시 게시판 (적색 바탕에 백색 문자)

위험물의 유별	제4류
품명	제1석유류(휘발유)
취급 최대 수량	100,000L
지정수량의 배수	500배
위험물 안전관리자	은송기

→ 방화에 관한 게시판
(백색 바탕에 흑색 문자)

0.3m 이상

주유중 엔진정지

→ 주의사항 표시 게시판
(황색 바탕에 흑색 문자)

0.3m 이상

3. 주유취급소의 탱크용량 기준

저장탱크의 종류	탱크의 용량	저장탱크의 종류	탱크의 용량
고정주유설비	50,000L 이하	폐유탱크	2,000L 이하
고정급유설비	50,000L 이하	간이탱크	600L × 3기 이하
보일러 전용탱크	10,000L 이하	고속국도의 탱크	60,000L 이하

① 고정 주유설비 : 펌프기기 및 호스기기로 위험물을 자동차 등에 직접 주유하는 설비

② 고정 급유설비 : 펌프기기 및 호스기기로 위험물을 용기 및 이동저장탱크에 주입하는 설비

4. 고정주유설비 및 고정급유설비 기준

(1) 펌프기기의 토출량 : 주유관 선단에서의 최대 토출량

① 제1석유류 : 분당 50L 이하

② 경유 : 분당 180L 이하

③ 등유 : 분당 80L 이하

(2) 이동저장탱크에 주입하기 위한 고정 급유설비의 펌프기기의 최대 토출량 : 분당 300L 이하

구분		1회 연속 주유량의 상한	주유(급유)시간의 상한
셀프용	고정주유설비	휘발유 : 100L 이하 등유 : 200L 이하	4분 이하
	고정급유설비	등유 : 100L 이하	6분 이하

(3) 주유관의 길이

① 고정주유(급유)설비(선단을 포함) : 5m 이내

② 현수식(천장에 주유관이 매달려 있는 형태) : 지면 위 0.5m의 수평면에 수직으로 내려 만나는 중심으로 반경 3m 이내

※주유관 선단에는 정전기 제거장치를 설치할 것

(4) 고정주유설비 또는 고정급유설비의 설치 기준

① 고정주유설비의 중심선을 기점으로 한 거리

- 도로경계선, 고정급유설비 : 4m 이상

- 부지경계선, 담, 건축물의 벽 : 2m 이상

- 건축물의 벽(개구부가 없는 벽까지) : 1m 이상

② 고정급유설비의 중심선을 기점으로 한 거리

- 도로경계선, 고정주유설비 : 4m 이상

- 부지경계선, 담 : 1m 이상

- 건축물의 벽 : 2m 이상(개구부가 없는 벽 까지 : 1m 이상)

5. 주유급소에 설치할 수 있는 건축물

① 주유 또는 등유, 경유를 옮겨 담기 위한 작업장
② 주유취급소의 업무를 행하기 위한 사무소
③ 자동차 등의 점검 및 간이정비를 위한 작업장
④ 자동차 등의 세정을 위한 작업장
⑤ 주유취급소에 출입하는 사람을 대상으로 한 점포, 휴게음식점 또는 전시장
⑥ 주유취급소의 관계자가 거주하는 주거시설
⑦ 전기자동차용 충전설비
※ ②,③,⑤의 용도에 제공하는 부분의 면적의 합은 1000㎡를 초과할 수 없다.

6. 주유취급소의 건축물 등의 구조

(1) 건축물의 벽·기둥·바닥·보 및 지붕 : 내화구조 또는 불연재료로 할 것

(2) 창 및 출입구 : 방화문 또는 불연재료로 된 문을 설치할 것

(3) 사무실 등의 창 및 출입구의 유리 : 망입유리 또는 강화유리로 할 것(강화유리의 두께 : 창 8mm 이상, 출입구 12mm 이상)

(4) 건축물 중 사무실 그 밖의 화기를 사용하는 곳의 구조는 누설한 가연성의 증기가 건축물 내부에 유입되지 않도록 하는 기준
① 출입구는 건축물의 안에서 밖으로 수시로 개방할 수 있는 자동폐쇄식의 것으로 할 것
② 출입구 또는 사이 통로의 문턱의 높이를 15cm 이상으로 할 것
③ 높이 1m 이하의 부분에 있는 창 등은 밀폐시킬 것

(5) 주유원간의 대기실은 불연재료로 하고 바닥면적은 2.5m² 이하일 것

(6) 펌프실의 출입구는 바닥으로부터 0.1m 이상의 턱을 설치할 것

7. 주유취급소의 담 또는 벽

(1) 담 또는 벽 : 주유취급소의 자동차 등이 출입하는 쪽 외의 부분에 높이 2m 이상의 내화구조 또는 불연재료로 설치할 것

(2) 담 또는 벽에 유리를 부착할 수 있는 기준
① 유리를 부착하는 위치 : 주입구, 고정주유 설비 및 고정급유설비로부터 4m 이상 이격될 것
② 유리를 부착하는 방법의 기준
• 주유취급소 내의 지반면으로부터 70cm를 초과하는 부분에 한하여 유리를 부착할 것
• 하나의 유리관의 가로의 길이는 2m 이내일 것

- 유리판의 테두리를 금속제의 구조물에 견고하게 고정하고 해당 구조물을 담 또는 벽에 견고하게 부착할 것
- 유리의 구조는 접합유리로 하되, 비열차가 30분 이상의 방화 성능이 인정될 것
③ 유리를 부착하는 범위 : 전체의 담 또는 벽의 길이의 10분의 2를 초과하지 아니할 것

8. 캐노피의 설치기준

① 배관이 캐노피 내부를 통과할 경우 : 1개 이상의 점검구를 설치할 것
② 캐노피 외부의 점검이 곤란한 장소에 배관을 설치하는 경우 : 용접이음으로 할 것
③ 캐노피 외부의 배관이 일광열의 영향을 받을 우려가 있는 경우 : 단열재로 피복할 것

최신경향 적중예제

1 주유취급소에 대하여 다음 물음에 답하시오.

(1) 주유취급소의 주유공지의 크기는?
(2) '주유 중 엔진 정지'의 표지판의 바탕색과 문자의 색상은?
(3) 기름이 유출되지 않도록 설치해야 할 3가지 장치를 쓰시오.

정답 | (1) 너비 15m 이상, 길이 6m 이상
(2) 황색 바탕에 흑색 문자
(3) 배수구, 집유설비, 유분리장치

해설 | 주유취급소 설비기준
- 주유공지 : 너비 15m 이상 6m 이상의 콘크리트로 포장한 공지
- 공지의 바닥 : 지면보다 높게 적당한 경사를 주고 새어나온 기름이 공지 외부로 유출 되지 않도록 배수구, 집유설비 및 유분리장치를 설치할 것
- '주유 중 엔진 정지' : 황색 바탕에 흑색 문자(크기 : 0.3m 이상×0.6m 이상)

2 주유취급소의 주유장치의 탱크용량 기준을 각각 쓰시오.

(1) 고속국도의 도로변에 설치하지 않은 주유취급소의 전용탱크
(2) 고속국도의 도로변에 설치된 주유취급소의 전용탱크

정답 | (1) 5만L 이하   (2) 6만L 이하

해설 | 주유취급소의 탱크용량기준

저장탱크의 종류	탱크의 용량	저장탱크의 종류	탱크의 용량
고정주유설비	50,000L 이하	폐유탱크	2,000L
고정급유설비	50,000L 이하	간이탱크	600L × 3기 이하
보일러 전용탱크	10,000L 이하	고속국도의 탱크	60,000L 이하

3 주유취급소의 주유관에 대하여 다음 ( ) 안에 알맞은 답을 쓰시오.

(1) 고정주유설비의 주유관(선단을 포함)의 길이는 (   )m 이내일 것

(2) 현수식의 주유관은 지면 위 0.5m의 수평면에 수직으로 내려 만나는 중심으로 반경(   )m 이내일 것

정답 | (1) 5   (2) 3

해설 | • 고정주유(급유)설비(선단을 포함) : 5m 이내
  • 현수식의 주유관은 지면 위 0.5m의 수평면에 수직으로 내려 만나는 중심으로 반경 3m 이내일 것

4 고정주유설비의 중심선을 기점으로 한 거리를 각각 쓰시오.

(1) 도로경계선 또는 고정급유설비까지의 거리는 몇 m 이상인가?

(2) 부지경계선, 담, 건축물의 벽까지의 거리는 몇 m 이상인가?

(3) 개구부가 없는 벽까지의 거리는 몇 m 이상인가?

정답 | (1) 4m 이상   (2) 2m 이상   (3) 1m 이상

5 주유취급소의 건축물의 구조에 대하여 물음에 답하시오.

(1) 벽, 기둥, 바닥의 재료를 쓰시오.

(2) 창 및 출입구는 무슨 문으로 해야 하는가?

정답 | (1) 내화구조 또는 불연재료   (2) 방화문 또는 불연재료로 된 문

해설 | • 벽, 기둥, 바닥, 보 및 지붕의 재료 : 내화구조 또는 불연재료
  • 창 및 출입구 : 방화문 또는 불연재료로 된 문

6 주유취급소에 설치된 사무실에 대하여 다음 각 물음에 답하시오.

(1) 출입구에 사용되는 유리의 종류를 쓰시오.

(2) 출입구에 사용되는 유리의 두께 기준을 쓰시오.

(3) 밀폐시켜야 할 창의 높이는 몇 m 이하인가?

정답 | (1) 망입유리 또는 강화유리
  (2) 12mm 이상
  (3) 1m 이하

해설 | 주유취급소의 건축물 시설기준

① 사무실 등의 창 및 출입구의 유리 : 망입유리 또는 강화유리를 사용할 것
- 강화유리 두께 : 창은 8mm 이상, 출입구는 12mm 이상
② 건축물 중 사무실 그 밖의 화기를 사용하는 곳은 누설한 가연성의 증기가 그 내부에 유입되지 아니하도록 다음의 기준에 적합한 구조로 할 것
- 출입구는 건축물의 안에서 밖으로 수시로 개방할 수 있는 자동폐쇄식의 것으로 할 것
- 출입구 또는 사이통로의 문턱의 높이를 15cm 이상으로 할 것
- 높이 1m 이하의 부분에 있는 창 등은 밀폐시킬 것

7 주유취급소의 담에 대하여 다음 각 물음에 답하시오.

(1) 담의 높이는 몇 m 이상인가?
(2) 담의 재질을 쓰시오.
(3) 담에 부착하는 하나의 유리판의 가로 길이는 몇 m 이내인가?

정답 | (1) 2m 이상   (2) 내화구조 또는 불연재료   (3) 2m 이내

해설 | • 담 또는 벽은 주유취급소의 자동차 등이 출입하는 쪽 외의 부분에 높이 2m 이상의 내화구조 또는 불연재료로 설치할 것
- 담 또는 벽에 부착하는 하나의 유리판의 가로의 길이는 2m 이내일 것

8 주유취급소에 설치된 경유, 휘발유의 셀프용 고정주유설비에 대하여 다음 물음에 답하시오.

(1) 휘발유의 품명을 쓰고 1회 연속 주유량의 상한은 몇 L 이하인지 쓰시오.
(2) 등유의 품명을 쓰고 1회 연속 주유량의 상한은 몇 L 이하인지 쓰시오.
(3) 주유시간의 상한을 쓰시오.

정답 | (1) 품명 : 제1석유류, 주유량 : 100L 이하
(2) 품명 : 제2석유류, 주유량 : 200L 이하
(3) 4분 이하

해설 | 1. 셀프용 고정주유설비의 기준

① 주유호스는 200kg 중 이하의 하중에 의하여 파단(破斷) 또는 이탈되어야 하고, 파단 또는 이탈된 부분으로부터의 위험물 누출을 방지할 수 있는 구조일 것
② 휘발유와 경유 상호간의 오인에 의한 주유를 방지할 수 있는 구조일 것
③ 1회의 연속주유량 및 주유시간의 상한을 미리 설정할 수 있는 구조일 것, 이 경우 주유량의 상한은 휘발유는 100L 이하, 경유는 200L 이하로 하며, 주유시간의 상한은 4분 이하로 한다.

2. 셀프용 고정급유설비의 기준

① 급유호스의 선단부에 수동개폐장치를 부착한 급유노즐을 설치할 것
② 급유노즐은 용기가 가득찬 경우에 자동적으로 정지시키는 구조일 것
③ 1회의 연속급유량 및 급유시간의 상한을 미리 설정할 수 있는 구조일 것 이 경우 급유량의 상한은 100L 이하, 급유시간의 상한은 6분 이하로 한다.

❷ 판매취급소

1. 제1종 판매취급소

(1) 저장 또는 취급하는 위험물의 수량 : 지정수량의 20배 이하

(2) 설치 : 건축물 1층에 설치할 것

(3) 판매취급소의 건축물의 기준

    ① 내화구조 및 불연재료로 할 것

    ② 판매취급소로 사용되는 부분과 다른 부분과의 격벽 : 내화구조로 할 것

    ③ 보와 천장 : 불연재료로 할 것

    ④ 창 및 출입구 : 갑종 또는 을종방화문을 설치할 것

(4) 위험물 배합실의 기준

    ① 바닥면적 : 6m² 이상 15cm² 이하

    ② 벽 : 내화구조 또는 불연재료로 구획할 것

    ③ 바닥 : 적당한 경사를 두고 집유설비를 할 것

    ④ 출입구 : 자동폐쇄식의 갑종방화문을 설치할 것

    ⑤ 출입구 문턱의 높이 : 바닥면으로부터 0.1m 이상

    ⑥ 내부에 체류한 가연성의 증기 또는 미분을 지붕 위로 방출하는 설비를 할 것

    ⑦ 바닥은 위험물이 침투하지 아니하는 구조로 하여 적당한 경사를 두고 집유설비를 할 것

2. 제2종 판매취급소

(1) 저장 또는 취급하는 위험물의 수량 : 지정수량의 40배 이하

(2) 판매취급소의 건축물의 기준

    ① 벽·기둥·바닥 및 보 : 내화구조로 할 것

    ② 천장 : 불연재료로 할 것

    ③ 판매취급소로 사용되는 부분과 다른부분과의 격벽 : 내화구조로 할 것

    ④ 지붕 : 내화구조로 할 것

1 판매취급소에서 저장 및 취급할 수 있는 위험물의 지정수량을 각각 쓰시오.

① 제1종 판매취급소   ② 제2종 판매취급소

정답 | ① 지정수량의 20배 이하   ② 지정수량의 40배 이하

2 판매취급소의 위험물 배합실의 기준에 대하여 다음 ( )안에 답을 쓰시오.

(1) 바닥면적은 (①)m² 이상 (②)m² 이하로 할 것
(2) 벽은 (①) 또는 (②)로 구획할 것
(3) 출입구에는 자동폐쇄식의 (   )을 설치할 것
(4) 출입구 문턱의 높이는 바닥으로부터 (   )m 이상으로 할 것
(5) 바닥에는 적당한 경사를 두고 (   )를 설치할 것

정답 | (1) ① 6   ② 15
(2) ① 내화구조   ② 불연재료
(3) 갑종방화문
(4) 0.1
(5) 집유설비

3 이송취급소

1. 설치장소

(1) 이송취급소는 다음의 장소 외의 장소에 설치할 것

① 철도 및 도로의 터널 안

② 고속국도 및 자동차전용도로의 차도, 길어깨 및 중앙분리대

③ 호수, 저수지 등으로서 수리의 수원이 되는 곳

④ 급경사지역으로서 붕괴의 위험이 있는 지역

※ 위의 장소에 이송취급소를 설치할 수 있는 경우
• 지형상황 등 부득이한 사유가 있고 안전한 필요한 조치를 하는 경우
• 위 ②, ③의 장소에 횡단하여 설치하는 경우

(2) 배관설치의 기준

1) 지하매설 : 배관을 지하에 매설하는 경우에는 다음 각목의 기준에 의하여야 한다.
① 배관은 그 외면으로부터 안전거리를 둘 것
• 건축물(지하내의 건축물을 제외) : 1.5m 이상
• 지하가 및 터널 : 10m 이상

- 「수도법」에 의한 수도시설 : 300m 이상

② 배관과 다른 공작물과의 거리 : 0.3m 이상 거리를 보유할 것

2) 도로 및 매설

① 배관의 외면과 도로의 경계까지 안전거리 : 1m 이상 둘 것

② 시가지도로의 노면 아래에 매설 깊이 : 1.5m 이상

③ 시가지 외의 도로의 노면 아래에 매설 깊이 : 1.2m 이상

3) 철도부지 및 매설

① 배관의 외면과 철도 중심선까지의 거리 : 4m 이상

② 배관의 외면과 용지경계까지의 거리 : 1m 이상

③ 배관의 외면과 지표면과의 매설깊이 : 1.2m 이상

4) 지상설치

① 배관과의 안전거리

- 철도 또는 도로경계선 : 25m 이상
- 종합병원, 병원, 공연장, 영화관 : 45m 이상
- 문화재 : 65m 이상
- 고압가스시설 : 35m 이상
- 주택 : 25m 이상

② 공지너비(공업지역 : 너비의 $\frac{1}{3}$)

배관의 최대상용압력	공지의 너비
0.3MPa 미만	5m 이상
0.3MPa 이상 1MPa 미만	9m 이상
1MPa 이상	15m 이상

2. 기타설비 등

(1) 비파괴시험 : 배관등의 용접부는 비파괴시험을 실시하여 합격하여야 하며, 이 경우 이송기지 내의 지상에 설치된 배관등은 전체 용접부의 20% 이상을 발췌하여 시험할 수 있다.

(2) 내압시험 : 배관등은 최대상용압력의 1.25배 이상의 압력으로 4시간 이상 수압을 가하여 누설 그 밖의 이상이 없을 것.

(3) 압력안전장치 : 배관계에는 배관내의 압력이 최대상용압력을 초과하거나 유격작용 등에 의하여 생긴 압력이 최대상용압력의 1.1배를 초과하지 아니하도록 제어하는 장치(압력안전장치)를 설치할 것

(4) 긴급차단밸브

① 시가지에 설치하는 경우에는 약 4km의 간격

② 하천, 호수 등을 횡단하여 설치하는 경우에는 횡단하는 부분의 양 끝

③ 해상 또는 해저를 통과하여 설치하는 경우에는 통과하는 부분의 양 끝

④ 산림지역에 설치하는 경우에는 약 10km의 간격

⑤ 도로 또는 철도를 횡단하여 설치한 경우에는 횡단하는 부분의 양 끝

(5) 감진장치 : 배관의 경로에는 안전상 필요한 장소와 25km의 거리마다 감진장치 및 강진계를 설치하여야 한다.

(6) 경보설비

① 이송기지에는 비상벨장치 및 확성장치를 설치할 것

② 가연성 증기를 발생하는 위험물을 취급하는 펌프실 등에는 가연성 증기 경보설비를 설치할 것

최신경향 적중예제

1 이송취급소에 대하여 다음 물음에 답하시오.

(1) 배관 등의 용접부는 전체 용접부의 몇 % 이상을 발췌하여 비파괴시험을 실시하여야 하는가?

(2) 배관 내의 압력이 최대상용압력 몇 배를 초과하지 않도록 압력 안전장치를 설치하는가?

정답 | (1) 20% 이상　　(2) 1.1배

---

４ 일반취급소

위험물을 제조 및 생산 이외의 목적으로 1일에 지정수량 이상의 위험물을 취급 및 사용하는 장소로서 주유취급소, 판매취급소 및 이송취급소 이외의 시설을 말한다.

1. 분무도장작업 등의 일반취급소

도장, 인쇄 또는 도포를 위하여 제2류 위험물 또는 제4류 위험물(특수인화물을 제외)을 취급하는 일반취급소로서 지정수량의 30배 미만의 것

2. 세정작업의 일반취급소

세정을 위하여 위험물(인화점이 40℃ 이상인 제4류 위험물에 한한다)을 취급하는 일반

취급소로서 지정수량의 30배 미만의 것

3. 열처리작업 등의 일반취급소

열처리작업 또는 방전가공을 위하여 위험물(인화점이 70°C 이상인 제4류 위험물에 한한다)을 취급하는 일반취급소로서 지정수량의 30배 미만의 것

4. 보일러 등으로 위험물을 소비하는 일반취급소

보일러, 버너 그 밖의 이와 유사한 장치로 위험물(인화점이 38°C 이상인 제4류 위험물에 한한다)을 소비하는 일반취급소로서 지정수량의 30배 미만의 것

5. 충전하는 일반취급소

이동저장탱크에 액체위험물(알킬알루미늄 등, 아세트알데히드 등 및 히드록실아민 등 제외)을 주입하는 일반취급소(액체위험물을 용기에 옮겨 담는 취급소 포함)

※ 알킬알루미늄 등(알킬알루미늄, 알밀리튬), 아세트알레히드 등(아세트알테히드, 산화르로필렌), 히드록실아민 등(히드록실아민,히드록실아민염류)을 말한다.

6. 옮겨 담는 일반취급소

고정급유설비에 의하여 위험물(인화점이 38°C 이상인 제4류 위험물에 한한다)을 용기에 옮겨 담거나 4,000L 이하의 이동저장탱크(용량이 2,000L를 넘는 탱크에 있어서는 그 내부를 2,000L 이하마다 구획한 것에 한한다)에 주입하는 일반취급소로서 지정수량의 40배 미만인 것

7. 유압장치 등을 설치하는 일반취급소

위험물을 이용한 유압장치 또는 윤활유 순환장치를 설치하는 일반취급소(고인화점 위험물만을 100°C 미만의 온도로 취급하는 것에 한한다)로서 지정수량의 50배 미만의 것

8. 절삭장치 등을 설치하는 일반취급소

절삭유의 위험물을 이용한 절삭장치, 연삭장치 그 밖의 이와 유사한 장치를 설치하는 일반취급소(고인화점 위험물만을 100°C 미만의 온도로 취급하는 것에 한한다)로서 지정수량의 30배 미만의 것

9. 열매체유 순환장치를 설치하는 일반취급소

위험물 외의 물건을 가열하기 위하여 위험물(고인화점 위험물에 한한다)을 이용한 열매
체유 순환장치를 설치하는 일반취급소로서 지정수량의 30배 미만의 것

10. 화학실험의 일반취급소

화학실험을 위하여 위험물을 취급하는 일반취급소로서 지정수량의 30배 미만의 것

최신경향 적중예제

1   **분무도장작업 등의 일반취급소에서 취급할 수 있는 위험물에 대하여 물음에 답하시오.**

(1) 취급할 수 있는 위험물의 유별 2가지를 쓰시오.
(2) 취급할 수 있는 위험물의 지정 수량은 몇 배 미만인가?

정답 | (1) 제2류 위험물, 제4류 위험물(특수인화물은 제외)
　　　　(2) 30배 미만

2   **위험물을 충전하는 일반취급소에서 취급할 수 없는 위험물의 종류 3가지만 쓰시오.**

정답 | 알킬알루미늄, 알킬리튬, 아세트알데히드, 산화프로필렌, 히드록실아민, 히드록실아민
　　　　염류 중 3가지

해설 | 충전하는 일반취급소에서 이동저장탱크에 액체위험물을 주입하는 취급소로서 모든 위
　　　　험물을 수량에 제한없이 취급할 수 있다.
　　　　단, 알킬알루미늄 등(알킬알루미늄, 알킬리튬), 아세트알데히드 등(아세트알데히드, 산
　　　　화프로필렌), 히드록실아민 등(히드록실아민, 히드록실아민염류)은 취급할 수 없다.

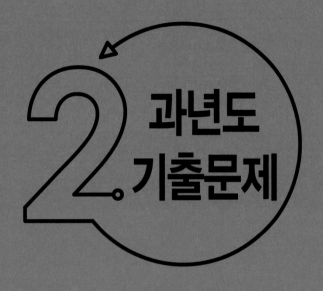

2. 과년도 기출문제

새롭게 바뀐 한국산업인력공단의 출제기준 개편에 따라 작업형(동영상) 문제가 출제되지 않으므로 필답형 문제만 수록하였습니다.

1 알루미늄의 완전연소반응식을 쓰고, 염산과 반응할 경우 생성하는 기체의 명칭을 쓰시오.

정답 ① 완전연소반응식 : $4Al + 3O_2 \longrightarrow 2Al_2O_3$
② 기체의 명칭 : 수소(H_2)

해설 **알루미늄(Al)** : 제2류 위험물(금속분), 지정수량 500kg
- 은백색 경금속으로 완전연소 시 산화알루미늄(Al_2O_3)를 생성한다.
  $$4Al + 3O_2 \longrightarrow 2Al_2O_3$$
- 테르밋 용접 : Al(분말) + Fe_2O_3를 혼합하여 3,000℃로 가열 용융시켜 용접하는 방법이다. [점화제 : 과산화바륨(BaO_2)]
  $$2Al + Fe_2O_3 \longrightarrow Al_2O_3 + 2Fe + 187kcal$$
- 양쪽성으로 산, 염기와 반응하여 수소(H_2) 기체를 발생시킨다.
  $$2Al + 6HCl \longrightarrow 2AlCl_3 + 3H_2 \uparrow$$
  $$2Al + 2NaOH + 2H_2O \longrightarrow 2NaAlO_2 + 3H_2 \uparrow$$

2 1atm, 25℃에서 이황화탄소 5kg이 완전연소 시 발생되는 CO_2의 부피를 계산하시오.

정답 $1.61m^3$

해설
- 이황화탄소(CS_2)의 분자량 = $12 + 32 \times 2 = 76$
- CS_2의 완전연소반응식
  $$CS_2 + 3O_2 \longrightarrow 2SO_2 + CO_2$$
  $$76kg \longleftarrow \quad : \quad 22.4m^3(0℃, 1atm)$$
  $$5kg \quad : \quad x$$
  $$x = \frac{5 \times 22.4}{76} = 1.473m^3(0℃, 1atm)$$

  이 반응식에서 CO_2 $1.473m^3$은 0℃, 1atm에서의 부피이므로 1atm, 25℃로 환산해준다.
- 샤르법칙에 적용하면
  $$\frac{V_1}{T_1} = \frac{V_2}{T_2}, \frac{1.473}{(273+0)} = \frac{V_2}{(273+25)}$$
  $$V_2 = \frac{1.473 \times (273+25)}{(273+0)} = 1.607m^3$$
  $$\therefore 1.61m^3$$

3　제4류 위험물인 에틸알코올에 대한 각 물음에 답하시오.

(1) 완전연소 반응식을 쓰시오.
(2) 칼륨과 반응 시 생성되는 기체의 명칭을 쓰시오.
(3) 에틸알코올과 이성질체인 디메틸에테르의 시성식을 쓰시오.

> **정답**
> (1) $C_2H_5OH + 3O_2 \longrightarrow 2CO_2 + 3H_2O$
> (2) 수소(H_2)
> (3) CH_3OCH_3

> **해설** 1. 에틸알코올(주정, C_2H_5OH) : 제4류 위험물 중 알코올류, 지정수량 400L
> - 인화점 13℃, 발화점 423℃, 연소범위 4.3~19%, 분자량 46
> - 무색투명한 휘발성액체로 특유한 향과 맛이 있으며 독성은 없다.
> - 술의 주성분으로 주정이라 한다.
> - 연소 시 연한불꽃을 내어 잘 보이지 않는다.
> $C_2H_5OH + 3O_2 \longrightarrow 2CO_2 + 3H_2O$
> - 요오드포름 반응한다(에탄올 검출반응).
> $C_2H_5OH + \boxed{KOH + I_2} \longrightarrow CHI_3 \downarrow$ (요오드포름 : 노란색 침전)
> - 알칼리금속(Na, K)과 반응 시 수소(H_2)를 발생한다.
> $2Na + 2C_2H_5OH \longrightarrow 2C_2H_5ONa + H_2 \uparrow$
> $2K + 2C_2H_5OH \longrightarrow 2C_2H_5OK + H_2 \uparrow$
> 2. 이성질체(이성체) : 분자식은 같고, 시성식이나 구조식이 다른 관계
>
> | 분류 | 에탄올 | 디메틸에테르 |
> |---|---|---|
> | 분자식 | C_2H_6O | |
> | 시성식 | C_2H_5OH | CH_3OCH_3 |
> | 구조식 | H H
\| \|
H－C－C－O－H
\| \|
H H | H H
\| \|
H－C－O－C－H
\| \|
H H |

4　다음 아래의 표는 할로겐 소화약제이다. 빈칸에 화학식을 쓰시오.

할론1301	할론2402	할론1211
①	②	③

> **정답**
> ① 할론 1301 : CF_3Br
> ② 할론 2402 : $C_2F_4Br_2$
> ③ 할론 1211 : CF_2ClBr

> **해설** 할로겐 소화약제 명명법
>
>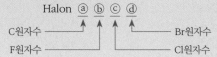
>
> Halon ⓐ ⓑ ⓒ ⓓ
> C원자수 ──── ⓐ
> F원자수 ──── ⓑ
> ⓒ ──── Cl원자수
> ⓓ ──── Br원자수

5 제3류 위험물인 인화칼슘에 대한 물음에 답하시오.

(1) 지정수량을 쓰시오.
(2) 물과 반응 시 생성되는 기체의 명칭을 화학식으로 쓰시오.

> **정답** (1) 지정수량 : 300kg   (2) PH_3
>
> **해설** 1. **인화칼슘(Ca_3P_2, 인화석회) : 제3류(금수성), 지정수량 300kg**
> - 물 또는 약산과 격렬히 분해반응하여 가연성·유독성인 인화수소(PH_3, 포스핀)가스 를 생성한다.
> $$Ca_3P_2 + 6H_2O \longrightarrow 3Ca(OH)_2 + 2PH_3 \uparrow (포스핀)$$
> $$Ca_3P_2 + 6HCl \longrightarrow 3CaCl_2 + 2PH_3 \uparrow (포스핀)$$
> - 물 소화약제는 절대금지하고 마른 모래 등으로 피복소화한다.
>
> 2. **제3류 위험물의 종류와 지정수량**
>
> | 성질 | 위험등급 | 품명 | 지정수량 |
> |---|---|---|---|
> | 자연발화성 및 금수성물질 | I | 칼륨[K] | 10kg |
> | | | 나트륨[Na] | |
> | | | 알킬알루미늄[($C_2H_5)_3$Al 등] | |
> | | | 알킬리튬[C_2H_5Li 등] | |
> | | | 황린[P_4] | 20kg |
> | | II | 알칼리금속(K, Na 제외) 및 알칼리토금속[Li, Ca] | 50kg |
> | | | 유기금속화합물[Te($C_2H_5)_2$ 등](알킬알루미늄, 알킬리튬 제외) | |
> | | III | 금속의 수소화합물[LiH 등] | 300kg |
> | | | 금속의 인화합물[Ca_3P_2 등] | |
> | | | 칼슘 또는 알루미늄의 탄화물[CaC_2 등] | |

6 제5류 위험물인 과산화벤조일의 구조식을 그리시오.

> **정답** 구조식 :
>
> **해설** **과산화벤조일[($C_6H_5CO)_2O_2$, 벤조일퍼옥사이드(BPO)] : 제5류 중 유기과산화물**
> - 무색무취의 백색분말 또는 결정이다.
> - 물에 불용, 알코올에는 약간 녹으며 유기용제(에테르, 벤젠 등)에는 잘 녹는다.
> - 희석제(DMP, DBP)와 물을 사용하여 폭발성을 낮출 수 있다.
> - 운반할 경우 30% 이상의 물과 희석제를 첨가하여 안전하게 수송한다.
> ※ 희석제 : 프탈산디메틸(DMP), 프탈산디부틸(DBP)

7 제6류 위험물로서 분자량이 63, 열분해 시 적갈색의 유독한 증기를 발생시키며 염산과 혼합하면 금과 백금을 부식시킬 수 있는 물질은 무엇인지 다음 물음에 답하시오.

(1) 이 물질의 화학식을 쓰시오.
(2) 이 물질의 지정수량을 쓰시오.

> **정답** (1) HNO_3 (2) 300kg
>
> --
>
> **해설** 질산(HNO_3) : 제6류 위험물, 지정수량 300kg, 비중 1.49 이상인 것(위험물 적용대상)
> - 흡습성, 자극성, 부식성이 강한 발연성액체이다.
> - 강산으로 직사광선에 의해 분해 시 적갈색의 이산화질소(NO_2)를 발생시킨다.
> $$4HNO_3 \longrightarrow 2H_2O + 4NO_2\uparrow + O_2\uparrow$$
> - 질산은 단백질과 반응 시 노란색으로 변한다(크산토프로테인반응 : 단백질검출 반응).
> - 왕수에 녹는 금속은 금(Au)과 백금(Pt)이다. (왕수＝염산(3)＋질산(1)의 부피의 비로 혼합액)
> - 진한질산은 금속과 반응 시 산화피막을 형성하는 부동태를 만든다.
>   (부동태를 만드는 금속 : Fe, Ni, Al, Cr, Co)
> - 진한질산은 물과 접촉 시 심하게 발열하고 가열 시 NO_2(적갈색)가 발생한다.
> - 저장 시 직사광선을 피하고 갈색병의 냉암소에 보관한다.
> - 소화 : 마른 모래, CO_2 등을 사용하고 소량이 경우 다량의 물로 희석소화한다.
>   (물로 소화 시 발열, 비산할 위험이 있으므로 주의한다)

8 과산화나트륨 1kg이 물과 반응 시 생성되는 기체는 350℃ 1기압에서 체적은 몇 L가 되겠는가?

> **정답** 327.68L
>
> --
>
> **해설**
> - 과산화나트륨(Na_2O_2)의 분자량＝$23 \times 2 + 16 \times 2 = 78$
> - 과산화나트륨과 물과의 반응식(산소기체가 발생함)
> $$2Na_2O_2 + 2H_2O \longrightarrow 4NaOH + O_2\uparrow$$
> $2 \times 78g \leftarrow$: 22.4L(0℃, 1atm)
>   1000g : x
>
> $$x = \frac{1000 \times 22.4}{2 \times 78} = 143.589L \ (0℃, 1atm)$$
>
>   이 반응식에서 O_2는 0℃, 1atm에서 부피가 143.589L이므로 350℃, 1atm으로 환산해준다.
> - 샤를법칙에 적용하면
> $$\frac{V_1}{T_1} = \frac{V_2}{T_2}, \ \frac{143.589}{(273+0)} = \frac{V_2}{(273+350)}$$
> $$V_2 = \frac{143.589 \times (273+350)}{(273+0)} = 327.677L$$
>   ∴ 327.68L

9 제1류 위험물과 혼재할 수 없는 위험물의 유별을 모두 쓰시오.

> **정답** 제2류 위험물, 제3류 위험물, 제4류 위험물, 제5류 위험물

> **해설** 1. 유별을 달리하는 위험물의 혼재 기준

위험물의 구분	제1류	제2류	제3류	제4류	제5류	제6류
제1류		×	×	×	×	○
제2류	×		×	○	○	×
제3류	×	×		○	×	×
제4류	×	○	○		○	×
제5류	×	○	×	○		×
제6류	○	×	×	×	×	

※ 이 표는 지정수량 $\frac{1}{10}$ 이하는 적용하지 않음

2. 서로 혼재 운반이 가능한 위험물(꼭 암기 바람)
- ④와 ②, ③ : 제4류와 제2류, 제4류와 제3류
- ⑤와 ②, ④ : 제5류와 제2류, 제5류와 제4류
- ⑥과 ① : 제6류와 제1류

10 벤젠 16g이 증기로 증발 시 1atm, 70℃에서 증기의 부피는 몇 L가 되겠는가?

> **정답** 5.77L

> **해설**
> - 벤젠의 분자량(C_6H_6) $= 12 \times 6 + 1 \times 6 = 78$
> - 이상기체상태방정식을 적용
>
> $$PV = nRT = \frac{W}{M}RT$$
>
> $$V = \frac{WRT}{PM}$$
>
> $$= \frac{16 \times 0.082 \times (273 + 70)}{1 \times 78} = 5.769L$$
>
> $$\therefore 5.77L$$

> | | |
> |---|---|
> | P : 압력(atm) | n : 몰수$\left(\frac{W}{M}\right)$ |
> | V : 부피(L) | M : 분자량 |
> | W : 질량(g) | |
> | R : 기체상수(0.082atm · L/mol · k) | |
> | T : 절대온도(273 + ℃)K | |

11 제3류 위험물인 황린의 완전연소반응식을 쓰시오.

정답 $P_4 + 5O_2 \longrightarrow 2P_2O_5$

해설 **황린[백린(P_4)]** : 제3류 위험물(자연발화성), 지정수량 20kg
- 백색 또는 담황색의 가연성 및 자연발화성고체(발화점 : 34℃)이다.
- pH=9인 약알칼리성의 물속에 저장한다.(CS_2에 잘 녹음)

> pH=9 이상인 강알칼리용액이 되면 가연성, 유독성의 포스핀(PH_3)가스가 발생
> 하고 공기 중 자연발화한다.(강알칼리 : KOH 수용액)
> $P_4 + 3KOH + 3H_2O \longrightarrow 3KH_2PO_2 + PH_3 \uparrow$

- 피부접촉 시 화상을 입고 공기 중 자연발화온도는 40~50℃이다.
- 공기보다 무겁고 마늘냄새가 나는 맹독성물질이다.
- 어두운 곳에서 인광을 내며 황린(P_4)을 260℃로 가열하면 적린(P)이 된다.(공기차단)
- 연소 시 오산화인(P_2O_5)의 흰 연기를 낸다.
  $P_4 + 5O_2 \longrightarrow 2P_2O_5$
- 소화 : 물분무, 포, CO_2, 건조사 등으로 질식소화한다.(고압주수소화는 황린을 비산
  시켜 연소면 확대분산의 위험이 있음)

12 다음은 제4류 위험물의 인화점에 관한 내용이다. ( ) 안에 알맞은 답을 쓰시오.

- 제1석유류 : 인화점이 섭씨 (①)도 미만
- 제2석유류 : 인화점이 섭씨 (②)도 이상 (③) 미만

정답 ① 21 ② 21 ③ 70

해설 **제4류 위험물의 정의(1기압에서)**
- 특수인화물 : 발화점 100℃ 이하, 인화점 −20℃ 이하이고 비점 40℃ 이하
- 제1석유류 : 인화점 21℃ 미만
- 제2석유류 : 인화점 21℃ 이상 70℃ 미만
- 제3석유류 : 인화점 70℃ 이상 200℃ 미만
- 제4석유류 : 인화점 200℃ 이상 250℃ 미만
- 동식물유류 : 인화점 250℃ 미만

1 위험물 제조소 또는 일반취급소에서 취급하는 제4류 위험물의 최대수량의 합이 지정수량의 48만 배 이상인 사업소에 두는 자체소방대의 기준에 대하여 다음 물음에 답하시오.

(1) 자체소방대원의 수를 쓰시오.
(2) 화학소방자동차의 대수를 쓰시오.

> **정답** ▶ (1) 20인　(2) 4대
>
> **해설** ▶ 1. 자체소방대 설치대상
> - 지정수량의 3,000배 이상의 제4류 위험물을 취급하는 제조소, 일반취급소
> - 지정수량 50만 배 이상의 제4류 위험물을 저장하는 옥외탱크저장소
>
> 2. 자체소방대에 두는 화학소방자동차 및 인원
>
> | 사업소 | 지정수량의 양 | 화학소방자동차 | 자체소방대원의 수 |
> |---|---|---|---|
> | 제조소 또는 일반취급소에서 취급하는 제4류 위험물의 최대수량의 합계 | 3천 배 이상 12만 배 미만인 사업소 | 1대 | 5인 |
> | | 12만 배 이상 24만 배 미만인 사업소 | 2대 | 10인 |
> | | 24만 배 이상 48만 배 미만인 사업소 | 3대 | 15인 |
> | | 48만 배 이상인 사업소 | 4대 | 20인 |
> | 옥외탱크저장소에 저장하는 제4류 위험물의 최대수량 | 50만 배 이상인 사업소 | 2대 | 10인 |

2 제3류 위험물인 트리에틸알루미늄과 물과의 반응식을 쓰시오.

> **정답** ▶ $(C_2H_5)_3Al + 3H_2O \longrightarrow Al(OH)_3 + 3C_2H_6$
>
> **해설** ▶ **알킬알루미늄(R-Al)** : 제3류(금수성물질), 지정수량 10kg
> - 알킬기(R-)에 알루미늄이 결합된 화합물로 탄소수가 $C_{1\sim4}$까지도 자연발화성의 위험성이 있다.
> - 트리에틸알루미늄[$(C_2H_5)_3Al$, TEA]은 물과 반응 시 에탄(C_2H_6)을 발생한다.(주수소화 절대엄금)
>
> $$(C_2H_5)_3Al + 3H_2O \longrightarrow Al(OH)_3 + 3C_2H_6 \uparrow$$
>
> - 저장용기에 불활성기체(N_2)를 봉입하여 저장한다.
> - 소화 시 주수소화는 절대엄금하고 팽창질석, 팽창진주암 등으로 피복소화한다.

3 제4류 위험물인 크실렌의 이성질체 3가지에 대한 명칭과 구조식을 쓰시오.

정답

명칭	오르토(ortho)-크실렌	메타(meta)-크실렌	파라(para)-크실렌
구조식			

해설 크실렌[자이렌, $C_6H_4(CH_3)_2$] : 제4류 위험물 중 제2석유류(비수용성), 지정수량 1,000L
크실렌은 3가지 이성질체가 있다.

명칭	오르토(o-크실렌)	메타(m-크실렌)	파라(p-크실렌)
인화점	32℃	25℃	25℃

4 금속나트륨과 에탄올과의 반응식을 쓰고 이 때 발생하는 기체의 명칭을 쓰시오.

정답 ① 반응식 : $2Na + 2C_2H_5OH \longrightarrow 2C_2H_5ONa + H_2$
② 기체의 명칭 : 수소(H_2)

해설 알칼리금속(Na, K)은 알코올 또는 물과 반응 시 수소(H_2)기체를 발생한다.
$2Na + 2C_2H_5OH \longrightarrow 2C_2H_5ONa + H_2 \uparrow$
$2K + 2C_2H_5OH \longrightarrow 2C_2H_5OK + H_2 \uparrow$
$2Na + 2H_2O \longrightarrow 2NaOH + H_2 \uparrow$
$2K + 2H_2O \longrightarrow 2KOH + H_2 \uparrow$

5 소화난이도 등급 Ⅰ의 제조소 또는 일반취급소에 설치해야 할 소화설비 종류 4가지를 쓰시오.

정답 ① 옥내소화전설비
② 옥외소화전설비
③ 스프링클러설비
④ 물분무등 소화설비

해설 소화난이도 등급 Ⅰ의 제조소등에 설치하여야 하는 소화설비

제조소 등의 구분	소화설비
제조소 및 일반취급소	옥내소화전설비, 옥외소화전설비, 스프링클러설비 또는 물분무 등 소화설비(화재발생 시 연기가 충만할 우려가 있는 장소에는 스프링클러설비 또는 이동식 외의 물분무 등 소화설비에 한한다)

6 주유취급소에 설치해야 하는 "주유 중 엔진정지" 게시판의 바탕 및 문자의 색상과 규격을 쓰시오.

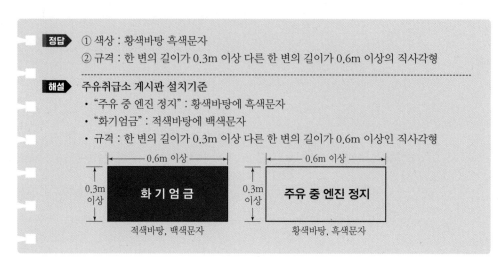

> **정답** ① 색상 : 황색바탕 흑색문자
> ② 규격 : 한 변의 길이가 0.3m 이상 다른 한 변의 길이가 0.6m 이상의 직사각형
>
> **해설** 주유취급소 게시판 설치기준
> • "주유 중 엔진 정지" : 황색바탕에 흑색문자
> • "화기엄금" : 적색바탕에 백색문자
> • 규격 : 한 변의 길이가 0.3m 이상 다른 한 변의 길이가 0.6m 이상인 직사각형
>
> |←——— 0.6m 이상 ———→| |←——— 0.6m 이상 ———→|
> 0.3m 이상 **화 기 엄 금**   0.3m 이상 **주유 중 엔진 정지**
> 적색바탕, 백색문자   황색바탕, 흑색문자

7 옥외저장소에 중유가 들어있는 드럼용기를 겹쳐 쌓아 저장되어 있는 경우 다음 각 물음에 답하시오.

(1) 기계에 의하여 하역하는 구조로 된 용기만을 겹쳐 쌓는 경우 저장 높이를 몇 m 초과할 수 없는가?
(2) 위험물을 수납한 용기를 선반에 저장하는 경우 저장 높이를 몇 m 초과할 수 없는가?
(3) 중유 드럼 용기만을 겹쳐 쌓아 저장하는 경우 저장 높이를 몇 m 초과할 수 없는가?

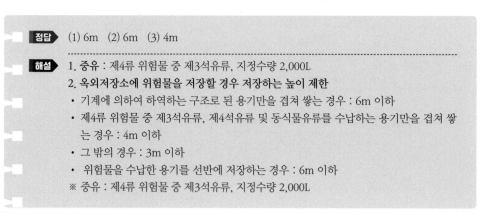

> **정답** (1) 6m   (2) 6m   (3) 4m
>
> **해설** 1. 중유 : 제4류 위험물 중 제3석유류, 지정수량 2,000L
> 2. 옥외저장소에 위험물을 저장할 경우 저장하는 높이 제한
> • 기계에 의하여 하역하는 구조로 된 용기만을 겹쳐 쌓는 경우 : 6m 이하
> • 제4류 위험물 중 제3석유류, 제4석유류 및 동식물유류를 수납하는 용기만을 겹쳐 쌓는 경우 : 4m 이하
> • 그 밖의 경우 : 3m 이하
> • 위험물을 수납한 용기를 선반에 저장하는 경우 : 6m 이하
> ※ 중유 : 제4류 위험물 중 제3석유류, 지정수량 2,000L

8 다음 설명에 대한 내용을 보고 ( ) 안에 알맞은 답을 쓰시오.

> "특수인화물"이라 함은 이황화탄소, 디에틸에테르 그 밖에 1기압에서 발화점이 섭씨 (①)도 이하인 것 또는 인화점이 섭씨 영하 (②)도 이하이고 비점이 섭씨 (③)도 이하인 것을 말한다.

정답 ① 100 ② 20 ③ 40

해설 제4류 위험물의 정의

성질	품명	지정품목	조건(1기압에서)	위험등급
인화성 액체	특수인화물	이황화탄소 디에틸에테르	• 발화점이 100℃ 이하 • 인화점이 −20℃ 이하이고 비점이 40℃ 이하인 것	Ⅰ
	제1석유류	아세톤 휘발유	인화점이 21℃ 미만인 것	Ⅱ
	알코올류	1분자의 탄소의 원자 수가 $C_1 \sim C_3$까지인 포화1가 알코올(변성알코올포함) 메틸알코올(CH_3OH), 에틸알코올(C_2H_5OH), 프로필알코올(C_3H_7OH)		
	제2석유류	등유, 경유	인화점이 21℃ 이상 70℃ 미만인 것	
	제3석유류	중유 클레오소트유	인화점이 70℃ 이상 200℃ 미만인 것	Ⅲ
	제4석유류	기어유 실린더유	인화점이 200℃ 이상 250℃ 미만인 것	
	동식물유류	동물의 지육 등 또는 식물의 종자나 과육으로부터 추출한 것으로서 인화점이 250℃ 미만인 것		

9 제2류 위험물인 마그네슘에 대하여 다음 각 물음에 답하시오.

(1) 마그네슘이 물과 접촉할 경우 반응식을 쓰시오.
(2) 화재 시 주수소화하면 안 되는 이유를 쓰시오.

정답 (1) $Mg + 2H_2O \longrightarrow Mg(OH)_2 + H_2$
(2) 가연성기체인 수소가 발생하여 폭발의 위험이 있다.

해설 마그네슘(Mg) : 제2류 위험물(가연성고체), 지정수량 500kg
• CO_2와 반응하여 가연성 물질(C)을 생성한다.
$$2Mg + CO_2 \longrightarrow 2MgO + 2C$$
• 산 및 온수와 반응하여 수소(H_2) 기체를 발생한다.
$$Mg + 2HCl \longrightarrow MgCl_2 + H_2 \uparrow$$
$$Mg + 2H_2O \longrightarrow Mg(OH)_2 + H_2 \uparrow$$
• 소화 : 이산화탄소와 주수소화는 금하고 소화분말, 건조사로 질식소화한다.

10 과산화나트륨의 완전열분해반응식과 표준상태에서 과산화나트륨 1kg이 열분해할 경우 산소의 부피(L)를 구하시오.

정답 ① 열분해반응식 : $2Na_2O_2 \longrightarrow 2Na_2O + O_2$
② 산소의 부피 : 143.59L

해설 **과산화나트륨(Na_2O_2) :** 제1류 위험물 (무기과산화물, 금수성), 지정수량 50kg
- 열분해하여 산소(O_2)를 발생한다.
  $2Na_2O_2 \longrightarrow 2Na_2O + O_2 \uparrow$
- 물 또는 이산화탄소(CO_2)와 반응하여 산소(O_2)를 발생한다.
  $2Na_2O_2 + 2H_2O \longrightarrow 4NaOH(수산화나트륨) + O_2 \uparrow (산소)$
  $2Na_2O_2 + 2CO_2 \longrightarrow 2Na_2CO_3(탄산나트륨) + O_2 \uparrow (산소)$
- 산과 반응하여 과산화수소(H_2O_2)를 생성한다.
  $Na_2O_2 + 2HCl \longrightarrow 2NaCl + H_2O_2 \uparrow (과산화수소)$
- 소화 시 주수 및 CO_2는 금하고 마른 모래로 피복소화한다.

풀이
- 과산화나트륨(Na_2O_2)의 분자량 $= 23 \times 2 + 16 \times 2 = 78$
- $2Na_2O_2 \longrightarrow 2Na_2O + O_2 \uparrow$
  $\underset{1,000g}{\overset{2 \times 78g}{}} \quad \underset{x}{\overset{22.4L(0℃, 1atm)}{}}$

  $x = \dfrac{1,000 \times 22.4}{2 \times 78} = 143.589L$

  ∴ 143.59L(표준상태 : 0℃, 1atm)

11 이황화탄소(CS_2)가 들어있는 드럼통에 화재가 발생할 경우 물에 의한 주수소화가 가능하다. 이 물질의 비중과 주수소화가 가능한 이유를 비교하여 설명하시오.

정답 이황화탄소(CS_2)의 비중이 1.26으로 물보다 무겁고 물에 녹지 않으므로 주수소화 시 화재면 위를 덮어 산소공급을 차단하는 질식소화 효과가 있다.

해설 **이황화탄소(CS_2) :** 제4류 위험물 중 특수인화물, 지정수량 50L
- 인화점 −30℃, 발화점 100℃, 연소범위 1.2~44%, 비중 1.26
- 무색투명한 액체, 불순물 존재 시 황색 및 불쾌한 냄새가 난다.
- 물보다 무겁고, 물에 녹지 않으며 알코올, 벤젠, 에테르 등에 잘 녹는다.
- 4류 위험물 중 발화점이 100℃로 가장 낮다.
- 연소 시 푸른색 불꽃을 내며 유독한 아황산가스를 발생한다.
  $CS_2 + 3O_2 \longrightarrow CO_2 \uparrow + 2SO_2 \uparrow$
- 저장 시 물속에 보관하여 가연성 증기의 발생을 억제시킨다.
- 소화 시 CO_2, 분말 소화약제 등으로 질식소화한다.

12 제3류 위험물 중 물과 반응성이 없고 공기 중에서 연소 시 흰 연기를 발생하는 물질의 명칭과 지정수량을 쓰시오.

정답 ① 황린 ② 20kg

해설 **황린(P₄)** : 제3류 위험물(자연발화성), 지정수량 20kg
- 백색 또는 담황색의 가연성 및 자연발화성 고체(발화점 : 34℃)이다.
- pH＝9인 약알칼리성의 물속에 저장한다. (CS₂에 잘 녹음)
- 피부접촉 시 화상을 입고 공기 중 자연발화온도는 40~50℃이다.
- 공기보다 무겁고 마늘냄새가 나는 맹독성물질이다.
- 어두운 곳에서 인광을 내며 황린(P_4)을 260℃로 가열하면 적린(P)이 된다.(공기차단)
- 연소 시 오산화인(P_2O_5)의 흰 연기를 낸다.
  $$P_4 + 5O_2 \longrightarrow 2P_2O_5 (오산화인 : 흰 연기)$$
- 소화 : 물분무, 포, CO_2, 건조사 등으로 질식소화한다.(고압주수소화는 황린을 비산시켜 연소면 확대분산의 위험이 있음)

과년도 기출문제 | 2014년 제4회

1 제3류 위험물인 칼슘이 물과 접촉할 경우 화학반응식을 쓰시오.

> **정답** $Ca + 2H_2O \longrightarrow Ca(OH)_2 + H_2$
>
> ---
>
> **해설** 칼슘(Ca) : 제3류 위험물(금수성물질), 지정수량 50kg
> - 은백색의 무른 경금속으로 연소 시 산화칼슘(CaO)이 된다.
> $$2Ca + O_2 \longrightarrow 2CaO$$
> - 물 또는 산과 반응하여 수소(H_2)를 발생한다.
> $$Ca + 2H_2O \longrightarrow Ca(OH)_2 + H_2 \uparrow$$
> $$Ca + 2HCl \longrightarrow CaCl_2 + H_2 \uparrow$$
> - 소화 : 마른 모래 등으로 질식소화한다.(주수소화는 절대엄금)

2 트리에틸알루미늄과 메탄올이 반응 시 폭발적으로 반응을 한다. 이때의 화학반응식을 쓰시오.

> **정답** $(C_2H_5)_3Al + 3CH_3OH \longrightarrow Al(CH_3O)_3 + 3C_2H_6$
>
> ---
>
> **해설** 알킬알루미늄($R-Al$) : 제3류 위험물(금수성물질), 지정수량 10kg
> - 알킬기($C_nH_{2n+1}-$, $R-$)에 알루미늄(Al)이 결합된 화합물이다.
> - 탄산수 $C_{1\sim4}$까지는 자연발화하고, C_5 이상은 연소반응하지 않는다.
> - 물과 반응 시 가연성가스를 발생한다.(주수소화 절대엄금)
>   트리메틸알루미늄[TMA, $(CH_3)_3Al$]
> $$(CH_3)_3Al + 3H_2O \longrightarrow Al(OH)_3 + 3CH_4 \uparrow \text{(메탄)}$$
>   트리에틸알루미늄[TEA, $(C_2H_5)_3Al$]
> $$(C_2H_5)_3Al + 3H_2O \longrightarrow Al(OH)_3 + 3C_2H_6 \uparrow \text{(에탄)}$$
> - 메탄올(CH_3OH)과 반응 시 가연성가스를 발생한다.
>   트리메틸알루미늄[TMA, $(CH_3)_3Al$]
> $$(CH_3)_3Al + 3CH_3OH \longrightarrow Al(CH_3O)_3 \text{(알루미늄메틸레이트)} + 3CH_4 \uparrow \text{(메탄)}$$
>   트리에틸알루미늄[TEA, $(C_2H_5)_3Al$]
> $$(C_2H_5)_3Al + 3CH_3OH \longrightarrow Al(CH_3O)_3 \text{(알루미늄메틸레이트)} + 3C_2H_6 \uparrow \text{(에탄)}$$
> - 저장 시 희석안정제(벤젠, 톨루엔, 헥산 등)를 이용하여 불활성기체(N_2)를 봉입한다.
> - 소화 : 팽창질석 도는 팽창진주암을 사용한다.(주수소화는 절대엄금)

3 다음 표에 혼재가 가능한 위험물은 O, 혼재가 불가능한 위험물은 X로 표시하시오. (단, 지정수량의 $\frac{1}{10}$을 초과하는 위험물에 적용한다)

구분	제1류	제2류	제3류	제4류	제5류	제6류
제1류		×	×		×	
제2류			×		O	
제3류		×			×	
제4류		O	O		O	
제5류		O	×			
제6류		×	×		×	

정답

위험물의 구분	제1류	제2류	제3류	제4류	제5류	제6류
제1류		×	×	×	×	O
제2류	×		×	O	O	×
제3류	×	×		O	×	×
제4류	×	O	O		O	×
제5류	×	O	×	O		×
제6류	O	×	×	×	×	

해설 서로 혼재 운반이 가능한 위험물(꼭 암기바람) : 표의 빈칸에 'O'표를 표시하는 방법
- ④와 ②, ③ : 가로줄 제4류에서 2류와 3류에 'O'표 한다.(세로줄도 동일 방법)
- ⑤와 ②, ④ : 가로줄 제5류에서 2류와 4류에 'O'표를 한다.(세로줄도 동일 방법)
- ⑥과 ① : 가로줄 제6류에서 1류와 'O'표를 한다.(세로줄도 동일 방법)

4 제2류 위험물인 오황화린과 물이 반응할 경우 화학반응식과 생성되는 기체의 명칭을 쓰시오

정답
① 반응식 : $P_2S_5 + 8H_2O \longrightarrow 5H_2S + 2H_3PO_4$
② 기체 명칭 : 황화수소(H_2S)

해설 황화린(P_4S_3, P_2S_5, P_4S_7) : 제2류(가연성고체), 지정수량 100kg
- 삼황화린(P_4S_3) : 황색결정으로 물, 염산, 황산 등에는 녹지 않고 질산, 알칼리, 이황화탄소(CS_2)에 녹는다.(조해성이 없다)
  $P_4S_3 + 8O_2 \longrightarrow 2P_2O_5 + 3SO_2\uparrow$
- 오황화린(P_2S_5) : 담황색결정으로 조해성·흡습성이 있다. 물, 알칼리와 반응하여 인산(H_3PO_4)과 황화수소(H_2S)를 발생한다.
  $P_2S_5 + 8H_2O \longrightarrow 2H_3PO_4 + 5H_2S\uparrow$
- 칠황화린(P_4S_7) : 담황색결정으로 조해성이 있으며 더운물에 급격히 분해하여 황화수소(H_2S)를 발생한다.

5 알칼리금속의 과산화물 운반용기에 표시해야 하는 주의사항 4가지를 쓰시오.

정답 ① 화기주의   ② 충격주의   ③ 물기엄금   ④ 가연물접촉주의

해설 위험물 운반용기의 외부 표시사항
- 위험물의 품명, 위험등급, 화학명 및 수용성(제4류 위험물의 수용성인 것에 한함)
- 위험물의 수량
- 수납하는 위험물에 따른 주의사항

유별	성질에 따른 구분	표시사항
제1류 위험물 (산화성고체)	알칼리금속의 과산화물	화기·충격주의, 물기엄금 및 가연물접촉주의
	그 밖의 것	화기·충격주의 및 가연물접촉주의
제2류 위험물 (가연성고체)	철분·금속분·마그네슘	화기주의 및 물기엄금
	인화성고체	화기엄금
	그 밖의 것	화기주의
제3류 위험물	자연발화성물질	화기엄금 및 공기접촉엄금
	금수성물질	물기엄금
제4류 위험물	인화성액체	화기엄금
제5류 위험물	자기반응성 물질	화기엄금 및 충격주의
제6류 위험물	산화성액체	가연물접촉주의

6 "제1석유류"라 함은 아세톤, 휘발유 그 밖에 1기압에서 인화점이 (　　)℃ 미만인 것을 말한다. (　) 안에 알맞은 답을 쓰시오.

정답 21

해설 제4류 위험물의 정의

성질	품명	지정품목	조건(1기압에서)	위험등급
인화성액체	특수인화물	이황화탄소 디에틸에테르	• 발화점이 100℃ 이하 • 인화점이 −20℃ 이하이고 비점이 40℃ 이하인 것	I
	제1석유류	아세톤 휘발유	인화점이 21℃ 미만인 것	II
	알코올류	1분자의 탄소의 원자 수가 $C_1{\sim}C_3$까지인 포화1가 알코올(변성알코올포함) 메틸알코올(CH_3OH), 에틸알코올(C_2H_5OH), 프로필알코올(C_3H_7OH)		
	제2석유류	등유, 경유	인화점이 21℃ 이상 70℃ 미만인 것	
	제3석유류	중유 클레오소트유	인화점이 70℃ 이상 200℃ 미만인 것	III
	제4석유류	기어유 실린더유	인화점이 200℃ 이상 250℃ 미만인 것	
	동식물유류	동물의 지육 등 또는 식물의 종자나 과육으로부터 추출한 것으로서 인화점이 250℃ 미만인 것		

7 에탄올의 완전연소반응식을 쓰시오.

> **정답** $C_2H_5OH + 3O_2 \longrightarrow 2CO_2 + 3H_2O$
>
> **해설** 에틸알코올(주정, C_2H_5OH) : 제4류 위험물 중 알코올류, 지정수량 400L
> - 인화점 13℃, 발화점 423℃, 연소범위 4.3~19%, 분자량 46
> - 무색투명한 휘발성액체로 특유한 향과 맛이 있으며 독성은 없다.
> - 술의 주성분으로 주정이라 한다.
> - 연소 시 연한 불꽃을 내어 잘 보이지 않는다.
> $C_2H_5OH + 3O_2 \longrightarrow 2CO_2 + 3H_2O$
> - 요오드포름 반응한다. (에탄올 검출반응)
> $C_2H_5OH + \boxed{KOH + I_2} \longrightarrow CHI_3\downarrow$ (요오드포름 : 노란색 침전)
> - 알칼리금속(Na, K)과 반응 시 수소(H_2)를 발생한다.
> $2Na + 2C_2H_5OH \longrightarrow 2C_2H_5ONa + H_2\uparrow$

8 제4류 위험물인 이황화탄소, 산화프로필렌, 에탄올을 발화점이 낮은 순으로 쓰시오.

> **정답** 이황화탄소, 에탄올, 산화프로필렌
>
> **해설** 제4류 위험물(인화성액체)
>
> | 품명 | 이황화탄소 | 산화프로필렌 | 에탄올(에틸알코올) |
> |---|---|---|---|
> | 화학식 | CS_2 | CH_3CHCH_2O | C_2H_5OH |
> | 유별 | 특수인화물 | 특수인화물 | 알코올류 |
> | 인화점 | $-30℃$ | $-37℃$ | 13℃ |
> | 발화점 | 100℃ | 465℃ | 423℃ |

9 제1종 분말소화약제의 주성분의 약제명을 화학식으로 쓰시오.

> **정답** $NaHCO_3$
>
> **해설** 분말소화약제의 종류
>
> | 종별 | 약제명 | 화학식 | 색상 | 적응화재 |
> |---|---|---|---|---|
> | 제1종 | 탄산수소나트륨 | $NaHCO_3$ | 백색 | B, C급 |
> | 제2종 | 탄산수소칼륨 | $KHCO_3$ | 담자(회)색 | B, C급 |
> | 제3종 | 제1인산암모늄 | $NH_4H_2PO_4$ | 담홍색 | A, B, C급 |
> | 제4종 | 탄산수소칼륨+요소 | $KHCO_3 + (NH_2)_2CO$ | 회색 | B, C급 |

10 이동저장탱크의 안전칸막이에 대한 설치 기준이다. (　) 안에 알맞은 것을 쓰시오.

> 이동저장탱크는 그 내부에 (①)L 이하마다 (②)mm 이상의 강철판 또는 이와 동등 이상의 강도·내열성 및 내식성이 있는 금속성의 것으로 칸막이를 설치하여야 한다.

정답 ① 4,000 ② 3.2

해설 이동저장탱크의 구조의 설치기준
- 탱크의 두께는 3.2mm 이상의 강철판으로 제작할 것
- 이동저장탱크는 그 내부에 4,000L 이하마다 3.2mm 이상의 강철판 또는 이와 동등 이상의 강도·내열성 및 내식성이 있는 금속성의 것으로 칸막이를 설치할 것
- 방파판은 두께 1.6mm 이상의 강철판으로 제작할 것

11 원자량 23, 비중 0.97, 노란색 불꽃 반응을 하는 물질에 대한 다음 각 물음에 답하시오.

(1) 물질의 원소기호를 쓰시오.
(2) 물질의 지정수량을 쓰시오.

정답 (1) Na　(2) 10kg

해설 나트륨(Na) : 제3류 위험물(자연발화성, 금수성), 지정수량 10kg
- 원자량 23, 비중 0.97, 융점 97.7℃의 은백색의 경금속이다.
- 공기 중 연소 시 노란색 불꽃을 내며 산화나트륨(Na_2O)이 된다.
  $4Na + O_2 \longrightarrow 2Na_2O$ (회백색)

구분	칼륨(K)	나트륨(Na)	칼슘(Ca)	리튬(Li)	바륨(Ba)
불꽃색상	보라색	노란색	주황색	적색	황록색

- 물(수분) 및 알코올과 반응 시 수소(H_2)를 발생, 자연발화한다.
  $2Na + 2H_2O \longrightarrow 2NaOH + H_2 \uparrow + 88.2kcal$
  $2Na + 2C_2H_5OH \longrightarrow 2C_2H_5ONa + H_2 \uparrow$
- 보호액으로 석유류(유동파라핀, 등유, 경유) 속에 보관한다.
- 소화 : 마른 모래 등으로 질식소화한다. (피부 접촉 시 화상주의)

12 다음은 주유취급소에 설치하는 탱크용량의 기준이다. ( ) 안에 알맞은 것을 쓰시오.

(1) 고속국도의 도로변에 설치하지 않는 고정주유설비에 직접 접속하는 전용탱크로서 (   )L 이하의 것으로 할 것

(2) 고속국도의 도로변에 설치된 주유취급소에 있어서는 탱크의 용량을 (   )L까지 할 수 있다.

> **정답** (1) 50,000   (2) 60,000
>
> **해설** 주유취급소의 탱크용량 기준
>
> | 저장탱크의 종류 | 탱크의 용량 |
> |---|---|
> | 고정주유설비 | 50,000L 이하 |
> | 고정급유설비 | 50,000L 이하 |
> | 보일러 전용탱크 | 10,000L 이하 |
> | 폐유탱크 | 2,000L 이하 |
> | 간이탱크 | 600L × 3기 이하 |
> | 고속국도의 탱크 | 60,000L 이하 |

13 제조소 또는 일반취급소에서 취급하는 제4류 위험물의 최대수량의 합이 지정수량의 12만 배 이상 24만 배 미만인 사업소에 두어야 할 자체소방대의 화학소방자동차와 자체소방대원의 수는 각각 얼마인가?

> **정답** ① 화학소방차 대수 : 2대 이상   ② 자체소방대원의 수 : 10인 이상
>
> **해설** 자체소방대에 두는 화학소방자동차 및 인원
> (제조소, 일반취급소에 취급하는 제4류 위험물의 최대수량의 합)
>
> | 사업소 | 지정수량의 양 | 화학소방자동차 | 자체소방대원의 수 |
> |---|---|---|---|
> | 제조소 또는 일반취급소에서 취급하는 제4류 위험물의 최대수량의 합계 | 3천 배 이상 12만 배 미만인 사업소 | 1대 | 5인 |
> | | 12만 배 이상 24만 배 미만인 사업소 | 2대 | 10인 |
> | | 24만 배 이상 48만 배 미만인 사업소 | 3대 | 15인 |
> | | 48만 배 이상인 사업소 | 4대 | 20인 |
> | 옥외탱크저장소에 저장하는 제4류 위험물의 최대수량 | 50만 배 이상인 사업소 | 2대 | 10인 |

14 다음 표의 빈칸에 유별과 지정수량을 쓰시오.

품명	유별	지정수량
칼륨	①	②
질산염류	③	④
니트로화합물	⑤	⑥
질산	⑦	⑧

정답 ① 제3류 위험물 ② 10kg
③ 제1류 위험물 ④ 300kg
⑤ 제5류 위험물 ⑥ 200kg
⑦ 제6류 위험물 ⑧ 300kg

해설
- 칼륨(K) : 제3류 위험물(자연발화성, 금수성), 지정수량 10kg (위험등급 Ⅰ)
- 질산염류 : 제1류 위험물(산화성고체), 지정수량 300kg (위험등급 Ⅱ)
- 니트로화합물 : 제5류 위험물(자기반응성물질), 지정수량 200kg (위험등급 Ⅱ)
- 질산(HNO_3) : 제6류 위험물(산화성액체), 지정수량 300kg (위험등급 Ⅰ)

1 제4류 위험물인 크실렌의 이성질체 3가지에 대한 명칭과 구조식을 쓰시오.

> **정답**

명칭	오르토(ortho)-크실렌	메타(meta)-크실렌	파라(para)-크실렌
구조식	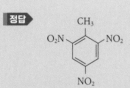 CH₃ ╱CH₃	CH₃ CH₃	CH₃ CH₃

> **해설** 크실렌[자이렌, $C_6H_4(CH_3)_2$] : 제4류 위험물 중 제2석유류(비수용성), 지정수량 1,000L
> 크실렌은 3가지 이성질체가 있다.

명칭	오르토(o-크실렌)	메타(m-크실렌)	파라(p-크실렌)
인화점	32℃	25℃	25℃

2 제5류 위험물인 트리니트로톨루엔의 구조식을 쓰시오.

> **정답**
>
> O_2N━ CH₃ ━NO_2
> NO_2

> **해설** 트리니트로톨루엔[TNT, $C_6H_2CH_3(NO_2)_3$] : 제5류 위험물 중 니트로화합물, 지정수량
> 200kg
> - 담황색 결정이나 햇빛에 의해 다갈색으로 변한다.
> - 물에 불용, 에테르, 벤젠, 아세톤, 알코올에 잘 녹는다.
> - 진한황산 촉매 하에 톨루엔과 질산을 니트로화 반응시켜 만든다.
>
> $$C_6H_5CH_3 + 3HNO_3 \xrightarrow[\text{니트로화}]{c-H_2SO_4} C_6H_2CH_3(NO_2)_3 + 3H_2O$$
>
> - 폭발력이 강하여 폭약에 사용한다.
> - 분해 폭발 시 질소, 일산화탄소, 수소기체가 발생한다.
>
> $$2C_6H_2CH_3(NO_2)_3 \longrightarrow 2C + 12CO + 3N_2\uparrow + 5H_2\uparrow$$
>
> - 운반 시 물을 10% 정도 넣어서 운반한다.
> - 소화 : 연소속도가 빨라서 소화가 어려우나 다량의 물로 소화한다.

3 금속칼륨에 주수소화하면 안 되는 이유를 쓰시오.

> **정답▶** 물과 반응하여 가연성가스인 수소를 발생하고 또한 격렬하게 발열반응을 하여 폭발의 위험성이 있기 때문이다.
>
> --
>
> **해설▶** **칼륨(K)** : 제3류 위험물(자연발화성, 금수성물질), 지정수량 10kg
> - 은백색의 무른 경금속, 보호액으로 석유류(등유, 경유, 유동파라핀) 속에 보관한다.
> - 가열 시 보라색 불꽃을 내며 연소한다.
> - 수분과 반응 시 수소(H_2)를 발생하고 자연발화하며 폭발하기 쉽다.
> $$2K + 2H_2O \longrightarrow 2KOH + H_2 \uparrow + 92.8kcal$$
> - 이온화 경향이 큰 금속(활성도가 큼)이며 알코올과 반응하여 수소(H_2)를 발생한다.
> $$2K + 2C_2H_5OH \longrightarrow 2C_2H_5OK + H_2 \uparrow$$
> - CO_2와 폭발적으로 반응한다. (CO_2 소화기 사용금지)
> $$4K + CO_2 \longrightarrow 2K_2CO_3 + C$$
> - 소화 : 마른 모래 등으로 질식소화한다. (피부 접촉 시 화상 주의)

4 아세트알데히드에 대한 다음 각 물음에 답하시오.

(1) 시성식을 쓰시오.
(2) 품명을 쓰시오.
(3) 지정수량을 쓰시오.
(4) 에틸렌의 직접 산화방식의 제조 반응식을 쓰시오.

> **정답▶** (1) CH_3CHO
> (2) 특수인화물
> (3) 50L
> (3) $2C_2H_4 + O_2 \longrightarrow 2CH_3CHO$
>
> --
>
> **해설▶** **아세트알데히드(CH_3CHO)** : 제4류 위험물의 특수인화물, 지정수량 50L
> - 인화점 −39℃, 발화점 185℃, 연소범위 4.1~57%
> - 휘발성이 강하고, 과일냄새가 나는 무색 액체이다.
> - 물, 에테르, 에탄올에 잘 녹는다. (수용성)
> - 환원성 물질로 은거울반응, 펠링반응, 요오드포름반응 등을 한다.
> - 저장용기 사용 시 구리(Cu), 은(Ag), 수은(Hg), 마그네슘(Mg) 및 이들과의 합금용기는 사용을 금한다. (중합반응을 하기 때문)
> - 에틸렌에 의한 제조법(직접산화법) : 염화구리($CuCl_2$) 또는 염화파라듐($PdCl_2$)의 촉매 하에 에틸렌(C_2H_4)을 산화시켜 제조한다.
>   제조 반응식 : $2C_2H_4 + O_2 \longrightarrow 2CH_3CHO$
> - 소화 : 알코올용포, 다량의 물, CO_2 등으로 질식소화한다.

5 다음 위험물 중 비중이 1보다 큰 것을 [보기]에서 모두 고르시오.

보기   이황화탄소, 글리세린, 산화프로필렌, 클로로벤젠, 피리딘

정답 이황화탄소, 글리세린, 클로로벤젠

해설 제4류 위험물의 비중

구분	이황화탄소	글리세린	산화프로필렌	클로로벤젠	피리딘
유별	특수인화물	제3석유류	특수인화물	제2석유류	제1석유류
비중(액체)	1.26	1.26	0.83	1.11	0.98

6 제4류 위험물인 이황화탄소의 완전연소 반응식을 쓰시오.

정답 $CS_2 + 3O_2 \longrightarrow CO_2 + 2SO_2$

해설 **이황화탄소(CS_2)** : 제4류 위험물 중 특수인화물, 지정수량 50L
- 인화점 $-30℃$, 발화점 $100℃$, 연소범위 $1.2~44\%$, 비중 1.26
- 무색투명한 액체, 불순물 존재 시 황색 및 불쾌한 냄새가 난다.
- 물보다 무겁고, 물에 녹지 않으며 알코올, 벤젠, 에테르 등에 잘 녹는다.
- 4류 위험물 중 발화점이 $100℃$로 가장 낮다.
- 연소 시 유독한 아황산가스(SO_2)를 발생한다.
  $$CS_2 + 3O_2 \longrightarrow CO_2 \uparrow + 2SO_2 \uparrow$$
- 저장 시 물속에 보관하여 가연성 증기의 발생을 억제시킨다.
- 소화 : CO_2, 분말 소화약제 등으로 질식소화한다.

7 질산메틸의 증기비중을 구하시오.

정답 2.66

해설 **질산메틸(CH_3NO_3)** : 제5류 위험물 중 질산에스테르류, 지정수량 10kg
- CH_3NO_3 분자량 $= 12 + 1 \times 3 + 14 + 16 \times 3 = 77$
- 증기비중 $= \dfrac{\text{분자량}}{\text{공기의평균분자량}(29)} = \dfrac{77}{29} = 2.66$

8 인화칼슘에 대한 다음 각 물음에 답하시오.

(1) 제 몇 류 위험물인가?
(2) 지정수량을 쓰시오.
(3) 물과 반응식을 쓰시오.
(4) 물과 반응 후 생성되는 가스의 명칭을 쓰시오.

> **정답** (1) 제3류 위험물
> (2) 300kg
> (3) $Ca_3P_2 + 6H_2O \longrightarrow 3Ca(OH)_2 + 2PH_3$
> (4) 인화수소(포스핀)
> ----
> **해설** 인화칼슘(Ca_3P_2) : 제3류 위험물 중 금속의 인화합물(금수성), 지정수량 300kg
> - 적갈색의 괴상의 고체이다.
> - 물 또는 묽은 산과 반응하여 가연성과 맹독성인 인화수소(PH_3 : 포스핀)가스를 발생한다.
> $$Ca_3P_2 + 6H_2O \longrightarrow 3Ca(OH)_2 + 2PH_3 \uparrow$$
> $$Ca_3P_2 + 6HCl \longrightarrow 3CaCl_2 + 2PH_3 \uparrow$$
> - 소화 : 마른 모래 등으로 피복소화한다. (주수 및 포소화 약제는 절대 엄금)

9 다음은 위험물의 운반기준이다. (   )을 채우시오.

(1) 고체위험물은 운반용기 내용적의 (①)% 이하의 수납률로 수납할 것
(2) 액체위험물은 운반용기 내용적의 (②)% 이하의 수납률로 수납하되, (③)℃의 온도에서 누설되지 아니하도록 충분한 공간용적을 유지하도록 할 것

> **정답** ① 95 ② 98 ③ 55
> ----
> **해설** 1. **위험물 운반용기의 내용적 수납률**
> - 고체 : 내용적의 95% 이하
> - 액체 : 내용적의 98% 이하(55℃에서 누설되지 않도록 공간유지)
> - 제3류 위험물의 자연발화성 물질 중 알킬알루미늄 등
>   - 자연발화성 물질은 불활성기체를 봉입하여 밀봉할 것(공기와 접촉금지)
>   - 내용적의 90% 이하로 하되 50℃에서 5% 이상 공간용적을 유지할 것
> 2. **저장탱크의 용량**=탱크의 내용적－탱크의 공간용적
> - 저장탱크의 용량범위 : 90~95%

10 제4류 위험물 저장소의 주의사항 게시판에 대한 각 물음에 답하시오.

(1) 게시판의 크기를 쓰시오.
(2) 주의사항 게시판의 색상을 쓰시오.
(3) 게시판의 주의사항을 쓰시오.

정답 ▶ (1) 한 변의 길이가 0.3m 이상, 다른 한 변의 길이가 0.6m 이상인 직사각형
(2) 적색 바탕에 백색 문자
(3) 화기엄금

해설 **제조소의 표지 및 게시판**
1. 표지의 설치기준
• 표지의 기재사항 : '위험물 제조소'라고 표지
   하여 설치
• 표지의 크기 : 0.3m 이상×0.6m 이상인 직
   사각형
• 표지의 색상 : 백색바탕에 흑색문자

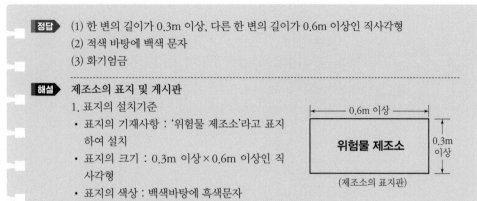

(제조소의 표지판)

2. 게시판 설치기준
• 기재사항 : 위험물의 유별, 품명, 저장(취급) 최대수량, 지정수량의 배수, 안전관리자
   의 성명(직명)
• 게시판의 크기 : 0.3m 이상×0.6m 이상인 직사각형
• 게시판의 색상 : 백색바탕에 흑색문자
3. 주의사항 표시 게시판(크기 : 0.3m 이상×0.6m 이상인 직사각형)

위험물의 종류	주의사항	게시판의 색상
제1류 위험물 중 알칼리금속의 과산화물 제3류 위험물 중 금수성물질	물기엄금	청색바탕에 백색문자
제2류 위험물(인화성고체는 제외)	화기주의	
제2류 위험물 중 인화성고체 제3류 위험물 중 자연발화성물질 제4류 위험물 제5류 위험물	화기엄금	적색바탕에 백색문자

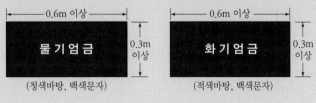

(청색바탕, 백색문자)   (적색바탕, 백색문자)

11 황화린에 대하여 다음 각 물음에 답을 쓰시오.

(1) 제 몇 류 위험물인가?
(2) 지정수량을 쓰시오.
(3) 황화린의 종류 3가지를 화학식으로 쓰시오.

> **정답** (1) 제2류 위험물
> (2) 100kg
> (3) P_4S_3, P_2S_5, P_4S_7
>
> ---
>
> **해설** **황화린** : 제2류 위험물(가연성고체), 지정수량 100kg
> - 황화린은 삼황화린(P_4S_3), 오황화린(P_2S_5), 칠황화린(P_4S_7)의 3종류가 있으며 분해 시 유독한 가연성인 황화수소(H_2S)가스를 발생한다.
> - 소화 시 다량의 물로 냉각소화가 좋으며 때에 따라 질식소화도 효과가 있다.
>
> **황화린의 종류 (꼭 암기할 것★★★★)**
> 1. 삼황화린(P_4S_3)
> - 황색결정으로 조해성은 없다.
> - 질산, 알칼리, 이황화탄소(CS_2)에 녹고 물, 염산, 황산에는 녹지 않는다.
> - 자연발화하고 연소 시 유독한 오산화인(P_2O_5)과 아황산가스(SO_2)를 발생한다.
> $$P_4S_3+8O_2 \longrightarrow 2P_2O_5+3SO_2\uparrow$$
> 2. 오황화린(P_2S_5)
> - 담황색결정으로 조해성이 있어 수분 흡수 시 분해한다.
> - 알코올, 이황화탄소(CS_2)에 잘 녹는다.
> - 물, 알칼리와 반응 시 인산(H_3PO_4)과 황화수소(H_2S)가스를 발생한다.
> $$P_2S_5+8H_2O \longrightarrow 5H_2S+2H_3PO_4$$
> 3. 칠황화린(P_4S_7)
> - 담황색결정으로 조해성이 있어 수분 흡수 시 분해한다.
> - 이황화탄소(CS_2)에 약간 녹고 냉수에는 서서히, 더운물에는 급격히 분해하여 유독한 황화수소와 인산을 발생한다.

12 제4류 위험물로서 흡입 시 시신경마비, 인화점 11℃, 발화점 464℃인 위험물의 명칭과 지정수량을 쓰시오.

> **정답** ① 명칭 : 메틸알코올(CH_3OH)
> ② 지정수량 : 400L
>
> ---
>
> **해설** **메틸알코올(목정, CH_3OH)** : 제4류 위험물 중 알코올류, 지정수량 400L
> - 인화점 11℃, 발화점 464℃, 연소범위 7.3~36%
> - 물, 유기용매에 잘 녹고 독성이 강하여 마시면 실명 또는 사망한다.
> - 연소 시 연한 불꽃을 내어 잘 보이지 않는다.
> $$2CH_3OH+3O_2 \longrightarrow 2CO_2+4H_2O$$
> - 소화 : 알코올용포, 다량의 주수소화한다.

13 위험물안전관리법령에 따른 위험물저장, 취급기준이다. 다음 ( )을 채우시오.

① 제( )류 위험물은 가연물과의 접촉·혼합이나 분해를 촉진하는 물품과의 접근 또는 과열·충격·마찰 등을 피하는 한편, 알칼리금속의 과산화물 및 이를 함유한 것에 있어서는 물과의 접촉을 피하여야 한다.
② 제( )류 위험물은 산화제와의 접촉·혼합이나 불티·불꽃·고온체와의 접근 또는 과열을 피하는 한편, 철분·금속분·마그네슘 및 이를 함유한 것에 있어서는 물이나 산과의 접촉을 피하고 인화성 고체에 있어서는 함부로 증기를 발생시키지 아니하여야 한다.
③ 제( )류 위험물은 불티·불꽃·고온체와의 접근이나 과열·충격 또는 마찰을 피하여야 한다

정답 ① 1 ② 2 ③ 5

해설 **위험물의 유별 저장(취급)의 공통기준**
- 제1류 위험물은 가연물과의 접촉·혼합이나 분해를 촉진하는 물품과의 접근 또는 과열·충격·마찰 등을 피하는 한편, 알칼리금속의 과산화물 및 이를 함유한 것에 있어서는 물과의 접촉을 피하여야 한다.
- 제2류 위험물은 산화제와의 접촉·혼합이나 불티·불꽃·고온체와의 접근 또는 과열을 피하는 한편, 철분·금속분·마그네슘 및 이를 함유한 것에 있어서는 물이나 산과의 접촉을 피하고 인화성 고체에 있어서는 함부로 증기를 발생시키지 아니하여야 한다.
- 제3류 위험물 중 자연발화성물질에 있어서는 불티·불꽃 또는 고온체와의 접근·과열 또는 공기와의 접촉을 피하고, 금수성물질에 있어서는 물과의 접촉을 피하여야 한다.
- 제4류 위험물은 불티·불꽃·고온체와의 접근 또는 과열을 피하고, 함부로 증기를 발생시키지 아니하여야 한다.
- 제5류 위험물은 불티·불꽃·고온체와의 접근이나 과열·충격 또는 마찰을 피하여야 한다.
- 제6류 위험물은 가연물과의 접촉·혼합이나 분해를 촉진하는 물품과의 접근 또는 과열을 피하여야 한다.

1 제1종 분말소화약제의 열분해반응식을 270℃와 850℃일 때 각각 구분하여 쓰시오.

> **정답** 제1종 분말소화약제($NaHCO_3$) 열분해반응식
> ① 270℃ : $2NaHCO_3 \longrightarrow Na_2CO_3+H_2O+CO_2$
> ② 850℃ : $2NaHCO_3 \longrightarrow 2CO_2+H_2O+Na_2O$

> **해설** 분말소화약제 열분해반응식
>
> | 종류 | 주성분 | 색상 | 적응화재 | 열분해반응식 |
> |------|--------|------|----------|--------------|
> | 제1종 | 탄산수소나트륨 ($NaHCO_3$) | 백색 | B, C급 | • 1차(270℃)
$2NaHCO_3 \longrightarrow Na_2CO_3+CO_2+H_2O$
• 2차(850℃)
$2NaHCO_3 \longrightarrow Na_2O+2CO_2+H_2O$ |
> | 제2종 | 탄산수소칼륨 ($KHCO_3$) | 담자(회)색 | B, C급 | • 1차(190℃)
$2KHCO_3 \longrightarrow K_2CO_3+CO_2+H_2O$
• 2차(590℃)
$2KHCO_3 \longrightarrow K_2O+2CO_2+H_2O$ |
> | 제3종 | 제1인산암모늄 ($NH_4H_2PO_4$) | 담홍색 | A, B, C급 | $NH_4H_2PO_4 \longrightarrow NH_3+H_2O+HPO_3$(메타인산)
• 1차(190℃) : $NH_4H_2PO_4 \longrightarrow$
$NH_3+H_3PO_4$(인산, 오르토인산) |
> | 제4종 | 탄산수소칼륨+요소 [$KHCO_3+(NH_2)_2CO$] | 회(백)색 | B, C급 | $2KHCO_3+(NH_2)_2CO \longrightarrow$
$K_2CO_3+2NH_3+2CO_2$ |
>
> ※ 제1종 및 제2종 분말소화약제 열분해반응식에서 제 몇차 또는 열분해 온도의 조건이 주어지지 않은 경우에는 제1차 열분해반응식을 쓰면 된다.

2 다음 [보기] 물질 중 인화점이 낮은 것부터 순서대로 나열하시오.

> **보기**　　　이황화탄소, 아닐린, 메틸알코올, 아세톤

> **정답** ① 이황화탄소　② 아세톤　③ 메틸알코올　④ 아닐린

> **해설** 제4류 위험물(인화성액체)
>
> | 구분 | 이황화탄소 | 아세톤 | 메틸알코올 | 아닐린 |
> |------|-----------|--------|-----------|--------|
> | 화학식 | CS_2 | CH_3COCH_3 | CH_3OH | $C_6H_6NH_2$ |
> | 유별 | 특수인화물 | 제1석유류 | 알코올류 | 제3석유류 |
> | 인화점 | −30℃ | −18℃ | 11℃ | 75℃ |
> | 발화점 | 100℃ | 538℃ | 464℃ | 538℃ |

3 탄화칼슘 32g이 물과 반응하여 생성되는 기체가 완전연소하는 데 필요한 산소의 부피(L)를 구하시오.

정답 산소의 부피 : 28L

해설 **탄화칼슘(카바이트, CaC_2) :** 제3류 위험물(금수성), 지정수량 300kg
- 회백색의 불규칙한 괴상의 고체이다.
- 물과 반응하여 수산화칼슘[$Ca(OH)_2$]과 아세틸렌(C_2H_2)가스를 발생한다.
$$CaC_2 + 2H_2O \longrightarrow Ca(OH)_2 + C_2H_2 \uparrow$$
- 고온(700℃ 이상)에서 질소(N_2)와 반응하여 석회질소($CaCN_2$)를 생성한다.(질화반응)
$$CaC_2 + N_2 \longrightarrow CaCN_2 + C$$
- 장기보관 시 용기 내에 불연성가스(N_2 등)를 봉입하여 저장한다.
- 소화 : 마른 모래 등으로 피복소화한다. (주수 및 포는 절대엄금)

아세틸렌(C_2H_2)
- 폭발범위(연소범위)가 매우 넓다.(2.5~81%)
- 연소반응식 : $2C_2H_2 + 5O_2 \longrightarrow 4CO_2 + 2H_2O$

풀이
- 탄화칼슘(CaC_2)의 분자량 : $40 + 12 \times 2 = 64$
- 탄화칼슘과 물과의 반응식에서 아세틸렌기체가 발생한다.

$$CaC_2 + 2H_2O \longrightarrow Ca(OH)_2 + C_2H_2 \uparrow$$

64g	:	22.4L
32g	:	x

$$x = \frac{32 \times 22.4}{64} = 11.2L\text{(아세틸렌 발생)}$$

- 아세틸렌의 완전연소반응식(생성된 아세틸렌 11.2L가 연소 시 필요한 산소의 부피를 구한다)

$$2C_2H_2 + 5O_2 \longrightarrow 4CO_2 + 2H_2O$$

$2 \times 22.4L$	:	$5 \times 22.4L$
11.2L	:	x

$$x = \frac{11.2 \times 5 \times 22.4}{2 \times 22.4} = 28L\text{(산소의 부피)}$$

4 지정수량이 10배 이상인 유기과산화물과 혼재 불가능한 위험물을 유별로 모두 쓰시오.

정답 제1류 위험물, 제3류 위험물, 제6류 위험물

해설 1. 유별을 달리하는 위험물의 혼재기준

위험물의 구분	제1류	제2류	제3류	제4류	제5류	제6류
제1류		×	×	×	×	○
제2류	×		×	○	○	×
제3류	×	×		○	×	×
제4류	×	○	○		○	×
제5류	×	○	×	○		×
제6류	○	×	×	×	×	

※ 이 표는 지정수량 $\frac{1}{10}$ 이하의 위험물은 적용하지 않음

※ 유기과산화물은 제5류 위험물에 해당된다.

2. 서로 혼재 운반이 가능한 위험물(꼭 암기 바람)
- ④와 ②, ③ : 제4류와 제2류, 제4류와 제3류
- ⑤와 ②, ④ : 제5류와 제2류, 제5류와 제4류
- ⑥과 ① : 제6류와 제1류

5 분자량이 78, 착화온도 562℃인 물질로서 Ni 촉매 하에 300℃에서 수소를 첨가 반응시켜 시클로헥산이 생성된다. 이 물질의 명칭과 구조식을 쓰시오.

정답 ① 명칭 : 벤젠
② 구조식 :

해설 벤젠(C_6H_6) : 제4류 위험물 중 제1석유류, 지정수량 200L
- 인화점 −11℃, 발화점 562℃, 연소범위 1.4~7.1%, 융점 5.5℃
- 무색투명한 방향성 냄새를 가진 휘발성이 강한 액체이다.
- 증기는 마취성, 독성이 강하다.
- 물에 녹지 않고 알코올, 에테르, 아세톤 등의 유기용제에 잘 녹는다.
- 벤젠에 니켈(Ni) 촉매 하에 수소(H_2)를 부가(첨가) 반응시키면 시클로헥산이 된다.

(벤젠)   (시클로헥산)

6 질산암모늄 800g이 완전열분해하는 경우 발생되는 기체부피(L)는 표준상태에서 전부 얼마가 되겠는가?

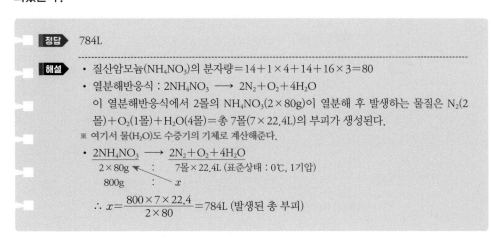

정답 784L

해설
- 질산암모늄(NH_4NO_3)의 분자량=$14+1×4+14+16×3=80$
- 열분해반응식 : $2NH_4NO_3 \longrightarrow 2N_2+O_2+4H_2O$
  이 열분해반응식에서 2몰의 NH_4NO_3($2×80g$)이 열분해 후 발생하는 물질은 N_2(2몰)$+O_2$(1몰)$+H_2O$(4몰)=총 7몰($7×22.4L$)의 부피가 생성된다.
  ※ 여기서 물(H_2O)도 수증기의 기체로 계산해준다.
- $2NH_4NO_3 \longrightarrow 2N_2+O_2+4H_2O$
  $\quad 2×80g \quad : \quad 7몰×22.4L$ (표준상태 : 0℃, 1기압)
  $\quad 800g \quad : \quad x$
  $\therefore x=\dfrac{800×7×22.4}{2×80}=784L$ (발생된 총 부피)

7 위험물안전관리법령상 제4류 위험물 중 에틸렌글리콜, 시안화수소, 글리세린은 제 몇 석유류인지 쓰시오.

정답
① 시안화수소 : 제1석유류
② 에틸렌글리콜, 글리세린 : 제3석유류

해설 **제4류 위험물의 종류와 지정수량**

성질	위험등급		품명(주요품목)	지정수량
인화성 액체	I		특수인화물[디에틸에테르, 이황화탄소, 아세트알데히드, 산화프로필렌]	50L
	II	제1석유류	비수용성[가솔린, 벤젠, 톨루엔, 콜로디온, 메틸에틸케톤 등]	200L
			수용성[아세톤, 피리딘, 초산에틸, 의산메틸, 시안화수소 등]	400L
		알코올류[메틸알코올, 에틸알코올, 프로필알코올, 변성알코올]		400L
	III	제2석유류	비수용성[등유, 경유, 테레핀유, 스티렌, 크실렌, 클로로벤젠 등]	1000L
			수용성[포름산, 초산, 부틸알코올, 히드라진, 아크릴산 등]	2000L
		제3석유류	비수용성[중유, 클레오소트유, 아닐린, m-크레졸, 니트로벤젠 등]	2000L
			수용성[에틸렌글리콜, 글리세린 등]	4000L
		제4석유류	기어유, 실린더유, 윤활유, 가소제 등	6000L
		동·식물유류[아마인유, 들기름, 정어리기름, 동유, 야자유, 올리브유 등]		10000L

8 제5류 위험물 중 지정수량이 200kg인 위험물의 품명 3가지를 쓰시오.

> **정답** 니트로화합물, 니트로소화합물, 아조화합물, 디아조화합물, 히드라진유도체, 금속의 아지드화합물, 질산구아니딘 중 3가지
>
> **해설** 제5류 위험물의 품명과 지정수량

성질	위험등급	품명(주요품목)		지정수량
자기 반응성물질	I	1. 유기과산화물[과산화벤조일 등]		10kg
		2. 질산에스테르류[니트로셀룰로오스, 질산에틸 등]		
	II	3. 니트로화합물[TNT, 피크린산 등]		200kg
		4. 니트로소화합물[파라니트로소벤젠]		
		5. 아조화합물[아조벤젠 등]		
		6. 디아조화합물[디아조디니트로페놀]		
		7. 히드라진유도체[디메틸히드라진]		
		8. 히드록실아민[NH_2OH]		100kg
		9. 히드록실아민염류[황산히드록실아민]		
		10. 그 밖의 총리령이 정하는 것 ① 금속의 아지드화합물 ② 질산구아니딘		200kg

9 제4류 위험물인 메틸알코올에 관한 다음 물음에 답하시오.

(1) 완전연소반응식을 쓰시오.
(2) 메틸알코올 1몰이 완전연소 시 생성되는 물질의 총 몰수를 쓰시오.

> **정답** (1) $2CH_3OH + 3O_2 \longrightarrow 2CO_2 + 4H_2O$
> (2) 총 몰수 : 3몰
>
> **해설** **메틸알코올(목정, CH_3OH)** : 제4류 위험물 중 알코올류, 지정수량 400L
> - 인화점 11℃, 발화점 464℃, 연소범위 7.3~36%
> - 물, 유기용매에 잘 녹고, 독성이 강하여 마시면 실명 또는 사망한다.
> - 목재 건류 시 유출되므로 목정이라 한다.
> - 연소 시 연한 불꽃을 내어 잘 보이지 않는다.
>   연소반응식 : $2CH_3OH + 3O_2 \longrightarrow 2CO_2 + 4H_2O$
> - 소화 : 알코올용포, 다량의 주수소화한다.
>
> **풀이** $CH_3OH + 1.5O_2 \longrightarrow CO_2 + 2H_2O$
>   1몰   1몰 : 2몰
> 이 반응식에서 메틸알코올 1몰의 연소 시 CO_2 1몰과 H_2O 2몰이 생성되므로 생성물질은 1+2=3몰이 생성된다.

10 다음은 지하탱크저장소의 설치기준에 대한 내용이다. 다음 (   )에 답하시오.

(1) 지하저장탱크의 윗부분은 지면으로부터 (   ) 이상 아래에 있을 것
(2) 해당 탱크를 지하철·지하가 또는 지하터널로부터 수평거리 (   ) 이내의 장소 또는 지하건
　　축물 내의 장소에 설치하지 아니할 것
(3) 해당 탱크를 지하의 가장 가까운 벽·피트·가스관 등의 시설물 및 대지경계선으로부터 (   )
　　이상 떨어진 곳에 매설할 것

정답 (1) 0.6m   (2) 10m   (3) 0.6m

해설 지하탱크 저장소의 구조 및 설비의 기준

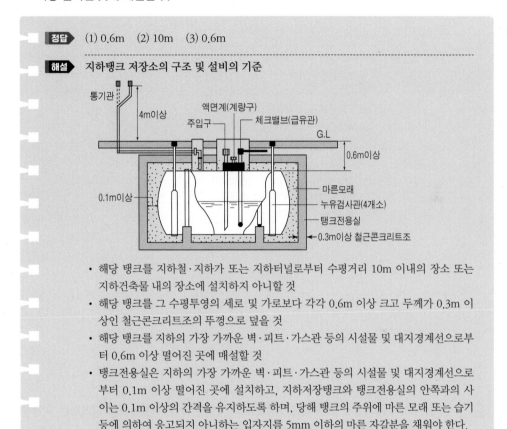

- 해당 탱크를 지하철·지하가 또는 지하터널로부터 수평거리 10m 이내의 장소 또는
  지하건축물 내의 장소에 설치하지 아니할 것
- 해당 탱크를 그 수평투영의 세로 및 가로보다 각각 0.6m 이상 크고 두께가 0.3m 이
  상인 철근콘크리트조의 뚜껑으로 덮을 것
- 해당 탱크를 지하의 가장 가까운 벽·피트·가스관 등의 시설물 및 대지경계선으로부
  터 0.6m 이상 떨어진 곳에 매설할 것
- 탱크전용실은 지하의 가장 가까운 벽·피트·가스관 등의 시설물 및 대지경계선으로
  부터 0.1m 이상 떨어진 곳에 설치하고, 지하저장탱크와 탱크전용실의 안쪽과의 사
  이는 0.1m 이상의 간격을 유지하도록 하며, 당해 탱크의 주위에 마른 모래 또는 습기
  등에 의하여 응고되지 아니하는 입자지름 5mm 이하의 마른 자갈분을 채워야 한다.
- 지하저장탱크의 윗부분은 지면으로부터 0.6m 이상 아래에 있어야 한다.

11 다음은 제4류 위험물의 동식물유류에 관한 내용이다. 다음 각 물음에 답하시오.

(1) 요오드값의 정의를 쓰시오.
(2) 요오드값에 따라 분류하고 요오드값의 범위를 쓰시오.

> **정답** ▶ (1) 유지 100g에 부가(첨가)되는 요오드의 g수
> (2) 건성유 : 요오드값 130 이상
> 반건성유 : 요오드값 100~130
> 불건성유 : 요오드값 100 이하
>
> -
>
> **해설** ▶ **제4류 위험물** : 동식물유류란 동물의 지육 또는 식물의 종자나 과육으로부터 추출한 것
> 으로 1기압에서 인화점이 250℃ 미만인 것이다.
> - 요오드값 : 유지 100g에 부가(첨가)되는 요오드의 g수이다.
> - 요오드값이 클수록 불포화도가 크다.
> - 요오드값이 큰 건성유는 불포화도가 크기 때문에 자연발화가 잘 일어난다.
> - 요오드값에 따른 분류
>   - 건성유(130 이상) : 해바라기기름, 동유, 아마인유, 정어리기름, 들기름 등
>   - 반건성유(100~130) : 면실유, 참기름, 청어기름, 채종류, 콩기름 등
>   - 불건성유(100 이하) : 올리브유, 동백기름, 피마자유, 야자유, 우지, 돈지 등

12 위험물의 옥내저장소 또는 옥외저장소에서 동일한 저장소에 유별을 달리하는 위험물을 정리하
여 저장할 경우 서로 이격거리는 몇 m 이상 간격을 두어야 하는가?

> **정답** ▶ 1m 이상
>
> -
>
> **해설** ▶ 옥내저장소 또는 옥외저장소에 있어서 유별을 달리하는 위험물을 저장하지 아니할 것
> 단, 다음의 경우에는 유별로 정리하여 저장하는 한편, 1m 이상 간격을 두고 저장할 수
> 있는 경우
> - 제1류 위험물(알칼리금속의 과산화물은 제외)과 제5류 위험물
> - 제1류 위험물과 제6류 위험물
> - 제1류 위험물과 제3류 위험물 중 자연발화성물질(황린)
> - 제2류 위험물 중 인화성고체와 제4류 위험물
> - 제3류 위험물 중 알킬알루미늄 등과 제4류 위험물(알킬알루미늄 또는 알킬리튬을 함
>   유한 것에 한한다)
> - 제4류 위험물 중 유기과산화물과 제5류 위험물 중 유기과산화물

1 위험물의 각 유별로 혼재할 수 없는 위험물을 유별로 쓰시오.(단, 지정수량 $\frac{1}{10}$을 초과하는 경우)

(1) 제1류
(2) 제2류
(3) 제3류
(4) 제4류
(5) 제5류

정답 (1) 제2류, 제3류, 제4류, 제5류
(2) 제1류, 제3류, 제6류
(3) 제1류, 제2류, 제5류, 제6류
(4) 제1류, 제6류
(5) 제1류, 제3류, 제6류

해설 1. 유별을 달리하는 위험물의 혼재 기준

위험물의 구분	제1류	제2류	제3류	제4류	제5류	제6류
제1류		×	×	×	×	○
제2류	×		×	○	○	×
제3류	×	×		○	×	×
제4류	×	○	○		○	×
제5류	×	○	×	○		×
제6류	○	×	×	×	×	

※ 이 표는 지정수량 $\frac{1}{10}$ 이하의 위험물은 적용하지 않음

2. 서로 혼재 운반이 가능한 위험물(꼭 암기 바람)
- ④와 ②, ③ : 4류와 2류, 4류와 3류
- ⑤와 ②, ④ : 5류와 2류, 5류와 4류
- ⑥과 ① : 6류와 1류

2 다음은 간이저장탱크에 관한 내용으로 (   ) 안에 답을 쓰시오.

> 간이저장탱크의 두께는 (①)mm 이상의 강판으로 흠이 없도록 제작하여야 하고 70kPa의 압력으로
> 10분간의 수압시험을 실시하여 새거나 변형되지 아니하여야 하며 용량은 (②)L 이하이어야 한다.

정답 ① 3.2   ② 600

해설 **간이탱크저장소의 설치기준**
- 하나의 간이탱크저장소에는 간이탱크의 설치수는 3 이하로 하고, 동일품질일 경우는 2 이상 설치하지 아니할 것
- 옥외에 설치하는 경우에는 그 탱크의 주위에 너비 1m 이상의 공지를 두고, 전용실 안에 설치하는 경우에는 탱크와 전용실의 벽과의 사이에 0.5m 이상의 간격을 유지할 것
- 용량은 600L 이하로 할 것
- 두께 3.2mm 이상의 강판, 70kPa의 압력으로 10분간의 수압시험을 실시할 것

간이저장탱크의 밸브 없는 통기관의 설치기준
- 지름은 25mm 이상으로 할 것
- 옥외에 설치하되, 그 선단의 높이는 지상 1.5m 이상으로 할 것
- 선단은 수평면에 대하여 아래로 45도 이상 구부려 빗물 등이 침투하지 아니하도록 할 것
- 가는 눈의 구리망 등으로 인화방지장치를 할 것

3 다음은 지정과산화물을 저장하는 옥내저장창고의 지붕에 대한 기준이다. (   ) 안에 답을 쓰시오.

(1) 중도리 또는 서까래의 간격은 (①)cm 이하로 할 것
(2) 지붕의 아래쪽 면에는 한 변의 길이가 (②)cm 이하의 환강·경량형강 등으로 된 강제의 격자를 설치할 것
(3) 두께 (③)cm 이상, 너비 (④)cm 이상의 목재로 만든 받침대를 설치할 것

정답 ① 30   ② 45   ③ 5   ④ 30

해설 **지정과산화물을 저장하는 옥내저장창고의 지붕 설치기준**
- 중도리 또는 서까래의 간격은 30cm 이하로 할 것
- 지붕의 아래쪽 면에는 한 변의 길이가 45cm 이하의 환강·경량형강 등으로 된 강제의 격자를 설치할 것
- 지붕의 아래쪽 면에 철망을 쳐서 불연재료의 도리·보 또는 서까래에 단단히 결합할 것
- 두께 5cm 이상, 너비 30cm 이상의 목재로 만든 받침대를 설치할 것

4 과산화벤조일을 옮기려 한다. 이 운반용기의 표면에 표시되어야 할 주의사항을 모두 쓰시오.

> **정답** 화기엄금, 충격주의
>
> **해설** 1. 과산화벤조일[벤조일퍼옥사이드(BPO), $(C_6H_5CO)_2O_2$] : 제5류(자기반응성물질)
> 2. 위험물 운반용기의 외부표시사항
> • 위험물의 품명, 위험등급, 화학명 및 수용성(제4류 위험물의 수용성인 것에 한함)
> • 위험물의 수량
> • 수납하는 위험물에 따른 주의사항
>
> | 유별 | 구분 | 주의사항 |
> |---|---|---|
> | 제1류 위험물
(산화성고체) | 알칼리금속의 과산화물 | 화기·충격주의, 물기엄금 및 가연물접촉주의 |
> | | 그 밖의 것 | 화기·충격주의 및 가연물접촉주의 |
> | 제2류 위험물
(가연성고체) | 철분, 금속분, 마그네슘 | 화기주의 및 물기엄금 |
> | | 인화성고체 | 화기엄금 |
> | | 그 밖의 것 | 화기주의 |
> | 제3류 위험물 | 자연발화성물질 | 화기엄금 및 공기접촉엄금 |
> | | 금수성물질 | 물기엄금 |
> | 제4류 위험물 | 인화성액체 | 화기엄금 |
> | 제5류 위험물 | 자기반응성물질 | 화기엄금 및 충격주의 |
> | 제6류 위험물 | 산화성액체 | 가연물접촉주의 |

5 다음 제3류 위험물의 지정수량을 쓰시오.

(1) 탄화알루미늄　　　　　　　　　　　　(2) 황린
(3) 트리에틸알루미늄　　　　　　　　　　(4) 리튬

> **정답** (1) 300kg　(2) 20kg　(3) 10kg　(4) 50kg
>
> **해설** 제3류 위험물의 종류와 지정수량
>
> | 성질 | 위험등급 | 품명 | 지정수량 |
> |---|---|---|---|
> | 자연 발화성
물질 및 금수성
물질 | I | 1. 칼륨 [K]
2. 나트륨 [Na]
3. 알킬알루미늄 [$(C_2H_5)_3Al$ 등]
4. 알킬리튬 [C_2H_5Li, C_4H_9Li] | 10kg |
> | | | 5. 황린 [P_4] | 20kg |
> | | II | 6. 알칼리 금속류(K, Na 제외) 및 알칼리토금속 [Li, Ca]
7. 유기 금속 화합물[$Te(C_2H_5)_2$ 등](알킬알루미늄 및 알킬리튬 제외) | 50kg |
> | | III | 8. 금속의 수소화물 [LiH, NaH]
9. 금속의 인화물 [Ca_3P_2, AlP]
10. 칼슘 또는 알루미늄의 탄화물 [CaC_2, Al_4C_3] | 300kg |
> | | | 11. 그 밖에 총리령이 정하는 것
　　염소화규소 화합물 [$SiHCl_3$] | 300kg |

6 제5류 위험물인 트리니트로페놀과 트리니트로톨루엔의 시성식을 쓰시오.

> **정답** ① 트리니트로페놀 : $C_6H_2OH(NO_2)_3$
> ② 트리니트로톨루엔 : $C_6H_2CH_3(NO_2)_3$
>
> **해설** 트리니트로페놀[TNP, $C_6H_2OH(NO_2)_3$], 트리니트로톨루엔[TNT, $C_6H_2CH_3(NO_2)_3$]
> - 제5류 위험물 중 니트로화합물(자기반응성물질), 지정수량 200kg
> - 니트로화 반응에 의하여 제조한다.
>   - 트리니트로페놀(피크린산, TNP) : 진한황산 촉매하에 페놀과 질산의 반응 시 만들
>   어진다.
> $$C_6H_5OH + 3HNO_3 \xrightarrow[\text{(탈수작용)}]{c-H_2SO_4} C_6H_2OH(NO_2)_3 + 3H_2O$$
>   (페놀)   (질산)   (TNP)   (물)
>   - 트리니트로톨루엔(TNT) : 진한황산 촉매 하에 톨루엔과 질산의 반응 시 만들어진다.
> $$C_6H_5CH_3 + 3HNO_3 \xrightarrow[\text{(탈수작용)}]{c-H_2SO_4} C_6H_2CH_3(NO_2)_3 + 3H_2O$$
>   (톨루엔)   (질산)   (TNT)   (물)

7 표준상태에서 아세톤 200g을 완전연소하였다. 다음 물음에 답하시오. (단, 공기 중 산소의 부피
는 21%이다)

(1) 아세톤의 완전연소 반응식을 쓰시오.
(2) 완전연소 시 필요한 이론 공기량(L)을 구하시오.
(3) 완전연소 시 발생되는 이산화탄소의 부피(L)를 구하시오.

> **정답** (1) $CH_3COCH_3 + 4O_2 \longrightarrow 3CO_2 + 3H_2O$
> (2) 이론공기량 : 1471.26L
> (3) 이산화탄소의 부피 : 231.72L
>
> **해설**
> - 아세톤(CH_3COCH_3)의 분자량 : $12 + 1 \times 3 + 12 + 16 + 12 + 1 \times 3 = 58$
> - 아세톤 완전연소 시 필요한 공기량(L)
> $$CH_3COCH_3 + 4O_2 \longrightarrow 3CO_2 + 3H_2O$$
>   58g $\leftarrow$: 4×22.4L
>   200g   : x
>
> $x = \dfrac{200 \times 4 \times 22.4}{58} = 308.965$L (산소량)
>
>   ∴ 이론공기량 $= \dfrac{308.965}{0.21} = 1471.26$L
> - 아세톤 완전연소 시 발생되는 이산화탄소(CO_2)의 부피(L)
> $$CH_3COCH_3 + 4O_2 \longrightarrow 3CO_2 + 3H_2O$$
>   58g $\leftarrow$: 3×22.4L
>   200g   : x
>
> $x = \dfrac{200 \times 3 \times 22.4}{58} = 231.72$L

8 다음 [보기]와 같은 성질을 갖는 위험물의 시성식을 쓰시오.

> **보기** ① 환원력이 매우 강하다.　② 산화하여 아세트산을 생성한다.　③ 증기비중은 약 1.50이다.

정답 시성식 : CH_3CHO

해설 **아세트알데히드(CH_3CHO)** : 제4류 위험물 중 특수인화물, 지정수량 50L
- 인화점 $-39℃$, 발화점 $185℃$, 연소범위 4.1~57%
- 휘발성이 강하고, 과일냄새가 나는 무색 액체이다.
- 물, 에테르, 에탄올에 잘 녹는다. (수용성)
- 환원성 물질로 은거울반응, 펠링반응, 요오드포름반응 등을 말한다.
- 산화시키면 아세트산(초산)이 생성된다.

$$CH_3CHO + \frac{1}{2}O_2 \longrightarrow CH_3COOH \text{ (아세트산)}$$

- 환원시키면 에틸알코올이 생성된다.
$$CH_3CHO + H_2 \longrightarrow C_2H_5OH \text{ (에틸알코올)}$$
- Cu, Mg, Ag, Hg 및 그 합금 등과 접촉 시 중합반응하여 폭발성 물질이 생성하므로 저장용기나 취급설비는 사용하지 말 것
- 증기비중 $= \dfrac{분자량}{공기의평균분자량(29)} = \dfrac{44}{29} = 1.52$

  [CH_3CHO 분자량 : $12 + 1 \times 3 + 12 + 1 + 16 = 44$]
- 소화 : 알코올용포, 다량의 물, CO_2 등으로 질식소화한다.

9 황린은 제3류 위험물의 자연발화성물질로 약알칼리성인 물속에 보관한다. 그러나 강알칼리성일 경우 생성되는 기체의 명칭을 화학식으로 쓰시오.

정답 화학식 : PH_3

해설 **황린(P_4)** : 제3류 위험물(자연발화성물질), 지정수량 20kg
- 백색 또는 담황색의 가연성 및 자연발화성고체(발화점 : $34℃$)이며 적린(P)과 동소체이다.
- pH=9인 약알칼리성의 물속에 저장한다.(CS_2에 잘 녹음)

  pH=9 이상 강알칼리 용액이 되면 가연성, 유독성의 포스핀(PH_3)가스가 발생하여 공기 중 자연발화한다.(강알칼리 : KOH 수용액)
  $$P_4 + 3KOH + 3H_2O \longrightarrow 3KH_2PO_2 + PH_3\uparrow \text{ (포스핀)}$$

- 피부접촉 시 화상을 입고 공기 중 자연발화온도는 40~50℃이다.
- 공기보다 무겁고 마늘냄새가 나는 맹독성 물질이다.
- 어두운 곳에서 인광을 내며 황린(P_4)을 260℃로 가열하면 적린(P)이 된다.(공기차단)
- 연소 시 오산화인(P_2O_5)의 흰 연기를 내며, 일부는 포스핀(PH_3)가스로 발생한다.
  $$P_4 + 5O_2 \longrightarrow 2P_2O_5$$
- 소화 : 물분무, 포, CO_2, 건조사 등으로 질식소화한다.
  (고압주수소화는 황린을 비산시켜 연소면 확대분산의 위험이 있음)

10 위험물안전관리법 규정상 제4류 위험물인 액체위험물을 운반용기에 수납하는 경우 플라스틱 용기의 최대용적은 125kg이다. 금속제 내장용기의 최대용적을 쓰시오.

정답 30L

해설 액체위험물의 운반용기

운반용기				수납위험물의 종류								
내장용기		외장용기		제3류			제4류			제5류		제6류
용기의 종류	최대용적 또는 중량	용기의 종류	최대용적 또는 중량	I	II	III	I	II	III	I	II	I
유리 용기	5L	나무 또는 플라스틱 상자 (불활성의 완충재를 채울 것)	75kg	○	○	○	○	○	○	○	○	○
	10L		125kg		○	○		○	○		○	
			225kg						○			
	5L	파이버판 상자 (불활성의 완충재를 채울 것)	40kg	○	○	○	○	○	○	○	○	○
	10L		55kg						○			
플라스틱 용기	10L	나무 또는 플라스틱 상자 (필요에 따라 불활성의 완충재를 채울 것)	75kg	○	○	○	○	○	○	○	○	○
			125kg		○	○		○	○		○	
			225kg						○			
		파이버판 상자 (필요에 따라 불활성의 완충재를 채울 것)	40kg	○	○	○	○	○	○	○	○	○
			55kg						○			
금속제 용기	30L	나무 또는 플라스틱 상자	125kg	○	○	○	○	○	○	○	○	○
			225kg						○			
		파이버판 상자	40kg	○	○	○	○	○	○	○	○	○
			55kg		○	○		○	○		○	
		금속제 용기 (금속제 드럼 제외)	60L		○	○		○	○		○	
		플라스틱 용기 (플라스틱 드럼 제외)	10L					○	○			
			20L					○	○			
			30L						○		○	
		금속제 드럼(뚜껑 고정식)	250L	○	○	○	○	○	○	○	○	○
		금속제 드럼(뚜껑 탈착식)	250L					○	○			
		플라스틱 또는 파이버 드럼 (플라스틱 내용기 부착의 것)	250L		○	○			○		○	

11 위험물 안전관리법령상 제조소 중 옥외탱크저장소의 소화난이도등급 I에 해당되는 소화설비를 [보기]에서 골라 번호로 답하시오.

> 보기
> ① 질산 60,000kg을 저장하는 옥외저장탱크
> ② 과산화수소 액표면이 40m²인 옥외저장탱크
> ③ 이황화탄소 500L를 저장하는 옥외저장탱크
> ④ 유황 14,000kg을 저장하는 옥외저장탱크
> ⑤ 휘발유 100,000L를 저장하는 해상탱크

정답 ④, ⑤

해설 소화난이도등급 I에 해당하는 옥외탱크 저장소

옥외 탱크 저장소	액표면적이 40m² 이상인 것(제6류 위험물을 저장하는 것 및 고인화점위험물만을 100℃ 미만의 온도에서 저장하는 것은 제외)
	지반면으로부터 탱크 옆판의 상단까지 높이가 6m 이상인 것(제6류 위험물을 저장하는 것 및 고인화점위험물만을 100℃ 미만의 온도에서 저장하는 것은 제외)
	지중탱크 또는 해상탱크로서 지정수량의 100배 이상인 것(제6류 위험물을 저장하는 것 및 고인화점위험물만을 100℃ 미만의 온도에서 저장하는 것은 제외)
	고체위험물을 저장하는 것으로서 지정수량의 100배 이상인 것

① 질산 60,000kg : 제6류 위험물이므로 제외
② 과산화수소 액표면이 40m² : 제6류 위험물이므로 제외
③ 이황화탄소 500L : 제4류 중 특수인화물, 지정수량 50L

- 지정수량의 배수 $= \dfrac{500L}{50L} = 10$배
- 지중탱크 또는 해상탱크에서 지정수량 100배 이상이어야 해당되는데, 10배이므로 해당없음

④ 유황 14,000kg : 제2류 위험물(가연성고체), 지정수량 100kg

- 지정수량의 배수 $= \dfrac{14,000kg}{100kg} = 140$배
- 고체위험물로서 지정수량이 100배 이상이므로 해당됨

⑤ 휘발유 100,000L : 제4류 중 제1석유류(비수용성), 지정수량 200L

- 지정수량의 배수 $= \dfrac{100,000L}{200L} = 500$배
- 지중탱크 또는 해상탱크에서 지정수량 100배 이상이므로 해당됨

12 제1종 분말소화약제에 대하여 다음 각 물음에 답하시오.

(1) 화재 중 A~D등급 화재 중 적응성 있는 화재를 쓰시오.
(2) 소화약제의 주성분을 화학식으로 쓰시오.

정답 (1) B, C급   (2) $NaHCO_3$

해설 분말소화약제의 종류

종별	약제명	화학식	색상	적응 화재
제1종	탄산수소나트륨	$NaHCO_3$	백색	B, C급
제2종	탄산수소칼륨	$KHCO_3$	담자(회)색	B, C급
제3종	제1인산암모늄	$NH_4H_2PO_4$	담홍색	A, B, C급
제4종	탄산수소칼륨+요소	$KHCO_3+(NH_2)_2CO$	회색	B, C급

13 다음 원통형 탱크의 대한 내용적과 탱크의 용량을 계산하시오. (단, 탱크의 공간용적은 10%이다)

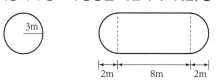

2m   8m   2m

정답 ① 내용적 : 263.89m^3
② 탱크의 용량 : 237.51m^3

해설 1. 원통형 탱크의 내용적(횡형)

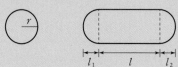

l_1 l l_2

$$\therefore \text{내용적(V)} = \pi r^2 \left(l + \frac{l_1 + l_2}{3} \right)$$

2. 탱크의 용적 = 탱크의 내용적 − 탱크의 공간용적

※ 탱크의 공간용적 : 탱크의 용적의 $\frac{5}{100} \sim \frac{10}{100}$ 이하(5%~10%)

풀이 • 탱크의 내용적(V) $= \pi \times 3^2 \times \left(8 + \frac{2+2}{3} \right) = 263.894m^3$

• 탱크의 공간용적은 10%이므로
탱크의 공간용적(V) $= 263.894m^3 \times 0.1 = 26.389m^3$

• 탱크의 용적 = 탱크의 내용적 − 탱크의 공간용적
$V = 263.894 - 26.389 = 237.505m^3$
$\therefore 237.51m^3$

1 다음 표는 운반용기 적재 시 유별 위험물의 혼재기준이다. 혼재 가능한 위험물은 O, 혼재 불가능한 위험물은 X를 표시하시오.

위험물의 구분	제1류	제2류	제3류	제4류	제5류	제6류
제1류						
제2류						
제3류						
제4류						
제5류						
제6류						

정답

위험물의 구분	제1류	제2류	제3류	제4류	제5류	제6류
제1류		×	×	×	×	○
제2류	×		×	○	○	×
제3류	×	×		○	×	×
제4류	×	○	○		○	×
제5류	×	○	×	○		×
제6류	○	×	×	×	×	

해설 서로 혼재 운반이 가능한 위험물(꼭 암기바람) : 표의 빈칸에 'O'표를 표시하는 방법
- ④와 ②, ③ : 가로줄 제4류에서 2류와 3류에 'O'표 한다.(세로줄도 동일 방법)
- ⑤와 ②, ④ : 가로줄 제5류에서 2류와 4류에 'O'표를 한다.(세로줄도 동일 방법)
- ⑥과 ① : 가로줄 제6류에서 1류에 'O'표를 한다.(세로줄도 동일 방법)

2 진한황산과 에틸알코올을 반응시켜 생성되는 물질의 명칭과 지정수량을 쓰시오.

> **정답** ① 명칭 : 디에틸에테르   ② 지정수량 : 50L

> **해설** 디에틸에테르($C_2H_5OC_2H_5$) : 제4류 위험물 중 특수인화물, 지정수량 50L
> - 인화점 $-45℃$, 발화점 $180℃$, 연소범위 1.9~48%, 증가비중 2.6
> - 휘발성이 강한 무색 액체이다.
> - 물에 약간 녹고 알코올에 잘 녹으며 마취성이 있다.
> - 공기와 장기간 직사광선에 노출 시 과산화물을 생성한다.
>   - 과산화물 생성방지 : 40mech의 구리망을 넣어준다.
>   - 과산화물 검출시약 : 10%의 KI 용액(황색변화)
>   - 과산화물 제거시약 : 환원철 또는 황산제1철
> - 140℃에서 진한황산 촉매 하에 에틸알코올을 반응시키면 디에틸에테르가 생성된다. (축합반응)
>
> $$C_2H_5OH + C_2H_5OH \xrightarrow[140℃]{c-H_2SO_4} C_2H_5OC_2H_5 + H_2O$$
>
> - 저장 시 불활성가스를 봉입하고 정전기를 방지하기 위해 소량의 염화칼슘($CaCl_2$)를 넣어둔다.
> - 소화 시 CO_2로 질식소화한다.

3 제5류 위험물인 피크린산의 구조식과 지정수량을 쓰시오.

> **정답** ① 구조식 :
>
>
> ② 지정수량 : 200kg

> **해설** 피크린산[$C_6H_2(NO_2)_3OH$, 트리니트로페놀(TNP)] : 제5류 중 니트로화합물, 지정수량 200kg
> - 침상결정으로 쓴맛이 있고 독성이 있다.
> - 찬물에 불용, 온수, 알코올, 벤젠 등에 잘 녹는다.
> - 단독으로 마찰, 충격에 둔감하다.
> - 피크린산 금속염(Fe, Cu, Pb 등)은 격렬히 폭발한다.
> - 300℃ 이상 고온으로 급격히 가열 시 분해폭발한다.
>
> $$2C_6H_2OH(NO_2)_3 \longrightarrow 2C + 3N_2\uparrow + 3H_2\uparrow + 4CO_2\uparrow + 6CO\uparrow$$
>
> - 진한황산 촉매 하에 페놀과 질산을 니트로화 반응시켜 제조한다.
>
> $$\underset{(페놀)}{C_6H_5OH} + \underset{(질산)}{3HNO_3} \xrightarrow[니트로화반응]{c-H_2SO_4} \underset{(TNP)}{C_6H_2OH(NO_2)_3} + \underset{(물)}{3H_2O}$$

4 제2류 위험물인 오황화린과 물이 반응 시 생성되는 물질을 쓰시오.

정답 ▶ 황화수소, 인산

해설 ▶ 1. 오황화린(P_2S_5)
- 담황색 결정으로 조해성이 있어 수분 흡수 시 분해한다.
- 알코올, 이황화탄소(CS_2)에 잘 녹는다.
- 물, 알칼리와 반응 시 인산(H_3PO_4)과 황화수소(H_2S)가스를 발생한다.

$$P_2S_5 + 8H_2O \longrightarrow 5H_2S + 2H_3PO_4$$

- 연소시 유독한 오산화인(P_2O_5)과 이산화황(SO_2) 가스를 발생한다.

$$2P_2S_5 + 15O_2 \longrightarrow 2P_2O_5 + 10SO_2$$

2. 황화린
- 제2류 위험물(가연성고체), 지정수량 100kg
- 삼황화린(P_4S_3), 오황화린(P_2S_5), 칠황화린(P_4S_7)의 3종류가 있다.

5 화재 시 가연물 표면에 부착성막인 메타인산을 생성하여 산소공급을 차단시켜 질식효과가 우수한 분말소화약제에 대하여 다음 물음에 답하시오.

(1) 이 소화약제는 몇 종 분말소화약제인가?
(2) 이 소화약제의 주성분을 화학식으로 쓰시오.

정답 ▶ (1) 제3종 분말소화약제   (2) $NH_4H_2PO_4$

해설 ▶ 1. 제3종 분말소화약제(제1인산암모늄, $NH_4H_2PO_4$) : 담홍색
- 소화효과 : 질식, 냉각, 부촉매, 방진, 차단효과 등
- 제1인산암모늄($NH_4H_2PO_4$)의 열분해를 할 경우
  - 반응식 : $NH_4H_2PO_4 \longrightarrow NH_3 + H_2O + HPO_3$(메타인산)
  - 흡열반응에 의한 냉각작용
  - 발생하는 암모니아(NH_3)와 수증기(H_2O)에 의한 질식작용
  - 생성되는 메타인산(HPO_3)에 의한 방진작용
  - 유리된 암모늄염(NH_4^+)에 의한 부촉매 작용
  - 공중의 분말 운무에 의한 열방사의 차단효과
  - 인산(o-H_3PO_4)에 의한 섬유소 등의 탄화 탈수작용 등이 있다.

2. 분말소화약제 열분해반응식

종별	약제명	색상	적용화재	열분해 반응식
제1종	탄산수소나트륨	백색	B, C급	$2NaHCO_3 \longrightarrow Na_2CO_3 + CO_2 + H_2O$
제2종	탄산수소칼륨	담자(회)색	B, C급	$2KHCO_3 \longrightarrow K_2CO_3 + CO_2 + H_2O$
제3종	제1인산암모늄	담홍색	A, B, C급	$NH_4H_2PO_4 \longrightarrow HPO_3 + NH_3 + H_2O$
제4종	탄산수소칼륨＋요소	회색	B, C급	$2KHCO_3 + (NH_2)_2CO$ $\longrightarrow K_2CO_3 + 2NH_3 + 2CO_2$

6 다음과 같은 원형탱크의 내용적은 몇 m³인가? (단, 계산식과 같이 쓰시오)

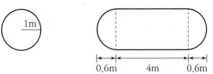

0.6m 4m 0.6m

정답 계산식 : $V = \pi \times 1^2 \times \left(4 + \dfrac{0.6 + 0.6}{3}\right) = 13.82m^3$

답 : $13.82m^3$

해설 원통형 탱크(횡형)의 내용적(V)

l_1 l l_2

$\therefore V[m^3] = \pi \times r^2 \times \left(l + \dfrac{l_1 + l_2}{3}\right)$

7 제4류 위험물인 이황화탄소의 완전연소반응식과 지정수량을 쓰시오.

정답 ① 완전연소반응식 : $CS_2 + 3O_2 \longrightarrow CO_2 + 2SO_2$
② 지정수량 : 50L

해설 이황화탄소(CS_2) : 제4류 위험물 중 특수인화물, 지정수량 50L
• 인화점 $-30℃$, 발화점 $100℃$, 연소범위 1.2~44%, 비중 1.26
• 무색투명한 액체, 불순물 존재 시 황색 및 불쾌한 냄새가 난다.
• 물보다 무겁고, 물에 녹지 않으며 알코올, 벤젠, 에테르 등에 잘 녹는다.
• 4류 위험물 중 발화점이 100℃로 가장 낮다.
• 연소 시 푸른색 불꽃을 내며 유독한 아황산가스를 발생한다.
  $CS_2 + 3O_2 \longrightarrow CO_2 \uparrow + 2SO_2 \uparrow$
• 저장 시 물속에 보관하여 가연성 증기의 발생을 억제시킨다.
• 소화 시 CO_2, 분말 소화약제 등으로 질식소화한다.

8 다음은 위험물 안전관리법상 위험물 품명에 대한 기준이다. ( ) 안에 답을 쓰시오.

(1) ( )라 함은 고형알코올, 그 밖에 1기압에서 인화점이 40℃ 미만인 고체를 말한다.
(2) ( )이라 함은 이황화탄소, 디에틸에테르, 그 밖에 1기압에서 발화점이 100℃ 이하인 것 또는 인화점이 −20℃ 이하이고 비점이 40℃ 이하인 것을 말한다.
(3) ( )라 함은 아세톤, 휘발유, 그 밖에 1기압에서 인화점이 21℃ 미만인 것을 말한다.

정답 (1) 인화성고체 (2) 특수인화물 (3) 제1석유류

해설 법규정상 위험물대상 적용기준
- 인화성 고체 : 고형 알코올, 그 밖에 1기압에서 인화점이 40℃ 미만인 고체
- 과산화수소 : 농도가 36중량% 이상인 것
- 질산 : 비중이 1.49 이상인 것
- 제4류 위험물의 정의

성질	품명	지정품목	조건(1기압에서)	위험등급
인화성 액체	특수인화물	이황화탄소 디에틸에테르	• 발화점이 100℃ 이하 • 인화점이 −20℃ 이하이고 비점이 40℃ 이하인 것	I
	제1석유류	아세톤 휘발유	인화점이 21℃ 미만인 것	II
	알코올류	1분자의 탄소의 원자 수가 C_1~C_3까지인 포화1가 알코올(변성알코올포함) 메틸알코올(CH_3OH), 에틸알코올(C_2H_5OH), 프로필알코올(C_3H_7OH)		
	제2석유류	등유, 경유	인화점이 21℃ 이상 70℃ 미만인 것	
	제3석유류	중유 클레오소트유	인화점이 70℃ 이상 200℃ 미만인 것	III
	제4석유류	기어유 실린더유	인화점이 200℃ 이상 250℃ 미만인 것	
	동식물유류	동물의 지육 등 또는 식물의 종자나 과육으로부터 추출한 것으로서 인화점이 250℃ 미만인 것		

9 트리니트로톨루엔(TNT)이 분해폭발 시 발생하는 가스의 명칭 3가지를 화학식으로 쓰시오.

정답 ① N_2 ② CO ③ H_2

해설 트리니트로톨루엔[$C_6H_2CH_3(NO_2)_3$, TNT] : 제5류의 니트로화합물, 지정수량 200kg
- 진한황산 촉매 하에 톨루엔과 질산을 니트로화 반응시켜 만든다.

$$C_6H_5CH_3 + 3HNO_3 \xrightarrow[\text{니트로화}]{c-H_2SO_4} C_6H_2CH_3(NO_2)_3 + 3H_2O$$

- 담황색의 주상결정으로 폭발력이 강하여 폭약에 사용한다.
- 분해 폭발 시 질소, 일산화탄소, 수소기체가 발생한다.

$$2C_6H_2CH_3(NO_2)_3 \longrightarrow 2C + 12CO\uparrow + 3N_2\uparrow + 5H_2\uparrow$$

- 물에 녹지 않고 에테르, 알코올, 아세톤, 벤젠에 잘 녹는다.
- 운반 시 물을 10% 정도 넣어서 운반한다.

10 옥외탱크저장소에서 방유제의 높이가 몇 m를 넘을 때 계단을 설치하는가?

정답 ▶ 1m

해설 옥외탱크저장소의 방유제(이황화탄소는 제외)
- 방유제의 용량(단, 인화성이 없는 위험물은 110%를 100%로 봄)
  - 탱크가 1개일 때 : 탱크의 용량의 110% 이상
  - 탱크가 2개 이상일 때 : 탱크 중 용량이 최대인 것의 용량의 110% 이상
- 방유제의 두께는 0.2m 이상, 높이는 0.5m 이상 0.3m 이하, 지하의 매설깊이 1m 이상
- 방유제의 면적은 80,000m² 이하
- 방유제 내에 설치하는 옥외저장탱크의 수
  - 원칙(제1석유류, 제2석유류) : 10기 이하
  - 모든 탱크의 용량이 20만L 이하이고, 인화점이 70~200℃ 미만(제3석유류) : 20기 이하
  - 인화점 200℃ 이상 위험물(제4석유류) : 탱크의 수 제한 없음
- 방유제 외면의 $\frac{1}{2}$ 이상은 자동차 등이 통행할 수 있는 3m 이상 노면폭을 확보할 것
- 방유제와 옥외저장탱크 옆판과의 유지해야할 거리
  - 탱크 지름 15m 미만 : 탱크높이의 $\frac{1}{3}$ 이상
  - 탱크 지름 15m 이상 ; 탱크높이의 $\frac{1}{2}$ 이상
- 방유제는 철근콘크리트로 할 것(단, 전용유조 및 펌프 등의 설비를 갖출 경우 지표면을 흙으로 할 수 있음)
- 용량이 1,000만L 이상인 옥외저장탱크의 주위에는 방유제에 탱크마다 간막이 둑을 설치할 것
  - 간막이 둑 높이는 0.3m(방유제 내 탱크용량의 합계가 2억L를 넘는 방유제는 1m) 이상으로 하되, 방유제 높이보다 0.2m 이상 낮게 할 것
  - 간막이 둑은 흙 또는 철근콘크리트로 할 것
  - 간막이 둑의 용량은 간막이 둑 안에 설치된 탱크 용량의 10% 이상일 것
- 방유제에 배수구를 설치하고 방유제 외부에 개폐밸브를 설치할 것(용량이 100만L 이상일 때 : 개폐상황을 확인할 수 있는 장치를 설치할 것)
- 높이가 1m를 넘는 방유제 및 간막이 둑에는 출입하기 위한 계단 및 경사로를 약 50m마다 설치할 것

11 제1류 위험물인 염소산칼륨의 완전열분해반응식을 쓰시오.

> **정답** $2KClO_3 \longrightarrow 2KCl + 3O_2$
>
> ---
>
> **해설** **염소산칼륨($KClO_3$) : 제1류 위험물 중 염소산염류, 지정수량 50kg**
> - 무색 결정 또는 백색분말이다.
> - 온수 및 글리세린에 잘 녹고 냉수, 알코올에는 잘 녹지 않는다.
> - 400℃에서 분해시작, 540~560℃에서 완전 분해하여 염화칼륨(KCl)과 산소(O_2)를 방출한다.
>
> $2KClO_3 \xrightarrow{\Delta} 2KCl + 3O_2 \uparrow$
>
> - 가연물과 혼재 시 또는 강산화성물질(유기물, 유황, 적인, 목탄 등)과 접촉·충격 시 폭발 위험이 있다.
> - 염소산칼륨과 황산과 반응 시 유독성기체인 이산화염소(ClO_2)를 발생한다.
>
> $6KClO_3 + 3H_2SO_4 \longrightarrow 2HClO_4 + 3K_2SO_4 + 4ClO_2 + 2H_2O$

12 위험물제조소에 국소방식의 배출설비를 설치하여야 할 경우 배출능력은 시간 당 배출장소 용적의 몇 배 이상으로 하여야 하는지 답하시오.

> **정답** 20배 이상
>
> ---
>
> **해설** **배출설비**
> - 배출설비는 국소방식으로 할 것
>
>   > **전역방식으로 할 수 있는 경우**
>   > - 위험물취급설비가 배관이음 등으로만 된 경우
>   > - 전역방식이 유효한 경우
>
> - 배풍기, 배출닥트, 후드 등을 이용하여 강제 배출할 것
> - 배출능력은 1시간당 배출장소 용적의 20배 이상일 것 (단, 전역방식 : 바닥면적 $1m^2$ 당 $18m^3$ 이상)
> - 배출설비의 급기구 및 배출구의 설치기준
>   - 급기구는 높은 곳에 설치하고, 인화방지망(가는눈 구리망)을 설치할 것
>   - 배출구는 지상 2m 이상 높이에 설치하고 화재 시 자동폐쇄되는 방화 댐퍼를 설치할 것
> - 배풍기는 강제배기방식으로 옥내닥트의 내압이 대기압 이상 되지 않는 위치에 설치할 것

13 다음 [보기]에서 불활성가스 소화설비에 적응성 있는 위험물을 고르시오.

보기	① 제1류 위험물 중 알칼리금속과산화물 등	② 제2류 위험물 중 인화성고체
	③ 제3류 위험물	④ 제4류 위험물
	⑤ 제5류 위험	⑥ 제6류 위험물

정답 ② 제2류 위험물 중 인화성고체 ④ 제4류 위험물

해설 소화설비의 적응성 여부

대상물 구분 / 소화설비의 구분	제1류 위험물		제2류 위험물			제3류 위험물				
	알칼리금속과산화물 등	그 밖의 것	철분·금속분·마그네슘 등	인화성고체	그 밖의 것	금수성물품	그 밖의 것	제4류 위험물	제5류 위험물	제6류 위험물
옥내소화전 또는 옥외소화전설비		○		○	○		○		○	○
스프링클러설비		○		○	○		○	△	○	○
물분무등소화설비 / 물분무소화설비		○		○	○		○	○	○	○
물분무등소화설비 / 포소화설비		○		○	○		○	○	○	○
물분무등소화설비 / 불활성가스소화설비				○				○		
물분무등소화설비 / 할로겐화물소화설비				○				○		
물분무등소화설비 / 분말소화설비 / 인산염류 등		○		○	○			○		○
물분무등소화설비 / 분말소화설비 / 탄산수소염류 등	○		○	○		○		○		
물분무등소화설비 / 분말소화설비 / 그 밖의 것	○		○			○				

14 다음 위험물에 대하여 제조소에 설치하여야 하는 주의사항을 쓰시오.

(1) 과산화나트륨
(2) 유황
(3) 트리니트로톨루엔

 정답 (1) 물기엄금   (2) 화기주의   (3) 화기엄금

 해설 ※ 과산화나트륨 : 제1류 위험물 중 과산화물
　　유황 : 제2류 위험물
　　트리니트로톨루엔(TNT) : 제5류 위험물
제조소의 표지 및 게시판
1. 표지의 설치기준
　• 표지의 기재사항 : '위험물 제조소'라고 표지하여 설치
　• 표지의 크기 : 0.3m 이상×0.6m 이상인 직사각형
　• 표지의 색상 : 백색바탕에 흑색문자

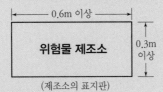

（제조소의 표지판）

2. 게시판 설치기준
　• 기재사항 : 위험물의 유별, 품명, 저장(취급)최대수량, 지정수량의 배수, 안전관리자의 성명(직명)
　• 게시판의 크기 : 0.3m 이상×0.6m 이상인 직사각형
　• 게시판의 색상 : 백색바탕에 흑색문자
3. 주의사항 표시 게시판(크기 : 0.3m 이상×0.6m 이상인 직사각형)

위험물의 종류	주의사항	게시판의 색상
제1류 위험물 중 알칼리금속의 과산화물 제3류 위험물 중 금수성물질	물기엄금	청색바탕에 백색문자
제2류 위험물(인화성고체는 제외)	화기주의	적색바탕에 백색문자
제2류 위험물 중 인화성고체 제3류 위험물 중 자연발화성물질 제4류 위험물 제5류 위험물	화기엄금	

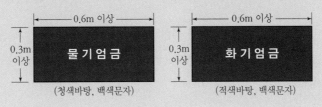

（청색바탕, 백색문자）　　　（적색바탕, 백색문자）

1 다음 [보기]에 해당하는 각 물음에 답하시오.

> **보기**   고형 알코올, 그 밖에 1기압에서 인화점이 40℃ 미만인 고체

(1) 이 위험물의 품명을 쓰시오.
(2) 이 위험물은 몇 류인가?
(3) 이 위험물의 지정수량을 쓰시오.

> **정답**   (1) 인화성고체   (2) 제2류 위험물   (3) 1,000kg

2 인화칼슘에 대하여 다음 각 물음에 답하시오.

(1) 물과의 화학반응식을 쓰시오.
(2) 물과의 접촉 시 위험한 이유를 쓰시오.

> **정답**   (1) $Ca_3P_2 + 6H_2O \longrightarrow 3Ca(OH)_2 + 2PH_3$
> (2) 물과 접촉 시 발열하고 분해반응하여 가연성이며 유독성인 인화수소(포스핀)가스를 발생하기 때문에
>
> **해설**   **인화칼슘(Ca_3P_2, 인화석회)** : 제3류 위험물(금수성물질), 지정수량 300kg
> - 비중은 2.51, 적갈색 괴상의 고체이다.
> - 물 또는 약산과 격렬히 분해반응하여 가연성·유독성인 인화수소(PH_3, 포스핀)가스를 생성한다.
> $$Ca_3P_2 + 6H_2O \longrightarrow 3Ca(OH)_2 + 2PH_3 \uparrow \text{(포스핀)}$$
> $$Ca_3P_2 + 6HCl \longrightarrow 3CaCl_2 + 2PH_3 \uparrow \text{(포스핀)}$$
> - 물 소화약제는 절대금지하고 마른 모래 등으로 피복소화한다.

3 탄화알루미늄이 물과 반응하는 경우 생성되는 물질명 2가지를 화학식으로 쓰시오.

> **정답**   ① $Al(OH)_3$ ② CH_4
>
> **해설**   **탄화알루미늄(Al_4C_3)** : 제3류 위험물(금수성물질), 지정수량 300kg
> - 황색결정 또는 분말로 상온, 공기 중에서 안정하다.
> - 물과 반응 시 가연성인 메탄(CH_4)가스를 발생하며 인화 폭발의 위험이 있다.
> $$Al_4C_3 + 12H_2O \longrightarrow 4Al(OH)_3 + 3CH_4 \uparrow$$
> - 소화 : 마른 모래 등으로 피복소화한다. (주수 및 포는 절대엄금)

4 염화구리 또는 염화파라듐의 촉매 하에 에틸렌을 산화시켜 생성되는 화합물로 분자량 44, 인화점 −39℃, 비점 21℃, 연소범위 4.1~57%인 특수인화물에 대하여 다음 물음에 답하시오.

(1) 시성식을 쓰시오.
(2) 증기비중은 얼마인가?

정답 (1) CH_3CHO (2) 1.52

해설 **아세트알데히드(CH_3CHO)** : 제4류 위험물 중 특수인화물, 지정수량 50L
• 인화점 −39℃, 발화점 185℃, 연소범위 4.1~57%, 비점 21℃
• 휘발성이 강하고, 과일냄새가 나는 무색액체이다.
• 물, 에테르, 에탄올에 잘 녹는다. (수용성)
• 환원성 물질로 은거울반응, 펠링반응, 요오드포름반응 등을 한다.
• 저장용기 사용 시 구리(Cu), 수은(Hg), 은(Ag), 마그네슘(Mg) 및 이들과의 합금용기는 사용을 금한다. (중합반응을 하여 폭발성 물질을 생성하기 때문)
• 에틸렌에 의한 제조법(직접산화법) : 염화구리($CuCl_2$) 또는 염화파라듐($PdCl_2$)의 촉매 하에 에틸렌(C_2H_4)을 산화시켜 제조한다.
   $$2C_2H_4 + O_2 \longrightarrow 2CH_3CHO$$

풀이 • 아세트알데히드(CH_3CHO)의 분자량 : $12 + 1 \times 3 + 12 + 1 + 16 = 44$
• 증기비중 $= \dfrac{\text{분자량}}{\text{공기의평균분자량(29)}} = \dfrac{44}{29} ≒ 1.52$

---

5 다음 [보기] 중 탱크 시험자의 기술인력 중 필수인력 자격요건을 가진 자만 고르시오.

보기	① 위험물기능장	② 위험물산업기사	③ 측량기능사
	④ 누설비파괴검사기사	⑤ 측량 및 지형공간정보기사	

정답 ① 위험물기능장 ② 위험물산업기사

해설 **탱크시험자의 기술인력**
1. 필수인력
• 위험물기능장 · 위험물산업기사 또는 위험물기능사 중 1명 이상
• 비파괴검사기술사 1명 이상 또는 초음파비파괴검사 · 자기비파괴검사 및 침투비파괴검사별로 기사 또는 산업기사 각1명 이상
2. 필요한 경우에 두는 인력
• 충 · 수압시험, 진공시험, 기밀시험 또는 내압시험의 경우 : 누설비파괴검사기사, 산업기사 또는 기능사
• 수직 · 수평도시험의 경우 : 측량 및 지형공간정보 기술사, 기사, 산업기사 또는 측량기능사
• 방사선투과시험의 경우 : 방사선비파괴검사 기사 또는 산업기사
• 필수인력의 보조 : 방사선비파괴검사 · 초음파비파괴검사 · 자기비파괴검사 또는 침투비파괴검사 기능사

6 다음 위험물이 물과 반응할 경우 생성되는 기체의 명칭을 쓰시오.

(1) 칼륨　　　　　　　　(2) 트리에틸알루미늄　　　　(3) 인화알루미늄

> **정답** (1) 수소　(2) 에탄　(3) 인화수소(포스핀)
>
> ----
>
> **해설** 1. **칼륨(K)** : 제3류 위험물(자연발화성, 금수성), 지정수량 10kg
> - 물, 알코올과 반응하여 수소(H_2)기체를 발생한다.
> $$2K + 2H_2O \longrightarrow 2KOH + H_2 \uparrow (격렬히 반응)$$
> $$2K + 2C_2H_5OH \longrightarrow 2C_2H_5OK + H_2 \uparrow$$
> - 연소 시 보라색 불꽃을 내면서 연소한다.
> - 은백색 경금속으로 흡습성, 조해성이 있고 석유류(등유, 경유, 유동파라핀) 속에 보관한다.
> - CO_2와 폭발적으로 반응한다.
> $$4K + CO_2 \longrightarrow 2K_2CO_3 + C$$
> - 소화 시 주수 및 CO_2는 절대 금하고 마른 모래 등으로 질식소화한다. (화상주의)
> 2. **알킬알루미늄[R–Al]** : 제3류 위험물(금수성물질), 지정수량 10kg
> - 트리에틸알루미늄[TEA : $(C_2H_5)_3Al$]의 물과의 반응 시 에탄가스를 발생한다.
> $$(C_2H_5)_3Al + 3H_2O \longrightarrow Al(OH)_3 + 3C_2H_6 \uparrow (에탄)$$
> - 트리메틸알루미늄[TMA : $(CH_3)_3Al$]의 물과의 반응 시 메탄가스를 발생한다.
> $$(CH_3)_3Al + 3H_2O \longrightarrow Al(OH)_3 + 3CH_4 \uparrow (메탄)$$
> - 탄소수 $C_1 \sim C_4$는 자연발화성, C_5 이상은 자연발화성이 없다.
> - 소화 시 주수소화는 절대 엄금하고 팽창질석, 팽창진주암 등으로 피복소화한다.
> 3. **인화알루미늄[AlP]** : 제3류 위험물(금수성물질), 지정수량 300kg
> - 물, 강산, 강알칼리 등과 반응하여 인화수소(PH_3 : 포스핀)의 유독성가스를 발생한다.
> $$AlP + 3H_2O \longrightarrow Al(OH)_3 + PH_3 \uparrow$$
> $$2AlP + 3H_2SO_4 \longrightarrow Al_2(SO_4)_3 + 2PH_3 \uparrow$$
> - 소화 시 주수소화는 절대 엄금하고 마른 모래로 피복소화한다.

7 다음 [보기]의 위험물 중에서 인화점이 낮은 순서대로 나열하시오.

> **보기** ① 산화프로필렌　② 이황화탄소　③ 아세톤　④ 디에틸에테르

> **정답** ④ 디에틸에테르　① 산화프로필렌　② 이황화탄소　③ 아세톤
>
> ----
>
> **해설** **제4류 위험물(인화성액체)의 인화점 및 착화점**
>
> | 구분 | 디에틸에테르 | 산화프로필렌 | 이황화탄소 | 아세톤 |
> |---|---|---|---|---|
> | 화학식 | $C_2H_5OC_2H_5$ | CH_3CH_2CHO | CS_2 | CH_3COCH_3 |
> | 유별 | 특수인화물 | 특수인화물 | 특수인화물 | 제1석유류 |
> | 인화점 | $-45℃$ | $-37.0℃$ | $-30℃$ | $-18℃$ |
> | 착화점 | $180℃$ | $465℃$ | $100℃$ | $538℃$ |

8 다음은 옥외저장소에서 저장 또는 취급하는 위험물의 최대수량에 따라 너비의 공지를 보유하여야 한다. ( ) 안에 답을 쓰시오.

저장 또는 취급하는 위험물의 최대수량	공지의 너비
지정수량의 10배 이하	(①) 이상
지정수량의 10배 초과 20배 이하	(②) 이상
지정수량의 20배 초과 50배 이하	9m 이상
지정수량의 50배 초과 200배 이하	12m 이상
지정수량의 200배 초과	15m 이상

정답 ① 3m ② 5m

9 제5류 위험물 중 피크린산의 구조식을 쓰시오.

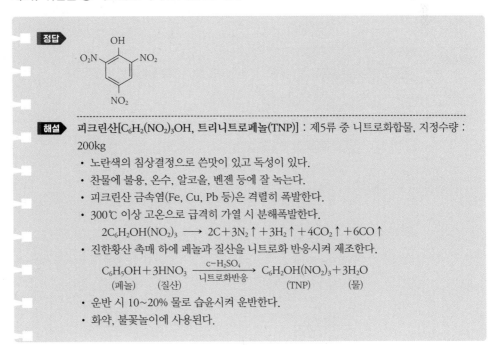

정답

해설 피크린산[$C_6H_2(NO_2)_3OH$, 트리니트로페놀(TNP)] : 제5류 중 니트로화합물, 지정수량 : 200kg
- 노란색의 침상결정으로 쓴맛이 있고 독성이 있다.
- 찬물에 불용, 온수, 알코올, 벤젠 등에 잘 녹는다.
- 피크린산 금속염(Fe, Cu, Pb 등)은 격렬히 폭발한다.
- 300℃ 이상 고온으로 급격히 가열 시 분해폭발한다.

$$2C_6H_2OH(NO_2)_3 \longrightarrow 2C + 3N_2\uparrow + 3H_2\uparrow + 4CO_2\uparrow + 6CO\uparrow$$

- 진한황산 촉매 하에 페놀과 질산을 니트로화 반응시켜 제조한다.

$$\underset{(페놀)}{C_6H_5OH} + \underset{(질산)}{3HNO_3} \xrightarrow[\text{니트로화반응}]{c-H_2SO_4} \underset{(TNP)}{C_6H_2OH(NO_2)_3} + \underset{(물)}{3H_2O}$$

- 운반 시 10~20% 물로 습윤시켜 운반한다.
- 화약, 불꽃놀이에 사용된다.

10 주유취급소에 설치하는 게시판으로 '주유 중 엔진정지'에서 바탕색과 문자 색을 쓰시오.

> **정답** 바탕색 : 황색
> 문자 색 : 흑색
>
> **해설** **주유취급소 설비의 기준**
> • 주유공지 : 너비 15m 이상, 높이 6m 이상의 콘크리트로 포장한 공지
> • 공지의 바닥 : 지면보다 높게 적당한 기울기, 배수구, 집유설비 및 유분리장치를 설치할 것
> • "주유 중 엔진정지"
>   − 황색바탕에 흑색문자
>   − 0.3m 이상×0.6m 이상인 직사각형

11 다음 위험물을 옥외저장탱크·옥내저장탱크 또는 지하저장탱크 중 압력탱크 외의 탱크에 저장하는 경우 저장온도는 몇 ℃로 유지하여야 하는지 각각 답하시오.

(1) 디에틸에테르   (2) 아세트알데히드   (3) 산화프로필렌

> **정답** (1) 디에틸에테르 : 30℃ 이하
> (2) 아세트알데히드 : 15℃ 이하
> (3) 산화프로필렌 : 30℃ 이하
>
> **해설** **알킬알루미늄 등, 아세트알데히드 등 및 디에틸에테르 등의 저장기준**
> • 이동저장탱크에 알킬알루미늄 등을 저장하는 경우에는 20kPa 이하의 압력으로 불활성의 기체를 봉입하여 둘 것
> • 옥외 및 옥내저장탱크 또는 지하저장탱크 중 압력탱크 외의 탱크에 저장할 경우
>
> | 위험물의 종류 | 유지온도 |
> | --- | --- |
> | 산화프로필렌, 디에틸에테르 | 30℃ 이하 |
> | 아세트알데히드 | 15℃ 이하 |
>
> • 옥외 및 옥내저장탱크 또는 지하저장탱크 중 압력탱크에 저장 할 경우
>
> | 위험물의 종류 | 유지온도 |
> | --- | --- |
> | 아세트알데히드 등 또는 디에틸에테르 등 | 40℃ 이하 |
>
> • 아세트알데히드 등 또는 디에틸에테르 등을 이동저장탱크에 저장 할 경우
>
> | 구분 | 유지온도 |
> | --- | --- |
> | 보냉장치가 있는 경우 | 비점 이하 |
> | 보냉장치가 없는 경우 | 40℃ 이하 |

12 제3종 분말소화약제 중 오르토인산이 생성되는 열분해반응식을 쓰시오.

> **정답** $NH_4H_2PO_4 \longrightarrow H_3PO_4 + NH_3$
>
> ----
>
> **해설** 제3종 분말소화약제(제1인산암모늄, $NH_4H_2PO_4$) : A, B, C급, 담홍색
>
> 열분해반응식 : $NH_4H_2PO_4 \longrightarrow NH_3 + H_2O + HPO_3$
>
> ※ 온도에 따른 열분해반응식
> - 190℃ : $NH_4H_2PO_4 \longrightarrow H_3PO_4$(오르토인산) + NH_3
> - 215℃ : $2H_3PO_4 \longrightarrow H_4P_2O_7$(피로인산) + H_2O
> - 300℃ : $H_4P_2O_7 \longrightarrow 2HPO_3$(메타인산) + H_2O
> - 1000℃ : $2HPO_3 \longrightarrow P_2O_5$(오산화인) + H_2O
>
> **제3종 분말소화약제가 A급 화재에도 적응성이 있는 이유**
> 열분해 시 생성되는 불연성물질인 메타인산(HPO_3)이 가연물의 표면에 부착 및
> 점착되는 방진작용으로 가연물과 산소의 접촉을 차단시켜주기 때문이다.

13 다음은 [보기]와 같이 제4류 위험물을 저장할 경우 지정수량의 배수의 합을 구하시오.

> **보기**
> - 특수인화물 : 200L
> - 제1석유류(수용성) : 400L
> - 제2석유류(수용성) : 4,000L
> - 제3석유류(수용성) : 12,000L
> - 제4석유류 : 24,000L

> **정답** 14배
>
> ----
>
> **해설** 제4류 위험물의 종류 및 지정수량
>
> | 성질 | 위험등급 | 품명 | | 지정수량 | 지정품목 |
> |---|---|---|---|---|---|
> | 인화성액체 | I | 특수인화물(이황화탄소 등) | | 50L | • 이황화탄소 • 디에틸에테르 |
> | | II | 제1석유류 | 비수용성(휘발유 등) | 200L | • 아세톤, 휘발유 |
> | | | | 수용성(아세톤 등) | 400L | |
> | | | 알코올류(메틸알코올, 변성알코올 등) | | 400L | • $C_{1\sim3}$인 포화1가 알코올(변성알코올 포함) |
> | | III | 제2석유류 | 비수용성(등유, 경유 등) | 1,000L | • 등유, 경유 |
> | | | | 수용성(초산 등) | 2,000L | |
> | | | 제3석유류 | 비수용성(중유 등) | 2,000L | • 중유 |
> | | | | 수용성(글리세린 등) | 4,000L | • 클레오소트유 |
> | | | 제4석유류(기어유 등) | | 6,000L | • 기어유, 실린더유 |
> | | | 동식물유류(아마인유 등) | | 10,000L | • 동식물유의 지육, 종자, 과육에서 추출한 것으로 1기압에서 인화점이 250℃ 미만인 것 |
>
> **풀이** 지정수량의 배수의 합 = $\dfrac{A품목의저장수량}{A품목의지정수량} + \dfrac{B품목의저장수량}{B품목의지정수량} + \cdots$
>
> $= \dfrac{200}{50} + \dfrac{400}{400} + \dfrac{4000}{2000} + \dfrac{12000}{4000} + \dfrac{24000}{6000} = 14$배

1 제3류 위험물인 인화칼슘과 물과의 반응식을 쓰시오.

> **정답** $Ca_3P_2 + 6H_2O \longrightarrow 3Ca(OH)_2 + 2PH_3$
>
> --
>
> **해설** **인화칼슘(인화석회, Ca_3P_2) : 제3류 위험물(금수성), 지정수량 300kg**
> - 적갈색의 괴상의 고체이다.
> - 물 또는 묽은 산과 반응하여 가연성이며 유독성인 인화수소(PH_3 : 포스핀)가스를 발생한다.
> $Ca_3P_2 + 6H_2O \longrightarrow 3Ca(OH)_2 + 2PH_3 \uparrow$
> $Ca_3P_2 + 6HCl \longrightarrow 3CaCl_2 + 2PH_3 \uparrow$
> - 소화 : 마른 모래 등으로 피복소화한다. (주수 및 포소화는 절대엄금)

2 표준상태에서 톨루엔의 증기밀도(g/L)를 구하시오.

> **정답** 4.11g/L
>
> --
>
> **해설**
> - 표준상태(0℃, 1atm)에서 증기밀도(g/L)
>
> $$증기밀도(g/L) = \frac{분자량}{22.4L} = \frac{92g}{22.4L} = 4.11g/L$$
>
> - 이상기체상태방정식에 의한 증기밀도(g/L)
>
> $$증기밀도(\rho) = \frac{PM}{RT} = \frac{1 \times M}{0.082 \times (273+0)} = \frac{92g}{22.4L} = 4.11g/L$$
>
> $$\left[\begin{array}{l} P : 압력(atm) \\ M : 분자량 \\ R : 기체상수(0.082atm \cdot L/mol \cdot K) \\ T : 절대온도(273 + t℃)K] \end{array} \right.$$
>
> ※ 톨루엔($C_6H_5CH_3$)의 분자량 $= 12 \times 6 + 1 \times 5 + 12 + 1 \times 3 = 92$

3 휘발유와 혼재 가능한 위험물을 유별로 모두 쓰시오. (단, 지정수량의 $\frac{1}{5}$ 이상을 저장하는 경우이다.)

정답 제2류, 제3류, 제5류

해설
- 휘발유(가솔린)는 제4류 위험물 제1석유류에 해당하므로 혼재 가능한 위험물은 제2류, 제3류, 제5류 위험물이다.
- 유별을 달리하는 위험물의 혼재기준

위험물의 구분	제1류	제2류	제3류	제4류	제5류	제6류
제1류		×	×	×	×	○
제2류	×		×	○	○	×
제3류	×	×		○	×	×
제4류	×	○	○		○	×
제5류	×	○	×	○		×
제6류	○	×	×	×	×	

※ 이 표는 지정수량 $\frac{1}{10}$ 이하의 위험물은 적용하지 않음

※ 서로 혼재 운반이 가능한 위험물(꼭 암기 바람)
- ④와 ②, ③ : 제4류와 제2류, 제4류와 제3류
- ⑤와 ②, ④ : 제5류와 제2류, 제5류와 제4류
- ⑥와 ① : 제6류와 제1류

4 다음 [보기]에서 동식물유류를 보고 요오드값에 따라 건성유, 반건성유, 불건성유로 분류하시오.

보기   아마인유, 야자유, 들기름, 쌀겨유, 목화씨유, 땅콩기름

정답
① 건성유 – 아마인유, 들기름
② 반건성유 – 목화씨유, 쌀겨유
③ 불건성유 – 야자유, 땅콩기름

해설 제4류 위험물 : 동식물유류란 동물의 지육 또는 식물의 종자나 과육으로부터 추출한 것으로 1기압에서 인화점이 250℃ 미만인 것
- 요오드값 : 유지 100g에 부가되는 요오드의 g수이다.
- 요오드값이 클수록 불포화도가 크다.
- 요오드값이 큰 건성유는 불포화도가 크기 때문에 자연발화가 잘 일어난다.
- 요오드값에 따른 분류
  - 건성유(130 이상) : 해바라기기름, 동유, 아마인유, 정어리기름, 들기름 등
  - 반건성유(100~130) : 참기름, 청어기름, 채종유, 콩기름, 쌀겨유, 면실유(목화씨유) 등
  - 불건성유(100 이하) : 올리브유, 동백기름, 피마자유, 야자유, 땅콩기름(낙화생유), 우지, 돈지 등

5 질산암모늄의 구성성분 중 질소와 수소 및 산소의 함량을 중량퍼센트(wt%)로 구하시오.

> **정답** ① 질소 : 35wt% ② 수소 : 5wt% ③ 산소 : 60wt%
>
> ---
>
> **해설** **질산암모늄(NH_4NO_3, 초안)** : 제1류 위험물 중 질산염류, 지정수량 300kg
> - 물에 용해 시 흡열반응하므로 열의 흡수로 인해 한제로 사용한다.
> - 가열 시 산소(O_2)를 발생하며, 충격을 주면 단독 분해폭발한다.
> $$2NH_4NO_3 \longrightarrow 4H_2O + 2N_2 \uparrow + O_2$$
> - 조해성, 흡수성이 강하고 혼합 화약원료에 사용된다.
>
> | AN–FO 폭약의 기폭제 : NH_4NO_3(94%) + 경유(6%) 혼합 |
> | --- |
>
> ---
>
> **풀이**
> - 질산암모늄(NH_4NO_3)의 분자량 : $14 + 1 \times 4 + 14 + 16 \times 3 = 80$
> - 질소(N)의 중량% $= \dfrac{2N}{NH_4NO_3} \times 100 = \dfrac{2 \times 14}{80} \times 100 = 35wt\%$
> - 수소(H)의 중량% $= \dfrac{4H}{NH_4NO_3} \times 100 = \dfrac{4 \times 1}{80} \times 100 = 5wt\%$
> - 산소(O)의 중량% $= \dfrac{3O}{NH_4NO_3} \times 100 = \dfrac{3 \times 16}{80} \times 100 = 60wt\%$

6 제2류 위험물인 마그네슘에 대하여 다음 각 물음에 답을 쓰시오.

(1) 마그네슘이 완전연소 시 생성되는 물질을 화학식으로 쓰시오.
(2) 마그네슘이 염산과 반응 시 발생하는 기체를 화학식으로 쓰시오.

> **정답** (1) MgO (2) H_2
>
> ---
>
> **해설** **마그네슘(Mg)** : 제2류 위험물(가연성고체), 지정수량 500kg
> - 은백색의 광택이 나는 경금속이다.
> - 공기 중에서 화기에 의해 분진폭발 위험과 습기에 의해 자연발화 위험이 있다.
> - 산 또는 수증기와 반응 시 고열과 함께 수소(H_2)가스를 발생한다.
> $$Mg + 2HCl \longrightarrow MgCl_2 + H_2 \uparrow$$
> $$Mg + 2H_2O \longrightarrow Mg(OH)_2 + H_2 \uparrow$$
> - 이산화탄소와 반응 시 산화마그네슘(MgO)과 탄소(C)가 생성된다.
> $$2Mg + CO_2 \longrightarrow 2MgO + C$$
> - 가열 및 점화 시 백색광의 강한 빛을 내며 맹렬히 폭발연소한다.
> $$2Mg + O_2 \longrightarrow 2MgO$$
> - 소화 : 주수소화, CO_2, 포, 할로겐화합물은 절대엄금, 마른 모래로 피복소화한다.
>
> **마그네슘(Mg)**
> - 2mm의 체를 통과 못하는 덩어리는 제외한다.
> - 직경 2mm 이상의 막대모양은 제외한다.

7 다음 [보기] 중 위험물의 지정수량이 같은 품명 3가지만 쓰시오.

> 보기 철분, 히드록실아민, 적린, 유황, 질산에스테르류, 히드라진유도체, 알칼리토금속

정답 ① 히드록실아민 ② 적린 ③ 유황

해설 • 제2류 위험물의 품명 및 지정수량

성질	위험등급	품명			지정수량
가연성고체	Ⅱ	• 황화린	• 적린	• 유황	100kg
	Ⅲ	• 철분	• 금속분	• 마그네슘	500kg
		• 인화성고체			1,000kg

• 제5류 위험물의 품명 및 지정수량

성질	위험등급	품명		지정수량
자기반응성물질	Ⅰ	• 유기과산화물	• 질산에스테르류	10kg
	Ⅱ	• 니트로화합물 • 아조화합물 • 히드라진 유도체	• 니트로소화합물 • 디아조화합물	200kg
		• 히드록실아민	• 히드록실아민염류	100kg
		그 밖에 행정안전부령으로 정하는 것 • 금속의 아지화합물 • 질산구아니딘		200kg

8 다음은 위험물의 운반기준이다. (   ) 안에 알맞은 답을 쓰시오.

(1) 고체위험물은 운반용기 내용적의 (①)% 이하의 수납률로 수납할 것
(2) 액체위험물은 운반용기 내용적의 (②)% 이하의 수납률로 수납하되, (③)℃의 온도에서 누설
되지 아니하도록 충분한 공간용적을 유지하도록 할 것

정답 ① 95 ② 98 ③ 55

해설 1. 위험물 운반용기의 내용적 수납률
• 고체 : 내용적의 95% 이하
• 액체 : 내용적의 98% 이하(55℃에서 누설되지 않도록 공간유지)
• 제3류 위험물의 자연발화성물질 중 알킬알루미늄 등
 – 자연발화성물질은 불활성기체를 봉입하여 밀봉할 것(공기와 접촉금지)
 – 내용적의 90% 이하로 하되 50℃에서 5% 이상 공간용적을 유지할 것
2. 저장탱크의 용량＝탱크의 내용적－탱크의 공간용적
• 탱크의 용량범위 : 90~95%
• 탱크의 공간용역 : 5~10%

9 다음 [보기]에서 설명한 위험물에 대하여 다음 각 물음에 답하시오

> | 보기 | • 환원성이 크고 은거울반응을 한다.
> | • 산화시키면 아세트산이 된다.
> | • 물, 알코올, 에테르에 녹는다.

(1) 이 물질의 명칭을 쓰시오.   (2) 이 물질의 화학식을 쓰시오.

정답 (1) 명칭 : 아세트알데히드   (2) CH_3CHO

해설 **아세트알데히드(CH_3CHO)** : 제4류 위험물 중 특수인화물, 지정수량 50L
- 인화점 $-39℃$, 발화점 $185℃$, 연소범위 4.1~57%
- 휘발성이 강하고 과일냄새가 나는 무색액체이다.
- 물, 에테르, 에탄올에 잘 녹는다. (수용성)
- 환원성물질로 은거울반응, 펠링반응, 요오드포름반응 등을 한다.
- 산화시키면 아세트산(초산)이 생성된다.

$$CH_3CHO + \frac{1}{2}O_2 \longrightarrow CH_3COOH(\text{아세트산})$$

- 환원시키면 에틸알코올이 생성된다.

$$CH_3CHO + H_2 \longrightarrow C_2H_5OH(\text{에틸알코올})$$

- Cu, Mg, Ag, Hg 및 그 합금 등과 접촉 시 중합반응하여 폭발성물질이 생성하므로 저장용기나 취급설비는 사용하지 말 것
- 소화 : 알코올용포, 다량의 물, CO_2 등으로 질식소화한다.

10 은백색의 연한 경금속으로 비중이 0.53, 융점 180℃이며 2차 전지에 사용되는 물질의 명칭을 쓰시오.

정답 리튬

해설 **리튬(Li)** : 제3류 위험물(자연발화성, 금수성물질), 지정수량 50kg
- 은백색의 알칼리 경금속으로 비점 0.53, 융점 180℃, 비점 1,336℃이다.
- 가열 연소 시 적색 불꽃을 내며 2차 전지 원료에 사용된다.
- 물 또는 산과 반응하여 수소(H_2)를 발생한다.

$$2Li + 2H_2O \longrightarrow 2LiOH + H_2\uparrow$$
$$2Li + 2HCl \longrightarrow 2LiCl + H_2\uparrow$$

- 소화 : 건조사 등으로 질식소화한다. (주수소화는 절대엄금)

11 다음 [보기]의 위험물 중에서 제4류 위험물이며 인화점이 21℃ 이상 70℃ 미만이고 수용성인 물질을 모두 고르시오.

> 보기 에틸렌글리콜, 포름산, 크실렌, 글리세린, 아세트산, 니트로벤젠

정답 포름산, 아세트산

해설 제4류 위험물(인화성액체)의 석유류는 인화점으로 구분한다.

1. 제4류 위험물의 정의(1기압에서)
- 특수인화물 : 발화점 100℃ 이하, 인화점 −20℃ 이하이고 비점이 40℃ 이하
- 제1석유류 : 인화점 21℃ 미만
- 제2석유류 : 인화점 21℃ 이상 70℃ 미만
- 제3석유류 : 인화점 70℃ 이상 200℃ 미만
- 제4석유류 : 인화점 200℃ 이상 250℃ 미만
- 동식물유류 : 인화점 250℃ 미만

2. 제4류 위험물의 성질

구분	에틸렌글리콜	포름산	크실렌	글리세린	아세트산	니트로벤젠
화학식	$C_2H_4(OH)_2$	HCOOH	$C_6H_4(CH_3)_3$	$C_3H_5(OH)_3$	CH_3COOH	$C_6H_5NO_2$
유별	제3석유류	제2석유류	제2석유류	제3석유류	제2석유류	제3석유류
수용성 여부	수용성	수용성	비수용성	수용성	수용성	비수용성

※ 제2석유류의 수용성에 해당된다.

12 분말소화약제 중 A, B, C급 화재에 모두 적응성이 있는 분말소화약제를 화학식으로 쓰시오.

정답 $NH_4H_2PO_4$

해설 **분말소화약제의 종류**

종별	약제명	화학식	색상	적응 화재
제1종	탄산수소나트륨 (중탄산나트륨)	$NaHCO_3$	백색	B, C급
제2종	탄산수소칼륨 (중탄산칼륨)	$KHCO_3$	담자(회)색	B, C급
제3종	제1인산암모늄	$NH_4H_2PO_4$	담홍색	A, B, C급
제4종	탄산수소칼륨 + 요소	$KHCO_3+(NH_2)_2CO$	회색	B, C급

13 다음 [보기]의 위험물 중 인화점이 낮은 것부터 순서대로 번호를 쓰시오.

> **보기** ① 초산에틸　② 이황화탄소　③ 글리세린　④ 클로로벤젠

정답 ②, ①, ④, ③

해설 제4류 위험물의 성질

구분	초산에틸	이황화탄소	글리세린	클로로벤젠
화학식	$CH_3COOC_2H_5$	CS_2	$C_3H_5(OH)_3$	C_6H_5Cl
유별	제1석유류	특수인화물	제3석유류	제2석유류
인화점	$-4℃$	$-30℃$	$160℃$	$32℃$

※ 인화점 낮은 순서 : 특수인화물 – 제1석유류 – 제2석유류 – 제3석유류 – 제4석유류

14 위험물 제조소의 옥외에 있는 위험물 취급탱크(액체위험물)의 용량이 200m³와 100m³의 탱크 2기가 있다. 이 2기의 탱크 주위에 방유제를 설치 시 방유제의 용량(m³)은 얼마 이상으로 하여야 하는가?

정답 110m³

해설 위험물 제조소의 옥외에 있는 액체 위험물 취급탱크의 방유제의 용량(CS_2는 제외)
- 하나의 취급탱크 주위에 설치하는 경우 : 탱크 용량이 50% 이상
- 2 이상의 취급탱크 주위에 설치하는 경우 : 제일 큰 탱크 용량의 50%+나머지 탱크 용량합계의 10% 이상

풀이 200m³×0.5＋100m³×0.1＝110m³

1 오황화린의 완전연소 반응식과 이때 발생하는 기체의 명칭을 쓰시오.

> **정답** ① 완전연소반응식 : $2P_2S_5 + 15O_2 \longrightarrow 2P_2O_5 + 10SO_2\uparrow$
> ② 기체명칭 : 이산화황
>
> ---
>
> **해설** 오황화린(P_2S_5)
> • 담황색 결정으로 조해성이 있어 수분 흡수 시 분해한다.
> • 알코올, 이황화탄소(CS_2)에 잘 녹는다.
> • 물, 알칼리와 반응 시 인산(H_3PO_4)과 황화수소(H_2S)가스를 발생한다.
> $P_2S_5 + 8H_2O \longrightarrow 5H_2S + 2H_3PO_4$
> • 연소 시 유독한 이산화황(SO_2) 기체를 발생한다.
> $2P_2S_5 + 15O_2 \longrightarrow 2P_2O_5 + 10SO_2\uparrow$

2 원통형(종형)탱크의 내용적(m^3)을 구하시오.

> **정답** $1.70m^3$
>
> ---
>
> **해설** 1. 원통형 탱크의 내용적(V)
> • 횡(수평)으로 설치한 것 : 내용적 $(V) = \pi r^2\left(l + \dfrac{l_1 + l_2}{3}\right)$
>
>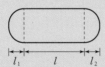
>
> • 종(수직)으로 설치한 것 : 내용적$(V) = \pi r^2 l$
>
>
>
> 2. 탱크의 용량 산정기준
> • 탱크의 용량＝탱크의 내용적－탱크의 공간용적
> • 탱크의 용량 범위 : 탱크 용적의 90~95% (탱크의 공간용적 : 탱크 용적의 $\dfrac{5}{100}$ 이상
> $\dfrac{10}{100}$ 이하의 용적)
>
> ---
>
> **풀이** 탱크의 내용적$(V) = \pi r^2 l = \pi \times 0.6^2 \times 1.5 = 1.696m^3$ $\therefore\ 1.70m^3$

3 제5류 위험물인 피크린산의 구조식과 지정수량을 쓰시오.

> **정답** ① 구조식 :
>
> $$\underset{\substack{\\ NO_2}}{\overset{\substack{OH\\}}{\underset{O_2N \qquad\qquad NO_2}{\bigcirc}}}$$
>
> ② 지정수량 : 200kg

> **해설** **피크린산[$C_6H_2(NO_2)_3OH$, 트리니트로페놀(TNP)]** : 제5류 중 니트로화합물, 지정수량 200kg
> - 노란색의 침상결정으로 쓴맛이 있고, 독성이 있다.
> - 찬물에 불용, 온수, 알코올, 벤젠 등에 잘 녹는다.
> - 피크린산 금속염(Fe, Cu, Pb 등)은 격렬히 폭발한다.
> - 300℃ 이상 고온으로 급격히 가열 시 분해폭발한다.
> $$2C_6H_2OH(NO_2)_3 \longrightarrow 2C + 3N_2\uparrow + 3H_2\uparrow + 4CO_2\uparrow + 6CO\uparrow$$
> - 진한황산 촉매 하에 페놀과 질산을 니트로화 반응시켜 제조한다.
> $$\underset{(페놀)}{C_6H_5OH} + \underset{(질산)}{3HNO_3} \xrightarrow[\text{니트로화반응}]{c-H_2SO_4} \underset{(TNP)}{C_6H_2OH(NO_2)_3} + \underset{(물)}{3H_2O}$$
> - 운반 시 10~20% 물로 습윤시켜 운반한다.
> - 화약, 불꽃놀이에 사용된다.

4 다음은 위험물의 이동저장탱크의 구조에 관한 사항이다. ( ) 안에 알맞은 답을 쓰시오.

이동저장탱크는 두께 (①)mm 이상 강철판으로 위험물이 새지 아니하게 제작할 것. 압력탱크 외의 탱크는 (②)의 압력으로, 압력탱크는 최대 사용압력의 (③)의 압력으로 각각 (④)분간의 수압시험을 실시하여 새거나 변형이 되지 아니할 것

> **정답** ① 3.2 ② 70kPa ③ 1.5배 ④ 10

> **해설** **이동저장탱크의 구조**
> - 탱크(맨홀 및 주입관의 뚜껑 포함)의 두께는 3.2mm 이상의 강철판
> - 탱크의 수압시험(압력탱크 : 최대 사용압력이 46.7kPa 이상인 탱크)
>
> | 탱크의 종류 | 수압시험방법 | 판정기준 |
> |---|---|---|
> | 압력탱크 | 최대 상용압력의 1.5배 압력으로 10분간 실시 | 새거나 변형이 없을 것 |
> | 압력탱크 외의 탱크 | 70kPa 압력으로 10분간 실시 | |
>
> ※ 수압시험은 기밀시험과 비파괴시험을 동시에 실시하는 방법으로 대신할 수 있다.
> - 탱크의 내부칸막이 : 4,000L 이하마다 3.2mm 이상 강철판 사용

5 탄화칼슘에 대하여 다음 각 물음에 답하시오.

(1) 물과의 반응식을 쓰시오.
(2) 물과 반응 시 생성되는 기체의 명칭과 연소범위를 쓰시오.
(3) 물과 반응 시 생성되는 기체의 완전연소반응식을 쓰시오.

정답
(1) $CaC_2 + 2H_2O \longrightarrow Ca(OH)_2 + C_2H_2$
(2) 기체명칭 : 아세틸렌, 연소범위 : 2.5~81%
(3) $2C_2H_2 + 5O_2 \longrightarrow 4CO_2 + 2H_2O$

해설
1. **탄화칼슘(카바이트, CaC_2)** : 제3류 위험물(금수성), 지정수량 300kg
   - 회백색 불규칙한 괴상의 고체이다.
   - 물과 반응하여 수산화칼슘[$Ca(OH)_2$]와 아세틸렌(C_2H_2)가스를 발생한다.
     $CaC_2 + 2H_2O \longrightarrow Ca(OH)_2 + C_2H_2 \uparrow$
   - 고온(700℃ 이상)에서 질소(N_2)와 반응하여 석회질소($CaCN_2$)를 생성한다.(질화반응)
     $CaC_2 + N_2 \longrightarrow CaCN_2 + C$
   - 장기보관 시 용기 내에 불활성 가스(N_2 등)을 봉입하여 저장한다.
   - 소화 : 마른 모래 등으로 피복소화한다.(주수 및 포소화는 절대엄금)
2. **아세틸렌(C_2H_2)**
   - 완전연소반응식 : $2C_2H_2 + 5O_2 \longrightarrow 4CO_2 + 2H_2O$
   - 폭발범위(연소범위)가 매우 넓어 위험성이 크다.(2.5~81%)
   - 금속(Cu, Ag, Hg)과 반응 시 폭발성인 금속아세틸라이드와 수소(H_2)를 발생한다.
     $C_2H_2 + 2Cu \longrightarrow Cu_2C_2$(동아세틸라이드 : 폭발성) $+ H_2 \uparrow$

6 다음 [보기] 중에서 인화점이 낮은 물질부터 순서대로 답하시오.

보기 ① 초산에틸   ② 메틸알코올   ③ 에틸렌글리콜   ④ 니트로벤젠

정답 ① 초산에틸   ② 메틸알코올   ④ 니트로벤젠   ③ 에틸렌글리콜

해설 제4류 위험물의 인화점

구분	초산에틸	메틸알콜	에틸렌글리콜	니트로벤젠
화학식	$CH_3COOC_2H_5$	CH_3OH	$C_2H_4(OH)_2$	$C_6H_5NO_2$
유별	제1석유류	알코올류	제3석유류	제3석유류
인화점	−4℃	11℃	111℃	88℃

7 과산화나트륨에 대하여 다음 각 물음에 답을 쓰시오.

(1) 열분해 시 생성물질 2가지를 화학식으로 쓰시오.
(2) 과산화나트륨과 이산화탄소의 반응식을 쓰시오.

> **정답** (1) Na_2O, O_2
>
> (2) $2Na_2O_2 + 2CO_2 \longrightarrow 2Na_2CO_3 + O_2$
>
> **해설** **과산화나트륨(Na_2O_2)** : 제1류(무기과산화물, 금수성), 지정수량 50kg
> - 열분해하여 산소(O_2)를 발생한다.
> $2Na_2O_2 \longrightarrow Na_2O + O_2\uparrow$
> - 물 또는 이산화탄소(CO_2)와 반응하여 산소(O_2)를 발생한다.
> $2Na_2O_2 + 2H_2O \longrightarrow 4NaOH(수산화나트륨) + O_2\uparrow(산소)$
> $2Na_2O_2 + 2CO_2 \longrightarrow 2Na_2CO_3(탄산나트륨) + O_2\uparrow(산소)$
> - 산과 반응하여 과산화수소(H_2O_2)를 생성한다.
> $Na_2O_2 + 2HCl \longrightarrow 2NaCl + H_2O_2\uparrow(과산화수소)$
> - 소화 시 주수 및 CO_2는 금하고 마른 모래로 피복소화한다.

8 다음 [보기] 중에서 제2류 인화물의 품명 4가지를 골라 각각 지정수량을 쓰시오.

> **보기**   적린, 황화린, 아세톤, 황린, 유황, 칼슘, 철분

> **정답** ① 황화린 : 100kg
> ② 적린 : 100kg
> ③ 유황 : 100kg
> ④ 철분 : 500kg
>
> **해설** **제2류 위험물(가연성고체)**
>
> | 성질 | 위험등급 | 품명 | 지정수량 |
> |---|---|---|---|
> | 가연성고체 | Ⅱ | 황화린, 적린, 유황 | 100kg |
> | | Ⅲ | 철분, 금속분, 마그네슘 | 500kg |
> | | | 인화성고체 | 1,000kg |
>
> - 아세톤 : 제4류, 제1석유류(수용성), 지정수량 200L
> - 황린 : 제3류, 지정수량 20kg
> - 칼슘 : 제3류, 알칼리토 금속, 지정수량 50kg

9 위험물 옥외저장소에 저장이 가능한 제4류 위험물의 품명 4가지를 답하시오.

정답 ① 제1석유류(인화점이 0℃ 이상인 것)
② 제2석유류
③ 제3석유류
④ 제4석유류
⑤ 알코올류
⑥ 동식물유류 중 4가지

해설 옥외저장소에 저장할 수 있는 위험물
- 제2류 위험물 : 유황, 인화성고체(인화점이 0℃ 이상인 것에 한함)
- 제4류 위험물 : 제1석유류(인화점이 0℃ 이상인 것에 한함), 제2석유류, 제3석유류, 제4석유류, 알코올류, 동식물유류
- 제6류 위험물

10 다음 메틸에틸케톤 1,000L, 메틸알코올 1,000L, 클로로벤젠 1,500L의 위험물 지정수량 배수의 합을 계산하시오. (단, 계산식을 쓰시오)

정답 ① 계산식 : 지정수량의 배수의 합 $= \dfrac{1,000}{200} + \dfrac{1,000}{400} + \dfrac{1,500}{1,000} = 9$배

② 지정수량 배수의 합 : 9배

해설 제4류 위험물의 종류 및 지정수량

성질	위험등급	품명		지정수량	지정품목
인화성액체	I	특수인화물(이황화탄소 등)		50L	• 이황화탄소 • 디에틸에테르
	II	제1석유류	비수용성(메틸에틸케톤 등)	200L	• 아세톤, 휘발유
			수용성(아세톤 등)	400L	
		알코올류(메틸알코올, 변성알코올 등)		400L	• $C_{1\sim3}$인 포화1가 알코올(변성알코올 포함)
	III	제2석유류	비수용성(클로로벤젠 등)	1,000L	• 등유, 경유
			수용성(초산 등)	2,000L	
		제3석유류	비수용성(중유 등)	2,000L	• 중유
			수용성(글리세린 등)	4,000L	• 클레오소트유
		제4석유류(기어유 등)		6,000L	• 기어유, 실린더유
		동식물유류(아마인유 등)		10,000L	• 동식물유의 지육, 종자, 과육에서 추출한 것으로 1기압에서 인화점이 250℃ 미만인 것

- 메틸에틸케톤(MEK) : 제1석유류(비수용성), 지정수량 200L
- 메틸알코올(CH_3OH) : 알코올류, 지정수량 400L
- 클로로벤젠(C_6H_5Cl) : 제2석유류(비수용성), 지정수량 1,000L
- 지정수량의 배수의 합 $= \dfrac{A품목의저장수량}{A품목의지정수량} + \dfrac{B품목의저장수량}{B품목의지정수량} + \cdots$

11 위험물 제조소등에 설치하는 옥내소화전설비의 방수압력 및 방수량은 얼마 이상이어야 하는가?

정답 ① 방수압력 : 350Kpa 이상   ② 방수량 : 260L/min 이상

해설 위험물 제조소등의 소화설비 설치기준[비상전원 : 45분]

소화설비	수평거리	방수량	방수압력	토출량	수원의 양(Q:m³)
옥내	25m 이하	260(L/min) 이상	350(Kpa) 이상	N(최대5개)× 260(L/min)	Q=N(소화전 개수 : 최대5개)× 7.8m³(260L/min×30min)
옥외	40m 이하	450(L/min) 이상	350(Kpa) 이상	N(최대4개)× 450(L/min)	Q=N(소화전 개수 : 최대4개)× 13.5m³(450L/min×30min)
스프링클러	1.7m 이하	80(L/min) 이상	100(Kpa) 이상	N(헤드수)× 80(L/min)	Q=N(헤드수)× 2.4m³(80L/min×30min)
물분무	–	20(L/min) 이상	350(Kpa) 이상	A(바닥면적m²)× 20(L/m²·min)	Q=A(바닥면적:m²)× 0.6m³(20L/m²·min×30min)

12 제2종 분말소화약제의 열분해반응식을 쓰시오.

정답 $2KHCO_3 \longrightarrow K_2CO_3 + CO_2 + H_2O$

해설 분말소화약제의 열분해반응식

종별	약제명	색상	적응화재	열분해 반응식
제1종	탄산수소나트륨 (중탄산나트륨)	백색	B, C급	$2NaHCO_3 \longrightarrow Na_2CO_3 + CO_2 + H_2O$
제2종	탄산수소칼륨 (중탄산칼륨)	담자(회)색	B, C급	$2KHCO_3 \longrightarrow K_2CO_3 + CO_2 + H_2O$
제3종	제1인산암모늄	담홍색	A, B, C급	$NH_4H_2PO_4 \longrightarrow HPO_3 + NH_3 + H_2O$
제4종	탄산수소칼륨+요소	회색	B, C급	$2KHCO_3 + (NH_2)_2CO$ $\longrightarrow K_2CO_3 + 2NH_3 + 2CO_2$

※ 분말소화약제 소화효과 : 1종＜2종＜3종＜4종

13 다음은 위험물의 운반용기 외부에 표시할 주의사항을 각각 쓰시오.

① 제2류 위험물 중 인화성고체   ② 제3류 위험물 중 금수성물질
③ 제4류 위험물   ④ 제6류 위험물

정답 ① 화기엄금   ② 물기엄금   ③ 화기엄금   ④ 가연물접촉주의

해설 위험물 운반용기의 외부 표시사항
- 위험물의 품명, 위험등급, 화학명 및 수용성(제4류 위험물의 수용성인 것에 한함)
- 위험물의 수량
- 위험물에 따른 주의사항

유별	구분	주의사항
제1류 위험물(산화성고체)	알칼리금속의 과산화물	화기·충격주의, 물기엄금 및 가연물접촉주의
	그 밖의 것	화기·충격주의 및 가연물접촉주의
제2류 위험물(가연성고체)	철분, 금속분, 마그네슘	화기주의 및 물기엄금
	인화성고체	화기엄금
	그 밖의 것	화기주의
제3류 위험물	자연발화성물질	화기엄금 및 공기접촉엄금
	금수성물질	물기엄금
제4류 위험물	인화성액체	화기엄금
제5류 위험물	자기반응성물질	화기엄금 및 충격주의
제6류 위험물	산화성 액체	가연물접촉주의

1 제4류 위험물인 이황화탄소 100kg이 완전연소할 때 발생되는 이산화황의 체적(m^3)을 계산하시오. (단, 온도 30℃, 압력 800mmHg로 한다)

정답 62.15m^3

해설 이황화탄소(CS_2) : 제4류 위험물 중 특수인화물, 지정수량 50L
- 인화점 −30℃, 발화점 100℃, 연소범위 1.2~44%, 비중 1.26
- 무색투명한 액체, 불순물 존재 시 황색 및 불쾌한 냄새가 난다.
- 물보다 무겁고, 물에 녹지 않으며 알코올, 벤젠, 에테르 등에 잘 녹는다.
- 4류 위험물 중 발화점이 100℃로 가장 낮다.
- 연소 시 푸른색 불꽃을 내며 유독한 아황산가스를 발생한다.
  $CS_2 + 3O_2 \longrightarrow CO_2\uparrow + 2SO_2\uparrow$
- 저장 시 물속에 보관하여 가연성 증기의 발생을 억제시킨다.
- 소화 시 CO_2, 분말 소화약제 등으로 질식소화한다.

풀이
- 이황화탄소(CS_2)의 분자량 : $12 + 32 \times 2 = 76$
- 이황화탄소(CS_2)의 완전연소반응식

$$CS_2 + 3O_2 \longrightarrow CO_2 + 2SO_2$$

$$
\begin{array}{ccc}
76\text{kg} & : & 2 \times 22.4m^3 \\
100\text{kg} & : & x
\end{array}
$$

$$x = \frac{100 \times 2 \times 22.4}{76} = 58.947m^3 (0℃, 1기압)$$

이 반응식에서는 표준상태(0℃, 1atm=760mmHg)에서 부피가 58.947m^3이므로 30℃, 800mmHg일 때 부피로 환산해주면 된다.

- 보일샤를법칙 적용

$$\frac{P_1V_1}{T_1} = \frac{P_2V_2}{T_2}$$

$$\left[\begin{array}{l} P_1, P_2 : 압력(mmHg), \\ T_1, T_2 : 절대온도(273+℃)K \\ V_1, V_2 : 부피(m^3) \end{array} \right]$$

$$\frac{760 \times 58.947}{(273+0)} = \frac{800 \times V_2}{(273+30)}$$

$$V_2 = \frac{760 \times 58.947 \times 303}{273 \times 800} = 62.153m^3 \quad \therefore \ 62.15m^3$$

2 제5류 위험물로서 분자량 229, 비중 1.8, 인화점 150℃인 휘황색의 침상결정이며 쓴맛이 나는 위험물의 명칭과 지정수량을 쓰시오.

> **정답** ① 명칭 : 트리니트로페놀(피크린산)   ② 지정수량 : 200kg
>
> **해설** 피크린산[$C_6H_2(NO_2)_3OH$, 트리니트페놀(TNP)] : 제5류 중 니트로화합물, 지정수량 200kg
> - 분자량 229, 비중 1.8, 인화점 150℃, 발화점 300℃, 융점 122℃이다.
> - 침상결정으로 쓴맛이 있고, 독성이 있다.
> - 찬물에 불용, 온수, 알코올, 벤젠 등에 잘 녹는다.
> - 피크린산 금속염(Fe, Cu, Pb 등)은 격렬히 폭발한다.
> - 300℃ 이상 고온으로 급격히 가열 시 분해폭발한다.
> $$2C_6H_2OH(NO_2)_3 \longrightarrow 3C + 3N_2\uparrow + 3H_2\uparrow + 4CO_2\uparrow + 6CO\uparrow$$
> - 진한황산 촉매 하에 페놀과 질산을 니트로화 반응시켜 제조한다.
> $$\underset{(\text{페놀})}{C_6H_5OH} + \underset{(\text{질산})}{3HNO_3} \xrightarrow[\text{니트로화반응}]{c-H_2SO_4} \underset{(\text{TNP})}{C_6H_2OH(NO_2)_3} + \underset{(\text{물})}{3H_2O}$$
> - 운반 시 10~20% 물로 습윤시켜 운반한다.
> - 화약, 불꽃놀이에 사용된다.

3 다음 [보기]는 제2석유류에 관한 내용이다. 맞는 것을 모두 고르시오.

> **보기** ① 등유, 경유는 제2석유류의 대표 품목이다.
> ② 대부분 물에 잘 녹고 비중은 1보다 작다.
> ③ 증기비중은 공기보다 가볍다.
> ④ 1기압에서 인화점이 21℃ 이상 70℃ 미만인 것을 말한다.
> ⑤ 도료류 그 밖의 물품은 가연성 액체량이 40중량% 이하인 것은 제외한다.

> **정답** ①, ④, ⑤
>
> **해설** 제2석유류의 정의
> - 등유, 경유 그 밖에 1기압에서 인화점이 섭씨 21도 이상 70도 미만인 것을 말한다. 다만, 도료류 그 밖의 물품에 있어서 가연성 액체량이 40중량퍼센트 이하이면서 인화점이 섭씨 40도 이상인 동시에 연소점이 섭씨 60도 이상인 것은 제외한다.
> - 대부분 물에 녹지 않고 비중은 1보다 작다.
> - 증기비중은 공기보다 무거워 낮은 곳에서 체류하기 쉽다.

4 다음 [보기]에서 불활성가스 소화설비에 적응성이 있는 위험물을 전부 고르시오.

보기	① 제1류 위험물 중 알칼리금속과산화물 등	② 제2류 위험물 중 인화성고체
	③ 제3류 위험물 중 금수성 물품	④ 제4류 위험물
	⑤ 제5류 위험물	⑥ 제6류 위험물

정답▶ ② 제2류 위험물 중 인화성 고체   ④ 제4류 위험물

해설▶ 소화설비의 적응성

대상물 구분 / 소화설비의 구분	제1류 위험물		제2류 위험물			제3류 위험물		제4류 위험물	제5류 위험물	제6류 위험물
	알칼리금속과산화물 등	그 밖의 것	철분·금속분·마그네슘 등	인화성고체	그 밖의 것	금수성물품	그 밖의 것			
옥내소화전 또는 옥외소화전설비		○		○	○		○		○	○
스프링클러설비		○		○	○		○	△	○	○
물분무등소화설비 / 물분무소화설비		○		○	○		○	○	○	○
포소화설비		○		○	○		○	○	○	○
불활성가스소화설비				○				○		
할로겐화합물소화설비				○				○		
분말소화설비 / 인산염류 등		○		○	○			○		○
분말소화설비 / 탄산수소염류 등	○		○	○		○		○		
분말소화설비 / 그 밖의 것	○		○			○				

5 다음 [보기]는 제6류 위험물이다. 법규정상 위험물 적용대상의 기준을 쓰시오. (단, 없으면 없음으로 쓰시오)

보기	① 과염소산 ② 과산화수소 ③ 질산

정답▶ ① 없음   ② 농도가 36중량% 이상인 것   ③ 비중이 1.49 이상인 것

6 제3류 위험물인 칼륨과 다음 물질과의 반응식을 쓰시오.

(1) 칼륨과 이산화탄소와의 반응식

(2) 칼륨과 에탄올과의 반응식

정답
(1) $4K + CO_2 \longrightarrow 2K_2CO_3 + C$
(2) $2K + C_2H_5OH \longrightarrow 2C_2H_5OK + H_2$

해설
칼륨(K) : 제3류 위험물(자연발화성, 금수성), 지정수량 10kg
- 은백색의 무른 경금속, 보호액으로 석유류(등유, 경유, 유동파라핀), 벤젠 속에 보관한다.
- 가열 시 보라색 불꽃을 내면서 연소한다.
- 수분과 반응 시 수소(H_2)를 발생하고 자연발화하며 폭발하기 쉽다.
  $2K + 2H_2O \longrightarrow 2KOH + H_2 \uparrow$
- 이온화 경향이 큰 금속(활성도가 큼)이며 알코올과 반응하여 수소(H_2)를 발생한다.
  $2K + 2C_2H_5OH \longrightarrow 2C_2H_5OK + H_2 \uparrow$
- 이산화탄소(CO_2)와 폭발적으로 반응한다. (CO_2소화기 사용금지)
  $4K + CO_2 \longrightarrow 2K_2CO_3 + C$
- 소화 : 마른 모래 등으로 질식소화한다. (피부접촉 시 화상주의)

7 유황을 저장하는 옥외저장소에 지정수량 150배를 저장할 경우 보유 공지는 몇 m 이상인가?

정답 12m 이상

해설
1. **유황(S)** : 제2류 위험물(가연성고체), 지정수량 100kg
2. **옥외저장소의 보유 공지**

저장 또는 취급하는 위험물의 최대수량	공지의 너비
지정수량의 10배 이하	3m 이상
지정수량의 10배 초과 20배 이하	5m 이상
지정수량의 20배 초과 50배 이하	9m 이상
지정수량의 50배 초과 200배 이하	12m 이상
지정수량의 200배 초과	15m 이상

※ 제4류 위험물 중 제4석유류와 제6류 위험물 : 보유 공지의 $\frac{1}{3}$ 이상으로 할 수 있다.

8 다음은 지정유기과산화물을 저장하는 옥내저장소의 격벽 설치기준이다. (   ) 안에 알맞은 답을 쓰시오.

> 저장창고는 (①)m² 이내마다 격벽으로 완전하게 구획할 것, 이 경우 당해 격벽은 두께 (②)cm 이상의 철근콘크리트조 또는 철골철근콘크리트조로 하거나 두께 (③)cm 이상의 보강콘크리트블록조로 하고, 당해 저장창고의 양측 외벽으로부터 (④)m 이상, 상부의 지붕으로부터 (⑤)cm 이상 돌출하게 해야 한다.

정답 ① 150 ② 30 ③ 40 ④ 1 ⑤ 50

해설 **지정과산화물 옥내저장소의 저장창고의 기준**

(1) 저장창고는 150m² 이내마다 격벽으로 완전하게 구획할 것. 이 경우 당해 격벽은 두께 30cm 이상의 철근콘크리트조 또는 철골철근콘크리트조로 하거나 두께 40cm 이상의 보강콘크리트블록조로 하고, 당해 저장창고의 양측의 외벽으로부터 1m 이상, 상부의 지붕으로부터 50cm 이상 돌출하게 하여야 한다.

(2) 저장창고의 외벽은 두께 20cm 이상의 철근콘크리트조나 철골철근콘크리트조 또는 두께 30cm 이상의 보강콘크리트블록조로 할 것

(3) 저장창고의 지붕기준
  ① 중도리 또는 서까래의 간격은 30cm 이하로 할 것
  ② 지붕의 아래쪽 면에는 한 변의 길이가 45cm 이하의 환강·경량형강 등으로 된 강제의 격자를 설치할 것
  ③ 지붕의 아래쪽 면에 철망을 쳐서 불연 재료의 도리·보 또는 서까래에 단단히 결합할 것
  ④ 두께 5cm 이상, 너비 30cm 이상의 목재로 만든 받침대를 설치할 것

(4) 저장창고의 출입구에는 갑종방화문을 설치할 것

(5) 저장창고의 창은 바닥면으로부터 2m 이상의 높이에 두되, 하나의 벽면에 두는 창의 면적의 합계를 당해 벽면의 면적의 $\frac{1}{80}$ 이내로 하고, 하나의 창의 면적을 0.4m² 이내로 할 것

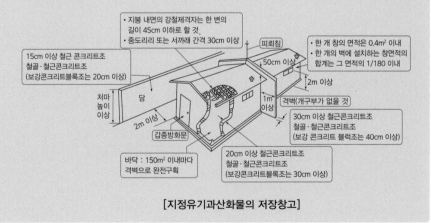

[지정유기과산화물의 저장창고]

9 위험물 제조소등에 옥내소화전을 3개 설치할 경우 수원의 양(m^3)을 구하시오.

정답 23.4m^3

해설 위험물 제조소등의 소화설비 설치기준[비상전원 : 45분]

소화설비	수평거리	방수량	방수압력	토출량	수원의 양(Q : m^3)
옥내	25m 이하	260(L/min) 이상	350(Kpa) 이상	N(최대5개)× 260(L/min)	Q=N(소화전 개수 : 최대5개) ×7.8m^3(260L/min×30min)
옥외	40m 이하	450(L/min) 이상	350(Kpa) 이상	N(최대4개)× 450(L/min)	Q=N(소화전 개수 : 최대4개) ×13.5m^3(450L/min×30min)
스프링 클러	1.7m 이하	80(L/min) 이상	100(Kpa) 이상	N(헤드수)× 80(L/min)	Q=N(헤드수)× 2.4m^3(80L/min×30min)
물분무	–	20(L/min) 이상	350(Kpa) 이상	A(바닥면적m^2)× 20(L/$m^2 \cdot$ min)	Q=N(바닥면적:m^2)× 0.6m^3/m^2(20L/$m^2 \cdot$ min×30min)

풀이 Q=N(소화전개수)×7.8m^3 = 3×7.8 = 23.4m

10 소화난이도 Ⅰ등급에 해당하는 제조소 및 일반취급소의 기준이다. (   ) 안에 알맞은 답을 쓰시오.

(1) 연면적 (①)m^2 이상인 것
(2) 지정수량의 (②)배 이상인 것
(3) 지반면으로부터 (③)m 이상의 높이에 위험물 취급설비가 있는 것

정답 ① 1,000m^2 ② 100배 ③ 6m

해설 소화난이도등급 Ⅰ에 해당하는 제조소등

구분	제조소등의 규모, 저장 또는 취급하는 위험물의 품명 및 최대수량 등
제조소 일반취급소	연면적 1,000m^2 이상인 것
	지정수량의 100배 이상인 것(고인화점위험물만을 100℃ 미만의 온도에서 취급하는 것 및 화학류 위험물을 취급하는 것은 제외)
	지반면으로부터 6m 이상의 높이에 위험물 취급설비가 있는 것(고인화점 위험물만을 100℃ 미만의 온도에서 취급하는 것은 제외)
	일반취급소로 사용되는 부분 외의 부분을 갖는 건축물에 설치된 것(내화구조로 개구부 없이 구획된 것 및 고인화점위험물만을 100℃ 미만의 온도에서 취급하는 것은 제외)

11 과염소산칼륨은 400℃에서 분해 시작하여 610℃에서 완전분해한다. 610℃에서 완전열분해반응식을 쓰시오.

> **정답** $KClO_4 \longrightarrow KCl + 2O_2$
>
> ---
>
> **해설** **과염소산칼륨($KClO_4$)** : 제1류 위험물 중 과염소산염류, 지정수량 50kg
> - 물, 알코올, 에테르에 녹지 않는다.
> - 400℃에서 분해 시작, 610℃에서 완전분해되어 산소를 방출한다.
>
> $$KClO_4 \xrightarrow[\varDelta]{610℃} KCl + 2O_2 \uparrow$$

12 다음은 제4류 위험물 중 특수인화물의 정의이다. (   ) 안에 알맞은 답을 쓰시오.

"특수인화물"이라 함은 이황화탄소, 디에틸에테르 그 밖에 1기압에서 발화점이 섭씨 (①)도 이하인 것 또는 인화점이 섭씨 영하 (②)도 이하이고 비점이 섭씨 (③)도 이하인 것을 말한다.

> **정답** ① 100   ② 20   ③ 40
>
> ---
>
> **해설** **제4류 위험물의 정의**
>
> | 성질 | 품명 | 지정품목 | 조건(1기압에서) | 위험등급 |
> |---|---|---|---|---|
> | 인화성 액체 | 특수인화물 | 이황화탄소 디에틸에테르 | • 발화점이 100℃ 이하
• 인화점이 −20℃ 이하이고 비점이 40℃ 이하인 것 | I |
> | | 제1석유류 | 아세톤 휘발유 | 인화점이 21℃ 미만인 것 | II |
> | | 알코올류 | 1분자의 탄소의 원자 수가 C_1~C_3까지인 포화1가 알코올(변성알코올포함) 메틸알코올(CH_3OH), 에틸알코올(C_2H_5OH), 프로필알코올(C_3H_7OH) | | |
> | | 제2석유류 | 등유, 경유 | 인화점이 21℃ 이상 70℃ 미만인 것 | |
> | | 제3석유류 | 중유 클레오소트유 | 인화점이 70℃ 이상 200℃ 미만인 것 | III |
> | | 제4석유류 | 기어유 실린더유 | 인화점이 200℃ 이상 250℃ 미만인 것 | |
> | | 동식물유류 | | 동물의 지육 등 또는 식물의 종자나 과육으로부터 추출한 것으로서 인화점이 250℃ 미만인 것 | |

13 다음은 아세트알데히드 등의 옥외탱크저장소 시설기준이다. ( ) 안에 알맞은 답을 쓰시오.

(1) 옥외탱크저장소의 설비는 동·(①)·은·(②) 또는 이들을 성분으로 하는 합금으로 만들지 아니할 것

(2) 옥외탱크저장소에는 (③) 또는 (④), 그리고 연소성 혼합기체의 생성에 의한 폭발을 방지하기 위한 불활성의 기체를 봉입하는 장치를 설치할 것

정답 ① 마그네슘 ② 수은 ③ 냉각장치 ④ 보냉장치

해설 **아세트알데히드 등의 옥외탱크저장소의 특례**
- 옥외저장탱크의 설비는 동·마그네슘·은·수은 또는 이들을 성분으로 하는 합금으로 만들지 아니할 것
- 옥외저장탱크에는 냉각장치 또는 보냉장치, 그리고 연소성 혼합기체의 생성에 의한 폭발을 방지하기 위한 불활성의 기체를 봉입하는 장치를 설치할 것
- ※ 아세트알데히드등 : 제4류 위험물 중 특수인화물의 아세트알데히드, 산화프로필렌 또는 이 중 어느 하나 이상을 함유하는 것

1 외벽이 내화구조인 위험물제조소의 건축물 연면적이 450m²일 때 소요단위를 구하시오.

> **정답** ▶ 소요단위 $= \dfrac{450m^2}{100m^2} = 4.5$단위
>
> **해설** ▶ 소요1단위의 산정방법
>
> | 건축물 | 내화구조의 외벽 | 내화구조가 아닌 외벽 |
> |---|---|---|
> | 제조소 및 취급소 | 연면적 100m² | 연면적 50m² |
> | 저장소 | 연면적 150m² | 연면적 75m² |
> | 위험물 | 지정수량의 10배 | |
>
> ※ 소요단위 : 소화설비의 설치대상이 되는 건축물의 규모 또는 위험물의 양의 기준단위

2 다음 표는 유별을 달리하는 위험물의 혼재기준으로 빈칸에 혼재 가능한 위험물은 O, 혼재 불가능한 위험물은 X로 표시하시오. (단, 지정수량 $\dfrac{1}{10}$ 이상 위험물에 한한다)

위험물의 구분	제1류	제2류	제3류	제4류	제5류	제6류
제1류						
제2류						
제3류						
제4류						
제5류						
제6류						

> **정답** ▶
>
> | 위험물의 구분 | 제1류 | 제2류 | 제3류 | 제4류 | 제5류 | 제6류 |
> |---|---|---|---|---|---|---|
> | 제1류 | | × | × | × | × | ○ |
> | 제2류 | × | | × | ○ | ○ | × |
> | 제3류 | × | × | | ○ | × | × |
> | 제4류 | × | ○ | ○ | | ○ | × |
> | 제5류 | × | ○ | × | ○ | | × |
> | 제6류 | ○ | × | × | × | × | |
>
> **해설** ▶ 서로 혼재 운반이 가능한 위험물(꼭 암기바람) : 표의 빈칸에 'O'표를 표시하는 방법
> - ④와 ②, ③ : 가로줄 제4류에서 2류와 3류에 'O'표 한다.(세로줄도 동일 방법)
> - ⑤와 ②, ④ : 가로줄 제5류에서 2류와 4류에 'O'표를 한다.(세로줄도 동일 방법)
> - ⑥과 ① : 가로줄 제6류에서 1류에 'O'표를 한다.(세로줄도 동일 방법)

3 다음 [보기]에서 제2류 위험물에 대한 설명으로 옳은 것을 모두 고르시오.

> **보기** ① 황화린, 적린, 유황은 위험등급이 Ⅱ이다.
> ② 고형 알코올은 가연성고체에 해당되며 지정수량은 1,000kg이다.
> ③ 대부분이 비중은 1보다 적다.
> ④ 대부분 물에 잘 녹는 수용성이다.
> ⑤ 대부분 산화성고체이다.

정답 ①, ②

해설 **1. 제2류 위험물의 일반적인 성질**
- 가연성고체로서 낮은 온도에 착화하기 쉬운 속연성 물질이다.
- 연소속도가 빠르고, 연소 시 유독가스가 발생한다.
- 금속분류(Fe, Mg 등)는 산화가 쉽고, 물 또는 산과 접촉 시 발열한다.
- 비중은 1보다 크고 물에 녹지 않는 환원성 물질이다.

2. 제2류 위험물의 종류 및 지정수량

성질	위험등급	품명			지정수량
가연성고체	Ⅱ	• 황화린[P_4S_3, P_2S_5, P_4S_7]	• 적린[P]	• 황[S]	100kg
	Ⅲ	• 철분[Fe]	• 금속분[Al, Zn]	• 마그네슘[Mg]	500kg
		인화성고체[고형알코올]			1,000kg

---

4 다음은 제1류 위험물인 염소산칼륨에 대한 내용이다. 다음 각 물음에 답하시오.

(1) 완전열분해반응식을 쓰시오.

(2) 염소산칼륨 24.5kg이 표준상태에서 열분해 시 발생하는 산소의 부피는 몇 m^3인가?

정답 (1) $2KClO_3 \longrightarrow 2KCl + 3O_2$
(2) $6.72m^3$

해설 **염소산칼륨($KClO_3$)**
- 무색의 결정 또는 백색분말이다.
- 온수 및 글리세린에 잘 녹고 냉수, 알코올에는 잘 녹지 않는다.
- 열분해 시 염화칼륨(KCl)과 산소(O_2)를 발생시킨다.

$$2KClO_3 \xrightarrow{\Delta} 2KCl + 3O_2\uparrow$$

풀이 • 염소산칼륨($KClO_3$)의 분자량 $= 39 + 35.5 + 16 \times 3 = 122.5$
• 표준상태(0℃, 1기압)에서 열분해 시 산소(O_2) 부피(m^3)는?

$$2KClO_3 \longrightarrow 2KCl + 3O_2$$
$$2 \times 122.5kg \longleftarrow 3 \times 22.4m^3$$
$$24.5kg \quad : \quad x$$

$$x = \frac{24.5 \times 3 \times 22.4}{2 \times 122.5} = 6.72m^3$$

5 다음 [보기]에서 설명하는 위험물의 화학식과 지정수량을 쓰시오.

> **보기**
> • 무색투명한 액체로서 분자량이 58이다.
> • 인화점이 −37℃, 연소범위가 2.5~38.5%이다.
> • 용기 및 밸브 사용 시 구리, 마그네슘, 은, 수은 및 합금용기는 사용하지 아니할 것

> **정답** ① 화학식 : CH_3CHCH_2O ② 지정수량 50L
>
> ---
>
> **해설** 산화프로필렌(CH_3CHCH_2O) : 제4류 위험물 중 특수인화물, 지정수량 50L
> • 분자량 58, 인화점 −37℃, 발화점 465℃, 연소범위 2.5~38.5%
> • 에테르향의 냄새가 나는 휘발성이 강한 액체이다.
> • 물, 벤젠, 에테르, 알코올 등에 잘 녹고 피부접촉 시 화상을 입는다.(수용성)
> • 소화 시 알코올용포, 다량의 물, CO_2 등으로 질식소화한다.
>
> > **아세트알데히드, 산화프로필렌의 공통사항**
> > • Cu, Ag, Hg, Mg 및 그 합금 등과는 용기나 설비를 사용하지 말 것(중합반응 시 폭발성 물질 생성)
> > • 저장 시 불활성가스(N_2, Ar) 또는 수증기를 봉입하고 냉각장치를 사용하여 비점 이하를 유지할 것

6 다음 [보기]는 제1종 판매취급소의 위험물을 배합하는 실의 시설기준에 대하여 (   ) 안에 알맞은 답을 쓰시오.

> **보기**
> (1) 배합실의 바닥면적은 (①)m^2 이상 (②)m^2 이하로 할 것
> (2) (③) 또는 (④)로 된 벽으로 구획할 것
> (3) 바닥은 위험물이 침투하지 아니하는 구조로 하여 적당한 경사를 두고 (⑤)를 설치할 것
> (4) 출입구 문턱의 높이는 바닥면으로부터 (⑥)m 이상으로 할 것

> **정답** ① 6   ② 15   ③ 내화구조   ④ 불연재료   ⑤ 집유설비   ⑥ 0.1
>
> ---
>
> **해설** **1. 판매취급소**
> • 제1종 판매취급소 : 지정수량의 20배 이하
> • 제2종 판매취급소 : 지정수량의 40배 이하
> **2. 제1종 판매취급소의 위험물 배합실의 기준**
> • 바닥면적은 6m^2 이상 15m^2 이하로 할 것
> • 내화구조 또는 불연 재료로 된 벽으로 구획할 것
> • 바닥은 위험물이 침투하지 아니하는 구조로 하여 적당한 경사를 두고 집유설비를 할 것
> • 출입구에는 수시로 열 수 있는 자동폐쇄식의 갑종방화문을 설치할 것
> • 출입구 문턱의 높이는 바닥면으로부터 0.1m 이상으로 할 것
> • 내부에 체류한 가연성의 증기 또는 가연성의 미분을 지붕 위로 방출하는 설비를 할 것

7 제3류 위험물 중 위험등급 I에 해당하는 품명 3가지를 쓰시오.

정답 칼륨, 나트륨, 알킬알루미늄, 알킬리튬, 황린 중 3가지

해설 제3류 위험물의 위험등급

성질	위험등급	품명	지정수량
자연발화성 및 금수성물질	I	칼륨, 나트륨, 알킬알루미늄, 알킬리튬	10kg
		황린	20kg
	II	알칼리금속(칼륨 및 나트륨 제외) 및 알칼리토금속 유기금속 화합물(알킬알루미늄 및 알킬리튬 제외)	50kg
	III	금속의 수소화물, 금속의 인화물	300kg
		칼슘 또는 알루미늄의 탄화물, 염소화규소화합물	

8 다음은 위험물 안전관리 법령상 위험물의 유별 저장, 취급의 공통기준으로 (   ) 안에 알맞은 답을 쓰시오.

(1) 제4류 위험물은 불티, 불꽃, 고온체와의 접근 또는 과열을 피하고 함부로 (   )를 발생시키지 아니하여야 한다.

(2) 제6류 위험물은 가연물과의 접촉, 혼합이나 분해를 촉진하는 물품과의 접근 또는 (   )을 피하여야 한다.

정답 (1) 증기   (2) 과열

해설 위험물의 유별 저장 및 취급에 관한 공통기준
- 제1류 위험물은 가연물과의 접촉·혼합이나 분해를 촉진하는 물품과의 접근 또는 과열, 충격, 마찰 등을 피하는 한편, 알칼리금속의 과산화물 및 이를 함유한 것에 있어서는 물과의 접촉을 피하여야 한다.
- 제2류 위험물은 산화제와의 접촉·혼합이나 불티·불꽃·고온체와의 접근 또는 과열을 피하는 한편, 철분, 금속분, 마그네슘 및 이를 함유한 것에 있어서는 물이나 산과의 접촉을 피하고 인화성고체에 있어서는 함부로 증기를 발생시키지 아니하여야 한다.
- 제3류 위험물 중 자연발화성물질에 있어서는 불티·불꽃 또는 고온체와의 접근·과열 또는 공기와의 접촉을 피하고, 금수성물질에 있어서는 물과의 접촉을 피하여야 한다.
- 제4류 위험물은 불티·불꽃·고온체와의 접근 또는 과열을 피하고, 함부로 증기를 발생시키지 아니하여야 한다.
- 제5류 위험물은 불티·불꽃·고온체와의 접근이나 과열, 충격 또는 마찰을 피하여야 한다.
- 제6류 위험물은 가연물과의 접촉·혼합이나 분해를 촉진하는 물품과의 접근 또는 과열을 피하여야 한다.

9 다음은 제3류 위험물인 트리에틸알루미늄에 대하여 다음 각 물음에 답을 쓰시오.

(1) 물과의 반응식을 쓰시오.
(2) 완전연소반응식을 쓰시오.

> **정답**
> (1) $(C_2H_5)_3Al + 3H_2O \longrightarrow Al(OH)_3 + 3C_2H_6$
> (2) $2(C_2H_5)_3Al + 21O_2 \longrightarrow Al_2O_3 + 12CO_2\uparrow + 15H_2O$
>
> ---
>
> **해설** 알킬알루미늄(R–Al) : 제3류(자연발화성, 금수성), 지정수량 10kg
> - 알킬기($C_nH_{2n+1}-$, R–)에 알루미늄(Al)이 결합된 화합물이다.
> - 탄소수 $C_{1\sim4}$까지는 자연발화하고, C_5 이상은 연소반응하지 않는다.
> - 물과 반응 시 가연성가스를 발생한다. (주수소화 절대엄금)
>   트리메틸알루미늄(TMA)과 물과의 반응식
> $(CH_3)_3Al + 3H_2O \longrightarrow Al(OH)_3$(수산화알루미늄)$+ 3CH_4\uparrow$(메탄)
>   트리에틸알루미늄(TEA)과 물과의 반응식
> $(C_2H_5)_3Al + 3H_2O \longrightarrow Al(OH)_3$(수산화알루미늄)$+ 3C_2H_6\uparrow$(에탄)
> - 공기 중에 노출되면 자연발화하여 연소한다.
>   TMA : $2(CH_3)_3Al + 12O_2 \longrightarrow Al_2O_3 + 9H_2O + 6CO_2\uparrow$
>   TEA : $2(C_2H_5)_3Al + 21O_2 \longrightarrow Al_2O_3 + 12CO_2\uparrow + 15H_2O$
> - 저장 시 희석안정제(벤젠, 톨루엔, 헥산 등)를 사용하여 불활성기체(N_2)를 봉입한다.
> - 소화 : 팽창질석 또는 팽창진주암을 사용한다. (주수소화는 절대엄금)

10 과산화나트륨과 아세트산의 화학반응식을 쓰시오.

> **정답** $Na_2O_2 + 2CH_3COOH \longrightarrow 2CH_3COONa + H_2O_2$
>
> ---
>
> **해설** 과산화나트륨(Na_2O_2) : 제1류 위험물 중 무기과산화물, 지정수량 50kg
> - 조해성이 강하고 물과 격렬히 분해 반응하여 산소를 발생한다.
> $2Na_2O_2 + 2H_2O \longrightarrow 4NaOH + O_2\uparrow$
> - 열분해하여 산소(O_2)를 발생한다.
> $2Na_2O_2 \longrightarrow 2Na_2O + O_2\uparrow$
> - 공기 중 탄산가스(CO_2)와 반응하여 산소(O_2)를 발생한다.
> $2Na_2O_2 + 2CO_2 \longrightarrow 2Na_2CO_3 + O_2\uparrow$
> - 알코올에 녹지 않으며, 산과 반응 시 과산화수소(H_2O_2)를 발생한다.
> $Na_2O_2 + 2CH_3COOH \longrightarrow 2CH_3COONa + H_2O_2$
> - 주수소화 엄금, 건조사 등으로 질식소화한다. (CO_2는 효과 없음)

11 다음은 제4류 위험물의 인화점에 대해 (   ) 안에 알맞은 답을 쓰시오.

(1) 제1석유류 : 1기압에서 인화점이 섭씨 (①)도 미만인 것
(2) 제2석유류 : 1기압에서 인화점이 섭씨 (②)도 이상 (③) 미만인 것

> **정답** ① 21   ② 21   ③ 70
>
> **해설** 제4류 위험물의 정의
>
> | 성질 | 품명 | 지정품목 | 조건(1기압에서) | 위험등급 |
> |------|------|----------|------------------|----------|
> | 인화성 액체 | 특수인화물 | 이황화탄소 디에틸에테르 | • 발화점이 100℃ 이하
• 인화점이 −20℃ 이하이고 비점이 40℃ 이하인 것 | I |
> | | 제1석유류 | 아세톤 휘발유 | 인화점이 21℃ 미만인 것 | II |
> | | 알코올류 | 1분자의 탄소의 원자 수가 $C_1 \sim C_3$까지인 포화1가 알코올(변성알코올포함)
메틸알코올(CH_3OH), 에틸알코올(C_2H_5OH), 프로필알코올(C_3H_7OH) | | |
> | | 제2석유류 | 등유, 경유 | 인화점이 21℃ 이상 70℃ 미만인 것 | |
> | | 제3석유류 | 중유 클레오소트유 | 인화점이 70℃ 이상 200℃ 미만인 것 | III |
> | | 제4석유류 | 기어유 실린더유 | 인화점이 200℃ 이상 250℃ 미만인 것 | |
> | | 동식물유류 | 동물의 지육 등 또는 식물의 종자나 과육으로부터 추출한 것으로서 인화점이 250℃ 미만인 것 | | |

12 위험물 운반 시 차광성이 있는 피복으로 가려야 하는 위험물의 유별 또는 품명을 3가지만 쓰시오.

> **정답** 제1류 위험물, 제3류 위험물 중 황린, 제4류 위험물 중 특수인화물, 제5류 위험물, 제6류 위험물 중 3가지
>
> **해설** 적재위험물 성질에 따라 구분
>
> | 차광성 덮개를 해야 하는 것 | 방수성 피복으로 덮어야 하는 것 |
> |---------------------------|------------------------------|
> | • 제1류 위험물
• 제3류 위험물 중 자연발화성물질
• 제4류 위험물 중 특수인화물
• 제5류 위험물
• 제6류 위험물 | • 제1류 위험물 중 알칼리금속의 과산화물
• 제2류 위험물 중 철분, 금속분, 마그네슘
• 제3류 위험물 중 금수성물질 |
>
> ※ 위험물 적재 운반시 차광성 및 방수성 피복을 전부 해야 하는 위험물
> • 제1류 위험물 중 알칼리금속의 과산화물 : K_2O_2, Na_2O_2 등
> • 제3류 위험물 중 자연발화성 및 금수성 물질 : K, Na, R−Al, R−Li 등

13 다음 [보기]의 위험물이 1몰씩 각각 완전 열분해할 때 산소의 부피가 큰 것부터 순서대로 번호를 쓰시오.

보기	① 과염소산암모늄	② 염소산칼륨
	③ 염소산암모늄	④ 과염소산나트륨

정답 ④, ②, ①, ③

해설 각 위험물질의 열분해반응식(1몰 기준)
- 과염소산암모늄(NH_4ClO_4) : 산소(O_2) 1몰 발생
  $$2NH_4ClO_4 \longrightarrow N_2 + Cl_2 + 4H_2O + 2O_2$$
  $$\therefore NH_4ClO_4 \longrightarrow 0.5N_2 + 0.5Cl_2 + 2H_2O + O_2$$
- 염소산칼륨($KClO_3$) : 산소(O_2) 1.5몰 발생
  $$2KClO_3 \longrightarrow 2KCl + 3O_2$$
  $$\therefore KClO_3 \longrightarrow KCl + 1.5O_2$$
- 염소산암모늄(NH_4ClO_3) : 산소(O_2) 0.5몰 발생
  $$2NH_4ClO_3 \longrightarrow N_2 + Cl_2 + 4H_2O + O_2$$
  $$\therefore NH_4ClO_3 \longrightarrow 0.5N_2 + 0.5Cl_2 + 2H_2O + 0.5O_2$$
- 과염소산나트륨($NaClO_4$) : 산소(O_2) 2몰 발생
  $$\therefore NaClO_4 \longrightarrow NaCl + 2O_2$$

1 다음 [보기]의 위험물과 물과의 반응식을 쓰시오.

보기　① 과산화칼륨　　② 마그네슘　　③ 나트륨

정답 ▶
① 과산화칼륨 : $2K_2O_2 + 2H_2O \longrightarrow 4KOH + O_2$
② 마그네슘 : $Mg + 2H_2O \longrightarrow Mg(OH)_2 + H_2$
③ 나트륨 : $2Na + 2H_2O \longrightarrow 2NaOH + H_2$

해설 ▶
1. **과산화칼륨(K_2O_2)** : 제1류 위험물 중 무기과산화물(금수성), 지정수량 50kg
- 무색 또는 오렌지색 분말로 에틸알코올에 용해, 흡습성 및 조해성이 강하다.
- 열분해 및 물과 반응 시 산소(O_2)를 발생한다.
$$2K_2O_2 \xrightarrow{\quad\Delta\quad} 2K_2O + O_2 \uparrow$$
$$2K_2O_2 + 2H_2O \longrightarrow 4KOH + O_2 \uparrow$$
- 산과 반응 시 과산화수소(H_2O_2)를 생성한다.
$$K_2O_2 + 2CH_3COOH \longrightarrow 2CH_3COOK + H_2O_2$$
- 공기 중 탄산가스(CO_2)와 반응 시 산소(O_2)를 발생한다.
$$2K_2O_2 + 2CO_2 \longrightarrow 2K_2CO_3 + O_2 \uparrow$$
- 주수소화 절대엄금, 건조사 등으로 질식소화한다. (CO_2 효과 없음)
2. **마그네슘분(Mg)** : 제2류 위험물(금수성), 지정수량 500kg
- 은백색의 광택이 나는 경금속이다.
- 공기 중에서 화기에 의해 분진폭발 위험과 습기에 의해 자연발화 위험이 있다.
- 산 또는 수증기와 반응 시 고열과 함께 수소(H_2)가스를 발생한다.
$$Mg + 2HCl \longrightarrow MgCl_2 + H_2 \uparrow$$
$$Mg + 2H_2O \longrightarrow Mg(OH)_2 + H_2 \uparrow$$
- 이산화탄소와 반응 시 산화마그네슘(MgO)과 탄소(C)를 생성한다.
$$2Mg + CO_2 \longrightarrow 2MgO + C$$
- 소화 : 주수소화, CO_2, 포, 할로겐화합물은 절대엄금, 마른모래로 질식소화한다.

> **마그네슘(Mg)**
> - 2mm의 체를 통과 못하는 덩어리는 제외한다.
> - 직경 2mm 이상의 막대모양은 제외한다.

3. **나트륨(Na)** : 제3류 위험물(자연발화성, 금수성), 지정수량 10kg
- 은백색 경금속으로 연소 시 노란색 불꽃을 낸다.
- 물(수분) 및 알코올과 반응 시 수소(H_2)를 발생, 자연발화한다.
$$2Na + 2H_2O \longrightarrow 2NaOH + H_2 \uparrow + 88.2kcal$$
$$2Na + 2C_2H_5OH \longrightarrow 2C_2H_5ONa + H_2 \uparrow$$
- 보호액으로 석유류(등유, 경유, 유동파라핀) 속에 보관한다.
- 소화 : 마른 모래 등으로 질식소화한다. (피부접촉 시 화상주의)

2 염화구리($CuCl_2$) 촉매 하에 에틸렌을 산화시켜 제조하는 물질로 인화점 −39℃, 비점이 21℃, 연소범위가 4.1~57%인 특수인화물에 대하여 다음 물음에 답을 쓰시오.

(1) 이 물질의 시성식을 쓰시오.
(2) 이 물질의 증기비중을 구하시오.
(3) 이 물질이 산화 반응 시 생성되는 제4류 위험물의 명칭을 쓰시오.

> **정답** ▶ (1) 시성식 : CH_3CHO (2) 증기비중$=\dfrac{44}{29}=1.52$ (3) 아세트산(초산)
>
> **해설** ▶ **아세트알데히드(CH_3CHO)** : 제4류 위험물 중 특수인화물, 지정수량 50L
> - 인화점 −39℃, 발화점 185℃, 연소범위 4.1~57%, 비점 21℃
> - 휘발성이 강하고, 과일냄새가 나는 무색 액체이다.
> - 물, 에테르, 에탄올에 잘 녹는다. (수용성)
> - 환원성 물질로 은거울반응, 펠링반응, 요오드포름반응 등을 한다.
> - 저장용기 및 부속설비는 구리(Cu), 은(Ag), 수은(Hg), 마그네슘(Mg) 및 그 합금의 용기 및 부속설비는 사용하지 말 것
> - 아세트알데히드 등을 취급하는 설비에는 불활성기체 또는 수증기를 봉입하는 장치를 갖출 것
>
> $$C_2H_5OH \underset{\text{환원}(+2H)}{\overset{\text{산화}(-2H)}{\rightleftarrows}} CH_3CHO \xrightarrow{\text{산화}(+O)} CH_3COOH$$
> (에탄올)   (아세트알데히드)   (아세트산, 초산)
>
> ※ 산화 : 산소와 결합 또는 수소를 잃는 변화
> ※ 환원 : 수소와 결합 또는 산소를 잃는 변화
> - 소화 : 알코올용포, 다량의 물, CO_2 등으로 질식소화한다.
> - 아세트알데히드(CH_3CHO)의 분자량$=12+1\times3+12+1+16=44$
> - 증기비중$=\dfrac{\text{분자량}}{\text{공기의평균분자량}(29)}=\dfrac{44}{29}=1.52$

3 제3종 분말소화약제의 주성분을 화학식으로 쓰시오.

> **정답** ▶ $NH_4H_2PO_4$
>
> **해설** ▶ **제3종 분말소화약제($NH_4H_2PO_4$: 제1인산암모늄)**
> - 색상 : 담홍색(핑크색)
> - 적용화재 : A, B, C급
> - 열분해반응식 : $NH_4H_2PO_4 \longrightarrow NH_3+H_2O+HPO_3$
>   - 1차(190℃) : $NH_4H_2PO_4 \longrightarrow NH_3+H_3PO_4$
>   - 2차(215℃) : $2H_3PO_4 \longrightarrow H_2O+H_4P_2O_7$
>   - 3차(300℃) : $H_4P_2O_7 \longrightarrow H_2O+2HPO_3$

4 제3류 위험물과 혼재 가능한 위험물의 유별을 쓰시오. (단, 지정수량의 $\frac{1}{10}$ 초과를 저장하는 경우이다)

정답 ▶ 제4류 위험물

해설 1. 유별을 달리하는 위험물의 혼재 기준

위험물의 구분	제1류	제2류	제3류	제4류	제5류	제6류
제1류		×	×	×	×	○
제2류	×		×	○	○	×
제3류	×	×		○	×	×
제4류	×	○	○		○	×
제5류	×	○	×	○		×
제6류	○	×	×	×	×	

※ 이 표는 지정수량 $\frac{1}{10}$ 이하의 위험물은 적용하지 않음

2. 서로 혼재 운반이 가능한 위험물(꼭 암기 바람)
- ④와 ②, ③
- ⑤와 ②, ④
- ⑥과 ①

5 에틸알코올의 완전연소반응식을 쓰시오.

정답 ▶ $C_2H_5OH + 3O_2 \longrightarrow 2CO_2 + 3H_2O$

해설 에틸알코올(주정, C_2H_5OH) : 제4류 위험물 중 알코올류, 지정수량 400L
- 인화점 13℃, 발화점 423℃, 연소범위 4.3~19%, 분자량 46
- 무색투명한 휘발성액체로 특유한 향과 맛이 있으며 독성은 없다.
- 술의 주성분으로 주정이라 한다.
- 연소 시 연한불꽃을 내어 잘 보이지 않는다.
  $C_2H_5OH + 3O_2 \longrightarrow 2CO_2 + 3H_2O$
- 요오드포름 반응한다.(에탄올 검출반응)
  $C_2H_5OH + \boxed{KOH + I_2} \longrightarrow CHI_3 \downarrow$ (요오드포름 : 노란색 침전)

  요오드포름 반응하는 물질
  - 에틸알코올(C_2H_5OH)
  - 아세트알데히드(CH_3CHO)
  - 아세톤(CH_3COCH_3)
  - 이소프로필알코올$[(CH_3)_2CHOH]$

- 알칼리금속(Na, K)과 반응 시 수소(H_2)를 발생한다.
  $2Na + 2C_2H_5OH \longrightarrow 2C_2H_5ONa + H_2 \uparrow$
  $2K + 2C_2H_5OH \longrightarrow 2C_2H_5OK + H_2 \uparrow$

6 과산화나트륨의 운반용기 외부포장에 표시해야 할 주의사항을 모두 쓰시오.

정답 화기·충격주의, 물기엄금 및 가연물접촉주의

해설 1. 과산화나트륨(Na_2O_2) : 제1류 위험물 중 무기과산화물, 지정수량 50kg
2. 위험물 운반용기의 외부표시사항
- 위험물의 품명, 위험등급, 화학명 및 수용성(제4류 위험물의 수용성인 것에 한함)
- 위험물의 수량
- 수납하는 위험물에 따른 주의사항

유별	구분	주의사항
제1류 위험물 (산화성고체)	알칼리금속의 과산화물	화기·충격주의, 물기엄금 및 가연물접촉주의
	그 밖의 것	화기·충격주의 및 가연물접촉주의
제2류 위험물 (가연성고체)	철분·금속분·마그네슘	화기주의 및 물기엄금
	인화성고체	화기엄금
	그 밖의 것	화기주의
제3류 위험물	자연발화성물질	화기엄금 및 공기접촉엄금
	금수성물질	물기엄금
제4류 위험물	인화성 액체	화기엄금
제5류 위험물	자기반응성 물질	화기엄금 및 충격주의
제6류 위험물	산화성 액체	가연물접촉주의

7 경유 15,000L, 휘발유 8,000L의 지하저장탱크 2기를 인접하여 설치할 경우 상호간의 이격거리는 몇 m 이상인가?

정답 0.5m 이상

해설 **지하탱크 저장소의 구조 및 설비의 기준**
- 지하탱크를 지하의 가장 가까운 벽, 피트, 가스관 등 시설물 및 대지경계선으로부터 0.6m 이상 떨어진 곳에 매설할 것
- 탱크전용실은 지하의 시설물 및 대지경계선으로부터 0.1m 이상 떨어진 곳에 설치할 것
- 지하저장탱크와 탱크전용실의 안쪽과의 사이는 0.1m 이상의 간격을 유지할 것
- 해당 탱크의 주위에는 마른 모래 또는 입자지름 5mm 이하의 마른 자갈분을 채울 것
- 지하저장탱크의 윗부분은 지면으로부터 0.6m 이상 아래에 있을 것
- 지하저장탱크를 2 이상 인접해 설치하는 경우에는 그 상호 간에 1m(해당 2 이상의 지하저장탱크의 용량의 합계가 지정수량의 100배 이하인 때에는 0.5m) 이상의 간격을 유지할 것
- 지하저장탱크의 재질은 두께 3.2mm 이상의 강철판으로 할 것

풀이
- 경유 : 제4류 위험물 중 제2석유류(비수용성), 지정수량 1,000L
- 휘발유 : 제4류 위험물 중 제1석유류(비수용성), 지정수량 200L
- 지정수량의 배수의 합 $= \dfrac{\text{A품목의저장수량}}{\text{A품목의지정수량}} + \dfrac{\text{B품목의저장수량}}{\text{B품목의지정수량}} + \cdots$

$$= \frac{15,000L}{1,000L} + \frac{8,000L}{200L} = 55배$$

∴ 지정수량의 100배 이하이므로 탱크의 상호간의 간격 : 0.5m 이상

8 제1종 분말소화약제가 270℃일 때와 850℃일 때의 열분해반응식을 쓰시오.

정답
① 270℃ : $2NaHCO_3 \longrightarrow Na_2CO_3 + CO_2 + H_2O$
② 850℃ : $2NaHCO_3 \longrightarrow Na_2O + 2CO_2 + H_2O$

해설 분말소화약제 열분해반응식

종류	주성분	색상	적응 화재	열분해반응식
제1종	탄산수소나트륨 ($NaHCO_3$)	백색	B, C 급	• 1차(270℃) $2NaHCO_3 \longrightarrow Na_2CO_3 + CO_2 + H_2O$ • 2차(850℃) $2NaHCO_3 \longrightarrow Na_2O + 2CO_2 + H_2O$
제2종	탄산수소칼륨 ($KHCO_3$)	담자(회)색	B, C 급	• 1차(190℃) $2KHCO_3 \longrightarrow K_2CO_3 + CO_2 + H_2O$ • 2차(590℃) $2KHCO_3 \longrightarrow K_2O + 2CO_2 + H_2O$
제3종	제1인산암모늄 ($NH_4H_2PO_4$)	담홍색	A, B, C급	$NH_4H_2PO_4 \longrightarrow NH_3 + H_2O + HPO_3$(메타인산) • 1차(190℃) : $NH_4H_2PO_4 \longrightarrow$ $NH_3 + H_3PO_4$(인산, 오르토인산)
제4종	탄산수소칼륨+요소 [$KHCO_3 + (NH_2)_2CO$]	회(백)색	B, C 급	$2KHCO_3 + (NH_2)_2CO \longrightarrow$ $K_2CO_3 + 2NH_3 + 2CO_2$

※ 제1종 및 제2종 분말소화약제 열분해반응식에서 제 몇차 또는 열분해 온도의 조건이 주어지지 않은 경우에는 제1차 열분해반응식을 쓰면 된다.

9 제3류 위험물인 탄화칼슘의 물과의 반응식을 쓰시오.

정답 $CaC_2 + 2H_2O \longrightarrow Ca(OH)_2 + C_2H_2$

해설 탄화칼슘(CaC_2, 카바이트) : 제3류 위험물(금수성물질), 지정수량 300kg
• 회백색의 불규칙한 괴상의 고체이다.
• 물과 반응하여 수산화칼슘[$Ca(OH)_2$]과 아세틸렌(C_2H_2)가스를 발생한다.
  $CaC_2 + 2H_2O \longrightarrow Ca(OH)_2 + C_2H_2 \uparrow$
• 고온(700℃ 이상)에서 질소(N_2)와 반응하여 석회질소($CaCN_2$)를 생성한다.(질화반응)
  $CaC_2 + N_2 \longrightarrow CaCN_2 + C$
• 장기보관 시 용기 내에 불연성가스(N_2 등)를 봉입하여 저장한다.
• 소화 : 마른 모래 등으로 피복소화한다. (주수 및 포는 절대엄금)

아세틸렌(C_2H_2)
• 폭발범위(연소범위)가 매우 넓다. (2.5~81%)
• 아세틸렌 연소반응식 : $2C_2H_2 + 5O_2 \longrightarrow 4CO_2 + 2H_2O$
• 금속(Cu, Ag, Hg)과 반응시 폭발성인 금속아세틸라이드와 수소(H_2)를 발생한다.
  $C_2H_2 + 2Cu \longrightarrow Cu_2C_2$(동아세틸라이드 : 폭발성)$+ H_2 \uparrow$

10 다음 [보기]에서 위험물안전관리법령상 위험물에 제외되는 물질을 모두 고르시오.

> **보기** ① 황산   ② 질산구아니딘   ③ 금속의 아지화합물   ④ 구리분   ⑤ 과요오드산

정답▶ ① 황산   ④ 구리분

해설▶
① 황산 : 위험물에서 제외
② 질산구아니딘 : 제5류 위험물(자기반응성물질)
③ 금속의 아지화합물 : 제5류 위험물(자기반응성물질)
④ 구리분 : 제3류 위험물 금속분에서 제외
　'금속분'이라 함은 알칼리금속·알칼리토금속·철 및 마그네슘 외의 금속의 분말을 말하고, 구리분·니켈분 및 150 μm의 체를 통과하는 것이 50중량% 미만인 것은 제외
⑤ 과요오드산 : 제1류 위험물(산화성고체)

11 다음은 원통형(종형) 탱크의 내용적을 구하시오.

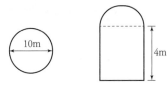

정답▶ 314.16m³

해설▶
1. 원통형 탱크의 내용적(V)
　• 횡(수평)으로 설치한 것 : 내용적(V)$=\pi r^2\left(l+\dfrac{l_1+l_2}{3}\right)$

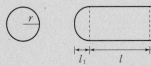

　• 종(수직)으로 설치한 것 : 내용적(V)$=\pi r^2 l$

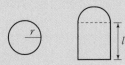

2. 탱크의 용량 산정기준
　• 탱크의 용량＝탱크의 내용적－탱크의 공간용적
　• 탱크의 용량 범위 : 탱크 용적의 90~95%
　　(탱크의 공간용적 : 탱크 용적의 $\dfrac{5}{100}$ 이상 $\dfrac{10}{100}$ 이하의 용적)

풀이▶ 탱크의 내용적(V)$=\pi r^2 l=\pi \times 5^2 \times 4=314.16\text{m}^3$

12 다음은 옥외저장탱크의 설비기준에 대하여 (   ) 안에 알맞은 답을 쓰시오.

옥외저장탱크는(특정 옥외저장탱크 및 준특정 옥외저장탱크는 제외) 두께 (   )mm 이상의 강철판으로 제작할 것

> **정답** 3.2
>
> **해설** **옥외저장탱크의 외부구조 및 설비**
> - 탱크의 두께 : 3.2mm 이상의 강철판(특정·준특정 옥외저장탱크는 제외)
> - 압력탱크수압시험 : 최대 상용압력의 1.5배의 압력으로 10분간 실시하여 이상 없을 것(압력탱크 이외의 탱크 : 충수시험)

13 다음 [보기]의 위험물에 대하여 지정수량을 쓰시오.

보기 ① 수소화나트륨   ② 니트로글리세린   ③ 중크롬산암모늄

> **정답** ① 수소화나트륨 : 300kg
> ② 니트로글리세린 : 10kg
> ③ 중크롬산암모늄 : 1,000kg
>
> **해설** ① 수소화나트륨[NaH] : 제3류 위험물 중 금속의 수소화합물, 지정수량 300kg
> ② 니트로글리세린[$C_3H_5(ONO_2)_3$] : 제5류 위험물 중 질산에스테르류, 지정수량 10kg
> ③ 중크롬산암모늄[$(NH_4)_2Cr_2O_7$] : 제1류 위험물 중 중크롬산염류, 지정수량 1,000kg

1 다음 원통형(횡형) 탱크의 용량(L)를 구하시오. (단, 공간용적은 $\dfrac{5}{100}$이다)

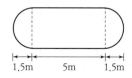

정답 ▶ 71,628.31L

해설 ▶ 1. 원통형 탱크의 내용적(V)

• 횡(수평)으로 설치한 것 : 내용적(V)$=\pi r^2\left(l+\dfrac{l_1+l_2}{3}\right)$

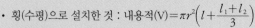

• 종(수직)으로 설치한 것 : 내용적(V)$=\pi r^2 l$

2. 탱크의 용량 산정기준
• 탱크의 용량＝탱크의 내용적－탱크의 공간용적
• 탱크의 용량 범위 : 탱크 용적의 90~95%
  (탱크의 공간용적 : 탱크 용적의 5/100 이상 10/100 이하의 용적)

풀이 ▶ • 탱크의 내용적(V)$=\pi r^2\left(l+\dfrac{l_1+l_2}{3}\right)$

$$=\pi \times 2^2 \times \left(5+\dfrac{1.5+1.5}{3}\right) \times 1{,}000$$

$$=75{,}398.224\text{L}$$

• 탱크의 공간용적(V)$=75{,}398.224\text{L} \times 0.05 = 3{,}769.911\text{L}$
• 탱크의 용량＝탱크의 내용적－탱크의 공간용적
  $V=75{,}398.224-3{,}769.911=71{,}628.313\text{L}$
  $\therefore \ 71{,}628.31\text{L}$

2 다음 [보기]의 불활성가스 소화약제의 구성성분과 구성비를 각각 쓰시오.

> **보기** ① IG-55   ② IG-541

정답 ① IG-55＝N_2 : 50%, Ar : 50%
     ② IG-541＝N_2 : 52%, Ar : 40%, CO_2 : 8%

해설 불활성가스 청정소화약제의 성분비율

소화약제명	구성성분과 비율
IG-01	Ar : 100%
IG-100	N_2 : 100%
IG-541	N_2 : 52%, Ar : 40%, CO_2 : 8%
IG-55	N_2 : 50%, Ar : 50%

3 요오드값에 따른 동식물유류를 분류하고 각각 그 범위를 쓰시오.

정답

구분	요오드값
① 건성유	130 이상
② 반건성유	100~130
③ 불건성유	100 이하

해설 동식물유류 : 제4류 위험물로 1기압에서 인화점이 250℃ 미만인 것, 지정수량 10,000L
- 요오드값 : 유지 100g에 부가(첨가)되는 요오드의 g수이다.
- 요오드값이 큰 건성유는 불포화도가 크기 때문에 자연발화의 위험성이 크다.
- 요오드값에 따른 분류
  - 건성유(130 이상) : 해바라기기름, 동유, 아마인유, 정어리기름, 들기름 등
  - 반건성유(100~130) : 면실유, 참기름, 청어기름, 채종유, 콩기름 등
  - 불건성유(100 이하) : 올리브유, 동백기름, 피마자유, 야자유, 땅콩기름 등

4 인화알루미늄(AlP) 580g이 물과 표준상태에서 반응 시 발생되는 기체의 부피(L)를 구하시오.

> **정답** 224L
>
> **해설**
> - 인화알루미늄(AlP)의 분자량 : $27+31=58$
> - 인화알루미늄은 물과 반응하여 수산화알루미늄[$Al(OH)_3$]과 포스핀($PH_3=$인화수소) 가스를 발생시킨다.
>
> $$\underline{AlP} + 3H_2O \longrightarrow Al(OH)_3 + \underline{PH_3}$$
>
> | | | |
> |---|---|---|
> | 58g | : | 22.4L |
> | 580g | : | x |
>
> $x = \dfrac{580 \times 22.4}{58} = 224L$ (표준상태 : 0℃, 1기압)

5 다음 [보기] 중 분해온도가 낮은 것부터 순서대로 나열하시오.

> **보기** ① 염소산칼륨 ② 과염소산암모늄 ③ 과산화바륨

> **정답** ② 과염소산암모늄 ① 염소산칼륨 ③ 과산화바륨
>
> **해설**
> 1. **염소산칼륨($KClO_3$)** : 제1류 위험물 중 염소산염류, 지정수량 50kg
>   - 냉수, 알코올에는 잘 녹지 않으나 온수 및 글리세린에 잘 녹는다.
>   - 400℃에서 분해 시작한다.
>
> $$2KClO_3 \longrightarrow 2KCl + 3O_2\uparrow$$
>   - 황산과 반응하여 이산화염소(ClO_2)를 발생하고 발열폭발한다.
>
> $$6KClO_3 + 3H_2SO_4 \longrightarrow 3K_2SO_4 + 2HClO_4 + 4ClO_2\uparrow + 2H_2O + 열$$
> 2. **과염소산암모늄(NH_4ClO_4)** : 제1류 위험물 중 과염소산염류, 지정수량 50kg
>   - 물, 알코올, 아세톤에 잘 녹으나 에테르에는 녹지 않는다.
>   - 분해 온도는 130℃에서 시작한다.
>
> $$2NH_4ClO_4 \longrightarrow N_2\uparrow + Cl_2\uparrow + 2O_2\uparrow + 4H_2O$$
> 3. **과산화바륨(BaO_2)** : 제1류 위험물 중 무기과산화물, 지정수량 50kg
>   - 냉수에 약간 녹으나 알코올, 에테르, 아세톤에는 녹지 않는다.
>   - 분해온도는 840℃로 무기 과산화물 중 가장 높고 안정하다.
>
> $$2BaO_2 \longrightarrow 2BaO + O_2\uparrow$$
>   - 온수 또는 이산화탄소와 반응하여 산소(O_2)를 발생한다.
>
> $$2BaO_2 + 2H_2O \longrightarrow 2Ba(OH)_2 + O_2\uparrow$$
> $$2BaO_2 + 2CO_2 \longrightarrow 2BaCO_3 + O_2\uparrow$$
>   - 산과 반응하여 과산화수소(H_2O_2)가 생성한다.
>
> $$BaO_2 + H_2SO_4 \longrightarrow BaSO_4 + H_2O_2$$

6 제3류 위험물인 금속나트륨에 대해 다음 각 물음에 답하시오.

(1) 지정수량을 쓰시오.
(2) 물과 반응식을 쓰시오.
(3) 나트륨의 보호액 중 1가지만 쓰시오.

> **정답**
> (1) 10kg
> (2) $2Na + 2H_2O \longrightarrow 2NaOH + H_2$
> (3) 유동파라핀, 등유, 경유 중 1가지
>
> **해설** **나트륨(Na)** : 제3류 위험물(자연발화성, 금수성), 지정수량 10kg
> - 은백색 경금속으로 연소 시 노란색 불꽃을 낸다.
> - 물(수분) 및 알코올과 반응 시 수소(H_2)를 발생하고 자연발화한다.
> $$2Na + 2H_2O \longrightarrow 2NaOH + H_2$$
> $$2Na + 2C_2H_5OH \longrightarrow 2C_2H_5ONa + H_2$$
> - 보호액으로 석유류(등유, 경유, 유동파라핀) 속에 보관한다.

7 다음 [보기]의 위험물을 운반기준에 따라 위험물을 운반할 경우 운반용기의 내용적 수납률(%)을 각각 쓰시오.

> **보기** ① 염소산칼륨　　② 톨루엔　　③ 트리메틸알루미늄

> **정답** ① 염소산칼륨 ; 95% 이하　② 톨루엔 : 98% 이하　③ 트리메틸알루미늄 : 90% 이하
>
> **해설** **위험물의 운반용기의 수납율 및 적재방법**
> - 고체위험물 : 운반용기 내용적의 95% 이하로 수납할 것
> - 액체위험물 : 운반용기 내용적의 98% 이하로 수납하되, 55℃에서 누설되지 않도록 공간용적을 유지할 것
> - 제3류 위험물은 다음의 기준에 따라 운반용기에 수납할 것
>   - 자연발화성물질에 있어서는 불활성기체를 봉입하여 밀봉하는 등 공기와 접하지 아니하도록 할 것
>   - 자연발화성물질 외의 물품에 있어서는 파라핀·경유·등유 등의 보호액으로 채워 밀봉하거나 불활성기체를 봉입하여 밀봉하는 등 수분과 접하지 아니하도록 할 것
>   - 자연발화성 물질 중 알킬알루미늄 등은 운반용기의 내용적의 90% 이하의 수납률로 수납하되, 50℃의 온도에서 5% 이상의 공간용적을 유지하도록 할 것
> ※ 염소산칼륨($KClO_3$) : 제1류 중 염소산염류(산화성고체)
> 　톨루엔($C_6H_5CH_3$) : 제4류 중 제1석유류(인화성액체)
> 　트리메틸알루미늄[$(CH_3)_3Al$] : 제3류 중 알킬알루미늄(자연발화성, 금수성물질)

8 다음은 위험물법규정에 따른 위험물의 저장, 취급의 공통기준이다. ( ) 안에 답을 쓰시오.

- 제1류 위험물은 (①)과의 접촉·혼합이나 분해를 촉진하는 물품과의 접근 또는 과열·충격·마찰 등을 피하는 한편, 알칼리금속의 과산화물 및 이를 함유한 것에 있어서는 (②)과의 접촉을 피하여 야 한다.
- 제3류 위험물 중 자연발화성물질에 있어서는 불티·불꽃 또는 고온체와의 접근·과열 또는 (③)와의 접촉을 피하고, 금수성물질에 있어서는 (④)과의 접촉을 피하여야 한다.
- 제6류 위험물은 (⑤)과의 접촉·혼합이나 (⑥)를 촉진하는 물품과의 접근 또는 과열을 피하여야 한다.

정답 ① 가연물 ② 물 ③ 공기 ④ 물 ⑤ 가연물 ⑥ 분해

해설 **위험물의 유별 저장·취급의 공통기준(중요기준)**
- 제1류 위험물은 가연물과의 접촉·혼합이나 분해를 촉진하는 물품과의 접근 또는 과열·충격·마찰 등을 피하는 한편, 알칼리금속의 과산화물 및 이를 함유한 것에 있어 서는 물과의 접촉을 피하여야 한다.
- 제2류 위험물은 산화제와의 접촉·혼합이나 불티·불꽃·고온체와의 접근 또는 과열을 피하는 한편, 철분·금속분·마그네슘 및 이를 함유한 것에 있어서는 물이나 산과의 접촉을 피하고 인화성고체에 있어서는 함부로 증기를 발생시키지 아니하여 야 한다.
- 제3류 위험물 중 자연발화성물질에 있어서는 불티·불꽃 또는 고온체와의 접근·과 열 또는 공기와의 접촉을 피하고, 금수성물질에 있어서는 물과의 접촉을 피하여야 한다.
- 제4류 위험물은 불티·불꽃·고온체와의 접근 또는 과열을 피하고, 함부로 증기를 발 생시키지 아니하여야 한다.
- 제5류 위험물은 불티·불꽃·고온체와의 접근이나 과열·충격 또는 마찰을 피하여야 한다.
- 제6류 위험물은 가연물과의 접촉·혼합이나 분해를 촉진하는 물품과의 접근 또는 과 열을 피하여야 한다.

9   다음은 알칼리금속의 과산화물을 운반할 경우 운반용기에 표시해야 할 주의사항을 모두 쓰시오.

> **정답** ① 화기주의   ② 충격주의   ③ 물기엄금   ④ 가연물접촉주의
>
> **해설** **위험물 운반용기의 외부 표시사항**
> - 위험물의 품명, 위험등급, 화학명 및 수용성(제4류 위험물의 수용성인 것에 한함)
> - 위험물의 수량
> - 위험물에 따른 주의사항
>
> | 유별 | 구분 | 주의사항 |
> |---|---|---|
> | 제1류 위험물
(산화성고체) | 알칼리금속의 과산화물 | 화기·충격주의, 물기엄금 및 가연물접촉주의 |
> | | 그 밖의 것 | 화기·충격주의 및 가연물접촉주의 |
> | 제2류 위험물
(가연성고체) | 철분·금속분·마그네슘 | 화기주의 및 물기엄금 |
> | | 인화성고체 | 화기엄금 |
> | | 그 밖의 것 | 화기주의 |
> | 제3류 위험물 | 자연발화성물질 | 화기엄금 및 공기접촉엄금 |
> | | 금수성물질 | 물기엄금 |
> | 제4류 위험물 | 인화성 액체 | 화기엄금 |
> | 제5류 위험물 | 자기반응성 물질 | 화기엄금 및 충격주의 |
> | 제6류 위험물 | 산화성 액체 | 가연물접촉주의 |

10   주유취급소에서 '주유 중 엔진정지' 게시판의 주의사항에 관한 내용이다. 다음 각 물음에 답하시오.

(1) 게시판의 바탕색과 문자 색을 쓰시오.
(2) 게시판의 규격을 쓰시오.

> **정답** (1) 바탕색 : 황색, 문자색 : 흑색
> (2) 한 변의 길이가 0.3m 이상, 다른 한 변의 길이가 0.6m 이상인 직사각형
>
> **해설** **주유취급소의 설비기준**
> - 주유 공지 : 너비 15m 이상 6m 이상의 콘크리트로 포장한 공지
> - 공지의 바닥 : 지면보다 높게 적당한 기울기, 배수구, 집유설비 및 유분리장치를 설치할 것
> - '주유 중 엔진정지' 게시판의 주의사항
>   - 색상 : 황색바탕에 흑색문자
>   - 규격 : 한 변의 길이가 0.3m 이상, 다른 한 변의 길이가 0.6m 이상인 직사각형

11 다음은 주유취급소에서 사용되는 전용탱크의 종류에 따른 용량을 각각 쓰시오.

(1) 자동차 등에 주유하기 위한 고정주유설비의 전용탱크
(2) 고속국도의 도로변에 설치된 주유취급소의 전용탱크

정답 (1) 50,000L 이하
(2) 60,000L 이하

해설 주유취급소의 탱크용량 기준

저장탱크의 종류	탱크의 용량
고정주유설비	50,000L 이하
고정급유설비	50,000L 이하
보일러 전용탱크	10,000L 이하
폐유탱크	2,000L 이하
간이탱크	600L × 3기 이하
고속국도의 탱크	60,000L 이하

12 유별을 달리하는 위험물의 혼재기준 중 제2류, 제3류, 제4류 위험물과 혼재 가능한 위험물을 각각 모두 적으시오.

정답 ① 제2류 위험물 : 제4류 위험물, 제5류 위험물
② 제3류 위험물 : 제4류 위험물
③ 제4류 위험물 : 제2류 위험물, 제3류 위험물, 제5류 위험물

해설 1. 유별을 달리하는 위험물의 혼재 기준

위험물의 구분	제1류	제2류	제3류	제4류	제5류	제6류
제1류		×	×	×	×	○
제2류	×		×	○	○	×
제3류	×	×		○	×	×
제4류	×	○	○		○	×
제5류	×	○	×	○		×
제6류	○	×	×	×	×	

※ 이 표는 지정수량 $\frac{1}{10}$ 이하의 위험물은 적용하지 않음

2. 서로 혼재 운반이 가능한 위험물(꼭 암기 바람)
• ④와 ②, ③ : 제4류와 제2류, 제4류와 제3류
• ⑤와 ②, ④ : 제5류와 제2류, 제5류와 제4류
• ⑥과 ① : 제6류와 제1류

13 제4류 위험물의 이황화탄소에 대하여 다음 각 물음에 답하시오.

(1) 완전연소 시 불꽃 색상을 쓰시오.
(2) 완전연소 시 생성물질 2가지의 명칭을 쓰시오.

정답 (1) 푸른색 (2) 이산화탄소, 이산화황

- -

해설 **이황화탄소(CS_2)** : 제4류 위험물 중 특수인화물, 지정수량 50L
- 인화점 $-30℃$, 발화점 $100℃$, 연소범위 1.2~44%, 비중 1.26
- 무색투명한 액체, 불순물 존재 시 황색 및 불쾌한 냄새가 난다.
- 물보다 무겁고, 물에 녹지 않으며 알코올, 벤젠, 에테르 등에 잘 녹는다.
- 4류 위험물 중 발화점이 100℃로 가장 낮다.
- 연소 시 푸른색 불꽃을 내며 유독한 아황산가스를 발생한다.
  $$CS_2 + 3O_2 \longrightarrow CO_2 + 2SO_2 \uparrow$$
- 저장 시 물속에 보관하여 가연성 증기의 발생을 억제시킨다.
- 소화 시 CO_2, 분말 소화약제 등으로 질식소화한다.

1 유별을 달리하는 위험물의 혼재기준 중 [보기]의 위험물과 혼재해서는 아니 되는 위험물의 유별을 각각 쓰시오.

보기
① 제1류 위험물   ② 제2류 위험물   ③ 제3류 위험물
④ 제4류 위험물   ⑤ 제5류 위험물

정답
① 제1류 위험물 : 제2류, 제3류, 제4류, 제5류 위험물
② 제2류 위험물 : 제1류, 제3류, 제6류 위험물
③ 제3류 위험물 : 제1류, 제2류, 제5류, 제6류 위험물
④ 제4류 위험물 : 제1류, 제6류 위험물
⑤ 제5류 위험물 : 제1류, 제3류, 제6류 위험물

해설
1. 유별을 달리하는 위험물의 혼재 기준

위험물의 구분	제1류	제2류	제3류	제4류	제5류	제6류
제1류		×	×	×	×	○
제2류	×		×	○	○	×
제3류	×	×		○	×	×
제4류	×	○	○		○	×
제5류	×	○	×	○		×
제6류	○	×	×	×	×	

※ 이 표는 지정수량 $\frac{1}{10}$ 이하의 위험물은 적용하지 않음

2. 서로 혼재 운반이 가능한 위험물(꼭 암기 바람)
- ④와 ②, ③ : 제4류와 제2류, 제4류와 제3류
- ⑤와 ②, ④ : 제5류와 제2류, 제5류와 제4류
- ⑥과 ① : 제6류와 제1류

2 옥외저장소에 옥외소화전 6개를 설치할 경우 필요한 수원의 양(m^3)을 구하시오.

정답 $54m^3$

해설 위험물 제조소등의 소화설비 설치기준[비상전원 : 45분]

소화설비	수평거리	방수량	방수압력	토출량	수원의 양(Q : m^3)
옥내	25m 이하	260(L/min) 이상	350(Kpa) 이상	N(최대5개)× 260(L/min)	Q=N(소화전 개수 : 최대5개)× 7.8m^3(260L/min×30min)
옥외	40m 이하	450(L/min) 이상	350(Kpa) 이상	N(최대4개)× 450(L/min)	Q=N(소화전 개수 : 최대4개)× 13.5m^3(450L/min×30min)
스프링클러	1.7m 이하	80(L/min) 이상	100(Kpa) 이상	N(헤드수)× 80(L/min)	Q=N(헤드수)× 2.4m^3(80L/min×30min)
물분무	–	20(L/min) 이상	350(Kpa) 이상	A(바닥면적m^2)× 20(L/m^2·min)	Q=N(바닥면적:m^2)× 0.6m^3(20L/m^2·min×30min)

풀이 옥외소화전 설비의 수원의 양 (Q : m^3)

Q=N(소화전 개수 : 최대 4개)×13.5m^3

　　=4×13.5m^3=54m^3

3 다음은 불활성 가스 소화약제의 구성성분이다. (　) 안에 알맞은 답을 쓰시오.

(1) IG-55 : (①) 50%, (②) 50%
(2) IG-541 : (③) 52%, (④) 40%, (⑤) 8%

정답 ① N_2 ② Ar ③ N_2 ④ Ar ⑤ CO_2

해설 불활성가스 청정소화약제의 성분비율

소화약제명	구성성분과 비율
IG-100	N_2 : 100%
IG-55	N_2 : 50%, Ar : 50%
IG-541	N_2 : 52%, Ar : 40%, CO_2 : 8%

4 제2류 위험물의 황화린 중 삼황화린과 오황화린이 연소 시 공통적으로 생성되는 물질을 화학식
으로 쓰시오.

> **정답** P_2O_5, SO_2
> --
> **해설** 1. 삼황화린(P_4S_3)
> - 황색결정으로 조해성은 없다.
> - 질산, 알칼리, 이황화탄소(CS_2)에 녹고 물, 염산, 황산에는 녹지 않는다.
> - 자연발화하고 연소 시 유독한 오산화인과 아황산가스를 발생한다.
> $$P_4S_3 + 8O_2 \longrightarrow 2P_2O_5 + 3SO_2 \uparrow$$
> 2. 오황화린(P_2S_5)
> - 담황색결정으로 조해성이 있어 수분 흡수 시 분해한다.
> - 알코올, 이황화탄소(CS_2)에 잘 녹는다.
> - 물, 알칼리와 반응 시 인산(H_3PO_4)과 황화수소(H_2S)가스를 발생한다.
> $$P_2S_5 + 8H_2O \longrightarrow 5H_2S + 2H_3PO_4$$
> - 연소 시 오산화인(P_2O_5)과 이산화황(SO_2)이 생성된다.
> $$2P_2S_5 + 15O_2 \longrightarrow 2P_2O_5 + 10SO_2$$
> 3. 칠황화린(P_4S_7)
> - 담황색결정으로 조해성이 있어 수분 흡수 시 분해한다.
> - 이황화탄소(CS_2)에 약간 녹고 냉수에는 서서히, 더운물에는 급격히 분해하여 유독한
>   황화수소와 인산을 발생한다.

5 다음은 옥내저장소에서 위험물을 저장하는 기준이다. (   ) 안에 알맞은 답을 쓰시오.

옥내저장소에서 동일 품명의 위험물이더라도 자연발화 할 우려가 있는 위험물 또는 재해가 현저하게
증대할 우려가 있는 위험물을 다량 저장하는 경우에는 지정수량의 (①)배 이하마다 구분하여 상호간
(②)m 이상의 간격을 두어 저장하여야 한다.

> **정답** ① 10 ② 0.3
> --
> **해설** 제조소등에서의 위험물의 저장기준(중요기준)
> 옥내저장소에서 동일 품명의 위험물이더라도 자연발화 할 우려가 있는 위험물 또는 재
> 해가 현저하게 증대할 우려가 있는 위험물을 다량 저장하는 경우에는 지정수량의 10배
> 이하마다 구분하여 상호간 0.3m 이상의 간격을 두어 저장하여야 한다.

6 제3류 위험물인 트리에틸알루미늄과 메탄올의 화학반응식을 쓰시오.

> **정답** $(C_2H_5)_3Al + 3CH_3OH \longrightarrow Al(CH_3O)_3 + 3C_2H_6$

> **해설** **알킬알루미늄[$(C_nH_{2n+1}) \cdot Al$]** : 제3류 위험물(금수성물질), 지정수량 10kg
> - 알킬기(C_nH_{2n+1})에 알루미늄(Al)이 결합된 화합물이다.
> - $C_1 \sim C_4$는 자연발화하고, C_5 이상은 연소반응을 하지 않는다.
> - 물과 접촉 시 가연성 가스를 발생한다. (주수소화 절대엄금)
> - 트리메틸알루미늄[TMA, $(CH_3)_3Al$]
> $(CH_3)_3Al + 3H_2O \longrightarrow Al(OH)_3 + 3CH_4\uparrow$(메탄)
> $(CH_3)_3Al + 3CH_3OH \longrightarrow Al(CH_3O)_3$(알루미늄메틸레이트)$ + 3CH_4\uparrow$(메탄)
> - 트리에틸알루미늄[TEA, $(C_2H_5)_3Al$]
> $(C_2H_5)_3Al + 3H_2O \longrightarrow Al(OH)_3 + 3C_2H_6\uparrow$(에탄)
> $(C_2H_5)_3Al + 3CH_3OH \longrightarrow Al(CH_3O)_3$(알루미늄메틸레이트)$ + 3C_2H_6\uparrow$(에탄)
> - 저장 시 희석안정제(벤젠, 톨루엔, 핵산 등)를 사용하여 불활성기체(N_2)를 봉입한다.
> - 소화 : 팽창질석 또는 팽창진주암을 사용한다. (주수소화는 절대엄금)

7 피크린산의 구조식과 지정수량을 쓰시오.

> **정답** ① 구조식 :
>
>
> ② 지정수량 : 200kg

> **해설** **피크린산[$C_6H_2(NO_2)_3OH$, 트리니트로페놀(TNP)]** : 제5류 중 니트로화합물, 지정수량 200kg
> - 침상결정으로 쓴맛이 있고 독성이 있다.
> - 찬물에 불용, 온수, 알코올, 벤젠 등에 잘 녹는다.
> - 단독으로 마찰, 충격에 둔감하다.
> - 피크린산 금속염(Fe, Cu, Pb 등)은 격렬히 폭발한다.
> $2C_6H_2OH(NO_2)_3 \longrightarrow 2C + 3N_2\uparrow + 3H_2\uparrow + 4CO_2\uparrow + 6CO\uparrow$
> - 진한황산 촉매 하에 페놀과 질산을 니트로화 반응시켜 제조한다.
> $C_6H_5OH + 3HNO_3 \xrightarrow[\text{니트로반응}]{c-H_2SO_4} C_6H_2OH(NO_2)_3 + 3H_2O$
>   (페놀) (질산) (피크린산, TNP) (물)
> - 운반 시 10~20% 물로 습윤시켜 운반한다.
> - 화약, 불꽃놀이에 사용된다.

8 다음 [보기]에서 소화난이도 I 등급에 해당하는 것을 모두 골라 번호로 답하시오.

보기	① 지하탱크저장소	② 간이탱크저장소
	③ 제조소의 연면적 1000m² 이상	④ 이동탱크저장소
	⑤ 이송취급소	⑥ 처마 높이 6m 이상인 옥내저장소(단층건물)
	⑦ 제2종 판매취급소	

정답 ③, ⑤, ⑥

해설 소화난이도등급 I 에 해당하는 제조소등

제조소등의 구분	제조소등의 규모, 저장 또는 취급하는 위험물의 품명 및 최대수량 등
제조소 일반취급소	연면적 1,000m² 이상인 것
	지정수량의 100배 이상인 것
	지반면으로부터 6m 이상의 높이에 위험물 취급설비가 있는 것
	일반취급소로 사용되는 부분 외의 부분을 갖는 건축물에 설치된 것
옥내저장소	지정수량의 150배 이상인 것
	연면적 150m²를 초과하는 것
	처마높이가 6m 이상인 단층건물의 것
	옥내저장소로 사용되는 부분 외의 부분이 있는 건축물에 설치된 것
옥외탱크저장소	액표면적이 40m² 이상인 것
	지반면으로부터 탱크 옆판의 상단까지 높이가 6m 이상인 것
	지중탱크 또는 해상탱크로서 지정수량의 100배 이상인 것
	고체위험물을 저장하는 것으로서 지정수량의 100배 이상인 것
옥내탱크저장소	액표면적이 40m² 이상인 것
	바닥면으로부터 탱크 옆판의 상단까지 높이가 6m 이상인 것
	탱크전용실이 단층건물 외의 건축물에 있는 것으로서 인화점 38℃ 이상 70℃ 미만의 위험물을 지정수량의 5배 이상 저장하는 것
옥외저장소	덩어리 상태의 유황을 저장하는 것으로서 경계표시 내부의 면적이 100m² 이상인 것
	인화성고체, 제1석유류 또는 알코올류의 위험물을 저장하는 것으로서 지정수량의 100배 이상인 것
암반탱크저장소	액표면적이 40m² 이상인 것(제6류 위험물을 저장하는 것 및 고인화점 위험물만을 100℃ 미만의 온도에서 저장하는 것은 제외)
	고체위험물만을 저장하는 것으로서 지정수량의 100배 이상인 것
이송취급소	모든 대상
주유취급소	법규정상(주유취급소의 직원 외의 자가 출입하는 부분)의 면적의 합이 500m²를 초과하는 것

• 소화난이도 등급 II : 제2종 판매취급소
• 소화난이도 등급 III : 지하탱크저장소, 간이탱크저장소, 이동탱크저장소

9 다음 [보기]에서 제1류 위험물의 일반적인 성질에 해당하는 것을 골라 번호로 답하시오.

보기	① 대부분 무기화합물이다.	② 대부분 유기화합물이다.
	③ 산화제이다.	④ 인화점이 0℃ 이하이다.
	⑤ 인화점이 0℃ 이상이다.	⑥ 고체물질로 비중은 1보다 크다.

정답 ①, ③, ⑥

해설 제1류 위험물의 일반적인 성질
- 산화성고체이며 불연성으로 산소를 포함한 산화성고체로서 강산화제이다.
- 대부분 무기화합물이며 비중은 1보다 크고 유독성이며 부식성이 있다.
- 대부분 무색결정 또는 백색분말로 조해성 및 수용성이다.
- 과열, 타격, 충격, 마찰 및 다른 화합물(환원성물질)과 접촉 시 쉽게 분해 폭발위험성이 있다.
- 가연물과 혼합 시 격렬하게 연소 또는 폭발성이 있다.
- 알칼리금속의 과산화물은 물과 반응하여 산소를 발생한다.

10 다음 [보기]의 제3류 위험물을 위험물 등급별로 구분하여 번호를 쓰시오.

보기	① 칼륨	② 나트륨	③ 알칼리금속(칼륨, 나트륨 제외)
	④ 알칼리토금속	⑤ 알킬알루미늄	⑥ 알킬리튬	⑦ 황린

정답
- 위험등급 I : ①, ②, ⑤, ⑥, ⑦
- 위험등급 II : ③, ④

해설 제3류 위험물의 종류와 지정수량

성질	위험등급	품명	지정수량
자연발화성 및 금수성물질	I	칼륨[K], 나트륨[Na], 알킬알루미늄[(C₂H₅)₃Al 등], 알킬리튬[C₂H₅Li 등]	10kg
		황린[P₄]	20kg
	II	알칼리금속(K, Na 제외) 및 알칼리토금속[Li, Ca]	50kg
		유기금속화합물[Te(C₂H₅)₂ 등](알킬알루미늄, 알킬리튬 제외)	
	III	금속의 수소화물[LiH 등]	300kg
		금속의 인화물[Ca₃P₂ 등]	
		칼슘 또는 알루미늄의 탄화물[CaC₂, Al₄C₃ 등]	

11 제4류 위험물인 아세톤에 대하여 다음 각 물음에 답하시오.

(1) 시성식을 쓰시오.
(2) 품명을 쓰시오.
(3) 지정수량을 쓰시오.
(4) 증기비중의 계산식과 함께 구하시오.

> **정답** (1) CH_3COCH_3 (2) 제1석유류(수용성)   (3) 400L
> (3) [계산식]
> - CH_3COCH_3의 분자량 : $12+1\times3+12+16+12+1\times3=58$
> - 증기비중 $=\dfrac{\text{아세톤의분자량(M)}}{\text{공기의평균분자량(29)}}=\dfrac{58}{29}=2$
>
> [답] : 2
>
> ---
> **해설** **아세톤(CH_3COCH_3)** : 제4류 중 제1유류(수용성), 지정수량 400L
> - 인화점 $-18℃$, 발화점 $538℃$, 비중 0.79, 연소범위 2.6~12.8%
> - 무색 독특한 냄새나는 휘발성액체로 보관 중 황색으로 변색한다.
> - 수용성, 알코올, 에테르, 가솔린 등에 잘 녹는다.
> - 탈지작용, 요오드포름반응, 아세틸렌 용제에 사용한다.
>
>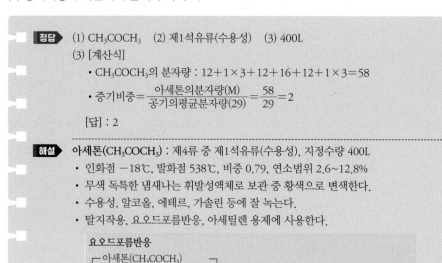
>
> - 직사광선에 의해 폭발성의 과산화물이 생성한다.
> - 소화 : 알코올용포, 다량의 주수로 희석소화한다.

12 제4류 위험물인 아세트산의 완전연소반응식을 쓰시오.

> **정답** $CH_3COOH+2O_2 \longrightarrow 2CO_2+2H_2O$
>
> ---
> **해설** **아세트산(초산, CH_3COOH)** : 제4류 제2석유류(수용성), 지정수량 2000L
> - 자극성냄새와 신맛이 나는 무색액체이다.
> - 융점(16.7℃) 이하에서는 얼음처럼 존재하므로 '빙초산'이라고 한다.
> - 피부접촉 시 화상을 입으며 3~5% 수용액을 '식초'라고 한다.
> - 알칼리금속(Na, K)과 반응 시 수소(H_2)를 발생한다.
>
>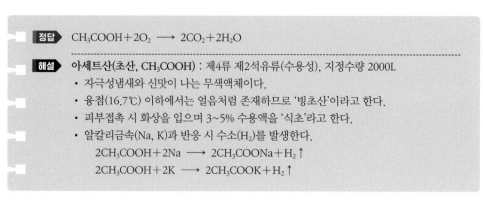

13 제4류 위험물인 디에틸에테르 2,000L은 몇 소요단위인가?

정답 4단위

해설 디에틸에테르($C_2H_5OC_2H_5$) : 제4류 중 특수인화점, 지정수량 50L
- 인화점 −45℃, 발화점 180℃, 연소범위 1.9~48%, 증기비중 2.6
- 휘발성이 강한 무색 액체이다.
- 물에 약간 녹고 알코올에 잘 녹으며 마취성이 있다.
- 공기와 장기간 접촉 시 과산화물을 생성한다.

  - 과산화물 검출시약 : 디에틸에테르 + KI(10%)용액 ⟶ 황색 변화
  - 과산화물 제거시약 : 30% 황산제일철수용액 또는 환원철

- 저장 시 불활성가스를 봉입하고 정전기를 방지하기 위해 소량의 염화칼슘($CaCl_2$)을 넣어둔다.
- 과산화물 생성을 방지하기 위해 구리망을 넣어둔다.
- 소화 : CO_2로 질식소화한다.

풀이
- 위험물의 1소요단위 : 지정수량의 10배
- 소요단위 $= \dfrac{\text{저장수량}}{\text{지정수량} \times 10} = \dfrac{2000L}{50L \times 10} = 4$단위

1 다음 할로겐화합물 소화설비의 방사압력은 몇 Mpa인가?

(1) 할론 2402   (2) 할론 1211

> **정답** ① 0.1Mpa 이상 ② 0.2Mpa 이상
>
> -
>
> **해설** **할로겐화합물 소화설비의 분사헤드의 방사압력 및 방사시간**
>
> | 소화약제 | 할론2402 | 할론1211 | 할론1301 |
> |---|---|---|---|
> | 방사압력 | 0.1Mpa 이상 | 0.2Mpa 이상 | 0.9Mpa 이상 |
> | 방사 시간 | 30초 이내 | 30초 이내 | 30초 이내 |

2 제4류 위험물로서 흡입 시 시신경을 마비시키는 것으로 인화점 11℃, 발화점 464℃인 위험물에 대하여 다음 물음에 답하시오.

(1) 위험물의 명칭
(2) 지정수량

> **정답** (1) 메틸알코올(CH_3OH)   (2) 400L
>
> -
>
> **해설** **메틸알코올(CH_3OH)** : 제4류 위험물(인화성액체) 중 알코올류, 지정수량 400L
> - 인화점 11℃, 발화점 464℃, 연소범위 7.3~36%
> - 물, 유기용매에 잘 녹고 독성이 강하여 마시면 실명 또는 사망한다.
> - 연소 시 연한 불꽃을 내어 잘 보이지 않는다.
> $$2CH_3OH + 3O_2 \longrightarrow 2CO_2 + 4H_2O$$
> - 메틸알코올을 산화 시 포름알데히드가 되고, 다시 포름알데히드를 산화하면 포름산(의산)이 된다.
>
> $$\underset{\text{(메틸알코올)}}{CH_3OH} \underset{\text{환원(+2H)}}{\overset{\text{산화(−2H)}}{\rightleftharpoons}} \underset{\text{(포름알데히드)}}{HCHO} \underset{\text{환원(−O)}}{\overset{\text{산화(+O)}}{\rightleftharpoons}} \underset{\text{(포름산)}}{HCOOH}$$
>
> - 소화 : 알코올용포, 다량의 주수소화한다.

3 제4류 위험물을 저장하는 옥내탱크저장소의 밸브 없는 통기관에 대해 다음 물음에 답하시오.

(1) 옥내탱크저장소의 창 및 개구부로부터의 거리를 쓰시오.
(2) 통기관선단과 지면으로부터의 최소거리를 쓰시오.
(3) 부지 경계선으로부터 인화점 섭씨 40℃ 미만의 위험물의 탱크에 설치하는 통기관의 거리를 쓰시오.

정답 (1) 1m 이상 (2) 4m 이상 (3) 1.5m 이상

해설 **옥내탱크저장소의 구조**
① 단층건축물에 설치된 탱크 전용실에 설치할 것
② 옥내저장탱크와 탱크 전용실의 벽과의 사이 및 옥내저장탱크의 상호간에는 0.5m 이상의 간격을 유지할 것
③ 옥내저장탱크의 용량(동일한 탱크 전용실에 2 이상 설치하는 경우에는 각 탱크의 용량의 합계)은 지정수량 40배(제4석유류 및 동식물유류 외의 제4류 위험물에 있어서 당해 수량이 20,000L를 초과할 때는 20,000L) 이하일 것
④ 옥내저장탱크에 통기관 설치기준(제4류 위험물에 한함)
• 밸브 없는 통기관
 – 통기관의 선단은 건축물의 창·출입구 등의 개구부로부터 1m 이상 떨어진 옥외의 장소에 지면으로부터 4m 이상의 높이로 설치하되, 인화점이 40℃ 미만인 위험물의 탱크에 설치하는 통기관에 있어서는 부지경계선으로부터 1.5m 이상 이격할 것
 – 통기관은 가스 등이 체류할 우려가 있는 굴곡이 없도록 할 것
 – 직경은 30mm 이상일 것
 – 선단은 수평면보다 45도 이상 구부려 빗물 등의 침투를 막는 구조로 할 것
 – 인화점이 38℃ 미만인 위험물만을 저장·취급하는 탱크의 통기관에는 화염방지장치를 설치하고, 그 외의 탱크(인화점 38℃ 이상 70℃ 미만)에 설치하는 통기관에는 40메시 이상의 구리망의 인화방지장치를 설치할 것
• 대기밸브 부착 통기관
 – 5kPa 이하의 압력차이로 작동할 수 있을 것
 – 가는 눈의 구리망 등으로 인화방지장치를 할 것

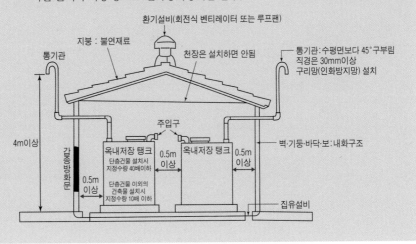

4 황린의 연소반응식을 쓰시오.

> **정답** $P_4 + 5O_2 \longrightarrow 2P_2O_5$
>
> ---
>
> **해설** **황린(P_4)** : 제3류 위험물(자연발화성물질), 지정수량 20kg
> - 백색 또는 담황색의 가연성 및 자연발화성고체(발화점 : 34℃)이며 적린(P)과 동소체이다.
> - pH=9인 약알칼리성의 물속에 저장한다. (CS₂에 잘 녹음)
>
>   > pH=9 이상 강알칼리 용액이 되면 가연성, 유독성의 포스핀(PH_3)가스가 발생하고 공기 중 자연발화한다. (강알칼리 : KOH수용액)
>   > $P_4 + 3KOH + 3H_2O \longrightarrow 3KH_2PO_2 + PH_3 \uparrow$ (포스핀, 인화수소)
>
> - 피부접촉 시 화상을 입고 공기 중 자연발화온도는 40~50℃이다.
> - 공기보다 무겁고 마늘냄새가 나는 맹독성 물질이다.
> - 어두운 곳에서 인광을 내며 황린(P_4)을 260℃로 가열하면 적린(P)이 된다.(공기차단)
> - 연소 시 오산화인(P_2O_5)의 흰 연기를 내며, 일부는 포스핀(PH_3)가스로 발생한다.
> $P_4 + 5O_2 \longrightarrow 2P_2O_5$
> - 소화 : 물분무, 포, CO_2, 건조사 등으로 질식소화한다.
>   (고압주수소화는 황린을 비산시켜 연소면 확대분산의 위험이 있음)

5 다음 위험물을 압력탱크 외의 옥외저장탱크에 보관할 경우 저장온도가 각 몇 ℃ 이하인지를 쓰시오.

(1) 아세트알데히드   (2) 산화프로필렌   (3) 디에틸에테르

> **정답** (1) 15℃ (2) 30℃ (3) 30℃
>
> ---
>
> **해설** · 옥외 및 옥내저장탱크 또는 지하저장탱크의 저장 유지 온도
>
> | 위험물의 종류 | 압력탱크 외의 탱크 | 위험물의 종류 | 압력탱크 |
> |---|---|---|---|
> | 산화프로필렌, 디에틸에테르 등 | 30℃ 이하 | 아세트알데히드 등, 디에틸에테르 등 | 40℃ 이하 |
> | 아세트알데히드 | 15℃ 이하 | | |
>
> · 이동저장탱크의 저장 유지 온도
>
> | 위험물의 종류 | 보냉장치가 있는 경우 | 보냉장치가 없는 경우 |
> |---|---|---|
> | 아세트알데히드 등, 디에틸에테르 등 | 비점이하 | 40℃ 이하 |
>
> · 이동저장탱크에 알킬알루미늄 등을 저장하는 경우에는 20kPa 이하의 압력으로 불활성의 기체를 봉입하여 둘 것(꺼낼 때는 200kpa 이하의 압력)
> · 이동저장탱크에 아세트알데히드 등을 저장하는 경우에는 항상 불활성 기체를 봉입하여 둘 것(꺼낼 때는 100kpa 이하의 압력)

6 다음은 옥외탱크저장소의 보유 공지를 ( ) 안에 쓰시오.

지정수량의 배수	보유공지
500배 이하	(①)m 이상
500배 초과 1,000배 이하	(②)m 이상
1,000배 초과 2,000배 이하	(③)m 이상
2,000배 초과 3,000배 이하	(④)m 이상
3,000배 초과 4,000배 이하	(⑤)m 이상

정답▶ ① 3 ② 5 ③ 9 ④ 12 ⑤ 15

해설▶ 옥외탱크저장소의 보유 공지

저장 또는 취급하는 위험물의 최대수량	공지의 너비
지정수량의 500배 이하	3m 이상
지정수량의 500배 초과 1,000배 이하	5m 이상
지정수량의 1,000배 초과 2,000배 이하	9m 이상
지정수량의 2,000배 초과 3,000배 이하	12m 이상
지정수량의 3,000배 초과 4,000배 이하	15m 이상
지정수량의 4,000배 초과	당해 탱크의 수평단면의 최대지름(횡형인 경우는 긴 변)과 높이 중 큰 것과 같은 거리 이상(단, 30m 초과의 경우 30m 이상으로, 15m 미만의 경우 15m 이상으로 할 것)

7 제2류 위험물인 황화린의 종류 3가지를 화학식으로 쓰시오.

정답▶ ① P_4S_3 ② P_2S_5 ③ P_4S_7

해설▶ 황화린 : 제2류 위험물(가연성고체), 지정수량 100kg

1. 삼황화린(P_4S_3)
- 황색결정으로 조해성이 없고 물에 녹지 않으며 이황화탄소(CS_2)에 녹는다.
- 연소 시 유독한 오산화인(P_2O_5)과 아황산가스(SO_2)를 발생한다.

  $P_4S_3 + 8O_2 \longrightarrow 2P_2O_5 + 3SO_2\uparrow$

2. 오황화린(P_2S_5)
- 담황색결정으로 조해성이 있어 수분을 흡수하면 분해하며 이황화탄소(CS_2)에 녹는다.
- 연소 시 유독한 오산화인(P_2O_5)과 아황산가스(SO_2)가 발생한다.

  $2P_2S_5 + 15O_2 \longrightarrow 2P_2O_5 + 10SO_2\uparrow$

- 물과 분해 반응하여 유독한 황화수소(H_2S)가스와 인산(H_3PO_4)을 생성한다.

  $P_2S_5 + 8H_2O \longrightarrow 5H_2S\uparrow + 2H_3PO_4$

3. 칠황화린(P_4S_7)
- 담황색 결정으로 조해성이 있어 수분 흡수 시 분해한다.
- 이황화탄소(CS_2)에 약간 녹지만 냉수에는 서서히, 더운물에는 급격히 분해 반응하여 유독한 황화수소(H_2S)가스와 인산(H_3PO_4)을 생성한다.

8 다음은 유황 100kg, 철분 500kg, 질산염류 600kg의 지정수량의 배수의 합을 구하시오.

- [계산과정]
- [답]

정답 [계산과정] 지정수량의 배수의 합 $= \dfrac{100kg}{100kg} + \dfrac{500kg}{500kg} + \dfrac{600kg}{300kg} = 4$

[답] 4

해설
- 지정수량의 배수의 합 $= \dfrac{A품목의저장수량}{A품목의지정수량} + \dfrac{B품목의저장수량}{B품목의지정수량} + \cdots$
- 지정수량

구분	유황	철분	질산염류
유별	제2류 위험물	제2류 위험물	제1류 위험물
지정수량	100kg	500kg	300kg

9 질산암모늄의 분해반응식은 다음과 같다. 질산암모늄 800g이 분해 시 생성되는 가스의 부피는 표준상태에서 몇 L인지 쓰시오.

$$2NH_4NO_3 \longrightarrow 2N_2 + O_2 + 4H_2O$$

- [계산과정]
- [답]

정답 [계산과정]
① 질산암모늄(NH_4NO_3)의 분자량 : $14 + 1 \times 4 + 14 + 16 \times 3 = 80$
② 분해반응식

$$2NH_4NO_3 \longrightarrow 2N_2 + O_2 + 4H_2O$$

2몰 × 80g : [2+1+4]몰 × 22.4L
800g : x

$x = \dfrac{800 \times 7 \times 22.4}{2 \times 80} = 784L$

[답] 784L

해설 **질산암모늄(NH_4NO_3)** : 제1류 위험물(산화성고체), 지정수량 300kg
- 무색의 백색결정으로 조해성이 있고 물, 알칼리, 알코올에 잘 녹는다.
- 물에 녹을 경우 흡열반응을 하여 열을 흡수하므로 한재에 사용한다.
- 가열 시 충격을 주면 분해폭발한다.
  $$2NH_4NO_3 \longrightarrow 2N_2\uparrow + O_2\uparrow + 4H_2O\uparrow$$
- AN-FO 폭약의 기폭제[NH_4NO_3(94%) + 경유(6%) 혼합]에 사용한다.
※ 질산암모늄(NH_4NO_3)의 분해반응식에서 생성되는 가스는 질소(N_2)와 산소(O_2)뿐만 아니라 물(H_2O)도 수증기 가스로 반드시 계산에 포함시켜주어야 한다.

10 제6류 위험물과 운반 시 혼재가 가능한 위험물은 몇 류인지 쓰시오.

정답 ▶ 제1류 위험물

해설 ▶ 유별을 달리하는 위험물의 혼재 기준

위험물의 구분	제1류	제2류	제3류	제4류	제5류	제6류
제1류		×	×	×	×	○
제2류	×		×	○	○	×
제3류	×	×		○	×	×
제4류	×	○	○		○	×
제5류	×	○	×	○		×
제6류	○	×	×	×	×	

※ 이 표는 지정수량 $\frac{1}{10}$ 이하의 위험물은 적용하지 않음

2. 서로 혼재 운반이 가능한 위험물(꼭 암기 바람)
- ④와 ②, ③ : 제4류와 제2류, 제4류와 제3류
- ⑤와 ②, ④ : 제5류와 제2류, 제5류와 제4류
- ⑥과 ① : 제6류와 제1류

11 트리니트로톨루엔에 대하여 다음 물음에 답하시오.

(1) 구조식
(2) 제조방법을 원료 중심으로 설명하시오.

정답 ▶ (1)

(2) 톨루엔에 질산과 황산을 반응시켜 생성한다.

해설 ▶ 트리니트로톨루엔[$C_6H_2CH_3(NO_2)_3$, TNT] : 제5류(자기반응성물질), 지정수량 200kg
- 분자량 227, 비중 1.66, 융점 81℃, 발화점 300℃인 담황색의 주상 결정이다.
- 물에 불용, 에테르, 벤젠, 아세톤 및 가열된 알코올에 잘 녹는다.
- 강력한 폭약으로 분해 시 다량의 기체가 발생한다. (N_2, CO, H_2)

$$2C_6H_2CH_3(NO_2)_3 \longrightarrow 12CO\uparrow + 2C + 3N_2\uparrow + 5H_2\uparrow$$

- 진한황산(탈수작용) 촉매 하에 톨루엔과 질산을 니트로화 반응시켜 제조한다.

$$\underset{(톨루엔)}{C_6H_5CH_3} + \underset{(질산)}{3HNO_3} \xrightarrow[탈수]{c-H_2SO_4} \underset{(트리니트로톨루엔)}{C_6H_2CO_3(NO_2)_3} + \underset{(물)}{3H_2O}$$

- 운반 시 물을 10% 정도 넣어서 안전하게 운반한다.
- 소화 시 연소속도가 빨라서 소화가 어려우나 다량의 물로 소화한다.

12 다음은 에틸렌과 산소를 $CuCl_2$의 촉매 하에 산화반응시켜 생성된 물질로 인화점이 $-39℃$, 비점이 $21℃$, 연소범위가 4.1~57% 물질인 특수인화물의 ① 시성식, ② 증기비중을 쓰시오.

정답 ① 시성식 : CH_3CHO

② 증기비중 = $\dfrac{\text{분자량}(M)}{\text{공기의 평균분자량}(29)} = \dfrac{44}{29} = 1.517$

∴ 1.52

해설 **아세트알데히드(CH_3CHO)** : 제4류 위험물 중 특수인화물, 지정수량 50L
- 인화점 $-39℃$, 발화점 $185℃$, 비점 $21℃$, 연소범위 4.1~57%
- 휘발성이 강하고, 과일냄새가 나는 무색액체이다.
- 물, 에테르, 에탄올에 잘 녹는다.(수용성)
- 산화되면 아세트산(초산)이 되고, 환원되면 에탄올이 된다.
  산화반응식 : $2CH_3CHO + O_2 \longrightarrow 2CH_3COOH$(아세트산)
  환원반응식 : $CH_3CHO + H_2 \longrightarrow C_2H_5OH$(에탄올)
- 환원성이 강한 물질로 은거울반응, 펠링반응, 요오드포름반응 등을 한다.
- Cu, Mg, Ag, Hg 및 그의 합금 등과 접촉 시 중합반응을 하여 폭발성 물질이 생성하므로 저장용기나 취급하는 설비는 사용하지 말 것
- 제조법
  - 에틸렌의 직접 산화법 : 에틸렌(C_2H_4)과 산소를 염화구리($CuCl_2$) 또는 염화파라듐($PdCl_2$) 촉매 하에 산화 반응시켜 제조하는 방법
    $$2C_2H_4 + O_2 \xrightarrow[\text{촉매}]{CuCl_2,\ PdCl_2} 2CH_3CHO$$
  - 아세틸렌의 수화법 : 아세틸렌(C_2H_2)과 물(H_2O)을 황산수은($HgSO_4$) 촉매 하에 반응시켜 제조하는 방법
    $$C_2H_2 + H_2O \xrightarrow[\text{촉매}]{HgSO_4} CH_3CHO$$
  - 에탄올의 직접 산화법 : 에탄올(C_2H_5OH)과 산소를 이산화망간(MnO_2)의 촉매 하에 산화반응시켜 제조하는 방법
    $$2C_2H_5OH + O_2 \xrightarrow[\text{촉매}]{MnO_2} 2CH_3CHO + 2H_2O$$
- 저장탱크에 저장 시 불활성가스(N_2, Ar 등) 또는 수증기를 봉입하고 냉각장치를 사용하여 비점($21℃$) 이하로 유지시켜야 한다.
- 보냉장치가 없는 이동저장탱크에 저장 시 $40℃$ 이하로 유지하여야 한다.

13 다음은 인화알루미늄(AlP)과 물과의 반응식을 쓰시오.

> **정답** $AlP + 3H_2O \longrightarrow Al(OH)_3 + PH_3$
> ---
> **해설** **인화알루미늄(AlP)** : 제3류 위험물(금수성물질), 지정수량 300kg
> - 분자량 58의 암회색 또는 황색의 결정 또는 분말로 가연성 및 금수성 물질이다.
> - 물(수증기) 또는 산과 반응하여 가연성 및 유독성인 인화수소(PH_3, 포스핀)가스를 발생시킨다.
>   물과의 반응식 : $AlP + 3H_2O \longrightarrow Al(OH)_3 + PH_3\uparrow$
>   황산과의 반응식 : $2AlP + 3H_2SO_4 \longrightarrow Al_2(SO_4)_3 + 2PH_3\uparrow$
> - 소화 시 주수소화는 엄금하고 마른 모래 등으로 피복질식소화한다.

14 탄화칼슘과 물과의 반응식을 쓰고, 이때 생성되는 아세틸렌가스의 연소반응식을 쓰시오.

(1) 물과의 반응식
(2) 아세틸렌의 연소반응식

> **정답** (1) $CaC_2 + 2H_2O \longrightarrow Ca(OH)_2 + C_2H_2$
> (2) $2C_2H_2 + 5O_2 \longrightarrow 4CO_2 + 2H_2O$
> ---
> **해설** **탄화칼슘(CaC_2, 카바이트)** : 제3류 위험물(금수성물질), 지정수량 300kg
> - 회백색의 괴상의 고체로서 분자량은 64이다.
> - 물과 반응하여 수산화칼슘[$Ca(OH)_2$]과 아세틸렌(C_2H_2)가스를 발생한다.
> $CaC_2 + 2H_2O \longrightarrow Ca(OH)_2 + C_2H_2\uparrow$
>   ※ 아세틸렌(C_2H_2)가스의 폭발범위는 2.5~81%로 매우 넓어 위험성이 크다.
>   ※ 아세틸렌의 연소반응식 : $2C_2H_2 + 5O_2 \longrightarrow 4CO_2 + 2H_2O$
> - 고온(700℃ 이상)에서 질소(N_2)와 질화 반응하여 석회질소($CaCN_2$)를 생성한다.
> $CaC_2 + N_2 \longrightarrow CaCN_2 + C$
> - 장기보관 시 용기 내에 불연성가스(N_2 등)를 봉입하여 저장한다.
> - 소화 시 주수 및 포소화는 절대엄금하고 마른 모래 등으로 피복소화한다.

1 위험물 이동탱크 저장소의 주입설비에 대한 설명이다. 빈칸을 알맞게 채우시오.

(1) 위험물이 (　　) 우려가 없고 화재예방 상 안전한 구조로 한다.
(2) 주입설비의 길이는 (　　) 이내로 하고 그 선단에 축적되는 (　　)를 유효하게 제거할 수 있는 장치를 한다.
(3) 분당 토출량은 (　　) 이하로 한다.

> **정답** (1) 샐 (2) 50m, 정전기 (3) 200L
> ---
> **해설** 이동탱크저장소에 주입설비 설치기준
> - 위험물이 샐 우려가 없고 화재예방 상 안전한 구조로 할 것
> - 주입설비의 길이는 50m 이내로 하고, 그 선단에 축적되는 정전기를 유효하게 제거할 수 있는 장치를 할 것
> - 분당 토출량은 200L 이하로 할 것
> - 주입호스는 내경이 23mm 이상이고 0.3Mpa 이상의 압력에 견딜 수 있을 것
> ※ 제4류 위험물 중 특수인화물, 제1석유류 또는 제2석유류에는 접지도선을 설치할 것

2 트리에틸알루미늄이 자연발화 하는 반응식을 쓰시오.

> **정답** $2(C_2H_5)_3Al + 21O_2 \longrightarrow 12CO_2\uparrow Al_2O_3 + 15H_2O$
> ---
> **해설** 알킬알루미늄(R-Al) : 제3류 위험물(자연발화성, 금수성), 지정수량 10kg
> - 알킬기($C_nH_{2n+1}-$, R-)에 알루미늄(Al)이 결합된 화합물이다.
> - 탄소수 $C_{1\sim4}$까지는 자연발화하고, C_5 이상은 연소반응하지 않는다.
> - 트리메틸알루미늄[TMA, $(CH_3)_3Al$]
>   연소반응식 : $2(CH_3)_3Al + 12O_2 \longrightarrow Al_2O_3 + 9H_2O$
>   물과의 반응식 : $(CH_3)_3Al + 3H_2O \longrightarrow Al(OH)_3 + 3CH_4\uparrow$(메탄)
> - 트리에틸알루미늄 [TEA, $(C_2H_5)_3Al$]
>   연소반응식 : $2(C_2H_5)_3Al + 21O_2 \longrightarrow 12CO_2\uparrow + Al_2O_3 + 15H_2O$
>   물과의 반응식 : $(C_2H_5)_3Al + 3H_2O \longrightarrow Al(OH)_3 + 3C_2H_6\uparrow$(에탄)
>   메탄올과의 반응식 : $(C_2H_5)_3Al + 3CH_3OH \longrightarrow Al(CH_3O)_3$(알루미늄메틸레이트)$ + 3C_2H_6\uparrow$(에탄)
> - 저장 시 희석안정제(벤젠, 톨루엔, 헥산 등)를 사용하여 불활성기체(N_2)를 봉입한다.
> - 소화 : 팽창질석 또는 팽창진주암을 사용한다. (주수소화는 절대엄금)

3 황린 20kg을 연소 시 필요한 공기의 부피는 몇 m³인지 쓰시오.(단, 황린의 분자량은 124이고 공기 중 산소의 부피는 21Vol%이다)

· [계산과정]
· [답]

> **정답** [계산과정]
> ① 황린(P_4)의 연소 반응식
>
> $$P_4 \ + \ 5O_2 \longrightarrow 2P_2O_5$$
>
> 124kg ← 5×22.4m³
> 20kg : x
>
> $$x = \frac{20 \times 5 \times 22.4}{124} = 18.064m^3 \text{ (필요한 산소량)}$$
>
> ② 필요한 공기량 $= \dfrac{18.064m^3}{0.21} = 86.019m^3$
>
> [답] 18.02m³
>
> --
>
> **해설** 황린(P_4) : 제3류 위험물(자연발화성물질), 지정수량 20kg
> · 백색 또는 담황색의 가연성 및 자연발화성고체(발화점 : 34℃)이며 적린(P)과 동소체이다.
> · pH=9인 약알칼리성의 물속에 저장한다.(CS_2에 잘 녹음)
>
> pH=9 이상 강알칼리 용액이 되면 가연성, 유독성의 포스핀(PH_3)가스가 발생하고 공기 중 자연발화한다.(강알칼리 : KOH 수용액)
>
> $$P_4 + 3KOH + 3H_2O \longrightarrow 3KH_2PO_2 + PH_3 \uparrow \text{(포스핀, 인화수소)}$$
>
> · 피부접촉 시 화상을 입고 공기 중 자연발화온도는 40~50℃이다.
> · 공기보다 무겁고 마늘냄새가 나는 맹독성 물질이다.
> · 어두운 곳에서 인광을 내며 황린(P_4)을 260℃로 가열하면 적린(P)이 된다. (공기차단)
> · 연소 시 오산화인(P_2O_5)의 흰 연기를 내며, 일부는 포스핀(PH_3)가스로 발생한다.
>
> $$P_4 + 5O_2 \longrightarrow 2P_2O_5$$
>
> · 소화 : 물분무, 포, CO_2, 건조사 등으로 질식소화한다. (고압주수소화는 황린을 비산시켜 연소면 확대 분산의 위험이 있음)

4 다음 [보기]에서 불활성가스 소화설비가 적응성이 있는 위험물을 모두 고르시오.

> **보기**
> - 제1류 위험물
> - 제3류 위험물 중 금수성물질
> - 제5류 위험물
> - 제2류 위험물 중 인화성고체
> - 제4류 위험물
> - 제6류 위험물

정답 제2류 위험물 중 인화성고체, 제4류 위험물

해설 소화설비의 적응성

소화설비의 구분		건축물·그 밖의 공작물	전기설비	알칼리금속과산화물 등 (제1류)	그 밖의 것 (제1류)	철분·금속분·마그네슘 등 (제2류)	인화성고체 (제2류)	그 밖의 것 (제2류)	금수성물품 (제3류)	그 밖의 것 (제3류)	제4류 위험물	제5류 위험물	제6류 위험물
물분무등소화설비	물분무소화설비	○	○		○		○	○		○	○	○	○
	포소화설비	○			○		○	○		○	○	○	○
	불활성가스소화설비		○				○				○		
	할로겐화합물소화설비		○				○				○		
	분말소화설비 인산염류 등	○	○		○		○	○			○		○
	분말소화설비 탄산수소염류 등	○	○	○		○	○		○		○		
	분말소화설비 그 밖의 것			○		○			○				

5 위험물 운반 시 제4류 위험물과 혼재할 수 없는 유별을 쓰시오.

정답 제1류 위험물, 제6류 위험물

해설 1. 유별을 달리하는 위험물의 혼재 기준

위험물의 구분	제1류	제2류	제3류	제4류	제5류	제6류
제1류		×	×	×	×	○
제2류	×		×	○	○	×
제3류	×	×		○	×	×
제4류	×	○	○		○	×
제5류	×	○	×	○		×
제6류	○	×	×	×	×	

※ 이 표는 지정수량 $\frac{1}{10}$ 이하의 위험물은 적용하지 않음

2. 서로 혼재 운반이 가능한 위험물(꼭 암기 바람)
- ④와 ②, ③ : 제4류와 제2류, 제4류와 제3류
- ⑤와 ②, ④ : 제5류와 제2류, 제5류와 제4류
- ⑥과 ① : 제6류와 제1류

6 다음 위험물의 유별과 지정수량을 ( ) 안에 알맞게 쓰시오.

(1) 황린 – 제3류 위험물 – 20kg
(2) 칼륨 – ( ) 위험물 – ( )
(3) 니트로화합물 – ( ) 위험물 – ( )
(4) 질산염류 – ( ) 위험물 – ( )

> **정답** ▶ (2) 제3류, 10kg
> (3) 제5류, 200kg
> (4) 제1류, 300kg
>
> **해설** ① 황린 : 제3류 위험물(자연발화성물질), 지정수량 20kg
> ② 칼륨 : 제3류 위험물(자연발화성 및 금수성물질), 지정수량 10kg
> ③ 니트로화합물 : 제5류 위험물(자기반응성물질), 지정수량 200kg
> ④ 질산염류 : 제1류 위험물(산화성고체), 지정수량 300kg

7 다음 위험물의 지정수량을 각각 쓰시오.

① 중유   ② 경유   ③ 디에틸에테르   ④ 아세톤

> **정답** ▶ ① 2,000L ② 1,000L ③ 50L ④ 400L
>
> **해설** 제4류 위험물의 지정수량

구분	중유	경유	디에틸에테르	아세톤
유별	제3석유류(비수용성)	제2석유류(비수용성)	특수인화물	제1석유류(수용성)
지정수량	2,000L	1,000L	50L	400L

※ 제4류 위험물의 종류 및 지정수량

성질	위험등급	품명		지정수량	지정품목	기타조건(1기압에서)
인화성 액체	I	특수인화물		50L	• 이황화탄소 • 디에틸에테르	• 발화점 100℃ 이하 • 인화점 −20℃ 이하 & 비점 40℃ 이하
	II	제1 석유류	비수용성	200L	• 아세톤 • 휘발유	인화점 21℃ 미만
			수용성	400L		
		알코올류		400L	• 탄소의 원자 수가 C_1~C_3까지인 포화1가 알코올(변성알코올 포함) 메틸알코올[CH_3OH], 에틸알코올[C_2H_5OH], 프로필알코올[$(CH_3)_2CHOH$]	
		제2 석유류	비수용성	1,000L	• 등유, 경유	인화점 21℃ 이상 70℃ 미만
			수용성	2,000L		
	III	제3 석유류	비수용성	2,000L	• 중유 • 클레오소트유	인화점 70℃ 이상 200℃ 미만
			수용성	4,000L		
		제4석유류		6,000L	• 기어유 • 실린더유	인화점이 200℃ 이상 250 미만인 것
		동식물유류		10,000L	• 동식물유의 지육, 종자, 과육에서 추출한 것으로 1기압에서 인화점이 250℃ 미만인 것	

8 제4류 위험물 중 위험등급 Ⅱ에 속하는 품명 2개를 쓰시오.

> **정답** ① 제1석유류 ② 알코올류
>
> ---
>
> **해설** 제4류 위험물의 품명별 위험등급
>
> | 위험등급 | 품명 |
> |---|---|
> | Ⅰ | 특수인화물 |
> | Ⅱ | 제1석유류, 알코올류 |
> | Ⅲ | 제2석유류, 제3석유류, 제4석유류, 동식물유류 |

9 질산암모늄을 열분해하면 질소·수증기·산소가 발생한다. 열분해반응식과 함께 1몰의 질산암모늄이 0.9기압 300℃에서 열분해하면 이때 발생하는 수증기의 부피는 몇 L인지 계산과정과 답을 쓰시오.

- [계산과정]　　　　　　　　　　　　　　　　　· [답]

> **정답** [계산과정]
> ① 질산암모늄(NH_4NO_3)의 열분해반응식
>
> $$\underset{1몰}{NH_4NO_3} \longrightarrow \underset{2\times22.4L\,[\text{표준상태}:0℃,\ 1atm(\text{기압})]}{N_2+0.5O_2+2H_2O}$$
>
> ② 수증기의 부피는 0.9atm, 300℃로 환산한다. (보일-샤를법칙 적용)
>
> $$\frac{P_1V_1}{T_1}=\frac{P_2V_2}{T_2},\ \frac{1\times(2\times22.4)}{(273+0)}=\frac{0.9\times V_2}{(273+300)}$$
>
> $$V_2=\frac{44.8\times573}{273\times0.9}=104.478L$$
>
> [답] 104.48L
>
> ---
>
> **해설** 질산암모늄(NH_4NO_3) : 제1류 위험물(산화성고체), 지정수량 300kg
> - 무색의 백색 결정으로 조해성이 있고 물, 알칼리, 알코올에 잘 녹는다.
> - 물에 녹을 경우 흡열반응을 하여 열을 흡수하므로 한재에 사용한다.
> - 가열 시 충격을 주면 분해폭발한다.
> $$2NH_4NO_3 \longrightarrow 2N_2\uparrow+O_2\uparrow+4H_2O$$
> - AN-FO폭약의 기폭제 [NH_4NO_3(94%)+경유(6%) 혼합]에 사용한다.

10 위험물 안전관리 법령상에 따른 고인화점 위험물의 정의를 쓰시오.

> **정답** ▶ 인화점이 100℃ 이상인 제4류 위험물

11 다음 [보기]에 해당하는 위험물에 대한 내용으로 각 물음에 답을 쓰시오.

> **보기**
> • 술의 원료이다.
> • 요오드포름 반응을 한다.
> • 산화시키면 아세트알데히드가 된다.

(1) 화학식
(2) 지정수량
(3) 진한황산과 반응 후 생성되는 위험물의 화학식

> **정답** ▶ (1) C_2H_5OH (2) 400L   (3) $C_2H_5OC_2H_5$
>
> **해설** ▶ 에틸알코올(C_2H_5OH) : 제4류 위험물(인화성액체) 중 알코올류, 지정수량 400L
> • 인화점 13℃, 발화점 423℃, 연소범위 4.3~19%, 분자량 46
> • 무색투명한 휘발성 액체로 특유한 향과 맛이 있으며 독성은 없다.
> • 술의 주성분으로 주정이라 한다.
> • 연소 시 연한 불꽃을 내어 잘 보이지 않는다.
> $$C_2H_5OH + 3O_2 \longrightarrow 2CO_2 + 3H_2O$$
> • 요오드포름 반응한다.(에탄올 검출반응)
> $$C_2H_5OH + \boxed{KOH + I_2} \longrightarrow CHI_3 \downarrow (요오드포름 : 노란색 침전)$$
> • 알칼리금속(Na, K)과 반응 시 수소(H_2)를 발생한다.
> $$2Na + 2C_2H_5OH \longrightarrow 2C_2H_5ONa(나트륨에틸레이드) + H_2 \uparrow$$
> • 에틸알코올을 산화하면 아세트알데히드를 거쳐 아세트산(초산)이 된다.
> $$C_2H_5OH \underset{환원[+2H]}{\overset{산화[-2H]}{\rightleftarrows}} CH_3CHO \underset{환원(\times)}{\overset{산화[+O]}{\rightleftarrows}} CH_3COOH$$
>   (에틸알코올)   (아세트알데히드)   (아세트산)
> • 에틸알코올과 진한황산이 반응하면 디에틸에테르가 생성한다.
> $$2C_2H_5OH \underset{탈수 \cdot 축합반응}{\overset{c-H_2SO_4}{\longrightarrow}} C_2H_5OC_2H_5 + H_2O$$
>   (에틸알코올)   (디에틸에테르)   (물)
> • 소화 시 알코올용 포, 다량의 물로 희석소화한다.

12 유별을 달리하는 위험물은 동일한 저장소에 저장하지 아니하여야 한다. 다만, 옥내저장소 또는 옥외저장소에 있어서 적절한 조치를 한 경우에는 저장이 가능하다. 옥내저장소에서 동일한 실에 저장할 수 있는 유별을 바르게 연결한 것을 [보기]에서 모두 고르시오.

> **보기**
> ① 무기과산화물 – 유기과산화물 　　② 질산염류 – 과염소산
> ③ 황린 – 제1류 위험물 　　④ 인화성고체 – 제1석유류
> ⑤ 유황 – 제4류 위험물

정답 ②, ③, ④

해설
① 무기과산화물(제1류) – 유기과산화물(제5류)
② 질산염류(제1류) – 과염소산(제6류)
③ 황린(제3류) – 제1류 위험물
④ 인화성고체(제2류) – 제1석유류(제4류)
⑤ 유황(제2류) – 제4류 위험물

1. 유별을 달리하는 위험물은 동일한 저장소에 저장하지 아니하여야 한다.
2. 유별을 달리하는 위험물을 동일한 저장소에 저장할 수 있는 경우
   옥내저장소 또는 옥외저장소에 있어서 다음의 각목의 규정에 의한 위험물을 저장하는 경우로서 위험물을 유별로 정리하여 저장하는 한편, 서로 1m 이상의 간격을 두는 경우
   ① 제1류 위험물(알칼리금속의 과산화물 또는 이를 함유한 것을 제외)과 제5류 위험물
   ② 제1류 위험물과 제6류 위험물
   ③ 제1류 위험물과 제3류 위험물 중 자연발화성물질(황린 또는 이를 함유한 것에 한함)
   ④ 제2류 위험물 중 인화성고체와 제4류 위험물
   ⑤ 제3류 위험물 중 알킬알루미늄등과 제4류 위험물(알킬알루미늄 또는 알킬리튬을 함유한 것에 한함)
   ⑥ 제4류 위험물 중 유기과산화물 또는 이를 함유하는 것과 제5류 위험물 중 유기과산화물 또는 이를 함유한 것

13 옥내저장소에 위험물을 저장하는 경우 기준에 의한 높이를 초과하여 용기를 겹쳐 쌓지 아니하여야 한다. 다음 (   ) 안에 알맞은 답을 쓰시오.

(1) 기계에 의하여 하역하는 구조로 된 용기만을 겹쳐 쌓는 경우 : (   )m 이하
(2) 제4류 위험물 중 제3석유류를 수납하는 용기를 겹쳐 쌓는 경우 : (   )m 이하
(3) 제4류 위험물 중 동식물유류를 수납하는 용기를 겹쳐 쌓는 경우 : (   )m 이하

정답 (1) 6 (2) 4 (3) 4

해설 옥내저장소에서 위험물을 저장하는 경우에는 다음 각목의 규정에 의한 높이를 초과하여 용기를 겹쳐 쌓지 아니하여야 한다.(옥외저장소에서 위험물을 저장하는 경우에도 동일함)
- 기계에 의하여 하역하는 구조로 된 용기만을 겹쳐 쌓는 경우에 있어서는 6m
- 제4류 위험물 중 제3석유류, 제4석유류 및 동식물유류를 수납하는 용기만을 겹쳐 쌓는 경우에 있어서는 4m
- 그 밖의 경우에 있어서는 3m
- 옥외저장소에서 위험물을 수납한 용기를 선반에 저장하는 경우에는 6m를 초과하여 저장하지 아니하여야 한다.

1 제4류 위험물인 톨루엔의 증기비중을 구하시오.

- [계산과정]
- [답]

> **정답** [계산과정]
> ① 톨루엔($C_6H_5CH_3$)의 분자량 : $12 \times 6 + 1 \times 5 + 12 + 1 \times 3 = 92$
> ② 증기비중 $= \dfrac{분자량}{공기의평균분자량(29)} = \dfrac{92}{29} = 3.172$
> [답] 3.17

2 과산화나트륨 화재 시 이산화탄소 소화약제의 소화는 매우 위험하다. 과산화나트륨과 이산화탄소의 반응식을 쓰시오.

> **정답** $2Na_2O_2 + 2CO_2 \longrightarrow 2Na_2CO_3 + O_2$
>
> **해설** **과산화나트륨(Na_2O_2) :** 제1류 위험물 중 무기과산화물, 지정수량 50kg
> - 조해성이 강하고 열분해 시 산소(O_2)를 발생한다.
> $2Na_2O_2 \longrightarrow 2Na_2O + O_2 \uparrow$
> - 물 또는 이산화탄소와 반응하여 산소(O_2)를 발생한다.
> $2Na_2O_2 + 2H_2O \longrightarrow 4NaOH + O_2 \uparrow$
> $2Na_2O_2 + 2CO_2 \longrightarrow 2Na_2CO_3 + O_2 \uparrow$
> - 알코올에는 녹지 않으며, 산과 반응 시 과산화수소(H_2O_2)를 발생한다.
> $Na_2O_2 + 2HCl \longrightarrow 2NaCl + H_2O_2$
> - 주수 및 CO_2 소화는 금하고 건조사, 탄산수소염류 등으로 소화한다.

3 주유취급소에 설치하는 '주유 중 엔진정지' 게시판의 바탕색과 문자 색을 쓰시오.

> **정답** ① 바탕색 : 황색   ② 문자 색 : 흑색
>
> **해설** **위험물 주유취급소**
> - 주유 공지 : 너비 15m 이상, 길이 6m 이상의 콘크리트로 포장한 공지
> - 공지의 바닥 : 주위 지면보다 높게 하고, 적당한 기울기, 배수구, 집유설비, 유분리장치를 설치할 것
> - 표지 : 위험물 주유취급소
> - 게시판 : 황색바탕에 흑색문자로 '주유 중 엔진정지'

4 다음은 제조소등에서의 위험물의 저장기준이다. ( ) 안에 알맞은 답을 쓰시오.

옥외저장탱크, 옥내저장탱크 또는 지하탱크 중 압력 탱크 외의 탱크에 저장하는 디에틸에테르 등 또는 아세트알데히드 등의 온도는 산화프로필렌과 이를 함유한 것 또는 디에틸에테르 등에 있어서는 (①) 이하로, 아세트알데히드 또는 이를 함유한 것에 있어서는 (②) 이하로 각각 유지할 것

정답 ① 30℃ ② 15℃

해설
• 옥외 및 옥내저장탱크 또는 지하저장탱크의 저장 유지 온도

위험물의 종류	압력탱크 외의 탱크	위험물의 종류	압력탱크
산화프로필렌, 디에틸에테르 등	30℃ 이하	아세트알데히드 등, 디에틸에테르 등	40℃ 이하
아세트알데히드	15℃ 이하		

• 이동저장탱크의 저장 유지 온도

위험물의 종류	보냉장치가 있는 경우	보냉장치가 없는 경우
아세트알데히드 등, 디에틸에테르 등	비점이하	40℃ 이하

• 이동저장탱크에 알킬알루미늄 등을 저장하는 경우에는 20kPa 이하의 압력으로 불활성기체를 봉입하여 둘 것(꺼낼 때는 200kpa 이하의 압력)
• 이동저장탱크에 아세트알데히드 등을 저장하는 경우에는 항상 불활성기체를 봉입하여 둘 것(꺼낼 때는 100kpa 이하의 압력)

5 제5류 위험물로서 담황색의 주상결정이며 분자량이 227, 융점이 81℃, 물에 녹지 않고 알코올, 벤젠, 아세톤에 녹는다. 이 물질에 대하여 다음 각 물음에 답하시오.

(1) 화학식을 쓰시오.
(2) 제조 화학 반응식을 쓰시오.
(3) 지정수량을 쓰시오.

정답
(1) $C_6H_2CH_3(NO_2)_3$
(2) $C_6H_5CH_3 + 3HNO_3 \xrightarrow[\text{탈수}]{c-H_2SO_4} C_6H_2CH_3(NO_2)_3 + 3H_2O$
(3) 200kg

해설 트리니트로톨루엔[$C_6H_2CH_3(NO_2)_3$, TNT] : 제5류(자기반응성물질), 지정수량 200kg
• 분자량 227, 융점 81℃, 비중 1.66, 발화점 300℃인 담황색의 주상 결정이다.
• 물에 불용, 에테르, 벤젠, 아세톤 및 가열된 알코올에 잘 녹는다.
• 강력한 폭약으로 열분해 시 다량의 기체가 발생된다. (N_2, CO, H_2)
$$2C_6H_2CH_3(NO_2)_3 \longrightarrow 2C + 3N_2\uparrow + 5H_2\uparrow + 12CO\uparrow$$
• 진한황산(c-H_2SO_4) 촉매 하에 톨루엔과 질산을 니트로화 반응시켜 제조한다.
$$\underset{\text{(톨루엔)}}{C_6H_5CH_3} + \underset{\text{(질산)}}{3HNO_3} \xrightarrow[\text{탈수작용}]{c-H_2SO_4} \underset{\text{(트리니트로톨루엔)}}{C_6H_2CH_3(NO_2)_3} + \underset{\text{(물)}}{3H_2O}$$
• 운반 시 물을 10% 정도 넣어 안전하게 운반한다.
• 소화 : 연소속도가 빨라서 소화가 어려우나 다량의 물로 주수소화한다.

6 제3류 위험물 중 지정수량이 50kg인 품명을 모두 쓰시오.

> **정답** ① 알칼리금속(칼륨 및 나트륨 제외) 및 알칼리토금속
> ② 유기금속화합물(알킬알루미늄 및 알킬리튬 제외)
>
> **해설** 제3류 위험물의 품명 및 지정수량
>
> | 성질 | 위험등급 | 품명 | 지정수량 |
> |---|---|---|---|
> | 자연발화성 및 금수성물질 | I | 칼륨, 나트륨, 알킬알루미늄, 알킬리튬 | 10kg |
> | | | 황린 | 20kg |
> | | II | 알칼리금속(칼륨 및 나트륨 제외) 및 알칼리토금속 | 50kg |
> | | | 유기금속화합물(알킬알루미늄 및 알킬리튬 제외) | |
> | | III | 금속의 수소화물, 금속의 인화물, 칼슘 또는 알루미늄의 탄화물, 염소화규소화합물 | 300kg |

7 트리에틸알루미늄과 물과의 반응식을 쓰고 트리에틸알루미늄 228g과 물이 반응할 때 발생하는 기체의 부피(L)를 계산하시오. (단, 알루미늄 원자량은 27이다)

(1) 물과의 반응식
(2) 발생하는 기체의 부피
　• [계산과정]　　　　　　　　　　　　　　　　• [답]

> **정답** (1) $(C_2H_5)_3Al + 3H_2O \longrightarrow Al(OH)_3 + 3C_2H_6$
> (2) [계산과정 1]
> • 트리에틸알루미늄[$(C_2H_5)_3Al$]의 분자량 : $(12 \times 2 + 1 \times 5) \times 3 + 27 = 114$
> • 물과의 반응식에서 발생하는 기체는 에탄(C_2H_6)이다.
>
> $$\underset{\substack{114g \\ 228g}}{(C_2H_5)_3Al} + 3H_2O \longrightarrow \underset{\substack{3 \times 22.4L \\ x}}{Al(OH)_3 + 3C_2H_6}$$
>
> $$x = \frac{228 \times 3 \times 22.4}{114} = 134.4L$$
>
> [답] 134.4L
>
> [계산과정 2]
> • 표준상태(0℃, 1atm)에서 이상기체상태방정식을 이용한다.
>
> $$PV = nRT = \frac{W}{M}RT$$
>
> $$V = \frac{WRT}{PM} \times 생성되는\ 기체의\ 몰수(에탄)$$
>
> $$= \frac{228 \times 0.082 \times (273+0)}{1 \times 114} \times 3 = 134.316L$$
>
> [답] 134.32L
> ※ 계산방법에 따라 [계산과정 1]과 [계산과정 2] 중 하나의 식을 선택하되, 계산과정에 따라 정답이 약간 다르게 나올 수 있지만 모두 정답으로 인정한다.

8 다음의 [보기]의 물질 중에서 인화점이 낮은 것부터 순서대로 나열하시오.

| 보기 | ① 초산에틸 | ② 메틸알코올 | ③ 에틸렌글리콜 | ④ 니트로벤젠 |

정답 ① - ② - ④ - ③

해설 제4류 위험물의 물성

구분	초산에틸	메틸알코올	에틸렌글리콜	니트로벤젠
화학식	$CH_3COOC_2H_5$	CH_3OH	$C_2H_4(OH)_2$	$C_6H_5NO_2$
품명	제1석유류(비수용성)	알코올류	제3석유류(수용성)	제3석유류(비수용성)
인화점	$-4℃$	$11℃$	$111℃$	$88℃$
지정수량	200L	400L	4000L	2000L

9 다음 [보기]는 가연성물질이다. 연소형태에 따른 종류 중 표면연소, 증발연소, 자기연소로 분류하시오.

보기	① 나트륨	② 트리니트로톨루엔	③ 에탄올
	④ 금속분	⑤ 디에틸에테르	⑥ 피크린산

정답
① 표면연소 : 나트륨, 금속분
② 증발연소 : 에탄올, 디에틸에테르
③ 자기연소 : 트리니트로톨루엔, 피크린산

해설 연소형태의 종류
- 표면연소 : 숯, 목탄, 코크스, 금속분, 나트륨 등
- 분해연소 : 석탄, 종이, 목재, 플라스틱, 중유 등
- 증발연소 : 황, 파라핀(양초), 알코올류, 휘발유, 등유 등 제4류 위험물
- 자기연소(내부연소) : 니트로셀룰로오스, 트리니트로톨루엔, 피크린산 등의 제5류 위험물
- 확산연소 : 수소, 아세틸렌, LPG, LNG 등 가연성기체

10 위험물안전관리법령상 적재하는 위험물의 성질에 따른 조치사항으로 차광성과 방수성이 모두 있는 피복으로 하여야 하는 위험물을 [보기]에서 골라 쓰시오.

> **보기**　① 제1류 위험물 중 알칼리금속의 과산화물　② 제2석유류
> 　　　　③ 제2류 위험물 중 금속분　　　　　　　　④ 제5류 위험물
> 　　　　⑤ 제6류 위험물

정답　① 제1류 위험물 중 알칼리금속의 과산화물

해설

차광성의 덮개를 해야 하는 것	방수성의 피복으로 덮어야 하는 것
• 제1류 위험물 • 제3류 위험물 중 자연발화성물질 • 제4류 위험물 중 특수인화물 • 제5류 위험물 • 제6류 위험물	• 제1류 위험물 중 알칼리금속의 과산화물 • 제2류 위험물 중 철분, 금속분, 마그네슘 • 제3류 위험물 중 금수성물질

※ 위험물 운반 시 차광성 및 방수성 피복을 모두 해야 할 위험물
　• 제1류 중 알칼리금속의 과산화물 : K_2O_2, Na_2O_2 등
　• 제3류 중 자연발화성 및 금수성 물질 : K, Na, R-Al, R-Li 등

11 ABC분말 소화약제 중 오르토인산이 생성되는 열분해반응식을 쓰시오.

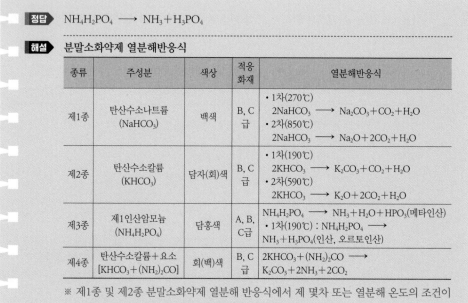

정답　$NH_4H_2PO_4 \longrightarrow NH_3 + H_3PO_4$

해설　분말소화약제 열분해반응식

종류	주성분	색상	적응 화재	열분해반응식
제1종	탄산수소나트륨 ($NaHCO_3$)	백색	B, C 급	• 1차(270℃) 　$2NaHCO_3 \longrightarrow Na_2CO_3 + CO_2 + H_2O$ • 2차(850℃) 　$2NaHCO_3 \longrightarrow Na_2O + 2CO_2 + H_2O$
제2종	탄산수소칼륨 ($KHCO_3$)	담자(회)색	B, C 급	• 1차(190℃) 　$2KHCO_3 \longrightarrow K_2CO_3 + CO_2 + H_2O$ • 2차(590℃) 　$2KHCO_3 \longrightarrow K_2O + 2CO_2 + H_2O$
제3종	제1인산암모늄 ($NH_4H_2PO_4$)	담홍색	A, B, C급	$NH_4H_2PO_4 \longrightarrow NH_3 + H_2O + HPO_3$(메타인산) • 1차(190℃) : $NH_4H_2PO_4 \longrightarrow$ $NH_3 + H_3PO_4$(인산, 오르토인산)
제4종	탄산수소칼륨+요소 $[KHCO_3 + (NH_2)_2CO]$	회(백)색	B, C 급	$2KHCO_3 + (NH_2)_2CO \longrightarrow$ $K_2CO_3 + 2NH_3 + 2CO_2$

※ 제1종 및 제2종 분말소화약제 열분해 반응식에서 제 몇차 또는 열분해 온도의 조건이 주어지지 않은 경우에는 제1차 열분해반응식을 쓰면 된다.

12 위험물안전관리법령상 [보기]의 위험물을 저장하는 경우 옥내저장소의 저장창고 바닥면적은 몇 m² 이하로 하여야 하는지 쓰시오.

| 보기 | ① 염소산염류 | ② 제2석유류 | ③ 유기과산화물 |

정답 ① 1,000m² 이하 ② 2,000m² 이하 ③ 1,000m² 이하

해설 하나의 옥내저장소 저장창고의 바닥면적 설치기준

위험물을 저장하는 창고	바닥면적
① 제1류 위험물 중 아염소산염류, 염소산염류, 과염소산염류, 무기과산화물, 지정수량 50kg인 것	
② 제3류 위험물 중 칼륨, 나트륨, 알킬알루미늄, 알킬리튬, 지정수량 10kg인 것 및 황린	1,000m² 이하
③ 제4류 위험물 중 특수인화물, 제1석유류 및 알코올류	
④ 제5류 위험물 중 유기과산화물, 질산에스테르류, 지정수량 10kg인 것	
⑤ 제6류 위험물	
①~⑤ 이외의 위험물	2,000m² 이하
상기위험물을 내화구조의 격벽으로 완전히 구획된 실	1,500m² 이하

13 위험물안전관리법령상 위험물의 시험 및 판정기준 중 연소시간의 측정시험기준이다. ( ) 안에 알맞은 답을 쓰시오.

시험물품과 (①)과의 혼합물의 연소시간이 (②) 90% 수용액과 (①)과의 혼합물의 연소시간 이하인 경우에는 산화성액체에 해당하는 것으로 한다.

정답 ① 목분 ② 질산

해설 위험물안전관리에 관한 세부기준 제23조(연소시간의 측정시험) ④항
시험물품과 목분과의 혼합물의 연소시간이 표준물질(질산 90% 수용액)과 목분과의 혼합물의 연소시간 이하인 경우에는 산화성액체에 해당하는 것으로 한다.

1 다음 위험물을 저장하는 경우 보호액을 각각 1개씩 쓰시오.

(1) 황린   (2) 칼륨   (3) 이황화탄소

> **정답** (1) 물   (2) 등유, 경유, 유동파라핀   (3) 물
>
> ---
>
> **해설**
> - 황린(P_4) : 제3류 위험물의 자연발화성 물질로서 공기 중 40~50℃에서 자연발화의 위험성이 있고 물에 녹지 않으므로 물속에 보관한다.
> - 칼륨(K) : 제3류 위험물의 자연발화성 및 금수성물질이므로 석유류(등유, 경유, 유동파라핀) 속에 저장한다.
> - 이황화탄소(CS_2) : 제4류 특수인화물로서 휘발성이 강하고 물에 녹지 않으며 물보다 (비중 1.26) 무거우므로 가연성 증기의 발생을 억제하기 위하여 물속에 저장한다.
> ※ 금속칼륨(K)과 금속나트륨(Na) : 제3류의 금수성물질로서 금속의 이온화 경향이 크므로 찬물에도 반응하여 수소(H_2) 기체를 발생한다.
> $$2K + 2H_2O \longrightarrow 2KOH + H_2 \uparrow$$
> $$2Na + 2H_2O \longrightarrow 2NaOH + H_2 \uparrow$$
>
> **보호액(꼭 암기할 것)**
> - 칼륨(K), 나트륨(Na) : 등유, 경유, 유동파라핀 속에 저장
> - 황린(3류), 이황화탄소(4류) : 물속에 저장

2 제6류 위험물인 과산화수소에 대하여 다음 각 물음에 답하시오.

(1) 제6류 위험물에 적용되는 과산화수소의 농도를 쓰시오.
(2) 히드라진과 접촉 시 분해반응식을 쓰시오.

> **정답** (1) 36중량% 이상
>   (2) $2H_2O_2 + N_2H_4 \longrightarrow 4H_2O + N_2$
>
> ---
>
> **해설** 과산화수소(H_2O_2) : 제6류(산화성액체), 지정수량 300kg
> - 위험물 적용 대상은 농도가 36중량% 이상인 것만 적용된다.
> - 분해 시 산소(O_2)를 발생시킨다. [촉매 : 이산화망간(MnO_2)]
> $$2H_2O_2 \longrightarrow 2H_2O + O_2 \uparrow$$
> - 히드라진(N_2H_4)과 접촉 시 분해하여 발화폭발한다.
> $$2H_2O_2 + N_2H_4 \longrightarrow 4H_2O + N_2$$
> - 분해 안정제로 인산(H_3PO_4) 및 요산($C_5N_4H_4O_3$)을 첨가한다.
> - 저장용기의 마개에는 작은 구멍이 있는 것을 사용한다.
>   (분해시 발생되는 산소를 방출시켜 용기내부압력으로 인한 폭발을 방지하기 위하여)

3 제4류 위험물인 인화성액체의 인화점 측정기 3가지를 쓰시오.

> **정답** ① 태그밀폐식 인화점 측정기
> ② 신속평형법 인화점 측정기
> ③ 클리브랜드개방컵 인화점 측정기
>
> **해설** 인화점 측정시험(위험물 안전관리에 관한 세부기준 제14조~16조)
> 1. 신속평형법 인화점 측정기(인화점 0℃ 미만인 경우)
> • 시험장소는 1기압의 무풍의 장소로 할 것
> • 시료컵을 설정온도까지 가열 또는 냉각하여 시험물품 2mL를 컵에 넣고 즉시 뚜껑 및 개폐기를 닫을 것
> • 시험불꽃을 점화하고 화염의 크기를 직경 4mm가 되도록 조정할 것
> 2. 태그밀폐식 인화점 측정기(인화점 0℃ 이상 80℃ 이하인 경우)
> • 시험장소는 1기압의 무풍의 장소로 할 것
> • 시료컵에 시험물품 50cm^{3}를 넣고 시험물품의 표면의 기포를 제거한 후 뚜껑을 덮을 것
> • 시험불꽃을 점화하고 화염의 크기를 직경 4mm가 되도록 조정할 것
> 3. 클리브랜드 개방컵 인화점 측정기(인화점 80℃ 초과인 경우)
> • 시험장소는 1기압의 무풍의 장소로 할 것
> • 시료컵의 표선까지 시험물품을 채우고 시험물품 표면의 기포를 제거할 것
> • 시험불꽃을 점화하고 화염의 크기를 직경 4mm가 되도록 조정할 것

4 다음은 제2류 위험물 중 오황화린에 대한 각 물음에 답하시오.

(1) 물과의 반응식을 쓰시오.
(2) 물과 반응 시 생성되는 기체의 완전연소반응식을 쓰시오.

> **정답** (1) $P_2S_5 + 8H_2O \longrightarrow 2H_3PO_4 + 5H_2S$
> (2) $2H_2S + 3O_2 \longrightarrow 2SO_2 + 2H_2O$
>
> **해설** 황화린[P_4S_3, P_2S_5, P_4S_7] : 제2류(가연성고체), 지정수량 100kg
> • 삼황화린(P_4S_3) : 황색결정으로 물, 염산, 황산 등에는 녹지 않고 질산, 알칼리, 이황화탄소(CS_2)에 녹는다.
> $P_4S_3 + 8O_2 \longrightarrow 2P_2O_5 + 3SO_2\uparrow$
> • 오황화린(P_2S_5) : 담황색결정으로 조해성·흡습성이 있다. 물, 알칼리와 반응하여 인산(H_3PO_4)과 황화수소(H_2S)를 발생한다.
> $P_2S_5 + 8H_2O \longrightarrow 2H_3PO_4 + 5H_2S\uparrow$
> 황화수소(H_2S) 완전연소시 이산화황(SO_2)과 물(H_2O)이 발생한다.
> $2H_2S + 3O_2 \longrightarrow 2SO_2 + 2H_2O$
> 연소 시 오산화인(P_2O_5)과 이산화황(SO_2)이 생성한다.
> $2P_2S_5 + 15O_2 \longrightarrow 2P_2O_5 + 10SO_2\uparrow$
> • 칠황화린(P_4S_7) : 담황색결정으로 조해성이 있으며 더운물에는 급격히 분해하여 황화수소(H_2S)를 발생한다.

5 이황화탄소 100kg이 완전연소할 경우 이산화황이 몇 m^3가 발생하는지 계산하시오. (단, 온도는 30℃, 압력은 800mmHg로 한다)

정답 ▶ [계산과정 1]
- 이황화탄소(CS_2)의 분자량=$12+32×2=76$
- 1atm(기압)=760mmHg
- CS_2의 완전연소반응식(표준상태 : 0℃, 1atm 기준)

$$CS_2+3O_2 \longrightarrow 2SO_2+CO_2$$
$$76kg \longleftarrow \quad : 2×22.4m^3$$
$$100kg \quad : \quad x$$

$$x=\frac{100×2×22.4}{76}=58.947m^3 \text{ (0℃, 1atm=760mmHg)}$$

- 보일-샤를법칙을 이용하여 30℃, 800mmHg에서 부피(m^3)로 환산해준다.

$$\frac{P_1V_1}{T_1}=\frac{P_2V_2}{T_2}, \quad \frac{760×58.947}{(273+0)}=\frac{800×V_2}{(273+30)}$$

$$V_2=\frac{760×58.947×303}{273×800}=62.153m^3$$

[답] $62.15m^3$

[계산과정 2]
- 이황화탄소(CS_2)의 분자량=$12+32×2=76$
- 압력의 단위 mmHg을 atm(기압)단위로 환산 (1atm=760mmHg)

$$P=800mmHg×\frac{1atm}{760mmHg}=1.0526atm$$

- CS_2의 완전연소반응식

$$\underline{CS_2}+3O_2 \longrightarrow \underline{2SO_2}+CO_2 \text{ (CS_2는 1몰을 기준할 것)}$$

- 이상기체상태방정식을 이용한다.

$$V=\frac{WRT}{PM}×[\text{구하고자 하는 생성물의 기체몰수(SO_2)}]$$

$$=\frac{100×0.082×(273+30)}{1.0526×76}×2=62.116m^3$$

[답] $62.12m^3$

해설 ▶
- [계산과정 1]과 [계산과정 2] 중 하나의 식을 선택하되, 계산과정에 따라 정답이 약간 다를 수 있으나 모두 정답으로 인정한다.
- 이상기체상태방정식

$$PV=nRT=\frac{W}{M}RT$$

$$\begin{bmatrix} P : 압력(atm) & V : 부피(m^3) & n : kmol수 & M : 분자량 & W : 무게(kg) \\ R : 기체상수(0.082atm·m^3/kmol·K) & T : 절대온도(273+t℃)K \end{bmatrix}$$

6 다음 [보기]의 위험물에서 수납하는 위험물 운반용기 외부에 표시해야 할 주의사항을 각각 쓰시오.

> 보기 ① 제1류 위험물 중 알칼리금속의 과산화물
> ② 제3류 위험물 중 자연발화성물질
> ③ 제5류 위험물

정답 ① 화기주의, 충격주의, 물기엄금 및 가연물접촉주의
② 화기엄금 및 공기접촉엄금
③ 화기엄금 및 충격주의

해설 위험물 운반용기의 외부표시사항
- 위험물의 품명, 위험등급, 화학명 및 수용성(제4류 위험물의 수용성인 것에 한함)
- 위험물의 수량
- 위험물에 따른 주의사항

유별	구분	주의사항
제1류 위험물 (산화성고체)	알칼리금속의 과산화물	화기·충격주의, 물기엄금 및 가연물접촉주의
	그 밖의 것	화기·충격주의 및 가연물접촉주의
제2류 위험물 (가연성고체)	철분, 금속분, 마그네슘	화기주의 및 물기엄금
	인화성고체	화기엄금
	그 밖의 것	화기주의
제3류 위험물	자연발화성물질	화기엄금 및 공기접촉엄금
	금수성물질	물기엄금
제4류 위험물	인화성액체	화기엄금
제5류 위험물	자기반응성물질	화기엄금 및 충격주의
제6류 위험물	산화성액체	가연물접촉주의

7 다음 제3류 위험물과 물의 반응식을 각각 쓰시오.

① 수소화칼륨 ② 수소화칼슘 ③ 수소화알루미늄리튬

정답 ① $KH + H_2O \longrightarrow KOH + H_2$
② $CaH_2 + 2H_2O \longrightarrow Ca(OH)_2 + 2H_2$
③ $LiAlH_4 + 4H_2O \longrightarrow LiOH + Al(OH)_3 + 4H_2$

해설 1. 금속의 수소화물 : 제3류(금수성), 지정수량 300kg
2. 물과의 반응식
- 수소화칼륨 : $KH + H_2O \longrightarrow KOH + H_2 \uparrow$
- 수소화칼슘 : $CaH_2 + 2H_2O \longrightarrow Ca(OH)_2 + 2H_2 \uparrow$
- 수소화알루미늄리튬 : $LiAlH_4 + 4H_2O \longrightarrow LiOH + Al(OH)_3 + 4H_2 \uparrow$
- 수소화리튬 : $LiH + H_2O \longrightarrow LiOH + H_2 \uparrow$
- 수소화나트륨 : $NaH + H_2O \longrightarrow NaOH + H_2 \uparrow$

8 다음은 제1류 위험물인 염소산칼륨에 대하여 다음 각 물음에 답하시오.

(1) 염소산칼륨의 완전 열분해반응식을 쓰시오.

(2) 표준상태에서 염소산칼륨 1kg이 열분해 시 발생하는 산소의 부피는 몇 m^3인가? (단, 염소산칼륨의 분자량은 123이다)

> **정답** (1) $2KClO_3 \longrightarrow 2KCl + 3O_2$
>
> (2) [계산과정 1]
> - 염소산칼륨($KClO_3$)의 분자량 : 123
> - 염소산칼륨의 완전열분해반응식
>
> $$\underline{2KClO_3} \longrightarrow 2KCl + \underline{3O_2}$$
> $$2 \times 123kg \longleftarrow \qquad 3 \times 22.4m^3$$
> $$1kg \quad : \qquad x$$
>
> $$\therefore x = \frac{1 \times 3 \times 22.4}{2 \times 123} = 0.273m^3$$
>
> [답] $0.27m^3$
>
> [계산과정 2]
> - 반응식에서 열분해하는 염소산칼륨은 1몰을 기준하여 반응식을 완성하고 계산해 준다.
>
> $$KClO_3 \longrightarrow KCl + 1.5O_2$$
>
> - 이상기체상태방정식을 이용한다. (표준상태 : 0℃, 1atm)
>
> $$V = \frac{WRT}{PM} \times (생성되는 기체의 몰수 : O_2)$$
>
> $$= \frac{1 \times 0.082 \times (273+0)}{1 \times 123} \times 1.5 = 0.273m^3$$
>
> [답] $0.27m^3$

> **해설** ※ [계산과정 1]과 [계산과정 2] 중 한 개의 식을 선택할 것
> **염소산칼륨($KClO_3$)** : 제1류 위험물(산화성고체), 지정수량 50kg
> - 무색 결정 또는 백색 분말로, 분자량 122.5, 비중 2.32, 분해온도 400℃이다.
> - 온수, 글리세린에 녹고, 냉수, 알코올에는 잘 녹지 않는다.
> - 열분해반응식 : $2KClO_3 \longrightarrow 2KCl + 3O_2 \uparrow$ (촉매 : MnO_2)
>   (염소산칼륨)   (염화칼슘)   (산소)

9 제4류 위험물인 크실렌의 이성질체 3가지에 대한 명칭과 구조식을 쓰시오.

정답

명칭	오르토(ortho)-크실렌	메타(meta)-크실렌	파라(para)-크실렌
구조식			

해설 크실렌[$C_6H_4(CH_3)_2$, 자이렌] : 제4류 위험물 중 제2석유류(비수용성), 지정수량 1,000L
- 무색투명한 휘발성 액체로 물에 녹지 않고 유기용제에 잘 녹는다.
- 벤젠기에 메틸기($-CH_3$)의 2개가 결합된 것으로 3가지 이성질체가 있다.

명칭	오르토(o-크실렌)	메타(m-크실렌)	파라(p-크실렌)
인화점	32℃	25℃	25℃

10 다음 [보기]에서 설명하는 제4류 위험물의 화학식과 지정수량을 쓰시오.

보기
- 무색투명한 액체로서 분자량이 58이다.
- 인화점이 −37℃, 연소범위가 2.5~38.5%이다.
- 저장용기 사용 시 구리, 마그네슘, 은, 수은 및 합금용기는 사용하지 않아야 한다.

정답 ① 화학식 : CH_3CHCH_2O
② 지정수량 : 50L

해설 산화프로필렌(CH_3CHCH_2O) : 제4류 중 특수인화물, 지정수량 50L

화학식	분자량	비중	인화점	발화점	비점	연소범위
CH_3CHCH_2O	58	0.83	−37℃	465℃	34℃	2.1~38.5%

- 에테르향의 냄새가 나는 휘발성이 강한 액체이다.
- 물, 벤젠, 에테르, 알코올 등에 잘 녹고 피부접촉 시 화상을 입는다.(수용성)
- 소화 : 알코올용포, 다량의 물, CO_2 등으로 질식소화한다.

아세트알데히드, 산화프로필렌의 공통사항
- Cu, Ag, Hg, Mg 및 그 합금 등과는 용기나 설비를 사용하지 말 것 [중합반응 시 폭발성 물질 (금속아세틸라이드)생성]
- 저장 시 불활성가스(N_2, Ar) 또는 수증기를 봉입하고 냉각장치를 사용하여 비점 이하로 유지할 것

11 다음은 제1류 위험물인 과산화나트륨에 대하여 다음 각 물음에 답하시오.

(1) 완전 열분해반응식을 쓰시오.

(2) 표준상태에서 과산화나트륨 1kg이 열분해 시 산소 부피는 몇 L가 발생하는가?

정답 (1) $2Na_2O_2 \longrightarrow 2Na_2O + O_2$

(2)
[계산과정 1]
• 과산화나트륨(Na_2O_2)의 분자량 $= 23 \times 2 + 16 \times 2 = 78$
• 열분해반응식

$$2Na_2O_2 \longrightarrow 2Na_2O + O_2$$

$2 \times 78g \longleftarrow \qquad 1 \times 22.4L$

$1,000g \qquad : \qquad x$

$$\therefore x = \frac{1,000 \times 1 \times 22.4}{2 \times 78} = 143.589L$$

[답] 143.59L

[계산과정 2]
• 과산화나트륨(Na_2O_2)의 분자량 $= 23 \times 2 + 16 \times 2 = 78$
• 반응식에서 열분해 하는 과산화나트륨은 1몰을 기준하여 반응식을 완성하고 계산해 준다.

$$Na_2O_2 \longrightarrow Na_2O + 0.5O_2$$

• 이상기체상태방정식을 이용한다. (표준상태 : 0℃, 1atm)

$$V = \frac{WRT}{PM} \times (\text{생성되는 기체의 몰수} : O_2)$$

$$= \frac{1,000 \times 0.082 \times (273+0)}{1 \times 78} \times 0.5 = 143.5L$$

[답] 143.5L

해설 ※ [계산과정1]과 [계산과정 2] 중 한 개의 식을 선택하되, 계산과정에 따라 정답이 약간 다를 수 있으나 모두 정답으로 인정한다.

과산화나트륨(Na_2O_2) : 제2류 중 무기과산화물(금수성), 지정수량 50kg
• 조해성이 강하고 알코올에는 녹지 않는다.
• 물 또는 공기 중 이산화탄소와 반응 시 산소를 발생한다.

$2Na_2O_2 + 2H_2O \longrightarrow 4NaOH + O_2\uparrow$ (주수소화금지)

$2Na_2O_2 + 2CO_2 \longrightarrow 2Na_2CO_3 + O_2\uparrow$ (CO_2 소화금지)

• 열분해 시 산소(O_2)를 발생한다.

$2Na_2O_2 \longrightarrow 2NaO + O_2\uparrow$

• 산과 반응하여 과산화수소(H_2O_2)를 발생한다.

$Na_2O_2 + 2HCl \longrightarrow NaCl + H_2O_2$

• 주수소화는 절대엄금, 건조사 등으로 질식소화한다.(CO_2는 효과 없음)

12 다음은 위험물안전관리법령에서 정한 안전관리자에 대한 내용이다. 각 물음에 답하시오.

(1) 안전관리자 선임의무가 있는 자를 다음에서 고르시오. (단, 없으면 '없음'이라 표기하시오)
　　① 제조소등의 관계인　② 제조소등의 설치자　③ 소방서장　④ 소방청장　⑤ 시, 도지사

(2) 안전관리자를 해임한 경우 해임한 날부터 며칠 이내에 다시 안전 관리자를 선임하여야 하는 가? (제한이 없으면 '없음'이라 표기)

(3) 안전관리자가 퇴직한 경우 퇴직한 날부터 며칠 이내에 다시 안전 관리자를 선임하여야 하는 가? (제한이 없으면 '없음'이라 표기)

(4) 안전관리자를 선임한 경우 며칠 이내에 신고하여야 하는가? (제한이 없으면 '없음'이라 표기)

(5) 안전관리자가 여행, 질병, 그 밖의 사유로 인하여 일시적으로 직무를 수행할 수 없을 경우 대리 자가 직무를 대행하는 기간은 며칠을 초과할 수 없는가? (제한이 없으면 '없음'이라 표기)

정답 ▶ (1) ① 제조소등의 관계인　(2) 30일　(3) 30일　(4) 14일　(5) 30일

- -

해설 **위험물안전관리법 제15조(위험물안전관리자)**

• 제조소등의 관계인은 위험물의 안전관리에 관한 직무를 수행하게 하기 위하여 제조 소등마다 위험물취급자격자를 위험물안전관리자로 선임하여야 한다.

• 안전관리자를 선임한 제조소등의 관계인은 그 안전관리자를 해임하거나 안전관리자 가 퇴직한 때에는 해임하거나 퇴직한 날부터 30일 이내에 다시 안전관리자를 선임하 여야 한다.

• 제조소등의 관계인은 안전관리자를 선임한 경우에는 선임한 날부터 14일 이내에 행 정안전부령으로 정하는 바에 따라 소방본부장 또는 소방서장에게 신고하여야 한다.

• 안전관리자를 선임한 제조소등의 관계인은 안전관리자가 여행·질병 그 밖의 사유로 인하여 일시적으로 직무를 수행할 수 없거나 안전관리자의 해임 또는 퇴직과 동시에 다른 안전관리자를 선임하지 못하는 경우에는 행정안전부령이 정하는 자를 대리자 로 지정하여 그 직무를 대행하게 하여야 한다. 이 경우 대리자가 안전관리자의 직무 를 대행하는 기간은 30일을 초과할 수 없다.

13 안전관리법령상 제4류 위험물의 분류에 대하여 다음 ( ) 안에 알맞은 답을 쓰시오.

> • 특수인화물 : 1기압에서 발화점이 섭씨 (①)도 이하인 것 또는 인화점이 섭씨 영하 20도 이하이고
> 비점이 섭씨 40도 이하인 것
> • 제1석유류 : 인화점이 섭씨 (②)도 미만인 것
> • 제2석유류 : 인화점이 섭씨 (②)도 이상 섭씨 (③)도 미만인 것
> • 제3석유류 : 인화점이 섭씨 (③)도 이상 섭씨 (④)도 미만인 것
> • 제4석유류 : 인화점이 섭씨 (④)도 이상 섭씨 (⑤)도 미만인 것

정답 ① 100   ② 21   ③ 70   ④ 200   ⑤ 250

해설 ※ 제4류 위험물의 종류 및 지정수량

성질	위험등급	품명		지정수량	지정품목	기타조건(1기압에서)
인화성 액체	I	특수인화물		50L	• 이황화탄소 • 디에틸에테르	• 발화점 100℃ 이하 • 인화점 −20℃ 이하 & 비점 40℃ 이하
	II	제1석유류	비수용성	200L	• 아세톤 • 휘발유	인화점 21℃ 미만
			수용성	400L		
		알코올류		400L	• 탄소의 원자수가 C_1~C_3까지인 포화1가 알코올(변성알코올 포함) 메틸알코올[CH_3OH], 에틸알코올[C_2H_5OH], 프로필알코올[$(CH_3)_2CHOH$]	
	III	제2석유류	비수용성	1,000L	• 등유, 경유	인화점 21℃ 이상 70℃ 미만
			수용성	2,000L		
		제3석유류	비수용성	2,000L	• 중유 • 클레오소트유	인화점 70℃ 이상 200℃ 미만
			수용성	4,000L		
		제4석유류		6,000L	• 기어유 • 실린더유	인화점이 200℃ 이상 250 미만인 것
		동식물유류		10,000L	• 동식물유의 지육, 종자, 과육에서 추출한 것으로 1기압에서 인화점이 250℃ 미만인 것	

14 다음은 제2류 위험물의 알루미늄에 대하여 다음 각 물음에 답하시오.

(1) 알루미늄의 산화반응식을 쓰시오.

(2) 알루미늄과 염산의 반응식을 쓰시오.

(3) 알루미늄과 물의 반응식을 쓰시오.

> **정답** (1) $4Al + 3O_2 \longrightarrow 2Al_2O_3$
>
> (2) $2Al + 6HCl \longrightarrow 2AlCl_3 + 3H_2$
>
> (3) $2Al + 6H_2O \longrightarrow 2Al(OH)_3 + 3H_2$
>
> ---
>
> **해설** **알루미늄 분(Al)** : 제2류 위험물 중 금속분(금수성), 지정수량 : 500kg
>
> • 원자량 27, 비중이 2.7인 경금속으로 은백색분말로 분진폭발의 위험이 있다.
>
> • 연소 시 많은 열을 발생하며 흰 연기를 내면서 산화알루미늄(Al_2O_3)을 생성한다.
>
> $4Al + 3O_2 \longrightarrow 2Al_2O_3$
>
> • 물(수증기), 염산과 반응하여 수소(H_2) 기체를 발생시킨다.
>
> $2Al + 6H_2O \longrightarrow 2Al(OH)_3 + 3H_2 \uparrow$
>
> $2Al + 6HCl \longrightarrow 2AlCl_3 + 3H_2 \uparrow$
>
> • Al 분말과 Fe_2O_3을 혼합하여 3,000℃로 가열·용융시켜 테르밋 용접을 한다.
>
>   테르밋 반응 : $2Al + Fe_2O_3 \longrightarrow Al_2O_3 + 2Fe + 187kcal$
>
> • 주수소화는 엄금하고 마른 모래 등으로 피복소화한다.

15 제3류 위험물인 나트륨에 대하여 다음 각 물음에 답하시오.

(1) 나트륨과 물의 반응식을 쓰시오.

(2) 나트륨의 완전연소반응식을 쓰시오.

(3) 나트륨이 연소하는 경우 불꽃의 색상을 쓰시오.

> **정답** (1) $2Na + 2H_2O \longrightarrow 2NaOH + H_2$
>
> (2) $4Na + O_2 \longrightarrow 2Na_2O$
>
> (3) 노란색
>
> ---
>
> **해설** **금속나트륨(Na)** : 제3류(자연발화성, 금수성), 지정수량 10kg
>
> • 은백색 광택 있는 경금속으로 물보다 가볍다. (비중 0.97)
>
> • 공기 중에서 연소 시 노란색 불꽃을 내면서 연소한다.
>
> $4Na + O_2 \longrightarrow 2Na_2O$ (회백색)
>
> • 물 또는 알코올과 반응하여 수소(H_2)기체를 발생한다.
>
> $2Na + 2H_2O \longrightarrow 2NaOH + H_2 \uparrow$
>
> $2Na + 2C_2H_5OH \longrightarrow 2C_2H_5ONa(나트륨에틸레이트) + H_2 \uparrow$
>
> • 공기 중 자연발화를 일으키기 쉬우므로 석유류(등유, 경유, 유동파라핀) 속에 저장한다.
>
> • 소화 시 마른 모래 등으로 질식소화한다. (피부접촉 시 화상주의)

16 다음은 위험물안전관리법령상 제조소등에서의 위험물의 저장 및 취급에 관한 기준이다. ( ) 안에 알맞은 답을 쓰시오.

---

(1) 위험물을 저장 또는 취급하는 건축물 그 밖의 공작물 또는 설비는 당해 위험물의 성질에 따라 차광 또는 (①)를 실시하여야 한다.

(2) 위험물은 온도계, 습도계, 압력계 그 밖의 계기를 감시하여 당해 위험물의 성질에 맞는 적정한 온도, 습도 또는 (②)을 유지하도록 저장 또는 취급하여야 한다.

(3) 위험물을 용기에 수납하여 저장 또는 취급할 때에는 그 용기는 당해 위험물의 성질에 적응하고 파손·(③)·균열 등이 없는 것으로 하여야 한다.

(4) (④)의 액체·증기 또는 가스가 새거나 체류할 우려가 있는 장소 또는 가연성의 미분이 현저하게 부유할 우려가 있는 장소에서는 전선과 전기기구를 완전히 접속하고 불꽃을 발하는 기계·기구·공구·신발 등을 사용하지 아니하여야 한다.

(5) 위험물을 (⑤) 중에 보존하는 경우에는 당해 위험물이 보호액으로부터 노출되지 아니하도록 하여야 한다.

정답 ① 환기   ② 압력   ③ 부식   ④ 가연성   ⑤ 보호액

해설 제조소등에서 위험물의 저장 및 취급에 관한 기준
- 위험물을 저장 또는 취급하는 건축물 그 밖의 공작물 또는 설비는 당해 위험물의 성질에 따라 차광 또는 환기를 실시하여야 한다.
- 위험물은 온도계, 습도계, 압력계 그 밖의 계기를 감시하여 당해 위험물의 성질에 맞는 적정한 온도, 습도 또는 압력을 유지하도록 저장 또는 취급하여야 한다.
- 위험물을 저장 또는 취급하는 경우에는 위험물의 변질, 이물의 혼입 등에 의하여 당해 위험물의 위험성이 증대되지 아니하도록 필요한 조치를 강구하여야 한다.
- 위험물을 용기에 수납하여 저장 또는 취급할 때에는 그 용기는 당해 위험물의 성질에 적응하고 파손·부식·균열 등이 없는 것으로 하여야 한다.
- 가연성의 액체·증기 또는 가스가 새거나 체류할 우려가 있는 장소 또는 가연성의 미분이 현저하게 부유할 우려가 있는 장소에서는 전선과 전기기구를 완전히 접속하고 불꽃을 발하는 기계·기구·공구·신발 등을 사용하지 아니하여야 한다.
- 위험물을 보호액 중에 보존하는 경우에는 당해 위험물이 보호액으로부터 노출되지 아니하도록 하여야 한다.

17 다음은 제4류 위험물의 동식물유류에 대한 내용이다. 각 물음에 답하시오.

(1) 요오드값의 정의를 쓰시오.
(2) 동식물유류를 요오드값에 따라 분류하고 요오드값의 범위를 쓰시오.

정답 (1) 유지 100g에 부가(첨가)되는 요오드의 g수
(2)

구분	요오드값
① 건성유	130 이상
② 반건성유	100~130
③ 불건성유	100 이하

해설 동식물유류 : 제4류 위험물, 지정수량 10,000L
동식물유류란 동물의 지육 또는 식물의 종자나 과육으로부터 추출한 것으로 1기압에서 인화점이 250℃ 미만인 것이다.
- 요오드값 : 유지 100g에 부과(첨가)되는 요오드의 g수이다.
- 요오드값이 클수록 불포화도가 크다.
- 요오드값이 큰 건성유는 불포화도가 크기 때문에 자연발화가 잘 일어난다.
- 요오드값에 따른 분류
  - 건성유(130 이상) : 해바라기기름, 동유, 아마인유, 정어리기름, 들기름 등
  - 반건성유(100~130) : 참기름, 청어기름, 채종류, 콩기름, 면실유(목화씨유) 등
  - 불건성유(100 이하) : 올리브유, 동백기름, 피마자유, 야자유, 땅콩기름(낙화생유) 등

18 다음은 위험물 제조소에 옥내소화전설비를 다음과 같이 설치 시 수원의 양(m^3)을 각각 구하시오.

(1) 옥내소화전을 1층에 1개, 2층에 3개 설치할 경우 수원의 양(m^3)
(2) 옥내소화전을 1층에 1개, 2층에 6개 설치할 경우 수원의 양(m^3)

정답 (1) [계산과정] 수원의 양(Q)=$3 \times 7.8m^3 = 23.4m^3$ [답] $23.4m^3$
(2) [계산과정] 수원의 양(Q)=$5 \times 7.8m^3 = 39m^3$ [답] $39m^3$

해설 위험물제조소등의 소화설비 설치기준[비상전원 : 45분]

소화설비	수평거리	방수량	방수압력	수원의 양(Q : m^3)
옥내	25m 이하	260(L/min) 이상	350(Kpa) 이상	Q=N(소화전 개수 : 최대5개)×7.8m^3(260L/min×30min)
옥외	40m 이하	450(L/min) 이상	350(Kpa) 이상	Q=N(소화전 개수 : 최대4개)×13.5m^3(450L/min×30min)
스프링클러	1.7m 이하	80(L/min) 이상	100(Kpa) 이상	Q=N(헤드수 : 최대30개)×2.4m^3(80L/min×30min)
물분무	–	20(L/m^2·min) 이상	350(Kpa) 이상	Q=A(바닥면적:m^2)×0.6m^3/m^2(20L/m^2·min×30min)

19 다음 [보기]의 물질에 대하여 각 물음에 답하시오.

> **보기** 트리니트로페놀, 과산화벤조일, 니트로글리세린, 트리니트로톨루엔, 디니트로벤젠

(1) 질산에스테르류에 속하는 물질을 모두 쓰시오.
(2) 상온에서는 액체이지만 겨울철에는 동결하는 물질의 열분해반응식을 쓰시오.

정답 (1) 니트로글리세린
(2) $4C_3H_5(ONO_2)_3 \longrightarrow 12CO_2 + 6N_2 + O_2 + 10H_2O$

해설 1. 제5류 위험물의 물성

구분	트리니트로페놀	과산화벤조일	니트로글리세린	트리니트로톨루엔	디니트로벤젠
화학식	$C_6H_2(NO_2)_3OH$	$(C_6H_5CO)_2O_2$	$C_3H_5(ONO_2)_3$	$C_6H_2CH_3(NO_2)_3$	$C_6H_4(NO_2)_2$
품명	니트로화합물	유기과산화물	질산에스테르류	니트로화합물	니트로화합물
지정수량	200kg	10kg	10kg	200kg	200kg

2. 니트로글리세린[$C_3H_5(ONO_2)_3$] : 제5류 중 질산에스테르류, 지정수량 10kg

분자량	비중	비점	융점	발화점
227	1.6	160℃	2.8℃	210℃

- 상온에서 액체이지만 겨울철에는 동결하여 충격에 더 민감하다.
- 물에 녹지 않고 메탄올, 아세톤 등에 잘 녹는다.
- 제조법으로는 진한황산(탈수작용)에 글리세린과 진한질산을 니트로화반응시켜 만든다.

$$C_3H_5(OH)_3 + 3HONO_2 \xrightarrow[\text{니트로화반응}]{c-H_2SO_4} C_3H_5(ONO_2)_3 + 3H_2O$$
   (글리세린)　 　(질산)　　　　　　　　 (니트로글리세린)　 (물)

- 가열, 마찰, 충격에 의해 열분해 폭발한다.

$$4C_3H_5(ONO_2)_3 \longrightarrow 12CO_2\uparrow + 6N_2\uparrow + O_2\uparrow + 10H_2O$$

- 다이너마이트 = 니트로글리세린 + 규조토

20 다음은 위험물안전관리법령에 대한 내용이다. 각 물음에 답하시오.

(1) 위험물을 저장 또는 취급하는 탱크로서 허가를 받은 자가 변경공사를 하는 때에는 완공검사를 받기 전에 기술기준에 적합한지의 여부를 확인하기 위하여 시·도지사가 실시하는 어떤 검사를 받아야 하는가?

(2) 다음 제조소등의 완공검사신청 시기를 쓰시오.
  ① 지하탱크가 있는 제조소등의 경우
  ② 이동탱크저장소의 경우

(3) 시·도지사는 제조소등에 대하여 완공검사를 실시하고, 완공검사를 실시한 결과 당해 제조소등이 기술기준에 적합하다고 인정하는 때에는 무엇을 교부하여야 하는가?

정답
(1) 탱크안전성능검사
(2) ① 당해 지하탱크를 매설하기 전
    ② 이동저장탱크를 완공하고 상치장소를 확보한 후
(3) 완공검사필증

해설
1. 위험물안전관리법 제8조(탱크안전성능검사)
위험물을 저장 또는 취급하는 탱크로서 허가를 받은 자가 변경공사를 하는 때에는 완공검사를 받기 전에 기술기준에 적합한지의 여부를 확인하기 위하여 시·도지사가 실시하는 탱크안전성능검사를 받아야 한다.
2. 위험물 안전관리법 제9조(완공검사)
• 제조소등에 대한 완공검사를 받고자 하는 자는 이를 시·도지사에게 신청하여야 한다.
• 시·도지사는 제조소등에 대하여 완공검사를 실시하고, 완공검사를 실시한 결과 당해 제조소등이 기술기준에 적합하다고 인정하는 때에는 완공검사필증을 교부하여야 한다.
• 완공검사 신청시기
  – 지하탱크가 있는 제조소등은 당해 지하탱크를 매설하기 전
  – 이동탱크저장소는 이동저장탱크를 완공하고 상치장소를 확보한 후
  – 이송취급소는 이송배관 공사의 전체 또는 일부를 완료한 후
  다만, 지하·하천 등에 매설하는 이송배관의 공사의 경우에는 이송배관을 매설하기 전에 완공검사를 신청한다.

1 다음 제4류 위험물 중 비수용성 물질을 선택하여 그 번호를 쓰시오.

① 스틸렌　　　　　　　② 이황화탄소　　　　　　③ 아세톤
④ 클로로벤젠　　　　　　⑤ 아세트알데히드

> **정답** ①, ②, ④

> **해설** 제4류 위험물(인화성액체)의 물성

구분	스틸렌	이황화탄소	아세톤	클로로벤젠	아세트알데히드
화학식	$C_6H_5CHCH_2$	CS_2	CH_3COCH_3	C_6H_5Cl	CH_3CHO
품명	제2석유류	특수인화물	제1석유류	제2석유류	특수인화물
수용성여부	비수용성	비수용성	수용성	비수용성	수용성
인화점	32℃	−30℃	−18℃	32℃	−39℃
지정수량	1,000L	50L	400L	1,000L	50L

2 다음은 위험물안전관리법령상 위험물의 품명과 지정수량을 각각 쓰시오.

① $AgNO_3$　　　　　　　② KIO_3　　　　　　　③ $KMnO_4$

> **정답** ① 품명 : 질산염류, 지정수량 : 300kg
> ② 품명 : 요오드산염류, 지정수량 : 300kg
> ③ 품명 : 과망간산염류, 지정수량 : 1,000kg

> **해설** 제1류 위험물의 품명과 지정수량

성질	위험등급	품명	지정수량
산화성고체	I	아염소산염류, 염소산염류, 과염소산염류, 무기과산화물	50kg
	II	브롬산염류, 질산염류, 요오드산염류	300kg
	III	과망간산염류, 중크롬산염류	1,000kg

- 질산은($AgNO_3$) : 질산염류, 지정수량 300kg
- 요오드산칼륨(KIO_3) : 요오드산염류, 지정수량 300kg
- 과망간산칼륨($KMnO_4$) : 과망간산염류, 지정수량 1,000kg

3 다음 위험물이 열분해하여 산소를 발생시키는 반응식을 각각 쓰시오.

① 아염소산나트륨 　　　　② 염소산나트륨 　　　　③ 과염소산나트륨

> **정답** ① $NaClO_2 \longrightarrow NaCl + O_2$
> ② $2NaClO_3 \longrightarrow 2NaCl + 3O_2$
> ③ $NaClO_4 \longrightarrow NaCl + 2O_2$
>
> **해설** 제1류 위험물(산화성고체)
> ① 아염소산나트륨($NaClO_2$) : 아염소산염류, 지정수량 50kg
> ② 염소산나트륨($NaClO_3$) : 염소산염류, 지정수량 50kg
> ③ 과염소산나트륨($NaClO_4$) : 과염소산염류, 지정수량 50kg

4 다음은 제1종 판매취급소의 위험물을 배합하는 실에 대한 기준이다. 다음 (　) 안에 알맞은 답을 쓰시오.

> (1) 위험물을 배합하는 실은 바닥면적 (　　)m² 이상 (　　)m² 이하로 한다.
> (2) (　　) 또는 (　　)의 벽으로 한다.
> (3) 바닥은 위험물이 침투하지 아니하는 구조로 하여 적당한 경사를 두고 (　　)를 설치해야 한다.
> (4) 출입구에는 수시로 열 수 있는 자동폐쇄식의 (　　)을 설치할 것
> (5) 출입구 문턱의 높이는 바닥면으로부터 (　　)m 이상으로 해야 한다.

> **정답** (1) 6, 15
> (2) 내화구조, 불연 재료
> (3) 집유설비
> (4) 갑종방화문
> (5) 0.1
>
> **해설** 판매취급소의 위치·구조 및 설비의 기준 – 위험물을 배합하는 실은 다음에 의할 것
> • 바닥면적은 6m² 이상 15m² 이하로 할 것
> • 내화구조 또는 불연재료로 된 벽으로 구획할 것
> • 바닥은 위험물이 침투하지 아니하는 구조로 하여 적당한 경사를 두고 집유설비를 할 것
> • 출입구에는 수시로 열 수 있는 자동폐쇄식의 갑종방화문을 설치할 것
> • 출입구 문턱의 높이는 바닥면으로부터 0.1m 이상으로 할 것
> • 내부에 체류한 가연성의 증기 또는 가연성의 미분을 지붕 위로 방출하는 설비를 할 것

5 위험물안전관리법령에 따른 소화설비의 적응성에 관한 내용이다. 다음 소화설비의 적응성이 있는 경우 빈칸에 ○표를 하시오.

소화설비의 구분 \ 대상물 구분	제1류 위험물		제2류 위험물			제3류 위험물		제4류 위험물	제5류 위험물	제6류 위험물
	알칼리금속과산화물 등	그 밖의 것	철분·금속분·마그네슘 등	인화성고체	그 밖의 것	금수성물품	그 밖의 것			
옥내소화전 또는 옥외소화전설비										
물분무소화설비										
포소화설비										
불활성가스소화설비										
할로겐화합물소화설비										

정답

소화설비의 구분 \ 대상물 구분	제1류 위험물		제2류 위험물			제3류 위험물		제4류 위험물	제5류 위험물	제6류 위험물
	알칼리금속과산화물 등	그 밖의 것	철분·금속분·마그네슘 등	인화성고체	그 밖의 것	금수성물품	그 밖의 것			
옥내소화전 또는 옥외소화전설비		○		○	○		○		○	○
물분무소화설비		○		○	○		○	○	○	○
포소화설비		○		○	○		○	○	○	○
불활성가스소화설비				○				○		
할로겐화합물소화설비				○				○		

6 다음 [보기]의 내용은 위험물 옥내저장소의 건축물에 대한 것이다. 다음 각 물음에 답하시오.

보기 · 외벽이 내화구조인 것

· 연면적 150m^2

· 특수인화물 500L, 등유 1,500L, 동식물유류 20,000L, 에탄올 1,000L 저장

---

(1) 옥내저장소의 건축물의 소요단위를 구하시오.

(2) 옥내저장소에 저장하는 위험물의 소요단위를 구하시오.

정답 (1) [계산과정] 건축물소요단위 $= \dfrac{150m^2}{150m^2} = 1$단위

[답] 1단위

(2) [계산과정]

구분	특수인화물	등유	동식물유류	에탄올
지정수량	50L	1000L	10,000L	400L

위험물 소요단위 $= \dfrac{500L}{50L \times 10} + \dfrac{1500L}{1000L \times 10} + \dfrac{20,000L}{10,000L \times 10} + \dfrac{1000L}{400L \times 10} = 1.6$단위

[답] 1.6단위

- -

해설 **1. 제4류 위험물의 지정수량**

· 특수인화물 : 50L

· 등유(제2석유류, 비수용성) : 1,000L

· 동식물유류 : 10,000L

· 에탄올(알코올류) : 400L

2. 소요1단위의 산정방법

건축물	내화구조의 외벽	내화구조가 아닌 외벽
제조소 및 취급소	연면적 100m^2	연면적 50m^2
저장소	연면적 150m^2	연면적 75m^2
위험물	지정수량의 10배	

7 제4류 위험물로서 분자량 27, 끓는점이 26℃이며 물, 에테르, 에탄올에 잘 녹는 맹독성의 무색 휘발성액체에 대한 다음 각 물음에 답하시오.

(1) 화학식을 쓰시오.
(2) 증기비중을 구하시오.

> **정답** (1) 화학식 : HCN
>
> (2) [계산과정] 증기비중 $= \dfrac{27}{29} = 0.931$
>
> [답] 0.93
>
> ---
>
> **해설** 시안화수소(HCN, 청산) : 제4류 중 제1석유류(수용성), 지정수량 400L
> - 분자량 27, 비중 0.69, 비점 26℃, 인화점 18℃, 연소범위 6~41%
> - 무색투명한 액체로서 물, 알코올, 에테르에 잘 녹는다.
> - 맹독성 물질로 제4류 중 유일하게 증기는 공기보다 가볍다. (증기비중 : 0.93)
> - 공기 중 연소 시 질소와 이산화탄소를 생성한다.
>   연소반응식 : $4HCN + 5O_2 \longrightarrow 2H_2O + 2N_2\uparrow + 4CO_2\uparrow$
> - 소량(2% 이상)의 수분 또는 알칼리와 혼합하면 중합폭발을 한다.

8 1atm, 90℃에서 벤젠 16g의 기체의 부피(L)를 구하시오.

> **정답** [계산과정]
> ① 벤젠(C_6H_6)의 분자량 $= 12 \times 6 + 1 \times 6 = 78$
> ② $V = \dfrac{WRT}{PM} = \dfrac{16 \times 0.082 \times (273 + 90)}{1 \times 78} = 6.105L$
>
> [답] 6.11L
>
> ---
>
> **해설** 이상기체상태방정식
> - $PV = nRT = \dfrac{W}{M}RT$
>
>   P : 압력(atm)　　V : 부피(L)　　n : mol수　　M : 분자량　　W : 무게(g)
>   R : 기체상수(0.082atm·L/mol·K)　　T : 절대온도(273+t℃)K

9 위험물안전관리법령에서 정한 인화점 측정시험방법이다. 다음 ( ) 안에 알맞은 답을 쓰시오.

---

(1) (①) 인화점측정기에 의한 인화점 측정시험
- 시험 장소는 1기압의 무풍의 장소로 할 것
- 시료 컵을 설정온도까지 가열 또는 냉각하여 시험물품 2mL를 시료 컵에 넣고 즉시 뚜껑 및 개폐기를 닫을 것

(2) (②) 인화점측정기에 의한 인화점 측정시험
- 시험 장소는 1기압, 무풍의 장소로 할 것
- 시료 컵에 시험물품 50cm³를 넣고 시험물품의 표면의 기포를 제거한 후 뚜껑을 덮을 것
- 시험불꽃을 점화하고 화염의 크기를 직경이 4mm가 되도록 조정할 것

(3) (③) 인화점측정기에 의한 인화점 측정시험
- 시험 장소는 1기압, 무풍의 장소로 할 것
- 시료 컵의 표선까지 시험물품을 채우고 시험물품 표면의 기포를 제거할 것
- 시험불꽃을 점화하고 화염의 크기를 직경 4mm가 되도록 조정할 것

정답 ① 신속평형법 ② 태그밀폐식 ③ 클리브랜드 개방컵

해설 인화점 측정시험(위험물 안전관리에 관한 세부기준 제14조~16조)
1. 신속평형법 인화점 측정기(인화점 0℃ 미만인 경우)
- 시험장소는 1기압의 무풍의 장소로 할 것
- 시료컵을 설정온도까지 가열 또는 냉각하여 시험물품 2mL를 컵에 넣고 즉시 뚜껑 및 개폐기를 닫을 것
- 시험불꽃을 점화하고 화염의 크기를 직경 4mm가 되도록 조정할 것
2. 태그밀폐식 인화점 측정기(인화점 0℃ 이상 80℃ 이하인 경우)
- 시험장소는 1기압의 무풍의 장소로 할 것
- 시료컵에 시험물품 50cm³를 넣고 시험물품의 표면의 기포를 제거한 후 뚜껑을 덮을 것
- 시험불꽃을 점화하고 화염의 크기를 직경 4mm가 되도록 조정할 것
3. 클리브랜드 개방컵 인화점 측정기(인화점 80℃ 초과인 경우)
- 시험장소는 1기압의 무풍의 장소로 할 것
- 시료컵의 표선까지 시험물품을 채우고 시험물품 표면의 기포를 제거할 것
- 시험불꽃을 점화하고 화염의 크기를 직경 4mm가 되도록 조정할 것

10 탄화칼슘 32g이 물과 반응 시 생성되는 기체를 완전연소시키는 데 필요한 산소의 부피는 표준상태에서 몇 L가 필요한지 계산과정과 답을 쓰시오.

정답 [계산과정]

① 탄화칼슘 32g이 물과 반응 시 생성되는 아세틸렌기체의 부피를 구한다.
- 탄화칼슘(CaC_2)의 분자량 $= 40 + 12 \times 2 = 64$
- 탄화칼슘과 물의 반응식

$$\underline{CaC_2} + 2H_2O \longrightarrow Ca(OH)_2 + \underline{C_2H_2}\uparrow$$

$$\begin{array}{ccc} 64g & : & 1 \times 22.4L \\ 32g & : & x \end{array}$$

$$\therefore x = \frac{32 \times 1 \times 22.4}{64} = 11.2L \text{ (아세틸렌 부피)}$$

이때 구해진 아세틸렌 부피 11.2L를 완전연소 시키는 데 필요한 산소의 부피를 구한다.

② 아세틸렌의 완전연소반응식

$$\underline{2C_2H_2} + \underline{5O_2} \longrightarrow 4CO_2 + 2H_2O$$

$$\begin{array}{ccc} 2 \times 22.4L & : & 5 \times 22.4L \\ 11.2L & : & x \end{array}$$

$$\therefore x = \frac{11.2 \times 5 \times 22.4}{2 \times 22.4} = 28L \text{ (산소의 부피)}$$

[답] 28L

해설 **탄화칼슘(CaC_2, 카바이트)** : 제3류(금수성물질), 지정수량 300kg
- 분자량 64, 회백색의 불규칙한 괴상의 고체이다.
- 물과 반응 시 수산화칼슘과 아세틸렌가스를 발생한다.

$$\underset{\text{(탄화칼슘)}}{CaC_2} + \underset{\text{(물)}}{2H_2O} \longrightarrow \underset{\text{(수산화칼슘)}}{Ca(OH)_2} + \underset{\text{(아세틸렌)}}{C_2H_2}\uparrow$$

※ 아세틸렌가스의 연소반응식(C_2H_2 연소범위 : 2.5~81%)

$$2C_2H_2 + 5O_2 \longrightarrow 4CO_2 + 2H_2O$$

- 700℃ 이상의 고온에서 질소와 반응하여 석회질소를 생성한다.(질화작용)

$$CaC_2 + N_2 \longrightarrow CaCN_2(\text{석회질소}) + C$$

- 장기간 보관 시 용기 내에 불연성가스(N_2 등)을 봉입하여 저장한다.

11 위험물안전관리법령에 따른 위험물의 유별 저장·취급기준의 공통기준이다. 다음 ( ) 안에 알맞은 답을 쓰시오.

(1) (①) 위험물을 불티·불꽃·고온체와의 접근이나 과열·충격 또는 마찰을 피하여야 한다.
(2) (②) 위험물은 가연물과의 접촉·혼합이나 분해를 촉진하는 물품과의 접근 또는 과열을 피하여야 한다.
(3) (③) 위험물은 불티·불꽃·고온체와의 접근 또는 과열을 피하고, 함부로 증기를 발생시키지 아니하여야 한다.

정답 ① 제5류　② 제6류　③ 제4류

해설 위험물의 유별 저장·취급의 공통기준(중요기준)
- 제1류 위험물은 가연물과의 접촉·혼합이나 분해를 촉진하는 물품과의 접근 또는 과열·충격·마찰 등을 피하는 한편, 알칼리금속의 과산화물 및 이를 함유한 것에 있어서는 물과의 접촉을 피하여야 한다.
- 제2류 위험물은 산화제와의 접촉·혼합이나 불티·불꽃·고온체와의 접근 또는 과열을 피하는 한편, 철분·금속분·마그네슘 및 이를 함유한 것에 있어서는 물이나 산과의 접촉을 피하고 인화성고체에 있어서는 함부로 증기를 발생시키지 아니하여야 한다.
- 제3류 위험물 중 자연발화성물질에 있어서는 불티·불꽃 또는 고온체와의 접근·과열 또는 공기와의 접촉을 피하고, 금수성물질에 있어서는 물과의 접촉을 피하여야 한다.
- 제4류 위험물은 불티·불꽃·고온체와의 접근 또는 과열을 피하고, 함부로 증기를 발생시키지 아니하여야 한다.
- 제5류 위험물은 불티·불꽃·고온체와의 접근이나 과열·충격 또는 마찰을 피하여야 한다.
- 제6류 위험물은 가연물과의 접촉·혼합이나 분해를 촉진하는 물품과의 접근 또는 과열을 피하여야 한다.

12 위험물안전관리법령에 따른 자체소방대에 관한 내용이다. 다음 각 물음에 알맞은 답을 쓰시오.

(1) 자체소방대를 두어야 하는 경우를 다음에서 모두 쓰시오.

> ① 염소산염류 250톤을 취급하는 제조소
> ② 염소산염류 250톤을 취급하는 일반취급소
> ③ 특수인화물 250kL를 취급하는 제조소
> ④ 특수인화물 250kL를 충전하는 일반취급소

(2) 자체소방대에 두는 화학소방자동차 1대당 필요한 소방대원 인원수를 쓰시오.

(3) 다음 중 틀린 것을 고르시오. (단, 없으면 '없음'이라고 표기하시오)

> ① 다른 사업소 등과 상호협정을 채결한 경우 그 모든 사업소를 하나의 사업소로 본다.
> ② 포수용액 방사 차는 자체 소방차 대수의 2/3 이상이어야 한다.
> ③ 포수용액 방사능력은 매분 3,000L 이상일 것
> ④ 10만L 이상의 포수용액을 방사할 수 있는 양의 소화약제를 비치할 것

(4) 자체소방대를 두지 아니한 관계인으로서 허가를 받은 자에 대한 벌칙을 쓰시오.

정답 (1) ③　　(2) 5명　　(3) ③　　(4) 1년 이하의 징역 또는 1천만 원 이하의 벌금

해설 1. 자체소방대를 설치하여야 하는 사업소
- 지정수량의 3천배 이상의 제4류 위험물을 취급하는 제조소 또는 일반취급소
- 지정수량의 50만 배 이상의 제4류 위험물을 저장하는 옥외탱크저장소

> 특수인화물 250kL를 취급하는 제조소는 해당되지만 취급이 아닌 충전하는 일반취급소는 자체소방대 설치대상에서 제외된다.
> - 제4류 특수인화물의 지정수량 : 50L
> - 지정수량배수 $= \dfrac{250kL \times 1,000L}{50L} = 5,000$배
> ∴ 지정수량의 3,000배 이상 4류 이므로 해당됨

- 염소산염류 250톤을 취급하는 제조소와 일반취급소는 제4류 위험물이 아닌 제1류 위험물이므로 자체소방대 설치대상에서 제외한다.

2. 자체소방대에 두는 화학소방자동차 및 인원

사업소	지정수량의 양	화학소방자동차	자체소방대원의 수
제조소 또는 일반취급소에서 취급하는 제4류 위험물의 최대수량의 합계	3천 배 이상 12만 배 미만인 사업소	1대	5인
	12만 배 이상 24만 배 미만인 사업소	2대	10인
	24만 배 이상 48만 배 미만인 사업소	3대	15인
	48만 배 이상인 사업소	4대	20인
옥외탱크저장소에 저장하는 제4류 위험물의 최대수량	50만 배 이상인 사업소	2대	10인

※ 화학소방차 중 포수용액을 방사하는 화학소방차의 대수는 규정된 대수의 $\dfrac{2}{3}$ 이상으로 할 수 있다.

※자체소방대 편성의 특례와 화학소방자동차의 기준
- 2 이상의 사업소가 상호응원에 관한 협정을 체결하고 있는 경우에는 당해 모든 사업소를 하나의 사업소로 보고 제조소 또는 취급소에서 취급하는 제4류 위험물을 합산한 양을 하나의 사업소에서 취급하는 제4류 위험물의 최대수량으로 간주하여 규정에 의한 화학소방자동차의 대수 및 자체소방대원을 정할 수 있다.

- 상호응원에 관한 협정을 체결하고 있는 각 사업소의 자체소방대에는 화학소방 자동차 대수의 $\frac{1}{2}$ 이상 대수와 화학소방자동차 1대마다 5인 이상의 자체소방대 원을 두어야 한다.

3. 화학소방자동차에 갖추어야 하는 소화능력 및 설비의 기준

화학소방자동차의 구분	소화능력 및 설비의 기준
포수용액방사차	• 포수용액의 방사능력이 2,000L/분 이상일 것 • 소화약액탱크 및 소화약액혼합장치를 비치할 것 • 10만L 이상의 포수용액을 방사할 수 있는 양의 소화약제를 비치할 것
분말방사차	• 분말의 방사능력이 35kg/초 이상일 것 • 분말탱크 및 가압용가스설비를 비치할 것 • 1,400kg 이상의 분말을 비치할 것

4. 1년 이하의 징역 또는 1천만 원 이하의 벌금
- 탱크시험자로 등록하지 아니하고 탱크시험자의 업무를 한 자
- 정기검사를 받지 아니한 관계인으로서 허가를 받은 자
- 자체소방대를 두지 아니한 관계인으로서 허가를 받은 자
- 제조소등에 대한 긴급 사용정지 · 제한명령을 위반한 자

13 위험물안전관리법령에서 정한 유별을 달리하는 위험물의 혼재기준이다. 지정수량의 $\frac{1}{10}$ 이상 을 취급하는 경우 다음 빈칸에 O, X 표를 하시오.

위험물의 구분	제1류	제2류	제3류	제4류	제5류	제6류
제1류						○
제2류				○		
제3류						
제4류		○				
제5류						
제6류	○					

정답

위험물의 구분	제1류	제2류	제3류	제4류	제5류	제6류
제1류		×	×	×	×	○
제2류	×		×	○	○	×
제3류	×	×		○	×	×
제4류	×	○	○		○	×
제5류	×	○	×	○		×
제6류	○	×	×	×	×	

해설 서로 혼재 운반이 가능한 위험물(꼭 암기바람) : 표의 빈칸에 '○'표를 표시하는 방법
- ④와 ②, ③ : 가로줄 제4류에서 2류와 3류에 '○'표 한다.(세로줄도 동일 방법)
- ⑤와 ②, ④ : 가로줄 제5류에서 2류와 4류에 '○'표를 한다.(세로줄도 동일 방법)
- ⑥과 ① : 가로줄 제6류에서 1류에 '○'표를 한다.(세로줄도 동일 방법)

14 다음 [보기]에서 제5류 위험물의 품명 중 해당하는 위험등급별로 골라 쓰시오. (단, 없으면 '없음'이라고 표기하시오.)

> **보기** 니트로화합물, 히드라진유도체, 질산에스테르류, 아조화합물, 유기과산화물, 히드록실아민

(1) Ⅰ등급   (2) Ⅱ등급   (3) Ⅲ등급

> **정답** ▶ (1) Ⅰ등급 : 유기과산화물, 질산에스테르류
> (2) Ⅱ등급 : 히드라진유도체, 니트로화합물, 아조화합물, 히드록실아민
> (3) Ⅲ등급 : 없음
>
> **해설** ──────────────────────────────
> 제5류 위험물 및 지정수량
>
> | 성질 | 위험등급 | 품명 | | | 지정수량 |
> |------|---------|------|------|------|---------|
> | 자기반응성 물질 | Ⅰ | • 유기과산화물 | • 질산에스테르류 | | 10kg |
> | | Ⅱ | • 니트로화합물
• 디아조화합물 | • 니트로소화합물
• 히드라진 유도체 | • 아조화합물 | 200kg |
> | | | • 히드록실아민 | • 히드록실아민염류 | | 100kg |
> | | | 그 밖에 행정안전부령으로 정하는 것
• 금속의 아지화합물 • 질산구아니딘 | | | 200kg |

15 다음은 방유제 내에 옥외저장탱크가 설치된 그림이다. 조건을 참고하여 다음 각 물음에 답하시오.

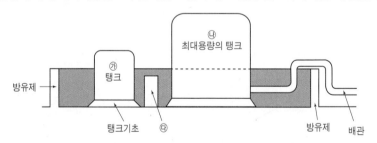

> **조건** • 탱크 ㉮는 내용적 5천만[L]이고 휘발유가 3천만[L] 저장되어 있다.
> • 탱크 ㉯는 내용적 1억 2천만[L]이고 경유가 8천만[L] 저장되어 있다.

(1) 탱크 ㉮의 최대용량은 몇 [L]인가?
(2) 방유제의 용량을 구하시오. (단, 탱크의 공간용적은 내용적의 10%를 적용하며 방유제 내에 있는 모든 탱크의 지반면 이상 부분의 기초의 체적, 간막이 둑의 체적 및 배관 등의 체적은 모두 무시한다)
(3) 그림 ㉰의 설비의 명칭을 쓰시오.

정답
(1) [계산과정]

탱크 ㉮의 최대용량＝탱크의 내용적－최소공간용적[$\frac{5}{100}$(5%)]

$Q = 50,000,000L - (50,000,000 \times 0.05) = 47,500,000L$

[답] 47,500,000L

(2) [계산과정]
- 방유제 안에 탱크가 2기 이상 설치 시 방유제 용량 : 최대탱크 용량의 110% 이상
- 최대탱크 ㉯의 공간용적(Q) : 내용적의 10%

$Q = 120,000,000 \times \frac{10}{100} = 12,000,000L$

- 탱크의 용량＝내용적－공간용적

$= 120,000,000 - 12,000,000 = 108,000,000L$

- 방유제 용량(Q)＝최대탱크용량의 110% 이상

∴ $Q = 108,000,000 \times 1.1(110\%) = 118,800,000L$

[답] 118,800,000L

(3) 간막이 둑

해설
(1) 탱크의 공간용적은 $\frac{5}{100}$(5%) 이상 $\frac{10}{100}$(10%) 이하이므로

- 탱크의 최대용량＝탱크의 내용적－최소공간용적(5%)
- 탱크의 최소용량＝탱크의 내용적－최대공간용적(10%)

(2) 옥외탱크저장소의 방유제 용량(방유제 내에 인화성액체 위험물저장탱크)
- 탱크가 하나일 때 : 탱크 용량의 110% 이상(비인화점 : 100% 이상)
- 탱크가 2기 이상일 때 : 탱크 중 최대 탱크 용량의 110% 이상(비인화성 : 100% 이상)

(3) 간막이 둑 : 용량이 1,000만L 이상인 옥외저장탱크의 주위에 설치하는 방유제에는 탱크마다 간막이 둑을 설치할 것
- 간막이 둑의 높이는 0.3m(방유제 내에 설치되는 옥외저장탱크의 용량의 합계가 2억L를 넘는 방유제에 있어서는 1m) 이상으로 하되, 방유제의 높이보다 0.2m 이상 낮게 할 것
- 간막이 둑은 흙 또는 철근콘크리트로 할 것
- 간막이 둑의 용량은 간막이 둑 안에 설치된 탱크의 용량의 10% 이상일 것

※ 문제의 조건에서 ㉮ 탱크의 휘발유 3천만L와 ㉯ 탱크의 경유 8천만L의 저장량은 탱크의 최대용량과는 상관이 없다.

16 다음은 제5류 위험물인 트리니트로페놀(TNP)에 대하여 다음 각 물음에 답하시오.

(1) 구조식을 쓰시오.　　　　(2) 품명을 쓰시오.　　　　(3) 지정수량을 쓰시오.

> **정답** ▶ (1) 구조식 :
>
>
> (2) 품명 : 니트로화합물
> (3) 지정수량 : 200kg
>
> -
>
> **해설** ▶ **피크린산[$C_6H_2(NO_2)_3OH$, 트리니트로페놀(TNP)]** : 제5류 위험물, 니트로화합물, 지정
> 수량 200kg
> - 분자량 229, 융점 122.5℃, 비중 1.8, 비점 225℃, 발화점 300℃
> - 침상의 노란색 결정으로 쓴맛이 있고 독성이 있다.
> - 찬물에 불용, 온수, 알코올, 벤젠 등에 잘 녹는다.
> - 진한황산 촉매하에 페놀(C_6H_5OH)과 진한질산을 니트로화반응시켜 제조한다.
>
> $$C_6H_5OH + 3HNO_3 \xrightarrow[\text{니트로화반응}]{c-H_2SO_4} C_6H_2(NO_2)_3OH + 3H_2O$$
>   (페놀)　　(질산)　　　　　　　　(니트로글리세린)　(물)
>
> - 피크르산의 열분해 반응식
>
> $$2C_6H_2OH(NO_2)_3 \longrightarrow 2C + 3N_2\uparrow + 3H_2\uparrow + 4CO_2\uparrow + 6CO\uparrow$$
>
> - 단독으로 마찰, 타격에 비교적 둔감하다.

17 제4류 위험물인 아세트알데히드에 대하여 다음 각 물음에 답하시오.

(1) 옥외저장탱크(압력탱크외의 탱크)에 저장하는 경우 저장유지 온도를 쓰시오.
(2) 아세트알데히드의 연소범위가 4.1~57%일 때 위험도를 계산하시오.
(3) 아세트알데히드가 공기 중에서 산화하는 경우 생성되는 물질의 명칭을 쓰시오.

정답
(1) 15℃ 이하
(2) [계산과정] 위험도(H) $= \dfrac{U-L}{L} = \dfrac{57-4.1}{4.1} = 12.902$
[답] 12.90
(3) 아세트산(초산)

해설

1. 옥외 및 옥내저장탱크 또는 지하저장탱크의 저장유지 온도

위험물의 종류	압력탱크 외의 탱크	위험물의 종류	압력탱크
산화프로필렌, 디에틸에테르 등	30℃ 이하	아세트알데히드 등, 디에틸에테르 등	40℃ 이하
아세트알데히드	15℃ 이하		

2. 이동저장탱크의 저장유지 온도

위험물의 종류	보냉장치가 있는 경우	보냉장치가 없는 경우
아세트알데히드 등, 디에틸에테르 등	비점 이하	40℃ 이하

- 이동저장탱크에 알킬알루미늄 등을 저장하는 경우에는 20kPa 이하의 압력으로 불활성의 기체를 봉입하여 둘 것(꺼낼 때는 200kpa 이하의 압력)
- 이동저장탱크에 아세트알데히드 등을 저장하는 경우에는 항상 불활성기체를 봉입하여 둘 것(꺼낼 때는 100kpa 이하의 압력)

3. 위험도(H) $= \dfrac{U-L}{L}$

[H : 위험도, U : 폭발(연소) 상한 값(%), L : 폭발(연소) 하한 값(%)]

4. 아세트알데히드(CH_3CHO) : 제4류 중 특수인화물, 지정수량 50L

구조식	분자량	44	인화점	−39℃
$H-\overset{\displaystyle H}{\underset{\displaystyle H}{C}}-C\overset{H}{\underset{O}{}}$	비중	0.78	착화점	185℃
	발화점	21℃	연소범위	4.1~57%

- 휘발성이 강하고 과일냄새가 나는 무색액체로서 물, 에테르, 알코올 등에 잘 녹는다.
- 반응성이 풍부하여 산화 또는 환원이 잘 된다.
   산화반응식 : $2CH_3CHO + O_2 \longrightarrow 2CH_3COOH$(아세트산, 초산)
   환원반응식 : $CH_3CHO + H_2 \longrightarrow C_2H_5OH$(에틸알코올, 에탄올)
- 환원성 물질로 은거울반응, 펠링용액의 환원반응 및 요오드포름반응을 한다.
- 저장용기 사용 시 폭발성 금속 아세틸라이드를 생성하여 중합반응을 하므로 구리(Cu), 은(Ag), 수은(Hg), 마그네슘(Mg) 및 그 합금 용기는 사용을 금지한다.
- 아세트알데히드 등을 취급하는 설비에는 연소성 혼합기체의 생성에 의한 폭발을 방지하기 위한 불활성기체 또는 수증기를 봉입하는 장치를 갖출 것

18 다음은 적린과 염소산칼륨이 접촉 반응 시 폭발의 위험성이 있다. 다음 각 물음에 답을 쓰시오.

(1) 적린과 염소산칼륨과의 반응식을 쓰시오.
(2) 반응식에서 생성되는 기체와 물과의 반응에서 생성되는 물질의 명칭을 쓰시오.

> **정답** (1) $6P + 5KClO_3 \longrightarrow 5KCl + 3P_2O_5$
> (2) 인산(H_3PO_4)
>
> --
>
> **해설** • 적린(P)는 제2류 위험물의 가연성고체(가연물)이고, 염소산칼륨($KClO_3$)는 제1류 위험물의 산화성고체(산소공급원)가 되므로 서로 접촉 시 마찰, 충격, 열(점화원)에 의해 폭발의 위험성이 크다.
> • 염소산칼륨($KClO_3$) 열분해반응식
> $\quad 2KClO_3 \longrightarrow 2KCl + 3O_2\uparrow$
> • 적린은 염소산칼륨과 반응하여 염화칼륨과 오산화인(흰 연기)이 생성된다.
> $\quad 6P \ + \ 5KClO_3 \longrightarrow 5KCl \ + \ 3P_2O_5$ (흰 연기)
> $\quad$ (적린) $\quad$ (염소산칼륨) $\quad$ (염화칼륨) $\quad$ (오산화인)
> 이 반응식에서 생성되는 오산화인은 물과 반응하여 인산을 생성한다.
> $\quad P_2O_5 \ + \ 3H_2O \longrightarrow 2H_3PO_4$
> $\quad$ (오산화인) $\quad$ (물) $\qquad$ (인산)
> • 적린(P)이 공기 중에서 연소하면 오산화인(P_2O_5)의 흰 연기를 낸다.
> $\quad 4P \ + \ 5O_2 \longrightarrow 2P_2O_5$
> $\quad$ (적린) $\quad$ (산소) $\quad$ (오산화인)

19 다음 위험물과 물과의 반응식을 각각 쓰시오.

(1) 트리메틸알루미늄
(2) 트리에틸알루미늄

> **정답** (1) $(CH_3)_3Al + 3H_2O \longrightarrow Al(OH)_3 + 3CH_4$
> (2) $(C_2H_5)_3Al + 3H_2O \longrightarrow Al(OH)_3 + 3C_2H_6$
>
> --
>
> **해설** **알킬알루미늄($R-Al$)** : 제3류(금수성물질), 지정수량 10kg
> • 알킬기($C_nH_{2n+1}-$, $R-$)에 알루미늄(Al)이 결합된 화합물이다.
> • 탄산수 $C_{1\sim4}$까지는 자연발화하고, C_5 이상은 점화하지 않는다.
> • 물과 반응 시 가연성가스를 발생한다. (주수소화 절대엄금)
> 트리메틸알루미늄[TMA, $(CH_3)_3Al$]과 물과의 반응식
> $\quad (CH_3)_3Al + 3H_2O \longrightarrow Al(OH)_3 + 3CH_4\uparrow$ (메탄)
> 트리에틸알루미늄[TEA, $(C_2H_5)_3Al$]과 물과의 반응식
> $\quad (C_2H_5)_3Al + 3H_2O \longrightarrow Al(OH)_3 + 3C_2H_6\uparrow$ (에탄)
> • 저장 시 희석안정제(벤젠, 톨루엔, 헥산 등)를 사용하여 불활성기체(N_2)를 봉입한다.
> • 소화 : 팽창질석 또는 팽창진주암을 사용한다. (주수소화는 절대엄금)

20 위험물안전관리법령상 제6류 위험물 중 농도가 36중량% 미만인 경우 위험물 적용 대상에서 제외되는 위험물에 대하여 다음 각 물음에 답하시오.

(1) 이 물질의 분해 반응식을 쓰시오.
(2) 이 물질을 운반하는 경우 수납하는 위험물 외부에 표시해야 할 주의사항을 쓰시오.
(3) 이 물질의 위험등급을 쓰시오.

정답 (1) $2H_2O_2 \longrightarrow 2H_2O + O_2$
(2) 가연물접촉주의
(3) I 등급

해설 **1. 제6류 위험물의 종류 및 지정수량**

성질	위험등급	품명	지정수량
산화성고체	I	과염소산($HClO_4$), 과산화수소(H_2O_2)	300kg
		질산(HNO_3), 할로겐간화합물[BrF_3, IF_5 등]	

2. 과산화수소(H_2O_2) : 제6류(산화성고체), 지정수량 300kg
- 위험물 적용 대상은 농도가 36중량% 이상인 것만 적용된다.
- 분해 시 산소(O_2)를 발생시킨다. [촉매 : 이산화망간(MnO_2)]

$$2H_2O_2 \longrightarrow 2H_2O + O_2 \uparrow$$

- 히드라진(N_2H_4)과 접촉 시 분해하여 발화폭발한다.

$$2H_2O_2 + N_2H_4 \longrightarrow 4H_2O + N_2$$

- 분해안정제로 인산(H_3PO_4) 및 요산($C_5N_4H_4O_3$)을 첨가한다.
- 저장용기의 마개에는 작은 구멍이 있는 것을 사용한다.

3. 위험물 운반용기의 외부 표시사항
- 위험물의 품명, 위험등급, 화학명 및 수용성(제4류 위험물의 수용성인 것에 한함)
- 위험물의 수량
- 수납하는 위험물에 따른 주의사항

유별	구분	주의사항
제1류 위험물 (산화성고체)	알칼리금속의 과산화물	화기·충격주의, 물기엄금 및 가연물접촉주의
	그 밖의 것	화기·충격주의 및 가연물접촉주의
제2류 위험물 (가연성고체)	철분, 금속분, 마그네슘	화기주의 및 물기엄금
	인화성고체	화기엄금
	그 밖의 것	화기주의
제3류 위험물	자연발화성물질	화기엄금 및 공기접촉엄금
	금수성물질	물기엄금
제4류 위험물	인화성액체	화기엄금
제5류 위험물	자기반응성물질	화기엄금 및 충격주의
제6류 위험물	산화성 액체	가연물접촉주의

1 제1류 위험물인 질산칼륨에 대하여 다음 각 물음에 답하시오.

(1) 품명을 쓰시오.
(2) 지정수량을 쓰시오.
(3) 위험등급을 쓰시오.
(4) 제조소등의 표지판에 설치하여야 하는 주의사항을 쓰시오. (단, 없으면 '없음'이라고 쓰시오)
(5) 산소를 생성시키는 열분해반응식을 쓰시오.

정답
(1) 품명 : 질산염류
(2) 지정수량 : 300kg
(3) 위험등급 : II 등급
(4) 주의사항 : 없음
(5) 열분해 반응식 : $2KNO_3 \longrightarrow 2KNO_2 + O_2$

해설
1. **질산칼륨(KNO_3)** : 제1류 중 질산염류, 지정수량 300kg, 위험등급 II
   - 분자량 101, 비중 2.1, 융점 336℃, 분해온도 400℃이다.
   - 가열 시 용융분해하여 아질산칼륨(KNO_2)과 산소를 발생한다.

   $$2KNO_3 \xrightarrow[\Delta]{400℃} 2KNO_2 + O_2 \uparrow$$

   - 흑색화약[질산칼륨(75%)+유황(10%)+목탄(15%)]원료에 사용된다.

   $$16KNO_3 + 3S + 21C \longrightarrow 13CO_2 + 3CO + 8N_2 + 5K_2CO_3 + K_2SO_4 + K_2S$$

   - 물, 글리세린에 잘 녹고, 알코올에는 잘 녹지 않는다.
   - 유황, 황린, 금속분, 에테르 등의 유기물과 접촉 시 발화폭발한다.
2. **위험물제조소의 주의사항 표시게시판** (크기 : 0.3m 이상 × 0.6m 이상인 직사각형)

위험물의 종류	주의사항	게시판의 색상
제1류 위험물 중 알칼리금속의 과산화물 제3류 위험물 중 금수성물질	물기엄금	청색바탕에 백색문자
제2류 위험물(인화성고체는 제외)	화기주의	
제2류 위험물 중 인화성고체 제3류 위험물 중 자연발화성물질 제4류 위험물 제5류 위험물	화기엄금	적색바탕에 백색문자

※ 질산칼륨은 제1류 중 질산염류이나 알칼리금속과산화물이 아니므로 주의사항은 없음

2 다음 그림과 같은 원통형탱크에 대한 다음 각 물음에 답하시오.

 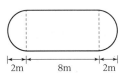

(1) 탱크의 내용적(m^3)을 구하시오.
(2) 탱크의 용량(m^3)을 구하시오. (단, 탱크의 공간용적은 10%로 한다)

정답 ▶ (1) [계산과정] 탱크의 내용적(Q)$=\pi \times 3^2 \times \left(8+\dfrac{2+2}{3}\right)=263.893m^3$
　　　　　[답] 263.89m^3
　　　(2) [계산과정] 탱크의 용량＝탱크의 내용적－탱크의 공간용적
　　　　　• 탱크의 공간용적(Q)$=263.89m^3 \times 0.1(10\%)=26.389m^3$
　　　　　• 탱크의 용량(Q)$=263.89-26.389=237.501m^3$
　　　　　[답] 237.50m^3

- -

해설 ▶ **1. 원통형 탱크의 내용적(V)**

• 횡(수평)으로 설치한 것 : 내용적(V)$=\pi r^2\left(l+\dfrac{l_1+l_2}{3}\right)$

 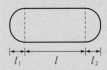

• 횡(수평)으로 설치한 것 : 내용적(V)$=\pi r^2\left(l+\dfrac{l_1-l_2}{3}\right)$

• 종(수직)으로 설치한 것 : 내용적(V)$=\pi r^2 l$

2. 탱크의 용량
• 탱크의 용적(용량)＝탱크의 내용적－탱크의 공간용적
• 탱크의 공간용적 : 탱크의 용적의 $\dfrac{5}{100}$ 이상 $\dfrac{10}{100}$ 이하의 용적(5~10%)

3 1kg의 과산화나트륨이 물과 반응하였을 때 생성되는 기체는 1기압, 350℃에서 몇 L가 되는 가? (단, Na의 원자량은 23이다)

정답▶ [계산과정 1]

① 과산화나트륨(Na_2O_2)의 분자량 $= 23 \times 2 + 16 \times 2 = 78$

② 과산화나트륨과 물의 반응식

$$2Na_2O_2 + 2H_2O \longrightarrow 4NaOH + O_2$$

$$\begin{array}{ccc} 2 \times 78g \longleftarrow & : & 1 \times 22.4L \\ 1,000g & : & x \end{array}$$

$$\therefore x = \frac{1,000 \times 2 \times 22.4}{2 \times 78} = 143.589L \ (표준상태 : 0℃, 1atm)$$

③ 1atm, 350℃로 부피를 환산해준다. (보일-샤를법칙 적용)

$$\frac{P_1V_1}{T_1} = \frac{P_2V_2}{T_2}, \ \frac{1 \times 143.589}{(273+0)} = \frac{1 \times V_2}{(273+350)}$$

$$\therefore V_2 = \frac{1 \times 143.589 \times (273+350)}{(273+0) \times 1} = 327.677L$$

[답] 327.68L

[계산과정 2]

① 과산화나트륨(Na_2O_2)의 분자량 $= 23 \times 2 + 16 \times 2 = 78$

② 과산화나트륨과 물의 반응식

$$2Na_2O_2 + 2H_2O \longrightarrow 4NaOH + O_2$$

$$Na_2O_2 + H_2O \longrightarrow 2NaOH + 0.5O_2 \cdots\cdots Na_2O_2 \ 1몰 기준$$

※ 이 반응식에서는 반드시 반응물질(Na_2O_2) 1몰을 기준하여 생성된 기체의 몰수(O_2 : 0.5몰)를 이용하여 이상기체상태방정식에 대입하여 구한다.

③ 이상기체상태방정식 이용 (1kg=1,000g)

$$V = \frac{WRT}{PM} \times (생성기체의 몰수 : O_2)$$

$$= \frac{1000 \times 0.082 \times (273+350)}{1 \times 78} \times 0.5 = 327.474L$$

[답] 327.47L

해설▶ ※ [계산과정 1]과 [계산과정 2] 중 한 개의 식을 선택하되, 계산과정에 따라 정답이 약 간 다르게 나와도 모두 정답으로 인정한다.

1. 이상기체상태방정식

$$PV = nRT = \frac{W}{M}RT$$

$$\left[\begin{array}{ll} P : 압력(atm), \quad V : 부피(L), \quad n : mol \ 수\left(= \frac{W}{M}\right), & M : 분자량, \\ W : 질량(g), \quad T[K] : 절대온도(273+t℃), & R : 기체상수(0.082atm \cdot L/mol \cdot K) \end{array}\right]$$

2. 과산화나트륨(Na_2O_2) : 제1류 중 무기과산화물(금수성), 지정수량 50kg

• 조해성이 강하고 알코올에는 녹지 않는다.

• 물 또는 공기 중 이산화탄소와 반응 시 산소를 발생한다.

$$2Na_2O_2 + 2H_2O \longrightarrow 4NaOH + O_2\uparrow$$

$$2Na_2O_2 + 2CO_2 \longrightarrow 2Na_2CO_3 + O_2\uparrow$$

• 열분해 시 산소를 발생한다.

$$2Na_2O_2 \longrightarrow 2Na_2O + O_2\uparrow$$

- 산과 반응 시 과산화수소(H_2O_2)를 발생한다.

  $Na_2O_2 + 2HCl \longrightarrow NaCl + H_2O_2$
- 주수소화엄금, 건조사 등으로 질식소화한다.(CO_2는 효과 없음)

4 다음은 제3류 위험물인 트리메틸알루미늄과 트리에틸알루미늄에 대한 다음 각 물음에 답하시오.

(1) 트리메틸알루미늄과 물의 반응식을 쓰시오.

(2) 트리메틸알루미늄의 완전연소반응식을 쓰시오.

(3) 트리에틸알루미늄과 물의 반응식을 쓰시오.

(4) 트리에틸알루미늄의 완전연소반응식을 쓰시오.

정답 (1) $(CH_3)_3Al + 3H_2O \longrightarrow Al(OH)_3 + 3CH_4$

(2) $2(CH_3)_3Al + 12O_2 \longrightarrow Al_2O_3 + 6CO_2 + 9H_2O$

(3) $(C_2H_5)_3Al + 3H_2O \longrightarrow Al(OH)_3 + 3C_2H_6$

(4) $2(C_2H_5)_3Al + 21O_2 \longrightarrow Al_2O_3 + 12CO_2 + 15H_2O$

해설 **알킬알루미늄(R-Al)** : 제3류 위험물(금수성물질), 지정수량 10kg
- 알킬기($C_nH_{2n+1}-$, R-)에 알루미늄(Al)이 결합된 화합물이다.
- 탄소수 $C_{1\sim4}$까지는 자연발화하고, C_5 이상은 연소반응을 하지 않는다.
- 물과 반응 시 가연성가스를 발생한다. (주수소화 절대엄금)

  트리메틸알루미늄[TMA, $(CH_3)_3Al$]의 물과의 반응식

  $(CH_3)_3Al + 3H_2O \longrightarrow Al(OH)_3 + 3CH_4 \uparrow$ (메탄)

  트리에틸알루미늄[TEA, $(C_2H_5)_3Al$]의 물과의 반응식

  $(C_2H_5)_3Al + 3H_2O \longrightarrow Al(OH)_3 + 3C_2H_6 \uparrow$ (에탄)
- 완전연소반응식

  트리메틸알루미늄 : $2(CH_3)_3Al + 12O_2 \longrightarrow Al_2O_3 + 6CO_2 + 9H_2O$

  트리에틸알루미늄 : $2(C_2H_5)_3Al + 21O_2 \longrightarrow Al_2O_3 + 12CO_2 + 15H_2O$
- 저장 시 희석안정제(벤젠, 톨루엔, 헥산 등)를 이용하여 불활성기체(N_2)를 봉입한다.
- 소화 : 팽창질석 또는 팽창진주암을 사용한다. (주수소화는 절대엄금)

5 다음 [보기]의 제2류 위험물인 황화린에 대한 다음 각 물음에 답을 쓰시오.

> 보기 · 삼황화린 · 오황화린 · 칠황화린

(1) 조해성이 있는 것과 조해성이 없는 것을 구분하여 쓰시오.
(2) 발화점이 가장 낮은 것의 명칭을 쓰시오.
(3) (2)항 물질의 완전연소반응식을 쓰시오.

정답 ▶ (1) 조해성이 있는 것 : 오황화린, 칠황화린

　　　　 조해성이 없는 것 : 삼황화린

(2) 삼황화린

(3) $P_4S_3 + 8O_2 \longrightarrow 2P_2O_5 + 3SO_2$

해설 황화린[P_4S_3, P_2S_5, P_4S_7] : 제2류 중 황과 인의 화합물, 지정수량 100kg

1. 삼황화린(P_4S_3)
 · 발화점 100℃, 비중 2.03, 융점 172℃
 · 황색결정으로 조해성은 없다.
 · 질산, 알칼리, 이황화탄소(CS_2)에 녹고 물, 염산, 황산에는 녹지 않는다.
 · 자연발화하고 연소 시 유독한 오산화인과 아황산가스를 발생한다.
　　　 $P_4S_3 + 8O_2 \longrightarrow 2P_2O_5 + 3SO_2 \uparrow$

2. 오황화린(P_2S_5)
 · 발화점 142℃, 비중 2.09, 융점 2.09
 · 담황색결정으로 조해성이 있어 수분 흡수 시 분해한다.
 · 알코올, 이황화탄소(CS_2)에 잘 녹는다.
 · 물, 알칼리와 반응 시 인산(H_3PO_4)과 황화수소(H_2S)가스를 발생한다.
　　　 $P_2S_5 + 8H_2O \longrightarrow 5H_2S + 2H_3PO_4$
　　　 연소반응식 : $P_2S_5 + 7.5O_2 \longrightarrow P_2O_5 + 5SO_2$

3. 칠황화린(P_4S_7)
 · 발화점 250℃, 비중 2.19, 융점 310℃, 비점 523℃
 · 담황색결정으로 조해성이 있어 수분 흡수 시 분해한다.
 · 이황화탄소(CS_2)에 약간 녹고 냉수에는 서서히, 더운물에는 급격히 분해하여 유독한
　황화수소와 인산을 발생한다.

6 다음 [보기]의 동식물유류 중 요오드값에 따라 건성유, 반건성유, 불건성유로 분류하시오.

> [보기] 아마인유, 야자유, 들기름, 쌀겨유, 목화씨유, 땅콩유

정답 ① 건성유 – 아마인유, 들기름
② 반건성유 – 목화씨유, 쌀겨유
③ 불건성유 – 야자유, 땅콩유

해설 **동식물유류** : 제4류 위험물, 지정수량 10,000L
동물의 지육 또는 식물의 종자나 과육으로부터 추출한 것으로 1기압에서 인화점이 250℃ 미만인 것
- 요오드값 : 유지 100g에 부과되는 요오드(I)의 g수이다.
- 요오드값이 큰 건성유는 불포화도가 크기 때문에 자연발화가 잘 일어난다.
- 요오드값에 따른 분류
  - 건성유(130 이상) : 해바라기기름, 동유, 아마인유, 정어리기름, 들기름 등
  - 반건성유(100~130) : 참기름, 청어기름, 채종유, 콩기름, 쌀겨기름, 목화씨유(면실유) 등
  - 불건성유(100 이하) : 올리브유, 동백기름, 피마자유, 야자유, 땅콩기름(낙화생유) 등

7 탄화알루미늄이 물과 반응 시 생성되는 기체에 대하여 다음 각 물음에 답하시오.

(1) 완전연소반응식을 쓰시오.
(2) 연소범위를 쓰시오.
(3) 위험도를 구하시오.

정답 (1) $CH_4 + 2O_2 \longrightarrow CO_2 + 2H_2O$

(2) 5~15%

(3) [계산과정] 위험도(H) $= \dfrac{U-L}{L} = \dfrac{15-5}{5} = 2$

[답] 2

해설 1. **탄화알루미늄(Al_4C_3)** : 제3류 위험물(금수성물질), 지정수량 300kg
- 분자량 143, 비중 2.36, 융점 2,100℃의 황색결정 또는 백색분말로 1,400℃에서 분해한다.
- 물과 반응하여 수산화알루미늄과 메탄가스를 생성하고 발열반응을 한다.
  물과의 반응식 : Al_4C_3 + $12H_2O$ $\longrightarrow$ $4Al(OH)_3$ + $CH_4\uparrow$
  　　　　　　　(탄화알루미늄)　(물)　　(수산화알루미늄)　(메탄)
  메탄(CH_4)의 연소반응식 : CH_4 + $2O_2$ $\longrightarrow$ CO_2 + $2H_2\uparrow$
  메탄가스의 연소범위 : 5~15%
- 주수소화는 절대 엄금하고 마른 모래 등으로 피복소화한다.
2. 위험도 계산 공식
- $H = \dfrac{U-L}{L}$
  [H : 위험도　U : 연소상한값(%)　L : 연소하한값(%)]

8 **탱크전용실에 설치된 지하저장탱크에 대하여 다음 각 물음에 답하시오.**

(1) 탱크전용실의 벽의 두께는 몇 m 이상으로 해야 하는가?

(2) 통기관의 선단은 지면으로부터 몇 m 이상의 높이로 설치해야 하는가?

(3) 액체위험물의 누설을 검사하기 위한 관은 몇 개소 이상 적당한 장소에 설치해야하는가?

(4) 탱크주위에는 어떤 물질로 채워야 하는가?

(5) 지하저장탱크의 윗부분은 지면으로부터 몇 m 이상 아래에 있어야 하는가?

정답 (1) 0.3m (2) 4m (3) 4개소
(4) 마른모래 또는 입자지름 5mm 이하의 마른 자갈분
(5) 0.6m

해설 1. 탱크 전용실에 설치된 지하저장탱크의 매설도

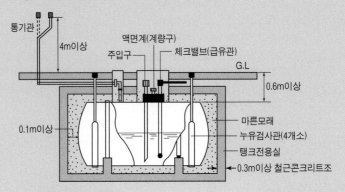

2. 지하탱크저장소의 기준
- 탱크전용실은 지하의 가장 가까운 벽, 피트, 가스관 등의 시설물 및 대지경계선으로 부터 0.1m 이상 떨어진 곳에 설치하고, 지하저장탱크와 탱크전용실의 안쪽과의 사이는 0.1m 이상의 간격을 유지하도록 하며, 해당 탱크의 주위에 마른 모래 또는 입자지름 5mm 이하의 마른 자갈분을 채워야 한다.
- 지하저장탱크의 윗부분은 지면으로부터 0.6m 이상 아래에 있어야 한다.
- 지하저장탱크를 2 이상 인접해 설치하는 경우에는 그 상호간에 1m(해당 2 이상의 지하저장탱크의 용량의 합계가 지정수량의 100배 이하 : 0.5m) 이상의 간격을 유지하여야 한다.
- 지하저장탱크의 재질은 두께 3.2mm 이상의 강철판으로 할 것
- 탱크전용실(철근콘크리트 구조)의 벽, 바닥, 뚜껑의 두께는 0.3m 이상으로 할 것
- 통기관의 선단은 지면으로부터 4m 이상의 높이로 설치 할 것
- 액체위험물의 누설을 검사하기 위한 관을 4개소 이상 적당한 위치에 설치 할 것(관의 밑 부분으로부터 탱크의 중심높이까지의 부분에는 소공이 뚫려 있을 것)

9 **제4류 위험물인 아세트알데히드에 대한 것이다. 다음 각 물음에 답하시오.**

(1) 시성식을 쓰시오.
(2) 증기비중을 계산하시오.
(3) 공기 중에서 산화 시 생성물질의 명칭과 시성식을 쓰시오.

정답 (1) CH_3CHO
(2) [계산과정]
- 아세트알데히드(CH_3CHO)의 분자량=$12 \times 2 + 1 \times 4 + 16 = 44$
- 증기비중=$\dfrac{44}{29} = 1.517$

  [답] 1.52
(3) 명칭 : 아세트산(초산), 시성식 : CH_3COOH

해설 1. **아세트알데히드(CH_3CHO)** : 제4류 중 특수인화물, 지정수량 50L
- 분자량 44, 인화점 −39℃, 착화점 185℃, 비점 21℃, 연소범위 4.1~57%
- 휘발성이 강하고 과일냄새가 나는 무색액체로서 물, 에테르, 알코올 등에 잘 녹는다.
- 반응성이 풍부하여 산화 또는 환원이 잘 된다.
    산화반응식 : $2CH_3CHO + O_2 \longrightarrow 2CH_3COOH$(아세트산, 초산)
    환원반응식 : $CH_3CHO + H_2 \longrightarrow C_2H_5OH$(에틸알코올, 에탄올)
- 환원성 물질로 은거울반응, 펠링용액의 환원반응 및 요오드포름반응을 한다.
- 저장용기 사용 시 폭발성 금속 아세틸라이드를 생성하여 중합반응을 하므로 구리(Cu), 은(Ag), 수은(Hg), 마그네슘(Mg) 및 그 합금 용기는 사용을 금지한다.
- 아세트알데히드 등을 취급하는 설비에는 연소성 혼합기체의 생성에 의한 폭발을 방지하기 위한 불활성기체 또는 수증기를 봉입하는 장치를 갖출 것
2. 증기비중=$\dfrac{분자량(g)}{공기의평균분자량(29)} = \dfrac{44}{29} = 1.517$

10 **다음 [보기]의 제4류 위험물 중에서 수용성인 것을 골라 그 번호를 쓰시오.**

보기 ① 휘발유   ② 벤젠   ③ 아세톤   ④ 메틸알코올
⑤ 톨루엔   ⑥ 클로로벤젠   ⑦ 아세트알데히드

정답 ③, ④, ⑦

해설 제4류 위험물의 물성

구분	휘발유	벤젠	아세톤	메틸알코올	톨루엔	클로로벤젠	아세트알데히드
유별	제1석유류	제1석유류	제1석유류	알코올류	제1석유류	제2석유류	특수인화물
수용성여부	비수용성	비수용성	수용성	수용성	비수용성	비수용성	수용성
지정수량	200L	200L	400L	400L	200L	1,000L	50L

11 위험물안전관리법령상 소화설비의 구분에 따라 적응성이 있는 위험물을 [보기]에서 골라 쓰시오.

> 보기
> • 제1류 위험물 중 알칼리금속의 과산화물   • 제2류 위험물 중 인화성고체
> • 제3류 위험물(금수성물품 제외)   • 제4류 위험물
> • 제5류 위험물   • 제6류 위험물

(1) 불활성가스소화설비
(2) 옥외소화전설비
(3) 포소화설비

정답
(1) 불활성가스소화설비
• 제2류 위험물 중 인화성고체
• 제4류 위험물
(2) 옥외소화전 설비
• 제2류 위험물 중 인화성고체
• 제3류 위험물(금수성물품 제외)
• 제5류 위험물
• 제6류 위험물
(3) 포소화설비
• 제2류 위험물 중 인화성고체
• 제3류 위험물(금수성물품 제외)
• 제4류 위험물
• 제5류 위험물
• 제6류 위험물

해설 **소화설비의 적응성**

소화설비의 구분		제1류 위험물		제2류 위험물			제3류 위험물		제4류 위험물	제5류 위험물	제6류 위험물
		알칼리금속과산화물 등	그 밖의 것	철분·금속분·마그네슘 등	인화성고체	그 밖의 것	금수성물품	그 밖의 것			
옥내소화전 또는 옥외소화전설비			○		○	○		○		○	○
스프링클러설비			○		○	○		○	△	○	○
물분무등 소화설비	물분무소화설비		○		○	○		○	○	○	○
	포소화설비		○		○	○		○	○	○	○
	불활성가스소화설비				○				○		
	할로겐화합물소화설비				○				○		
	분말 소화 설비	인산염류 등		○		○	○			○		○
		탄산수소염류 등	○		○	○		○		○		
		그 밖의 것	○		○			○				

12 다음은 제4류 위험물의 인화점에 따라 석유류를 분류한 것이다. (　) 안에 알맞은 답을 쓰시오.

(1) 제1석유류 : 1기압에서 인화점이 섭씨 (①)도 미만인 것을 말한다.
(2) 제2석유류 : 1기압에서 인화점이 섭씨 (①)도 이상 (②)도 미만인 것을 말한다.
(3) 제3석유류 : 1기압에서 인화점이 섭씨 (②)도 이상 (③)도 미만인 것을 말한다.
(4) 제4석유류 : 1기압에서 인화점이 섭씨 (③)도 이상 (④)도 미만인 것을 말한다.

정답 ① 21 ② 70 ③ 200 ④ 250

해설 제4류 위험물의 종류 및 지정수량

성질	위험 등급	품명		지정수량	지정품목	기타조건(1기압에서)
인화성 액체	I	특수인화물		50L	• 이황화탄소 • 디에틸에테르	• 발화점 100℃ 이하 • 인화점 −20℃ 이하 & 비점 40℃ 이하
	II	제1 석유류	비수용성	200L	• 아세톤 • 휘발유	인화점 21℃ 미만
			수용성	400L		
		알코올류		400L	• 탄소의 원자수가 C_1~C_3까지인 포화1가 알코올(변성알코올 포함) 메틸알코올[CH_3OH], 에틸알코올[C_2H_5OH], 프로필알코올[$(CH_3)_2CHOH$]	
	III	제2 석유류	비수용성	1,000L	• 등유, 경유	인화점 21℃ 이상 70℃ 미만
			수용성	2,000L		
		제3 석유류	비수용성	2,000L	• 중유 • 클레오소트유	인화점 70℃ 이상 200℃ 미만
			수용성	4,000L		
		제4석유류		6,000L	• 기어유 • 실린더유	인화점이 200℃ 이상 250 미만인 것
		동식물유류		10,000L	• 동식물유의 지육, 종자, 과육에서 추출한 것으로 1기압에서 인화점이 250℃ 미만인 것	

13 제3류 위험물 중 물과 반응하지 않고 공기 중에서 자연발화하여 흰 연기를 발생시킨다. 이 물질에 대하여 다음 각 물음에 답하시오.

(1) 물질의 명칭을 쓰시오.
(2) (1)항의 물질을 저장하는 옥내저장소의 바닥면적은 몇 m^2 이하로 해야 하는가?
(3) (1)항의 물질이 강알칼리성(수산화칼륨 또는 수산화나트륨)용액과 반응 시 생성되는 유독성 기체의 화학식을 쓰시오.

정답 ▶ (1) 황린 (2) 1,000m^2 (3) PH_3

해설 ▶ 1. **황린(P_4)** : 제3류(자연발화성물질), 지정수량 20kg
- 백색 또는 담황색 고체로서 물에 녹지 않고 벤젠, 이황화탄소에 잘 녹는다.
- 공기 중 약 40~50℃에서 자연발화하므로 물속에 저장한다.
- 인화수소(PH_3)의 생성을 방지하기 위해 약알칼리성(pH=9)의 물속에 보관한다.
- 맹독성으로 피부접촉 시 화상을 입는다.
- 연소 시 오산화인(P_2O_5)의 백색 연기를 낸다.
   연소반응식 : $P_4 + 5O_2 \longrightarrow 2P_2O_5$
- 강알칼리의 수산화칼륨(KOH) 또는 수산화나트륨(NaOH) 수용액에서는 유독성인 인화수소(PH_3, 포스핀) 기체를 발생시킨다.
   $P_4 + 3KOH + 3H_2O \longrightarrow 3KH_2PO_2 + PH_3\uparrow$ (포스핀)
   $P_4 + 3NaOH + 3H_2O \longrightarrow 3NaH_2PO_2 + PH_3\uparrow$ (포스핀)

2. **옥내저장소의 저장창고 바닥면적 설치기준**

위험물의 종류	바닥면적
① 제1류위험물 중 아염소산염류, 염소산염류, 과염소산염류, 무기과산화물, 지정수량 50kg인 것	1,000m^2 이하
② 제3류 위험물 중 칼륨, 나트륨, 알킬알루미늄, 알킬리튬, 지정수량 10kg인 것 및 황린	
③ 제4류 위험물 중 특수 인화물, 제1석유류 및 알코올류	
④ 제5류 위험물 중 유기과산화물, 질산에스테르류, 지정수량 10kg인 것	
⑤ 제6류 위험물	
①~⑤ 이외의 위험물	2,000m^2 이하
상기 위험물을 내화구조의 격벽으로 완전히 구획된 실	1,500m^2 이하

14 다음은 제1종 분말소화약제의 열분해반응식을 270℃와 850℃로 구분하여 쓰시오.

> **정답▶** 270℃ : $2NaHCO_3 \longrightarrow Na_2CO_3 + CO_2 + H_2O$
> 850℃ : $2NaHCO_3 \longrightarrow Na_2O + 2CO_2 + H_2O$

> **해설▶** 분말소화약제 열분해반응식

종류	주성분	화학식	색상	적응 화재	열분해반응식
제1종	탄산수소나트륨 (중탄산나트륨)	$NaHCO_3$	백색	B, C급	• 1차(270℃) $2NaHCO_3 \longrightarrow Na_2CO_3 + CO_2 + H_2O$ • 2차(850℃) $2NaHCO_3 \longrightarrow Na_2O + 2CO_2 + H_2O$
제2종	탄산수소칼륨 (중탄산칼륨)	$KHCO_3$	담자 (회)색	B, C급	• 1차(190℃) $2KHCO_3 \longrightarrow K_2CO_3 + CO_2 + H_2O$ • 2차(590℃) $2KHCO_3 \longrightarrow K_2O + 2CO_2 + H_2O$
제3종	제1인산암모늄	$NH_4H_2PO_4$	담홍색	A, B, C급	• $NH_4H_2PO_4 \longrightarrow HPO_3 + NH_3 + H_2O$ • 190℃ : $NH_4H_2PO_4 \longrightarrow NH_3 + H_3PO_4$
제4종	탄산수소칼륨 +요소	$KHCO_3 +$ $(NH_2)_2CO$	회색	B, C급	$2KHCO_3 + (NH_2)_2CO \longrightarrow$ $K_2CO_3 + 2NH_3 + 2CO_2$

※ 제1종 및 제2종 분말소화약제 열분해 반응식에서 제몇차 또는 열분해온도의 조건이
주어지지 않은 경우에는 제1차 열분해반응식을 쓰면 된다.

15 다음은 위험물안전관리법령상 옥내저장소의 저장기준이다. (   ) 안에 알맞은 답을 쓰시오.

(1) 옥내저장소에서 동일 품명의 위험물이더라도 자연 발화할 우려가 있는 위험물 또는 재해가 현저하
게 증대할 우려가 있는 위험물을 다량 저장하는 경우에는 지정수량의 10배 이하마다 구분하여 상
호간 (①)m 이상의 간격을 두어 저장하여야 한다.
(2) 옥내저장소에서 위험물을 저장하는 경우에는 다음 규정에 의한 높이를 초과하여 용기를 겹쳐 쌓지
아니하여야 한다.
   • 기계에 의하여 하역하는 구조로 된 용기만을 겹쳐 쌓는 경우에 있어서는 (②)m
   • 제4류 위험물 중 제3석유류, 제4석유류 및 동식물유류를 수납하는 용기만을 겹쳐 쌓는 경우에
     있어서는 (③)m
   • 그 밖의 경우에 있어서는 (④)m
(3) 옥내저장소에서는 용기에 수납하여 저장하는 위험물의 온도가 (⑤)℃를 넘지 아니하도록 필요한
조치를 강구하여야 한다. (중요기준)

> **정답▶** ① 0.3 ② 6 ③ 4 ④ 3 ⑤ 55

16 다음은 위험물안전관리법령상 제6류 위험물의 적용대상이 되기 위한 농도 및 비중의 기준을 각각 쓰시오. (단, 없으면 '없음'으로 쓰시오)

① 과염소산   ② 과산화수소   ③ 질산

> **정답** ① 없음   ② 농도가 36중량% 이상인 것   ③ 비중이 1.49 이상인 것
>
> ------
>
> **해설** 위험물안전관리법령상 위험물 적용대상 기준
> - 유황 : 순도 60중량% 이상인 것을 말한다. 이 경우 순도측정에 있어서 불순물은 활석 등 불연성물질과 수분에 한한다.
> - 철분 : 철의 분말로서 53 μm의 표준체를 통과하는 것이 50중량% 미만인 것은 제외
> - 금속분 : 알칼리금속·알칼리토금속·철 및 마그네슘 외의 금속의 분말을 말하고, 구리분·니켈분 및 150 μm의 체를 통과하는 것이 50중량% 미만인 것은 제외
> - 마그네슘은 다음 각 목의 1에 해당하는 것은 제외한다.
>   - 2mm의 체를 통과하지 아니하는 덩어리 상태의 것
>   - 직경 2mm 이상의 막대 모양의 것
> - 인화성고체 : 고형알코올 그 밖에 1기압에서 인화점이 40℃ 미만인 고체
> - 과산화수소 : 농도가 36중량% 이상인 것에 한한다.
> - 질산 : 비중이 1.49 이상인 것에 한한다.

17 다음 위험물의 유별에 따른 위험물 운반용기 외부에 표시해야 할 주의사항을 각각 쓰시오.

① 제2류 위험물(인화성고체)   ② 제3류 위험물(금수성)   ③ 제4류 위험물
④ 제5류 위험물   ⑤ 제6류 위험물

> **정답** ① 화기엄금   ② 물기엄금   ③ 화기엄금
> ④ 화기엄금 및 충격주의   ⑤ 가연물접촉주의
>
> ------
>
> **해설** 위험물 운반용기의 외부 표시사항
> - 위험물의 품명, 위험등급, 화학명 및 수용성(제4류 위험물의 수용성인 것에 한함)
> - 위험물의 수량
> - 수납하는 위험물에 따른 주의사항
>
> | 유별 | 구분 | 주의사항 |
> |---|---|---|
> | 제1류 위험물(산화성고체) | 알칼리금속의 과산화물 | 화기·충격주의, 물기엄금 및 가연물접촉주의 |
> | | 그 밖의 것 | 화기·충격주의 및 가연물접촉주의 |
> | 제2류 위험물(가연성고체) | 철분·금속분·마그네슘 | 화기주의 및 물기엄금 |
> | | 인화성고체 | 화기엄금 |
> | | 그 밖의 것 | 화기주의 |
> | 제3류 위험물 | 자연발화성물질 | 화기엄금 및 공기접촉엄금 |
> | | 금수성물질 | 물기엄금 |
> | 제4류 위험물 | 인화성 액체 | 화기엄금 |
> | 제5류 위험물 | 자기반응성 물질 | 화기엄금 및 충격주의 |
> | 제6류 위험물 | 산화성 액체 | 가연물접촉주의 |

18 다음 [보기]의 위험물에 대한 화학식과 지정수량을 각각 쓰시오.

> **보기** ① 과산화벤조일 ② 과망간산암모늄 ③ 인화아연

정답 ① $(C_6H_5CO)_2O_2$, 10kg
② NH_4MnO_4, 1,000kg
③ Zn_3P_2, 300kg

해설 ① 과산화벤조일[$(C_6H_5CO)_2O_2$] : 제5류 중 유기과산화물, 지정수량 10kg
② 과망간산암모늄(NH_4MnO_4) : 제1류 중 과망간산염류, 지정수량 1,000kg
③ 인화아연(Zn_3P_2) : 제3류 중 금속의인화합물, 지정수량 300kg

19 다음은 위험물안전관리법령상 불활성가스소화설비의 설치기준에 대한 내용으로 ( ) 안에 알맞은 답을 쓰시오.

(1) 이산화탄소를 방사하는 분사헤드 중 고압식은 (①)MPa 이상, 저압식은 (②)MPa 이상일 것
(2) 이산화탄소를 저장하는 저압식 저장용기에는 (③)MPa 이상의 압력 및 (④)MPa 이하의 압력에서 작동하는 압력경보장치를 설치할 것
(3) 이산화탄소를 저장하는 저압식 저장용기에는 용기내부의 온도를 영하 (⑤)℃ 이상 영하 (⑥)℃ 이하로 유지할 수 있는 자동냉동기를 설치할 것

정답 ① 2.1 ② 1.05 ③ 2.3 ④ 1.9 ⑤ 20 ⑥ 18

해설 **불활성가스 소화설비**
1. 분사헤드의 방사 및 용기의 충전비

구분		전역방출방식		국소방출방식 (이산화탄소)
		이산화탄소(CO_2)		
		저압식(20℃)	고압식(−18℃ 이하)	
분사헤드	분사압력	1.05MPa 이상	2.1MPa 이상	−
	방사시간	60초 이내	60초 이내	30초 이내
용기의 충전비		1.1~1.4 이하	1.5~1.9 이하	

2. 이산화탄소(CO_2)의 저압식 저장용기 설치기준
• 액면계, 압력계, 과괴판, 방출밸브를 설치할 것
• 23MPa 이상의 압력 1.9MPa 이하의 압력에서 작동하는 압력경보장치를 설치할 것
• 용기내부의 온도를 −20℃ 이상 −18℃ 이하로 유지할 수 있는 자동냉동기를 설치할 것
• 저장용기의 고압식은 25MPa 이상, 저압식은 3.5MPa 이상의 내압시험압력에 합격한 것일 것

20 다음 위험물과 물의 화학반응식을 각각 쓰시오.

(1) 과산화칼륨
(2) 마그네슘
(3) 나트륨

정답 (1) $2K_2O_2 + 2H_2O \longrightarrow 4KOH + O_2$

(2) $Mg + 2H_2O \longrightarrow Mg(OH)_2 + H_2$

(3) $2Na + 2H_2O \longrightarrow 2NaOH + H_2$

해설 1. **과산화칼륨(K_2O_2)** : 제1류 무기과산화물(산화성고체), 지정수량 50kg
   - 열분해 및 물 또는 이산화탄소와 반응 시 산소가 발생한다.

   $2K_2O_2 \xrightarrow{\Delta} 2K_2O + O_2 \uparrow$

   $2K_2O_2 + 2H_2O \longrightarrow 4KOH + O_2 \uparrow$ (발열반응)

   이산화탄소와 반응 : $2K_2O_2 + 2CO_2 \longrightarrow 2K_2CO_3 + O_2 \uparrow$ (공기 중)
   - 산과 반응 시 과산화수소(H_2O_2)를 생성한다.

   $2K_2O_2 + 2CH_3COOH \longrightarrow 2CH_3COOK + H_2O_2$

2. **마그네슘(Ma)** : 제2류(가연성고체, 금수성), 지정수량 500kg
   - 위험물 제외대상 : 2mm의 체를 통과 못하는 덩어리와 직경이 2mm 이상의 막대모양의 것
   - 이산화탄소(CO_2)와 폭발적으로 반응한다.

   $2Mg + CO_2 \longrightarrow 2MgO + C$ (CO_2 소화제 사용 금함)
   - 물과 반응하여 가연성기체인 수소($H_2 \uparrow$)가스가 발생한다.

   $Mg + 2H_2O \longrightarrow Mg(OH)_2 + H_2 \uparrow$ (주수소화 절대엄금)
   - 산과 반응하여 수소($H_2 \uparrow$)가스를 발생한다.

   $Mg + 2HCl \longrightarrow MgCl_2 + H_2 \uparrow$

3. **금속나트륨(Na)** : 제3류(자연발화성 및 금수성), 지정수량 10kg
   - 은백색 경금속으로 연소 시 노란색 불꽃을 낸다.
   - 물(수분) 및 알코올과 반응 시 수소(H_2)를 발생, 자연발화한다.

   $2Na + 2H_2O \longrightarrow 2NaOH + H_2 \uparrow$

   $2Na + 2C_2H_5OH \longrightarrow 2C_2H_5ONa + H_2 \uparrow$
   - 보호액으로 석유류(등유, 경유, 유동파라핀) 속에 저장한다.
   - 소화 : 마른 모래 등으로 질식소화한다. (피부접촉 시 화상주의)

1 제4류 위험물인 이황화탄소에 대한 것이다. 다음 각 물음에 답하시오.

(1) 완전연소반응식을 쓰시오.
(2) 품명을 쓰시오.
(3) 수조에 저장하는 콘크리트의 두께는 몇 m 이상인가?

정답 (1) $CS_2 + 3O_2 \longrightarrow CO_2 + 2SO_2$
(2) 특수인화물
(3) 0.2m 이상

해설 **이황화탄소(CS_2)** : 제4류의 특수인화물(인화성액체), 지정수량 50L
- 인화점 : $-30℃$, 발화점 : $100℃$, 연소범위 : $1.2~44\%$, 비중 : 1.26
- 증기비중$\left(\dfrac{76}{29} = 2.62\right)$은 공기보다 무거운 무색투명한 액체이다.
- 물보다 무겁고 물에 녹지 않으며 알코올, 벤젠, 에테르 등에 잘 녹는다.
- 휘발성, 인화성, 발화성이 강하고 독성이 있어 증기 흡입 시 유독하다.
- 연소 시 유독한 아황산가스를 발생한다.
  $CS_2 + 3O_2 \longrightarrow CO_2\uparrow + 2SO_2\uparrow$
- 저장 시 옥외저장탱크는 벽 및 바닥의 두께가 0.2m 이상이고 누수가 되지 아니하는 철근콘크리트의 수조에 넣어 보관한다.(물속에 저장시키는 이유 : 가연성증기의 발생을 억제시키기 위하여)

2 인화칼슘에 대하여 다음 각 물음에 답하시오.

(1) 몇 류 위험물인지 쓰시오.
(2) 지정수량을 쓰시오.
(3) 물과의 반응식을 쓰시오.
(4) 물과 반응 후 생성되는 가스의 명칭을 쓰시오.

정답 (1) 제3류 위험물
(2) 300kg
(3) $Ca_3P_2 + 6H_2O \longrightarrow 3Ca(OH)_2 + 2PH_3$
(4) 포스핀(인화수소)

해설 **인화칼슘(Ca_3P_2, 인화석회)** : 제3류(금수성), 지정수량 300kg
- 적갈색의 괴상의 고체이다.
- 물 또는 묽은산과 반응하여 가연성이며 맹독성이 포스핀(PH_3 : 인화수소) 가스를 발생한다.
  $Ca_3P_2 + 6H_2O \longrightarrow 3Ca(OH)_2 + 2PH_3\uparrow$
  $Ca_3P_2 + 6HCl \longrightarrow 3CaCl_2 + 2PH_3\uparrow$
- 소화 시 주수 및 포소화는 엄금하고 마른 모래 등으로 피복소화한다.

3 위험물안전관리법령상 고정주유설비 및 고정급유설비에 대하여 다음 각 물음에 답하시오.

(1) 고정주유설비의 중심선을 기점으로 하여 도로경계선까지 몇 m 이상의 거리를 유지해야 하는가?

(2) 고정주유설비의 중심선을 기점으로 하여 부지경계선까지 몇 m 이상의 거리를 유지해야 하는가?

(3) 고정주유설비의 중심선을 기점으로 하여 건축물의 개구부가 없는 벽까지 몇 m 이상 거리를 유지해야 하는가?

(4) 고정급유설비의 중심선을 기점으로 하여 도로경계선까지 몇 m 이상 거리를 유지해야 하는가?

(5) 고정급유설비의 중심선을 기점으로 하여 부지경계선까지 몇 m 이상 거리를 유지해야 하는가?

정답 ▶ (1) 4m 이상 (2) 2m 이상 (3) 1m 이상 (4) 4m 이상 (5) 1m 이상

해설 ▶ **1. 주유취급소의 고정주유설비 또는 고정급유설비의 기준**
① 펌프기기는 주유관 선단에서의 최대토출량
- 제1석유류 : 50L/min 이하
- 경유 : 180L/min 이하
- 등유 : 80L/min 이하
② 이동저장탱크에 주입하기 위한 고정급유설비의 펌프기기 : 300L/min 이하(단, 토출량이 200L/min 이상 : 배관의 안지름이 40mm 이상)

2. 고정주유설비 또는 고정급유설비의 주유관의 길이
5m(현수식의 경우에는 지면 위 0.5m의 수평면에 수직으로 내려 만나는 점을 중심으로 반경 3m) 이내로 하고 그 선단에는 축적된 정전기를 유효하게 제거할 수 있는 장치를 설치하여야 한다.

3. 고정주유설비 또는 고정급유설비의 설치기준
① 고정주유설비의 중심선을 기점으로 한 거리
- 도로경계선, 고정급유설비 : 4m 이상
- 부지경계선, 담, 건축물의 벽 : 2m 이상
- 건축물의 벽(개구부가 없는 벽까지) : 1m 이상
② 고정급유설비의 중심선을 기점으로 한 거리
- 도로경계선, 고정주유설비 : 4m 이상
- 부지경계선, 담 : 1m 이상
- 건축물의 벽 : 2m 이상(개구부가 없는 벽까지 : 1m 이상)

4 다음 각 위험물에 대하여 위험Ⅱ등급 품명을 2가지씩만 쓰시오.

(1) 제1류 위험물
(2) 제2류 위험물
(3) 제4류 위험물

정답 (1) 제1류 위험물 : 브롬산염류, 질산염류, 요오드산염류
(2) 제2류 위험물 : 황화린, 적린, 유황
(3) 제4류 위험물 : 제1석유류, 알코올류

해설 • 제1류 위험물의 품명 및 지정수량

성질	위험등급	품명	지정수량
산화성고체	Ⅰ	아염소산염류, 염소산염류, 과염소산염류, 무기과산화물	50kg
	Ⅱ	브롬산염류, 질산염류, 요오드산염류	300kg
	Ⅲ	과망간산염류, 중크롬산염류	1,000kg

• 제2류 위험물의 품명 및 지정수량

성질	위험등급	품명	지정수량
가연성고체	Ⅱ	황화린, 적린, 유황	100kg
	Ⅲ	철분, 금속분, 마그네슘	500kg
		인화성고체	1,000kg

• 제4류 위험물의 품명 및 지정수량

성질	위험등급	품명		지정수량
인화성 액체	Ⅰ	특수인화물[디에틸에테르, 이황화탄소, 아세트알데히드, 산화프로필렌]		50L
	Ⅱ	제1석유류	비수용성[가솔린, 벤젠, 톨루엔, 콜로디온, 메틸에틸케톤 등]	200L
			수용성[아세톤, 피리딘, 초산에틸, 의산메틸, 시안화수소 등]	400L
		알코올류[메틸알코올, 에틸알코올, 프로필알코올, 변성알코올]		400L
	Ⅲ	제2석유류	비수용성[등유, 경유, 테레판유, 스티젠, 크실렌, 클로로벤젠 등]	1,000L
			수용성[포름산, 초산, 부틸알코올, 히드라진, 아크릴산 등]	2,000L
		제3석유류	비수용성[중유, 클레오소트유, 아닐린, m-크레졸, 니트로벤젠 등]	2,000L
			수용성[에틸렌글리콜, 글리세린 등]	4,000L
		제4석유류	기어유, 실린더유, 윤활유, 가소제 등	6,000L
		동·식물유류[아마인유, 들기름, 정어리기름, 동유, 야자유, 올리브유 등]		10,000L

5 위험물제조소등에서 다음과 같이 제4류 위험물을 저장하는 경우 지정수량의 배수의 합을 구하시오.

> - 특수인화물 : 200L
> - 제2석유류(수용성) : 4,000L
> - 제4석유류 : 24,000L
> - 제1석유류(수용성) : 400L
> - 제3석유류(수용성) : 12,000L

정답 [계산과정] 지정수량의 배수 $= \dfrac{200}{50} + \dfrac{400}{400} + \dfrac{4000}{2000} + \dfrac{12000}{4000} + \dfrac{24000}{6000} = 14$배

[답] 14배

해설
1. 지정수량배수 $= \dfrac{\text{A품목저장수량}}{\text{A품목지정수량}} + \dfrac{\text{B품목저장수량}}{\text{B품목지정수량}} + \dfrac{\text{C품목저장수량}}{\text{C품목지정수량}} + \cdots$

2. 제4류 위험물의 종류 및 지정수량

성질	위험등급	품명		지정수량	지정품목	기타조건(1기압에서)
인화성 액체	I	특수인화물		50L	• 이황화탄소 • 디에틸에테르	• 발화점 100℃ 이하 • 인화점 −20℃ 이하이고 비점 40℃ 이하
	II	제1석유류	비수용성	200L	• 아세톤 • 휘발유	인화점 21℃ 미만
			수용성	400L		
		알코올류		400L		• 탄소의 원자수가 $C_1 \sim C_3$까지인 포화1가 알코올(변성알코올 포함) 메틸알코올[CH_3OH], 에틸알코올[C_2H_5OH], 프로필알코올[$(CH_3)_2CHOH$]
	III	제2석유류	비수용성	1,000L	• 등유, 경유	인화점 21℃ 이상 70℃ 미만
			수용성	2,000L		
		제3석유류	비수용성	2,000L	• 중유 • 클레오소트유	인화점 70℃ 이상 200℃ 미만
			수용성	4,000L		
		제4석유류		6,000L	• 기어유 • 실린더유	인화점이 200℃ 이상 250 미만인 것
		동식물유류		10,000L	• 동식물유의 지육, 종자, 과육에서 추출한 것으로 1기압에서 인화점이 250℃ 미만인 것	

6 위험물안전관리법령상 제2류 위험물의 적용대상기준이다. (   ) 안에 알맞은 답을 쓰시오.

> (1) 유황은 순도가 (①)중량퍼센트 이상인 것을 말한다. 이 경우 순도측정에 있어서 불순물은 활석 등 불연성물질과 수분에 한한다.
> (2) "철분"이라 함은 철의 분말로서 (②)마이크로미터의 표준체를 통과하는 것이 (③)중량퍼센트 미만인 것은 제외한다.
> (3) "금속분"이라 함은 알칼리금속·알칼리토금속·철 및 마그네슘 외의 금속의 분말을 말하고, 구리분·니켈분 및 (④)마이크로미터의 체를 통과하는 것이 (⑤)중량퍼센트 미만인 것은 제외한다.

정답 ① 60 ② 53 ③ 50 ④ 150 ⑤ 50

해설 제2류 위험물 적용대상 기준
- 유황 : 순도 60중량% 이상인 것을 말한다. 이 경우 순도측정에 있어서 불순물은 활석 등 불연성물질과 수분에 한한다.
- 철분 : 철의 분말로서 53 μm의 표준체를 통과하는 것이 50중량% 미만인 것은 제외
- 금속분 : 알칼리금속·알칼리토금속·철 및 마그네슘 외의 금속의 분말을 말하고, 구리분·니켈분 및 150 μm의 체를 통과하는 것이 50중량% 미만인 것은 제외
- 마그네슘은 다음 각 목의 1에 해당하는 것은 제외한다.
  - 2mm의 체를 통과하지 아니하는 덩어리 상태의 것
  - 직경 2mm 이상의 막대 모양의 것
- 인화성고체 : 고형알코올 그 밖에 1기압에서 인화점이 40℃ 미만인 고체

7 다음은 제2류 위험물에 대한 내용 중 알맞은 번호를 고르시오.

> ① 황화린, 적린, 유황은 위험물 Ⅱ등급이다.   ② 고형알코올의 지정수량은 1,000kg이다.
> ③ 물에 대부분 잘 녹는다.   ④ 비중은 1보다 작다.
> ⑤ 대부분 산화제이다.   ⑥ 지정수량은 100kg, 500kg, 1000kg으로 구분된다.

정답 ①, ②, ⑥

해설 1. 제2류 위험물의 공통적 성질
- 대부분 물에 녹지 않고 비중은 1보다 큰 가연성고체이다.
- 대부분 환원제이다.
- 낮은 온도에서 착화하기 쉬운 속연성 물질이다.
- 연소속도가 빠르고, 연소 시 유독가스를 발생한다.
- 금속분류는 산화가 쉽고, 물 또는 산과 접촉 시 발열한다.

2. 제2류 위험물 품명 및 지정수량

성질	위험등급	품명	지정수량
가연성고체	Ⅱ	황화린, 적린, 유황	100kg
	Ⅲ	철분, 금속분, 마그네슘	500kg
		인화성고체	1,000kg

8 다음은 제3류 위험물에 관한 품명과 지정수량이다. 빈칸의 번호에 알맞은 답을 쓰시오.

품명	지정수량
칼륨	①
나트륨	②
알킬알루미늄	③
④	10kg
⑤	20kg
알칼리금속(칼륨, 나트륨 제외) 및 알칼리토금속	⑥
유기금속화합물(알킬알루미늄 및 알킬리튬 제외)	⑦

> **정답** ① 10kg ② 10kg ③ 10kg ④ 알킬리튬 ⑤ 황린 ⑥ 50kg ⑦ 50kg
>
> **해설** **제3류 위험물 및 지정수량**
>
> | 성질 | 위험등급 | 품명 | 지정수량 |
> |---|---|---|---|
> | 자연발화성 및 금수성물질 | I | 칼륨, 나트륨, 알킬알루미늄, 알킬리튬 | 10kg |
> | | | 황린 | 20kg |
> | | II | 알칼리금속(칼륨 및 나트륨 제외) 및 알칼리토금속 | 50kg |
> | | | 유기금속화합물(알킬알루미늄 및 알킬리튬 제외) | |
> | | III | 금속의 수소화물, 금속의 인화물, 칼슘 또는 알루미늄의 탄화물, 염소화규소화합물 | 300kg |

9 제1류 위험물 중 질산염류로서 분자량 80, AN-FO(안포폭약)의 주성분인 것에 대한 다음 각 물음에 답하시오.

(1) 화학식을 쓰시오.
(2) 열분해반응식을 쓰시오.

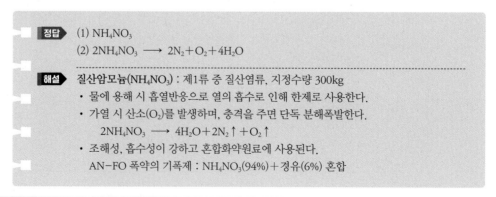

> **정답** (1) NH_4NO_3
>
> (2) $2NH_4NO_3 \longrightarrow 2N_2 + O_2 + 4H_2O$
>
> **해설** 질산암모늄(NH_4NO_3) : 제1류 중 질산염류, 지정수량 300kg
> - 물에 용해 시 흡열반응으로 열의 흡수로 인해 한제로 사용한다.
> - 가열 시 산소(O_2)를 발생하며, 충격을 주면 단독 분해폭발한다.
> $$2NH_4NO_3 \longrightarrow 4H_2O + 2N_2\uparrow + O_2\uparrow$$
> - 조해성, 흡수성이 강하고 혼합화약원료에 사용된다.
>   AN-FO 폭약의 기폭제 : NH_4NO_3(94%) + 경유(6%) 혼합

10 다음은 옥내소화전설비에 설치된 가압송수장치에서 압력수조의 계산식이다. ( ) 안에 알맞은 내용을 번호로 답하시오.

$$P = (\qquad) + (\qquad) + (\qquad) + (\qquad)$$

① : 소방용 호스의 마찰손실수두압(단위 : MPa)

② : 소방용 호스의 마찰손실수두(단위 : m)

③ : 배관의 마찰손실수두압(단위 : MPa)

④ : 배관의 마찰손실수두(단위 : m)

⑤ : 낙차의 환산수두압(단위 : MPa)

⑥ : 낙차(단위 : m)

⑦ : 0.35[MPa]

⑧ : 35[m]

정답 ①, ③, ⑤, ⑦

해설 **옥내소화전설비의 기준**

1. 고가수조를 이용한 가압송수장치
- 낙차(수조의 하단으로부터 호스 접속구까지의 수직거리) 계산식

$H = h_1 + h_2 + 35m$

$\quad\begin{bmatrix} H : 필요낙차(단위 : m) \\ h_1 : 방수용 호스의 마찰손실수두(단위 : m) \\ h_2 : 배관의 마찰손실수두(단위 : m) \end{bmatrix}$

2. 압력수조를 이용한 가압송수장치
- 압력수조의 압력 계산식

$P = p_1 + p_2 + p_3 + 0.35MPa$

$\quad\begin{bmatrix} P : 필요한 압력(단위 : MPa) \\ p_1 : 소방용 호스의 마찰손실수두압(단위 : MPa) \\ p_2 : 배관의 마찰손실수두압(단위 : MPa) \\ p_3 : 낙차의 환산수두압(단위 : MPa) \end{bmatrix}$

3. 펌프를 이용한 가압송수장치
- 펌프의 전양정 계산식

$H = h_1 + h_2 + h_3 + 35m$

$\quad\begin{bmatrix} H : 펌프의 전양정(단위 : m) \\ h_1 : 소방용 호스의 마찰손실수두(단위 : m) \\ h_2 : 배관의 마찰손실수두(단위 : m) \\ h_3 : 낙차(단위 : m) \end{bmatrix}$

11 위험물안전관리법령상 유별을 달리하는 위험물을 동일한 저장소에 서로 1m 간격을 두고 저장할 수 있다. 다음 각 물음의 물질과 동일한 저장소에 저장할 수 있는 것을 [보기]에서 골라 각각 쓰시오.

> **보기** 아세톤, 과염소산, 질산, 아세트산, 과염소산칼륨, 염소산칼륨, 과산화나트륨

(1) 질산메틸
(2) 인화성고체
(3) 황린

정답
(1) 질산메틸 – 과염소산칼륨, 염소산칼륨
(2) 인화성고체 – 아세톤, 아세트산
(3) 황린 – 과염소산칼륨, 염소산칼륨, 과산화나트륨

해설 **동일한 저장소에 저장할 수 있는 위험물**
(1) 질산메틸(5류) + 과염소산칼륨, 염소산칼륨[1류(알칼리금속과산화물 제외)]
(2) 인화성고체(2류) + 아세톤, 아세트산(4류)
(3) 황린(3류) + 과염소산칼륨, 염소산칼륨, 과산화나트륨(알칼리금속의 과산화물)[1류]
※ 유별을 달리하는 위험물을 동일한 저장소에 저장할 수 없다. 단, 옥내저장소 또는 옥외저장소에 있어서 위험물을 유별로 정리하여 서로 1m 이상의 간격을 두고 저장할 수 있는 경우
  • 제1류 위험물(알칼리금속의 과산화물은 제외)과 제5류 위험물
  • 제1류 위험물과 제6류 위험물
  • 제1류 위험물과 제3류 위험물 중 자연발화성물질(황린)
  • 제2류 위험물 중 인화성고체와 제4류 위험물
  • 제3류 위험물 중 알킬알루미늄 등과 제4류 위험물(알킬알루미늄 또는 알킬리튬을 함유한 것)
  • 제4류 위험물 중 유기과산화물과 제5류 위험물 중 유기과산화물

12 다음 [보기]의 소화기구 중 나트륨 화재에 적응성이 있는 것을 모두 골라 쓰시오.

> **보기** 포소화기, 팽창질석, 이산화탄소소화기, 인산염류소화기, 마른 모래

> **정답** 팽창질석, 마른 모래
>
> **해설** 1. 금속화재에 적응성이 있는 소화약제 (나트륨 금속화재)
>   탄산수소염류, 마른 모래, 팽창질석 또는 팽창진주암
> 2. 금속나트륨(Na) : 제3류(자연발화성, 금수성), 지정수량 10kg
> - 은백색, 광택 있는 경금속으로 물보다 가볍다. (비중 0.97, 융점 97.7℃)
> - 공기 중 연소 시 노란색 불꽃을 내면서 연소한다.
> $$4Na + O_2 \longrightarrow 2Na_2O \text{ (회백색)}$$
> - 물 또는 알코올과 반응하여 수소($H_2\uparrow$)기체를 발생시킨다.
> $$2Na + 2H_2O \longrightarrow 2NaOH + H_2\uparrow \text{ (주수소화 엄금)}$$
> $$2Na + 2C_2H_5OH \longrightarrow 2C_2H_5ONa + H_2\uparrow$$
> - 공기 중 자연발화를 일으키기 쉬우므로 석유류(등유, 경유, 유동파라핀) 속에 저장한다.
> - 이산화탄소와 폭발적으로 반응한다.(CO_2 소화기 사용 금지)
> $$4Na + 3CO_2 \longrightarrow 2Na_2CO_3 + C$$
> - 소화 시 마른 모래 등으로 질식소화한다.(피부접촉 시 화상주의)

13 위험물 안전관리법령에 따라 다음 [보기]의 위험물을 운반할 경우 각 운반용기의 내용적에 따른 수납율(%)을 각각 쓰시오.

> **보기** ① 질산 ② 과염소산 ③ 질산칼륨 ④ 알킬리튬 ⑤ 알킬알루미늄

> **정답** ① 98% 이하 ② 98% 이하 ③ 95% 이하 ④ 90% 이하 ⑤ 90% 이하
>
> **해설**
>
> | 구분 | 질산 | 과염소산 | 질산칼륨 | 알킬리튬 | 알킬알루미늄 |
> |---|---|---|---|---|---|
> | 유별 | 제6류 | 제6류 | 제1류 | 제3류 | 제3류 |
> | 성질 | 산화성액체 | 산화성액체 | 산화성고체 | 자연발화성 및 금수성 | 자연발화성 및 금수성 |
>
> ※ 위험물의 운반기준
> ① 고체위험물은 운반용기 내용적의 95% 이하의 수납율로 수납할 것
> ② 액체위험물은 운반용기 내용적의 98% 이하의 수납율로 수납하되, 55도의 온도에서 누설되지 아니하도록 충분한 공간용적을 유지하도록 할 것
> ③ 제3류 위험물은 다음의 기준에 따라 운반용기에 수납할 것
> - 자연발화성물질에 있어서는 불활성기체를 봉입하여 밀봉하는 등 공기와 접하지 아니하도록 할 것
> - 자연발화성물질 외의 물품에 있어서는 파라핀·경유·등유 등의 보호액으로 채워 밀봉하거나 불활성기체를 봉입하여 밀봉하는 등 수분과 접하지 아니하도록 할 것
> - 자연발화성물질 중 알킬알루미늄 등은 운반용기의 내용적의 90% 이하의 수납율로 수납하되, 50℃의 온도에서 5% 이상의 공간용적을 유지하도록 할 것

14 제4류 위험물인 에틸알코올에 대하여 다음 각 물음에 답을 쓰시오.

(1) 에틸알코올의 완전연소반응식을 쓰시오

(2) 에틸알코올과 칼륨이 반응하는 경우 생성기체의 명칭을 쓰시오.

(3) 에틸알코올과 구조 이성질체인 디메틸에테르의 시성식을 쓰시오.

정답 (1) $C_2H_5OH + 3O_2 \longrightarrow 2CO_2 + 3H_2O$

(2) 수소(H_2)

(3) CH_3OCH_3

해설 1. 에틸알코올(주정, C_2H_5OH) : 제4류 중 알코올류, 지정수량 400L
  • 분자량 46, 인화점 13℃, 발화점 423℃, 연소범위 4.3~19%
  • 무색투명한 휘발성액체로 특유한 향과 맛이 있으며 독성은 없다.
  • 술의 주성분으로 주정이라 한다.
  • 연소 시 연한불꽃을 내어 잘 보이지 않는다.
    $C_2H_5OH + 3O_2 \longrightarrow 2CO_2 + 3H_2O$
  • 요오드포름 반응한다. (에탄올 검출반응)
    $C_2H_5OH + \boxed{KOH + I_2} \longrightarrow CHI_3 \downarrow$ (요오드포름 : 노란색 침전)
  • 알칼리금속(Na, K)과 반응 시 수소(H_2)를 발생한다.
    $2Na + 2C_2H_5OH \longrightarrow 2C_2H_5ONa$(나트륨에틸레이트)$+ H_2 \uparrow$
    $2K + 2C_2H_5OH \longrightarrow 2C_2H_5OK$(칼륨에틸레이트)$+ H_2 \uparrow$
2. 이성질체 : 분자식은 같고 시성식이나 구조식이 다른 관계

분자식	C_2H_6O	
명칭	에틸알코	디메틸에테르
시성식	C_2H_5OH	CH_3OCH_3

요오드포름 반응하는 물질
  • 에틸알코올(C_2H_5OH)   • 아세톤(CH_3COCH_3)
  • 아세트알데히드(CH_3CHO)   • 이소프로필알코올[$(CH_3)_2CHOH$]

15 다음 물질 중에서 인화점이 낮은 순서대로 나열하시오.

산화프로필렌, 아세톤, 디에틸에테르, 이황화탄소

정답 디에틸에테르 – 산화프로필렌 – 이황화탄소 – 아세톤

해설 제4류 위험물의 물성

품명	산화프로필렌	아세톤	디에틸에테르	이황화탄소
화학식	CH_3CHCH_2O	CH_3COCH_3	$C_2H_5OC_2H_5$	CS_2
유별	특수인화물	제1석유류	특수인화물	특수인화물
인화점	−37℃	−18℃	−45℃	−30℃
착화점	465℃	538℃	180℃	100℃

16 다음 각 물질이 물과 반응할 경우 생성되는 기체의 몰수를 각각 구하시오.

(1) 과산화나트륨 78g   (2) 수소화칼슘 42g

정답 (1) [계산과정]
- 과산화나트륨(Na_2O_2)의 분자량 $= 23 \times 2 + 16 \times 2 = 78$
- 과산화나트륨과 물의 반응식에서는 산소의 기체가 발생한다.

$$2Na_2O_2 + 2H_2O \longrightarrow 4NaOH + O_2$$

$$2 \times 78g \quad : \quad 1몰$$
$$78g \quad : \quad x$$

$$x = \frac{78 \times 1}{2 \times 78} = 0.5몰$$

[답] 0.5몰

(2) [계산과정]
- 수소화칼슘(CaH_2)의 분자량 $= 40 + 2 = 42$
- 수소화칼슘과 물의 반응식에서는 수소기체가 발생한다.

$$CaH_2 + 2H_2O \longrightarrow Ca(OH)_2 + 2H_2$$

$$42g \quad : \quad 2몰$$
$$42g \quad : \quad x$$

$$x = \frac{42 \times 2}{42} = 2몰$$

[답] 2몰

해설 1. **과산화나트륨(Na_2O_2)** : 제1류 중 무기과산화물(금수성), 지정수량 50kg
- 조해성이 강하고 알코올에는 녹지 않는다.
- 물 또는 공기 중 이산화탄소와 반응 시 산소를 발생한다.

$$2Na_2O_2 + 2H_2O \longrightarrow 4NaOH + O_2 \uparrow \text{ (주수소화 금지)}$$
$$2Na_2O_2 + 2CO_2 \longrightarrow 2Na_2CO_3 + O_2 \uparrow \text{ (CO}_2\text{소화 금지)}$$

- 열분해 시 산소(O_2)를 발생한다.

$$2Na_2O_2 \longrightarrow 2NaO + O_2 \uparrow$$

- 산과 반응하여 과산화수소(H_2O_2)를 발생한다.

$$Na_2O_2 + 2HCl \longrightarrow NaCl + H_2O_2$$

- 주수 및 CO_2소화는 절대 엄금, 건조사 등으로 질식소화한다.

2. **수소화칼슘(CaH_2)** : 제3류 위험물(금수성), 지정수량 300kg
- 백색결정 또는 분말로서 물에 녹고 에테르에는 녹지 않는다.
- 물과 반응하여 수소를 발생하며 발열한다.

$$CaH_2 + 2H_2O \longrightarrow Ca(OH)_2 + 2H_2 + 48kcal$$

- 주수 및 포약제소화는 절대 엄금, 마른 모래(건조사) 등으로 피복소화한다.

17 다음 그림과 같이 에틸알코올을 저장하는 옥내저장탱크 2기가 있다. 다음 각 물음에 답하시오.

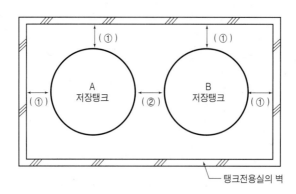

탱크전용실의 벽

(1) (①)에 해당하는 옥내저장탱크와 탱크전용실의 벽과의 사이의 간격은 몇 m 이상 유지해야 하는가?

(2) (②)에 해당하는 옥내저장탱크의 상호간의 간격은 몇 m 이상 유지해야 하는가?

(3) 옥내저장탱크의 용량(각 탱크의 용량의 합계)은 몇 L 이하로 해야 하는가?

정답 ▶ (1) 0.5m (2) 0.5m (3) 16,000L

- -

해설 ▶ 1. 옥내탱크저장소의 기준
- 옥내저장탱크는 단층건물에 설치된 탱크전용실에 설치할 것
- 옥내저장탱크와 탱크전용실의 벽과의 사이 및 옥내저장탱크의 상호간에는 0.5m 이상의 간격을 유지할 것
- 옥내저장탱크의 용량(동일한 탱크전용실에 옥내저장탱크를 2 이상 설치 시 각 탱크의 용량의 합계)
  - 지정수량 40배(제4석유류 및 동식물유류 외의 제4류 위험물에 있어서 당해 수량이 20,000L 초과시 20,000L) 이하일 것

2. 옥내저장탱크 저장소의 탱크전용실에 저장할 수 있는 위험물

(1) 탱크전용실을 단층건물에 설치하는 경우 : 전 위험물(제1류~제6류)

(2) 탱크전용실을 단층건물 외의 건축물에 설치하는 경우
  ① 저장 및 취급이 가능한 위험물
    - 제2류 위험물 중 황화린, 적린 및 덩어리 유황
    - 제3류 위험물 중 황린
    - 제4류 위험물 중 인화점이 38℃ 이상인 위험물(전층에 저장가능)
    - 제6류 위험물 중 질산
  ② 옥내저장탱크는 탱크전용실에 설치할 것
    - 1층 또는 지하층에 설치할 위험물 : 제2류 위험물 중 황화린, 적린 및 덩어리 유황, 제3류 위험물 중 황린, 제6류 위험물 중 질산의 탱크전용실
  ③ 저장할 수 있는 위험물의 용량(옥내저장탱크가 2 이상일 경우 탱크용량의 합계)
    - 1층 또는 지하층 : 지정수량의 40배 이하(단, 제4석유류 및 동식물유류 외의 제4류 위험물은 20,000L 초과시 20,000L 이하로 함)
    - 2층 이상의 층 : 지정수량의 10배 이하(단, 제4석유류 및 동식물유류 외의 제4류 위험물은 5,000L 초과시 5,000L 이하로 함)

풀이
- 에틸알코올 : 제4류 알코올류, 지정수량 400L
- 탱크의 용량(A＋B 합계) Q＝400L×40배＝16,000L
  ∴ 알코올류로서 20,000L를 초과하지 않으므로 16,000L이 된다.

18 위험물안전관리법령상 위험물 운반용기 외부 표시사항 중 주의사항을 각 위험물마다 쓰시오.

① 철분 ② 아닐린 ③ 질산칼륨
④ 질산 ⑤ 황린

정답
① 철분 : 화기주의, 물기엄금
② 아닐린 : 화기엄금
③ 질산칼륨 : 화기주의, 충격주의, 가연물접촉주의
④ 질산 : 가연물접촉주의
⑤ 황린 : 화기엄금 및 공기접촉엄금

해설 **1. 위험물 운반용기의 유별 분류**

구분	철분	아닐린	질산칼륨	질산	황린
유별	제2류	제4류	제1류 (그 밖의 것)	제6류	제3류 (자연발화성물질)

2. 위험물 운반용기의 외부 표시사항
- 위험물의 품명, 위험등급, 화학명 및 수용성(제4류 위험물의 수용성인 것에 한함)
- 위험물의 수량
- 수납하는 위험물에 따른 주의사항

유별	구분	주의사항
제1류 위험물(산화성고체)	알칼리금속의 과산화물	화기·충격주의, 물기엄금 및 가연물접촉주의
	그 밖의 것	화기·충격주의 및 가연물접촉주의
제2류 위험물(가연성고체)	철분·금속분·마그네슘	화기주의 및 물기엄금
	인화성고체	화기엄금
	그 밖의 것	화기주의
제3류 위험물	자연발화성물질	화기엄금 및 공기접촉엄금
	금수성물질	물기엄금
제4류 위험물	인화성 액체	화기엄금
제5류 위험물	자기반응성 물질	화기엄금 및 충격주의
제6류 위험물	산화성 액체	가연물접촉주의

19 다음은 제4류 위험물의 품명 및 지정수량이다. 빈칸에 알맞은 답을 쓰시오.

화학식	품명	지정수량
HCN		
$C_2H_4(OH)_2$		
CH_3COOH		
$C_3H_5(OH)_3$		
N_2H_4		

정답

화학식	품명	지정수량
HCN	제1석유류	400L
$C_2H_4(OH)_2$	제3석유류	4,000L
CH_3COOH	제2석유류	2,000L
$C_3H_5(OH)_3$	제3석유류	4,000L
N_2H_4	제2석유류	2,000L

해설 제4류 위험물의 지정수량

구분	시안화수소	에틸렌글리콜	아세트산	글리세린	히드라진
화학식	HCN	$C_2H_4(OH)_2$	CH_3COOH	$C_3H_5(OH)_3$	N_2H_4
품명	제1석유류	제3석유류	제2석유류	제3석유류	제2석유류
수용성여부	수용성	수용성	수용성	수용성	수용성
지정수량	400L	4,000L	2,000L	4,000L	2,000L

20 다음은 인화성액체 위험물을 저장하는 옥외탱크저장소의 방유제 설치기준이다. ( ) 안에 알맞은 답을 쓰시오.

---

(1) 방유제의 높이는 (①)m 이상 (②)m 이하로 할 것

(2) 방유제 내의 면적은 (③)m² 이하로 할 것

(3) 방유제 내에 설치하는 옥외저장탱크의 수는 (④) 이하로 할 것

정답 ① 0.5 ② 3 ③ 8만 ④ 10

해설 **옥외탱크저장소의 방유제(이황화탄소는 제외)[제4류의 인화성액체 위험물 저장]**
- 방유제의 용량
  - 탱크가 하나 있을 때 : 탱크용량의 110% 이상
  - 탱크가 2기 이상일 때 : 탱크 중 용량이 최대인 것의 용량의 110% 이상
- 방유제의 높이 0.5m 이상 3m 이하, 두께 0.2m 이상, 지하매설깊이 1m 이상
- 방유제 내의 면적 : 80,000m² 이하
- 방유제 내에 설치하는 옥외저장탱크의 수 : 10 이하
- 방유제와 탱크의 옆판과의 유지거리(단, 인화점이 200℃ 이상인 위험물은 제외)
  - 지름이 15m 미만일 때 : 탱크 높이의 $\frac{1}{3}$ 이상
  - 지름이 15m 이상일 때 : 탱크 높이의 $\frac{1}{2}$ 이상
- 방유제 높이가 1m 이상 : 50m마다 계단(경사로)설치

방유제 용량 비교(액체위험물)

구분	위험물제조소의 취급탱크		옥외탱크저장소
	옥외 설치 시	옥내 설치 시 (방유턱의 용량)	
하나의 탱크의 방유제 용량	탱크용량의 50% 이상	탱크 용량 이상	• 인화성 있는 탱크 : 탱크 용량의 110% 이상 • 인화성 없는 탱크 : 탱크 용량의 100% 이상
2개 이상의 탱크의 방유제 용량	최대 탱크 용량의 50%＋나머지 탱크 용량의 합의 10% 이상	최대 탱크 용량 이상	• 인화성 있는 탱크 : 최대 용량 탱크의 110% 이상 • 인화성 없는 탱크 : 최대 용량 탱크의 100% 이상

1 다음 소화약제의 화학식 또는 구성성분을 각각 쓰시오.

(1) 할론 1301
(2) IG-100
(3) 제2종 분말소화약제

정답 (1) CF_3Br (2) N_2 (3) $KHCO_3$

해설
- 할로겐화합물 소화약제의 화학식

종류 구분	할론 2402	할론 1211	할론 1301	할론 1011
화학식	$C_2F_4Br_2$	CF_2ClBr	CF_3Br	CH_2ClBr
상태(상온)	액체	기체	기체	액체

- 불활성가스 청정소화약제의 성분비율

소화약제명	구성성분과 비율
IG-01	Ar : 100%
IG-100	N_2 : 100%
IG-541	N_2 : 52%, Ar : 40%, CO_2 : 8%
IG-55	N_2 : 50%, Ar : 50%

- 분말소화약제의 화학식

종별	제1종	제2종	제3종	제4종
화학식	$NaHCO_3$ (탄산수소나트륨)	$KHCO_3$ (탄산수소칼륨)	$NH_4H_2PO_4$ (인산암모늄)	$KHCO_3 + (NH_2)_2CO$ (탄산수소칼륨＋요소)

2 다음 [보기]의 위험물 중 인화점이 낮은 것부터 순서대로 쓰시오.

보기 메틸알코올, 아세톤, 아닐린, 이황화탄소

정답 이황화탄소, 아세톤, 메틸알코올, 아닐린

해설 제4류 위험물의 물성

구분	메틸알코올	아세톤	아닐린	이황화탄소
화학식	CH_3OH	CH_3COCH_3	$C_6H_5NH_2$	CS_2
품명	알코올류	제1석유류(수용성)	제3석유류(비수용성)	특수인화물
인화점	11℃	−18℃	75℃	−30℃
지정수량	400L	400L	2,000L	50L

3 다음 제조소에서 취급하는 제4류 위험물의 양에 따라 화학소방자동차 대수와 자체소방대원의 수를 쓰시오.

(1) 지정수량의 12만배 미만일 경우
    ① 화학소방자동차 대수   ② 자체소방대원의 수

(2) 지정수량의 48만배 이상일 경우
    ① 화학소방자동차 대수   ② 자체소방대원의 수

> **정답** (1) ① 1대 이상 ② 5인 이상
> (2) ① 4대 이상 ② 20인 이상
>
> **해설** 1. 자체소방대 설치대상 사업소
> - 지정수량의 3천배 이상 제4류 위험물을 취급하는 제조소 또는 일반취급소
> - 지정수량이 50만배 이상 제4류 위험물을 저장하는 옥외탱크저장소
>
> 2. 자체소방대에 두는 화학소방차 및 인원
>
> | 사업소 | 사업소의 지정수량의 양 | 화학소방 자동차 | 자체소방 대원의 수 |
> |---|---|---|---|
> | 제조소 또는 일반취급소에서 취급하는 제4류 위험물의 최대수량의 합계 | 3천 배 이상 12만배 미만인 사업소 | 1대 | 5인 |
> | | 12만배 이상 24만배 미만 | 2대 | 10인 |
> | | 24만배 이상 48만배 미만 | 3대 | 15인 |
> | | 48만배 이상 | 4대 | 20인 |
> | 옥외탱크저장소에 저장하는 제4류 위험물의 최대수량 | 옥외탱크저장소의 지정수량이 50만배 이상인 사업소 | 2대 | 10인 |
>
> ※ 포말을 방사하는 화학소방차의 대수 : 규정 대수의 $\frac{2}{3}$ 이상으로 할 수 있다.

4 흑색화약의 원료 중 위험물에 해당되는 2가지에 대하여 화학식, 품명, 지정수량을 각각 쓰시오.

(1) ① 화학식   ② 품명   ③ 지정수량
(2) ① 화학식   ② 품명   ③ 지정수량

> **정답** (1) ① KNO_3 ② 질산염류 ③ 300kg
> (2) ① S ② 황 ③ 100kg
>
> **해설** 흑색화약원료＝질산칼륨＋유황＋숯(목탄)
> - **질산칼륨(KNO_3)** : 제1류 위험물(산화성고체), 품명 질산염류, 지정수량 300kg, 열분해시 산소(O_2)를 발생하여 산소공급원 역할을 한다.
> $$2KNO_3 \longrightarrow 2KNO_2(아질산칼륨)+O_2\uparrow$$
> - **유황(S)** : 제2류 위험물(가연성 고체), 지정수량 100kg, 공기 중 연소 시 푸른색을 내며 아황산가스(SO_2)를 발생하며 가연물 역할을 한다.
> $$S+O_2 \longrightarrow SO_2\uparrow$$
> ※ 흑색화약의 열분해반응식
> $$16KNO_3+3S+21C \rightarrow 13CO_2+3CO+8N_2+5K_2CO_3+K_2SO_4+K_2S$$

5 탄화칼슘에 대하여 각 물음에 답하시오.

(1) 물과의 반응식을 쓰시오.
(2) 물과 반응 시 발생하는 기체의 명칭을 쓰시오.
(3) 물과 반응 시 발생하는 기체의 완전연소반응식을 쓰시오.

> **정답** (1) $CaC_2 + 2H_2O \longrightarrow Ca(OH)_2 + C_2H_2$
> (2) 아세틸렌
> (3) $C_2H_2 + 2.5O_2 \longrightarrow 2CO_2 + H_2O$
> --
> **해설** **탄화칼슘(CaC_2)** : 제3류 위험물, 품명 칼슘 또는 알루미늄의 탄화물, 지정수량 300kg
> - 탄화칼슘은 물과 반응하여 수산화칼슘[$Ca(OH_2)$]과 아세틸렌(C_2H_2)가스를 발생한다.
>
> $$CaC_2 + 2H_2O \longrightarrow Ca(OH)_2 + C_2H_2$$
>
> - 아세틸렌(C_2H_2)이 연소시 이산화탄소(CO_2)와 물(H_2O)을 생성한다.
>
> $$C_2H_2 + 2.5O_2 \longrightarrow 2CO_2 + H_2O$$
>
> ※ 아세틸렌의 연소범위 : 2.5~81%
> - 탄화칼슘은 고온에서 질소(N_2)와 반응하여 석회질소($CaCN_2$)를 생성한다.
>
> $$CaC_2 + N_2 \longrightarrow CaCN_2 + C$$

6 아세톤 20L 용기 100개와 경유 200L 드럼 5개를 같이 저장할 경우 지정수량의 배수의 합을 구하시오.

> **정답** 6
> --
> **해설** **제4류 위험물의 지정수량**
> - 아세톤(CH_3COCH_3) : 제1석유류(수용성), 지정수량 400L
> - 경유 : 제2석유류(비수용성), 지정수량 1,000L
> - 지정수량의 배수의 합 = $\dfrac{\text{A품목의 저장수량}}{\text{A품목의 지정수량}} + \dfrac{\text{B품목의 저장수량}}{\text{B품목의 지정수량}}$
>
> $$= \dfrac{20L \times 100개}{400L} + \dfrac{200L \times 5개}{1,000L} = 6$$

7 다음의 제조소와 인근건축물과의 안전거리를 각각 쓰시오.

(1) 학교, 병원 등
(2) 지정문화재
(3) 7,000V 초과 35,000V 이하의 특고압가공전선
(4) 주거용 건축물
(5) 고압가스시설

정답 (1) 30m 이상 (2) 50m 이상 (3) 3m 이상
(4) 10m 이상 (5) 20m 이상

해설 제조소의 안전거리(제6류 위험물 제외)

건축물	안전거리
사용전압이 7,000V 초과 35,000V 이하(특고압가공전선)	3m 이상
사용전압이 35,000V 초과(특고압가공전선)	5m 이상
주거용(주택)	10m 이상
고압가스, 액화석유가스, 도시가스	20m 이상
학교, 병원, 극장, 복지시설	30m 이상
유형문화재, 지정문화재	50m 이상

8 다음 위험물과 혼재 운반할 수 있는 위험물의 유별을 각각 모두 쓰시오.(단, 지정수량의 $\frac{1}{10}$ 을 초과 운반하는 경우이다)

(1) 제2류   (2) 제3류   (3) 제4류

정답 (1) 제4류, 제5류
(2) 제4류
(3) 제2류, 제3류, 제5류

해설 유별을 달리하는 위험물의 혼재기준

위험물의 구분	제1류	제2류	제3류	제4류	제5류	제6류
제1류		×	×	×	×	○
제2류	×		×	○	○	×
제3류	×	×		○	×	×
제4류	×	○	○		○	×
제5류	×	○	×	○		×
제6류	○	×	×	×	×	

※ 서로 혼재 운반이 가능한 위험물(꼭 암기할 것)
• ④와 ②, ③ : 제4류와 제2류, 제4류와 제3류
• ⑤와 ②, ④ : 제5류와 제2류, 제5류와 제4류
• ⑥와 ① : 제6류와 제1류

9 다음 [보기] 물질 중 수용성 물질을 모두 골라 쓰시오.

| 보기 | 피리딘, 시안화수소, 히드라진, 클로로벤젠, 글리세린 |

정답 ▶ 피리딘, 시안화수소, 히드라진, 글리세린

해설 ▶ 제4류 위험물(인화성 액체)

물질명	피리딘	시안화수소	히드라진	클로로벤젠	글리세린
화학식	C_5H_5N	HCN	N_2H_4	C_6H_5Cl	$C_3H_5(OH)_3$
품명	제1석유류 (수용성)	제1석유류 (수용성)	제2석유류 (수용성)	제2석유류 (비수용성)	제3석유류 (수용성)
지정수량	400L	400L	2,000L	1,000L	4,000L

10 위험물제조소의 옥외에서 취급하는 탱크가 하나의 방유제 안에 용량이 $200m^3$의 취급탱크 1기와 용량이 $100m^3$인 취급탱크 1기를 설치할 경우 방유제 용량은 몇 m^3 이상으로 해야 하는가?

(1) 계산과정   (2) 답

정답 ▶ (1) $200m^3 \times 0.5 + 100m^3 \times 0.1$
     (2) $110m^3$

해설 ▶ 위험물제조소의 옥외에 설치하는 위험물취급탱크의 방유제 용량
- 하나의 취급탱크의 방유제 용량 : 탱크용량의 50% 이상
- 2개 이상의 취급탱크의 방유제 용량 : 최대탱크용량의 50%+나머지 탱크용량의 합계의 10% 이상
    ∴ $200m^3 \times 0.5(50\%) + 100m^3 \times 0.1(10\%) = 110m^3$

방유제 용량 비교(액체위험물)

| 구분 | 위험물제조소의 취급탱크 | | 옥외탱크저장소 |
	옥외 설치시	옥내 설치시 (방유턱의 용량)	
하나의 탱크의 방유제 용량	탱크 용량의 50% 이상	탱크 용량 이상	• 인화성 있는 탱크 : 탱크 용량의 110% 이상 • 인화성 없는 탱크 : 탱크 용량의 100% 이상
2개 이상의 탱크의 방유제 용량	최대탱크용량의 50%+나머지 탱크용량의 합의 10% 이상	최대탱크용량 이상	• 인화성 있는 탱크 : 최대 탱크 용량의 110% 이상 • 인화성 없는 탱크 : 최대 탱크 용량의 100% 이상

11 아세트알데히드에 대하여 각 물음에 답하시오.

(1) 시성식을 쓰시오.

(2) 에틸렌의 직접산화반응식을 쓰시오.

(3) 다음의 옥외저장탱크에 저장하는 온도는 몇 ℃ 이하인가?

    ① 압력탱크 외의 탱크인 경우

    ② 압력탱크인 경우

정답
(1) CH_3CHO

(2) $2C_2H_4 + O_2 \longrightarrow 2CH_3CHO$

(3) ① 15℃ ② 40℃

해설
1. 아세트알데히드(CH_3CHO) : 제4류 위험물, 특수인화물, 지정수량 50L
 • 인화점 -39℃, 발화점 185℃, 비점 21℃, 연소범위 4.1~57%
 • 환원성물질로 은거울반응, 펠링반응, 요오드포름($CHI_3\downarrow$: 황색침전)반응을 한다.
    $2CH_3CHO + O_2 \longrightarrow 2CH_3COOH$(아세트산)
    $CH_3CHO + H_2 \longrightarrow C_2H_5OH$(에틸알코올)
 • 연소반응식 : $CH_3CHO + 2.5O_2 \longrightarrow 2CO_2 + 2H_2O$
 • 아세트알데히드의 제조법 : 에틸렌의 직접산화법
    $2C_2H_4 + O_2 \longrightarrow 2CH_3CHO$

2. 알킬알루미늄 등, 아세트알데히드 등 및 디에틸에테르 등의 저장기준
 • 옥외 및 옥내저장탱크 또는 지하저장탱크의 저장유지온도

위험물의 종류	압력탱크 외의 탱크	위험물의 종류	압력탱크
산화프로필렌, 디에틸에테르 등	30℃ 이하	아세트알데히드 등, 디에틸에테르 등	40℃ 이하
아세트알데히드	15℃ 이하		

 • 이동저장탱크의 저장유지온도

위험물의 종류	보냉장치가 있는 경우	보냉장치가 없는 경우
아세트알데히드 등, 디에틸에테르 등	비점이하	40℃ 이하

   – 이동저장탱크에 알킬알루미늄 등을 저장하는 경우에는 20kPa 이하의 압력으로 불활성기체를 봉입하여 둘 것 (꺼낼 때는 200kPa 이하의 압력)
   – 이동저장탱크에 아세트알데히드등을 저장하는 경우에는 항상 불활성기체를 봉입하여 둘 것 (꺼낼 때는 100kPa 이하의 압력)

12 다음 [보기] 물질 중 물과 반응 시 가연성가스를 발생하는 물질 2가지를 골라 물과의 반응식을 각각 쓰시오.

> 보기 나트륨, 칼슘, 과산화나트륨, 황린, 인화칼슘, 염소산칼륨

정답 ▶ ① $2Na + 2H_2O \longrightarrow 2NaOH + H_2$
② $Ca + 2H_2O \longrightarrow Ca(OH)_2 + H_2$
③ $Ca_3P_2 + 6H_2O \longrightarrow 3Ca(OH)_2 + 2PH_3$ 중 2개

해설 ▶
- 나트륨(Na)[제3류(자연발화성, 금수성물질), 지정수량 10kg] : 금속의 이온화경향이 수소보다 큰 금속으로 물과 반응하여 염기성인 수산화나트륨($NaOH$)과 수소(H_2)의 가연성가스를 발생시킨다.
  $2Na + 2H_2O \longrightarrow 2NaOH + H_2$
- 칼슘(Ca)[제3류, 알칼리토금속, 지정수량 50kg] : 금속의 이온화 경향이 수소보다 큰 금속으로 물과 반응하여 염기성인 수산화칼슘[$Ca(OH)_2$]과 수소(H_2)의 가연성가스를 발생시킨다.
  $Ca + 2H_2O \longrightarrow Ca(OH)_2 + H_2$
- 과산화나트륨(Na_2O_2)[제1류, 무기과산화물, 지정수량 50kg] : 물과 반응하여 염기성인 수산화나트륨($NaOH$)과 산소(O_2)가스를 발생시킨다.
  $2Na_2O_2 + 2H_2O \longrightarrow 4NaOH + O_2$
- 황린(P_4)[제3류(자연발화성물질), 지정수량 20kg] : 자연발화온도가 34℃로 물에 녹지 않고 물과 반응하지 않으므로 pH=9(약알칼리성) 정도의 물속에 저장한다.
- 인화칼슘(Ca_3P_2)[제3류, 금속인화물, 지정수량 300kg] : 물과 반응하여 염기성인 수산화칼슘[$Ca(OH)_2$]과 가연성이자 맹독성인 포스핀(인화수소, PH_3) 가스를 발생시킨다.
  $Ca_3P_2 + 6H_2O \longrightarrow 3Ca(OH)_2 + 2PH_3$
- 염소산칼륨($KClO_3$)[제1류(산화성고체), 염소산염류, 지정수량 50kg] : 물과 반응하지 않는다.
※ 금속의 이온화경향이 큰 금속(K, Ca, Na 등)은 물[$H_2O \longrightarrow H^+ + OH^-$]의 수산이온[$OH^-$]과 반응하여 염기성(KOH, $Ca(OH)_2$, NaOH 등)을 나타내고 수소이온(H^+)을 밀어내어 수소($H_2\uparrow$) 기체를 발생시킨다.

13 인화알루미늄 580g이 물과 반응 시 발생하는 유독성 가스는 표준상태에서 몇 L인가?

> **정답** 224L
> ---
> **해설** **인화알루미늄(AlP)** : 제3류 위험물(금수성물질), 금속의 인화합물, 지정수량 300kg
> - 인화알루미늄의 분자량 : $27+31=58g$
> - 물과 반응시 염기성인 수산화알루미늄[$Al(OH)_3$]과 가연성이자 맹독성인 포스핀(PH_3) 가스를 발생시킨다.
>
> $$AlP+3H_2O \longrightarrow Al(OH)_3+PH_3$$
> $$58g \qquad : \qquad 22.4L(1몰)$$
> $$580g \qquad : \qquad x$$
>
> $$\therefore x=\frac{580g \times 22.4}{58}=224L$$

14 다음 각 질문에 답하시오.

(1) 과산화나트륨과 아세트산과의 반응식을 쓰시오.

(2) 아세트산의 완전연소반응식을 쓰시오.

> **정답** (1) $Na_2O_2+2CH_3COOH \longrightarrow 2CH_3COONa+H_2O_2$
> (2) $CH_3COOH+2O_2 \longrightarrow 2CO_2+2H_2O$
> ---
> **해설** 1. **과산화나트륨(Na_2O_2)** : 제1류, 무기과산화물, 지정수량 50kg
> - 아세트산(CH_3COOH)과 반응하여 아세트산나트륨(CH_3COONa)과 제6류 위험물인 과산화수소(H_2O_2)를 생성한다.
> $$Na_2O_2+2CH_3COOH \longrightarrow 2CH_3COONa+H_2O_2$$
> - 열분해, 물, 또는 이산화탄소와 반응시 산소(O_2) 기체를 발생한다.
> $$2Na_2O_2 \longrightarrow 2Na_2O+O_2$$
> $$2Na_2O_2+2H_2O \longrightarrow 4NaOH+O_2$$
> $$2Na_2O_2+2CO_2 \longrightarrow 2Na_2CO_3+O_2$$
> 2. **아세트산(초산, CH_3COOH)** : 제4류, 제2석유류(수용성), 지정수량 2,000L
> - 연소시 이산화탄소(CO_2)와 물(H_2O)이 생성된다.
> $$CH_3COOH+2O_2 \longrightarrow 2CO_2+2H_2O$$

15 규조토에 흡수시켜 다이너마이트를 만드는 물질에 대하여 각 물음에 답하시오.

(1) 구조식
(2) ① 품명
② 지정수량
(3) 분해반응식

정답 (1)
$$\begin{array}{c} H \\ | \\ H-C-O-NO_2 \\ | \\ H-C-O-NO_2 \\ | \\ H-C-O-NO_2 \\ | \\ H \end{array}$$

(2) ① 질산에스테르 ② 10kg
(3) $4C_3H_5(ONO_2)_3 \longrightarrow 12CO_2 + 10H_2O + 6N_2 + O_2$

해설 니트로글리세린[$C_3H_5(ONO_2)_3$] : 제5류, 질산에스테르, 지정수량 10kg
- 규조토에 니트로글리세린을 흡수시켜 폭약인 다이너마이트를 제조한다.
- 글리세린[$C_3H_5(OH)_3$]과 질산(HNO_3)을 반응시키고 진한황산($c-H_2SO_4$)으로 탈수시켜 제조한다.

$$C_3H_5(OH)_3 + 3HNO_3 \xrightarrow[\text{니트로화반응}]{c-H_2SO_4} C_3H_5(ONO_2)_3 + 3H_2O$$

- 상온에서 액체상태이며 충격에 민감하다.
- 분해반응식 : $4C_3H_5(ONO_2)_3 \longrightarrow 12CO_2 + 10H_2O + 6N_2 + O_2$
※ 니트로글리세린 4몰을 열분해시키면 29몰(12+10+6+1)의 기체를 발생시킨다.

16 알루미늄분에 대하여 각 물음에 답하시오.

(1) 연소반응식을 쓰시오.
(2) 염산과 반응시 발생하는 가스의 명칭을 쓰시오.
(3) 위험등급을 쓰시오.

정답 (1) $4Al + 3O_2 \longrightarrow 2Al_2O_3$
(2) 수소
(3) Ⅲ

해설 알루미늄(Al) : 제2류 위험물, 금속분, 지정수량 500kg, 위험등급 Ⅲ
- 연소시 많은 열을 내면서 산화알루미늄(Al_2O_3)이 생성된다.
$$4Al + 3O_2 \longrightarrow 2Al_2O_3$$
- 알루미늄은 금속의 이온화경향이 수소보다 큰 금속으로 염산과 반응하여 염화알루미늄($AlCl_3$)과 수소(H_2) 기체를 발생시킨다.
$$2Al + 6HCl \longrightarrow 2AlCl_3 + 3H_2$$
- 알루미늄은 물과 반응시 수산화알루미늄[$Al(OH)_3$]과 수소(H_2) 기체를 발생시킨다.
$$Al + 3H_2O \longrightarrow Al(OH)_3 + H_2$$

17 다음은 제조소와 다른 작업장 사이의 기준에 따라 방화상 유효한 격벽을 설치할 때, 공지를 보유하지 아니할 수 있는 경우이다. ( ) 안에 알맞은 답을 쓰시오.

(1) 방화벽은 (   )로 할 것 (단, 6류 위험물인 경우에는 불연재료로 할 수 있다)
(2) 방화벽에 설치하는 출입구 및 창등의 개구부는 가능한 한 최소로 하고, 출입구 및 창에는 자동 폐쇄식의 (   )을 설치할 것
(3) 방화벽의 양단 및 상단이 외벽 또는 지붕으로부터 (   ) 이상 돌출하도록 할 것

> **정답** (1) 내화구조   (2) 갑종방화문   (3) 50cm

> **해설** **제조소의 보유공지**
> • 위험물을 취급하는 건축물의 주위에는 위험물의 최대수량에 따라 공지를 보유해야 한다.

저장 또는 취급하는 위험물의 최대수량	공지의 너비
지정수량의 10배 이하	3m 이상
지정수량의 10배 초과	5m 이상

> • 제조소의 작업에 현저한 지장이 생길 우려가 있는 당해 제조소와 다른 작업장 사이에 기준에 따라 방화상 유효한 격벽을 설치한 때에는 공지를 보유하지 아니할 수 있다.
>   – 방화벽은 내화구조로 할 것(단, 제6류 위험물인 경우에는 불연재료로 할 수 있다)
>   – 방화벽에 설치하는 출입구 및 창 등의 개구부는 가능한 한 최소로 하고, 출입구 및 창에는 자동폐쇄식의 갑종방화문을 설치할 것
>   – 방화벽의 양단 및 상단이 외벽 또는 지붕으로부터 50cm 이상 돌출하도록 할 것
> ※ 지정과산화물 옥내저장소의 저장창고 격벽 설치기준에서는 당해 저장창고의 양측의 외벽으로부터 1m 이상, 상부의 지붕으로부터 50cm 이상 돌출하게 해야 한다.

18 제3류 위험물 중 지정수량이 10kg인 것의 품명 4가지를 쓰시오.

> **정답** ① 칼륨 ② 나트륨 ③ 알킬알루미늄 ④ 알킬리튬

> **해설** **제3류 위험물의 품명과 지정수량**

성질	위험등급	품명	지정수량
자연발화성 및 금수성물질	I	칼륨, 나트륨, 알킬알루미늄, 알킬리튬	10kg
		황린	20kg
	II	알칼리금속(칼륨 및 나트륨 제외) 및 알칼리토금속, 유기금속화합물(알킬알루미늄 및 알킬리튬 제외)	50kg
	III	금속의 수소화물, 금속의 인화물	300kg
		칼슘 또는 알루미늄의 탄화물	

19 다음 ( ) 안에 들어갈 소화설비의 종류를 쓰시오.

소화설비의 구분		건축물·그 밖의 공작물	전기설비	제1류 위험물		제2류 위험물			제3류 위험물		제4류 위험물	제5류 위험물	제6류 위험물
				알칼리금속과산화물 등	그 밖의 것	철분·금속분·마그네슘 등	인화성고체	그 밖의 것	금수성물품	그 밖의 것			
(①) 또는 (②)		○			○		○	○		○		○	○
스프링클러설비		○			○		○	○		○	△	○	○
물분무등소화설비	(③)	○	○		○		○	○		○	○	○	○
	(④)	○			○		○	○		○	○	○	○
	불활성가스소화설비		○				○			○			
	할로겐화합물소화설비		○				○			○			
	(⑤) 인산염류 등	○	○		○		○	○			○		○
	탄산수소염류 등		○	○		○	○		○		○		
	그 밖의 것			○		○			○				

정답 ① 옥내소화전설비 ② 옥외소화전설비 ③ 물분무소화전설비
④ 포소화설비 ⑤ 분말소화설비

해설 소화설비의 적응성

소화설비의 구분		건축물·그 밖의 공작물	전기설비	제1류 위험물		제2류 위험물			제3류 위험물		제4류 위험물	제5류 위험물	제6류 위험물
				알칼리금속과산화물 등	그 밖의 것	철분·금속분·마그네슘 등	인화성고체	그 밖의 것	금수성물품	그 밖의 것			
옥내소화전 또는 옥외소화전설비		○			○		○	○		○		○	○
스프링클러설비		○			○		○	○		○	△	○	○
물분무등 소화설비	물분무소화설비	○	○		○		○	○		○	○	○	○
	포소화설비	○			○		○	○		○	○	○	○
	불활성가스소화설비		○				○				○		
	할로겐화합물소화설비		○				○				○		
	분말 소화 설비	인산염류 등	○	○		○		○	○			○		○
		탄산수소염류 등		○	○		○		○	○		○		
		그 밖의 것			○		○		○				

①, ② 옥내, 옥외소화전설비 : 소화약제가 물이므로 전기설비와 제1류 중 알칼리금속과산화물(산소 발생), 제2류 중 금속분류(수소 발생), 제3류 중 금수성물질(가연성가스 발생), 제4류(화재면 확대) 등에 적응성이 없다.

③ 물분무소화설비 : 소화약제가 물이지만 분무하여 뿌리기 때문에 질식과 냉각효과가 있으므로 전기설비나 제4류에도 적응성이 있으나 제1류 중 알칼리금속과산화물(산소 발생)과 제3류 중 금수성물질(가연성가스 발생)에는 적응성이 없다.

④ 포소화설비 : 소화약제에 물을 넣고 거품을 만들어서 화재면을 덮어서 질식소화시키므로 제4류에도 적응성이 있으며 전기설비나 제1류 중 알칼리금속과산화물(산소 발생) 또는 제3류 중 금수성물질(가연성가스 발생)에는 적응성이 없다.

⑤ 분말소화약제 : 탄산염류소화약제는 물이 없으므로 금수성물질인 제1류 중 알칼리금속과산화물, 제2류 중 금속분류, 제3류 중 금수성물질, 제4류 위험물에 적응성이 있으며, 인산염류는 제1류(금수성), 제2류(금수성), 제3류(금수성 및 자연발화성), 제5류에는 적응성이 없고 나머지는 적응성이 있으며 특히 제6류에 적응성이 있다.

20 다음은 간이탱크저장소의 설치기준이다. ( ) 안에 알맞은 답을 쓰시오.

(1) 옥외에 설치하는 경우에는 그 탱크의 주위에 너비 (　　)m 이상의 공지를 둘 것
(2) 전용실 안에 설치하는 경우에는 탱크와 전용실의 벽과의 사이에 (　　)m 이상의 간격을 유지할 것
(3) 간이저장탱크는 두께 (　　)mm 이상의 강철판으로 제작할 것
(4) 간이저장탱크의 용량은 (　　)L 이하이어야 한다.
(5) 간이저장탱크는 (　　)kPa의 압력으로 10분간의 수압시험을 실시하여 새거나 변형되지 아니할 것

> **정답** (1) 1　　(2) 0.5　　(3) 3.2
> (4) 600　　(5) 70
>
> ---
>
> **해설** 1. **간이저장탱크 설치기준**
> - 하나의 간이탱크저장소에 설치하는 탱크의 수는 3이하로 한다.(단, 동일한 품질의 위험물의 탱크를 2 이상 설치하지 아니할 것)
> - 옥외에 설치하는 경우에는 그 탱크의 주위에 너비 1m 이상의 공지를 둘 것
> - 전용실 안에 설치하는 경우에는 탱크와 전용실의 벽과의 사이에 0.5m 이상의 간격을 유지할 것
> - 간이저장탱크의 용량은 600L 이하이어야 한다.
> - 간이저장탱크는 두께 3.2mm 이상의 강관으로 제작하여야 하며, 70kPa의 압력으로 10분간의 수압시험을 실시하여 새거나 변형되지 아니할 것
> 2. **간이저장탱크에 밸브 없는 통기관의 설치기준**
> - 통기관의 지름은 25mm 이상으로 할 것
> - 통기관은 옥외에 설치하되, 그 선단의 높이는 지상 1.5m 이상으로 할 것
> - 통기관의 선단은 수평면에 대하여 아래로 45° 이상 구부려 빗물 등이 침투하지 아니하도록 할 것
> - 가는 눈의 구리망 등으로 인화방지장치를 할 것

1 다음은 자체소방대에 두는 화학소방자동차 대수와 자체소방대원의 수에 대한 표이다. (   ) 안에 알맞은 답을 쓰시오.

지정수량의 배수	화학소방자동차의 수	자체소방대원의 수
12만배 미만	(①)대 이상	(②)인 이상
12만배 이상 24만배 미만	(③)대 이상	(④)인 이상
24만배 이상 48만배 미만	(⑤)대 이상	(⑥)인 이상
48만배 이상	(⑦)대 이상	(⑧)인 이상

정답 ① 1 ② 5 ③ 2 ④ 10
⑤ 3 ⑥ 15 ⑦ 4 ⑧ 20

해설 1. 자체소방대 설치대상사업소
- 지정수량의 3천배 이상 제4류 위험물을 취급하는 제조소 또는 일반취급소
- 지정수량의 50만배 이상 제4류 위험물을 저장하는 옥외탱크저장소

2. 자체소방대에 두는 화학소방차 및 인원

사업소	사업소의 지정수량의 양	화학소방자동차	자체소방대원의 수
제조소 또는 일반취급소에서 취급하는 제4류 위험물의 최대 수량의 합계	3천 배 이상 12만 배 미만인 사업소	1대	5인
	12만 배 이상 24만 배 미만	2대	10인
	24만 배 이상 48만 배 미만	3대	15인
	지정수량의 48만 배 이상인 사업소	4대	20인
옥외탱크저장소에 저장하는 제4류 위험물의 최대수량	옥외탱크 저장소의 지정수량이 50만 배 이상인 사업소	2대	10인

※ 포말을 방사하는 화학소방차의 대수 : 규정대수의 $\frac{2}{3}$ 이상으로 할 수 있다.

2 탄화칼슘에 대하여 각 질문에 답하시오.

(1) 물과의 반응식을 쓰시오.
(2) 물과 반응 시 발생하는 기체의 완전연소반응식을 쓰시오.

> **정답** (1) $CaC_2 + 2H_2O \longrightarrow Ca(OH)_2 + C_2H_2$
> (2) $C_2H_2 + 2.5O_2 \longrightarrow 2CO_2 + H_2O$
>
> **해설** 탄화칼슘(CaC_2) : 제3류 위험물, 칼슘 또는 알루미늄의 탄화물, 지정수량 300kg
> - 물과 반응하여 수산화칼슘[$Ca(OH)_2$]과 아세틸렌(C_2H_2)가스를 발생한다.
> $CaC_2 + 2H_2O \longrightarrow Ca(OH)_2 + C_2H_2$
> - 아세틸렌(C_2H_2)이 연소 시 이산화탄소(CO_2)와 물(H_2O)을 생성한다.
> $C_2H_2 + 2.5O_2 \longrightarrow 2CO_2 + H_2O$
> - 고온에서 질소(N_2)와 반응하여 석회질소($CaCN_2$)를 생성한다.
> $CaC_2 + N_2 \longrightarrow CaCN_2 + C$

3 다음 위험물의 운반용기 외부에 표시해야 하는 주의사항을 쓰시오.

(1) 황린 (2) 인화성고체 (3) 과산화나트륨

> **정답** (1) 화기엄금, 공기접촉엄금
> (2) 화기엄금
> (3) 화기주의, 충격주의, 물기엄금, 가연물접촉주의
>
> **해설** **1. 각 위험물의 운반용기 외부에 표시해야 하는 주의사항**
> - 황린(P_4) : 제3류 위험물 중 자연발화성물질 – 화기엄금, 공기접촉엄금
> - 인화성고체 : 제2류 위험물 – 화기엄금
> - 과산화나트륨(Na_2O_2) : 제1류 위험물 중 알칼리금속의 과산화물 – 화기주의, 충격주의, 물기엄금, 가연물 접촉주의
>
> **2. 위험물 운반용기의 외부표시사항**
> - 위험물의 품명, 위험등급, 화학명 및 수용성(제4류 위험물의 수용성인 것에 한함)
> - 위험물의 수량
> - 위험물에 따른 주의사항
>
> | 유별 | 구분 | 주의사항 |
> |---|---|---|
> | 제1류 위험물 (산화성고체) | 알칼리금속의 과산화물 | 화기·충격주의, 물기엄금 및 가연물접촉주의 |
> | | 그 밖의 것 | 화기·충격주의 및 가연물접촉주의 |
> | 제2류 위험물 (가연성고체) | 철분, 금속분, 마그네슘 | 화기주의 및 물기엄금 |
> | | 인화성고체 | 화기엄금 |
> | | 그 밖의 것 | 화기주의 |
> | 제3류 위험물 | 자연발화성물질 | 화기엄금 및 공기접촉엄금 |
> | | 금수성물질 | 물기엄금 |
> | 제4류 위험물 | 인화성액체 | 화기엄금 |
> | 제5류 위험물 | 자기반응성물질 | 화기엄금 및 충격주의 |
> | 제6류 위험물 | 산화성 액체 | 가연물접촉주의 |

4 1기압, 50℃에서 이황화탄소 5kg의 증기의 부피는 몇 L인가?

- [계산과정]
- [답]

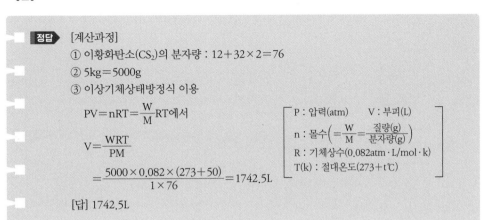

정답 [계산과정]
① 이황화탄소(CS_2)의 분자량 : $12+32×2=76$
② $5kg=5000g$
③ 이상기체상태방정식 이용

$PV=nRT=\dfrac{W}{M}RT$에서

$V=\dfrac{WRT}{PM}$

$=\dfrac{5000×0.082×(273+50)}{1×76}=1742.5L$

$\begin{bmatrix} P : 압력(atm) \quad V : 부피(L) \\ n : 몰수\left(=\dfrac{W}{M}=\dfrac{질량(g)}{분자량(g)}\right) \\ R : 기체상수(0.082atm·L/mol·k) \\ T(k) : 절대온도(273+t℃) \end{bmatrix}$

[답] 1742.5L

---

5 다음은 위험물의 성질에 따른 제조소의 특례이다. ( ) 안에 알맞은 말을 쓰시오.

(1) (A) 등을 취급하는 제조소의 설비기준
　　① 설비의 주위에는 누설범위를 국한하기 위한 설비와 누설된 (A) 등을 안전한 장소에 설치된 저장실에 유입시킬 수 있는 설비를 갖추어야 한다.
　　② 불활성기체 봉입장치를 갖추어야 한다.
(2) (B) 등을 취급하는 제조소의 설비기준
　　① 은, 수은, 구리(동), 마그네슘을 성분으로 하는 합금으로 만들지 아니한다.
　　② 연소성 혼합기체의 폭발을 방지하기 위한 불활성기체 또는 수증기 봉입장치를 갖추어야 한다.
(3) (C) 등을 취급하는 제조소의 설비기준
　　① (C) 등을 취급하는 설비에는 온도 및 농도의 상승에 의한 위험한 반응을 방지하기 위한 조치를 강구한다.
　　② 철, 이온 등의 혼입에 의한 위험한 반응을 방지하기 위한 조치를 강구한다.

정답 (1) A : 알킬알루미늄
(2) B : 아세트알데히드
(3) C : 히드록실아민

해설 (1) 알킬알루미늄 등 : 제3류 위험물 중 알킬알루미늄, 알킬리튬을 말한다.
(2) 아세트알데히드 등 : 제4류 위험물 중 아세트알데히드, 산화프로필렌을 말한다.
(3) 히드록실아민 등 : 제5류 위험물 중 히드록실아민, 히드록실아민염류를 말한다.

6 다음은 지정과산화물 옥내저장소의 저장창고 기준이다. ( ) 안에 알맞은 답을 쓰시오.

> 저장창고 바닥면적은 (①)m² 이내마다 격벽으로 완전히 구획하여야 하며, 격벽의 두께는 (②)cm 이상의 철근콘크리트조 또는 철골콘크리트조로 하거나 두께 (③)cm 이상의 보강콘크리트블록조로 하고, 저장창고 양측의 외벽으로부터 (④)m 이상, 상부의 지붕으로부터 (⑤)cm 이상 돌출하게 하여야 한다.

정답 ① 150 ② 30 ③ 40 ④ 1 ⑤ 50

해설
1. 지정과산화물 : 제5류 위험물 중 유기과산화물, 지정수량 10kg
2. 지정과산화물을 저장하는 옥내저장소의 저장창고 기준
① 저장창고는 150m² 이내마다 격벽으로 완전하게 구획할 것. 이 경우 당해 격벽은 두께 30cm 이상의 철근콘크리트조 또는 철골철근콘크리트조로 하거나 두께 40cm 이상의 보강콘크리트블록조로 하고, 당해 저장창고의 양측의 외벽으로부터 1m 이상, 상부의 지붕으로부터 50cm 이상 돌출하게 하여야 한다.
② 저장창고의 외벽은 두께 20cm 이상의 철근콘크리트조나 철골철근콘크리트조 또는 두께 30cm 이상의 보강콘크리트블록조로 할 것
③ 저장창고의 지붕 기준
• 중도리 또는 서까래의 간격은 30cm 이하로 할 것
• 지붕의 아래쪽 면에는 한 변의 길이가 45cm 이하의 환강(丸鋼), 경량형강(輕量形鋼) 등으로 된 강제(鋼製)의 격자를 설치할 것
• 지붕의 아래쪽 면에 철망을 쳐서 불연재료의 도리, 보 또는 서까래에 단단히 결합할 것
• 두께 5cm 이상, 너비 30cm 이상의 목재로 만든 받침대를 설치할 것
④ 저장창고의 출입구에는 갑종방화문을 설치할 것
⑤ 저장창고의 창은 바닥면으로부터 2m 이상의 높이에 두되, 하나의 벽면에 두는 창의 면적의 합계를 당해 벽면의 면적의 $\frac{1}{80}$ 이내로 하고, 하나의 창의 면적을 0.4m² 이내로 할 것

7 다음 [보기]에서 제4류 위험물의 지정수량을 옳게 나타낸 것을 골라 그 번호를 쓰시오.

> **보기** ① 산화프로필렌 – 200L ② 실린더유 – 6,000L
> ③ 테레핀유 – 2,000L ④ 피리딘 – 400L
> ⑤ 아닐린 – 2,000L

정답 ②, ④, ⑤

해설

물질명	산화프로필렌	실린더유	테레핀유	피리딘	아닐린
품명	특수인화물	제4석유류 (비수용성)	제2석유류 (비수용성)	제1석유류 (수용성)	제3석유류 (비수용성)
지정수량	50L	6,000L	1,000L	400L	2,000L

8 제1종 및 제2종 분말소화약제의 1차 열분해반응식을 쓰시오.

(1) 제1종 분말소화약제
(2) 제2종 분말소화약제

> **정답**
> (1) $2NaHCO_3 \longrightarrow Na_2CO_3 + CO_2 + H_2O$
> (2) $2KHCO_3 \longrightarrow K_2CO_3 + CO_2 + H_2O$
>
> **해설** 분말소화약제
>
> | 종류 | 주성분 | 색상 | 적응 화재 | 열분해 반응식 |
> |---|---|---|---|---|
> | 제1종 | 탄산수소나트륨 [$NaHCO_3$] | 백색 | B, C급 | 1차(270℃) : $2NaHCO_3 \rightarrow Na_2CO_3 + CO_2 + H_2O$
2차(850℃) : $2NaHCO_3 \rightarrow Na_2O + 2CO_2 + H_2O$ |
> | 제2종 | 탄산수소칼륨 [$KHCO_3$] | 담자 (회)색 | B, C급 | 1차(190℃) : $2KHCO_3 \rightarrow K_2CO_3 + CO_2 + H_2O$
2차(590℃) : $2KHCO_3 \rightarrow K_2O + 2CO_2 + H_2O$ |
> | 제3종 | 인산암모늄 [$NH_4H_2PO_4$] | 담홍색 | A, B, C급 | 완전열분해식 : $NH_4H_2PO_4 \rightarrow HPO_3 + NH_3 + H_2O$
1차(190℃) : $NH_4H_2PO_4 \rightarrow HPO_3 + NH_3 + H_3PO_4$ (오르토인산)
2차(215℃) : $2H_3PO_4 \rightarrow H_2O + H_4P_2O_7$(피로인산)
3차(300℃) : $H_4P_2O_7 \rightarrow H_2O + 2HPO_3$(메타인산) |
> | 제4종 | 탄산수소칼륨+요소 [$KHCO_3 + (NH_2)_2CO$] | 회색 | B, C급 | $2KHCO_3 + (NH_2)_2CO \rightarrow K_2CO_3 + 2NH_3 + 2CO_2$ |
>
> ※ 제1종 및 제2종 분말소화약제의 열분해반응식에서 차수 또는 열분해온도의 조건이 주어지지 않을 경우 제1차 열분해반응식을 쓰면 된다.

9 다음 각 물음에 답하시오.

(1) 메틸알코올의 연소반응식을 쓰시오.
(2) 메틸알코올 1몰이 연소 시 몇 몰의 물질이 발생하는지 쓰시오.

> **정답**
> (1) $CH_3OH + 1.5O_2 \longrightarrow CO_2 + 2H_2O$ (2) 3몰
>
> **해설** 메틸알코올(CH_3OH) : 제4류 위험물, 알코올류, 지정수량 400L
> • 분자량 32, 인화점 11℃, 발화점 464℃, 연소범위 7.3~36%, 비점 64℃
> • 독성이 강하여 먹으면 실명 또는 사망한다.
> • 메틸알코올을 산화하면 포름알데히드(HCHO)가 되고, 포름알데히드를 산화하면 포름산(HCOOH)이 된다.
>
> $$CH_3OH \xrightarrow[\text{[-2H]}]{\text{산화}} H \cdot CHO \xrightarrow[\text{[O]}]{\text{산화}} H \cdot COOH$$
>
> • 메틸알코올을 연소하면 이산화탄소(CO_2)와 물(H_2O)이 생성된다.
>
> $$CH_3OH + 1.5O_2 \longrightarrow CO_2 + 2H_2O$$
>
> ※ 이 연소반응식에서 메틸알코올(CH_3OH) 1몰 연소 시 이산화탄소(CO_2) 1몰과 물(H_2O) 2몰이 발생하여 총 3몰을 발생시킨다.

10 다음은 제조소의 배출설비에 대한 내용이다. ( ) 안에 알맞은 답을 쓰시오.

(1) 국소방식의 배출설비는 1시간당 배출장소 용적의 (①)배 이상인 것으로 하여야 한다. 단, 전역방식의 경우 바닥면적 1m²당 (②)m³ 이상으로 할 수 있다.

(2) 배출구는 지상 (①)m 이상으로서 연소의 우려가 없는 장소에 설치하고, (②)가 관통하는 벽 부분의 바로 가까이에 화재시 자동으로 폐쇄되는 (③)를 설치하여야 한다.

> **정답** (1) ① 20 ② 18
> (2) ① 2 ② 배출덕트 ③ 방화댐퍼
>
> **해설** 제조소의 배출설비
> • 배출설비는 국소방식으로 할 것
>
> > **배출설비를 전역방식으로 할 수 있는 경우**
> > • 위험물취급설비가 배관이음 등으로만 된 경우
> > • 건축물의 구조, 작업장소의 분포 등의 조건에 의하여 전역방식이 유효한 경우
>
> • 국소방식의 배출능력은 1시간당 배출장소 용적의 20배 이상인 것으로 하여야 한다.(단, 전역방식의 경우에는 바닥면적 1m²당 18m³ 이상으로 할 수 있다)
> • 급기구는 높은 곳에 설치하고, 가는 눈의 구리망 등으로 인화방지망을 설치할 것
> • 배출구는 지상 2m 이상으로서 연소의 우려가 없는 장소에 설치하고, 배출덕트가 관통하는 벽부분의 바로 가까이에 화재시 자동으로 폐쇄되는 방화댐퍼를 설치할 것

11 제5류 위험물 중 지정수량이 200kg인 것의 품명 3가지를 쓰시오.

> **정답** 니트로화합물, 니트로소화합물, 아조화합물, 디아조화합물, 히드라진유도체 중 3가지
>
> **해설** 제5류 위험물의 품명 및 지정수량

성질	위험등급	품명[주요품목]	지정수량
자기 반응성 물질	I	1. 유기과산화물[과산화벤조일, MEKPO]	10kg
		2. 질산에스테르류[니트로셀룰로오스, 니트로글리세린, 질산메틸, 질산에틸]	
	II	3. 니트로화합물[TNT, 피크린산, 디니트로벤젠, 디니트로 톨루엔]	200kg
		4. 니트로소화합물[파라니트로소 벤젠]	
		5. 아조화합물[아조벤젠, 히드록시아조벤젠]	
		6. 디아조화합물[디아조 디니트로페놀]	
		7. 히드라진 유도체[디메틸 히드라진]	
		8. 히드록실아민[NH_2OH]	100kg
		9. 히드록실아민염류[황산히드록실아민]	
		10. 그 밖에 행정안전부령이 정하는 것 • 금속의 아지화합물[NaN_3 등] • 질산구아니딘[$HNO_3 \cdot C(NH)(NH_2)_2$]	200kg

12 다음 [보기]의 물질에 대하여 각 질문에 답하시오.

> **보기** · 제4류 위험물 중 제1석유류에 해당된다.
> · 이소프로필알코올을 산화시켜 제조한다.
> · 요오드포름반응을 한다.

(1) [보기]에 해당되는 위험물의 명칭을 쓰시오.
(2) 요오드포름의 화학식을 쓰시오.
(3) 요오드포름의 색상을 쓰시오.

정답 (1) 아세톤　　　　　　　　(2) CHI_3　　　　　　　　(3) 황색

해설 1. **아세톤(CH_3COCH_3)** : 제4류 위험물, 제1석유류(수용성), 지정수량 400L
· 분자량 58, 인화점 $-18℃$, 착화점 538℃, 비중 0.79, 연소범위 2.6~12.8%
· 아세톤은 이소프로필알코올$[(CH_3)_2CHOH]$을 산화시켜 제조한다.

　제조반응식 : $(CH_3)_2CHOH \xrightarrow[{[-2H]}]{\text{산화}[O]} CH_3COCH_3 + H_2O$

· 아세톤은 수산화나트륨($NaOH$)과 요오드(I_2)를 반응시키면 요오드포름(CHI_3)의 황색침전이 생성하여 아세톤 검출에 사용된다.(요오드포름반응)
2. **요오드포름(CHI_3)반응을 하는 물질**
· 에틸알코올(C_2H_5OH)
· 아세트알데히드(CH_3CHO)
· 아세톤(CH_3COCH_3)
· 이소프로필알코올$[(CH_3)_2CHOH]$

13 마그네슘에 대하여 각 질문에 답하시오.

(1) 이산화탄소와의 반응식을 쓰시오.
(2) 마그네슘의 화재 시 이산화탄소 소화기를 사용할 수 없는 이유를 쓰시오.

정답 (1) $2Mg + CO_2 \longrightarrow 2MgO + C$
(2) 가연성물질인 탄소를 발생하여 폭발의 위험이 있다.

해설 **마그네슘(Mg)분** : 제2류 위험물, 지정수량 500kg
· 연소반응식 : $2Mg + O_2 \longrightarrow 2MgO$(산화마그네슘)
· 물(수증기) 또는 산과 반응하여 수소(H_2) 기체를 발생한다.(금속의 이온화경향 $Mg > H$)
　$Mg + H_2O \longrightarrow Mg(OH)_2 + H_2$
　$Mg + 2HCl \longrightarrow MgCl_2 + H_2$
· 이산화탄소와 반응하여 산화마그네슘(MgO)과 가연성물질인 탄소(C)를 발생한다.
　$2Mg + CO_2 \longrightarrow 2MgO + C$
· 주수 및 CO_2 소화는 엄금하고 건조사, 팽창질석, 팽창진주암을 사용한다.

14 다음 원통형(종형) 탱크의 내용적은 몇 m³인가?

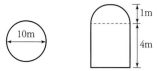

(1) 계산과정

(2) 답

정답 (1) 내용적(V) $= \pi r^2 l = \pi \times 5^2 \times 4 = 314.159265 \text{m}^3$

(2) 314.16m^3

해설 1. 원통형 탱크의 내용적(V)

- 횡(수평)으로 설치한 것 : 내용적(V) $= \pi r^2 \left(l + \dfrac{l_1 + l_2}{3} \right)$

 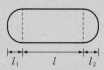

- 종(수직)으로 설치한 것 : 내용적(V) $= \pi r^2 l$

※ 문제에서 지름이 10m이므로 반지름은 5m가 되고, 탱크 지붕의 높이 1m는 해당이 없으므로 탱크의 높이는 4m로 계산한다.

내용적(V) $= \pi r^2 l = \pi \times 5^2 \times 4 = 314.159265 \text{m}^3$

2. 탱크의 용량 산정기준

- 탱크의 용량 = 탱크의 내용적 - 탱크의 공간용적

- 탱크의 용량범위 : 탱크 용적의 90~95% (탱크의 공간용적 : 탱크 용적의 $\dfrac{5}{100}$ 이상 $\dfrac{10}{100}$ 이하의 용적)

15 위험물안전관리법령상 제2류 위험물의 정의를 각각 쓰시오.

(1) 인화성고체
(2) 철분

> **정답** ▶ (1) 고형알코올 그 밖에 1기압에서 인화점이 40℃ 미만인 고체를 말한다.
> (2) 철의 분말로서 53μm의 표준체를 통과하는 것이 50중량% 미만인 것은 제외한다.
>
> --
>
> **해설** ▶ 제2류 위험물의 정의
> • 유황 : 순도가 60중량% 이상의 것을 말한다. 이 경우 순도 측정에 있어서 불순물은 활석 등 불연성물질과 수분에 한한다.
> • 철분 : 철의 분말로서 53μm의 표준체를 통과하는 것이 50중량% 미만인 것은 제외한다.
> • 금속분 : 알칼리금속·알칼리토류금속·철 및 마그네슘 외의 금속의 분말을 말하고, 구리분·니켈분 및 150마이크로미터의 체를 통과하는 것이 50중량% 미만인 것을 제외한다.
> • 마그네슘에 있어서는 다음에 해당하는 것은 제외한다.
> – 2mm의 체를 통과하지 아니하는 덩어리 상태의 것
> – 직경 2mm 이상의 막대모양의 것
> • 인화성고체 : 고형알코올 그 밖에 1기압에서 인화점이 40℃ 미만인 고체를 말한다.

16 질산암모늄에서 질소와 수소의 중량(wt)%를 구하시오.

(1) 질소
　　① 계산과정　　　　　　② 답
(2) 수소
　　① 계산과정　　　　　　② 답

> **정답** ▶ (1) ① $\dfrac{2 \times 14}{80} \times 100$　② 35wt%
>
> (2) ① $\dfrac{4 \times 1}{80} \times 100$　② 5wt%
>
> --
>
> **해설** ▶ 질산암모늄(NH_4NO_3) : 제1류 위험물, 질산염류, 지정수량 300kg
> • 질산암모늄의 분자량 : $14 \times 2 + 1 \times 4 + 16 \times 3 = 80$
> • 원소의 잘량백분율(%) = $\dfrac{\text{화합물 중 특정원소의 질량}}{\text{화합물의 질량(분자량)}} \times 100$
>
> 　질소(N) : NH_4NO_3 속에 2개가 있으므로 $\dfrac{2N}{NH_4NO_3} = \dfrac{2 \times 14}{80} \times 100 = 35\text{wt}\%$
>
> 　수소(H) : NH_4NO_3 속에 4개가 있으므로 $\dfrac{4N}{NH_4NO_3} = \dfrac{4 \times 1}{80} \times 100 = 5\text{wt}\%$
>
> 　산소(O) : NH_4NO_3 속에 3개가 있으므로 $\dfrac{3O}{NH_4NO_3} = \dfrac{3 \times 16}{80} \times 100 = 60\text{wt}\%$

17 이산화망간 촉매하에 과산화수소가 햇빛에 의해 분해반응을 한다. 다음 질문에 답하시오.

(1) 분해반응식을 쓰시오.
(2) 분해 시 발생하는 기체의 명칭을 쓰시오.

> **정답** (1) $2H_2O_2 \xrightarrow{MnO_2} 2H_2O + O_2$
> (2) 산소
>
> ----
>
> **해설** **과산화수소(H_2O_2)** : 제6류 위험물, 지정수량 300kg
> - 위험물 적용대상 : 농도가 36중량% 이상인 것
> - 이산화망간(MnO_2) 촉매하에 햇빛에 의해 분해 시 산소(O_2) 기체를 발생한다.
> $$2H_2O_2 \xrightarrow{MnO_2} 2H_2O + O_2$$
> - 일반 시판품은 30~40%의 수용액으로 분해하기 쉽다.
>   ※ 분해안정제 : 인산(H_3PO_4), 요산($C_5H_4N_4O_3$) 첨가
> - 히드라진(N_2H_4)과 접촉 시 분해하여 발화폭발한다.
> $$2H_2O_2 + N_2H_4 \longrightarrow 4H_2O + N_2$$
> - 저장용기의 마개는 작은 구멍이 있는 것을 사용한다.

18 다음은 위험물안전관리법령상 알코올류에 대한 내용이다. ( ) 안에 알맞은 답을 쓰시오.

'알코올류'라 함은 1분자를 구성하는 탄소원자의 수가 1개부터 (①)개까지인 포화1가 알코올(변성알코올을 포함한다)을 말한다. 다만, 다음에 해당하는 것은 제외한다.
(1) 1분자를 구성하는 탄소원자의 수가 1개 내지 3개의 포화1가 알코올의 함유량이 (②)중량% 미만인 수용액
(2) 가연성 액체량이 (③)중량% 미만이고 인화점 및 연소점이 에틸알코올 60중량% 수용액의 인화점 및 연소점을 초과하는 것

> **정답** ① 3 ② 60 ③ 60
>
> ----
>
> **해설** '알코올류'라 함은 1분자를 구성하는 탄소원자의 수가 1개부터 3개까지인 포화1가 알코올(변성알코올을 포함한다)을 말한다. 다만, 다음에 해당하는 것은 제외한다.
> (1) 1분자를 구성하는 탄소원자의 수가 1개 내지 3개의 포화1가 알코올의 함유량이 60중량% 미만인 수용액
> (2) 가연성 액체량이 60중량% 미만이고 인화점 및 연소점이 에틸알코올 60중량% 수용액의 인화점 및 연소점을 초과하는 것

19 다음 표를 보고 각 물음에 답하시오.

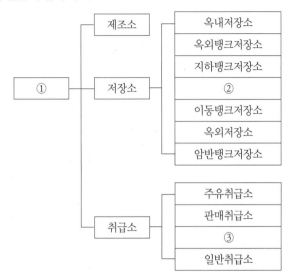

(1) 제조소, 저장소, 취급소를 모두 포함하는 ①의 명칭을 쓰시오.
(2) ②의 명칭을 쓰시오.
(3) ③의 명칭을 쓰시오.
(4) 안전관리자를 선임하지 않아도 되는 저장소의 종류를 쓰시오. (없을 경우 '없음'이라고 쓰시오)
(5) 이동저장탱크에 액체위험물을 주입하는 일반취급소의 명칭을 쓰시오. (액체위험물을 용기에 옮겨담는 취급소를 포함한다)

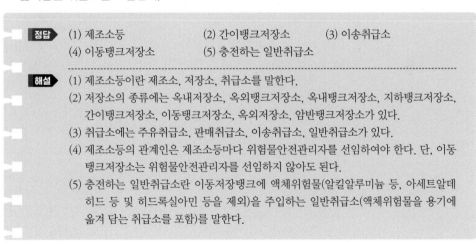

정답▶ (1) 제조소등   (2) 간이탱크저장소   (3) 이송취급소
         (4) 이동탱크저장소   (5) 충전하는 일반취급소

해설▶ (1) 제조소등이란 제조소, 저장소, 취급소를 말한다.
         (2) 저장소의 종류에는 옥내저장소, 옥외탱크저장소, 옥내탱크저장소, 지하탱크저장소, 간이탱크저장소, 이동탱크저장소, 옥외저장소, 암반탱크저장소가 있다.
         (3) 취급소에는 주유취급소, 판매취급소, 이송취급소, 일반취급소가 있다.
         (4) 제조소등의 관계인은 제조소등마다 위험물안전관리자를 선임하여야 한다. 단, 이동탱크저장소는 위험물안전관리자를 선임하지 않아도 된다.
         (5) 충전하는 일반취급소란 이동저장탱크에 액체위험물(알킬알루미늄 등, 아세트알데히드 등 및 히드록실아민 등을 제외)을 주입하는 일반취급소(액체위험물을 용기에 옮겨 담는 취급소를 포함)를 말한다.

20 위험물안전관리법령상 소화난이도 등급 Ⅰ에 해당하는 옥외탱크저장소의 기준에 해당되는 것을 [보기]에서 골라 그 번호를 쓰시오.

보기 ① 질산 60,000kg을 저장하는 옥외탱크저장소
② 과산화수소를 저장하는 액표면적이 40m^2 이상인 옥외탱크저장소
③ 유황 14,000kg을 저장하는 지중탱크
④ 휘발유 100,000L를 저장하는 해상탱크
⑤ 이황화탄소 500L를 저장하는 옥외탱크저장소

정답 ③, ④

해설 소화난이도 Ⅰ등급에 해당되는 옥외탱크저장소의 기준

옥외 탱크 저장소	액표면적이 40m^2 이상인 것(제6류 위험물을 저장하는 것 및 고인화점위험물만을 100℃ 미만의 온도에서 저장하는 것은 제외)
	지반면으로부터 탱크 옆판의 상단까지 높이가 6m 이상인 것(제6류위험물을 저장하는 것 및 고인화점위험물만을 100℃ 미만의 온도에서 저장하는 것은 제외)
	지중탱크 또는 해상탱크로서 지정수량의 100배 이상인 것(제6류 위험물을 저장하는 것 및 고인화점위험물만을 100℃ 미만의 온도에서 저정하는 것은 제외)
	고체위험물을 저장하는 것으로서 지정수량의 100배 이상인 것

① 질산 60,000kg : 지정수량 배수$=\dfrac{\text{저장수량}}{\text{지정수량}}=\dfrac{60,000kg}{300kg}=200$배

　지중탱크와 해상탱크에서 지정수량 100배 이상이지만 제6류 위험물이므로 해당없음
② 과산화수소 : 액표면적이 40m^2 이상이지만 제6류 위험물이므로 해당없음
③ 유황 14,000kg : 지정수량이 100kg이므로 지정수량의 배수$=\dfrac{14,000kg}{100kg}=140$배 이다.

　유황은 제2류의 가연성고체 위험물로서 지정수량의 100배 이상이므로 해당된다.
④ 휘발유 100,000L : 제1석유류(비수용성)의 지정수량 200L이므로 지정수량 배수

　$=\dfrac{100,000L}{200L}=500$배

　지중탱크 또는 해상탱크에서 지정수량이 100배 이상이므로 해당된다.
⑤ 이황화탄소 500L : 제4류 중 특수인화물로 지정수량 50L이므로 지정수량 배수

　$=\dfrac{500L}{50L}=10$배

　지중탱크 또는 해상탱크에 지정수량 100배 이상이어야 해당되는데, 10배이므로 해당되지 않는다.

1 다음 위험물을 지정수량 이상 운반 시 혼재할 수 없는 위험물의 유별을 쓰시오.

> ① 제1류 ② 제2류 ③ 제3류 ④ 제4류 ⑤ 제5류

정답 ① 제2류, 제3류, 제4류, 제5류   ② 제1류, 제3류, 제6류
③ 제1류, 제2류, 제5류, 제6류   ④ 제1류, 제6류
⑤ 제1류, 제3류, 제6류

해설 **1. 유별을 달리하는 위험물의 혼재기준**

위험물의 구분	제1류	제2류	제3류	제4류	제5류	제6류
제1류		×	×	×	×	○
제2류	×		×	○	○	×
제3류	×	×		○	×	×
제4류	×	○	○		○	×
제5류	×	○	×	○		×
제6류	○	×	×	×	×	

※ 이 표는 지정수량 $\frac{1}{10}$ 이하의 위험물은 적용하지 않음

2. 서로 혼재 운반이 가능한 위험물(꼭 암기 바람)
- ④와 ②, ③ : 제4류와 제2류, 제4류와 제3류
- ⑤와 ②, ④ : 제5류와 제2류, 제5류와 제4류
- ⑥과 ① : 제6류와 제1류

2 다음 물질들의 완전연소반응식을 각각 쓰시오.

① P_2S_5　　　　　　　② Al　　　　　　　③ Mg

정답 ① $2P_2S_5 + 15O_2 \longrightarrow 10SO_2 + 2P_2O_5$
② $4Al + 3O_2 \longrightarrow 2Al_2O_3$
③ $2Mg + O_2 \longrightarrow 2MgO$

해설 ① P_2S_5(오황화린)에서 인(P)은 연소 시 산소와 반응하여 오산화인(P_2O_5)이 생성되고 황(S)은 연소 시 산소와 반응하여 이산화황(SO_2)이 생성된다.
연소반응식 : $2P_2S_5 + 15O_2 \longrightarrow 10SO_2 + 2P_2O_5$
② Al(알루미늄)은 연소 시 산소와 반응하여 산화알루미늄(Al_2O_3)이 생성된다.
연소반응식 : $4Al + 3O_2 \longrightarrow 2Al_2O_3$
③ Mg(마그네슘)은 연소 시 산소와 반응하여 산화마그네슘(MgO)이 생성된다.
연소반응식 : $2Mg + O_2 \longrightarrow 2MgO$

3 공기 중에서 아세톤이 완전연소 시 다음 각 물음에 답하시오.(단, 표준상태를 기준한다)

(1) 아세톤의 완전연소반응식을 쓰시오.

(2) 아세톤 200g이 연소 시 필요한 이론공기량(L)을 구하시오.(단, 공기 중 산소의 부피비는 21%이다)

(3) 위 (2)의 조건에서 탄산가스의 발생량(L)을 구하시오.

정답 (1) $CH_3COCH_3 + 4O_2 \longrightarrow 3CO_2 + 3H_2O$

(2) 1471.26L

(3) 231.72L

- -

해설 **아세톤(CH_3COCH_3)** : 제4류 위험물, 제1석유류(수용성), 지정수량 400L

• 분자량 58, 인화점 -18℃, 발화점 538℃, 비점 56.5℃, 연소범위 2.6~12.8%
• 물에 잘 녹는 무색 액체로 자극적인 냄새가 난다.
• 피부에 접촉 시 탈지작용을 일으킨다.
• 요오드포름(CHI_3)반응을 한다.

풀이 ① 아세톤의 분자량(CH_3COCH_3)$=12\times3+1\times6+16=58g$

② 아세톤의 완전연소반응식 : 이론공기량(L) 계산식

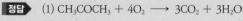

$$CH_3COCH_3+4O_2 \longrightarrow 3CO_2+3H_2O$$
$$58g \nwarrow \quad 4\times22.4L$$
$$200g \quad : \quad x$$

• 산소량$(x)=\dfrac{200\times4\times22.4}{58}=308.9655L$

∴ 이론공기량(L)$=308.9655\times\dfrac{100}{21}=1471.264L$

[답] 1471.26L

③ 아세톤의 완전연소반응식 : 탄산가스의 발생량(L) 계산식

$$CH_3COCH_3+4O_2 \longrightarrow 3CO_2+3H_2O$$
$$58g \longleftarrow \quad : \quad 3\times22.4L$$
$$200g \quad : \quad x$$

∴ 탄산가스량$(x)=\dfrac{200\times3\times22.4}{58}=231.724L$

[답] 231.72L

4 금속칼륨에 대하여 각 물음에 답하시오.

(1) 물과의 반응식을 쓰시오.
(2) 이산화탄소와의 반응식을 쓰시오.
(3) 에틸알코올과의 반응식을 쓰시오.

> **정답** (1) $2K + 2H_2O \longrightarrow 2KOH + H_2$
> (2) $4K + 3CO_2 \longrightarrow 2K_2CO_3 + C$
> (3) $2K + 2C_2H_5OH \longrightarrow 2C_2H_5OK + H_2$
>
> --
>
> **해설** **칼륨(K)** : 제3류 위험물(자연발화성 및 금수성물질), 지정수량 10kg
> - 비중 0.86, 융점 63.5℃, 은백색의 무른 경금속이다.
> - 칼륨은 수소보다 이온화경향이 매우 큰 금속으로 물과 반응 시 염기성인 수산화칼륨과 수소기체를 발생시킨다.
>
> $2K + 2H_2O \longrightarrow 2KOH + H_2\uparrow$
>   (칼륨)　(물)　　　(수산화칼륨)　(수소)
> - 이산화탄소와 반응 시 탄산칼륨과 탄소를 생성한다.
>
> $4K + 3CO_2 \longrightarrow 2K_2CO_3 + C$
>   (칼륨) (이산화탄소)　　(탄산칼륨)　(탄소)
> - 에틸알코올과 반응 시 칼륨에틸레이트와 수소기체를 발생시킨다.
>
> $2K + 2C_2H_5OH \longrightarrow 2C_2H_5OK + H_2\uparrow$
>   (칼륨)　(에틸알코올)　　(칼륨에틸레이트) (수소)

5 특수인화물 중 물속에 저장하는 위험물에 대하여 다음 각 물음에 답하시오.

(1) 연소 시 발생하는 독성가스의 화학식을 쓰시오.
(2) 이 위험물의 증기비중을 쓰시오.
(3) 이 위험물을 저장하는 옥외저장탱크의 철근콘크리트 수조의 두께는 몇 m 이상으로 해야 하는지 쓰시오.

> **정답** (1) SO_2　(2) 2.62　(3) 0.2m 이상
>
> --
>
> **해설** **이황화탄소(CS_2)** : 제4류 위험물, 품명은 특수인화물, 지정수량 50L
> - 인화점 −30℃, 발화점 100℃, 비점 46.3℃, 연소범위 1.2~44%
> - 분자량 = $12 + 32 \times 2 = 76$
> - 증기비중 : CS_2의 $\dfrac{분자량}{29} = \dfrac{76}{29} = 2.62$
> - 비중 1.26으로 물보다 무겁고 물에 녹지 않는다.
> - 연소 시 이산화탄소(CO_2)와 이산화황(SO_2)의 유독성가스를 발생시킨다.
>
> $CS_2 + 3O_2 \longrightarrow CO_2 + SO_2$
> - 저장 시 물속에 보관하여 가연성증기의 발생을 억제시킨다.
> - 이황화탄소 옥외저장탱크는 벽 및 바닥의 두께가 0.2m 이상인 철근콘크리트의 수조에 넣어 보관한다.

6 다음 [보기]를 보고 각 물음에 답하시오.

> [보기] 메탄올, 아세톤, 아닐린, 클로로벤젠, 메틸에틸케톤

(1) 인화점이 가장 낮은 것을 고르시오.
(2) 위 (1)의 물질의 구조식을 쓰시오.
(3) 제1석유류를 모두 고르시오.

정답 (1) 아세톤 (2)

$$
\begin{array}{ccc}
\text{H} & \text{O} & \text{H} \\
| & \| & | \\
\text{H}-\text{C}-\text{C}-\text{C}-\text{H} \\
| & & | \\
\text{H} & & \text{H}
\end{array}
$$

(3) 아세톤, 메틸에틸케톤

해설 제4류 위험물의 물성

구분	메틸알코올 (CH_3OH)	아세톤 (CH_3COCH_3)	아닐린 ($C_6H_5NH_2$)	클로로벤젠 (C_6H_5Cl)	메틸에틸케톤 ($CH_3COC_2H_5$)
품명	알코올류	제1석유류 (수용성)	제3석유류 (비수용성)	제2석유류 (비수용성)	제1석유류 (비수용성)
인화점	11℃	−18℃	75℃	32℃	−1℃
지정수량	400L	400L	2,000L	1,000L	200L
구조식	H-C-O-H	H-C-C-C-H	NH₂	Cl	H-C-C-C-C-H

※ 인화점 낮은 순서 : 특수인화물 > 제1석유류 > 알코올류 > 제2석유류 > 제3석유류 > 제4석유류 > 동식물유류

7 98중량%의 질산(비중1.51) 100mL를 68중량%의 질산(비중 1.41)으로 만들려면 물 몇 g을 첨가하여야 하는지 계산하시오.

- [계산과정]
- [답]

정답 [계산과정]
$0.98 \times 1.51 \times 100 = 0.68 \times 1.41 \times (100 + x)$
$x = 54.338 \text{mL}$
∴ 54.34g
[답] 54.34g

해설 물의 밀도(g/mL)와 비중은 1이므로 54.34mL=54.34g이 된다.

8 위험물안전관리법령상 위험물제조소에 설치하는 옥내소화전에 대하여 다음 각 물음에 답을 쓰시오.

(1) 수원의 양은 소화전의 개수에 몇 m^3를 곱해야 하는가?
(2) 하나의 노즐의 방수압력은 몇 KPa 이상으로 하여야 하는가?
(3) 하나의 노즐의 방수량은 몇 L/min 이상으로 하여야 하는가?
(4) 하나의 호스접속구까지의 수평거리는 몇 m 이하로 하여야 하는가?

> **정답** (1) 7.8m³   (2) 350KPa   (3) 260L/min   (4) 25m
>
> **해설** 위험물제조소등의 소화설비 설치기준[비상전원 : 45분]
>
> | 소화설비 | 수평거리 | 방수량 | 방수압력 | 수원의 양(Q : m³) |
> |---|---|---|---|---|
> | 옥내 | 25m 이하 | 260(L/min) 이상 | 350(Kpa) 이상 | Q=N(소화전 개수 : 최대5개)×7.8m³ (260L/min×30min) |
> | 옥외 | 40m 이하 | 450(L/min) 이상 | 350(Kpa) 이상 | Q=N(소화전 개수 : 최대4개)×13.5m³ (450L/min×30min) |
> | 스프링클러 | 1.7m 이하 | 80(L/min) 이상 | 100(Kpa) 이상 | Q=N(헤드 수 : 최대 30개)×2.4m³ (80L/min×30min) |
> | 물분무 | – | 20(L/m²·min) 이상 | 350(Kpa) 이상 | Q=A(바닥면적:m²)×0.6m³/m² (20L/m²·min×30min) |

9 메탄올을 산화반응시키면 포름알데히드와 물이 생성된다. 메탄올 320g을 산화시키면 포름알데히드는 몇 g이 생성되는가?

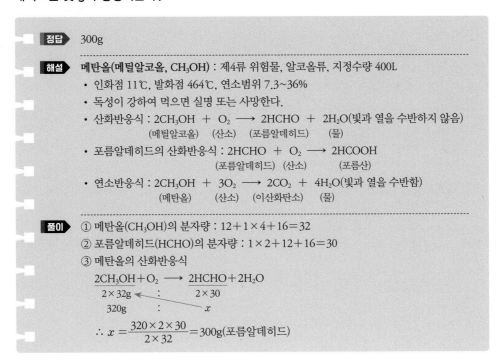

> **정답** 300g
>
> **해설** 메탄올(메틸알코올, CH_3OH) : 제4류 위험물, 알코올류, 지정수량 400L
> - 인화점 11℃, 발화점 464℃, 연소범위 7.3~36%
> - 독성이 강하여 먹으면 실명 또는 사망한다.
> - 산화반응식 : $2CH_3OH + O_2 \longrightarrow 2HCHO + 2H_2O$(빛과 열을 수반하지 않음)
>   (메틸알코올)   (산소)   (포름알데히드)   (물)
> - 포름알데히드의 산화반응식 : $2HCHO + O_2 \longrightarrow 2HCOOH$
>   (포름알데히드)   (산소)   (포름산)
> - 연소반응식 : $2CH_3OH + 3O_2 \longrightarrow 2CO_2 + 4H_2O$(빛과 열을 수반함)
>   (메탄올)   (산소)   (이산화탄소)   (물)
>
> **풀이** ① 메탄올(CH_3OH)의 분자량 : $12+1×4+16=32$
> ② 포름알데히드(HCHO)의 분자량 : $1×2+12+16=30$
> ③ 메탄올의 산화반응식
>
> $$2CH_3OH + O_2 \longrightarrow 2HCHO + 2H_2O$$
> $$2×32g \quad : \qquad 2×30$$
> $$320g \quad : \qquad x$$
>
> $$\therefore x = \frac{320 × 2 × 30}{2 × 32} = 300g(포름알데히드)$$

10 질산암모늄 800g이 열분해시 발생되는 기체의 총 부피는 1기압 600℃에서 몇 L가 되는가?

정답 [계산과정 1]

① 질산암모늄(NH_4NO_3)의 분자량 $= 14 \times 2 + 1 \times 4 + 16 \times 3 = 80$

② 질산암모늄의 열분해반응식 : $2NH_4NO_3 \longrightarrow 2N_2 + O_2 + 4H_2O$

$2 \times 80g$ ◀━ 7몰$\times 22.4L$ $(2+1+4=7$몰)

$800g$: x

$$\therefore x = \frac{800 \times 7 \times 22.4}{2 \times 80} = 784L \text{ (표준상태 : 0℃, 1atm)}$$

③ 0℃, 1atm에서 784L를 1atm, 600℃로 환산하여 부피를 구한다.(보일-샤를법칙 적용)

$$\frac{P_1 V_1}{T_1} = \frac{P_2 V_2}{T_2}, \quad \frac{1 \times 784}{(273+0)} = \frac{1 \times V_2}{(273+600)}$$

$$\therefore V_2 = \frac{1 \times 784 \times (273+600)}{(273+0) \times 1} = 2507.076L$$

[답] 2507.08L

[계산과정 2]

① 질산암모늄(NH_4NO_3)의 분자량 $= 14 \times 2 + 1 \times 4 + 16 \times 3 = 80$

② 질산암모늄의 열분해반응식

$2NH_4NO_3 \longrightarrow 2N_2 + O_2 + 4H_2O$

$2 \times 80g$ ◀━ : 7몰 $(2+1+4=7$몰)

$800g$: x

$$\therefore x = \frac{800 \times 7}{2 \times 80} = 35몰$$

③ 이상기체상태방정식을 이용한다.

$PV = nRT$

$$\therefore V = \frac{nRT}{P} = \frac{35 \times 0.082 \times (273+600)}{1} = 2505.51L$$

[답] 2505.51L

해설 [계산과정 1]과 [계산과정 2] 중 하나의 식을 선택하되, 계산과정에 따라 정답이 약간 다르게 나와도 모두 정답으로 인정된다.

1. 이상기체상태방정식

$$PV = nRT = \frac{W}{M}RT$$

$$\left[\begin{array}{l} P : \text{압력(atm),} \quad V : \text{부피(L),} \quad n : \text{mol 수} \left(= \frac{W(질량, g)}{M(분자량)} \right), \\ T[K] : \text{절대온도(273+t℃),} \quad R : \text{기체상수(0.082atm} \cdot l/\text{mol} \cdot K) \end{array} \right]$$

2. **질산암모늄(NH_4NO_3)** : 제1류 위험물, 품명은 질산염류, 지정수량 300kg

• 무색의 백색결정으로 조해성이 있고 물, 알칼리, 알코올에 잘 녹는다.

• 물에 녹을 경우 흡열반응을 하여 열을 흡수하므로 한재에 사용한다.

• 열분해반응식 : $2NH_4NO_3 \longrightarrow 2N_2 + O_2 + 4H_2O$

※ 질산암모늄 열분해 반응시 생성되는 기체는 질소(N_2)와 산소(O_2), 그리고 물(H_2O)도 액체상태가 아닌 수증기 상태의 기체로 계산해준다.

• AN-FO 폭약의 기폭제[NH_4NO_3(94%)+경유(6%) 혼합]에 사용한다.

11 제2류 위험물과 동소체의 관계가 있는 제3류 위험물의 자연발화성물질에 대해 다음 각 물음에 답하시오.

(1) 연소반응식을 쓰시오.
(2) 위험등급은 몇 등급인가?
(3) 옥내저장소의 바닥면적은 몇 m² 이하인가?

정답
(1) $P_4 + 5O_2 \longrightarrow 2P_2O_5$
(2) Ⅰ등급
(3) 1,000m²

해설
1. 동소체 : 같은 원소로 되어 있으나 원자배열 및 결합방법이 달라서 서로 성질이 다른 물질(동소체 확인방법 : 연소 시 생성물이 같다)
   - 위험물 중 동소체를 가지는 물질 : 인(P), 황(S)
   - 인의 동소체 중 적린(P)은 제2류의 가연성 고체이고, 황린(P_4)은 제3류의 자연발화성 물질이다.
     적린(P)의 연소반응식 : $4P + 5O_2 \longrightarrow 2P_2O_5$(오산화인 : 백색연기)
     황린(P_4)의 연소반응식 : $P_4 + 5O_2 \longrightarrow 2P_2O_5$(오산화인 : 백색연기)
   - 제2류 중 황(S)의 동소체 : 사방황, 단사황, 고무상황
     황(S)의 연소반응식 : $S + O_2 \longrightarrow SO_2$(이산화황 : 유독성 가스)
   ※ 문제에서는 제3류 위험물의 자연발화성인 황린(P_4)을 말한다.
2. 황린(P_4) : 제3류(자연발화성), 위험등급은 Ⅰ등급, 지정수량 20kg
3. 하나의 옥내저장소의 저장창고 바닥면적 설치기준

위험물을 저장하는 창고	바닥면적
① 제1류 위험물 중 아염소산염류, 염소산염류, 과염소산염류, 무기과산화물, 지정수량 50kg인 것	1,000m² 이하
② 제3류 위험물 중 칼륨, 나트륨, 알킬알루미늄, 알킬리튬, 지정수량 10kg인 것 및 황린	
③ 제4류 위험물 중 특수인화물, 제1석유류 및 알코올류	
④ 제5류 위험물 중 유기과산화물, 질산에스테르류, 지정수량 10kg인 것	
⑤ 제6류 위험물	
①~⑤ 이외의 위험물	2,000m² 이하
상기위험물을 내화구조의 격벽으로 완전히 구획된 실	1,500m² 이하

12 다음은 옥외탱크저장소의 보유공지에 대한 내용이다. ( ) 안에 알맞은 답을 쓰시오.

저장 또는 취급하는 위험물의 최대수량	공지의 너비
지정수량의 500배 이하	(①)m 이상
지정수량의 500배 초과 1,000배 이하	(②)m 이상
지정수량의 1,000배 초과 2,000배 이하	(③)m 이상
지정수량의 2,000배 초과 3,000배 이하	(④)m 이상
지정수량의 3,000배 초과 4,000배 이하	(⑤)m 이상

정답 ① 3 ② 5 ③ 9 ④ 12 ⑤ 15

해설 옥외탱크저장소 보유공지

저장 또는 취급하는 위험물의 최대수량	공지의 너비
지정수량의 500배 이하	3m 이상
지정수량의 500배 초과 1,000배 이하	5m 이상
지정수량의 1,000배 초과 2,000배 이하	9m 이상
지정수량의 2,000배 초과 3,000배 이하	12m 이상
지정수량의 3,000배 초과 4,000배 이하	15m 이상
지정수량의 4,000배 초과	당해 탱크의 수평 단면의 최대 지름(횡형인 경우에는 긴 변)과 높이 중 큰 것과 같은 거리 이상. 다만, 30m 초과인 경우에는 30m 이상으로 할 수 있고, 15m 미만의 경우에는 15m 이상으로 하여야 한다.

- 제6류 위험물의 옥외저장탱크 : 상기표의 공지의 너비 × $\frac{1}{3}$ 이상의 너비(단, 최소너비 3m 이상)
- 제6류 위험물의 옥외저장탱크를 동일구내에 2개 인접하여 설치 : 상기표의 공지의 너비 × $\frac{1}{3}$ 이상 × $\frac{1}{3}$ 이상(단, 최소너비 1.5m 이상)

13 위험물안전관리법령상 위험물을 저장하는 옥외저장탱크·옥내저장탱크 또는 지하저장탱크 중에 다음 위험물을 저장할 경우 저장온도는 몇 ℃ 이하로 해야 하는지 각각 답을 쓰시오.

① 디에틸에테르를 압력탱크에 저장할 경우
② 아세트알데히드를 압력탱크에 저장할 경우
③ 아세트알데히드를 압력탱크 외의 탱크에 저장할 경우
④ 디에틸에테르를 압력탱크 외의 탱크에 저장할 경우
⑤ 산화프로필렌을 압력탱크 외의 탱크에 저장할 경우

정답 ① 40℃ ② 40℃ ③ 15℃ ④ 30℃ ⑤ 30℃

해설 알킬알루미늄 등, 아세트알데히드 등 및 디에틸에테르 등의 저장기준

1. 옥외 및 옥내저장탱크 또는 지하저장탱크의 저장유지온도

위험물의 종류	압력 외의 탱크	위험물의 종류	압력탱크
산화프로필렌, 디에틸에테르 등	30℃ 이하	아세트알데히드 등, 디에틸에테르 등	40℃ 이하
아세트알데히드	15℃ 이하		

2. 이동저장탱크의 저장유지온도

위험물의 종류	보냉장치가 있는 경우	보냉장치가 없는 경우
아세트알데히드 등, 디에틸에테르 등	비점 이하	40℃ 이하

• 이동저장탱크에 알킬알루미늄 등을 저장하는 경우에는 20KPa 이하의 압력으로 불활성기체를 봉입하여 둘 것(꺼낼 때는 200KPa 이하의 압력)
• 이동저장탱크에 아세트알데히드 등을 저장하는 경우에는 항상 불활성기체를 봉입하여 둘 것(꺼낼 때는 100KPa 이하의 압력)

14 위험물안전관리법령상 지정과산화물을 저장하는 옥내저장소에 대해 각 물음에 답하시오.

(1) 지정과산화물의 위험등급은 몇 등급인가?
(2) 이 옥내저장소의 바닥면적은 몇 m^2 이하로 해야 하는가?
(3) 이 옥내저장소의 철근콘크리트 외벽 두께는 몇 cm 이상으로 해야 하는가?

> **정답** (1) I 등급 (2) 1,000m^2 (3) 20cm
>
> ---
>
> **해설** 1. 지정과산화물 : 제5류 위험물 중 유기과산화물 또는 이를 함유한 것으로서 지정수량이 10kg인 것
> 2. 제5류 위험물 중 유기과산화물의 위험등급은 I 등급이다.
> 3. 지정과산화물의 옥내저장소의 저장창고 기준
> ① 저장창고는 150m^2 이내마다 격벽으로 완전하게 구획하여야 하며, 이 경우 당해 격벽은 두께 30cm 이상의 철근콘크리트조 또는 철골철근콘크리트조로 하거나 두께 40cm 이상의 보강 콘크리트블록조로 하고, 당해 저장창고의 양측의 외벽으로부터 1m 이상, 상부의 지붕으로부터 50cm 이상 돌출하게 하여야 한다.
> ② 저장창고의 외벽은 두께 20cm 이상의 철근콘크리트조나 철골철근콘크리트조 또는 두께 30cm 이상의 보강콘크리트블록조로 할 것
> ③ 하나의 저장창고 바닥면적은 1,000m^2 이하로 한다.

15 다음 [보기]의 물질에 대하여 물음에 답을 쓰시오.

보기	과산화나트륨, 과망간산칼륨, 마그네슘

(1) 염산과 반응 시 제6류 위험물이 발생되는 물질을 쓰시오.
(2) 위 (1)의 물질과 물과의 반응식을 쓰시오.

> **정답** (1) 과산화나트륨 (2) $2Na_2O_2 + 2H_2O \longrightarrow 4NaOH + O_2$
>
> ---
>
> **해설** 1. **과산화나트륨(Na_2O_2)** : 제1류 위험물, 무기과산화물, 지정수량 50kg
> • 염산과 반응 시 염화나트륨과 제6류 위험물인 과산화수소가 발생한다.
>   염산과의 반응식 : Na_2O_2 + $2HCl$ $\longrightarrow$ $2NaCl$ + H_2O_2
>   (과산화칼륨)   (염산)   (염화나트륨) (과산화수소)
>   물과의 반응식 : $2Na_2O_2$ + $2H_2O$ $\longrightarrow$ $4NaOH$ + $O_2\uparrow$
>   (과산화나트륨) (물)   (수산화나트륨) (산소)
> 2. **과망간산칼륨($KMnO_4$)** : 제1류 위험물, 과망간산염류, 지정수량 1,000kg
> 3. **마그네슘(Mg)** : 제2류 위험물(가연성고체), 지정수량 500kg
>   염산과의 반응식 : Mg + $2HCl$ $\longrightarrow$ $MgCl_2$ + $H_2\uparrow$
>   (마그네슘) (염산)   (염화마그네슘) (수소)
>   물과의 반응식 : Mg + $2H_2O$ $\longrightarrow$ $Mg(OH)_2$ + $H_2\uparrow$
>   (마그네슘) (물)   (수산화마그네슘) (수소)

16 소화방법에 대한 물음에 알맞은 답을 각각 쓰시오.

(1) 대표적인 소화방법 4가지를 쓰시오.
(2) (1)의 소화방법 중 증발잠열을 이용하여 소화하는 방법을 쓰시오.
(3) (1)의 소화방법 중 가스의 밸브를 폐쇄하여 소화하는 방법을 쓰시오.
(4) (1)의 소화방법 중 불활성기체를 방사하여 소화하는 방법을 쓰시오.

정답 ▶ (1) 질식소화, 냉각소화, 부촉매소화, 제거소화
(2) 냉각소화
(3) 제거소화
(4) 질식소화

해설 ▪ 질식소화 : 공기 중의 산소의 농도를 21%에서 15% 이하로 낮추어 산소공급을 차단시켜 연소를 중단시키는 방법
[소화약제 : CO_2, 할로겐화물, 포말, 분말, 마른모래, 물분무 등]
▪ 냉각소화 : 연소물체로부터 열은 빼앗아 발화점 이하로 온도를 낮추어 소화하는 방법
[소화약제 : 물, 강화액, 산·알칼리 등(물의 증발잠열 이용)]
▪ 부촉매소화 : 가연물이 연속적으로 연소 시 연쇄반응을 느리게하여 억제·방해 또는 차단시켜 소화하는 방법
[소화약제 : 할로겐소화약제, 분말소화약제 등]
▪ 제거소화 : 연소 시 필요한 가연성 물질을 없애주는 소화방법
[예 : 촛불, 가스밸브차단, 유전화재, 전원차단 등]

17 다음은 위험물안전관리법령상 위험물의 유별 저장·취급의 공통기준에 대한 내용이다. (   ) 안에 알맞은 내용을 순서대로 쓰시오.

> ① 제3류 위험물 중 자연발화성물질에 있어서는 불티·불꽃 또는 고온체와의 접근·과열 또는 (   )와의 접촉을 피하고 금수성물질에 있어서는 물과의 접촉을 피하여야 한다.
> ② 제(   )류 위험물은 불티·불꽃·고온체의 접근이나 과열·충격 또는 마찰을 피하여야 한다.
> ③ 제2류 위험물은 산화제와의 접촉·혼합이나 불티·불꽃·고온체와의 접근 또는 과열을 피하는 한편, (   )·(   )·(   ) 및 이를 함유한 것에 있어서는 물이나 산과의 접촉을 피하고 인화성고체에 있어서는 함부로 증기를 발생시키지 아니하여야 한다.

정답 ▶ ① 공기 ② 5 ③ 철분, 금속분, 마그네슘

해설 ▶ **위험물의 유별 저장·취급의 공통기준**
- 제1류 위험물은 가연물과의 접촉·혼합이나 분해를 촉진하는 물품과의 접근 또는 과열·충격·마찰 등을 피하는 한편, 알칼리금속의 과산화물 및 이를 함유한 것에 있어서는 물과의 접촉을 피하여야 한다.
- 제2류 위험물은 산화제와의 접촉·혼합이나 불티·불꽃·고온체와의 접근 또는 과열을 피하는 한편, 철분·금속분·마그네슘 및 이를 함유한 것에 있어서는 물이나 산과의 접촉을 피하고 인화성고체에 있어서는 함부로 증기를 발생시키지 아니하여야 한다.
- 제3류 위험물 중 자연발화성물질에 있어서는 불티·불꽃 또는 고온체와의 접근·과열 또는 공기와의 접촉을 피하고 금수성물질에 있어서는 물과의 접촉을 피하여야 한다.
- 제4류 위험물은 불티·불꽃·고온체와의 접근 또는 과열을 피하고, 함부로 증기를 발생시키지 아니하여야 한다.
- 제5류 위험물은 불티·불꽃·고온체의 접근이나 과열·충격 또는 마찰을 피하여야 한다.
- 제6류 위험물은 가연물과의 접촉·혼합이나 분해를 촉진하는 물품과의 접근 또는 과열을 피하여야 한다.

18 다음은 위험물안전관리법령상 제조소등에서 위험물의 저장 및 취급에 대한 중요기준이다. 옳은 것을 모두 고르시오.

---

① 옥내저장소에서는 용기에 수납하여 저장하는 위험물의 온도가 45℃가 넘지 아니하도록 필요한 조치를 강구해야 한다.

② 제3류 위험물 중 황린, 그 밖에 물속에 저장하는 물품과 금수성물질은 동일한 저장소에 저장할 수 있다.

③ 컨테이너식 이동탱크저장소와의 이동탱크저장소에 있어서는 위험물을 저장한 상태로 이동저장탱크를 옮겨 싣지 아니하여야 한다.

④ 위험물 이동취급소에 위험물을 이송하기 위한 배관·펌프 및 이에 부속한 설비의 안전을 확인하기 위한 순찰을 행하고 위험물을 이송하는 중에는 이송하는 위험물의 압력 및 유량을 항상 감시하여야 한다.

⑤ 제조소등에서 허가 및 신고와 관련되는 품명 외의 위험물 또는 이러한 허가 및 신고와 관련되는 수량 또는 지정수량의 배수를 초과하는 위험물을 저장 또는 취급하지 아니하여야 한다.

정답 ▶ ③, ⑤

해설 ▶ ① 옥내저장소에는 용기에 수납하여 저장하는 위험물의 온도가 55℃ 이하로 할 것

② 제3류 위험물 중 황린, 그 밖에 물속에 저장하는 물품과 금수성물질은 동일한 저장소에 저장하지 아니하여야 한다.

④ 위험물 이송취급소에 위험물을 이송하기 위한 배관·펌프 및 이에 부속한 설비의 안전을 확인하기 위한 순찰을 행하고 위험물을 이송하는 중에는 이송하는 위험물의 압력 및 유량을 항상 감시하여야 한다.

19 면적이 300m²인 옥외저장소에 덩어리 상태의 유황을 30,000kg을 저장한다고 할 때, 다음 각 물음에 답하시오.

(1) 옥외저장소에 설치할 수 있는 경계구역의 최소 개수를 쓰시오.

(2) 경계표시와 경계표시의 간격은 몇 m 이상으로 해야하는지 쓰시오.

(3) 이 옥외저장소에 인화점이 10℃인 제4류 위험물을 함께 저장할 수 있는지의 유무를 쓰시오.

정답 (1) 2개   (2) 10m 이상   (3) 저장불가

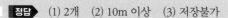

해설 1. 옥외저장소 중 덩어리 상태의 유황만을 지반면에 설치한 경계표시의 안쪽에서 저장 또는 취급하는 것의 위치·구조 및 설비의 기술기준

- 2 이상의 경계표시를 설치하는 경우에 있어서는 각각 경계 표시 내부의 면적을 합산한 면적은 1,000m² 이하로 하고, 인접하는 경계표시와 경계표시와의 간격은 공지의 너비의 $\frac{1}{2}$ 이상으로 할 것(단, 지정수량 200배 이상 : 10m 이상)

   ※ 2 이상의 경계표시를 설치시 내부의 면적을 합산한 면적이 1,000m² 이하이므로 면적 300m²의 경계구역표시는 최소 2개가 된다.
   ∴ 2개

   ※ 유황(제2류 위험물)의 지정수량 : 100kg
   유황의 지정수량 배수 : 30,000kg/100kg=300배
   ∴ 지정수량 200배 이상이므로 10m 이상이 된다.

- 경계표시의 높이는 1.5m 이하로 할 것
- 경계표시에 설치하는 천막 등을 고정하는 장치는 경계표시의 길이 2m마다 한 개 이상 설치할 것

2. **법적위험물 저장기준** : 옥내저장소 또는 옥외저장소에 있어서 유별을 달리하는 위험물을 동일저장소에 저장할 수 없다. 단, 1m 이상 간격을 둘 땐 아래 유별을 저장할 수 있다.

- 제1류 위험물(알칼리금속의 과산화물은 제외)과 제5류 위험물
- 제1류 위험물과 제6류 위험물
- 제1류 위험물과 제3류 위험물 중 자연발화성 물품(황린)
- 제2류 위험물 중 인화성고체와 제4류 위험물
- 제3류 위험물 중 알킬알루미늄 등과 제4류 위험물(알킬알루미늄 또는 알킬리튬을 함유한 것에 한함)
- 제4류 위험물 중 유기과산화물과 제5류 위험물 중 유기과산화물

20 위험물안전관리법령상 [보기]는 이동저장탱크에 대한 기준이다. 다음 각 물음에 알맞은 답을 쓰시오.

> **보기** (①), (②), 그 밖에 정전기에 의한 재해가 발생할 우려가 있는 액체위험물을 이동저장탱크의 상부로 주입하는 때에는 주입관을 사용하되 당해 주입관의 선단을 이동저장탱크의 밑바닥에 밀착시킬 것

(1) ①, ②의 명칭과 지정수량을 쓰시오.
(2) ①, ② 중 겨울철에 응고될 수 있고 인화점이 낮아 고체상태에서도 인화할 수 있는 방향족 탄화수소에 해당하는 물질의 구조식을 쓰시오.

> **정답** (1) ① 명칭 : 휘발유, 지정수량 : 200L
> ② 명칭 : 벤젠, 지정수량 : 200L
> (2)
>
>
> ---
> **해설** 1. 휘발유, 벤젠, 그 밖에 정전기에 의한 재해가 발생할 우려가 있는 액체위험물을 이동저장탱크의 상부로 주입하는 때에는 주입관을 사용하되 당해 주입관의 선단을 이동저장탱크의 밑바닥에 밀착시킬 것
> 2. **휘발유(가솔린)** : 제4류 위험물, 제1석유류(비수용성), 지정수량 200L
>   • 인화점 −43~−20℃, 발화점 300℃, 연소범위 1.4~7.6%
> 3. **벤젠(C_6H_6)** : 제4류 위험물, 제1석유류(비수용성), 지정수량 200L
>   • 인화점 −11℃, 발화점 562℃, 융점 5.5℃, 연소범위 1.4~7.1%
>   • 응고 전(융점)이 5.5℃이므로 겨울철에 응고될 수 있으며 인화점이 낮아 고체상태에도 연소가 가능하다.
>   완전연소반응식 : $C_6H_6 + 7.5O_2 \longrightarrow +6CO_2 + 3H_2O$

1 다음 물질의 물과의 반응식을 각각 쓰시오.

(1) 탄화칼슘   (2) 탄화알루미늄

> **정답** (1) $CaC_2 + 2H_2O \longrightarrow Ca(OH)_2 + C_2H_2$
>
> (2) $Al_4C_3 + 12H_2O \longrightarrow 4Al(OH)_3 + 3CH_4$
>
> **해설** 제3류 위험물(금수성), 칼슘 또는 알루미늄의 탄화물, 지정수량 300kg
>
> 1. 탄화칼슘(CaC_2, 카바이트)
> - 분자량 64, 비중 2.22, 융점 2,300℃, 백색 또는 회색의 불규칙한 괴상의 물질이다.
> - 물과의 반응식 : CaC_2 + $2H_2O$ $\longrightarrow$ $Ca(OH)_2$ + C_2H_2
>   (탄화칼슘) (물) (수산화칼슘) (아세틸렌)
> - 아세틸렌의 완전연소반응식 : C_2H_2 + $2.5O_2$ $\longrightarrow$ $2CO_2$ + H_2O
>   (아세틸렌) (산소) (이산화탄소) (물)
>
>   ※ 아세틸렌(C_2H_2)의 연소범위 : 2.5~81%
>
> - 질소와의 반응식 : CaC_2 + N_2 $\xrightarrow[\text{고온}]{700℃}$ $CaCN_2$ + C
>   (탄화칼슘) (질소) [칼슘시안아미드(석회질소)] (탄소)
>
> 2. 탄화알루미늄(Al_4C_3)
> - 비중 2.36, 융점 1,400℃, 황색결정이다.
> - 물과의 반응식 : Al_4C_3 + $12H_2O$ $\longrightarrow$ $4Al(OH)_3$ + $3CH_4$
>   (탄화알루미늄) (물) (수산화알루미늄) (메탄)
>
>   ※ 메탄의 연소범위 : 5~15%

2 다음은 TNT(트리니트로톨루엔)의 제조반응식을 쓰시오.

> **정답** $C_6H_5CH_3 + 3HNO_3 \xrightarrow[\text{탈수작용}]{c-H_2SO_4} C_6H_2CH_3(NO_2)_3 + 3H_2O$
>
> **해설** 트리니트로톨루엔[$C_6H_2CH_3(NO_2)_3$, TNT] : 제5류, 니트로화합물, 지정수량 300kg
> - 분자량 227, 발화점 300℃, 융점 81℃, 비중 1.66의 담황색 결정이다.
> - 물에 불용이며 에테르, 벤젠, 아세톤 및 가열된 알코올에 잘 녹는다.
> - 강력한 폭약으로 열분해 시 다량의 기체가 발생된다.(N_2, CO, H_2)
> $2C_6H_2CH_3(NO_2)_3 \longrightarrow 2C + 3N_2\uparrow + 5H_2\uparrow + 12CO\uparrow$
> - 진한황산($c-H_2SO_4$) 촉매 하에 톨루엔과 질산을 니트로화 반응시켜 제조한다.
> $C_6H_5CH_3 + 3HNO_3 \xrightarrow[\text{탈수작용}]{c-H_2SO_4} C_6H_2CH_3(NO_2)_3 + 3H_2O$
>   (톨루엔) (질산) (트리니트로톨루엔) (물)
> - 운반 시 물을 10% 정도 넣어 안전하게 운반한다.
> - 연소속도가 빨라서 소화가 어려우나 다량의 물로 주수소화한다.

[TNT 구조식]

3 다음 [보기]에 설명하는 위험물에 대하여 각 물음에 답하시오.

> **보기**
> • 제6류 위험물이다.
> • 저장용기는 갈색병에 넣어 햇빛의 직사광선을 피해서 저장한다.
> • 단백질과 반응하여 노란색으로 변하는 크산토프로테인반응을 한다.

(1) 위험물의 화학식을 쓰시오.

(2) 위험등급을 쓰시오.

(3) 위험물의 적용대상의 조건을 쓰시오.(단, 없으면 '없음'이라고 표기)

(4) 햇빛에 의하여 분해 시, 반응식을 쓰시오.

정답

(1) HNO_3

(2) I 등급

(3) 비중 1.49이상

(4) $4HNO_3 \longrightarrow 2H_2O + 4NO_2 + O_2$

- -

해설 질산(HNO_3) : 제6류 위험물(산화성 액체), 지정수량 300kg, 위험등급 I 등급

• 법 규정상 위험물 적용대상 : 비중 1.49인 것

• 흡습성, 자극성, 부식성이 강한 발연성액체이다.

• 강산으로 직사광선에 의해 분해 시 적갈색의 이산화질소(NO_2)를 발생시킨다.

분해반응식 : $4HNO_3 \longrightarrow 2H_2O + 4NO_2\uparrow + O_2\uparrow$
　　　　　　　(질산)　　　　　(물)　(이산화질소)　(산소)

• 질산은 단백질과 반응 시 노란색으로 변한다.(크산토프로테인반응 : 단백질검출 반응)

• 왕수에 녹는 금속은 금(Au)과 백금(Pt)이다.(왕수＝염산(3)＋질산(1)의 부피의 비로 혼합합산)

• 진한질산은 금속과 반응 시 산화피막을 형성하여 내부를 보호하는 금속의 부동태를 만든다.(부동태를 만드는 금속 : Fe, Ni, Al, Cr, Co)

• 저장 시 직사광선을 피하고 갈색병의 냉암소에 보관한다.

• 소화 : 마른모래, CO_2 등을 사용하고 소량일 경우 다량의 물로 희석소화한다.(물로 소화 시 발열, 비산할 위험이 있으므로 주의한다)

4 다음 분말소화약제의 주성분을 종별로 화학식을 쓰시오.

(1) 제1종   (2) 제2종   (3) 제3종

정답   (1) $NaHCO_3$ (2) $KHCO_3$ (3) $NH_4H_2PO_4$

해설   분말소화약제 열분해반응식

종류	주성분	화학식	색상	적응 화재	열분해반응식
제1종	탄산수소나트륨 (중탄산나트륨)	$NaHCO_3$	백색	B, C급	• 1차(270℃) $2NaHCO_3 \longrightarrow Na_2CO_3 + CO_2 + H_2O$ • 2차(850℃) $2NaHCO_3 \longrightarrow Na_2O + 2CO_2 + H_2O$
제2종	탄산수소칼륨 (중탄산칼륨)	$KHCO_3$	담자 (회)색	B, C급	• 1차(190℃) $2KHCO_3 \longrightarrow K_2CO_3 + CO_2 + H_2O$ • 2차(590℃) $2KHCO_3 \longrightarrow K_2O + 2CO_2 + H_2O$
제3종	제1인산암모늄	$NH_4H_2PO_4$	담홍색	A, B, C급	• $NH_4H_2PO_4 \longrightarrow HPO_3 + NH_3 + H_2O$ • 190℃ : $NH_4H_2PO_4 \longrightarrow NH_3 + H_3PO_4$
제4종	탄산수소칼륨 +요소	$KHCO_3 +$ $(NH_2)_2CO$	회색	B, C급	$2KHCO_3 + (NH_2)_2CO \longrightarrow$ $K_2CO_3 + 2NH_3 + 2CO_2$

5 위험물제조소에서 위험물을 취급하는 건축물의 주위에는 그 취급하는 위험물의 최대수량에 따라 공지를 보유하여야 한다. 다음 취급위험물의 최대수량에 따른 공지의 너비기준을 각각 쓰시오.

① 지정수량의 1배   ② 지정수량의 5배
③ 지정수량의 10배   ④ 지정수량의 20배
⑤ 지정수량의 200배

정답   ① 3m 이상   ② 3m 이상   ③ 3m 이상   ④ 5m 이상   ⑤ 5m 이상

해설   제조소의 보유공지
1. 취급 위험물의 최대수량에 따른 너비의 공지

취급 위험물의 최대수량	공지의 너비
지정수량의 10배 이하	3m 이상
지정수량의 10배 초과	5m 이상

2. 방화상 유효한 격벽을 설치할 때 보유공지를 두지 않아도 되는 경우
   • 방화벽은 내화구조로 할 것(제6류 위험물인 경우 불연재료)
   • 방화벽에 설치하는 출입구 및 창 등의 개구부는 가능한 한 최소로 할 것
   • 출입구 및 창에는 자동폐쇄식의 갑종방화문을 설치할 것
   • 방화벽의 양단 및 상단이 외벽 또는 지붕으로부터 50cm 이상 돌출하도록 할 것

6 제3류 위험물인 금속나트륨에 대하여 다음 각 물음에 답하시오.

(1) 지정수량을 쓰시오.
(2) 저장 시 보호액 중 1가지만 쓰시오.
(3) 물과의 반응식을 쓰시오.

> **정답** (1) 10kg
> (2) 등유, 경유, 유동파라핀 중 1가지
> (3) $2Na + 2H_2O \longrightarrow 2NaOH + H_2$
>
> **해설** **나트륨(Na)** : 제3류(자연발화성, 금수성물질), 지정수량 10kg
> - 비중 0.97, 융점 97.8℃의 은백색 광택이 있는 무른 경금속이다.
> - 물과의 반응식 : $2Na + 2H_2O \longrightarrow 2NaOH + H_2$
>   　　　　　　　(나트륨)　　(물)　　　(수산화나트륨)　(수소)
> - 에틸알코올과의 반응식 : $2Na + 2C_2H_5OH \longrightarrow 2C_2H_5ONa + H_2$
>   　　　　　　　　　　(나트륨)　(에틸알코올)　　(나트륨에틸레이트)　(수소)
> - 연소반응식 : $4Na + O_2 \longrightarrow 2Na_2O$ (노란색 불꽃반응)
>   　　　　　　(나트륨)　(산소)　　　(산화나트륨)
> - 이산화탄소와의 반응식 : $4Na + 3CO_2 \longrightarrow 2Na_2CO_3 + C$ (폭발연소)
>   　　　　　　　　　　(나트륨) (이산화탄소)　　(탄산나트륨)　(탄소)
> - 저장 시 보호액 : 석유류(등유, 경유, 유동파라핀)

7 위험물제조소등에서 옥외소화전설비를 아래와 같이 설치하였을 경우 필요한 수원의 양(m^3)을 각각 계산하시오.

(1) 옥외소화전의 설치 개수 3개
(2) 옥외소화전의 설치 개수 6개

> **정답** (1) $Q = 3 \times 13.5 = 40.5m^3$
> (2) $Q = 4 \times 13.5 = 54m^3$
>
> **해설** **옥외소화전설비의 수원의 양**
> 옥외소화전수(N)에 $13.5m^3$를 곱한 양 이상으로 하되, 옥외소화전의 수가 4개 이상이면 최대 4개의 수만 곱하여 수원의 양만 계산한다.
> ※ 위험물제조소등의 소화설비 설치기준(비상전원 : 45분)
>
> | 소화설비 | 수평거리 | 방수량 | 방수압력 | 수원의 양($Q : m^3$) |
> |---|---|---|---|---|
> | 옥내 | 25m 이하 | 260(L/min) 이상 | 350(Kpa) 이상 | Q=N(소화전 개수 : 최대5개) $\times 7.8m^3$(260L/min$\times$30min) |
> | 옥외 | 40m 이하 | 450(L/min) 이상 | 350(Kpa) 이상 | Q=N(소화전 개수 : 최대4개) $\times 13.5m^3$(450L/min$\times$30min) |
> | 스프링클러 | 1.7m 이하 | 80(L/min) 이상 | 100(Kpa) 이상 | Q=N(소화전 개수 : 최대30개) $\times 2.4m^3$(80L/min$\times$30min) |
> | 물분무 | – | 20(L/m²·min) 이상 | 350(Kpa) 이상 | Q=A(바닥면적:m²) $\times 0.6m^3/m^2$(20L/m²·min$\times$30min) |

8 다음 [보기]에서 설명하는 위험물에 대하여 각 물음에 답하시오.

> **보기** · 제3류 위험물로서 지정수량은 300kg이다.
> · 분자량은 약 64, 비중은 2.2이다.
> · 고온에서 질소와 반응하여 칼슘시안아미드(석회질소)를 생성한다.

(1) 이 물질의 화학식을 쓰시오.

(2) 물과의 반응식을 쓰시오.

(3) 물과 반응 시 생성되는 기체의 완전연소반응식을 쓰시오.

정답 (1) CaC_2

(2) $CaC_2 + 2H_2O \longrightarrow Ca(OH)_2 + C_2H_2$

(3) $C_2H_2 + 2.5O_2 \longrightarrow 2CO_2 + H_2O$

- -

해설 **탄화칼슘(CaC_2, 카바이트)** : 제3류 위험물(금수성), 칼슘 또는 알루미늄의 탄화물, 지정수량 300kg

· 분자량 64, 비중 2.22, 융점 2,300℃, 백색 또는 회색의 불규칙한 괴상의 물질이다.

· 물과의 반응식 : CaC_2 + $2H_2O$ $\longrightarrow$ $Ca(OH)_2$ + C_2H_2
　　　　　　　　(탄화칼슘)　　(물)　　　　　(수산화칼슘)　(아세틸렌)

· 아세틸렌연소반응식 : C_2H_2 + $2.5O_2$ $\longrightarrow$ $2CO_2$ + H_2O
　　　　　　　　　　(아세틸렌)　(산소)　　　(이산화탄소)　(물)

　※ 아세틸렌(C_2H_2)의 연소범위 : 2.5~81%

· 질소와의 반응식 : CaC_2 + N_2 $\xrightarrow[\text{고온}]{700℃}$ $CaCN_2$ + C
　　　　　　　　(탄화칼슘)　(질소)　　　　　　[칼슘시안아미드(석회질소)]　(탄소)

9 다음 [보기]의 위험물 중 위험등급 Ⅱ에 해당하는 물질을 모두 고르고, 이에 해당하는 위험물의 지정수량 배수의 합을 계산하시오.

> 보기 · 유황 100kg · 나트륨 100kg · 철분 50kg
> · 질산염류 600kg · 등유 6,000L

정답 ① 위험등급 Ⅱ에 해당하는 물질 : 유황, 질산염류

② 지정수량 배수의 합 $= \dfrac{100kg}{100kg} + \dfrac{600kg}{300kg} = 3$배

해설 · 유황 : 제2류, 지정수량 100kg, 위험등급 Ⅱ
· 나트륨 : 제3류, 지정수량 10kg, 위험등급 Ⅰ
· 철분 : 제2류, 지정수량 500kg, 위험등급 Ⅲ
· 질산염류 : 제1류, 지정수량 300kg, 위험등급 Ⅱ
· 등유 : 제4류(제2석유류, 비수용성), 지정수량 1,000L, 위험등급 Ⅲ

※ 지정수량 배수의 합 $= \dfrac{\text{A물질의 저장수량}}{\text{A물질의 지정수량}} + \dfrac{\text{B물질의 저장수량}}{\text{B물질의 지정수량}} + \cdots$

10 다음은 지하저장탱크의 설치기준이다. ( )안에 알맞은 답을 쓰시오.

· 탱크전용실은 지하의 가장 가까운 벽, 피트, 가스관 등의 시설물 및 대지경계선으로부터 (①)m 이상 떨어진 곳에 설치할 것
· 지하저장탱크의 윗부분은 지면으로부터 (②)m 이상 아래에 있어야 한다.
· 지하저장탱크를 2 이상 인접해 설치하는 경우에는 그 상호 간에 (③)m(해당 2 이상의 지하저장 탱크의 용량의 합계가 지정수량의 100배 이하일 때는 (④)m) 이상의 간격을 유지하여야 한다. 다만 그 사이에 탱크전용실의 벽이나 두께 (⑤)cm 이상의 콘크리트 구조물이 있는 경우에는 그러하지 아니하다.

정답 ① 0.1 ② 0.6 ③ 1 ④ 0.5 ⑤ 20

해설 **지하탱크저장소의 기준**
· 탱크전용실은 지하의 가장 가까운 벽, 피트, 가스관 등의 시설물 및 대지경계선으로 부터 0.1m 이상 떨어진 곳에 설치하고, 지하저장탱크와 탱크전용실의 안쪽과의 사이는 0.1m 이상의 간격을 유지하도록 하며, 해당 탱크의 주위에 마른 모래 또는 입자 지름 5mm 이하의 마른 자갈분을 채워야 한다.
· 지하저장탱크의 윗부분은 지면으로부터 0.6m 이상 아래에 있어야 한다.
· 지하저장탱크를 2 이상 인접해 설치하는 경우에는 그 상호 간에 1m(해당 2 이상의 지하저장탱크의 용량의 합계가 지정수량의 100배 이하 : 0.5m) 이상의 간격을 유지 하여야 한다. 다만 그 사이에 탱크전용실의 벽이나 두께 20cm 이상의 콘크리트 구조 물이 있는 경우에는 그러하지 아니하다.

11 다음과 같은 원통형 탱크의 용량(L)를 구하시오.(단, 탱크의 공간용적은 5%로 한다)

 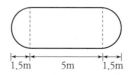

- [계산과정]
- [답]

정답 [계산과정]

① 원통형 탱크의 내용적(V) $= \pi r^2 \left(l + \dfrac{l_1 + l_2}{3} \right)$

$$= \pi \times 2^2 \left(5 + \dfrac{1.5 + 1.5}{3} \right) \times 1000$$

$$= 75398.223L$$

② 탱크의 공간용적(V) $= 75398.223L \times 0.05 = 3769.911L$

③ 원통형 탱크의 용량 = 탱크의 내용적 − 탱크의 공간용적

$$= 75398.223 - 3769.911$$

$$= 71628.312L$$

[답] 71628.31L

해설 1. 원통형 탱크의 내용적(V)

- 횡(수평)으로 설치한 것 : 내용적(V) $= \pi r^2 \left(l + \dfrac{l_1 + l_2}{3} \right)$

 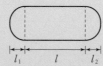

- 종(수직)으로 설치한 것 : 내용적(V) $= \pi r^2 l$

2. 탱크의 용량 산정기준

- 탱크의 용량 = 탱크의 내용적 − 탱크의 공간용적
- 탱크의 용량범위 : 탱크 용적의 90~95%

  [탱크의 공간용적(5~10%) : 탱크 용적의 $\dfrac{5}{100}$ 이상 $\dfrac{10}{100}$ 의 용적]

12 다음 물질 중 연소범위가 가장 큰 물질에 대하여 각 물음에 답하시오.

아세톤, 메탄올, 톨루엔, 디에틸에테르, 메틸에틸케톤

(1) 물질의 명칭을 쓰시오.
(2) 물질의 위험도를 구하시오.

정답 (1) 디에틸에테르

(2) $H = \dfrac{48-1.9}{1.9} = 24.26$

해설 1. 제4류 위험물의 물성구분

구분	아세톤	메탄올	톨루엔	디에틸에테르	메틸에틸케톤
화학식	CH_3COCH_3	CH_3OH	$C_6H_5CH_3$	$C_2H_5OC_2H_5$	$CH_3COC_2H_5$
인화점	−18℃	11℃	4℃	−45℃	−1℃
착화점	538℃	464℃	552℃	180℃	516℃
연소범위	2.6~12.8%	7~36%	1.4~6.7%	1.9~48%	1.8~10%
품명	제1석유류 (수용성)	알코올류	제1석유류 (비수용성)	특수인화물	제1석유류 (비수용성)
지정수량	400L	400L	200L	50L	200L

2. **위험도** : 위험도 수치가 클수록 위험성이 높다.

$H = \dfrac{U-L}{L}$ $\begin{bmatrix} H : 위험도 & U : 연소(폭발) 상한치 & L : 연소(폭발) 하한치 \end{bmatrix}$

---

13 위험물 옥외저장소에 저장할 수 있는 위험물 중 제4류 위험물의 품명 4가지를 쓰시오.

정답 제1석유류(인화점이 0℃ 이상), 알코올류, 제2석유류, 제3석유류, 제4석유류, 동식물유류 중 4가지

해설 옥외저장소에 저장이 가능한 위험물
- 제2류 위험물 : 유황 또는 인화성고체(인화점이 0℃ 이상인 것에 한함)
- 제4류 위험물
  - 제1석유류(인화점이 0℃ 이상인 것에 한함) - 알코올류
  - 제2석유류 - 제3석유류
  - 제4석유류 - 동식물유류
- 제6류 위험물 : 과염소산, 과산화수소, 질산
- 시·도 조례로 정하는 제2류 또는 제4류 위험물

14 이동저장탱크의 주입설비(주입호스의 끝부분에 개폐밸브를 설치한 것) 설치기준에 대하여 ( ) 안에 알맞은 답을 쓰시오.

- 위험물이 샐 우려가 없고 화재예방상 안전한 구조로 할 것
- 주입호스는 내경이 (①)mm 이상이고, (②)MPa 이상의 압력에 견딜 수 있는 것으로 하며, 필요 이상으로 길게 하지 아니할 것
- 주입 설비의 길이는 (③)m 이내로 하고, 그 끝부분에 축적되는 (④)를 유효하게 제거할 수 있는 장치를 할 것
- 분당 배출량은 (⑤)L 이하로 할 것

정답 ① 23 ② 0.3 ③ 50 ④ 정전기 ⑤ 200

해설 **이동탱크저장소의 주입설비 설치기준**
- 위험물이 샐 우려가 없고 화재예방상 안전한 구조로 할 것
- 주입호스는 내경이 23mm 이상이고, 0.3MPa 이상의 압력에 견딜 수 있는 것으로 하며, 필요 이상으로 길게 하지 아니할 것
- 주입 설비의 길이는 50m 이내로 하고, 그 끝부분에 축적되는 정전기를 유효하게 제거할 수 있는 장치를 할 것
- 분당 배출량은 200L 이하로 할 것
※ 제4류 위험물 중 특수인화물, 제1석유류, 제2석유류에는 접지도선을 설치할 것

15 다음 위험물 중 연소생성물이 같은 위험물의 연소반응식을 쓰시오.

적린, 황, 삼황화린, 마그네슘, 오황화린, 철

정답
- $P_4S_3 + 8O_2 \longrightarrow 2P_2O_5 + 3SO_2$
- $2P_2S_5 + 15O_2 \longrightarrow 2P_2O_5 + 10SO_2$

해설 **연소반응식**
- 적린(P) : $4P + 5O_2 \longrightarrow 2P_2O_5$
- 황(S) : $S + O_2 \longrightarrow SO_2$
- 삼황화린(P_4S_3) : $P_4S_3 + 8O_2 \longrightarrow 2P_2O_5 + 3SO_2$
- 마그네슘(Mg) : $2Mg + O_2 \longrightarrow 2MgO$
- 오황화린(P_2S_5) : $2P_2S_5 + 15O_2 \longrightarrow 2P_2O_5 + 10SO_2$
- 철(Fe) : $4Fe + 3O_2 \longrightarrow 2Fe_2O_3$

16 다음 중 제1류 위험물의 일반적인 성질을 골라 번호로 답하시오.

① 무기화합물   ② 유기화합물   ③ 고체
④ 산화제   ⑤ 인화점이 0℃ 이하   ⑥ 인화점이 0℃ 이상

정답 ①, ③, ④

해설 제1류 위험물의 일반적인 성질
- 불연성이고 산소를 포함한 산화성고체로서 강산화제이다.
- 비중은 1보다 크고 대부분 수용성이다.
- 열, 충격, 마찰 및 다른 화합물(환원성물질)과 접촉 시 분해한다.
- 가연물과 혼합 시 격렬하게 연소 또는 폭발성이 있다.
- 알칼리금속과산화물은 물과 반응 시 산소를 발생한다.
- 대부분 무기화합물이며 유독성과 부식성이 있다.

17 트리에틸알루미늄에 대하여 다음 각 물음에 답하시오.

(1) 물과의 반응식을 쓰시오.
(2) 물과 반응 시 발생하는 기체에 명칭을 쓰시오.

정답 (1) $(C_2H_5)_3Al + 3H_2O \longrightarrow Al(OH)_3 + 3C_2H_6$
(2) 에탄

해설 알킬알루미늄(R-Al) : 제3류(금수성물질), 지정수량 10kg
- 알킬기(R-)에 알루미늄이 결합된 화합물로 탄소수가 $C_{1\sim4}$까지 자연발화성의 위험이 있다.
- 트리메틸알루미늄[$(CH_3)_3Al$, TMA]은 물과 반응 시 메탄(CH_4)을 발생시킨다.(주수소화 절대엄금)

    $(CH_3)_3Al + 3H_2O \longrightarrow Al(OH)_3 + 3CH_4 \uparrow$ (메탄)
- 트리에틸알루미늄[$(C_2H_5)_3Al$, TEA]은 물과 반응 시 에탄(C_2H_6)을 발생시킨다.(주수소화 절대엄금)

    $(C_2H_5)_3Al + 3H_2O \longrightarrow Al(OH)_3 + 3C_2H_6 \uparrow$ (에탄)
- 저장용기에 불활성기체(N_2)를 봉입하여 저장한다.
- 소화 시 주수소화는 절대 엄금하고 팽창질석, 팽창진주암 등으로 피복소화한다.

18 다음은 제4류 위험물인 알코올류가 산화 또는 환원하는 과정이다. [보기]를 보고 각 물음에 답하시오.

> **보기** • 메틸알코올 ↔ 포름알데히드 ↔ (①)
> • 에틸알코올 ↔ (②) ↔ 아세트산

(1) (①)에 해당하는 물질명 및 화학식을 쓰시오.

(2) (②)에 해당하는 물질명 및 화학식을 쓰시오.

(3) ①, ② 중에서 지정수량이 작은 물질의 완전연소반응식을 쓰시오.

정답 (1) 포름산(의산, 개미산), $HCOOH$

(2) 아세트알데히드, CH_3CHO

(3) $2CH_3CHO + 5O_2 \longrightarrow 4CO_2 + 4H_2O$

해설 1. 알코올류 : 제4류 위험물, 지정수량 400L
   - 알코올류란 1분자를 구성하는 탄소원자수가 $C_1 \sim C_3$인 포화1가 알코올(변성알코올 포함)을 말한다.
     예 CH_3OH(메틸알코올), C_2H_5OH(에틸알코올), C_3H_7OH(프로필알코올)
   - 알코올의 산화반응(산화 : [+O] 또는 [−H], 환원 : [−O] 또는 [+H])

$$1차\ 알코올 \underset{[-2H]}{\overset{산화}{\rightleftarrows}} 알데히드 \underset{[+O]}{\overset{산화}{\rightleftarrows}} 카르복실산$$
$$(R-OH) \qquad (R-CHO) \qquad (R-COOH)$$

   예 $CH_3OH \underset{환원(+2H)}{\overset{산화(-2H)}{\rightleftarrows}} HCHO \underset{환원(-O)}{\overset{산화(+O)}{\rightleftarrows}} HCOOH$
   (메틸알코올)　　　　(포름알데히드)　　　　(포름산)

   $C_2H_5OH \underset{환원(+2H)}{\overset{산화(-2H)}{\rightleftarrows}} CH_3CHO \underset{환원(X)}{\overset{산화(+O)}{\rightleftarrows}} CH_3COOH$
   (에틸알코올)　　　　(아세트알데히드)　　　　(아세트산)

   ※ −CHO(알데히드) : 환원성 있음(은거울반응, 펠링용액 환원시킴)

$$2차\ 알코올 \underset{[-2H]}{\overset{산화}{\rightleftarrows}} 케톤$$

   예 $CH_3-CH-CH_3 \xrightarrow{산화(+O)} CH_3-CO-CH_3 + H_2O$
   　　　　｜
   　　　OH
   (이소프로필알코올)　　　　　　(아세톤)　　　(물)

2. 포름산($HCOOH$) : 제4류 위험물, 제2석유류(수용성), 지정수량 2,000L
   - 연소반응식 : $2HCOOH + O_2 \longrightarrow 2CO_2 + 2H_2O$
   - 환원성이 있어 은거울반응, 펠링반응을 한다.

3. 아세트알데히드(CH_3CHO) : 제4류 위험물, 특수인화물, 지정수량 50L
   - 연소반응식 : $2CH_3CHO + 5O_2 \longrightarrow 4CO_2 + 4H_2O$
   - 구리(Cu), 수은(Hg), 은(Ag), 마그네슘(Mg) 등의 금속과 중합반응하여 금속아세틸라이드의 폭발성물질을 생성하기 때문에 저장용기나 설비 등에 사용하면 안된다.

19 다음의 [보기]는 제조소등에서 위험물의 저장 및 취급에 관한 중요기준이다. [보기]에 대하여 각 물음에 답하시오.

> **보기**
> • 불티·불꽃·고온체와의 접근이나 과열·충격 또는 마찰을 피하여야 한다.
> • 55℃ 이하의 온도에서 분해될 우려가 있는 것은 보냉 컨테이너에 수납하는 등 적정한 온도 관리를 한다.

(1) [보기]에 해당하는 유별과 혼재운반이 가능한 위험물의 유별을 모두 쓰시오.(단, 지정수량의 $\frac{1}{10}$ 을 초과하는 경우이다.)

(2) [보기]에 해당하는 유별을 운반 시, 용기 외부에 수납하는 위험물에 따른 주의사항을 쓰시오.

(3) [보기]에 해당하는 유별에서 지정수량이 가장 적은 것의 품명 1가지만 쓰시오.

정답
(1) 제2류 위험물, 제4류 위험물
(2) 화기엄금 및 충격주의
(3) 유기과산화물, 질산에스테르류 중 1가지

해설
1. [보기]에 해당하는 위험물은 제5류 위험물의 저장·취급 기준이다.
2. 위험물의 유별 저장·취급의 공통기준(중요기준)
• 제1류 위험물은 가연물과의 접촉·혼합이나 분해를 촉진하는 물품과의 접근 또는 과열·충격·마찰 등을 피하는 한편, 알칼리금속의 과산화물 및 이를 함유한 것에 있어서는 물과의 접촉을 피하여야 한다.
• 제2류 위험물은 산화제와의 접촉·혼합이나 불티·불꽃·고온체와의 접근 또는 과열을 피하는 한편, 철분·금속분·마그네슘 및 이를 함유한 것에 있어서는 물이나 산과의 접촉을 피하고 인화성 고체에 있어서는 함부로 증기를 발생시키지 아니하여야 한다.
• 제3류 위험물 중 자연발화성물질에 있어서는 불티·불꽃 또는 고온체와의 접근·과열 또는 공기와의 접촉을 피하고, 금수성 물질에 있어서는 물과의 접촉을 피하여야 한다.
• 제4류 위험물은 불티·불꽃·고온체와의 접근 또는 과열을 피하고, 함부로 증기를 발생시키지 아니하여야 한다.
• 제5류 위험물은 불티·불꽃·고온체와의 접근이나 과열·충격 또는 마찰을 피하여야 한다.
• 제6류 위험물은 가연물과의 접촉·혼합이나 분해를 촉진하는 물품과의 접근 또는 과열을 피하여야 한다.
3. 제5류 위험물 중 55℃ 이하의 온도에서 분해될 우려가 있는 것은 보냉 컨테이너에 수납하는 등 적정한 온도 관리를 한다.

20 탱크전용실이 있는 건축물에 설치하는 옥내저장탱크의 펌프설비기준에 대하여 각 물음에 답을 쓰시오.

(1) 펌프실은 상층이 있는 경우에 있어서는 상층의 바닥을 내화구조로 하고, 상층이 없는 경우에 있어서는 지붕을 무슨 재료로 해야 하는가?

(2) 펌프실의 출입구에는 무엇을 설치해야 하는가?

(3) 탱크전용실에 펌프설비를 설치하는 경우, 견고한 기초 위에 고정한 다음 그 주위에 불연재료로 된 턱을 몇 m 이상의 높이로 설치해야 하는가?

(4) 지면은 철근콘크리트 등 위험물이 스며들지 아니하는 재료로 적당히 경사지게 하되, 그 최저부에는 무엇을 설치해야 하는가?

(5) 펌프실의 창 또는 출입구에 유리를 이용하는 경우 어떤 유리를 사용해야 하는가?

> **정답** (1) 불연재료 (2) 갑종방화문 (3) 0.2m (4) 집유설비 (5) 망입유리
>
> **해설** **탱크전용실이 있는 건축물에 설치하는 옥내저장탱크의 펌프설비 설치기준**
> - 탱크전용실외의 장소에 설치하는 경우
>   - 펌프실의 벽·기둥·바닥 및 보를 내화구조로 할 것
>   - 펌프실은 상층이 있는 경우에 있어서는 상층의 바닥을 내화구조로 하고, 상층이 없는 경우에 있어서는 지붕을 불연재료로 하며, 천장을 설치하지 아니할 것
>   - 펌프실에는 창을 설치하지 아니할 것(단, 제6류 위험물의 탱크전용실은 갑종방화문 또는 을종방화문이 있는 창을 설치할 수 있다)
>   - 펌프실의 출입구에는 갑종방화문을 설치할 것(단, 제6류 위험물의 탱크전용실은 을종방화문을 설치할 수 있다)
>   - 펌프실의 환기 및 배출의 설비에는 방화상 유효한 댐퍼 등을 설치할 것
>   - 지반면은 콘크리트 등 위험물이 스며들지 아니하는 재료로 적당히 경사지게 하여 그 최저부에는 집유설비를 할 것
>   - 펌프실의 창 및 출입구에 유리를 이용하는 경우에는 망입유리로 할 것
>   - 탱크전용실에 펌프설비를 설치하는 경우에는 견고한 기초 위에 고정한 다음 그 주위에는 불연재료로 된 턱을 0.2m 이상의 높이로 설치하는 등 누설된 위험물이 유출되거나 유입되지 아니하도록 하는 조치를 할 것

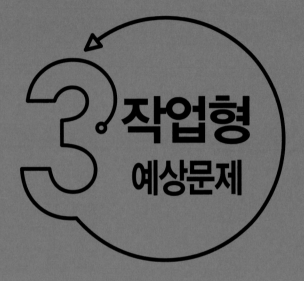

작업형 예상문제

새롭게 바뀐 한국산업인력공단의 출제기준 개편에 따라 작업형(동영상) 문제가 출제되지 않으나, 수험생 여러분의 학습이해 효과를 향상시키기 위하여 중요문제를 선별하여 수록하였습니다.

01

제1종 분말소화약제에 대하여 물음에 답하시오.

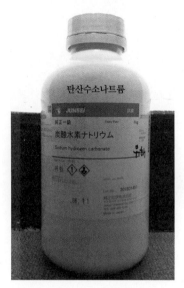

[탄산수소나트륨]

(1) 약제의 명칭과 화학식을 쓰시오.

(2) 약제의 색상을 쓰시오.

(3) 적응화재를 쓰시오.

(4) 완전열분해 반응식을 쓰시오.

(5) 1차 열분해(270℃) 반응식을 쓰시오.

(6) 2차 열분해(850℃) 반응식을 쓰시오.

정답

(1) 명칭 : 탄산수소나트륨(중탄산나트륨, 중조)
    화학식 : $NaHCO_3$

(2) 백색

(3) B급, C급

(4) $2NaHCO_3 \longrightarrow Na_2CO_3 + CO_2 + H_2O$

(5) $2NaHCO_3 \longrightarrow Na_2CO_3 + CO_2 + H_2O$

(6) $2NaHCO_3 \longrightarrow Na_2O + 2CO_2 + H_2O$

02

제2종 분말소화약제에 대하여 물음에 답하시오.

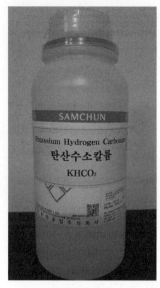

[탄산수소칼륨]

(1) 약제의 명칭과 화학식을 쓰시오.

(2) 약제의 색상을 쓰시오.

(3) 적응화재를 쓰시오.

(4) 완전열분해 반응식을 쓰시오.

(5) 1차 열분해(190℃) 반응식을 쓰시오.

(6) 2차 열분해(590℃) 반응식을 쓰시오.

정답

(1) 명칭 : 탄산수소칼륨(중탄산칼륨)
    화학식 : $KHCO_3$

(2) 담자색(담회색)

(3) B급, C급

(4) $2KHCO_3 \longrightarrow K_2CO_3 + CO_2 + H_2O$

(5) $2KHCO_3 \longrightarrow K_2CO_3 + CO_2 + H_2O$

(6) $2KHCO_3 \longrightarrow K_2O + 2CO_2 + H_2O$

03

분말소화기에 대하여 물음에 답하시오.

(1) 제 몇 종 분말소화약제인가?

(2) 소화약제의 주성분 및 화학식으로 쓰시오.

(3) 적응화재를 쓰시오.

(4) 약제의 색상을 쓰시오.

(5) 완전열분해 반응식을 쓰시오.

(6) 소화기 설치 높이를 쓰시오.

정답

(1) 제3종 분말 소화약제

(2) 주성분 : 제1인산암모늄
    화학식 : $NH_4H_2PO_4$

(3) A급, B급, C급

(4) 담홍색(핑크색)

(5) $NH_4H_2PO_4 \longrightarrow HPO_3 + NH_3 + H_2O$

(6) 바닥으로부터 1.5m 이하

▶▶ 참고

A급 화재에 적응성이 있는 이유 : 약제 분해 시 생성되는 메타인산(HPO_3)의 방진작용으로 가연물과 산소와의 접촉을 차단시켜주기 때문이다.

04

제3종 축압식 분말소화기에 대하여 물음에 답하시오.

(1) 지시압력계에 표시된 정상사용압력의 색상과 압력 범위를 쓰시오.

(2) 축압가스의 명칭과 화학식을 쓰시오.

(3) 완전열분해 반응식을 쓰시오.

(4) 1차(190℃)에서 열분해 반응식을 쓰시오.

(5) 2차(215℃)에서 열분해 반응식을 쓰시오.

(6) 3차(300℃)에서 열분해 반응식을 쓰시오.

정답

(1) 색상 : 녹색
    정상사용압력범위 : 0.70~0.98Mpa

(2) 명칭 : 질소
    화학식 : N_2

(3) $NH_4H_2PO_4 \longrightarrow NH_3 + H_2O + HPO_3$

(4) $NH_4H_2PO_4 \longrightarrow NH_3 + H_3PO_4$

(5) $2H_3PO_4 \longrightarrow H_2O + H_4P_2O_7$

(6) $H_4P_2O_7 \longrightarrow H_2O + 2HPO_3$

05

이산화탄소(CO_2)소화기에 대하여 물음에 답하시오.

(1) 적응화재를 쓰시오.

(2) 충전비를 쓰시오.

(3) 가스 방출 시 고체의 생성으로 노즐이 막혀 사용을 어렵게 만든다.

① 이 고체의 명칭을 쓰시오.

② 이러한 현상을 무슨 효과라 하는가?

(4) CO_2 소화기를 설치할 수 없는 장소 3곳을 쓰시오.

정답

(1) B급, C급

(2) 1.5 이상

(3) ① 드라이아이스

② 줄·톰슨효과

(4) ① 지하층

② 무창층

③ 거실 또는 사무실 바닥면적이 $20m^2$ 미만인 곳

06

강화액소화기에 대하여 물음에 답하시오.

(1) 적응화재를 쓰시오.

(2) 물 소화약제의 성능을 강화시키기 위해 첨가하는 약제명을 화학식으로 쓰시오.

(3) 강화액 소화약제의 비중을 쓰시오.

(4) 강화액 소화기의 최저사용온도를 쓰시오.

(5) 강화액 소화약제의 액성과 pH 농도를 쓰시오.

정답

(1) A급, B급, C급

(2) K_2CO_3

(3) 1.3~1.4

(4) $-30 \sim -20℃$

(5) 액성 : 강알칼리성

pH : 12

07

할론 1211 소화기에 대하여 물음에 답하시오.

(1) 적응화재를 쓰시오.

(2) 소화약제의 화학식을 쓰시오.

(3) 상온에서의 상태를 쓰시오.

(4) 소화약제의 약칭을 쓰시오.

(5) 주된 소화효과를 쓰시오.

정답

(1) A급, B급, C급

(2) CF_2ClBr

(3) 기체

(4) BCF

(5) 부촉매효과(억제효과)

08

할론 1301 소화기에 대하여 물음에 답하시오.

(1) 적응화재를 쓰시오.

(2) 소화약제의 화학식을 쓰시오.

(3) 상온에서의 상태를 쓰시오.

(4) 소화약제의 약칭을 쓰시오.

(5) 주된 소화효과를 쓰시오.

정답

(1) B급, C급

(2) CF_3Br

(3) 기체

(4) BTM

(5) 부촉매효과(억제효과)

09

옥내소화전함에 대하여 물음에 답하시오.

(1) Ⓐ, Ⓑ, Ⓒ, Ⓓ의 명칭을 쓰시오.
(2) Ⓔ의 명칭과 규격 및 설치높이를 쓰시오.
(3) 당해건축물의 호스 접속구까지의 수평거리를 쓰시오.

정답

(1) Ⓐ : 발신기
    Ⓑ : 위치표시등
    Ⓒ : 펌프기동표시등
    Ⓓ : 경종(내장형)
(2) 명칭 : 앵글밸브
    규격 : 직경이 40mm 이상
    높이 : 바닥으로부터 1.5m 이하
(3) 25m 이하

10

소화펌프를 기동시키는 기동용수압개폐장치의 압력 챔버이다. 용량은 몇 L 이상인가?

정답

100L 이상

11

쌍구형연결송수관설비의 연결 송수구에 대하여 물음에 답하시오.

(1) 구경을 쓰시오.
(2) 설치높이를 쓰시오.

정답

(1) 65mm
(2) 지면으로부터 0.5m 이상 1m 이하

01

디에틸에테르에 대하여 다음 물음에 답하시오.

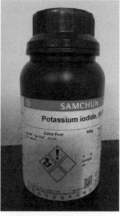

[디에틸에테르]　　　　[요오드칼륨]

(1) ① 화학식 ② 인화점 ③ 착화점 ④ 연소범위
　　⑤ 지정수량을 쓰시오.
(2) ① 직사광선에 의하여 생성되는 물질을 쓰시오.
　　② ①의 물질을 검출하는 시약의 명칭과 검출시 변
　　　하는 색상을 쓰시오.
　　③ ①의 제거시약을 쓰시오.
　　④ ①이 생성되는 것을 방지하기 위한 조치사항을
　　　쓰시오.

정답

(1) ① $C_2H_5OC_2H_5$　　② $-45℃$
　　③ $180℃$　　　　④ $1.9 \sim 48\%$
　　⑤ 50L
(2) ① 과산화물
　　② 옥화칼륨(KI) 10% 수용액, 노란색(황색)
　　③ 환원철 또는 30% 황산 제1철 수용액
　　④ 40mesh의 구리망을 넣어둔다.

02

제6류 위험물인 과산화수소(H_2O_2)에 대하여 물음에
답하시오.

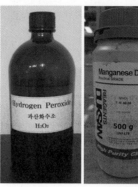

[과산화수소]　　[이산화망간]　　[히드라진]

(1) 법규정상 위험물에 적용되는 농도(중량%)를 쓰시오.
(2) 지정수량을 쓰시오.
(3) 과산화수소에 이산화망간(MnO_2)을 넣었을 때
　　① 반응식을 쓰시오.
　　② 이산화망간의 역할을 쓰시오.
(4) 분해안정제 2가지의 명칭과 화학식을 쓰시오.
(5) 과산화수소와 히드라진과의 분해폭발반응식을 쓰
　　시오.
(6) 과산화수소를 용기에 저장하는 방법을 쓰시오.

정답

(1) 36중량%
(2) 300kg
(3) ① $2H_2O_2 \xrightarrow{MnO_2} 2H_2O + O_2$
　　② 정촉매
(4) 인산(H_3PO_4), 요산($C_5H_4N_4O_3$)
(5) $2H_2O_2 + N_2H_4 \longrightarrow 4H_2O + N_2$
(6) 용기는 밀봉하되 구멍 뚫린 마개를 사용한다.

03

이황화탄소에 대하여 물음에 답하시오.

[이황화탄소]

(1) ① 인화점 ② 착화점 ③ 비중 ④ 연소범위
　　⑤ 지정수량을 쓰시오.
(2) 이황화탄소의 완전연소반응식을 쓰시오.
(3) 비커 안에 이황화탄소와 물이 들어있을 때 상층과
　　하층으로 분리된다.
　　① 상층에 있는 물질명을 쓰시오.
　　② 하층에 있는 물질명을 쓰시오.
　　③ ②의 물질이 하층에 있는 이유를 쓰시오.
(4) 이황화탄소를 물속에 저장하는 이유를 쓰시오.
(5) 증기비중을 계산하시오.
(6) 150℃에서 물과의 화학반응식을 쓰시오.

정답
(1) ① −30℃ ② 100℃ ③ 1.26 ④ 1.2~44% ⑤ 50L
(2) $CS_2 + 3O_2 \longrightarrow 2SO_2 + CO_2$
(3) ① 물 ② 이황화탄소
　　③ 이황화탄소는 비중이 1.26으로 물보다 무겁고
　　　비수용성이므로
(4) 가연성증기 발생을 억제하기 위하여
(5) ① 이황화탄소(CS_2)의 분자량 : $12 + 32 \times 2 = 76$

　　② 증기비중 $= \dfrac{\text{이황화탄소의 분자량}}{\text{공기의 평균분자량}(29)}$

　　　　　$= \dfrac{76}{29} = 2.62$

(6) $CS_2 + 2H_2O \longrightarrow CO_2 + 2H_2S$

04

철분과 염산을 반응시키는 경우 다음 물음에 답하
시오.

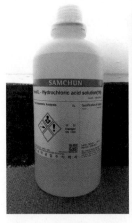

[염산]　　　　　　　[철(Fe)분]

(1) 철분과 염산과의 반응식을 쓰시오.
(2) 이 반응에서 발생되는 기체의 명칭을 쓰시오.
(3) 철분에 대하여 물음에 답하시오.
　　① 제 몇 류 위험물인가?
　　② 지정수량을 쓰시오.
　　③ 철분이라 함은 철분말로서 (㉠)μm의 표준체를
　　　통과하는 것이 (㉡)중량% 이상인 것을 말한다.

정답
(1) $Fe + 2HCl \longrightarrow FeCl_2 + H_2$
(2) 수소(H_2)
(3) ① 제2류 위험물
　　② 500kg
　　③ ㉠ 53 ㉡ 50

05

라벨이 없는 메탄올(CH_3OH)과 에탄올(C_2H_5OH)의 두 개의 시약병이 있다. 이 시약병을 구분하기 위하여 각각 시료를 채취하여, 두 개의 비커에 담아 KOH 수용액과 I_2용액을 몇 방울씩 각 비커에 넣었더니 한 개의 비커에서 황색의 침전물이 생성이 되고 다른 한 개는 변화가 없이 투명하였다. 다음 물음에 답하시오.

[메탄올]

[에탄올]

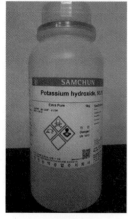

[수산화칼륨]

[요오드용액]

(1) 황색침전물이 생성되는 물질을 쓰시오.
(2) 이와 같은 반응식을 쓰시오.
(3) 이와 같은 반응을 무엇이라고 하는가?
(4) 메탄올의 완전연소 반응식을 쓰시오.

정답
(1) 에탄올(C_2H_5OH)
(2) $C_2H_5OH + 6KOH + 4I_2 \longrightarrow$
$$CHI_3\downarrow + 5KI + HCOOK + 5H_2O$$
(3) 요오드포름(CHI_3)반응
(4) $2CH_3OH + 3O_2 \longrightarrow 2CO_2 + 4H_2O$

06

에틸알코올에 대하여 다음 물음에 답하시오.

[에틸알코올]

[황산]

(1) ① 인화점 ② 착화점 ③ 연소범위 ④ 지정수량을 쓰시오.
(2) 130℃에서 에틸알코올(C_2H_5OH)과 황산(H_2SO_4)의 반응에 대하여
　① 반응식을 쓰시오.
　② 이 반응에서 생성되는 위험물의 명칭을 쓰시오.
(3) 에틸알코올의 완전연소 반응식을 쓰시오.
(4) 에틸알코올을 산화시키면 생성되는 위험물질의 명칭과 화학식을 쓰시오.

정답
(1) ① 13℃　② 423℃　③ 4.3~19%　④ 400L
(2) ① $C_2H_5OH + C_2H_5OH \xrightarrow{c-H_2SO_4} C_2H_5OC_2H_5 + H_2O$
　② 디에틸에테르($C_2H_5OC_2H_5$)
(3) $C_2H_5OH + 3O_2 \longrightarrow 2CO_2 + 3H_2O$
(4) 명칭 : 아세트알데히드
　화학식 : CH_3CHO

07

유황(S)에 대하여 다음 물음에 답하시오.

[유황]

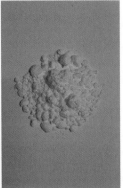

[유황가루]

[물]

[이황화탄소]

(1) 법규정상 유황의 순도는 몇 중량% 이상이어야 하는가?
(2) 황의 동소체를 쓰시오.
(3) 황의 연소반응식을 쓰시오.
(4) 황이 연소 시 발생하는 가스의 명칭을 쓰시오.
(5) 물과 이황화탄소가 담겨있는 두 개의 비커에 유황가루를 넣었을 때 용해되는 물질을 쓰시오.

정답
(1) 60중량%
(2) 사방황, 단사황, 고무상황
(3) $S + O_2 \longrightarrow SO_2$
(4) 이산화황(아황산가스)
(5) 이황화탄소(CS_2)

08

아세톤에 대하여 다음 물음에 답하시오.

[아세톤]

(1) 아세톤의 시성식을 쓰시오.
(2) ① 인화점 ② 착화점 ③ 지정수량을 쓰시오.
(3) 증기비중을 계산하시오.
(4) 위험물의 품명을 쓰시오.

정답
(1) CH_3COCH_3
(2) ① $-18℃$ ② $538℃$ ③ 400L
(3) ① 아세톤(CH_3COCH_3)의 분자량 :
  $12 + 1 \times 3 + 12 + 16 + 12 + 1 \times 3 = 58$

② 증기비중 $= \dfrac{\text{아세톤의 분자량}}{\text{공기의 평균분자량}(29)}$

  $= \dfrac{58}{29} = 2$

(4) 제4류 제1석유류(수용성)

09

톨루엔에 대하여 다음 물음에 답하시오.

[톨루엔]

(1) 위험물의 ① 품명과 ② 시성식을 쓰시오.
(2) ① 인화점 ② 발화점 ③ 지정수량을 쓰시오.
(3) 진한황산 촉매하에 톨루엔과 질산을 니트로화반응 시켜 생성되는 물질의 ① 명칭과 ② 품명을 쓰시오.
(4) 완전연소 반응식을 쓰시오.
(5) 벤젠에 할로겐알킬화 반응하여 톨루엔이 생성된다. 이 반응의 ① 명칭과 ② 촉매를 쓰시오.

[정답]
(1) ① 제4류 제1석유류(비수용성) ② $C_6H_5CH_3$
(2) ① 4℃ ② 552℃ ③ 200L
(3) ① 트리니트로톨루엔
   ② 제5류 위험물 중 니트로화합물
(4) $C_6H_5CH_3 + 9O_2 \longrightarrow 7CO_2 + 4H_2O$
(5) ① 프리델크라프츠반응
   ② 염화알루미늄($AlCl_3$)

10

적린(Phosphorus Red)에 대하여 다음 물음에 답하시오.

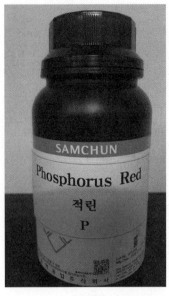

[적린]

(1) 위험물의 ① 유별 ② 위험등급 ③ 지정수량을 쓰시오.
(2) 완전연소 반응식을 쓰시오.
(3) 화재 시 적응성이 있는 소화기 3가지를 쓰시오.
(4) 적린을 녹일 수 있는 물질명을 쓰시오.

[정답]
(1) ① 제2류 위험물 ② Ⅱ등급 ③ 100kg
(2) $4P + 5O_2 \longrightarrow 2P_2O_5$
(3) 물소화기, 포말소화기, 제3종 분말소화기
(4) 브롬화인(PBr_3)

11

과망간산칼륨($KMnO_4$)이 들어 있는 비커에 글리세린을 몇 방울 떨어뜨리니 흰연기가 발생하면서 발화하는 모습을 보여준다. 다음 물음에 답하시오.

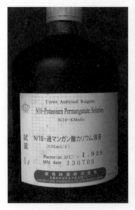

[과망간산칼륨]

[글리세린]

(1) 과망간산칼륨과 글리세린이 혼합하여 발화하는 것을 무슨 발화라 하는가?
(2) 이 두 가지 물질을 ① 산화성물질과 ② 환원성물질로 구분하여 쓰시오.

정답
(1) 혼촉발화
(2) ① 과망간산칼륨 ② 글리세린

12

제1류 위험물인 과망간산칼륨, 삼산화크롬과 황산에 대하여 다음 물음에 답하시오.

[과망간산칼륨]

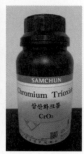
[삼산화크롬]

[황산]

(1) 과망간산칼륨($KMnO_4$)에 대하여 쓰시오.
　① 지정수량 ② 열분해 반응식 ③ 황산과의 반응식
(2) 삼산화크롬(CrO_3)에 대하여 쓰시오.
　① 지정수량 ② 열분해 반응식

정답
(1) ① 1,000kg
　② $2KMnO_4 \longrightarrow K_2MnO_4 + MnO_2 + O_2$
　③ $4KMnO_4 + 6H_2SO_4 \longrightarrow$
　　$2K_2SO_4 + 4MnSO_4 + 6H_2O + 5O_2$
(2) ① 300kg
　② $4CrO_3 \longrightarrow 2Cr_2O_3 + 3O_2$

13

질산칼륨(KNO₃), 숯가루(C), 유황가루(S)를 보고, 다음 물음에 답하시오.

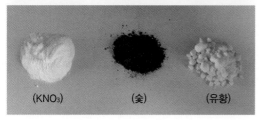

(KNO₃)   (숯)   (유황)

(1) 이 3가지 물질을 혼합하여 제조하는 것의 명칭을 쓰시오.
(2) 이들 중 산소공급원 역할을 하는 물질의 명칭을 쓰시오.
(3) 이들 중 위험물에 해당되는 것 2가지의 유별과 지정수량을 쓰시오.

정답
(1) 흑색화약
(2) 질산칼륨(KNO₃)
(3) ① 질산칼륨(KNO₃) : 제1류 위험물
　　　지정수량 : 300kg
　　② 유황(S) : 제2류 위험물
　　　지정수량 : 100kg

14

다음은 4개의 비커에 제1석유류, 제2석유류, 제3석유류, 제4석유류가 들어있는 것을 보여준다. 다음 물음에 답하시오.

(1) 제1석유류에서 제4석유류까지의 인화점 범위를 쓰시오.
(2) 위의 품명 중 제4류 위험물에서 제외된 품명 3가지를 쓰시오.
(3) 제4류 위험물 중 수용성과 비수용성으로 지정수량을 구분하여 정하는 품명을 모두 쓰시오.
(4) 위의 4개의 비커 중 중유, 경유, 가솔린, 기어유의 품명을 쓰시오.

정답
(1) ① 제1석유류 : 인화점 21℃ 미만
　　② 제2석유류 : 인화점 21℃ 이상 70℃ 미만
　　③ 제3석유류 : 인화점 70℃ 이상 200℃ 미만
　　④ 제4석유류 : 인화점 200℃ 이상 250℃ 미만
(2) ① 특수인화물 ② 알코올류 ③ 동식물유류
(3) ① 제1석유류 ② 제2석유류 ③ 제3석유류
(4) ① 중유 : 제3석유류(비수용성)
　　② 경유 : 제2석유류(비수용성)
　　③ 가솔린 : 제1석유류(비수용성)
　　④ 기어유 : 제4석유류

15

다음은 3개의 비커에 각각 질산칼륨(KNO₃), 질산나트륨(NaNO₃), 질산암모늄(NH₄NO₃)의 분말상태의 시약에 물분무기로 물을 뿌려주는 것을 보여준다. 다음 물음에 답하시오.

(1) 이 실험은 위험물의 어떤 성질을 알아보기 위한 실험인가?
(2) ANFO폭약제조원료에 사용되는 위험물의 명칭을 쓰시오.

[정답]

(1) 조해성
(2) 질산암모늄

16

메틸알코올(CH₃OH)에 대하여 물음에 답하시오.

[메틸알코올]

(1) ① 위험물의 유별과 품목 ② 지정수량을 쓰시오.
(2) ① 인화점 ② 착화점 ③ 연소범위를 쓰시오.
(3) 완전연소 반응식을 쓰시오.
(4) 메틸알코올 산화 시 생성되는 물질명과 화학식을 쓰시오.

[정답]

(1) ① 제4류 위험물 중 알코올류 ② 400L
(2) ① 11℃ ② 464℃ ③ 7.3~36%
(3) $2CH_3OH + 3O_2 \longrightarrow 2CO_2 + 4H_2O$
(4) 명칭 : 포름알데히드
     화학식 : HCHO

17

제6류 위험물인 질산(HNO_3)에 대하여 물음에 답하시오.

[질산]

(1) 법규정상 위험물적용대상으로 비중이 얼마 이상인가?
(2) 지정수량을 쓰시오.
(3) ① 분해반응식을 쓰고, 이때 발생하는 적갈색 기체의 ② 명칭과 화학식을 쓰시오.
(4) 피부(단백질)와 접촉 시 변화하는 ① 색깔과 ② 반응의 명칭을 쓰시오.

정답
(1) 1.49 이상
(2) 300kg
(3) ① 분해반응식 : $4HNO_3 \longrightarrow 4NO_2 + 2H_2O + O_2$
   ② 명칭 : 이산화질소
      화학식 : NO_2
(4) ① 색깔 : 노란색(황색)
   ② 명칭 : 크산토프로테인 반응

18

다음은 톨루엔, 질산, 황산을 보여주고 있다. 물음에 답하시오.

[톨루엔]　　　[질산]　　　[황산]

(1) 이 3가지 물질을 반응하여 생성되는 물질에 대하여
   ① 위험물의 유별　② 명칭　③ 구조식　④ 지정수량
   ⑤ 반응식을 쓰시오.
(2) 이 3가지 물질 중 법규정상 위험물에 해당되는 물질의 ① 명칭　② 위험물의 유별　③ 지정수량을 쓰시오.

정답
(1) ① 제5류 위험물
   ② 트리니트로톨루엔
   ③

$$O_2N \underset{NO_2}{\overset{CH_3}{\bigcirc}} NO_2$$

   ④ 200kg
   ⑤ $C_6H_5CH_3 + 3HNO_3$
   $\xrightarrow[\text{탈수}]{c-H_2SO_4} C_6H_2CH_3(NO_2)_3 + 3H_2O$
(2) ① 명칭 : 톨루엔　② 유별 : 제4류 위험물
   ③ 지정수량 : 200L
   ① 명칭 : 질산　② 유별 : 제6류 위험물
   ③ 지정수량 : 300kg

19

다음은 주황색 분말(A)과 흑자색 분말(B)을 물이 담긴 비커와 에탄올이 담긴 비커에 각각 녹이는 과정을 보여준다. 이 중 주황색 분말이 물에 잘 녹는다. 다음 물음에 답하시오.

[주황색 분말]　　　[흑자색 분말]

(1) 분자량 294, 융점 398℃인 물질의 ① 명칭과 ② 지정수량을 쓰시오.
(2) A물질의 열분해 반응식을 쓰시오.

[정답]

(1) ① 중크롬산칼륨　② 1,000kg
(2) $4K_2Cr_2O_7 \longrightarrow 4K_2CrO_4 + 2Cr_2O_3 + 3O_2$

20

다음은 글리세린, 질산, 황산의 3가지 물질을 보여준다. 물음에 답하시오.

[글리세린]

[질산]

[황산]

[규조토]

(1) 이 3가지 물질을 반응하여 생성되는 물질에 대하여
  ① 위험물의 유별　② 명칭　③ 화학식　④ 지정수량
  ⑤ 반응식을 쓰시오.
(2) 이 반응에서 생성된 물질과 규조토와 혼합하여 만든 물질의 명칭을 쓰시오.
(3) 이 3가지 물질 중 법규정상 위험물에 해당되는 물질의 명칭을 쓰시오.

[정답]

(1) ① 제5류 위험물　② 니트로글리세린
  ③ $C_3H_5(ONO_2)_3$　④ 10kg
  ⑤ $C_3H_5(OH)_3 + 3HNO_3$

$$\xrightarrow[\text{니트로화 반응}]{c-H_2SO_4} C_3H_5(ONO_2)_3 + 3H_2O$$

(2) 다이너마이트
(3) 글리세린, 질산

21

다음은 질산칼륨(KNO₃)을 물, 에탄올, 글리세린, 에테르가 각각 들어 있는 비커에 용해시키는 장면을 보여주고, 동일방법으로 질산나트륨(NaNO₃)도 용해시키는 장면을 보여준다. 다음 물음에 답하시오.

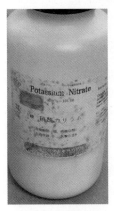

[질산칼륨]

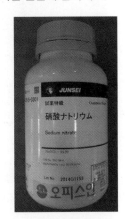

[질산나트륨]

(1) 제1류 위험물이며 분자량이 약 101.1이고 물, 글리세린에 잘 용해되는 물질의 ① 명칭을 쓰고 ② 열분해 반응식을 쓰시오.

정답

(1) ① 질산칼륨(KNO₃)

② $2KNO_3 \longrightarrow 2KNO_2 + O_2 \uparrow$

22

염소산칼륨이 들어 있는 비커에 황산용액을 가하였더니 비커에서 기체가 발생하였다. 다음 물음에 답하시오.

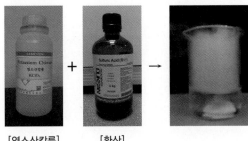

[염소산칼륨]　　　　[황산]

(1) 이 두 물질을 반응시킨 비커에서 발생하는 ① 기체의 명칭과 ② 반응식을 쓰시오.
(2) 염소산칼륨의 ① 위험물의 유별 ② 품명 ③ 지정수량 ④ 열분해 반응식을 쓰시오.

정답

(1) ① 이산화염소(ClO₂)

② $6KClO_3 + 3H_2SO_4$
$\longrightarrow 2HClO_4 + 3K_2SO_4 + 4ClO_2 \uparrow + 2H_2O$

(2) ① 제1류 위험물

② 염소산염류

③ 50kg

④ $2KClO_3 \longrightarrow 2KCl + 3O_2 \uparrow$

23

아래 보기와 같이 A~E까지 순서대로 본 후 다음 물음에 답하시오.

A: 메틸알코올　　B: 에틸알코올　　C: 아세톤

D: 디에틸에테르　　E: 가솔린

(1) 이들 중 연소범위가 가장 넓은 것은 어느 것인가?
(2) 이들 중 제1석유류만 고르시오.
(3) 이들 중 증기비중이 가장 가벼운 것은 어느 것인가?

- -

[정답]
(1) D
(2) C, E
(3) A

▶▶ 참고

제4류 위험물의 연소범위
- 메틸알코올(CH_3OH) : 7.3~36%
- 에틸알코올(C_2H_5OH) : 4.3~19%
- 아세톤(CH_3COCH_3) : 2.6~12.8%
- 디에틸에테르($C_2H_5OC_2H_5$) : 1.9~48%
- 가솔린(C_8H_{18}) : 1.4~7.6%

24

금속나트륨에 대하여 물음에 답하시오.

[금속나트륨]

(1) 제 몇 류 위험물인가?
(2) 지정수량을 쓰시오.
(3) 연소반응식을 쓰시오.
(4) 연소 시 불꽃반응 색상을 쓰시오.
(5) 물과의 반응식을 쓰시오.
(6) 나트륨 화재 시 CO_2소화기를 사용할 수 없는 이유를 쓰시오.
(7) 저장 시 보호액 2가지를 쓰시오.

- -

[정답]
(1) 제3류 위험물
(2) 10kg
(3) $4Na + O_2 \longrightarrow 2Na_2O$
(4) 노란색
(5) $2Na + 2H_2O \longrightarrow 2NaOH + H_2$
(6) 나트륨과 이산화탄소는 폭발적으로 반응하기 때문에 사용할 수 없다.
(7) 등유, 경유, 유동파라핀

25

질산암모늄(NH_4NO_3)에 대하여 물음에 답하시오.

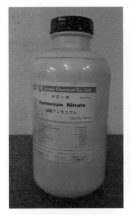

[질산암모늄]

[물]

(1) 제 몇 류 위험물인가?

(2) 지정수량을 쓰시오.

(3) 질산암모늄은 물에 녹을 때 온도가 급속히 내려가므로 한제에 사용한다. 무슨 반응을 하기 때문인가?

(4) 완전열분해 반응식을 쓰시오.

- -

[정답]

(1) 제1류 위험물

(2) 300kg

(3) 흡열반응

(4) $2NH_4NO_3 \longrightarrow 4H_2O + 2N_2 + O_2$

26

아세트산(CH_3COOH)에 대하여 물음에 답하시오.

[아세트산(초산)]

(1) 위험물의 유별과 품명을 쓰시오.

(2) 지정수량을 쓰시오.

(3) 분자량, 융점을 쓰시오.

(4) 빙초산이라고 부르는 이유를 쓰시오.

(5) 완전연소 반응식을 쓰시오.

- -

[정답]

(1) 유별 : 제4류 위험물
    품명 : 제2석유류(수용성)

(2) 2,000L

(3) 분자량 : 60, 융점 : 16.7℃

(4) 융점이 16.7℃이므로 융점 이하일 때 고체로 존재하기 때문에 빙초산이라고 한다.

(5) $CH_3COOH + 2O_2 \longrightarrow 2CO_2 + 2H_2O$

27

다음 [보기]와 같이 위험물질이 저장되어 있다. 다음 물음에 답하시오.

> **보기**
>
> A : 나트륨+석유   B : 알킬리튬+물
> C : 황린+물   D : 니트로셀룰로오스+에탄올

(1) 보관방법이 잘못된 것을 기호로 답하시오.
(2) C의 위험물인 황린이 공기 중에서 연소 시 생성되는 물질을 화학식으로 쓰시오.

정답

(1) B
(2) P_2O_5

28

다음은 마그네슘(Mg), 구리(Cu), 아연(Zn)을 차례로 보여준다. 다음 물음에 답하시오.

[마그네슘] [구리]   [아연]   [염산]

(1) 이들 중 원자번호가 가장 큰 것과 염산의 반응식을 쓰시오.
(2) 이 반응식에서 발생하는 기체의 명칭을 쓰시오.

정답

(1) $Zn+2HCl \longrightarrow ZnCl_2+H_2$
(2) 수소(H_2)

29

아연(Zn)과 황산(H_2SO_4)에 대하여 물음에 답하시오.

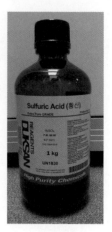

[아연]   [황산]

(1) 아연의 ① 위험물 유별과 ② 지정수량을 쓰시오.
(2) 아연과 황산의 ① 반응식을 쓰고 ② 이때 발생하는 기체의 명칭을 쓰시오.

정답

(1) ① 제2류 위험물
　　② 500kg
(2) ① $Zn+H_2SO_4 \longrightarrow ZnSO_4+H_2$
　　② 수소(H_2)

01

위험물제조소와 각 시설물과의 안전거리를 쓰시오.

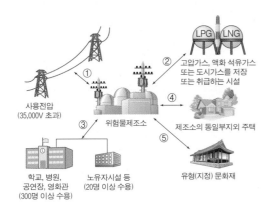

사용전압
(35,000V 초과)

② 고압가스, 액화 석유가스
또는 도시가스를 저장
또는 취급하는 시설

위험물제조소

제조소의 동일부지외 주택

학교, 병원,
공연장, 영화관
(300명 이상 수용)

노유자시설 등
(20명 이상 수용)

유형(지정) 문화재

정답

① 5m 이상　② 20m 이상　③ 30m 이상

④ 10m 이상　⑤ 50m 이상

▶▶ **참고**

제조소등의 안전거리의 단축기준
[방화상 유효한 담을 설치 시 안전거리(단위 : m)]

구분	취급하는 위험물의 최대수량(지정수량의 배수)	안전거리(이상)		
		주거용 건축물	학교·유치원 등	문화재
제조소·일반취급소(취급하는 위험물의 양이 주거지역에 있어서는 30배, 상업지역에 있어서는 35배, 공업지역에 있어서는 50배 이상인 것을 제외)	10배 미만	6.5	20	35
	10배 이상	7.0	22	38

02

제4류 위험물 옥외탱크저장소의 방유제를 보고 다음 물음에 답하시오.

(1) 방유제의 설치목적을 쓰시오.

(2) 방유제 용량을 쓰시오.

(3) 방유제의 설치 높이, 두께, 지하매설 깊이를 쓰시오.

(4) 방유제 내의 면적(m²)은 얼마 이하로 하여야 하는가?

정답

(1) 탱크 및 배관에서 위험물 누출 시 외부로 확산을 방지하기 위하여

(2) 탱크 용량의 110% 이상

(3) 높이 : 0.5m 이상 3m 이하
두께 : 0.2m 이상
지하매설 깊이 : 1m 이상

(4) 80,000m² 이하

03

위험물 옥외탱크저장소의 방유제와 계단 및 보유공지를 보고 다음 물음에 답하시오.

(1) 옥외탱크저장소에 위험물을 최대지정수량의 800배를 저장할 경우 보유공지의 너비는 몇 m 이상 보유해야 하는가?
(2) 옥외탱크저장소에 아세트알데히드를 저장할 경우 탱크와 그의 부속품에 사용해서는 안 되는 금속재료를 쓰시오.
(3) 방유제 칸막이 둑의 높이가 1m를 넘을 경우 방유제 내를 출입하기 위한 계단은 약 몇 m마다 설치해야 하는가?

- -

정답
(1) 5m 이상
(2) 구리(동), 은, 수은, 마그네슘 또는 이들의 합금
(3) 50m마다

04

위험물 옥외탱크저장소에 설치된 옥외탱크의 옆판과 방유제 사이를 보고 다음 ( ) 안에 알맞은 답을 쓰시오.

(1) 방유제와 탱크 옆판 사이에 유지해야 할 거리(단, 인화점이 200℃ 이상인 위험물은 제외)
  ① 탱크의 지름이 15m 미만인 경우 : 탱크 높이의 ( ) 이상 유지할 것
  ② 탱크의 지름이 15m 이상인 경우 : 탱크 높이의 ( ) 이상 유지할 것
(2) 옥외탱크의 지름이 10m이고 높이가 12m일 경우 탱크의 옆판과 방유제 사이에 유지해야 할 거리(m)를 구하시오.

- -

정답
(1) ① $\frac{1}{3}$ 이상 ② $\frac{1}{2}$ 이상
(2) 4m 이상

05

옥외탱크저장소 내에서 탱크와 탱크 사이에 설치된 간막이 둑에 대하여 다음 (   ) 안에 알맞은 답을 쓰시오.

(1) 방유제 용량이 1000만L 이상인 경우 당해 탱크마다 간막이 둑을 설치할 것
(2) 간막이 둑의 높이는 (①)m 이상으로 하되(단, 방유제 내에 설치된 탱크용량의 합계가 2억 L를 넘는 경우는 1m 이상) 방유제의 높이보다(②)m 이상 낮게 할 것
(3) 간막이 둑의 용량은 간막이 둑 안에 설치된 탱크의 용량이 (③)% 이상일 것

정답
① 0.3m 이상
② 0.2m 이상
③ 10% 이상

06

옥외저장탱크의 상부에 설치된 통기관에 대하여 다음 물음에 답하시오.

(1) 통기관의 명칭을 쓰시오.
(2) 직경은 (①)mm 이상의 배관으로 (②)도 이상 구부려서 빗물 등의 침투를 막는 구조로 할 것
(3) 인화방지장치를 설치시 인화점이 38℃ 미만인 위험물만의 탱크에는 (①)를 설치하고, 그 외의 위험물 탱크는 (②)메시 이상의 (③)을 설치할 것

정답
(1) 밸브없는 통기관
(2) ① 30mm 이상
    ② 45도 이상
(3) ① 화염방지장치
    ② 40
    ③ 구리망

07

옥외저장탱크 상부에 설치된 통기관에 대하여 다음 물음에 답하시오.

(1) 통기관의 명칭을 쓰시오.
(2) 탱크 내의 압력이 얼마 이상이 되었을 때 자동적으로 작동하는가?

정답
(1) 대기밸브 부착 통기관
(2) 5kpa 이하

08

옥외저장탱크의 배관과 밸브 등의 부속품 사이에 설치된 은백색의 연결배관에 대하여 다음 물음에 답하시오.

(1) 이 설비의 명칭을 쓰시오.
(2) 이 설비의 역할을 쓰시오.

정답
(1) 플렉시블조인트
(2) 고정배관일 경우 외부충격 등을 완화하여 파손을 방지하기 위한 설비

09

횡(수평)으로 설치된 원통형 탱크에 대하여 물음에 답하시오.

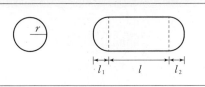

(1) 탱크의 내용적을 구하는 식을 쓰시오.

(2) 탱크의 용량을 구하는 식을 쓰시오.

(3) Ⓐ의 명칭을 쓰시오.

정답

(1) 내용적$(V)=\pi r^2\left(l+\dfrac{l_1+l_2}{3}\right)$

(2) 탱크의 용량=탱크의 내용적−공간용적

(3) 액면계

10

종(수직)으로 설치된 원통형 탱크의 용량(m^3)를 구하시오.(단, 공간용적은 $\dfrac{5}{100}$이다.)

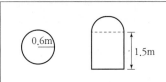

정답

$1.61m^3$

풀이

① 탱크의 내용적$(V)=\pi r^2 l=\pi\times 0.6^2\times 1.5=1.696m^3$

② 탱크의 공간용적=탱크의 내용적$\times\dfrac{5}{100}$

$\qquad\qquad=1.696m^3\times\dfrac{5}{100}=0.085m^3$

③ 탱크의 용량=탱크의 내용적−공간용적

$\qquad\qquad=1.696m^3-0.085m^3=1.611m^3$

$\therefore\ 1.61m^3$

11

위험물 옥외저장소를 보고 다음 물음에 답하시오.

(1) 옥외저장소에 저장할 수 있는 위험물을 쓰시오.
(2) 옥외저장소에 저장하는 위험물의 지정수량이 10배 이하일 때 공지의 너비를 쓰시오.
(3) 옥외저장소에 저장하는 위험물의 지정수량이 40배 이하일 때 공지의 너비를 쓰시오.
(4) 옥외저장소에 제4석유류와 제6류 위험물이 지정수량 30배일 때 공지의 너비를 쓰시오.

정답

(1) ① 제2류 위험물 중 유황, 인화성고체(인화점 0℃ 이상인 것에 한함)
② 제4류 위험물 중 제1석유류(인화점 0℃ 이상인 것에 한함), 제2석유류, 제3석유류, 제4석유류, 알코올류, 동식물유류
③ 제6류 위험물
(2) 3m 이상
(3) 9m 이상
(4) $9m \times \frac{1}{3} = 3m$ 이상

12

다음은 위험물 옥외저장소에 제4류 위험물인 윤활유드럼통을 적재하여 저장되어 있는 모습이다. 물음에 답하시오.

(1) 수납하는 드럼용기만을 겹쳐쌓을 경우 저장높이는 몇 m를 초과할 수 없는가?
(2) 기계에 의하여 하역하는 구조로 된 용기만을 겹쳐쌓는 경우 저장높이는 몇 m를 초과할 수 없는가?
(3) 수납하는 용기를 선반에 저장하는 경우 저장높이는 몇 m를 초과할 수 없는가?

정답

(1) 4m
(2) 6m
(3) 6m

13

옥내저장소에 설치된 피뢰설비와 환기설비를 보고
다음 물음에 답하시오.

(1) 피뢰설비는
   ① 지정수량 몇 배 이상일 때 설치하는가?
   ② 설치제외대상은 몇 류 위험물인가?
(2) 안전거리 제외대상 위험물을 쓰시오.
(3) 환기설비에 대하여 (   ) 안에 알맞은 답을 쓰시오.
   ① 급기구는 바닥면적 (   )m²마다 1개 이상, 크기
     는 (   )cm² 이상으로 할 것
   ② 바닥면적이 450m²인 옥내저장소에 급기구의 설
     치개수는?
   ③ 저장창고에는 채광·조명 및 환기의 설비를 갖추
     어야 하고, 인화점이 (   )℃ 미만인 위험물의 저
     장창고에 있어서는 내부에 체류한 가연성의 증기
     를 지붕 위로 배출하는 설비를 갖추어야 하는가?

- -

정답
(1) ① 10배
    ② 제6류 위험물
(2) ① 지정수량 20배 미만의 제4석유류와 동식물유류
    ② 제6류 위험물
(3) ① 150m², 800cm²
    ② $\dfrac{450m^2}{150m^2}$=3개 이상
    ③ 70℃

14

지정과산화물을 저장하는 옥내저장소에 대하여 다
음 물음에 답하시오.

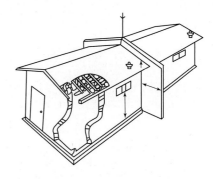

(1) 저장창고를 하나의 격벽으로 완전히 구획할 때 바닥
   면적 (   )m²마다 할 것
(2) 격벽의 두께는 30cm 이상 철근콘크리트로 하고, 저
   장창고 상부지붕으로부터 (①)cm 이상 양측의 외
   벽으로부터 (②)m 이상 돌출하게 할 것
(3) 창은 바닥으로부터 (①)m 이상 높게 설치하고 한
   개의 창의 면적은 (②)m² 이내로 할 것
(4) 지붕의 기준에서 중도리 또는 서까래의 간격은
   (①)cm 이하로 지붕 아래쪽 면에는 한 변의 길이가
   (②)cm 이하의 강철격자로 할 것

- -

정답
(1) 150m²
(2) ① 50cm 이상 ② 1m 이상
(3) ① 2m 이상 ② 0.4m² 이내
(4) ① 30cm 이하 ② 45cm 이하

15

위험물 옥내저장소에 제1류 위험물인 염소산염류 500kg과 제6류 위험물인 과염소산 6,000kg를 같이 저장하는 창고의 구조는 벽, 기둥, 바닥이 내화구조되어 있다. 다음 물음에 답하시오.

(1) 유별을 달리하는 2가지 위험물을 저장할 경우 상호 간 이격거리는 몇 m 이상의 간격을 두어야 하는가?
(2) 옥내저장소의 바닥면적은 몇 m² 이하로 하여야 하는가?
(3) 이 옥내저장소의 보유공지는 몇 m 이상으로 하여야 하는가?

정답

(1) 1m 이상
(2) 1,000m² 이하
(3) ① 지정수량의 배수의 합

$$= \frac{500\text{kg}}{50\text{kg}} + \frac{6,000\text{kg}}{300\text{kg}} = 30\text{배}$$

② 지정수량의 20배 초과, 50배 이하에 해당되므로 5m 이상
∴ 5m 이상

16

다음 옥내저장소의 벽, 기둥, 바닥은 내화구조로 되어 있고, 저장창고에 제4류 위험물의 글리세린 드럼통을 적재하여 저장하고 있다. 물음에 답하시오.

(1) 저장창고의 벽, 기둥, 바닥을 불연재료로 할 수 있는 경우 3가지를 쓰시오.
(2) 저장창고의 지붕은 폭발력이 위로 방출될 수 있는 가벼운 불연재료로 해야 한다.
   ① 지붕을 내화구조로 할 수 있는 경우 2가지를 쓰시오.
   ② 천장을 난연재료 또는 불연재료를 설치할 수 있는 경우를 쓰시오.
(3) 기계에 의하여 하역하는 구조로 된 용기만을 겹쳐 쌓는 경우 높이는 몇 m를 초과할 수 없는가?
(4) 제4류 위험물 중 제3석유류, 제4석유류 및 동식물유류를 수납하는 용기만을 겹쳐 쌓는 경우 높이는 몇 m를 초과할 수 없는가?
(5) 그 밖의 경우 높이 몇 m를 초과할 수 없는가?

정답

(1) ① 지정수량 10배 이하의 위험물저장창고
   ② 제2류 위험물(인화성고체는 제외)
   ③ 제4류 위험물(인화점 70℃ 미만은 제외)만의 저장창고
(2) ① 제2류 위험물(분상의 것과 인화성고체는 제외), 제6류 위험물만의 저장창고
   ② 제5류 위험물만의 저장창고
(3) 6m   (4) 4m   (5) 3m

17

화학소방차 3대와 사다리차 1대를 보고 다음 물음에 답하시오.

(1) 저장·취급하는 위험물은 최대지정수량의 몇 배 미만인가?
(2) 자체소방대원의 수는 몇 인 이상이어야 하는가?
(3) 화학소방자동차의 포수용액 방사차가 갖춰야 할 소화능력 및 설비기준
　① 포수용액의 방사능력이 매분 (　　) 이상일 것
　② 소화약액탱크 및 (　　)를 비치할 것
　③ (　　) 이상의 포수용액을 방사할 수 있는 양의 소화약제를 비치할 것
(4) 제독차의 경우 설비기준을 쓰시오.

정답
(1) 지정수량의 24만배 이상 48만배 미만인 사업소
(2) 15인 이상
(3) ① 2,000L 이상
　② 소화약액혼합장치
　③ 10만L 이상
(4) 가성소다 및 규조토를 각각 50kg 이상 비치할 것

18

다음은 위험물을 적재하는 대형화물트럭에 위험물을 적재하고 천막을 덮는 모습이다. 다음 물음에 답하시오.

(1) 제1류 위험물 중 차광성피복과 방수성피복을 둘다 해야 하는 위험물의 명칭 2가지를 쓰시오.
(2) 차량에 적재하는 위험물 중 제5류 위험물과 제6류 위험물은 무슨 피복을 해야 하는가?

정답
(1) 과산화나트륨(Na_2O_2), 과산화칼륨(K_2O_2)
(2) 차광성피복

▶▶ 참고

차광성 덮개를 해야 하는 것	방수성 피복으로 덮어야 하는 것
• 제1류 위험물 • 제3류 위험물 중 자연발화성물질 • 제4류 위험물 중 특수인화물 • 제5류 위험물 • 제6류 위험물	• 제1류 위험물 중 알칼리금속의 과산화물 • 제2류 위험물 중 철분, 금속분, 마그네슘 • 제3류 위험물 중 금수성물질

※ 위험물 적재 운반시 차광성 및 방수성 피복을 전부 해야 하는 위험물
• 제1류 위험물 중 알칼리금속의 과산화물 : K_2O_2, Na_2O_2 등
• 제3류 위험물 중 자연발화성 및 금수성 물질 : K, Na, R-Al, R-Li 등

19

다음은 주유취급소의 지하저장탱크와 통기관을 보여준다. 물음에 답하시오.

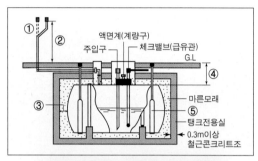

(1) ①의 명칭을 쓰시오.

　② 지면으로부터 통기관선단 높이(m)와 선단에 설치된 구리망의 명칭을 쓰시오.

(2) ③ 지하저장탱크와 탱크전용실의 안쪽과의 사이는 몇 m 이상의 간격을 두어야 하는가?

(3) ④ 지하저장탱크의 윗부분은 지면으로부터 몇 m 이상 아래에 있어야 하는가?

(4) ⑤의 명칭과 몇 개소 이상 설치해야 하며 소공의 위치를 쓰시오.

정답

(1) ① 명칭 : 밸브없는 통기관

　② 높이 : 4m 이상, 구리망의 명칭 : 인화방지망

(2) 0.1m 이상

(3) 0.6m 이상

(4) • 명칭 : 누유검사관

　• 개수 : 4개소 이상

　• 소공의 위치 : 관의 밑부분으로부터 탱크의 중심부 높이까지 소공이 뚫려있을 것

20

주유취급소 중 고정주유설비의 주위기를 보고 다음 물음에 답하시오.

(1) 주유관의 길이는 몇 m 이내로 하는가?(단, 현수식인 경우에는 수평면 반경 3m 이내로 한다.)

(2) "주유 중 엔진정지"의 표지판의 바탕색과 문자의 색상 및 규격을 쓰시오.

(3) 기름이 유출되지 않도록 배수구, 집유설비 및 무슨 장치를 해야 하는가?

정답

(1) 5m 이내

(2) 색상 : 황색바탕에 흑색문자

　규격 : 한 변의 길이 0.3m 이상, 다른 한 변의 길이 0.6m 이상

(3) 유분리장치

21

다음은 주유취급소의 주유공지와 주유취급소 내에 설치된 편의점 출입구의 출입문을 보여준다. 물음에 답하시오.

(1) 주유취급소의 주유공지의 크기를 쓰시오.
(2) 편의점 출입문에 사용되는 유리의 종류를 쓰시오.
(3) 출입문에 사용되는 유리의 두께 기준을 쓰시오.

정답

(1) 너비 15m 이상, 길이 6m 이상
(2) 망입유리 또는 강화유리
(3) 12mm 이상

22

위험물 이동탱크저장소(탱크로리)를 보고 표시한 Ⓐ, Ⓑ부분의 명칭과 강철판의 두께를 각각 쓰시오.

정답

Ⓐ : 방호틀, 두께 2.3mm 강철판
Ⓑ : 측면틀, 두께 3.2mm 강철판

>> 참고

이동저장탱크의 강철판의 두께
- 탱크의 본체, 측면틀, 안전칸막이 : 3.2mm 이상
- 방호틀 : 2.3mm 이상
- 방파판 : 1.6mm 이상

23

위험물 이동탱크저장소(탱크로리) 상부의 맨홀, 주입구, 안전장치 등을 보고 다음 물음에 답하시오.

(1) 방호틀 및 측면틀의 기능을 쓰시오.
(2) 방호틀의 설치기준 2가지를 쓰시오.

정답

(1) 탱크 전복사고 시 탱크의 본체 및 맨홀, 주입구, 안전장치 등 부속장치의 파손을 방지하기 위하여
(2) ① 두께 2.3mm 이상의 강철판으로 산 모양의 형상으로 할 것
　　② 방호틀의 정상부분은 부속장치보다 50mm 이상 높게 설치할 것

24

최대허용수량이 16,000L인 이동저장탱크차량을 보고 다음 물음에 답하시오.

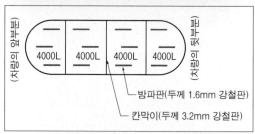

(1) 안전칸막이는 몇 개 이상 설치해야 하는가?
(2) 방파판의 설치목적을 쓰시오.
(3) 방파판은 하나의 구획부분에 몇 개 이상 설치해야 하는가?
(4) '위험물'의 표지판의 ① 바탕색과 문자 색상 ② 규격을 쓰시오.

정답

(1) 안전칸막이 수량(N) = $\dfrac{16,000\text{L}}{4,000\text{L}} - 1 = 3$개
(2) 위험물의 운반 중 탱크의 내부액체의 출렁임과 회전시 쏠림을 방지하기 위하여
(3) 2개 이상
(4) ① 바탕색 : 흑색
　　　문자색 : 황색반사도료
　　② 한 변의 길이 30cm 이상, 다른 한 변의 길이 60cm 이상의 직사각형

25

위험물 이동탱크저장소 차량에 설치해야 할 소화설비에 대하여 다음 물음에 답하시오.

(1) 이산화탄소 소화기의 용량(kg)을 쓰시오.
(2) 할론 CF_2ClBr 소화기의 용량(L)을 쓰시오.
(3) 무상의 강화액 소화기의 용량(L)을 쓰시오.
(4) 소화분말 소화기의 용량(kg)을 쓰시오.

정답
(1) 3.2kg 이상
(2) 2L 이상
(3) 8L 이상
(4) 3.5kg 이상

26

위험물 이동저장탱크에 설치된 주유설비를 보고 다음 물음에 답하시오.

(1) 주유설비(주유관호수)의 내경(mm)과 길이는 몇 m 이내로 해야 하는가?
(2) 주유설비 토출량은 분당 몇 L 이하로 해야 하는가?
(3) 접지도선을 설치해야 하는 제4류 위험물의 품명을 쓰시오.

정답
(1) ① 내경 : 23mm 이상
    ② 길이 : 50m 이내
(2) 200L 이하
(3) 특수인화물, 제1석유류, 제2석유류

27

다음은 옥외저장소에서 지반면에 설치한 경계표시 안쪽에서 덩어리 상태의 유황만이 저장되어 있는 모습이다. 물음에 답하시오.

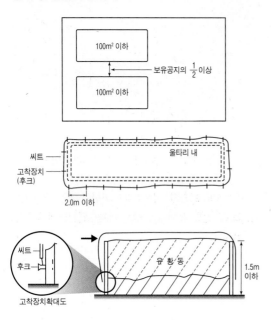

(1) 하나의 경계표시의 내부면적(m^2)을 쓰시오.

(2) 경계표시의 높이(m)를 쓰시오.

(3) 경계표시 고정 장치는 몇 m 마다 1개 이상 설치하는가?

(4) 2 이상의 경계표시를 설치할 경우 각각 경계표시 내부의 면적을 합산한 면적은 (①)m^2 이하로 한다. 인접하는 경계표시와 경계표시와의 간격은 공지 너비의 (②) 이상으로 한다.(단, 위험물을 저장하는 최대수량이 지정수량 200배 이상인 경우 경계표시 상호 간의 간격은 (③)m 이상으로 한다)

정답

(1) 100m^2 이하

(2) 1.5m 이하

(3) 2m 마다

(4) ① 100m^2 이하

  ② $\frac{1}{2}$ 이상

  ③ 10m 이상

최근
기출문제

새롭게 바뀐 한국산업인력공단의 출제기준 개편에 따라 작업형(동영상)
문제가 출제되지 않으므로 필답형 문제만 수록하였습니다.

1 다음 위험물의 증기비중을 구하시오.(단, 공기의 평균분자량은 29이다)

(1) 벤젠
(2) 이황화탄소
(3) 아세트알데히드

정답 ▶ (1) 2.69   (2) 2.62   (3) 1.52

해설 ▶ [계산과정]

$$증기비중 = \frac{분자량}{공기의\ 평균분자량(29)}$$

(1) 벤젠(C_6H_6)의 분자량 : $12(C) \times 6 + 1(H) \times 6 = 78$

- 증기비중 $= \dfrac{78}{29} = 2.689$ ∴ 2.69

(2) 이황화탄소(CS_2)의 분자량 : $12(C) \times 32(S) \times 2 = 76$

- 증기비중 $= \dfrac{76}{29} = 2.620$ ∴ 2.62

(3) 아세트알데히드(CH_3CHO)의 분자량 : $12(C) \times 2 + 1(H) \times 4 + 16(O) = 44$

- 증기비중 $= \dfrac{44}{29} = 1.517$ ∴ 1.52

※ 제4류 위험물의 물성

구분	벤젠(C_6H_6)	이황화탄소(CS_2)	아세트알데히드(CH_3CHO)
품명	제1석유류(비수용성)	특수인화물	특수인화물
인화점	−11℃	−30℃	−38℃
발화점	562℃	100℃	185℃
연소범위	1.4~7.1%	1.2~44%	4.1~57%
지정수량	200L	50L	50L

2 다음 위험물 운반시 혼재가 가능한 위험물을 모두 쓰시오.(단, 위험물의 저장량은 지정수량의 $\frac{1}{10}$을 초과한다)

(1) 제2류 위험물　　　　　(2) 제4류 위험물　　　　　(3) 제6류 위험물

> **정답** ▶ (1) 제4류 위험물, 제5류 위험물
> (2) 제2류 위험물, 제3류 위험물, 제5류 위험물
> (3) 제1류 위험물
>
> ----
>
> **해설** **유별을 달리하는 위험물의 혼재기준**
>
> | 위험물의 구분 | 제1류 | 제2류 | 제3류 | 제4류 | 제5류 | 제6류 |
> |---|---|---|---|---|---|---|
> | 제1류 | | × | × | × | × | ○ |
> | 제2류 | × | | × | ○ | ○ | × |
> | 제3류 | × | × | | ○ | × | × |
> | 제4류 | × | ○ | ○ | | ○ | × |
> | 제5류 | × | ○ | × | ○ | | × |
> | 제6류 | ○ | × | × | × | × | |
>
> ※ 이 표는 지정수량 $\frac{1}{10}$ 이하의 위험물은 적용하지 않음
>
> ※ 서로 혼재 운반이 가능한 위험물(꼭 암기 바람)
> • ④와 ②, ③ : 제4류와 제2류, 제4류와 제3류
> • ⑤와 ②, ④ : 제5류와 제2류, 제5류와 제4류
> • ⑥와 ① : 제6류와 제1류

3 분자량 78, 인화점 −11℃, 융점 5.5℃인 제4류 위험물에 대하여 다음 각 물음에 답하시오.

(1) 명칭　　　　　(2) 구조식　　　　　(3) 집유설비에 설치해야 할 장치

> **정답** ▶ (1) 벤젠　(2) 　(3) 유분리장치
>
> ----
>
> **해설** 1. 벤젠(C_6H_6) : 제4류 위험물 중 제1석유류(비수용성), 지정수량 200L
> • 분자량 : $12(C) \times 6 + 1(H) \times 6 = 78$
> • 인화점 −11℃, 융점 5.5℃, 발화점 562℃, 연소범위 1.4~7.6%
> • 완전연소반응식 : $C_6H_6 + 7.5O_2 \longrightarrow 6CO_2 + 3H_2O$
> 2. 인화성 고체, 제1석유류 또는 알코올류의 옥외저장소의 특례
> • 인화성 고체, 제1석유류 또는 알코올류를 저장 또는 취급하는 장소에는 적당한 온도로 유지하기 위한 살수설비 등을 설치할 것
> • 제1석유류 또는 알코올류를 저장 또는 취급하는 장소의 주위에는 배수구 및 집유설비를 설치할 것. 이 경우 제1석유류(온도 20℃의 물 100g에 용해되는 양이 1g 미만인 것에 한한다)를 저장 또는 취급하는 장소에 있어서는 집유설비에 유분리장치를 설치할 것

4 다음 제4류 위험물 중 인화점이 섭씨 21도 이상 70도 미만으로서 수용성인 물질을 모두 쓰시오.

> 포름산, 메틸알코올, 니트로벤젠, 글리세린, 아세트산

정답 ▶ 포름산, 아세트산

해설 **1. 제4류 위험물의 종류 및 지정수량**

성질	품명	지정품목	조건(1기압에서)	위험등급
인화성 액체	특수인화물	이황화탄소 디에틸에테르	• 발화점이 100℃ 이하 • 인화점이 −20℃ 이하이고 비점이 40℃ 이하인 것	I
	제1석유류	아세톤 휘발유	인화점이 21℃ 미만인 것	II
	알코올류	1분자의 탄소의 원자 수가 $C_1 \sim C_3$까지인 포화1가 알코올(변성알코올포함) 메틸알코올(CH_3OH), 에틸알코올(C_2H_5OH), 프로필알코올(C_3H_7OH)		
	제2석유류	등유, 경유	인화점이 21℃ 이상 70℃ 미만인 것	
	제3석유류	중유 클레오소트유	인화점이 70℃ 이상 200℃ 미만인 것	III
	제4석유류	기어유 실린더유	인화점이 200℃ 이상 250℃ 미만인 것	
	동식물유류	동물의 지육 등 또는 식물의 종자나 과육으로부터 추출한 것으로서 인화점이 250℃ 미만인 것		

2. 제4류 위험물의 물성

구분	포름산 [HCOOH]	메틸알코올 [CH_3OH]	니트로벤젠 [$C_6H_5NO_2$]	글리세린 [$C_3H_5(OH)_3$]	아세트산 [CH_3COOH]
인화점	69℃	11℃	88℃	160℃	40℃
품명	제2석유류 (수용성)	알코올류	제3석유류 (비수용성)	제3석유류 (수용성)	제2석유류 (수용성)
지정수량	2000L	400L	2000L	4000L	2000L

5 다음 주유취급소에서 설치할 수 있는 탱크의 최대용량을 각각 쓰시오.

(1) 고정주유설비의 전용탱크
(2) 고정급유설비의 전용탱크
(3) 보일러의 전용탱크
(4) 자동차 점검, 정비하는 작업장의 폐유탱크

정답 ▶ (1) 50,000L 이하　　(2) 50,000L 이하　　(3) 10,000L 이하　　(4) 2,000L 이하

해설 **주유취급소의 탱크 용량 기준**

저장탱크의 종류	탱크의 용량	저장탱크의 종류	탱크의 용량
고정주유설비	50,000L 이하	폐유탱크	2,000L
고정급유설비	50,000L 이하	간이탱크	600L×3기 이하
보일러 전용탱크	10,000L 이하	고속국도의 탱크	60,000L 이하

6 옥외탱크저장소의 방유제 설치기준에 대하여 다음 물음에 답하시오.

(1) 방유제 면적의 기준
(2) 제1석유류 15만 리터를 저장시 최대 설치 탱크 수
(3) 방유제 내에서 저장탱크 개수에 제한을 받지 않는 인화점의 기준

정답
(1) 80000m² 이하
(2) 10기 이하
(3) 인화점이 200℃ 이상인 위험물을 저장하는 경우

해설 옥외탱크저장소의 방유제(이황화탄소는 제외)
① 방유제의 용량(단, 인화성이 없는 액체위험물은 110%를 100%로 본다)
  • 탱크가 하나일 경우 : 탱크 용량의 110% 이상(비인화성 액체 : 100%)
  • 탱크가 2 이상일 경우 : 탱크 중 용량이 최대인 것의 용량의 110% 이상(비인화성 액체 : 100%)
② 방유제(철근콘크리트) 높이 0.5m 이상 3m 이하, 두께 0.2m 이상, 지하매설깊이 1m 이상으로 할 것
③ 방유제 내에 설치하는 옥외저장탱크의 수
  • 인화점이 70℃ 미만인 위험물 : 10기 이하
  ※ 제4류 제1석유류 : 인화점이 21℃ 미만이므로 10기 이하가 된다.
  • 모든 탱크의 용량이 20만 리터 이하이고, 인화점이 70℃ 이상 200℃ 미만(제3석유류) : 20기 이하
  • 인화점이 200℃ 이상인 위험물(제4석유류) : 탱크 수 제한없음
④ 방유제 내의 면적 : 80,000m² 이하
⑤ 방유제와 옥외저장탱크 옆판과의 유지해야 할 거리(단, 인화점이 200℃ 이상의 위험물은 제외)
  • 탱크의 지름이 15m 미만인 경우 : 탱크 높이의 $\frac{1}{3}$ 이상
  • 탱크의 지름이 15m 이상인 경우 : 탱크 높이의 $\frac{1}{2}$ 이상
⑥ 방유제 및 간막이둑이 1m가 넘는 계단 또는 경사로의 설치기준 : 50m마다 설치할 것

7 다음 ( )에 위험물의 유별과 지정수량을 쓰시오.

위험물의 명칭	유별	지정수량
질산	(1)	(2)
칼륨	(3)	(4)
질산염류	(5)	(6)
디아조화합물	(7)	(8)
니트로화합물	(9)	(10)

정답 (1) 제6류 위험물 (2) 300kg (3) 제3류 위험물 (4) 10kg
(5) 제1류 위험물 (6) 300kg (7) 제5류 위험물 (8) 200kg
(9) 제5류 위험물 (10) 200kg

해설 • 질산(HNO_3) : 제6류 위험물(산화성 액체), 지정수량 300kg
• 칼륨(K) : 제3류 위험물(자연발화성 및 금수성 물질), 지정수량 10kg
• 질산염류 : 제1류 위험물(산화성 고체), 지정수량 300kg
• 디아조화합물 : 제5류 위험물(자기반응성 물질), 지정수량 200kg
• 니트로화합물 : 제5류 위험물(자기반응성 물질), 지정수량 200kg

8 다음 위험물의 완전연소반응식을 쓰시오.

(1) 메틸알코올
(2) 에틸알코올

정답 (1) $2CH_3OH + 3O_2 \longrightarrow 2CO_2 + 4H_2O$
(2) $C_2H_5OH + 3O_2 \longrightarrow 2CO_2 + 3H_2O$

해설 1. 유기(탄소)화합물[C, H, O]의 연소반응식

$$\begin{bmatrix} C \cdot H \cdot O \\ C \cdot H \end{bmatrix} + O_2 \xrightarrow{\text{연소}} CO_2 + H_2O$$

(유기화합물)　　(산소)　　(이산화탄소) (물)
• 유기화합물 중 탄소(C)는 산소(O_2)와 반응하여 이산화탄소(CO_2)를 생성하고, 유기
화합물 중 수소(H)는 산소(O_2)와 반응하여 물(H_2O)을 생성한다.
2. 제4류 위험물 중 알코올류의 물성(지정수량 400L)

구분	메틸알코올(CH_3OH)	에틸알코올(C_2H_5OH)
인화점	11℃	13℃
발화점	464℃	423℃
연소범위	7.3~36%	4.3~19%
독성	있음	없음

9 지하탱크저장소에 위험물을 다음과 같이 탱크에 각각 저장할 경우 두 탱크의 상호간 최소거리를 쓰시오.

(1) 경유 8000L, 휘발유 20000L
(2) 경유 20000L, 휘발유 20000L
(3) 경유 20000L, 휘발유 8000L

정답
(1) 1m 이상
(2) 1m 이상
(3) 0.5m 이상

해설
- 경유 : 제4류 위험물, 제2석유류(비수용성), 지정수량 1000L
- 휘발유 : 제4류 위험물, 제1석유류(비수용성), 지정수량 200L
- 지정수량 배수의 합$=\dfrac{경유의 저장수량(L)}{경유의 지정수량(1000L)}+\dfrac{휘발유의 저장수량(L)}{휘발유의 지정수량(200L)}$

(1) 지정수량 배수의 합$=\dfrac{8000L}{1000L}+\dfrac{20000L}{200L}=108$

∴ 지정수량 배수의 합이 100 초과이므로 탱크 상호간의 거리 : 1m 이상

(2) 지정수량 배수의 합$=\dfrac{20000L}{1000L}+\dfrac{20000L}{200L}=120$

∴ 지정수량 배수의 합이 100 초과이므로 탱크 상호간의 거리 : 1m 이상

(3) 지정수량 배수의 합$=\dfrac{20000L}{1000L}+\dfrac{8000L}{200L}=60$

∴ 지정수량 배수의 합이 100 이하이므로 탱크 상호간의 거리 : 0.5m 이상

※ 지하탱크저장소
- 지하저장탱크를 2 이상 인접해서 설치할 경우 탱크 상호간의 간격 : 1m 이상 (단, 탱크의 용량의 합계가 지정수량의 100배 이하 : 0.5m 이상)
- 지하저장탱크의 강철판 두께 : 3.2mm 이상
- 과충전방지장치 : 지하저장탱크 용량이 90% 찰 때 경보음이 울림

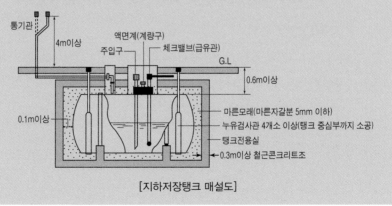

[지하저장탱크 매설도]

10 안전관리법령상 동식물유류를 요오드값에 따라 분류한다. (   ) 안에 알맞은 답을 쓰시오.

	분류	요오드값
동식물유류	(1)	(2)
	(3)	(4)
	(5)	(6)

정답 (1) 건성유　　(2) 130 이상　　(3) 반건성유　　(4) 100~130
(5) 불건성유　　(6) 100 이하

해설 1. 동식물유류 : 동물의 지육 또는 식물의 종자나 과육으로부터 추출한 것으로 인화점이
250℃ 미만인 것
2. 요오드값 : 유지 100g에 부가되는 요오드의 g수
3. 동식물유류의 분류
- 건성유(130 이상) : 해바라기유, 동유, 아마인유, 정어리기름, 들기름
- 반건성유(100~130) : 참기름, 옥수수기름, 채종유, 면실유, 콩기름
- 불건성유(100 이하) : 야자유, 동백유, 올리브유, 피마자유, 땅콩기름, 소기름, 돼지기름

11 다음 소화기 주성분인 분말소화약제의 화학식을 각각 쓰시오.

(1) 제1종 분말소화약제　　　　(2) 제2종 분말소화약제　　　　(3) 제3종 분말소화약제

정답 (1) $NaHCO_3$　　(2) $KHCO_3$　　(3) $NH_4H_2PO_4$

해설 분말소화약제

종류	주성분	화학식	색상	적응 화재	열분해반응식
제1종	탄산수소나트륨 (중탄산나트륨)	$NaHCO_3$	백색	B, C급	• 1차(270℃) $2NaHCO_3 \longrightarrow Na_2CO_3 + CO_2 + H_2O$ • 2차(850℃) $2NaHCO_3 \longrightarrow Na_2O + 2CO_2 + H_2O$
제2종	탄산수소칼륨 (중탄산칼륨)	$KHCO_3$	담자 (회)색	B, C급	• 1차(190℃) $2KHCO_3 \longrightarrow K_2CO_3 + CO_2 + H_2O$ • 2차(590℃) $2KHCO_3 \longrightarrow K_2O + 2CO_2 + H_2O$
제3종	제1인산암모늄	$NH_4H_2PO_4$	담홍색	A, B, C급	• $NH_4H_2PO_4 \longrightarrow HPO_3 + NH_3 + H_2O$ • 190℃ : $NH_4H_2PO_4 \longrightarrow NH_3 + H_3PO_4$
제4종	탄산수소칼륨 +요소	$KHCO_3 + (NH_2)_2CO$	회색	B, C급	$2KHCO_3 + (NH_2)_2CO \longrightarrow K_2CO_3 + 2NH_3 + 2CO_2$

※ 제1종 및 제2종 분말소화약제 열분해 반응식에서 제몇차 또는 열분해온도의 조건이
주어지지 않은 경우에는 제1차 열분해반응식을 쓰면 된다.

12 위험물안전관리법령상 옥외탱크저장소에 대하여 다음 각 물음에 답하시오.

 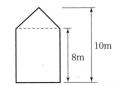

(1) 탱크 용량(L)을 구하시오.(단, 공간용적은 10%이다)
(2) 기술검토를 받아야 하는지 답하시오.
(3) 완공검사를 받아야 하는지 답하시오.
(4) 정기검사를 받아야 하는지 답하시오.

정답 ▶ (1) [계산과정]

- 탱크의 내용적(V)$= \pi r^2 l = \pi \times (5\text{m})^2 \times (8\text{m}) \times \dfrac{1000\text{L}}{1\text{m}^3} = 628318.5307\text{L}$

- 탱크의 용량＝탱크의 내용적－공간용적

$$= 628318.5307\text{L} - \left(628318.5307 \times \dfrac{10}{100}\right)$$

$$= 565486.677\text{L}$$

[답] 565486.68L

(2) 받아야 한다.
(3) 받아야 한다.
(4) 받아야 한다.

- -

해설 ▶ (1) 원통형 탱크의 내용적

　　　　〈횡으로 설치한 것〉 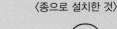　　　　　　　〈종으로 설치한 것〉

 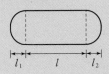　　　　　　

　∴ 내용적(V)$= \pi r^2\left(l + \dfrac{l_1 + l_2}{3}\right)$　　　∴ 내용적(V)$= \pi r^2 l$

(2) 위험물안전관리법 시행령 제6조(제조소등의 설치 및 변경허가)

시·도지사는 제조소등의 설치허가 또는 변경허가 신청내용이 다음 각 호의 기준에 적합하다고 인정하는 경우에는 허가를 하여야 한다.

① 제조소등의 위치·구조 및 설비가 법 5조제4항의 규정에 의한 기술기준에 적합할 것

② 제조소등에서의 위험물의 저장 또는 취급이 공공의 안전유지 또는 재해의 발생방지에 지장을 줄 우려가 없다고 인정될 것

③ 다음 각 목의 제조소등은 해당 목에서 정한 사항에 대하여 한국소방산업기술원(이하 "기술원"이라 한다)의 기술검토를 받고 그 결과가 행정안전부령으로 정하는 기준에 적합한 것으로 인정될 것. 다만, 보수 등을 위한 부분적인 변경으로서 소방청장이 정하여 고시하는 사항에 대해서는 기술원의 기술검토를 받지 않을 수 있으나 행정안전부령이 정하는 기준에는 적합해야 한다.

- 지정수량의 1천배 이상의 위험물을 취급하는 제조소 또는 일반취급소 : 구조·설비에 관한 사항
- 옥외탱크저장소(저장용량이 50만리터 이상인 것만 해당한다) 또는 암반탱크저장소 : 위험물탱크의 기초·지반, 탱크본체 및 소화설비에 관한 사항

※ 주어진 문제에서 탱크의 용량이 50만리터 이상이므로 기술검토를 받아야 한다.

(3) 위험물안전관리법 제9조(완공검사)

① 규정에 따른 허가를 받은 자가 제조소등의 설치를 마쳤거나 그 위치·구조 또는 설비의 변경을 마친 때에는 당해 제조소등마다 시·도지사가 행하는 완공검사를 받아 제5조제4항의 규정에 따른 기술기준에 적합하다고 인정받은 후가 아니면 이를 사용하여서는 아니된다. 다만, 제조소등의 위치·구조 또는 설비를 변경함에 있어서 제6조제1항 후단의 규정에 따른 변경허가를 신청하는 때에 화재예방에 관한 조치사항을 기재한 서류를 제출하는 경우에는 당해 변경공사와 관계가 없는 부분은 완공검사를 받기 전에 미리 사용할 수 있다.

② 제1항 본문의 규정에 따른 완공검사를 받고자 하는 자가 제조소등의 일부에 대한 설치 또는 변경을 마친 후 그 일부를 미리 사용하고자하는 경우에는 당해 제조소등의 일부에 대하여 완공검사를 받을 수 있다.

※ 주어진 문제에서 탱크의 설치허가를 받은 제조소등의 경우에는 완공검사를 받아야 한다.

(4) 위험물안전관리법 제17조(정기검사대상인 제조소등)

법 제18조제3항에서 "대통령령으로 정하는 제조소등"이란 액체위험물을 저장 또는 취급하는 50만리터 이상의 옥외탱크저장소를 말한다.

※ 주어진 문제에서 탱크의 용량이 50만리터 이상이므로 정기검사를 받아야 한다.

13 다음 위험물이 반응시 발생하는 유독가스의 명칭을 쓰시오.(단, 발생하는 유독가스가 없으면 "해당없음"을 쓰시오)

(1) 황린과 수산화칼륨수용액
(2) 아세트산의 연소반응식
(3) 인화칼슘과 물
(4) 황린의 연소반응식
(5) 과산화바륨과 물

정답 (1) 포스핀(인화수소)
(2) 해당없음
(3) 포스핀(인화수소)
(4) 해당없음
(5) 해당없음

해설 (1) 황린(P_4) : 제3류 위험물(자연발화성 물질)로 물에 녹지 않고 착화온도 34℃로 매우 낮아서 공기중 자연발화의 위험이 있으므로 소량의 수산화칼륨[KOH] 등을 넣어서 만든 pH=9인 약알칼리성의 물속에 보관한다.
  • 이유 : pH=9 이상인 강알칼리성 용액이 되면 독성이 강한 포스핀(PH_3, 인화수소) 가스를 발생하며 공기중에서 자연발화한다.
  • 수산화칼륨과의 반응식 : $P_4 + 3KOH + H_2O \longrightarrow 3KH_2PO_2 + PH_3\uparrow$
  ※ 포스핀(PH_3, 인화수소)의 유독가스를 발생한다.
(2) 아세트산(CH_3COOH, 초산) : 제4류 위험물(인화성 액체), 제2석유류(수용성), 지정수량 2000L
  • 연소반응식 : $CH_3COOH + 2O_2 \longrightarrow 2CO_2 + 2H_2O$
  ※ 이산화탄소(CO_2)와 수증기(H_2O)는 유독가스가 아니다.
(3) 인화칼슘(Ca_3P_2) : 제3류 위험물(금수성 물질), 지정수량 300kg
  • 물과의 반응식 : $Ca_3P_2 + 6H_2O \longrightarrow 3Ca(OH)_2 + 2PH_3\uparrow$
  ※ 포스핀(PH_3, 인화수소)의 유독가스를 발생한다.
(4) 황린(P_4) : 제3류 위험물(자연발화성 물질), 지정수량 20kg
  • 연소반응식 : $P_4 + 5O_2 \longrightarrow 2P_2O_5$ (오산화인, 흰 연기)
  ※ 오산화인(P_2O_5)은 기체(가스)가 아니고 백색 고체가루로 유독가스가 아닌 유독성 고체가루이다.
(5) 과산화바륨(BaO_2) : 제1류 위험물 중 무기과산화물(산화성 고체), 지정수량 50kg
  • 물과의 반응식 : $2BaO_2 + 2H_2O \longrightarrow 2Ba(OH)_2 + O_2\uparrow$
  ※ 산소(O_2)는 유독가스가 아니다.

14 다음 물질 중 자연발화성 및 금수성의 성질을 동시에 가지고 있는 물질을 모두 골라 쓰시오.

니트로벤젠, 칼륨, 니트로글리세린, 수소화나트륨, 황린, 트리니트로페놀

정답 칼륨, 수소화나트륨

해설 ① 니트로벤젠($C_6H_5NO_2$) : 제4류 위험물(인화성 액체), 제3석유류(비수용성), 지정수량 2000L

② 칼륨(K) : 제3류 위험물(자연발화성 및 금수성 물질), 지정수량 10kg
- 공기와 접촉시 자연발화가 일어나므로 석유류(등유, 경유, 유동파라핀) 속에 보관한다.
- 물과 반응시 수소(H_2) 기체를 발생시킨다.
  $2K + 2H_2O \longrightarrow 2KOH + H_2\uparrow$

③ 니트로글리세린[$C_3H_5(ONO_2)_3$] : 제5류 위험물(자기반응성 물질), 지정수량 10kg

④ 수소화나트륨(NaH) : 제3류 위험물(자연발화성 및 금수성 물질), 지정수량 300kg
- 물과 반응시 수소(H_2) 기체를 발생시키고 공기중 자연발화한다.
  $NaH + H_2O \longrightarrow NaOH + H_2\uparrow$

⑤ 황린(P_4) : 제3류 위험물(자연발화성 물질), 지정수량 20kg
- 물에 녹지 않고 발화점 34℃로 매우 낮아서 공기중 자연발화의 위험이 있으므로 소량의 수산화칼슘[$Ca(OH)_2$] 또는 수산화칼륨[KOH]을 넣어서 만든 pH=9인 약알칼리성의 물속에 보관한다.

⑥ 트리니트로페놀[$C_6H_2OH(NO_2)_3$] : 제5류 위험물(자기반응성 물질), 지정수량 200kg

15 제2류 위험물인 마그네슘에 대하여 다음 각 물음에 답하시오.

(1) 직경 (　)mm 이상의 막대모양은 제외하고, 직경 (　)mm 미만의 마그네슘은 위험물에 해당된다.
(2) 위험등급
(3) 물과의 반응식
(4) 염산과의 반응식

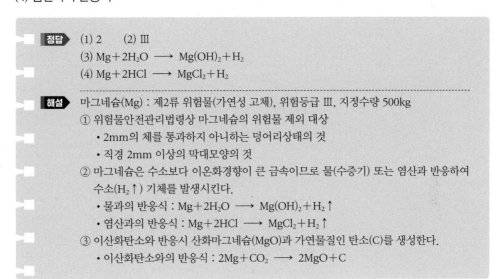

정답 (1) 2　　(2) Ⅲ

(3) $Mg + 2H_2O \longrightarrow Mg(OH)_2 + H_2$

(4) $Mg + 2HCl \longrightarrow MgCl_2 + H_2$

해설 마그네슘(Mg) : 제2류 위험물(가연성 고체), 위험등급 Ⅲ, 지정수량 500kg

① 위험물안전관리법령상 마그네슘의 위험물 제외 대상
  • 2mm의 체를 통과하지 아니하는 덩어리상태의 것
  • 직경 2mm 이상의 막대모양의 것
② 마그네슘은 수소보다 이온화경향이 큰 금속이므로 물(수증기) 또는 염산과 반응하여 수소($H_2 \uparrow$) 기체를 발생시킨다.
  • 물과의 반응식 : $Mg + 2H_2O \longrightarrow Mg(OH)_2 + H_2 \uparrow$
  • 염산과의 반응식 : $Mg + 2HCl \longrightarrow MgCl_2 + H_2 \uparrow$
③ 이산화탄소와 반응시 산화마그네슘(MgO)과 가연물질인 탄소(C)를 생성한다.
  • 이산화탄소와의 반응식 : $2Mg + CO_2 \longrightarrow 2MgO + C$

16 제3류 위험물 중 위험등급 Ⅰ인 위험물의 품명 5가지를 쓰시오.

정답 칼륨, 나트륨, 알킬알루미늄, 알킬리튬, 황린

해설 제3류 위험물의 종류와 지정수량

성질	위험등급	품명[주요품목]	지정수량
자연발화성 물질 및 금수성 물질	Ⅰ	1. 칼륨[K]	10kg
		2. 나트륨[Na]	
		3. 알킬알루미늄($(C_2H_5)_3Al$ 등)	
		4. 알킬리튬[C_2H_5Li]	
		5. 황린[P_4]	20kg
	Ⅱ	6. 알칼리금속(K, Na 제외) 및 알칼리토금속[Li, Ca 등]	50kg
		7. 유기금속화합물[$Te(C_2H_5)_2$ 등] (알킬알루미늄 및 알킬리튬 제외)	
	Ⅲ	8. 금속의 수소화물[LiH 등]	300kg
		9. 금속의 인화물[Ca_3P_2 등]	
		10. 칼슘 또는 알루미늄의 탄화물[CaC_2, Al_4C_3 등]	
	Ⅰ, Ⅱ, Ⅲ	11. 그 밖에 행정안전부령이 정하는 것	10kg, 20kg, 50kg, 300kg
		12. 염소화규소화합물[$SiHCl_3$ 등]	300kg

17 위험물안전관리법령상 옥외저장소의 보유공지에 대하여 (   ) 안에 알맞은 답을 쓰시오.

저장 또는 취급하는 위험물의 최대수량	저장 또는 취급하는 위험물	공지의 너비
지정수량의 10배 이하	제1석유류	(①)m 이상
	제2석유류	(②)m 이상
지정수량의 20배 초과 50배 이하	제2석유류	(③)m 이상
	제3석유류	(④)m 이상
	제4석유류	(⑤)m 이상

정답 ① 3 ② 3 ③ 9 ④ 9 ⑤ 3

해설 **옥외저장소의 보유공지**

저장 또는 취급하는 위험물의 최대수량	공지의 너비
지정수량의 10배 이하	3m 이상
지정수량의 10배 초과 20배 이하	5m 이상
지정수량의 20배 초과 50배 이하	9m 이상
지정수량의 50배 초과 200배 이하	12m 이상
지정수량의 200배 초과	15m 이상

※ 제4류 위험물 중 제4석유류와 제6류 위험물을 저장 또는 취급하는 보유 공지는 공지 너비의 $\frac{1}{3}$ 이상으로 할 수 있다.

∴ ⑤항은 $9m \times \frac{1}{3} = 3m$

18 제1류 위험물의 과산화물 중 [보기]의 물성을 가진 원소가 포함되어 있는 물질에 대하여 다음 물음에 답하시오.

> **보기**
> • 원자량 39, 비중 0.86의 은백색 무른 경금속이다.
> • 연소시 보라색 불꽃반응을 나타낸다.

(1) 물과의 반응식
(2) 이산화탄소와의 반응식
(3) 옥내저장소의 바닥면적(m^2)

정답
(1) $2K_2O_2 + 2H_2O \longrightarrow 4KOH + O_2$
(2) $2K_2O_2 + 2CO_2 \longrightarrow 2K_2CO_3 + O_2$
(3) $1000m^2$ 이하

해설
1. 칼륨(K) : 제3류 위험물(자연발화성 및 금수성 물질), 지정수량 10kg
   ① 원자량 39, 비중 0.86, 융점 63.7℃의 은백색 무른 경금속이다.
   ② 연소시 보라색 불꽃을 내면서 연소한다.
   $$4K + O_2 \longrightarrow 2K_2O$$
2. 과산화칼륨(K_2O_2) : 제1류 위험물 중 무기과산화물(산화성 고체), 지정수량 50kg
   ① 분자량 110, 비중 2.9의 무색 분말로 흡습성 및 조해성이 강하다.
   ② 물 또는 이산화탄소와 반응시 산소를 발생한다.
   • 물과의 반응식 : $2K_2O_2 + 2H_2O \longrightarrow 4KOH + O_2\uparrow$
   • 이산화탄소와의 반응식 : $2K_2O_2 + 2CO_2 \longrightarrow 2K_2CO_3 + O_2\uparrow$
   ③ 산과 반응시 과산화수소를 생성한다.
   • 염산과의 반응식 : $K_2O_2 + 2HCl \longrightarrow 2KCl + H_2O_2$
3. 옥내저장창고의 바닥면적

위험물의 종류	바닥면적
① 제1류위험물 중 아염소산염류, 염소산염류, 과염소산염류, 무기과산화물, 지정수량 50kg인 것	1,000m^2 이하 (위험등급 Ⅰ, 제4류 : 위험등급 Ⅰ, Ⅱ)
② 제3류 위험물 중 칼륨, 나트륨, 알킬알루미늄, 알킬리튬, 지정수량 10kg인 것 및 황린	
③ 제4류 위험물 중 특수 인화물, 제1석유류 및 알코올류	
④ 제5류 위험물 중 유기과산화물, 질산에스테르류, 지정수량 10kg인 것	
⑤ 제6류 위험물	
①~⑤ 이외의 위험물	2,000m^2 이하
상기 위험물을 내화구조의 격벽으로 완전히 구획된 실	1,500m^2 이하

19 제4류 위험물 중 특수인화물로 염화구리($CuCl_2$) 촉매하에 에틸렌을 산화시켜 생성되는 물질로 인화점 −38℃, 비점 21℃, 연소범위가 4.1~57%인 물질에 대하여 다음 물음에 답하시오.(단, 공기의 평균분자량은 29이다)

(1) 시성식
(2) 증기비중
(3) 이동저장탱크에서 보냉장치가 없을 경우 유지해야 할 온도

정답
(1) CH_3CHO
(2) 1.52
(3) 40℃ 이하

해설
1. 아세트알데히드(CH_3CHO) : 제4류 위험물 중 특수인화물, 지정수량 50L
   ① 분자량 : 12(C)×2+1(H)×4+16(O)=44
   - 증기비중= $\dfrac{\text{분자량}}{\text{공기의 평균분자량(29)}} = \dfrac{44}{29} = 1.517$ ∴ 1.52
   ② 인화점 −38℃, 비점 21℃, 발화점 185℃, 연소범위 4.1~57%의 휘발성인 무색액체이다.
   ③ 제조법 : 염화구리($CuCl_2$) 촉매하에 에틸렌(C_2H_4)를 산화시켜 생성한다.
   - 에틸렌 직접산화법 : $2C_2H_4 + O_2 \longrightarrow 2CH_3CHO$
2. 알킬알루미늄등, 아세트알데히드등 및 디에틸에테르등의 저장기준
   ① 옥외 및 옥내저장탱크 또는 지하저장탱크의 저장유지 온도

위험물의 종류	압력탱크 외의 탱크	위험물의 종류	압력탱크
산화프로필렌, 디에틸에테르 등	30℃ 이하	아세트알데히드 등, 디에틸에테르 등	40℃ 이하
아세트알데히드	15℃ 이하		

   ② 이동저장탱크의 저장유지 온도

위험물의 종류	보냉장치가 있는 경우	보냉장치가 없는 경우
아세트알데히드 등, 디에틸에테르 등	비점 이하	40℃ 이하

   - 이동저장탱크에 알킬알루미늄 등을 저장하는 경우에는 20kPa 이하의 압력으로 불활성의 기체를 봉입하여 둘 것(꺼낼 때는 200kpa 이하의 압력)
   - 이동저장탱크에 아세트알데히드 등을 저장하는 경우에는 항상 불활성기체를 봉입하여 둘 것(꺼낼 때는 100kpa 이하의 압력)

20 위험물안전관리법령상 위험물의 운송기준에 관하여 다음 물음에 답하시오.

(1) 위험물운송책임자가 운전자를 감독 또는 지원하는 방법으로 옳은 것을 모두 고르시오.(단, 없으면 "해당없음"이라고 쓰시오)

① 운송책임자가 이동탱크저장소에 동승한다.

② 비상시 부득이한 경우 GPS로 감독·지원한다.

③ 운송책임자는 사무실에 대기하면서 감독·지원한다.

④ 운송책임자는 다른 차량으로 이동하면서 감독·지원한다.

(2) 위험물 운송시 운전자가 장시간 운전할 경우 2명 이상의 운전자로 하여야 한다. 다만, 그러지 않아도 되는 경우를 모두 고르시오.(단, 없으면 "해당없음"이라고 쓰시오)

① 운송책임자를 동승시킨 경우

② 제2류 위험물을 운반하는 경우

③ 제4류 위험물 중 제1석유류를 운반하는 경우

④ 운송 도중 2시간 이내마다 20분 이상씩 휴식하는 경우

(3) 제4류 위험물 중 특수인화물을 운송시 이동탱크저장소에 비치하여야 하는 것을 모두 고르시오.(단, 없으면 "해당없음"이라고 쓰시오)

① 정기검사확인증

② 위험물안전카드

③ 완공검사합격확인증

④ 설치허가확인증

정답 (1) ①, ③　　(2) ①, ②, ③, ④　　(3) ②, ③

해설 (1) 위험물운송책임자의 감독 또는 지원하는 방법

① 운송책임자가 이동탱크저장소에 동승하여 운송중인 위험물의 안전확보에 관하여 운전자에게 필요한 감독 또는 지원을 하는 방법. 다만, 운전자가 운송책임자의 자격이 있는 경우에는 운반책임자의 자격이 없는 자가 동승할 수 있다.

② 운송의 감독 또는 지원을 위하여 마련한 별도의 사무실에 운송책임자가 대기하면서 다음의 사항을 이행하는 방법

 • 운송경로를 미리 파악하고 관할소방관서 또는 관련업체(비상대응에 관한 협력을 얻을 수 있는 업체를 말한다)에 대한 연락체계를 갖추는 것

 • 이동탱크저장소의 운전자에 대하여 수시로 안전확보상황을 확인하는 것

 • 비상시의 응급처치에 관하여 조언을 하는 것

 • 그 밖에 위험물의 운송 중 안전확보에 관하여 필요한 정보를 제공하고 감독 또는 지원하는 것

(2) 위험물운송자는 장거리(고속국도에 있어서는 340km 이상, 그 밖의 도로에 있어서는 200km 이상)에 걸치는 운송을 하는 때에는 2명 이상의 운전자로 할 것. 다만, 다음에 해당하는 경우에는 그러하지 아니하다.

① 운송책임자를 동승시킨 경우

② 운송하는 위험물이 제2류 위험물, 제3류 위험물(칼슘 또는 알루미늄의 탄화물과 이것만을 함유한 것에 한한다) 또는 제4류 위험물(특수인화물을 제외한다)인 경우

③ 운송 도중에 2시간 이내마다 20분 이상씩 휴식하는 경우

(3) 위험물(제4류 위험물에 있어서는 특수인화물 및 제1석유류에 한한다)을 운송하게 하는 자는 위험물안전카드를 위험물운송자로 하여금 휴대하게 할 것

1 제3류 위험물인 칼륨과 다음 물질과의 반응식을 쓰시오.

(1) 이산화탄소   (2) 에탄올

> **정답** (1) $4K + 3CO_2 \longrightarrow 2K_2CO_3 + C$
> (2) $2K + 2C_2H_5OH \longrightarrow 2C_2H_5OK + H_2$
> --
> **해설** 칼륨(K) : 제3류위험물(자연발화성 및 금수성물질), 지정수량 10kg
> ① 원자량 39, 비중 0.86, 융점 63.5℃의 은백색 무른 경금속이다.
> ② 연소 시 보라색 불꽃을 내면서 연소한다.
>   • 연소반응식: $4K + O_2 \longrightarrow 2K_2O$
> ③ 수소보다 이온화 경향이 매우 큰 금속으로 물 또는 산과 반응하여 수소($H_2\uparrow$) 기체를 발생한다.
>   • 물과의 반응식: $2K + 2H_2O \longrightarrow 2KOH + H_2\uparrow$
>   • 염산과의 반응식: $2K + 2HCl \longrightarrow 2KCl + H_2\uparrow$
> ④ 이산화탄소와 반응 시 폭발적으로 반응한다.
>   • 이산화탄소와의 반응식: $4K + 3CO_2 \longrightarrow 2K_2CO_3 + C$
> ⑤ 에탄올과 반응 시 칼륨에틸레이트(C_2H_5OK)와 수소($H_2\uparrow$) 기체를 발생한다.
>   • 에탄올과의 반응식: $2K + 2C_2H_5OH \longrightarrow 2C_2H_5OK + H_2\uparrow$

2 트리에틸알루미늄과 메탄올이 반응하였을 경우 다음 각 물음에 답하시오.

(1) 화학반응식
(2) 반응 시 발생하는 가연성 기체의 연소반응식

> **정답** (1) $(C_2H_5)_3Al + 3CH_3OH \longrightarrow (CH_3O)_3Al + 3C_2H_6$
> (2) $2C_2H_6 + 7O_2 \longrightarrow 4CO_2 + 6H_2O$
> --
> **해설** 트리에틸알루미늄[$(C_2H_5)_3Al$]: 제3류위험물(자연발화성 및 금수성물질), 지정수량 10kg
> ① 물 또는 알코올과 반응하여 에탄(C_2H_6) 가스를 발생한다.
>   • 물과의 반응식: $(C_2H_5)_3Al + 3H_2O \longrightarrow Al(OH)_3 + 3C_2H_6\uparrow$
>   • 메탄올과의 반응식: $(C_2H_5)_3Al + 3CH_3OH \longrightarrow (CH_3O)_3Al + 3C_2H_6\uparrow$
>   • 에탄올과의 반응식: $(C_2H_5)_3Al + 3C_2H_5OH \longrightarrow (C_2H_5O)_3Al + 3C_2H_6\uparrow$
> ② 공기 중에서 자연발화한다.
>   • 연소반응식: $2(C_2H_5)_3Al + 21O_2 \longrightarrow 12CO_2 + Al_2O_3 + 15H_2O$
> ※ 에탄(C_2H_6)의 연소반응식: $2C_2H_6 + 7O_2 \longrightarrow 4CO_2 + 6H_2O$

3 다음 소화설비의 능력단위 기준표에 맞게 (   ) 안을 채우시오.

소화설비	용량	능력단위
소화전용 물통	(1)	0.3
수조(소화전용 물통 3개 포함)	80L	(2)
수조(소화전용 물통 6개 포함)	190L	(3)
마른 모래(삽 1개 포함)	(4)	0.5
팽창질석 또는 팽창진주암(삽 1개 포함)	(5)	1.0

정답 (1) 8L   (2) 1.5   (3) 2.5   (4) 50L   (5) 160L

해설 **소화설비의 능력단위**

소화설비	용량	능력단위
소화전용 물통	8L	0.3
수조(소화전용 물통 3개 포함)	80L	1.5
수조(소화전용 물통 6개 포함)	190L	2.5
마른 모래(삽 1개 포함)	50L	0.5
팽창질석 또는 팽창진주암(삽 1개 포함)	160L	1.0

4 제5류 위험물인 니트로셀룰로오스에 대하여 다음 각 물음에 답하시오.

(1) 원료 중심으로 제조 방법   (2) 품명
(3) 지정수량   (4) 운반용기 외부에 표시하여야 하는 주의사항

정답 (1) 셀룰로오스를 진한질산[3]과 진한황산[1]의 혼합액을 니트로화반응시켜 제조한다.
(2) 질산에스테르류
(3) 10kg
(4) 화기엄금, 충격주의

해설 1. 니트로셀룰로오스: 제5류위험물, 품명: 질산에스테르류, 지정수량 10kg
① 인화점 13℃, 발화점 180℃, 분해 온도 130℃인 고체 상태의 물질이다.
② 셀룰로오스를 진한질산(3)과 진한황산(1)의 혼합액을 니트로화반응시켜 만든 셀룰로오스 에스테르이다.
③ 직사광선, 산·알칼리에 분해하여 자연발화한다.
2. 제5류위험물의 운반용기 외부 표시 주의사항: 화기엄금, 충격주의

5 제4류 위험물 중 산화프로필렌에 대하여 다음 각 물음에 답하시오.(단, 공기 평균 분자량은 29이다)

(1) 위험등급
(2) 증기비중
(3) 옥외저장탱크 중 압력탱크외에 저장할 경우 몇 도 이하로 저장하여야 하는가?

> **정답** (1) Ⅰ (2) 2 (3) 30℃
>
> **해설**
> 1. 산화프로필렌(CH_3CHCH_2O): 제4류 중 특수인화물, 위험등급 Ⅰ, 지정수량 50L
>   ① 산화프로필렌(CH_3CHCH_2O)의 분자량 : 12(C)×3+1(H)×6+16(O)=58
>
> $$증기비중 = \frac{분자량}{공기의\ 평균\ 분자량(29)} = \frac{58}{29} = 2$$
>
>   ② 인화점 −37℃, 발화점 465℃, 비점 34℃, 연소범위 2.5~38.5%
>   ③ Cu, Ag, Hg, Mg 및 그 합금 등과는 용기나 설비에 사용하지 말 것(폭발성 물질 생성)
> 2. ① 옥외 및 옥내저장탱크 또는 지하저장탱크의 저장유지 온도
>
> | 위험물의 종류 | 압력탱크 외의 탱크 | 위험물의 종류 | 압력탱크 |
> |---|---|---|---|
> | 산화프로필렌, 디에틸에테르 등 | 30℃ 이하 | 아세트알데히드 등,
디에틸에테르 등 | 40℃ 이하 |
> | 아세트알데히드 | 15℃ 이하 | | |
>
> ② 이동저장탱크의 저장유지 온도
>
> | 위험물의 종류 | 보냉장치가 있는 경우 | 보냉장치가 없는 경우 |
> |---|---|---|
> | 아세트알데히드 등, 디에틸에테르 등 | 비점 이하 | 40℃ 이하 |
>
> - 이동저장탱크에 알킬알루미늄 등을 저장하는 경우에는 20kPa 이하의 압력으로 불활성의 기체를 봉입하여 둘 것(꺼낼 때는 200kpa 이하의 압력)
> - 이동저장탱크에 아세트알데히드 등을 저장하는 경우에는 항상 불활성기체를 봉입하여 둘 것(꺼낼 때는 100kpa 이하의 압력)

6 제1류 위험물 중 위험등급Ⅰ인 위험물의 품명 3가지를 쓰시오.

> **정답** 아염소산염류, 염소산염류, 과염소산염류, 무기과산화물 중 3가지
>
> **해설** 제1류 위험물
>
> | 성질 | 위험등급 | 품명 | 지정수량 |
> |---|---|---|---|
> | 산화성 고체 | Ⅰ | 아염소산염류, 염소산염류, 과염소산염류, 무기과산화물 | 50kg |
> | | Ⅱ | 브롬산염류, 질산염류, 요오드산염류 | 300kg |
> | | Ⅲ | 과망간산염류, 중크롬산염류 | 1,000kg |

7 위험물 안전관리법령상 다음 위험물의 정의를 쓰시오.

(1) 철분   (2) 인화성 고체   (3) 제2석유류

> **정답** (1) 철의 분말로서 53마이크로미터의 표준체를 통과하는 것이 50중량퍼센트 미만인 것은 제외한다.
> (2) 고형 알코올 그 밖에 1기압에서 인화점이 섭씨 40도 미만인 고체를 말한다.
> (3) 등유, 경유 그 밖에 1기압에서 인화점이 섭씨 21도 이상 70도 미만인 것을 말한다.

> **해설** 1. 제2류 위험물의 기준
> ① 유황은 순도가 60중량% 이상인 것을 말한다. 이 경우 순도측정에 있어서 불순물은 활석 등 불연성 물질과 수분에 한한다.
> ② '철분'이라 함은 철의 분말로서 53마이크로미터의 표준체를 통과하는 것이 50중량% 미만인 것은 제외한다.
> ③ '금속분'이라 함은 알칼리금속·알칼리토류금속·철 및 마그네슘 외의 금속의 분말을 말하고, 구리분·니켈분 및 150마이크로미터의 체를 통과하는 것이 50중량% 미만인 것을 제외한다.
> ④ 마그네슘은 다음에 해당하는 것은 제외한다.
>   • 2mm의 체를 통과하지 아니하는 덩어리 상태의 것
>   • 직경 2mm 이상의 막대 모양의 것
> ⑤ '인화성 고체'라 함은 고형알코올 그 밖에 1기압에서 인화점이 섭씨 40도 미만인 고체를 말한다.
> 2. 제4류 위험물의 기준
> ① '특수인화물'이라 함은 이황화탄소, 디에틸에테르 그 밖에 1기압에서 발화점이 섭씨 100도 이하인 것 또는 인화점이 섭씨 영하 20도 이하이고 비점이 섭씨 40도 이하인 것을 말한다.
> ② '제1석유류'라 함은 아세톤, 휘발유 그 밖에 1기압에서 인화점이 섭씨 21도 미만인 것을 말한다.
> ③ '알코올류'라 함은 1분자를 구성하는 탄소원자의 수가 1개부터 3개까지인 포화1가 알코올을 말한다.
> ④ '제2석유류'라 함은 등유, 경유 그 밖에 1기압에서 인화점이 섭씨 21도 이상 섭씨 70도 미만인 것을 말한다.
> ⑤ '제3석유류'라 함은 중유, 클레오소트유 그 밖에 1기압에서 인화점이 섭씨 70도 이상 섭씨 200도 미만인 것을 말한다.
> ⑥ '제4석유류'라 함은 기어류, 실린더유 그 밖의 1기압에서 인화점이 섭씨 200도 이상 섭씨 250도 미만의 것을 말한다.
> ⑦ '동식물유류'라 함은 동물의 지육 등 또는 식물의 종자나 과육으로부터 추출한 것으로서 1기압에서 인화점이 섭씨 250도 미만인 것을 말한다.

8 다음 제조소등의 소요단위를 계산하시오.

(1) 외벽이 내화구조인 제조소의 연면적이 300m²
(2) 외벽이 내화구조가 아닌 제조소의 연면적이 300m²
(3) 외벽이 내화구조인 저장소의 연면적이 300m²

> **정답** (1) 3소요단위   (2) 6소요단위   (3) 2소요단위
>
> **해설** **소요1단위의 산정 방법**
>
> | 건축물 | 내화구조의 외벽 | 내화구조가 아닌 외벽 |
> |---|---|---|
> | 제조소 및 취급소 | 연면적 100m² | 연면적 50m² |
> | 저장소 | 연면적 150m² | 연면적 75m² |
> | 위험물 | 지정수량 10배 | |
>
> (1) $\dfrac{300\text{m}^2}{100\text{m}^2}=3$ (2) $\dfrac{300\text{m}^2}{50\text{m}^2}=6$ (3) $\dfrac{300\text{m}^2}{150\text{m}^2}=2$

9 불활성가스 소화약제에 대하여 다음 (   ) 안에 알맞은 답을 쓰시오.

(1) IG-55 : (   ) 50%, (   ) 50%
(2) IG-541 : (   ) 52%, (   ) 40%, (   ) 8%

> **정답** (1) N_2, Ar   (2) N_2, Ar, CO_2
>
> **해설** **불활성가스 청정소화약제의 성분비율**
>
> | 소화약제명 | 화학식 |
> |---|---|
> | IG-01 | Ar 100% |
> | IG-100 | N_2 100% |
> | IG-541 | N_2 52%, Ar 40%, CO_2 8% |
> | IG-55 | N_2 50%, Ar 50% |

10 다음 위험물의 표에 대하여 (   ) 안에 알맞은 답을 쓰시오.

• 제1류 위험물

성질	품명	지정수량
산화성 고체	질산염류	300kg
	요오드산염류	(①)
	과망간산염류	1,000kg
	(②)	1,000kg

• 제2류 위험물

성질	품명	지정수량
(③)	철분	500kg
	금속분	500kg
	마그네슘	500kg
	(④)	1,000kg

• 제4류 위험물

성질	품명		지정수량
인화성 액체	제2석유류	비수용성	(⑤)
		수용성	2,000L
	제3석유류	비수용성	2,000L
		수용성	(⑥)

정답 ① 300kg ② 중크롬산염류 ③ 가연성 고체 ④ 인화성 고체 ⑤ 1,000L ⑥ 4,000L

해설 1. 제1류 위험물의 지정수량

성질	위험등급	품명	지정수량
산화성 고체	I	아염소산염류, 염소산염류, 과염소산염류, 무기과산화물	50kg
	II	브롬산염류, 질산염류, 요오드산염류	300kg
	III	과망간산염류, 중크롬산염류	1000kg

2. 제2류 위험물의 지정수량

성질	위험등급	품명	지정수량
가연성 고체	II	황화린, 적린, 황	100kg
	III	철분, 금속분, 마그네슘	500kg
		인화성 고체	1000kg

3. 제4류 위험물의 종류 및 지정수량

성질	위험등급	품명		지정수량	지정품목	기타조건(1기압에서)
인화성 액체	I	특수인화물		50L	• 이황화탄소 • 디에틸에테르	• 발화점 100℃ 이하 • 인화점 −20℃ 이하 & 비점 40℃ 이하
	II	제1석유류	비수용성	200L	• 아세톤 • 휘발유	인화점 21℃ 미만
			수용성	400L		
		알코올류		400L	• 탄소의 원자 수가 C_1~C_3까지인 포화1가 알코올(변성알코올 포함) • 메틸알코올[CH_3OH], 에틸알코올[C_2H_5OH], 프로필알코올[$(CH_3)_2CHOH$]	
	III	제2석유류	비수용성	1,000L	• 등유, 경유	인화점 21℃ 이상 70℃ 미만
			수용성	2,000L		
		제3석유류	비수용성	2,000L	• 중유 • 클레오소트유	인화점 70℃ 이상 200℃ 미만
			수용성	4,000L		
		제4석유류		6,000L	• 기어유 • 실린더유	인화점이 200℃ 이상 250 미만인 것
		동식물유류		10,000L	• 동식물유의 지육, 종자, 과육에서 추출한 것으로 1기압에서 인화점이 250℃ 미만인 것	

11 다음 위험물이 물과 반응 시 생성되는 기체의 명칭을 쓰시오.(단, 생성되는 기체가 없으면 "해당 없음"을 쓰시오)

(1) 리튬
(2) 질산암모늄
(3) 과산화칼륨
(4) 염소산칼륨
(5) 인화칼슘

> **정답** (1) 수소 (2) 해당없음 (3) 산소 (4) 해당없음 (5) 포스핀(인화수소)
>
> **해설** (1) 리튬(Li) : 제3류 위험물(자연발화성 및 금수성 물질)
>   • 물과의 반응식: $2Li + 2H_2O \longrightarrow 2LiOH + H_2 \uparrow$ ∴ 생성기체 : 수소
> (2) 질산암모늄(NH_4NO_3) : 제1류 위험물(산화성 고체) – 물과 반응하지 않음
> (3) 과산화칼륨(K_2O_2) : 제1류 위험물 중 무기과산화물(산화성 고체), 금수성 물질
>   • 물과의 반응식: $2K_2O_2 + 2H_2O \longrightarrow 4KOH + O_2 \uparrow$ ∴ 생성기체 : 산소
> (4) 염소산칼륨($KClO_3$) : 제1류 위험물(산화성 고체) – 물과 반응하지 않음
> (5) 인화칼슘(Ca_3P_2) : 제3류 위험물(금수성 물질)
> $Ca_3P_2 + 6H_2O \longrightarrow 3Ca(OH)_2 + 2PH_3 \uparrow$ ∴ 생성기체 : 포스핀(인화수소)

12 제3류 위험물인 탄화알루미늄과 다음 물질과의 반응식을 쓰시오.

(1) 물
(2) 염산

> **정답** (1) $Al_4C_3 + 12H_2O \longrightarrow 4Al(OH)_3 + 3CH_4$
> (2) $Al_4C_3 + 12HCl \longrightarrow 4AlCl_3 + 3CH_4$
>
> **해설** 탄화알루미늄(Al_4C_3) : 제3류 위험물(금수성 물질), 지정수량 300kg
>   • 물과의 반응식 : $Al_4C_3 + 12H_2O \longrightarrow 4Al(OH)_3 + 3CH_4 \uparrow$
>   • 염산과의 반응식 : $Al_4C_3 + 12HCl \longrightarrow 4AlCl_3 + 3CH_4 \uparrow$
>   ※ 메탄의 연소반응식 : $CH_4 + 2O_2 \longrightarrow CO_2 + H_2O$
>   메탄의 연소범위 : 5~15%

13 제2류 위험물인 삼황화린과 오황화린이 연소 시 공통적으로 생성되는 물질의 화학식을 쓰시오.

> **정답** P_2O_5, SO_2
>
> ---
>
> **해설** 삼황화린(P_4S_3), 오황화린(P_2S_5) : 제2류 위험물(가연성 고체), 지정수량 100kg
> ① 삼황화린(P_4S_3) : 조해성 없다.
>   • 연소반응식 : $P_4S_3 \ + \ 8O_2 \ \longrightarrow \ 2P_2O_5 \ + \ 3SO_2$
>   (삼황화린) (산소)   (오산화인) (이산화황)
> ② 오황화린(P_2S_5) : 조해성 있다.
>   • 연소반응식 : $P_2S_5 \ + \ 7.5O_2 \ \longrightarrow \ P_2O_5 \ + \ 5SO_2$
>   (오황화린) (산소)   (오산화인) (이산화황)
>   • 물과의 반응식 : $P_2S_5 \ + \ 8H_2O \ \longrightarrow \ 5H_2S \ + \ 2H_3PO_4$
>   (오황화린) (물)   (황화수소) (인산)

14 제4류 위험물을 취급하는 제조소의 옥외저장탱크가 100만 리터 1기, 50만 리터 2기, 10만 리터 3기가 있다. 이 중 50만 리터 탱크 1기를 다른 방유제에 설치하고 나머지 탱크를 하나의 방유제에 설치할 경우 방유제 전체의 최소 용량의 합계는 몇 L인지 구하시오.(단, 이황화탄소는 제외)

> **정답** [계산과정]
> ① 100만 리터 1기, 50만 리터 1기, 10만 리터 3기
>   • 방유제 용량＝최대 탱크 용량×0.5＋(나머지 탱크 용량의 합×0.1)
>   ＝$1,000,000 \times 0.5 + (500,000 + 100,000 \times 3) \times 0.1$
>   ＝580,000L
> ② 50만 리터 1기
>   • 방유제 용량＝$500,000 \times 0.5 = 250,000$L
>   ∴ 총 방유제의 용량＝①＋②＝580,000＋250,000＝830,000L
> [답] 830,000L
>
> ---
>
> **해설** 방유제 용량 비교(액체위험물) [이황화탄소는 제외]
>
> | 구분 | 위험물 제조소의 취급탱크 | | 옥외탱크저장소 |
> | --- | --- | --- | --- |
> | | 옥외에 설치 시 | 옥내에 설치 시 (방유턱용량) | |
> | 하나의 탱크의 방유제 용량 | 탱크 용량의 50% 이상 | 탱크 용량 이상 | • 인화성 있는 탱크 : 탱크용량의 110% 이상
• 인화성 없는 탱크 : 탱크용량의 100% 이상 |
> | 2개 이상의 탱크의 방유제 용량 | 최대 탱크 용량의 50%+나머지 탱크 용량의 합의 10% 이상 | 최대 탱크 용량 이상 | • 인화성 있는 탱크 : 최대용량탱크의 110% 이상
• 인화성 없는 탱크 : 최대용량탱크의 100% 이상 |
>
> ※ 주어진 문제에서 제4류 위험물은 제조소에서 인화성 액체를 취급하는 옥외저장탱크에 해당된다.

15 지정과산화물을 저장하는 옥내저장창고의 기준 중 지붕에 관한 내용이다. 다음 (   ) 안에 알맞은 답을 쓰시오.

- 중도리 또는 서까래의 간격은 (①)cm 이하로 할 것
- 지붕의 아래쪽 면에는 한 변의 길이가 (②)cm 이하의 환강(丸鋼)·경량형강(輕量形鋼) 등으로 된 강제(鋼製)의 격자를 설치할 것
- 지붕의 아래쪽 면에 (③)을 쳐서 불연재료의 도리·보 또는 서까래에 단단히 결합할 것
- 두께 (④)cm 이상, 너비 (⑤)cm 이상의 목재로 만든 받침대를 설치할 것

정답 ▶ ① 30 ② 45 ③ 철망 ④ 5 ⑤ 30

해설 ▷ **지정과산화물의 옥내저장창고 기준**

① 저장창고는 150m² 이내마다 격벽으로 완전하게 구획할 것. 이 경우 해당 격벽은 두께 30cm 이상의 철근콘크리트조 또는 철골철근콘크리트조로 하거나 두께 40cm 이상의 보강콘크리트블록조로 하고, 해당 저장창고의 양측의 외벽으로부터 1m 이상, 상부의 지붕으로부터 50cm 이상 돌출하게 하여야 한다.

② 저장창고의 외벽은 두께 20cm 이상의 철근콘크리트조나 철골철근콘크리트조 또는 두께 30cm 이상의 보강콘크리트블록조로 할 것

③ 저장창고의 지붕
- 중도리 또는 서까래의 간격은 30cm 이하로 할 것
- 지붕의 아래쪽 면에는 한 변의 길이가 45cm 이하의 환강(丸鋼)·경량형강(輕量形鋼) 등으로 된 강제(鋼製)의 격자를 설치할 것
- 지붕의 아래쪽 면에 철망을 쳐서 불연재료의 도리·보 또는 서까래에 단단히 결합할 것
- 두께 5cm 이상, 너비 30cm 이상의 목재로 만든 받침대를 설치할 것

④ 저장창고의 출입구에는 갑종방화문을 설치할 것

⑤ 저장창고의 창은 바닥면으로부터 2m 이상의 높이에 두되, 하나의 벽면에 두는 창의 면적의 합계를 해당 벽면의 면적의 80분의 1 이내로 하고, 하나의 창의 면적을 0.4m² 이내로 할 것

16 위험물 안전관리법령상 옥내저장소의 위험물 저장기준에 대하여 다음 ( ) 안에 알맞은 답을 쓰시오.

- 옥내저장소에서 동일 품명의 위험물이더라도 자연발화할 우려가 있는 위험물 또는 재해가 현저하게 증대할 우려가 있는 위험물을 다량 저장하는 경우에는 지정수량의 (①)배 이하마다 (②)m 이상의 간격을 두어 저장하여야 한다.
- 기계에 의하여 하역하는 구조로 된 용기만을 겹쳐 쌓는 경우 높이는 (③)m를 초과하지 아니하여야 한다.
- 제4류위험물 중 제3석유류, 제4석유류 및 동식물유류를 수납하는 용기만을 겹쳐 쌓는 경우 (④)m 를 초과하지 아니하여야 한다.
- 그 밖의 경우에 있어서는 (⑤)m를 초과하지 아니하여야 한다.

정답 ① 10 ② 0.3 ③ 6 ④ 4 ⑤ 3

해설 **옥내저장소 위험물 저장 취급 기준**
① 옥내저장소에서 동일 품명의 위험물이더라도 자연발화할 우려가 있는 위험물 또는 재해가 현저하게 증대할 우려가 있는 위험물을 다량 저장하는 경우에는 지정수량의 10배 이하마다 구분하여 상호간 0.3m 이상의 간격을 두어 저장하여야 한다. 다만, 위험물 또는 기계에 의하여 하역하는 구조로 된 용기에 수납한 위험물에 있어서는 그러하지 아니하다.
② 옥내저장소에서 위험물을 저장하는 경우에는 다음 각목의 규정에 의한 높이를 초과하여 용기를 겹쳐 쌓지 아니하여야 한다.
  - 기계에 의하여 하역하는 구조로 된 용기만을 겹쳐 쌓은 경우에 있어서는 6m
  - 제4류위험물 중 제3석유류, 제4석유류 및 동식물유류를 수납하는 용기만을 겹쳐 쌓는 경우에 있어서는 4m
  - 그 밖의 경우에 있어서는 3m
③ 옥내저장소에서는 용기에 수납하여 저장하는 위험물의 온도가 55℃를 넘지 아니하도록 필요한 조치를 강구하여야 한다.

17 다음과 같은 옥외저장탱크에 저장 가능한 최대 용량(m^3)과 최소 용량(m^3)을 구하시오.

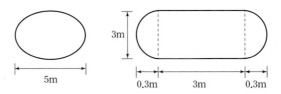

정답 [계산과정]

- 탱크의 내용적(V)$=\dfrac{\pi ab}{4}\left(l+\dfrac{l_1+l_2}{3}\right)=\dfrac{\pi\times5\times3}{4}\left(3+\dfrac{0.3+0.3}{3}\right)=37.6991m^3$

- 최대용량$=37.6991-\left(37.6991\times\dfrac{5}{100}\right)=35.8141m^3$ [답] 최대용량 : $35.81m^3$

- 최소용량$=37.6991-\left(37.6991\times\dfrac{10}{100}\right)=33.9291m^3$ [답] 최소용량 : $33.93m^3$

해설 1. 타원형 탱크의 내용적

〈양쪽이 볼록한 것〉　　　　　　〈한쪽은 볼록하고 다른 한쪽은 오목한 것〉

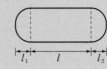　　

$\therefore$ 내용적(V)$=\dfrac{\pi ab}{4}\left(l+\dfrac{l_1+l_2}{3}\right)$　　$\therefore$ 내용적(V)$=\dfrac{\pi ab}{4}\left(l+\dfrac{l_1-l_2}{3}\right)$

2. **탱크의 용량**

① 탱크의 공간용적 : 탱크용적의 $\dfrac{5}{100}$ 이상 $\dfrac{10}{100}$ 이하의 용적(5~10%)

② 탱크의 용량＝탱크의 용적－탱크의 공간용적

　• 탱크의 최대 저장용적(95%)＝탱크의 용적－$\left($탱크의 용적$\times\dfrac{5}{100}\right)$

　• 탱크의 최소 저장용적(90%)＝탱크의 용적－$\left($탱크의 용적$\times\dfrac{10}{100}\right)$

　※ 탱크의 공간용적이 작으면 탱크의 용량은 최대가 되고, 공간용적이 크면 탱크
　　용량은 최소가 된다.

18 아세트알데히드를 산화 시 생성되는 제4류 위험물에 대하여 다음 물음에 답하시오.

(1) 시성식
(2) 완전연소반응식
(3) 옥내저장소에 저장 시 바닥면적은 몇 m^2 이하인가?

정답▶ (1) CH_3COOH

(2) $CH_3COOH + 2O_2 \longrightarrow 2CO_2 + 2H_2O$

(3) $2,000m^2$

- -

해설▶ 1. **아세트알데히드(CH_3CHO)** : 제4류 중 특수인화물, 지정수량 50L, 위험등급 I

① 인화점 $-38℃$, 발화점 $185℃$, 비점 $21℃$, 연소범위 $4.1 \sim 57\%$

② 아세트알데히드가 산화되면 아세트산(초산)이 되고, 환원되면 에틸알코올이 된다.
- 산화반응식 : $2CH_3CHO + O_2 \longrightarrow 2CH_3COOH$(아세트산, 초산)
- 환원반응식 : $CH_3CHO + H_2 \longrightarrow C_2H_5OH$(에틸알코올)

③ 제조법(에틸렌 직접산화법) : $2C_2H_4 + O_2 \xrightarrow[\text{촉매}]{CuCl_2} 2CH_3CHO$

④ 연소반응식 : $2CH_3CHO + 5O_2 \longrightarrow 4CO_2 + 4H_2O$

[산화·환원]

구분	산화	환원
산소(O)	얻음(+)	잃음(−)
수소(H)	잃음(−)	얻음(+)

2. **아세트산(CH_3COOH, 초산)** : 제4류 중 제2석유류(수용성), 지정수량 2,000L, 위험등급 III

① 인화점 $40℃$, 융점 $16.7℃$, 비중 1.05, 발화점 $427℃$

② 알칼리금속(Na, K)과 반응 시 수소($H_2\uparrow$) 기체를 발생한다.
- 나트륨과의 반응식 : $2CH_3COOH + 2Na \longrightarrow 2CH_3COONa + H_2\uparrow$
- 완전연소반응식 : $CH_3COOH + 2O_2 \longrightarrow 2CO_2 + 2H_2O$

3. **옥내저장창고의 바닥면적**

위험물을 저장하는 창고	바닥면적
① 위험등급 I, 제4류 위험물 중 위험등급 I, II	$1,000m^2$ 이하
② 위험등급 II, III, 제4류 위험물 중 위험등급 III	$2,000m^2$ 이하
상기의 전항목에 해당하는 위험물을 내화구조의 격벽으로 완전히 구획된 실에 각각 저장하는 창고(①의 위험물을 저장하는 실의 면적은 $500m^2$를 초과할 수 없다.)	$1,500m^2$ 이하

19 제1류 위험물인 염소산칼륨에 대하여 다음 각 물음에 답을 쓰시오.

(1) 완전열분해반응식

(2) 염소산칼륨 24.5kg이 표준상태에서 완전열분해 시 생성되는 산소의 부피는 몇 m³인가?(단, 염소산칼륨의 분자량은 123이다.)

 정답
(1) $2KClO_3 \longrightarrow 2KCl + 3O_2$

(2) [계산과정 1]

① 염소산칼륨의 열분해반응식: $2KClO_3 \longrightarrow 2KCl + 3O_2$

$$2 \times 123kg \;\longleftarrow\; : \quad 3 \times 22.4m^3$$
$$24.5kg \quad : \quad x$$

$$\therefore x = \frac{24.5 \times 3 \times 22.4}{2 \times 123} = 6.6929m^3 \quad \text{[답] } 6.69m^3$$

[계산과정 2]

① 염소산칼륨의 열분해반응식: $2KClO_3 \longrightarrow 2KCl + 3O_2$

② 표준상태(0℃, 1atm)에서 이상기체 상태방정식을 이용한다.

$$PV = nRT = \frac{W}{M}RT$$

$$V = \frac{WRT}{PM} \times \frac{\text{생성물}[3O_2\text{의 몰수}]\,3}{\text{반응물}[2KClO_3\text{의 몰수}]\,2}$$

$$= \frac{24.5 \times 0.082 \times (273 + 0)}{1 \times 123} \times \frac{3}{2}$$

$$= 6.6885m^3$$

$\left[\begin{array}{l} P : \text{압력}(1atm) \quad V : \text{부피}(\ )m^3 \\ n : \text{몰수}\left(= \dfrac{W(\text{질량}) : 24.5kg}{M(\text{분자량}) : 123kg/kmol}\right) \\ R(\text{기체상수}) : 0.082\,atm \cdot m^3/kmol \cdot K \\ T(\text{절대온도}) : 273 + 0℃ = 273K \end{array}\right]$

[답] $6.69m^3$

- -

 해설
1. [계산과정 1]과 [계산과정 2] 중 하나의 식을 선택하면 된다.
2. 염소산칼륨($KClO_3$): 제1류 위험물(산화성고체), 지정수량 50kg
   - 염소산칼륨($KClO_3$)의 분자량 $= 39(K) + 35.5(Cl) + 16(O) \times 3 = 122.5kg/kmol$
   - 열분해반응식 : $2KClO_3 \xrightarrow[\Delta]{400℃} 2KCl + 3O_2 \uparrow$
   - 황산과의 반응식 : $6KClO_3 + 3H_2SO_4 \longrightarrow 2HClO_4 + 3K_2SO_4 + 4ClO_2 \uparrow + 2H_2O$

20 염소산 중에서 가장 산성이 강한 물질로서 분자량 100.5, 비중 1.76인 위험물에 대하여 다음 각 물음에 답하시오.

(1) 화학식
(2) 위험등급
(3) 위험물의 유별
(4) 위험물제조소와 병원 사이의 안전거리
(5) 5,000kg의 위험물을 취급하는 제조소의 최소 보유공지의 너비

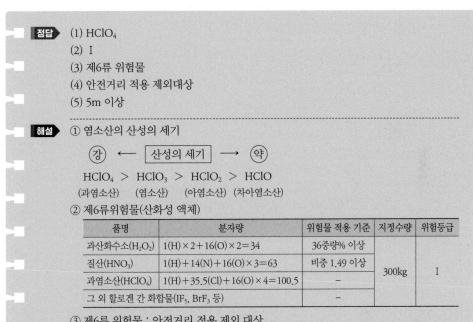

정답
(1) $HClO_4$
(2) I
(3) 제6류 위험물
(4) 안전거리 적용 제외대상
(5) 5m 이상

해설 ① 염소산의 산성의 세기

강 ← 산성의 세기 → 약

$HClO_4$ > $HClO_3$ > $HClO_2$ > $HClO$
(과염소산) (염소산) (아염소산) (차아염소산)

② 제6류위험물(산화성 액체)

품명	분자량	위험물 적용 기준	지정수량	위험등급
과산화수소(H_2O_2)	$1(H) \times 2 + 16(O) \times 2 = 34$	36중량% 이상		
질산(HNO_3)	$1(H) + 14(N) + 16(O) \times 3 = 63$	비중 1.49 이상	300kg	I
과염소산($HClO_4$)	$1(H) + 35.5(Cl) + 16(O) \times 4 = 100.5$	–		
그 외 할로겐 간 화합물(IF_5, BrF_3 등)		–		

③ 제6류 위험물 : 안전거리 적용 제외 대상
④ 제조소의 보유공지

취급하는 위험물의 최대 수량	공지의 너비
지정수량의 10배 이하	3m 이상
지정수량의 10배 초과	5m 이상

• 지정수량의 배수 $= \dfrac{취급수량}{지정수량} = \dfrac{5,000kg}{300kg} = 16.666 ≒ 16.67배$

∴ 지정수량이 16.67배로 10배를 초과하므로 공지의 너비는 5m 이상이 된다.

1 분자량 227, 물에 녹지 않으며 아세톤, 벤젠에 잘 녹고 햇빛에 다갈색으로 변하며 폭약의 원료로 사용되는 물질에 대하여 다음 물음에 답하시오.

(1) 화학식
(2) 품명
(3) 사용원료 중심으로 제조방법을 쓰시오.

정답
(1) $C_6H_2CH_3(NO_2)_3$
(2) 니트로화합물
(3) 톨루엔과 질산을 반응시키고 진한황산으로 탈수시켜 제조한다.

해설
트리니트로톨루엔($C_6H_2CH_3(NO_2)_3$, TNT): 제5류 위험물, 품명은 니트로화합물, 지정수량 200kg

• 트리니트로톨루엔[$C_6H_2CH_3(NO_2)_3$]의 분자량
  $12(C) \times 7 + 1(H) \times 5 + 14(N) \times 3 + 16(O) \times 6 = 227$
• 담황색 결정이나 햇빛에 의해 다갈색으로 변한다.
• 물에 불용, 에테르, 벤젠, 아세톤에 잘 녹는다.
• 강력한 폭약으로 폭발력의 표준폭약으로 사용된다.
  열분해반응식 : $2C_6H_2CH_3(NO_2)_3 \longrightarrow 12CO\uparrow + 2C + 3N_2\uparrow + 5H_2\uparrow$
• 톨루엔과 질산을 반응시키고 진한황산으로 탈수시켜 제조한다. (니트로화반응)

제조반응식 : $C_6H_5CH_3 + 3HNO_3 \xrightarrow[\text{니트로화 반응}]{c-H_2SO_4(탈수)} C_6H_2CH_3(NO_2)_3 + 3H_2O$
(톨루엔)　　　(질산)　　　　　　　　　　[트리니트로톨루엔(TNT)]　(물)

구조식 반응

2 크실렌의 이성질체 3가지에 대하여 명칭과 구조식을 쓰시오.

정답

명칭	오르토(o)-크실렌	메타(m)-크실렌	파라(p)-크실렌
구조식	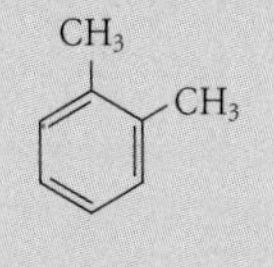 CH_3 벤젠고리에 인접 CH_3	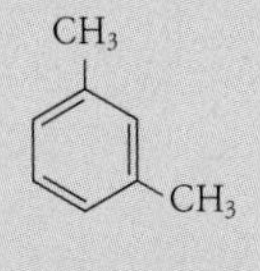 CH_3 벤젠고리 CH_3	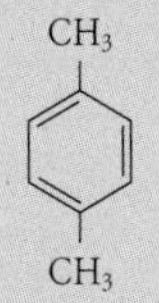 CH_3 벤젠고리 CH_3

해설 크실렌[$C_6H_4(CH_3)_2$, 자이렌]: 제4류위험물 중 제2석유류(비수용성), 지정수량 1,000L

명칭	오르토(o)-크실렌	메타(m)-크실렌	파라(p)-크실렌
인화점	32℃	25℃	25℃

---

3 위험물안전관리법령상 제조소등에 대한 소화설비의 소요단위를 각각 구하시오.

(1) 건축물의 외벽이 내화구조인 제조소의 연면적이 1500m²일 경우
(2) 건축물의 외벽이 내화구조가 아닌 저장소의 연면적이 1500m²일 경우
(3) 디에틸에테르 저장수량이 2000L일 경우

정답 (1) 15소요단위 　　(2) 20소요단위 　　(3) 4소요단위

해설 **소요1단위 산정방법**

건축물	내화구조의 외벽	내화구조가 아닌 외벽
제조소 및 취급소	연면적 100m²	연면적 50m²
저장소	연면적 150m²	연면적 75m²
위험물	지정수량 10배	

풀이

(1) 외벽이 내화구조인 제조소의 소요1단위는 100m²이므로,

$$소요단위 = \frac{1500m^2}{100m^2} = 15소요단위$$

(2) 외벽이 내화구조가 아닌 저장소의 소요1단위는 75m²이므로,

$$소요단위 = \frac{1500m^2}{75m^2} = 20소요단위$$

(3) 위험물 소요1단위는 지정수량의 10배, 디에틸에테르는 제4류 위험물 중 특수인화물, 지정수량 50L이므로,

$$소요단위 = \frac{디에틸에테르의 저장수량}{지정수량 \times 10배} = \frac{2,000L}{50L \times 10} = 4소요단위$$

4 다음 위험물의 인화점이 낮은 것부터 높은 순서대로 나열하시오.

> 초산에틸, 글리세린, 이황화탄소, 클로로벤젠

정답 이황화탄소, 초산에틸, 클로로벤젠, 글리세린

해설 제4류 위험물의 물성

구분	초산에틸 [$CH_3COOC_2H_5$]	글리세린 [$C_3H_5(OH)_3$]	이황화탄소 [CS_2]	클로로벤젠 [C_6H_5Cl]
품명	제1석유류(비수용성)	제3석유류(수용성)	특수인화물	제2석유류(비수용성)
인화점	$-4\,^\circ C$	$160\,^\circ C$	$-30\,^\circ C$	$32\,^\circ C$
발화점	$427\,^\circ C$	$393\,^\circ C$	$100\,^\circ C$	$63.8\,^\circ C$
지정수량	200L	4,000L	50L	1,000L

※ 인화점 낮은 순서 : 특수인화물-제1석유류-제2석유류-제3석유류-제4석유류

5 다음 위험물 중 운반 시 방수성 및 차광성 덮개를 모두 해야 하는 위험물의 품명을 고르시오.

> 금속분, 특수인화물, 인화성 고체, 알칼리금속과산화물, 제5류 위험물, 제6류 위험물

정답 알칼리금속과산화물

해설 적재위험물 성질에 따라 구분

차광성 덮개를 해야 하는 것	방수성 피복으로 덮어야 하는 것
• 제1류 위험물 • 제3류 위험물 중 자연발화성물질 • 제4류 위험물 중 특수인화물 • 제5류 위험물 • 제6류 위험물	• 제1류 위험물 중 알칼리금속의 과산화물 • 제2류 위험물 중 철분, 금속분, 마그네슘 • 제3류 위험물 중 금수성물질

※ 제5류 위험물 중 $55\,^\circ C$ 이하의 온도에서 분해될 우려가 있는 것은 보냉 컨테이너에 수납하는 등 적정한 온도 관리를 한다.
※ 위험물 적재 운반시 차광성 및 방수성 피복을 전부 해야 하는 위험물
  • 제1류 위험물 중 알칼리금속의 과산화물 : K_2O_2, NA_2O_2 등
  • 제3류 위험물 중 자연발화성 및 금수성물질 : K, Na, R-Al, R-Li 등

6 다음 위험물의 시성식을 각각 쓰시오.

(1) 아닐린   (2) 포름산   (3) 아세톤
(4) 피크린산   (5) 아세트산에틸

> **정답**
> (1) $C_6H_5NH_2$
> (2) $HCOOH$
> (3) CH_3COCH_3
> (4) $C_6H_2OH(NO_2)_3$
> (5) $CH_3COOC_2H_5$
>
> **해설** **위험물의 물성**
> (1) 아닐린[$C_6H_5NH_2$] : 제4류 위험물 중 제3석유류(비수용성), 지정수량 2,000L
> (2) 포름산[$HCOOH$, 의산] : 제4류 위험물 중 제2석유류(수용성), 지정수량 2,000L
> (3) 아세톤[CH_3COCH_3] : 제4류 위험물 중 제1석유류(수용성), 지정수량 400L
> (4) 피크린산[$C_6H_2OH(NO_2)_3$, 트리니트로페놀] : 제5류 위험물 중 니트로화합물, 지정수량 200kg
> (5) 아세트산에틸[$CH_3COOC_2H_5$, 초산에틸] : 제4류 위험물 중 제1석유류(비수용성), 지정수량 200L

7 위험물안전관리법 규정상 제조소의 외벽과 다음 대상물과의 안전거리는 몇 m 이상 유지해야 하는지 답을 쓰시오.

(1) 병원   (2) 고압가스저장시설   (3) 주택
(4) 문화재   (5) 7,000V 초과 35,000V 이하의 특고압가공전선

> **정답** (1) 30m   (2) 20m   (3) 10m   (4) 50m   (5) 3m
>
> **해설** 제조소의 안전거리(제6류위험물 제외)
>
> | 건축물 | 안전거리 |
> | --- | --- |
> | 사용전압이 7,000V 초과 35,000V 이하 | 3m 이상 |
> | 사용전압이 35,000V 초과 | 5m 이상 |
> | 주거용(주택) | 10m 이상 |
> | 고압가스, 액화석유가스, 도시가스 | 20m 이상 |
> | 학교, 병원, 극장, 복지시설 | 30m 이상 |
> | 유형문화재, 지정문화재 | 50m 이상 |

8 제1류 위험물인 질산암모늄이 열분해하는 경우 다음 물음에 답하시오.

(1) 질산암모늄 열분해 시 N_2, O_2, H_2O를 발생하는 반응식을 쓰시오.
(2) 질산암모늄 1몰이 300˚C, 0.9기압에서 분해 시 생성되는 H_2O의 부피는 몇 L인가?

정답 (1) $2NH_4NO_3 \longrightarrow 2N_2+O_2+4H_2O$

(2) [계산과정 1]

① 질산암모늄(NH_4NO_3)의 열분해 반응식

$$2NH_4NO_3 \longrightarrow 2N_2+O_2+4H_2O$$

2몰 : 4몰×22.4L

1몰 : x

$$\therefore x=\frac{1\times4\times22.4}{2}=44.8L \text{ (표준상태 : 0℃, 1atm)}$$

② 0℃, 1atm에서 44.8L을 300℃, 0.9atm으로 환산하여 부피를 구한다. (보일-샤르법칙 적용)

$$\frac{P_1V_1}{T_1}=\frac{P_2V_2}{T_2}$$

$$\frac{1\times44.8}{(273+0)}=\frac{0.9\times V_2}{(273+300)}$$

$$\therefore V_2=\frac{1\times44.8\times(273+300)}{(273+0)\times0.9}=104.4786L$$

[답] 104.48L

[계산과정 2]

① 질산암모늄의 열분해 반응식

$$2NH_4NO_3 \longrightarrow 2N_2+O_2+\underline{4H_2O}$$

② 이상기체상태방정식을 이용한다.

$$PV=nRT$$

$$V=\frac{nRT}{P}\times\frac{\text{생성물[4}H_2O\text{의 몰수] 4}}{\text{반응물[2}NH_4NO_3\text{의 몰수] 2}}$$

$$=\frac{1\times0.082\times(273+300)}{0.9}\times\frac{4}{2}$$

$$=104.4133L$$

[답] 104.41L

> P(압력) : 0.9atm
> V(부피): ( )L
> n(몰수): 1mol
> T(절대온도): (273+300)K
> R(기체상수): 0.082 atm・L/mol・K

해설
1. [계산과정 1]과 [계산과정 2] 중 하나의 식을 선택하되, 계산과정에 따라 정답이 약간 다르게 나와도 모두 정답으로 인정된다.
2. 질산암모늄(NH_4NO_3) : 제1류 위험물, 품명은 질산염류, 지정수량 300kg
   - 무색의 백색결정으로 조해성이 있고 물, 알칼리, 알코올에 잘 녹는다.
   - 물에 녹을 경우 흡열반응을 하여 열을 흡수하므로 한재에 사용한다.
   - 열분해반응식 : $2NH_4NO_3 \longrightarrow 2N_2+O_2+4H_2O$
   ※ 질산암모늄 열분해 반응시 생성되는 기체는 질소(N_2)와 산소(O_2), 그리고 물(H_2O)도 액체상태가 아닌 수증기 상태의 기체로 계산해준다.
   - AN-FO 폭약의 기폭제[NH_4NO_3(94%)＋경유(6%) 혼합]에 사용한다.

9 제3류 위험물인 칼륨과 다음 물질과의 화학반응식을 쓰시오. (단, 반응하지 않으면 "해당없음"이라 쓰시오)

(1) 물 (2) 경유 (3) 이산화탄소

> **정답**
> (1) $2K + 2H_2O \longrightarrow 2KOH + H_2$
> (2) 해당없음
> (3) $4K + 3CO_2 \longrightarrow 2K_2CO_3 + C$
>
> -
>
> **해설** 칼륨(K): 제3류 위험물(자연발화성 및 금수성 물질), 지정수량 10kg
> ① 비중 0.86, 융점 63.5℃ 은백색의 무른 경금속이다.
> ② 가열 시 보라색 불꽃 반응을 하며 연소한다.
> ③ 보호액으로 석유류(등유, 경유, 유동파라핀)속에 보관한다.
> ④ 이온화 경향이 매우 큰 금속으로 산 또는 물과 반응시 수소($H_2\uparrow$)기체를 발생시킨다.
>   • 물과의 반응식 : $2K + 2H_2O \longrightarrow 2KOH + H_2\uparrow$
>   • 염산과의 반응식 : $2K + 2HCl \longrightarrow 2KCl + H_2\uparrow$
> ⑤ 이산화탄소와 반응 시 탄산칼륨(K_2CO_3)과 탄소(C)를 생성한다.
> $4K + 3CO_2 \longrightarrow 2K_2CO_3 + C$
> ⑥ 에틸알코올과 반응 시 칼륨에틸레이트(C_2H_5OK)와 수소($H_2\uparrow$)기체를 발생시킨다.
> $2K + 2C_2H_5OH \longrightarrow 2C_2H_5OK + H_2\uparrow$

10 다음 물질 중 연소가 가능한 물질을 골라 완전연소반응식을 쓰시오.

> 질산칼륨, 알루미늄분, 염소산암모늄, 과산화수소, 메틸에틸케톤

(1) 연소가 가능한 물질의 명칭
(2) 연소가 가능한 물질의 완전연소반응식

> **정답**
> (1) 알루미늄분, 메틸에틸케톤
> (2) $4Al + 3O_2 \longrightarrow 2Al_2O_3$
> $2CH_3COC_2H_5 + 11O_2 \longrightarrow 8CO_2 + 8H_2O$
>
> -
>
> **해설** 위험물의 물성
>
> | 구분 | 질산칼륨 (KNO_3) | 알루미늄분 (Al) | 염소산암모늄 (NH_4ClO_3) | 과산화수소 (H_2O_2) | 메틸에틸케톤 ($CH_3COC_2H_5$) |
> |---|---|---|---|---|---|
> | 유별 | 제1류위험물 | 제2류위험물 | 제1류위험물 | 제6류위험물 | 제4류위험물 |
> | 성질 | 산화성고체 | 가연성고체 | 산화성고체 | 산화성액체 | 인화성액체 |
> | 품명 | 질산염류 | 금속분 | 염소산염류 | 과산화수소 | 제1석유류(비수용성) |
> | 지정수량 | 300kg | 500kg | 50kg | 300kg | 200L |
> | 연소성 | 불연성 | 가연성 | 불연성 | 불연성 | 가연성 |

11 다음 ( ) 안에 알맞은 답을 쓰시오.

(1) 다음은 위험물안전관리법 규정상 위험물 저장·취급의 공통기준이다.
- (①)위험물은 가연물과의 접촉·혼합이나 분해를 촉진하는 물품과의 접근 또는 과열을 피하여야 한다.
- (②)위험물은 불티·불꽃·고온체와의 접근이나 과열·충격 또는 마찰을 피하여야 한다.
- (③)위험물은 불티·불꽃·고온체와의 접근 또는 과열을 피하고, 함부로 증기를 발생시키지 아니하여야 한다.

(2) 다음은 유별을 달리하는 위험물을 동일 저장소에 저장할 수 없지만, 1m 이상 간격을 둘 때는 동일 저장소에 저장할 수 있는 위험물인 경우이다.
- 제1류 위험물과 (④)위험물을 저장하는 경우
- 제2류 위험물 중 인화성 고체와 (⑤)위험물을 저장하는 경우

정답 ① 제6류 ② 제5류 ③ 제4류 ④ 제6류 ⑤ 제4류

해설 위험물의 유별 저장·취급의 공통기준
- 제1류 위험물은 가연물과의 접촉·혼합이나 분해를 촉진하는 물품과의 접근 또는 과열·충격·마찰 등을 피하는 한편, 알칼리금속의 과산화물 및 이를 함유한 것에 있어서는 물과의 접촉을 피하여야 한다.
- 제2류 위험물은 산화제와의 접촉·혼합이나 불티·불꽃·고온체와의 접근 또는 과열을 피하는 한편, 철분·금속분·마그네슘 및 이를 함유한 것에 있어서는 물이나 산과의 접촉을 피하고 인화성고체에 있어서는 함부로 증기를 발생시키지 아니하여야 한다.
- 제3류 위험물 중 자연발화성물질에 있어서는 불티·불꽃 또는 고온체와의 접근·과열 또는 공기와의 접촉을 피하고 금수성물질에 있어서는 물과의 접촉을 피하여야 한다.
- 제4류 위험물은 불티·불꽃·고온체와의 접근 또는 과열을 피하고, 함부로 증기를 발생시키지 아니하여야 한다.
- 제5류 위험물은 불티·불꽃·고온체의 접근이나 과열·충격 또는 마찰을 피하여야 한다.
- 제6류 위험물은 가연물과의 접촉·혼합이나 분해를 촉진하는 물품과의 접근 또는 과열을 피하여야 한다.
2. 유별을 달리하는 위험물을 동일저장소에 저장할 수 없다. 단, 1m이상 간격을 둘 땐 아래 유별을 저장할 수 있는 경우
  - 제1류 위험물(알칼리금속의 과산화물은 제외)과 제5류 위험물을 저장하는 경우
  - 제1류 위험물과 제6류 위험물을 저장하는 경우
  - 제1류 위험물과 제3류 위험물 중 자연발화성 물품(황린)을 저장하는 경우
  - 제2류 위험물 중 인화성고체와 제4류 위험물을 저장하는 경우
  - 제3류 위험물 중 알킬알루미늄 등과 제4류 위험물(알킬알루미늄 또는 알킬리튬을 함유한 것에 한함)을 저장하는 경우
  - 제4류 위험물 중 유기과산화물과 제5류 위험물 중 유기과산화물을 저장하는 경우

12 다음 내용 중 제4류 위험물 중 제2석유류에 알맞은 번호를 고르시오.

---

① 대표적인 지정품목은 중유, 크레오소트유이다.

② 대표적인 지정품목은 등유, 경유이다.

③ 대부분 수용성 물질로서 강산화제이다.

④ 1기압에서 인화점이 70°C 이상 200°C 미만이다.

⑤ 도료류, 그 밖에 물품에 있어서는 가연성 액체량이 40중량% 이하이면서 인화점이 40°C 이상인 동시에 연소점이 60°C 이상인 것은 제외한다.

정답 ②, ⑤

해설
① 제3석유류의 대표적인 지정품목은 중유, 크레오소트유이다.
② 제2석유류의 대표적인 지정품목은 등유, 경유이다.
③ 수용성과 비수용성 물질이 있으며 전부 환원제(가연성물질)이다.
- 산화제는 물질자체 내에 산소를 가지고 있어 분해 시 산소를 내놓을 수 있는 물질로서 제1류 위험물, 제5류 위험물, 제6류 위험물이 있다.
④ 제2석유류 : 1기압에서 인화점이 21℃ 이상 70℃ 미만
- 단, 도료류, 그 밖의 물품에 있어서 가연성 액체량이 40중량% 이하이면서 인화점이 40℃ 이상인 동시에 연소점이 60℃ 이상인 것은 제외한다.
- 제3석유류 : 1기압에서 인화점이 70℃ 이상 200℃ 미만

※ 제4류 위험물의 종류 및 지정수량

성질	위험 등급	품명		지정수량	지정품목	기타조건(1기압에서)
인화성 액체	I	특수인화물		50L	• 이황화탄소 • 디에틸에테르	• 발화점 100℃ 이하 • 인화점 −20℃ 이하 & 비점 40℃ 이하
	II	제1 석유류	비수용성	200L	• 아세톤 • 휘발유	인화점 21℃ 미만
			수용성	400L		
		알코올류		400L	• 탄소의 원자 수가 C_1~C_3까지인 포화1가 알코올(변성알코올 포함) 메틸알코올[CH_3OH], 에틸알코올[C_2H_5OH], 프로필알코올[$(CH_3)_2CHOH$]	
	III	제2 석유류	비수용성	1,000L	• 등유, 경유	인화점 21℃ 이상 70℃ 미만
			수용성	2,000L		
		제3 석유류	비수용성	2,000L	• 중유 • 클레오소트유	인화점 70℃ 이상 200℃ 미만
			수용성	4,000L		
		제4석유류		6,000L	• 기어유 • 실린더유	인화점이 200℃ 이상 250 미만인 것
		동식물유류		10,000L	• 동식물유의 지육, 종자, 과육에서 추출한 것으로 1기압에서 인화점이 250℃ 미만인 것	

13 다음 중 소화설비의 적응성에 알맞는 대상물에 O표 하시오.

소화설비의 구분 / 대상물 구분	건축물·그 밖의 공작물	전기설비	제1류 위험물 알칼리금속과산화물 등	제1류 위험물 그밖의 것	제2류 위험물 철분·금속분·마그네슘 등	제2류 위험물 인화성고체	제2류 위험물 그 밖의 것	제3류 위험물 금수성물품	제3류 위험물 그 밖의 것	제4류 위험물	제5류 위험물	제6류 위험물
옥내소화전 또는 옥외소화전설비												
스프링클러설비												
물분무등 소화설비 — 물분무소화설비												
물분무등 소화설비 — 포소화설비												
물분무등 소화설비 — 불활성가스소화설비												
물분무등 소화설비 — 할로겐화합물소화설비												

정답 해설 참고 바람

해설 소화설비의 적응성

소화설비의 구분 / 대상물 구분	건축물·그 밖의 공작물	전기설비	제1류 위험물 알칼리금속과산화물 등	제1류 위험물 그밖의 것	제2류 위험물 철분·금속분·마그네슘 등	제2류 위험물 인화성고체	제2류 위험물 그 밖의 것	제3류 위험물 금수성물품	제3류 위험물 그 밖의 것	제4류 위험물	제5류 위험물	제6류 위험물
옥내소화전 또는 옥외소화전설비	○			○		○	○		○		○	○
스프링클러설비	○			○		○	○		○	△	○	○
물분무등 소화설비 — 물분무소화설비	○	○		○		○	○		○	○	○	○
물분무등 소화설비 — 포소화설비	○			○		○	○		○	○	○	○
물분무등 소화설비 — 불활성가스소화설비		○				○				○		
물분무등 소화설비 — 할로겐화합물소화설비		○				○				○		
분말 소화설비 — 인산염류 등	○	○		○		○				○		○
분말 소화설비 — 탄산수소염류 등		○	○		○	○		○		○		
분말 소화설비 — 그 밖의 것			○		○			○				

- 옥내, 옥외소화전설비 : 소화약제가 물이므로 전기설비와 제1류 중 알칼리금속과산화물(산소 발생), 제2류 중 금속분류(수소 발생), 제3류 중 금수성물질(가연성가스 발생), 제4류(화재면 확대) 등에 적응성이 없다.

- 스프링클러설비 : 소화약제가 물이므로 옥내 옥외소화전설비와 동일하지만 제4류 위험물은 취급장소의 살수기준면적과 분당살수밀도에 따라 적응성이 있다.
- 물분무소화설비 : 소화약제가 물이지만 분무하여 뿌리기 때문에 질식과 냉각효과가 있으므로 전기설비나 제4류에도 적응성이 있으나 제1류 중 알칼리금속과산화물(산소 발생)과 제3류 중 금수성물질(가연성가스 발생)에는 적응성이 없다.
- 포소화설비 : 소화약제에 물을 넣고 거품을 만들어서 화재면을 덮어서 질식소화시키므로 제4류에도 적응성이 있으며 전기설비나 제1류 중 알칼리금속과산화물(산소 발생) 또는 제3류 중 금수성물질(가연성가스 발생)에는 적응성이 없다.
- 분말소화약제 : 탄산염류소화약제는 물이 없으므로 금수성물질인 제1류 중 알칼리금속과산화물, 제2류 중 금속분류, 제3류 중 금수성물질, 제4류 위험물에 적응성이 있으며, 인산염류는 제1류(금수성), 제2류(금수성), 제3류(금수성 및 자연발화성), 제5류에는 적응성이 없고 나머지는 적응성이 있으며 특히 제6류에 적응성이 있다.

14 다음과 같은 원통형 탱크의 용량(L)를 구하시오.(단, 탱크의 공간용적은 5%로 한다)

 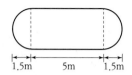

- [계산과정]
- [답]

정답 [계산과정]

① 원통형 탱크의 내용적(V)$=\pi r^2\left(l+\dfrac{l_1+l_2}{3}\right)$

$$=\pi\times2^2\left(5+\dfrac{1.5+1.5}{3}\right)\times1000$$

$$=75398.223\text{L}$$

② 탱크의 공간용적(V)$=75398.223\text{L}\times0.05=3769.911\text{L}$

③ 원통형 탱크의 용량=탱크의 내용적−탱크의 공간용적

$$=75398.223-3769.911$$

$$=71628.312\text{L}$$

[답] 71628.31L

- -

해설 **1. 원통형 탱크의 내용적(V)**

- 횡(수평)으로 설치한 것 : 내용적(V)$=\pi r^2\left(l+\dfrac{l_1+l_2}{3}\right)$

- 종(수직)으로 설치한 것 : 내용적(V)$=\pi r^2 l$

2. 탱크의 용량 산정기준

- 탱크의 용량=탱크의 내용적−탱크의 공간용적
- 탱크의 용량범위 : 탱크 용적의 90~95%

  [탱크의 공간용적(5~10%) : 탱크 용적의 $\dfrac{5}{100}$ 이상 $\dfrac{10}{100}$의 용적]

  − 탱크의 최대저장용적(95%)=탱크의 용적−(탱크의 용적$\times\dfrac{5}{100}$)

  − 탱크의 최소저장용적(90%)=탱크의 용적−(탱크의 용적$\times\dfrac{10}{100}$)

  ※ 탱크의 공간용적이 작으면 탱크의 용량은 최대가 되고, 공간용적이 크면 탱크의 용량은 최소가 된다.

  ※ 주어진 문제에서 "m³" → "L"로 환산하는 것을 유의할 것

15　표준상태에서 트리에틸알루미늄 228g이 물과 반응 시 다음 물음에 답을 쓰시오.

(1) 물과의 반응식
(2) 물과 반응시 발생하는 가연성 가스의 부피는 몇 L인지 구하시오.

정답 ▶ (1) $(C_2H_5)_3Al + 3H_2O \longrightarrow Al(OH)_3 + 3C_2H_6$

(2) [계산과정 1]

① 트리에틸알루미늄$[(C_2H_5)_3Al]$의 분자량 $= 12(C) \times 6 + 1(H) \times 15 + 27(Al) = 114g/mol$

② 트리에틸알루미늄이 물과 반응시 에탄(C_2H_6)의 가연성가스가 발생한다.

$(C_2H_5)_3Al + 3H_2O \longrightarrow Al(OH)_3 + \underline{3C_2H_6}$

114g　　　　　:　　　　$3 \times 22.4L$
228g　　　　　:　　　　x

$x = \dfrac{228 \times 3 \times 22.4}{114} = 134.4L$(표준상태 : 0℃, 1atm)

[답] 134.4L

[계산과정 2]

① 트리에틸알루미늄$[(C_2H_5)_3Al]$의 분자량
$= 12(C) \times 6 + 1(H) \times 15 + 27(Al) = 114g/mol$

② 트리에틸알루미늄이 물과 반응시 에탄(C_2H_6)의 가연성가스가 발생한다.

$\underline{(C_2H_5)_3Al} + 3H_2O \longrightarrow Al(OH)_3 + \underline{3C_2H_6}$

③ 이상기체상태방정식을 이용한다.

$$\bullet \; PV = nRT, \; PV = \frac{W}{M}RT$$

$$V = \frac{WRT}{PM} \times \frac{\text{생성물}[3C_2H_6\text{의 몰수}]\ 3}{\text{반응물}[(C_2H_5)_3Al\text{의 몰수}]\ 1}$$

$$= \frac{228 \times 0.082 \times (273 + 0)}{1 \times 114} \times \frac{3}{1}$$

$$= 134.316L$$

P(압력) : 1atm　　V(부피) : ( )L
n(몰수)$= \dfrac{W(\text{질량}) : 228g}{M(\text{분자량}) : 114g/mol}$
R(기체상수) : 0.082atm.L/mol.K
T(절대온도) : 273 + 0˚C = 273K

[답] 134.32L

해설 1. [계산과정 1]과 [계산과정 2] 중 하나의 식을 선택하되, 계산과정에 따라 정답이 약간 다르게 나와도 모두 정답으로 인정된다.

2. 트리에틸알루미늄$[(C_2H_5)_3Al]$: 제3류 위험물(자연발화성 및 금수성 물질), 지정수량 10kg

① 물 또는 알코올과 반응 시 가연성가스인 에탄$(C_2H_6\uparrow)$가스를 발생한다.

물과의 반응식: $(C_2H_5)_3Al \; + \; 3H_2O \longrightarrow Al(OH)_3 \; + \; 3C_2H_6\uparrow$
　　　　　　　(트리에틸알루미늄)　(물)　　(수산화알루미늄)　(에탄)

에탄올과의 반응식: $(C_2H_5)_3Al \; + \; 3C_2H_5OH \longrightarrow (C_2H_5O)_3Al \; + \; 3C_2H_6\uparrow$
　　　　　　　　　(트리에틸알루미늄)　(에탄올)　　(알루미늄에틸레이트)　(에탄)

② 공기 중에 노출 시 자연 발화한다.

연소반응식: $2(C_2H_5)_3Al \; + \; 21O_2 \longrightarrow 12CO_2 \; + \; Al_2O_3 \; + \; 15H_2O$
　　　　　　(트리에틸알루미늄)　(산소)　　(이산화탄소)(산화알루미늄)　(물)

16 제4류 위험물로서 분자량이 78, 인화점이 −11℃이고, 300℃에서 니켈 촉매 하에 수소를 첨가
반응시켜 시클로헥산이 생성되는 물질에 대하여 다음 각 물음에 답을 쓰시오.

(1) 화학식
(2) 위험등급
(3) 위험물 운송자로 하여금 위험물안전카드의 휴대여부를 쓰시오.
(4) 위험물운송자는 장거리 운송시 운전자를 2명 이상으로 해야 하는지 쓰시오.(단, 하지 않아도
된다면 "해당없음"이라고 쓰시오)

정답 (1) C_6H_6

(2) 위험등급 II

(3) 휴대해야 한다.

(4) 해당없음

해설 1. 벤젠(C_6H_6) : 제4류 위험물중 제1석유류 (비수용성), 지정수량 200L, 위험등급 II

① 벤젠(C_6H_6)의 분자량 : $12(C) \times 6 + 1(H) \times 6 = 78$

② 인화점 −11 ˚C, 발화점 562 ˚C, 융점 5.5 ˚C, 비점 80 ˚C, 연소범위 1.4~7.1%

③ 제조법 : 철(Fe) 촉매 하에 아세틸렌을 중합하여 만든다.

$$3C_2H_2 \xrightarrow[\text{중합}]{\text{Fe관 통과}} C_6H_6$$

(아세틸렌)   (벤젠)

④ 수소를 첨가(부가)반응하여 시클로헥산을 만든다.

$$\bigcirc + 3H_2 \xrightarrow[300℃]{\text{Ni 촉매}} \hexagon$$

(벤젠)   (수소)   (시클로헥산)

⑤ 벤젠의 연소반응식 : $C_6H_6 + 7.5O_2 \longrightarrow 6CO_2 + 3H_2O$

2. 위험물 운송자의 기준

① 위험물 운송자는 위험물 안전카드를 전 위험물 모두(제1류~제6류) 휴대하여야 한
다. 단, 제4류위험물은 특수인화물, 제1석유류만 위험물 안전카드를 휴대한다.

※ 주어진 문제에서 벤젠은 제4류 위험물 중 제1석유류에 해당되므로 위험물안전카
드를 휴대하여야 한다.

② 운전자를 2명 이상으로 장거리 운송하는 경우
• 고속국도에서는 340km 이상
• 그 밖의 도로에서는 200km 이상

③ 운전자를 1명 이상으로 운송하는 경우
• 운송책임자를 동승시킨 경우
• 운송하는 위험물이 제2류 위험물, 제3류 위험물(칼슘 또는 알루미늄의 탄화물
을 함유한 것에 한함) 또는 제4류 위험물(특수인화물 제외)인 경우

※ 주어진 문제에서 벤젠은 제4류 위험물 중 특수인화물이 아니고 제1석유류이기
때문에 운전자를 1명 이상으로 운송할 수 있다.

• 운송 도중에 2시간 이내마다 20분 이상씩 휴식하는 경우

17 제3류 위험물인 금속나트륨에 대하여 다음 각 물음에 답을 쓰시오.

(1) 에탄올과의 반응식
(2) 에탄올과의 반응식에서 발생하는 가스의 명칭
(3) (2)에서 발생하는 가스의 연소범위
(4) (2)에서 발생하는 가스의 위험도

> **정답** (1) $2Na + 2C_2H_5OH \longrightarrow 2C_2H_5ONa + H_2$
> (2) 수소
> (3) 4~75%
> (4) 17.75

> **해설** 1. 나트륨(Na) : 제3류 위험물(자연발화성 및 금수성 물질), 지정수량 10kg
> ① 은백색 광택 있는 무른 경금속으로 물보다 가볍다.(비중 0.97)
> ② 공기중에서 연소시 노란색 불꽃을 내면서 연소한다.
>
> $$4Na + O_2 \longrightarrow 2Na_2O(회백색)$$
> (나트륨) (산소)　　(산화나트륨)
>
> ③ 물 또는 에탄올과 반응 시 수소($H_2\uparrow$)기체를 발생한다.
> ・물과의 반응식 : $2Na + 2H_2O \longrightarrow 2NaOH + H_2\uparrow$
> 　　　　　　　(나트륨)　(물)　　(수산화나트륨)(수소)
> ・에탄올과의 반응식 : $2Na + 2C_2H_5OH \longrightarrow 2C_2H_5ONa + H_2\uparrow$
> 　　　　　　　　　(나트륨)　(에탄올)　　(나트륨에틸레이트)(수소)
>
> ④ 공기중 자연발화를 일으키기 쉬우므로 석유류(등유, 경유, 유동파라핀) 속에 저장한다.
>
> 2. 수소(H_2) : 가연성 가스
> ・연소(폭발)범위 : 4~75%
> ・위험도(H) $= \dfrac{U-L}{L} = \dfrac{75-4}{4} = 17.75$
>
> [H : 위험도　U : 연소상한값(%)　L : 연소하한값(%)]

18 분자량이 34이고 표백·살균작용을 하며 위험물 운반용기 외부 표시사항에 "가연물 접촉주의"라고 표시하는 위험물로 농도가 36중량% 이상인 것만 위험물 대상이 되는 물질에 대하여 다음 물음에 답하시오.

(1) 명칭

(2) 화학식

(3) 열분해 반응식

(4) 위험물 제조소의 게시판 주의사항(단, 해당없으면 "해당없음"이라고 쓰시오.)

정답 ▶ (1) 과산화수소   (2) H_2O_2 (3) $2H_2O_2 \longrightarrow 2H_2O + O_2$ (4) 해당없음

- -

해설 ▶ 1. 과산화수소(H_2O_2) : 제6류 위험물(산화성 고체), 지정수량 300kg

 ① 위험물 적용기준 : 농도가 36중량% 이상인 것

 ② 과산화수소(H_2O_2)분자량 : $1(H) \times 2 + 16(O) \times 2 = 34$

 ③ 이산화망간(MnO_2) 촉매 하에 햇빛에 의하여 분해 시 산소(O_2)기체를 발생하며 이때 발생하는 산소는 표백·살균작용을 한다.(3~6%을 옥시풀이라 한다)

$$2H_2O_2 \xrightarrow{\;MnO_2\;} 2H_2O + O_2 \uparrow$$

 ④ 일반시판품은 30~40%의 수용액으로 분해하기 쉽다.

  ※ 분해안정제 : 인산(H_3PO_4), 요산($C_5H_4N_4O_3$) 첨가

 ⑤ 히드라진(N_2H_4)과 접촉 시 분해하여 발화폭발한다.

$$2H_2O_2 + N_2H_4 \longrightarrow 4H_2O + N_2$$

 ⑥ 저장용기의 마개는 작은 구멍이 있는 것을 사용한다.

2. 위험물 주의사항

유별	구분	운반용기 외부 주의사항	제조소게시판 주의사항
제1류 위험물 (산화성고체)	알칼리금속의 과산화물	화기·충격주의, 물기엄금 및 가연물접촉주의	물기엄금
	그 밖의 것	화기·충격주의 및 가연물 접촉주의	없음
제2류 위험물 (가연성고체)	철분, 금속분, 마그네슘	화기주의 및 물기엄금	화기주의
	인화성고체	화기엄금	화기엄금
	그 밖의 것	화기주의	화기주의
제3류 위험물	자연발화성 물질	화기엄금 및 공기접촉엄금	화기엄금
	금수성 물질	물기엄금	물기엄금
제4류 위험물	인화성액체	화기엄금	화기엄금
제5류 위험물	자기반응성물질	화기엄금 및 충격주의	화기엄금
제6류 위험물	산화성 액체	가연물 접촉주의	없음

19 위험물 안전관리법령상 안전교육의 과정·기간과 그 밖의 교육의 실시에 관한 사항으로 다음 ( ) 안에 알맞은 답을 [보기]에서 골라 쓰시오.

> **보기** 안전관리자, 위험물운반자, 위험물운송자, 탱크시험자

교육과정	교육대상자	교육시간	교육시기	교육기관
강습교육	(①)가 되려는 사람	24시간	최초 선임되기 전	안전원
	(②)가 되려는 사람	8시간	최초 종사하기 전	안전원
	(③)가 되려는 사람	16시간	최초 종사하기 전	안전원
실무교육	(①)	8시간 이내	가. 제조소 등의 안전관리자로 선임된 날부터 6개월 이내 나. 가목에 따른 교육을 받은 후 2년마다 1회	안전원
	(②)	4시간	가. 위험물운반자로 종사한 날부터 6개월 이내 나. 가목에 따른 교육을 받은 후 3년마다 1회	안전원
	(③)	8시간 이내	가. 이동탱크저장소의 위험물운송자로 종사한 날부터 6개월 이내 나. 가목에 따른 교육을 받은 후 3년마다 1회	안전원
	(④)	8시간 이내	가. 탱크시험자의 기술 인력으로 등록한 날부터 6개월 이내 나. 가목에 다른 교육을 받은 후 2년마다 1회	기술원

> **정답** ① 안전관리자 ② 위험물운반자 ③ 위험물운송자 ④ 탱크시험자

20 다음 [조건]을 보고 제조소의 방화상 유효한 담의 높이(h)는 몇 m 이상으로 해야 하는지 구하시오.

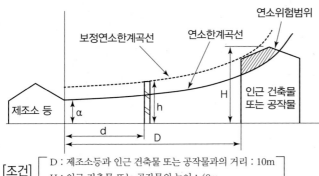

[조건]
- D : 제조소등과 인근 건축물 또는 공작물과의 거리 : 10m
- H : 인근 건축물 또는 공작물의 높이 : 40m
- α : 제조소등의 외벽의 높이 : 30m
- d : 제조소등과 방화상 유효한 담과의 거리 : 5m
- h : 방화상 유효한 담의 높이(m)
- p : 상수 : 0.15

> **정답** [계산과정]
> • 제조소의 방화상 유효한 담 높이
>   ① $H \leqq pD^2 + \alpha$인 경우, $h = 2$
>   ② $H > pD^2 + \alpha$인 경우, $h = H - p(D^2 - d^2)$
>   ∴ $PD^2 + \alpha = 0.15 \times 10^2 + 30 = 45m$로 H가 40m보다 큰 값을 가지므로, ①번 식의 경
>   우로 h = 2m가 된다.
> [답] 2m

memo

memo

memo

Q PASS

지게차 필기
운전기능사

빈출문제 10회

이것만은 꼭!
빈출 100제

자주 나오는
안전표지문제

★ 지난 10년간의 기출문제를 분석하여 빈출 100제를 정리했습니다. ★

★ CBT 시험 시행 이후 자주 출제되는 안전표지문제를 모았습니다. ★

★ 문제와 정답만을 암기하여 단시간에 합격할 수 있습니다. ★

★ 막판 벼락치기에 활용하세요! ★

다락원

001 지게차로 가파른 경사지에서 화물을 운반할 때에는 어떤 방법이 좋은가?

① 화물을 앞으로 하여 천천히 내려온다.
② 기어의 변속을 중립에 놓고 내려온다.
③ 기어의 변속을 저속상태로 놓고 후진으로 내려온다.
④ 지그재그로 회전하여 내려온다.

002 일반적으로 지게차의 자체 중량에 포함되지 않는 것은?

① 휴대공구   ② 운전자
③ 냉각수   ④ 연료

003 지게차에 대한 설명으로 틀린 것은?

① 화물을 싣기 위해 마스트를 약간 전경시키고 포크를 끼워 화물을 싣는다.
② 틸트 레버는 앞으로 밀면 마스트가 앞으로 기울고 따라서 포크가 앞으로 기운다.
③ 포크를 상승시킬 때는 리프트 레버를 뒤쪽으로, 하강시킬 때는 앞쪽으로 민다.
④ 목적지에 도착 후 화물을 내리기 위해 틸트 실린더를 후경시켜 전진한다.

004 「건설기계관리법」상 건설기계를 검사 유효 기간이 끝난 후에 계속 운행하고자 할 때는 어느 검사를 받아야 하는가?

① 신규 등록 검사   ② 계속 검사
③ 수시 검사   ④ 정기 검사

005 체크 밸브가 내장되는 밸브로서 유압 회로의 한 방향의 흐름에 대해서는 설정된 배압을 생기게 하고, 다른 방향의 흐름은 자유롭게 흐르도록 한 밸브는?

① 셔틀 밸브
② 언로더 밸브
③ 슬로리턴 밸브
④ 카운터 밸런스 밸브

006 운전 중 좁은 장소에서 지게차를 방향 전환시킬 때 가장 주의할 점으로 옳은 것은?

① 뒷바퀴 회전에 주의하여 방향 전환한다.
② 포크 높이를 높게 하여 방향 전환한다.
③ 앞바퀴 회전에 주의하여 방향 전환한다.
④ 포크가 땅에 닿게 내리고 방향 전환한다.

007 지게차 작업장치의 종류에 속하지 않는 것은?

① 하이 마스트   ② 리퍼
③ 사이드 클램프   ④ 힌지드 버킷

008 지게차가 무부하 상태에서 최대 조향각으로 운행 시 가장 바깥쪽 바퀴의 접지 자국 중심점이 그리는 원의 반경을 무엇이라고 하는가?

① 최대 선회 반지름
② 최소 회전 반지름
③ 최소 직각 통로 폭
④ 윤간 거리

009 지게차 스프링장치에 대한 설명으로 옳은 것은?

① 탠덤 드라이브장치이다.

② 코일 스프링장치이다.

③ 판 스프링장치이다.

④ 스프링장치가 없다.

010 작업 전 지게차의 워밍업 운전 및 점검사항으로 틀린 것은?

① 시동 후 작동유의 유온을 정상 범위 내에 도달하도록 고속으로 전·후진 주행을 2~3회 실시

② 엔진 시동 후 5분간 저속 운전 실시

③ 틸트 레버를 사용하여 전 행정으로 전후 경사운동 2~3회 실시

④ 리프트 레버를 사용하여 상승, 하강 운동을 전 행정으로 2~3회 실시

011 지게차를 전·후진 방향으로 서서히 화물에 접근시키거나 빠른 유압작동으로 신속히 화물을 상승 또는 적재시킬 때 사용하는 것은?

① 인칭조절 페달

② 액셀러레이터 페달

③ 디셀레이터 페달

④ 브레이크 페달

012 지게차의 주된 구동방식은?

① 앞바퀴 구동   ② 뒷바퀴 구동

③ 전후 구동   ④ 중간차축 구동

013 축전지와 전동기를 동력원으로 하는 지게차는?

① 전동 지게차   ② 유압 지게차

③ 엔진 지게차   ④ 수동 지게차

014 지게차의 동력 조향장치에 사용되는 유압 실린더로 가장 적합한 것은?

① 단동 실린더 플런저형

② 복동 실린더 싱글 로드형

③ 복동 실린더 더블 로드형

④ 다단 실린더 텔레스코픽형

015 지게차에 대한 설명으로 틀린 것은?

① 연료 탱크에 연료가 비어 있으면 연료 게이지는 "E"를 가리킨다.

② 오일 압력 경고등은 시동 후 워밍업 되기 전에 점등되어야 한다.

③ 히터 시그널은 연소실 글로우 플러그의 가열 상태를 표시한다.

④ 암페어 미터의 지침은 방전되면 (-)쪽을 가리킨다.

016 지게차를 주차하고자 할 때 포크는 어떤 상태로 하면 안전한가?

① 앞으로 3° 정도 경사지에 주차하고 마스트 전경각을 최대로 포크는 지면에 접하도록 내려놓는다.

② 평지에 주차하고 포크는 녹이 발생하는 것을 방지하기 위하여 10cm 정도 들어 놓는다.

③ 평지에 주차하면 포크의 위치는 상관없다.

④ 평지에 주차하고 포크는 지면에 접하도록 내려놓는다.

017 지게차 포크에 화물을 적재하고 주행할 때 포크와 지면과의 간격으로 가장 적합한 것은?

① 지면에 밀착   ② 20~30cm

③ 50~55cm   ④ 80~85cm

018 지게차 운전 종료 후 점검 사항과 가장 거리가 먼 것은?

① 각종 게이지

② 타이어의 손상 여부

③ 연료 보유량

④ 기름누설 부위

019 지게차 포크의 간격은 파렛트 폭의 어느 정도로 하는 것이 가장 적당한가?

① 파렛트 폭의 1/3~1/2

② 파렛트 폭의 1/3~2/3

③ 파렛트 폭의 1/2~2/3

④ 파렛트 폭의 1/2~3/4

020 지게차에서 화물 취급 방법으로 틀린 것은?

① 포크는 화물의 받침대 속에 정확히 들어갈 수 있도록 조작한다.

② 운반물을 적재하여 경사지를 주행할 때에는 화물이 언덕 위쪽으로 향하도록 한다.

③ 포크를 지면에서 약 800mm 정도 올려서 주행해야 한다.

④ 운반 중 마스트를 뒤로 약 6° 정도 경사시킨다.

021 교통사고 발생 후 벌점 사항 중 틀린 것은?

① 사망 1명마다 90점

② 경상 1명마다 5점

③ 중상 1명마다 30점

④ 부상신고 1명마다 2점

022 건설기계 조종 중에 과실로 1명에게 중상을 입힌 때 건설기계를 조종한 자에 대한 면허의 취소·정지 처분 기준은?

① 면허 효력 정지 30일

② 면허 효력 정지 60일

③ 면허 취소

④ 면허 효력 정지 15일

023 4차로 이상 고속도로에서 건설기계의 법정 최고 속도는 시속 몇 km인가?

① 50km/h ② 60km/h

③ 80km/h ④ 100km/h

024 건설기계 소유자 또는 점유자가 건설기계를 도로에 계속하여 버려두거나 정당한 사유 없이 타인의 토지에 버려둔 경우의 처벌은?

① 1년 이하의 징역 또는 300만 원 이하의 벌금

② 1년 이하의 징역 또는 1000만 원 이하의 벌금

③ 1년 이하의 징역 또는 200만 원 이하의 벌금

④ 1년 이하의 징역 또는 500만 원 이하의 벌금

025 지게차의 주차 및 정차에 대한 안전 사항으로 틀린 것은?

① 마스트를 전방으로 틸트하고 포크를 바닥에 내려 놓는다.

② 키 스위치를 OFF에 놓고 주차 브레이크를 고정시킨다.

③ 주·정차 시에는 지게차에 키를 꽂아 놓는다.

④ 통로나 비상구에는 주차하지 않는다.

026 평탄한 노면에서의 지게차를 운전하여 하역작업을 하는 방법으로 옳지 않은 것은?

① 파렛트에 실은 화물이 안정되고 확실하게 실려 있는지를 확인한다.

② 포크를 삽입하고자 하는 곳과 평행하게 한다.

③ 불안정한 적재의 경우에는 빠르게 작업을 진행시킨다.

④ 화물 앞에서 정지한 후 마스트가 수직이 되도록 기울여야 한다.

027 화재 발생 시 연소 조건이 <u>아닌</u> 것은?

① 점화원　　　② 산소(공기)

③ 발화시기　　④ 가연성 물질

028 지게차의 운전을 종료했을 때 취해야 할 안전 사항이 <u>아닌</u> 것은?

① 각종 레버는 중립에 둔다.

② 연료를 빼낸다.

③ 주차 브레이크를 작동시킨다.

④ 전원 스위치를 차단시킨다.

029 지게차로 화물을 싣고 경사지에서 주행할 때 안전상 올바른 운전방법은?

① 포크를 높이 들고 주행한다.

② 내려갈 때에는 저속 후진한다.

③ 내려갈 때에는 변속레버를 중립에 놓고 주행한다.

④ 내려갈 때에는 엔진 시동을 끄고 타력으로 주행한다.

030 작업 용도에 따른 지게차의 종류가 <u>아닌</u> 것은?

① 로테이팅 클램프(Rotating clamp)

② 곡면 포크(Curved fork)

③ 로드 스태빌라이저(Load stabilizer)

④ 힌지드 버킷(Hinged bucket)

031 지게차의 포크를 내리는 역할을 하는 부품은?

① 틸트 실린더　　② 리프트 실린더

③ 볼 실린더　　　④ 조향 실린더

032 지게차의 조향방법으로 옳은 것은?

① 전자 조향　　② 배력 조향

③ 전륜 조향　　④ 후륜 조향

033 노면이 얼어붙은 경우 또는 폭설로 가시거리가 100미터 이내인 경우 최고 속도의 얼마나 감속 운행하여야 하는가?

① 50%　　　② 30%

③ 40%　　　④ 20%

034 지게차의 화물 운반작업으로 가장 적당한 것은?

① 댐퍼를 뒤로 3° 정도 경사시켜서 운반한다.

② 마스트를 뒤로 6° 정도 경사시켜서 운반한다.

③ 샤퍼를 뒤로 6° 정도 경사시켜서 운반한다.

④ 바이브레이터를 뒤로 8° 정도 경사시켜서 운반한다.

035 둥근 목재나 파이프 등을 작업하는데 적합한 지게차의 작업 장치는?

① 블록 클램프　　② 사이드 시프트

③ 하이 마스트　　④ 힌지드 포크

036 사용 중인 작동유의 수분 함유 여부를 현장에서 판정하는 것으로 가장 적합한 방법은?

① 오일의 냄새를 맡아본다.

② 오일을 가열한 철판 위에 떨어뜨려 본다.

③ 여과지에 약간(3~4방울)의 오일을 떨어뜨려 본다.

④ 오일을 시험관에 담아, 침전물을 확인한다.

037 산업안전보건에서 안전표지의 종류가 <u>아닌</u> 것은?

① 위험표지　　② 경고표지

③ 지시표지　　④ 금지표지

038 지게차 인칭 조절장치에 대한 설명으로 옳은 것은?

① 트랜스미션 내부에 있다.

② 브레이크 드럼 내부에 있다.

③ 디셀레이터 페달이다.

④ 작업장치의 유압상승을 억제한다.

039 지게차는 자동차와 다르게 현가 스프링을 사용하지 않는 이유는?

① 롤링이 생기면 적하물이 떨어질 수 있기 때문에

② 현가장치가 있으면 조향이 어렵기 때문에

③ 화물에 충격을 줄여주기 위해

④ 앞차축이 구동축이기 때문에

040 지게차에서 주행 중 조향핸들이 떨리는 원인으로 가장 거리가 먼 것은?

① 타이어 밸런스가 맞지 않을 때

② 휠이 휘었을 때

③ 스티어링 기어의 마모가 심할 때

④ 포크가 휘었을 때

041 지게차의 리프트 실린더 작동회로에 사용되는 플로 레귤레이터(슬로 리턴) 밸브의 역할은?

① 포크 상승 시 작동유의 압력을 높여 준다.

② 포크가 상승하다가 리프트 실린더 중간에서 정지 시 실린더 내부 누유를 방지한다.

③ 포크의 하강 속도를 조절하여 포크가 천천히 내려오도록 한다.

④ 짐을 하강할 때 신속하게 내려오도록 한다.

042 지게차의 뒷부분에 설치되어 화물을 실었을 때 앞쪽으로 기울어지는 것을 방지하기 위하여 설치되어 있는 것은?

① 기관 ② 클러치

③ 변속기 ④ 평형추

043 지게차 포크를 하강시키는 방법으로 가장 적합한 것은?

① 가속 페달을 밟고 리프트 레버를 앞으로 민다.

② 가속 페달을 밟고 리프트 레버를 뒤로 당긴다.

③ 가속 페달을 밟지 않고 리프트 레버를 뒤로 당긴다.

④ 가속 페달을 밟지 않고 리프트 레버를 앞으로 민다.

044 지게차의 운전 장치를 조작하는 동작의 설명으로 틀린 것은?

① 전·후진 레버를 앞으로 밀면 후진이 된다.

② 틸트 레버를 뒤로 당기면 마스트는 뒤로 기운다.

③ 리프트 레버를 앞으로 밀면 포크가 내려간다.

④ 전·후진 레버를 뒤로 당기면 후진이 된다.

045 지게차의 작업장치 중 석탄, 소금, 비료, 모래 등 비교적 흘러내리기 쉬운 화물 운반에 이용되는 장치는?

① 블록 클램프 ② 사이드 시프트

③ 로테이팅 포크 ④ 힌지드 버킷

046 지게차 포크에 화물을 싣고 창고나 공장을 출입할 때의 주의 사항 중 **틀린** 것은?

① 팔이나 몸을 차체 밖으로 내밀지 않는다.

② 차폭이나 출입구의 폭은 확인할 필요가 없다.

③ 주위 장애물 상태를 확인 후 이상이 없을 때 출입한다.

④ 화물이 출입구 높이에 닿지 않도록 주의한다.

047 지게차를 경사면에서 운전할 때 화물의 방향은?

① 화물이 언덕 위쪽으로 가도록 한다.

② 화물이 언덕 아래쪽으로 가도록 한다.

③ 운전에 편리하도록 화물의 방향을 정한다.

④ 화물의 크기에 따라 방향이 정해진다.

048 「건설기계관리법」상 건설기계의 소유자는 건설기계를 취득한 날부터 얼마 이내에 건설기계 등록신청을 해야 하는가?

① 2개월 이내　　② 3개월 이내

③ 6개월 이내　　④ 1년 이내

049 지게차에서 지켜야 할 안전 수칙으로 **틀린** 것은?

① 후진 시는 반드시 뒤를 살필 것

② 전진에서 후진 변속 시는 지게차가 정지된 상태에서 행할 것

③ 주·정차 시는 반드시 주차 브레이크를 작동시킬 것

④ 이동 시는 포크를 반드시 지상에서 높이 들고 이동할 것

050 지게차 화물 취급 작업 시 준수하여야 할 사항으로 **틀린** 것은?

① 화물 앞에서 일단 정지해야 한다.

② 화물의 근처에 왔을 때에는 가속 페달을 살짝 밟는다.

③ 파렛트에 실려 있는 물체의 안전한 적재 여부를 확인한다.

④ 지게차를 화물 쪽으로 반듯하게 향하고 포크가 파렛트를 마찰하지 않도록 주의한다.

051 유압이 진공에 가까워짐으로서 기포가 생기며 이로 인해 국부적인 고압이나 소음이 발생하는 현상은?

① 캐비테이션 현상

② 시효 경화 현상

③ 맥동 현상

④ 오리피스 현상

052 지게차의 일반적인 조향방식은?

① 앞바퀴 조향방식이다.

② 뒷바퀴 조향방식이다.

③ 허리꺾기 조향방식이다.

④ 작업조건에 따라 바꿀 수 있다.

053 지게차의 틸트 레버를 운전석에서 운전자 몸 쪽으로 당기면 마스트는 어떻게 기울어지는가?

① 운전자의 몸쪽에서 멀어지는 방향으로 기운다.

② 지면 방향 아래쪽으로 내려온다.

③ 운전자의 몸쪽 방향으로 기운다.

④ 지면에서 위쪽으로 올라간다.

054 지게차의 운전방법으로 틀린 것은?

① 화물 운반 시 내리막길은 후진으로 오르막길은 전진으로 주행한다.

② 화물 운반 시 포크는 지면에서 20~30cm 가량 띄운다.

③ 화물 운반 시 마스트를 뒤로 4° 가량 경사시킨다.

④ 화물 운반은 항상 후진으로 주행한다.

055 지게차의 조종 레버 명칭이 아닌 것은?

① 리프트 레버 ② 밸브 레버

③ 전·후진 레버 ④ 틸트 레버

056 지게차의 좌우 포크 높이가 다를 경우에 조정하는 부위는?

① 리프트 밸브로 조정한다.

② 리프트 체인의 길이로 조정한다.

③ 틸트 레버로 조정한다.

④ 틸트 실린더로 조정한다.

057 지게차 하역작업 시 안전한 방법이 아닌 것은?

① 무너질 위험이 있는 경우 화물 위에 사람이 올라간다.

② 가벼운 것은 위로, 무거운 것은 밑으로 적재한다.

③ 굴러갈 위험이 있는 물체는 고임목으로 고인다.

④ 허용 적재 하중을 초과하는 화물의 적재는 금한다.

058 유압유의 유체에너지(압력, 속도)를 기계적인 일로 변환시키는 유압장치는?

① 유압 펌프

② 유압 액추에이터

③ 어큐뮬레이터

④ 유압 밸브

059 주차 및 정차금지 장소는 건널목 가장자리로부터 몇 m 이내인 곳인가?

① 5m ② 10m

③ 20m ④ 30m

060 지게차에서 적재 상태의 마스트 경사로 적합한 것은?

① 뒤로 기울어지도록 한다.

② 앞으로 기울어지도록 한다.

③ 진행 좌측으로 기울어지도록 한다.

④ 진행 우측으로 기울어지도록 한다.

061 전동 지게차의 동력전달 순서로 옳은 것은?

① 축전지 → 제어 기구 → 구동 모터 → 변속기 → 종감속 및 차동장치 → 앞바퀴

② 축전지 → 구동 모터 → 제어 기구 → 변속기 → 종감속 및 차동장치 → 앞바퀴

③ 축전지 → 제어 기구 → 구동 모터 → 변속기 → 종감속 및 차동장치 → 뒷바퀴

④ 축전지 → 구동 모터 → 제어 기구 → 변속기 → 종감속 및 차동장치 → 뒷바퀴

062 지게차를 운행할 때의 주의 사항으로 틀린 것은?

① 급유 중은 물론 운전 중에도 화기를 가까이 하지 않는다.

② 적재 시 급제동을 하지 않는다.

③ 내리막길에서는 브레이크 페달을 밟으면서 서서히 주행한다.

④ 적재 시에는 최고 속도로 주행한다.

063 「도로교통법」에 위반되는 행위는?

① 야간에 교행할 때 전조등의 광도를
   감하였다.
② 주간에 방향을 전환할 때 방향 지시
   등을 켰다.
③ 철길 건널목 바로 전에 일시정지하
   였다.
④ 다리 위에서 앞지르기 하였다.

064 「도로교통법」상 주차 금지 장소가 아닌
곳은?

① 터널 안 및 다리 위
② 전신주로부터 12m 이내인 곳
③ 소방용 방화물통으로부터 5m 이내
   인 곳
④ 화재 경보기로부터 3m 이내인 곳

065 자체중량에 의한 자유낙하 등을 방지하
기 위하여 회로에 배압을 유지하는 밸브
는?

① 카운터 밸런스 밸브
② 안전 밸브
③ 체크 밸브
④ 감압 밸브

066 안전보건표지에서 안내표지의 바탕색
은?

① 흑색   ② 녹색
③ 백색   ④ 적색

067 아세틸렌 용접장치의 방호장치는?

① 덮개   ② 제동장치
③ 안전기   ④ 자동·전격방지기

068 지게차를 운전할 때 유의 사항으로 <u>틀린</u>
것은?

① 주행을 할 때에는 포크를 가능한 낮
   게 내려 주행한다.
② 적재물이 높아 전방 시야가 가릴 때
   에는 후진하여 운전한다.
③ 포크 간격은 화물에 맞게 수시로 조
   정한다.
④ 후방 시야 확보를 위해 뒤쪽에 사람
   을 탑승시켜야 한다.

069 선반작업, 드릴작업, 목공기계작업, 연삭
작업, 해머작업 등을 할 때 착용하면 불안
전한 보호구는?

① 장갑   ② 귀마개
③ 방진 안경   ④ 차광 안경

070 폭발행정 끝부분에서 실린더 내의 압력
에 의해 배기가스가 배기 밸브를 통해 배
출되는 현상은?

① 블로 백(Blow back)
② 블로 바이(Blow by)
③ 블로 업(Blow up)
④ 블로 다운(Blow down)

071 지게차의 충전장치에서는 어떤 발전기를
가장 많이 사용하는가?

① 3상 교류 발전기
② 직류 발전기
③ 단상 교류 발전기
④ 와전류 발전기

072 특별표지판을 부착하지 않아도 되는 건
설기계는?

① 길이가 17m인 건설기계
② 너비가 3m인 건설기계
③ 최소 회전 반경이 13m인 건설기계
④ 높이가 3m인 건설기계

073 지게차의 마스트를 전경 또는 후경시키는 작용을 하는 것은?

① 조향 실린더 ② 리프트 실린더
③ 마스터 실린더 ④ 틸트 실린더

074 지게차의 리프트 실린더(Lift cylinder) 작동회로에서 플로 프로텍터(벨로시티 퓨즈)를 사용하는 주된 목적은?

① 컨트롤 밸브와 리프터 실린더 사이에서 배관파손 시 적재물 급강하를 방지한다.
② 포크의 정상 하강 시 천천히 내려올 수 있게 한다.
③ 짐을 하강할 때 신속하게 내려올 수 있도록 작용한다.
④ 리프트 실린더 회로에서 포크상승 중 중간 정지 시 내부 누유를 방지한다.

075 납산 배터리 액체를 취급하기에 가장 적합한 복장은?

① 고무로 만든 옷
② 가죽으로 만든 옷
③ 무명으로 만든 옷
④ 화학섬유로 만든 옷

076 지게차에 화물을 적재하고 주행할 때의 주의 사항으로 틀린 것은?

① 급한 고갯길을 내려갈 때는 변속 레버를 중립에 두거나 엔진을 끄고 타력으로 내려간다.
② 포크나 카운터 웨이트 등에 사람을 태우고 주행해서는 안 된다.
③ 전방 시야가 확보되지 않을 때는 후진으로 진행하면서 경적을 울리며 천천히 주행한다.
④ 험한 땅, 좁은 통로, 고갯길 등에서는 급발진, 급제동, 급선회하지 않는다.

077 지게차에서 엔진이 정지되었을 때 레버를 밀어도 마스트가 경사되지 않도록 하는 것은?

① 벨 크랭크 기구 ② 틸트 록 장치
③ 체크 밸브 ④ 스태빌라이저

078 드릴작업 시 주의 사항으로 틀린 것은?

① 작업이 끝나면 드릴을 척에서 빼놓는다.
② 칩을 털어낼 때는 칩 털이를 사용한다.
③ 공작물은 움직이지 않게 고정한다.
④ 드릴이 움직일 때는 칩을 손으로 치운다.

079 지게차로 적재작업을 할 때 유의 사항으로 틀린 것은?

① 운반하려고 하는 화물 가까이 가면 주행 속도를 줄인다.
② 화물 앞에서 일단 정지한다.
③ 화물이 무너지거나 파손 등의 위험성 여부를 확인한다.
④ 화물을 높이 들어 올려 아랫부분을 확인하며 천천히 출발한다.

080 작동유가 넓은 온도 범위에서 사용되기 위한 조건으로 옳은 것은?

① 산화 작용이 양호해야 한다.
② 점도 지수가 높아야 한다.
③ 소포성이 좋아야 한다.
④ 유성이 커야 한다.

081 유압 실린더의 종류에 해당하지 않는 것은?

① 복동 실린더 더블 로드형
② 복동 실린더 싱글 로드형
③ 단동 실린더 배플형
④ 단동 실린더 램형

082 재해 발생 원인 중 직접 원인이 아닌 것은?

① 기계 배치의 결함
② 불량 공구 사용
③ 교육 훈련 미숙
④ 작업 조명의 불량

083 지게차 작업 시 안전 수칙으로 틀린 것은?

① 주차 시에는 포크를 완전히 지면에 내려야 한다.
② 화물을 적재하고 경사지를 내려갈 때는 운전 시야 확보를 위해 전진으로 운행해야 한다.
③ 포크를 이용하여 사람을 싣거나 들어 올리지 않아야 한다.
④ 경사지를 오르거나 내려올 때는 급회전을 금해야 한다.

084 건설기계의 정기 검사 신청 기간 내에 정기 검사를 받은 경우 정기 검사 유효 기간 시작 일을 바르게 설명한 것은?

① 유효 기간에 관계없이 검사를 받은 다음 날부터
② 유효 기간 내에 검사를 받은 것은 유효 기간 만료일부터
③ 유효 기간 내에 검사를 받은 것은 종전 검사 유효 기간 만료일 다음 날부터
④ 유효 기간에 관계없이 검사를 받은 날부터

085 고속도로 통행이 허용되지 않는 건설기계는?

① 콘크리트 믹서 트럭
② 덤프 트럭
③ 지게차
④ 기중기(트럭 적재식)

086 벨트를 풀리(Pulley)에 장착 시 작업 방법에 대한 설명으로 옳은 것은?

① 중속으로 회전시키면서 건다.
② 회전을 중지시킨 후 건다.
③ 저속으로 회전시키면서 건다.
④ 고속으로 회전시키면서 건다.

087 유압회로 내의 압력이 설정압력에 도달하면 펌프에서 토출된 오일을 전부 탱크로 회송시켜 펌프를 무부하로 운전시키는데 사용하는 밸브는?

① 언로드 밸브
② 카운터 밸런스 밸브
③ 체크 밸브
④ 시퀀스 밸브

088 라이너식 실린더에 비교한 일체식 실린더의 특징으로 틀린 것은?

① 라이너 형식보다 내마모성이 높다.
② 부품 수가 적고 중량이 가볍다.
③ 강성 및 강도가 크다.
④ 냉각수 누출 우려가 적다.

089 일반적으로 장갑을 착용하고 작업을 하게 되는데, 안전을 위해서 오히려 장갑을 사용하지 않아야 하는 작업은?

① 오일 교환 작업
② 타이어 교환 작업
③ 전기 용접 작업
④ 해머 작업

090 엔진 윤활유의 기능이 아닌 것은?

① 방청 작용
② 연소 작용
③ 냉각 작용
④ 윤활 작용

091 점검 주기에 따른 안전 점검의 종류에 해당되지 않는 것은?

① 정기 점검　② 구조 점검
③ 특별 점검　④ 수시 점검

092 축전지의 방전은 어느 한도 내에서 단자 전압이 급격히 저하하며 그 이후는 방전 능력이 없어지게 된다. 이때의 전압을 무엇이라고 하는가?

① 충전 전압　② 방전 전압
③ 방전 종지 전압　④ 누전 전압

093 정비 작업 시 안전에 가장 위배되는 것은?

① 연료를 비운 상태에서 연료통을 용접한다.
② 가연성 물질을 취급 시 소화기를 준비한다.
③ 회전부분에 옷이나 손이 닿지 않도록 한다.
④ 깨끗하고 먼지가 없는 작업 환경을 조정한다.

094 화재에 대한 설명으로 틀린 것은?

① 화재가 발생하기 위해서는 가연성 물질, 산소, 발화원이 반드시 필요하다.
② 가연성가스에 의한 화재를 D급 화재라 한다.
③ 전기에너지가 발화원이 되는 화재를 C급 화재라 한다.
④ 화재는 어떤 물질이 산소와 결합하여 연소하면서 열을 방출시키는 산화반응을 말한다.

095 정기 검사 유효 기간을 1개월 경과한 후에 정기 검사를 받은 경우 다음 정기 검사 유효 기간 산정 기산일은?

① 검사를 받은 날의 다음날부터
② 검사를 신청한 날부터
③ 종전 검사 유효 기간 만료일의 다음날부터
④ 종전 검사 신청 기간 만료일의 다음날부터

096 지게차의 조향 방법으로 옳은 것은?

① 전자 조향　② 배력 조향
③ 전륜 조향　④ 후륜 조향

097 작업 안전상 보호 안경을 사용하지 않아도 되는 작업은?

① 건설기계 운전 작업
② 먼지세척 작업
③ 용접 작업
④ 연마 작업

098 지게차의 구성품이 아닌 것은?

① 마스트　② 블레이드
③ 틸트 실린더　④ 밸런스 웨이트

099 기관에서 완전연소 시 배출되는 가스 중에서 인체에 가장 해가 없는 가스는?

① NOx　② HC
③ CO　④ CO_2

100 기계의 회전 부분(기어, 벨트, 체인)에 덮개를 설치하는 이유는?

① 회전 부분의 속도를 높이기 위하여
② 좋은 품질의 제품을 얻기 위하여
③ 제품의 제작 과정을 숨기기 위하여
④ 회전 부분과 신체의 접촉을 방지하기 위하여

001 다음 그림과 같은 교통안전표지의 설명으로 옳은 것은?

① 좌합류 도로가 있음을 알리는 표지이다.
② 우합류 도로가 있음을 알리는 표지이다.
③ 좌로 굽은 도로가 있음을 알리는 표지이다.
④ 철길 건널목이 있음을 알리는 표지이다.

002 다음 그림과 같은 교통안전표지의 의미는?

① 회전형 교차로가 있음을 알리는 표지이다.
② 철길 건널목이 있음을 알리는 표지이다.
③ 좌합류 도로가 있음을 알리는 표지이다.
④ 좌로 계속 굽은 도로가 있음을 알리는 표지이다.

003 다음 그림과 같은 교통안전표지의 설명으로 옳은 것은?

① 우로 이중 굽은 도로의 표지이다.
② 좌우로 이중 굽은 도로의 표지이다.
③ 좌로 굽은 도로의 표지이다.
④ 회전형 교차로의 표지이다.

004 다음 그림과 같은 교통안전표지의 설명으로 옳은 것은?

① 좌로 일방통행 표지이다.
② 우로 일반통행 표지이다.
③ 진입 금지 표지이다.
④ 일단정지 표지이다.

005 다음 그림과 같은 교통안전표지의 설명으로 옳은 것은?

① 회전표지이다.
② 횡단 금지 표지이다.
③ 좌회전 표지이다.
④ 유턴 금지 표지이다.

006 다음 그림과 같은 교통안전표지의 의미는?

① 통행 금지　　② 교차로
③ 주·정차금지　④ 앞지르기 금지

007 다음 그림과 같은 교통안전표지의 설명으로 옳은 것은?

① 차량 중량 제한 표지이다.
② 차량 높이 제한 표지이다.
③ 차량 적재량 제한 표지이다.
④ 차량 폭 제한 표지이다.

008 다음 그림과 같은 교통안전표지의 설명으로 옳은 것은?

① 좌우 3.5m 표지이다.
② 차량 높이 3.5m(제한) 표지이다.
③ 차간거리 3.5m 표지이다.
④ 3.5m 차량 전용도로 표지이다.

009 다음 그림의 교통안전표지는 무엇을 의미하는가?

① 최저 속도 제한
② 최고 속도 제한
③ 차간 거리 최저 50m
④ 차간 거리 최고 50m

010 다음 그림의 교통안전표지에 관한 설명으로 옳은 것은?

① 최고 시속 30km 속도제한 표지이다.
② 최저 시속 30km 속도제한 표지이다.
③ 최고 중량 제한 표지이다.
④ 차간 거리 최저 30m 제한 표지이다.

011 다음 그림과 같은 교통안전표지의 의미는?

① 양측방 일방통행
② 양측방 통행 금지
③ 좌우회전
④ 좌우회전 금지

012 차량이 남쪽에서부터 북쪽 방향으로 진행 중일 때, 그림의 「2방향 도로명표지」에 대한 설명으로 옳지 않은 것은?

① 차량을 좌회전하는 경우 불광역 쪽 '통일로'의 건물번호가 커진다.
② 차량을 좌회전하는 경우 불광역 쪽 '통일로'로 진입할 수 있다.
③ 차량을 우회전하는 경우 서울역 쪽 '통일로'로 진입할 수 있다.
④ 차량을 좌회전하는 경우 불광역 쪽 '통일로'의 건물번호가 작아진다.

013 차량이 남쪽에서부터 북쪽 방향으로 진행 중일 때, 그림의 「3방향 도로명 표지」에 대한 설명으로 옳지 않은 것은?

① 차량을 좌회전하는 경우 '중림로' 또는 '만리재로' 도로 구간의 끝 지점과 만날 수 있다.
② 차량을 직진하는 경우 '서소문공원' 방향으로 갈 수 있다.
③ 차량을 좌회전하는 경우 '중림로' 또는 '만리재로'로 진입할 수 있다.
④ 차량을 '중림로'로 좌회전하면 '충정로역' 방향으로 갈 수 있다.

014 다음 그림과 같은 안전 표지판이 의미하는 것은?

① 비상구   ② 보안경 착용
③ 출입 금지   ④ 인화성 물질경고

015 산업 안전·보건표지에서 다음 그림이 표시하는 것은?

① 보행 금지　　② 방사선 위험
③ 탑승 금지　　④ 비상구 없음

016 다음의 안전표지가 나타내는 것은?

① 탑승 금지　　② 사용 금지
③ 차량 통행 금지　④ 물체 이동 금지

017 안전·보건표지의 종류와 형태에서 다음의 안전표지판이 의미하는 것은?

① 보행 금지　　② 사용 금지
③ 출입 금지　　④ 작업 금지

018 다음 그림과 같은 표지가 의미하는 것은?

① 인화성물질 경고
② 화기 금지
③ 금연
④ 산화성물질 경고

019 다음 그림의 안전표지판이 의미하는 것은?

① 사용 금지　　② 탑승 금지
③ 물체 이동 금지　④ 보행 금지

020 다음 그림의 안전표지판이 의미하는 것은?

① 산화성물질 경고
② 급성 독성물질 경고
③ 폭발성물질 경고
④ 인화성물질 경고

021 다음 그림의 안전표지판이 의미하는 것은?

① 독극물 경고　　② 고압 전기 경고
③ 폭발물 경고　　④ 낙하물 경고

022 다음 그림의 안전표지판이 의미하는 것은?

① 매달린 물체 경고
② 폭발물 경고
③ 몸 균형 상실 경고
④ 방화성물질 경고

023 다음 그림의 안전표지판을 사용하는 장소는?

① 폭발성의 물질이 있는 장소
② 레이저 광선에 노출될 우려가 있는 장소
③ 방사능 물질이 있는 장소
④ 발전소나 고전압이 흐르는 장소

024 다음 그림과 같은 안전표지가 의미하는 것은?

① 경고표지　　② 금지표지
③ 지시표지　　④ 안내표지

025 다음 그림과 같은 안전표지가 의미하는 것은?

① 보안면 착용　② 안전모 착용
③ 안전복 착용　④ 출입 금지

026 다음 그림과 같은 안전표지가 의미하는 것은?

① 보행 금지
② 몸 균형 상실 경고
③ 방독 마스크 착용
④ 안전복 착용

027 다음 그림과 같은 안전표지판이 의미하는 것은?

① 녹십자　　② 비상구
③ 병원　　　④ 안전지대

028 다음 그림과 같은 안전표지판이 의미하는 것은?

① 비상구　　② 응급구호
③ 안전제일　④ 들것

029 다음 그림과 같은 안전표지판이 의미하는 것은?

① 인화성물질 경고
② 보안경 착용
③ 출입 금지
④ 비상구

지게차 운전기능사

빈출문제 10회

따로 보는
정답과 해설

★ 문제와 정답의 분리로 수험자의 실력을 정확하게 체크할 수 있습니다. ★
★ 틀린 문제는 꼭 표시했다가 해설로 복습하세요. ★
★ 정답과 해설을 가지고 다니며 오답노트로 활용할 수 있습니다. ★

다락원

정답

1	③	2	③	3	④	4	④	5	①	6	④	7	②	8	③	9	②	10	①
11	②	12	②	13	③	14	①	15	④	16	④	17	②	18	④	19	②	20	①
21	①	22	②	23	③	24	②	25	①	26	②	27	②	28	③	29	②	30	②
31	②	32	①	33	③	34	③	35	④	36	④	37	④	38	①	39	②	40	②
41	②	42	①	43	③	44	③	45	②	46	②	47	①	48	②	49	③	50	④
51	④	52	①	53	②	54	①	55	①	56	①	57	③	58	①	59	②	60	①

해설

1 화재가 발생하기 위해서는 가연성 물질, 산소, 점화원(발화원)이 필요하다.

2 지게차가 주행할 때 포크는 지면으로부터 20~30cm 정도 높인다.

3 스트레이너(Strainer)는 유압 펌프의 흡입관에 설치하는 여과기이다.

4 C급 화재 : 전기화재

5 유압 모터는 넓은 범위의 무단 변속이 용이한 장점이 있다.

6 지게차의 건설기계 범위는 타이어식으로 들어올림 장치와 조종석을 가진 것. 다만, 전동식으로 솔리드 타이어를 부착한 것 중 도로가 아닌 장소에서만 운행하는 것은 제외한다.

7 통고처분의 수령을 거부하거나 범칙금을 기간 안에 납부하지 못한 자는 즉결 심판에 회부된다.

8 12V 80A 축전지 2개를 직렬로 연결하면 24V 80A가 된다.

10 작동유의 수분 함유 여부를 판정하기 위해서는 가열한 철판 위에 오일을 떨어뜨려 본다.

11 유압 액추에이터는 유압 펌프에서 발생된 유압(유체)에너지를 기계적에너지(직선운동이나 회전운동)로 바꾸는 장치이다.

14 **출장 검사를 받을 수 있는 경우 :** 도서 지역에 있는 경우, 자체 중량이 40ton 이상 또는 축중이 10ton 이상인 경우, 너비가 2.5m 이상인 경우, 최고 속도가 시간당 35km 미만인 경우

15 정기 검사 신청을 받은 검사 대행자는 5일 이내에 검사 일시 및 장소를 신청인에게 통지하여야 한다.

16 **클러치의 구비 조건 :** 회전 부분의 관성력이 작을 것, 동력 전달이 확실하고 신속할 것, 방열이 잘되어 과열되지 않을 것, 회전 부분의 평형이 좋을 것, 단속 작용이 확실하며 조작이 쉬울 것

18 거버너(Governor, 조속기)는 분사 펌프에 설치되어 있으며, 기관의 부하에 따라 자동적으로 연료 분사량을 가감하여 최고 회전 속도를 제어한다.

19 리듀싱(감압) 밸브는 회로 일부의 압력을 릴리프 밸브의 설정 압력(메인 유압) 이하로 하고 싶을 때 사용한다.

20 베인 펌프는 소형 경량이고, 구조가 간단하고 성능이 좋으며, 맥동과 소음이 적은 장점이 있다.

21 4행정 사이클 기관에서는 오일 펌프로 로터리 펌프와 기어 펌프를 주로 사용한다.

23 압력식 캡은 냉각 장치 내의 비등점(비점)을 높이고, 냉각 범위를 넓히기 위하여 사용한다.

24 작동유가 넓은 온도 범위에서 사용되기 위해서는 점도 지수가 높아야 한다.

25 과급기의 터빈 축 베어링에는 기관 오일을 급유한다.

26 아세틸렌 용접장치의 방호장치는 안전기이다.

31 자재 이음(유니버설 조인트)은 추진축의 각도 변화를 가능하게 한다.

32 플래셔 유닛이 고장나면 모든 방향지시등이 점멸되지 못한다.

37 건설기계 사업의 종류에는 매매업, 대여업, 해체재활용업, 정비업이 있다.

39 좌우 포크 높이가 다를 경우에는 리프트 체인의 길이로 조정한다.

41 건설기계의 충전장치에서는 3상 교류 발전기를 사용한다.

42 플로 프로텍터(벨로시티 퓨즈)는 컨트롤 밸브와 리프터 실린더 사이에서 배관이 파손되었을 때 적재물 급강하를 방지한다.

43 리프트 실린더(Lift cylinder)는 포크를 상승·하강시키는 기능을 한다.

44 틸트 레버를 당기면 운전자의 몸 쪽 방향으로 기운다.

46 **축전지 자기방전의 원인 :** 음극판의 작용물질이 황산과의 화학작용으로 황산납이 되기 때문에(구조상 부득이 한 경우), 전해액에 포함된 불순물이 국부전지를 구성하기 때문에, 탈락한 극판 작용물질이 축전지 내부에 퇴적되기 때문에, 양극판 작용물질 입자가 축전지 내부에 단락되기 때문에, 축전지 커버와 케이스의 표면에서 전기 누설 때문에

49 화물을 포크에 적재하고 경사지를 내려올 때는 기어 변속을 저속 상태로 놓고 후진으로 내려온다.

50 지게차로 적재작업을 할 때 화물을 높이 들어 올리면 전복되기 쉽다.

51 **유압 실린더의 종류 :** 단동 실린더, 복동 실린더(싱글 로드형과 더블 로드형), 다단 실린더, 램형 실린더

52 길고 급한 경사 길을 운전할 때 반 브레이크를 사용하면 라이닝에서는 페이드가 발생하고, 파이프에서는 베이퍼 록이 발생한다.

53 지게차의 조향방식은 후륜(뒷바퀴) 조향이다.

56 속도 제어 회로에는 미터 인(Meter in) 회로, 미터 아웃(Meter out) 회로, 블리드 오프(Bleed off) 회로가 있다.

57 직접분사실식은 디젤기관의 연소실 중 연료 소비율이 낮으며 연소 압력이 가장 높다.

58 각종 게이지는 운전 중에 점검한다.

60 지게차에서 현가 스프링을 사용하지 않는 이유는 롤링(Rolling, 좌우 진동)이 생기면 적하물이 떨어지기 때문이다.

정답

1	③	2	④	3	②	4	②	5	④	6	①	7	③	8	③	9	①	10	②
11	④	12	②	13	④	14	④	15	③	16	①	17	②	18	②	19	④	20	④
21	②	22	④	23	④	24	③	25	②	26	①	27	②	28	④	29	①	30	②
31	③	32	③	33	④	34	④	35	③	36	②	37	③	38	④	39	④	40	①
41	④	42	④	43	③	44	②	45	②	46	④	47	②	48	④	49	④	50	④
51	②	52	④	53	①	54	②	55	④	56	④	57	②	58	④	59	④	60	①

해설

1 혼합비가 희박하면 기관 시동이 어렵고, 저속 운전이 불량해지며, 연소 속도가 느려 기관의 출력이 저하한다.

2 **지게차를 주차시킬 때**
- 변속 레버를 중립 위치로 한다.
- 포크의 선단이 지면에 닿도록 내린 후 마스트를 전방으로 약간 경사시킨다.
- 엔진을 정지시키고 주차 브레이크를 잡아당겨 주차상태를 유지시킨다.
- 시동 스위치의 키를 빼내어 보관한다.

5 제동장치에 대한 정기 검사를 면제 받고자 하는 경우에는 건설기계 제동장치 정비확인서를 첨부한다.

6 화물을 포크에 적재하고 경사지를 내려올 때는 기어변속을 저속상태로 놓고 후진으로 내려온다.

7 축압기의 사용 목적은 충격 압력 흡수, 유체의 맥동 감쇠, 압력 보상, 보조 동력원으로 사용 등이다.

8 플라이 휠 뒷면에는 클러치가 설치되므로 기관 오일이 공급되어서는 안 된다.

9 커먼 레일은 고압 연료 펌프에 보내준 고압 (1350bar)의 연료가 저장되는 부품이다.

10 복선식은 접지 쪽에도 전선을 사용하는 것으로 주로 전조등과 같이 큰 전류가 흐르는 회로에서 사용한다.

11 **기관 과열 원인** : 냉각수 양이 부족할 때, 물재킷 내의 물때가 많을 때, 물 펌프의 회전이 느릴 때, 수온조절기가 닫힌 상태로 고장났을 때, 분사 시기가 부적당할 때, 라디에이터 코어가 20% 이상 막혔을 때

12 서행이란 위험을 느끼고 즉시 정지할 수 있는 느린 속도로 운행하는 것이다.

13 오버 러닝 클러치(Over running clutch)는 기동 전동기의 전기자 축으로부터 피니언으로는 동력이 전달되나 피니언으로부터 전기자 축으로는 동력이 전달되지 않도록 해주는 장치이다.

14 **대형 건설기계** : 길이가 16.7m 이상인 경우, 너비가 2.5m 이상인 경우, 최소 회전 반경이 12m 이상인 경우, 높이가 4m 이상인 경우, 총 중량이 40톤 이상인 경우, 축하중이 10톤 이상인 경우

15 75% 충전일 때의 전해액 비중은 1.220~1.240이다.

16 건설기계 등록신청은 건설기계를 취득한 날로부터 2개월(60일) 이내 하여야 한다.

17 안전표지의 종류에는 지시표지, 주의표지, 규제표지, 보조표지, 노면표시 등이 있다.

18 퓨저블 링크(Fusible link)는 전기회로가 단락되었을 때 녹아 끊어져 전원 및 회로를 보호한다.

20 기관 오일에 냉각수가 유입되면 오일량이 증가한다.

22 속도 제어 회로에는 미터-인 방식, 미터-아웃 방식, 블리드 오프 방식 등이 있다.

23 시·도지사는 등록을 말소하고자 할 때에는 미리 그 뜻을 건설기계 소유자 및 이해관계자에게 통지하여야 하며 통지 후 1개월이 경과한 후가 아니면 이를 말소할 수 없다.

25 디퓨저는 과급기 케이스 내부에 설치되며, 공기의 속도에너지를 압력에너지로 바꾸는 장치이다.

26 술에 취한 상태의 기준은 혈중 알코올 농도 0.03% 이상

27 유압 모터는 넓은 범위의 무단 변속이 용이한 장점이 있다.

29 틸트 록 밸브(Tilt lock valve)는 마스트를 기울일 때 갑자기 엔진의 시동이 정지되면 작동하여 그 상태를 유지시키는 작용을 한다.

30 양중기에 해당되는 것은 기중기(호이스트 포함), 이동식 기중기, 리프트, 곤돌라, 승강기이다.

31 **제어 밸브의 종류 :** 압력 제어 밸브(일의 크기 결정), 유량 제어 밸브(일의 속도 결정), 방향 제어 밸브(일의 방향 결정)

34 발전기, 용접기, 엔진 등 장비는 분산시켜 배치한다.

35 카운터 밸런스 밸브(Counter balance valve)는 체크 밸브가 내장되는 밸브로써 유압 회로의 한 방향의 흐름에 대해서는 설정된 배압을 생기게 하고 다른 방향의 흐름은 자유롭게 흐르도록 한다.

36 화물을 적재하고 주행할 때 포크와 지면과 간격은 20~30cm가 좋다.

37 연삭작업은 숫돌차의 측면에 서서 작업한다.

38 목적지에 도착 후 화물을 내리기 위해 포크를 수평으로 한 후 전진한다.

39 유압 펌프의 종류에는 기어 펌프, 베인 펌프, 피스톤(플런저) 펌프, 나사 펌프, 트로코이드 펌프 등이 있다.

40 **격리형 방호장치 :** 작업점에서 직접 사람이 접촉하여 말려들거나 다칠 위험이 있는 장소를 덮어씌우는 방호장치이다.

41 이동할 때에는 포크를 반드시 지면에서 20~30cm 정도 들고 이동할 것

42 안전표지의 종류에는 금지표지, 경고표지, 지시표지, 안내표지가 있다.

45 오일 압력 경고등은 시동키를 ON으로 하면 점등되었다가 기관 시동 후에는 즉시 소등되어야 한다.

47 화물의 근처에 왔을 때에는 브레이크 페달을 가볍게 밟아 정지할 준비를 한다.

48 베이퍼 록을 방지하려면 엔진 브레이크를 사용한다.

49 힌지드 버킷은 석탄, 소금, 비료, 모래 등 흘러내리기 쉬운 화물의 운반용이다.

50 **변속기의 구비 조건 :** 소형이고 고장이 없을 것, 조작이 쉽고 신속·정확할 것, 연속적 변속에는 단계가 없을 것, 전달 효율이 좋을 것

51 하이 마스트, 3단 마스트, 사이드 시프트 마스트(사이드 클램프), 로드 스태빌라이저, 로테이팅 클램프, 블록 클램프, 힌지드 버킷, 힌지드 포크 등이 있다.

52 작업장에서 통행의 우선 순위는 짐차 → 빈차 → 사람이다.

53 **지게차의 난기운전(워밍업) 방법**
- 엔진을 시동 후 5분 정도 공회전 시킨다.
- 리프트 레버를 사용하여 포크의 상승·하강 운동을 실린더 전체 행정으로 2~3회 실시한다.
- 포크를 지면으로 부터 20cm 정도로 올린 후 틸트 레버를 사용하여 전체 행정으로 포크를 앞뒤로 2~3회 작동시킨다.

54 유성 향상제는 금속 사이의 마찰을 방지하기 위한 방안으로 마찰계수를 저하시키기 위하여 사용되는 첨가제이다.

56 **정기 검사 :** 검사 유효 기간이 끝난 후에 계속 운행하고자 할 때 받는 검사

57 리프트 실린더(Lift cylinder)는 포크를 상승·하강시키는 기능을 한다.

58 유성 기어 장치의 구성은 선 기어, 유성 기어, 링 기어, 유성 기어 캐리어이다.

60 캐비테이션 현상은 공동 현상이라고도 부르며, 저압 부분의 유압이 진공에 가까워짐으로서 기포가 생기며 이로 인해 국부적인 고압이나 소음이 발생하는 현상이다.

정답

1	④	2	②	3	④	4	④	5	④	6	①	7	①	8	②	9	③	10	②
11	①	12	②	13	①	14	①	15	①	16	④	17	④	18	③	19	④	20	③
21	④	22	③	23	④	24	①	25	①	26	①	27	③	28	①	29	②	30	③
31	③	32	①	33	④	34	①	35	①	36	③	37	④	38	②	39	①	40	③
41	②	42	③	43	④	44	④	45	②	46	④	47	①	48	②	49	①	50	①
51	②	52	①	53	①	54	①	55	①	56	④	57	②	58	④	59	④	60	③

해설

2 하이 마스트, 3단 마스트, 사이드 클램프, 로드 스태빌라이저, 로테이팅 클램프, 블록 클램프, 힌지드 버킷, 힌지드 포크 등이 있다.

4 블로 다운이란 폭발행정 끝부분에서 실린더 내의 압력에 의해 배기가스가 배기 밸브를 통해 배출되는 현상이다.

5 **크랭크축에서 비틀림 진동 발생 :** 기관의 주기적인 회전력 작용에 의해 발생하며, 기관의 회전력 변동이 클수록, 크랭크축의 길이가 길수록, 크랭크축의 강성이 적을수록, 기관의 회전 속도가 느릴수록 크다.

6 소기행정이란 잔류 배기가스를 내보내고 새로운 공기를 실린더 내에 공급하는 과정이며, 2행정 사이클 기관에만 해당되는 과정(행정)이다.

7 건설기계에서는 주로 3상 교류 발전기를 사용한다.

8 분사노즐은 분사 펌프에서 보내준 고압의 연료를 연소실에 안개 모양으로 분사하는 장치이다.

9 축전지와 각부 전장품에 전기를 공급하는 장치는 발전기이다.

10 에어클리너가 막히면 배기색은 검은색이며, 출력은 저하된다.

11 방향 지시등의 한쪽 램프가 단선되면 한쪽 방향지시등의 점멸이 빨라진다.

12 4행정 사이클 기관은 크랭크축이 2회전하고, 피스톤은 흡입 → 압축 → 폭발(동력) → 배기의 4행정을 하여 1사이클을 완성한다.

13 수소가스가 폭발성 가스이기 때문에 충전 중인 축전지에 화기를 가까이 하면 위험하다.

15 유압장치에 공기가 들어있으면 비정상적인 소음이 난다.

16 축압기(어큐뮬레이터)는 유압 펌프에서 발생한 유압을 저장하고, 보조 동력원으로 사용하며, 압력 보상, 충격 흡수, 유체의 맥동을 감쇠시키는 장치이다.

18 정기 검사에 불합격된 건설기계의 경우에는 정비 명령을 받는다.

19 평형추(카운터 웨이트)는 지게차의 뒷부분에 설치되어 화물을 실었을 때 앞쪽으로 기울어지는 것을 방지하기 위하여 설치되어 있다.

20 **임시운행 사유 :** 확인 검사를 받기 위하여 운행하고자 할 때, 신규 등록을 하기 위하여 건설기계를 등록지로 운행하고자 할 때, 신개발 건설기계를 시험 운행하고자 할 때, 수출을 하기 위하여 건설기계를 선적지로 운행하는 경우

22 릴리프 밸브는 유압 펌프와 제어 밸브 사이에 설치된다.

23 **특별표지판 부착대상 건설기계 :** 길이가 16.7m 이상인 경우, 너비가 2.5m 이상인 경우, 최소 회전 반경이 12m 이상인 경우, 높이가 4m 이상인 경우, 총중량이 40톤 이상인 경우, 축하중이 10톤 이상인 경우

24 펌프 흡입구는 탱크 가장 밑면과 어느 정도의 공간을 두고 설치한다.

25 건설기계를 도로에 계속하여 버려두거나 정당한 사유 없이 타인의 토지에 버려둔 경우의 처벌은 1년 이하의 징역 또는 1000만 원 이하의 벌금

26 버스정류장 표시판으로부터 10m 이내의 장소

27 오일의 수분 함유 여부를 판정하려면 가열한 철판 위에 오일을 떨어뜨려본다.

28 사망 1명마다 90점, 중상 1명마다 15점, 경상 1명마다 5점, 부상신고 1명마다 2점

29 작동유의 정상 작동 온도 범위는 40~80℃ 정도이다.

30 **기어 모터의 장점 :** 구조가 간단하고, 가격이 저렴하고, 가혹한 운전 조건에서 비교적 잘 견디며, 먼지나 이물질에 의한 고장 발생률이 낮다.

33 틸트 실린더는 마스트를 전경 또는 후경시키는 작용을 한다.

34 플로 프로텍터(벨로시티 퓨즈)는 컨트롤 밸브와 리프터 실린더 사이에서 배관이 파손되었을 때 적재물 급강하를 방지한다.

37 협착이란 기계의 운동 부분 사이에 신체가 끼는 사고이다.

39 화물을 적재하고 급한 고갯길을 내려갈 때는 변속 레버를 저속으로 하고 후진으로 천천히 내려가야 한다.

40 **덮개형 방호장치 :** V-벨트나 평 벨트 또는 기어가 회전하면서 접선 방향으로 물려 들어가는 장소에 많이 설치한다.

41 틸트 록 장치(Tilt lock system)는 마스트를 기울일 때 갑자기 엔진의 시동이 정지하면 작동하여 그 상태를 유지시키는 작용을 한다. 즉 틸트 레버를 움직여도 마스트가 경사되지 않도록 한다.

42 수동 변속기의 로킹 볼이 마모되면 물려있던 기어가 빠지기 쉽다.

43 포크를 하강시킬 때에는 가속 페달을 밟지 않고 리프트 레버를 앞으로 민다.

46 포크의 끝을 안으로 경사지게 한다.

47 조향 바퀴 얼라인먼트의 요소에는 캠버, 토인, 캐스터, 킹핀 경사각 등이 있다.

48 오일 압력 경고등은 엔진 시동 전에는 점등되었다가 시동 후에는 즉시 소등되어야 한다.

49 운전 중 좁은 장소에서 지게차를 방향 전환할 때에는 뒷바퀴 회전에 주의하여야 한다.

52 가변 용량형 펌프는 회전수가 같을 때 토출유량이 변화한다.

53 각종 게이지 점검은 운전 중에 점검한다.

54 **지게차의 난기운전(워밍업) 방법**
   • 엔진을 시동 후 5분 정도 공회전 시킨다.
   • 리프트 레버를 사용하여 포크의 상승·하강 운동을 실린더 전체 행정으로 2~3회 실시한다.

- 포크를 지면으로부터 20cm 정도로 올린 후 틸트 레버를 사용하여 전체 행정으로 포크를 앞뒤로 2~3회 작동시킨다.

55 속도 제어 회로에는 미터 인 회로, 미터 아웃 회로, 블리드 오프 회로가 있다.

56 지게차에서 롤링(Rolling ; 좌우 진동)이 생기면 적하물이 떨어지기 때문에 현가 스프링을 사용하지 않는다.

57 로어링 : 포크 하강, 리프팅 : 포크 상승, 틸팅 : 마스트를 앞뒤로 기울임

60 단동 실린더는 자중이나 스프링에 의해서 수축이 이루어지는 방식이다.

정답

1	②	2	①	3	①	4	②	5	②	6	④	7	④	8	④	9	②	10	③
11	③	12	①	13	④	14	①	15	②	16	①	17	③	18	③	19	②	20	②
21	①	22	④	23	③	24	④	25	②	26	②	27	①	28	①	29	②	30	③
31	③	32	①	33	③	34	①	35	③	36	①	37	③	38	③	39	①	40	①
41	④	42	②	43	③	44	①	45	④	46	④	47	④	48	①	49	①	50	④
51	④	52	④	53	①	54	①	55	①	56	④	57	②	58	②	59	④	60	③

해설

3 플라이밍 펌프는 디젤기관 연료계통에 공기가 혼입되었을 때 공기빼기 작업을 할 때 사용한다.

5 **정기 검사 연기 사유 :** 천재지변, 건설기계의 도난, 사고발생, 압류, 1월 이상에 걸친 정비 그 밖의 부득이 한 사유로 검사신청기간 내에 검사를 신청할 수 없는 경우

7 지게차로 적재작업을 할 때 화물을 높이 들어 올리면 전복되기 쉽다.

8 축전지의 충전 방법에는 정전류 충전, 정전압 충전, 단별전류 충전, 급속 충전 등이 있다.

9 소음기나 배기관 내부에 많은 양의 카본이 부착되면 배압은 높아진다.

10 G(Green, 녹색), L(Blue, 파랑색), B(Black, 검정색), R(Red, 빨강색)

12 워터 펌프(Water pump)가 불량하면 교환해야 한다.

16 연료 분사량 조정은 분사 펌프 내의 컨트롤 슬리브와 피니언의 관계 위치를 변화하여 조정한다.

17 건설기계 조종사면허를 거짓이나 그 밖의 부정한 방법으로 받았거나, 건설기계를 도로에 계속하여 버려두거나 정당한 사유 없이 타인의 토지에 버려둔 경우의 처벌은 1년 이하의 징역 또는 1000만 원 이하의 벌금

18 오버러닝 클러치는 엔진이 시동된 다음에는 피니언이 공회전하여 링 기어에 의해 엔진의 회전력이 기동전동기에 전달되지 않도록 한다.

19 작동유가 넓은 온도 범위에서 사용되기 위해서는 점도 지수가 높아야 한다.

20 다리 위에는 진로변경 제한선(백색 실선)이 있으므로 앞지르기를 해서는 안 된다.

21 타이머(Timer)는 기관의 회전 속도에 따라 자동적으로 분사시기를 조정하여 운전을 안정되게 한다.

24 최고 주행 속도 15km/h 미만 타이어식 건설기계가 반드시 갖추어야 하는 조명장치는 전조등, 후부반사기, 제동등이다.

25 유조식 공기청정기는 먼지가 많은 지역에 적합하다.

26 주차 및 정차금지 장소는 건널목의 가장자리로부터 10m 이내의 곳이다.

28 카운터 밸런스 밸브(Counter balance valve)는 유압 실린더 등이 중력에 의한 자유낙하를 방지하기 위해 배압을 유지한다.

29 교차로에서 우회전을 하려고 할 때에는 신호를 행하면서 서행으로 주행하여야 하며, 교통신호에 따라 횡단하는 보행자의 통행을 방해하여서는 아니 된다.

30 캐비테이션(Cavitation)은 저압 부분의 유압이 진공에 가까워짐으로서 기포가 발생하며 이로 인해 국부적인 고압이나 소음과 진동이 발생하고, 양정과 효율이 저하되는 현상이다.

31 유압 실린더의 종류에는 단동 실린더, 복동 실린더(싱글 로드형과 더블 로드형), 다단 실린더, 램형 실린더 등이 있다.

33 안내표지는 녹색바탕에 백색으로 안내대상을 지시하는 표지판이다.

35 GPM(Gallon Per Minute)이란 계통 내에서 이동되는 작동유의 양. 즉 분당 토출하는 작동유의 양이다.

36 적재 상태에서 마스트는 뒤로 기울어지도록 한다.

37 리프트 실린더는 포크를 상승·하강시키는 기능을 한다.

39 유압 모터는 회전체의 관성이 작아 응답성이 빠른 장점이 있다.

40 오일 탱크 내의 오일을 배출시킬 때에는 드레인 플러그를 사용한다.

41 재해가 발생하였을 때 조치 순서는 운전 정지 → 피해자 구조 → 응급처치 → 2차 재해 방지

43 제동장치는 주행속도를 감속시키거나 정지시키기 위한 장치이며, 독립적으로 작동시킬 수 있는 2계통의 제동장치가 있다. 또 경사로에서 정지된 상태를 유지할 수 있는 구조이다.

44 지게차에서 현가 스프링을 사용하지 않는 이유는 롤링(Rolling, 좌우 진동)이 생기면 적하물이 떨어지기 때문이다.

45 **틸트 실린더** : 마스크의 전경 및 후경 작용

46 금지표시는 적색 원형으로 만들어지는 안전 표지판이다.

47 양중기에 해당되는 것은 크레인(호이스트 포함), 이동식 크레인, 리프트, 곤돌라, 승강기이다.

48 화물을 적재하고 급한 고갯길을 내려갈 때는 변속 레버를 저속으로 하고 후진으로 천천히 내려가야 한다.

51 클러치판의 댐퍼 스프링(비틀림 코일 스프링, 토션 스프링)은 클러치가 작동할 때 충격을 흡수한다.

53 리프트 체인의 한쪽이 늘어나면 포크가 한쪽으로 기울어진다.

54 **토크 컨버터 오일의 구비 조건** : 점도가 낮을 것, 착화점이 높을 것, 빙점이 낮고, 비점이 높을 것, 비중이 크고, 유성이 좋을 것, 윤활성과 내산성이 클 것

55 인칭 조절장치는 트랜스미션 내부에 설치되어 있다.

57 화물을 적재하고 경사지를 내려갈 때는 기어의 변속을 저속 상태로 놓고 후진으로 내려온다.

60 정기 검사 신청 기간 내에 정기 검사를 받은 경우 다음 정기 검사 유효 기간의 산정은 종전 검사 유효 기간 만료일의 다음날부터 기산한다.

정답

1	②	2	①	3	①	4	③	5	③	6	③	7	②	8	①	9	④	10	④
11	③	12	③	13	①	14	②	15	③	16	④	17	③	18	②	19	③	20	④
21	①	22	①	23	①	24	③	25	③	26	③	27	①	28	②	29	②	30	④
31	②	32	③	33	④	34	②	35	①	36	④	37	②	38	①	39	②	40	②
41	③	42	①	43	②	44	③	45	②	46	②	47	①	48	②	49	①	50	③
51	④	52	②	53	②	54	④	55	③	56	①	57	②	58	③	59	④	60	④

해설

1 토크 렌치는 볼트나 너트를 조일 때만 사용한다.

2 부동액의 종류에는 알코올(메탄올), 글리세린, 에틸렌글리콜이 있다.

3 각종 게이지 점검은 운전 중에 한다.

4 크랭크축은 피스톤의 직선운동을 회전운동으로 변환시키는 장치이다.

5 로테이팅 클램프는 원추형 화물을 조이거나 회전시켜 운반 또는 적재하는데 적합하다.

6 공기 유량 센서(Air flow sensor)는 열막(Hot film) 방식을 사용하며, 주요 기능은 EGR 피드백 제어이며, 또 다른 기능은 스모그 제한 부스트 압력 제어이다.

7 포토 다이오드는 접합 부분에 빛을 받으면 빛에 의해 자유전자가 되어 전자가 이동하며, 역방향으로 전기가 흐른다.

8 플로 프로텍터(벨로시티 퓨즈)는 컨트롤 밸브와 리프터 실린더 사이에서 배관이 파손되었을 때 적재물 급강하를 방지한다.

9 병렬로 연결된 예열 플러그에서 배선이 단선되면 단선된 예열 플러그만 작동을 하지 못한다.

10 포크의 간격은 파레트 폭의 1/2~3/4 정도가 좋다.

14 프라이밍 펌프는 연료 공급 펌프에 설치되어 있으며, 분사 펌프로 연료를 보내거나 연료계통의 공기를 배출할 때 사용한다.

15 **교통사고 발생 후 벌점**
  - 사망 1명마다 90점(사고 발생으로부터 72시간 내에 사망한 때)
  - 중상 1명마다 15점(3주 이상의 치료를 요하는 의사의 진단이 있는 사고)
  - 경상 1명마다 5점(3주 미만 5일 이상의 치료를 요하는 의사의 진단이 있는 사고)
  - 부상신고 1명마다 2점(5일 미만의 치료를 요하는 의사의 진단이 있는 사고)

16 **축전지 터미널(단자)의 식별 방법** : P(positive), N(negative)의 문자로 표시, (+)와 (−)의 부호로 표시, 양극단자(+)는 굵고 음극단자(−)는 가는 것으로 표시, 적색과 흑색의 색깔로 표시

17 신개발 건설기계의 시험·연구목적 운행을 제외한 건설기계의 임시운행 기간은 15일 이내이다.

18 면허를 반납해야 할 경우 : 면허가 취소된 때, 면허의 효력이 정지된 때, 면허증의 재교부를 받은 후 분실된 면허증을 발견한 때

19 일시정지 안전표지판이 설치된 횡단보도에서는 보행자가 없어도 일시정지 후 통과하여야 한다.

21 공기 압축형 축압기의 종류에는 피스톤 방식, 다이어프램 방식, 블래더 방식 등이 있다.

22 모든 고속도로에서 건설기계의 법정 최고 속도는 시속 80km이다.

23 ① 솔레노이드 조작방식
② 간접 조작방식
③ 레버 조작방식
④ 기계 조작방식

24 자동차 : 자동차안전기준에서 정하는 전조등, 차폭등, 미등, 번호등과 실내조명등(실내조명등은 승합자동차와 여객자동차 운송 사업용 승용자동차만 해당)

25 유압 펌프의 종류 : 기어 펌프, 베인 펌프, 피스톤(플런저) 펌프, 나사 펌프, 트로코이드 펌프 등이 있다.

26 정기 검사 신청은 건설기계의 정기 검사 유효기간 만료일 전후 31일 이내에 신청한다.

27 방향 제어 밸브는 일의 방향을 전환하는 작용을 하며, 종류에는 스풀 밸브, 체크 밸브, 셔틀 밸브 등이 있다.

28 단동식 실린더와 복동식 실린더
• 단동식 : 한쪽 방향에 대해서만 유효한 일을 하고, 복귀는 중력이나 복귀 스프링에 의한다.
• 복동식 : 유압 실린더 피스톤의 양쪽에 유압유를 교대로 공급하여 양방향의 운동을 유압으로 작동시킨다.

30 점도가 서로 다른 2종류의 오일을 혼합하면 열화 현상을 촉진시킨다.

31 건설기계를 도로에 계속하여 버려두거나 정당한 사유 없이 타인의 토지에 버려둔 경우의 처벌은 1년 이하의 징역 또는 1000만 원 이하의 벌금

33 유압 펌프가 유압유를 토출하지 못하는 원인
: 유압 펌프 회전 속도가 너무 낮을 때, 흡입관 또는 스트레이너가 막혔을 때, 유압 펌프의 회전 방향이 반대로 되어있을 때, 유압 펌프 입구에서 공기를 흡입할 때, 유압유의 양이 부족할 때, 유압유의 점도가 너무 높을 때

34 금속나트륨이나 금속칼륨 화재의 소화재로 건조사를 사용한다.

35 지게차는 앞바퀴 구동, 뒷바퀴 조향이다.

36 폐입 현상이란 토출된 유량 일부가 입구 쪽으로 귀환하여 토출량 감소, 축 동력 증가 및 케이싱 마모 등의 원인을 유발하는 현상이다. 폐입된 부분의 유압유는 압축이나 팽창을 받으므로 소음과 진동의 원인이 된다. 기어 측면에 접하는 펌프 측판(Side plate)에 릴리프 홈을 만들어 방지한다.

37 연쇄반응 이론의 발생 순서 : 사회적 환경과 선천적 결함 → 개인적 결함 → 불안전한 행동 → 사고 → 재해

38 회로 내의 압력을 설정치 이하로 유지하는 밸브에는 릴리프 밸브, 리듀싱 밸브, 언로더 밸브가 있다.

40 해머작업을 할 때 작업자가 서로 마주보고 두드려서는 안 된다.

42 볼트·너트를 조이고 풀 때에는 육각 소켓 렌치가 가장 적합하다.

43 착화 늦음은 연료의 미립도, 연료의 착화성, 공기의 와류 상태, 기관의 온도 등에 관계된다.

45 화재가 발생하기 위해서는 가연성 물질, 산소(공기), 점화원(발화원)이 필요하다.

48 화물을 포크에 싣고 경사지를 내려갈 때에는 저속 후진하여야 한다.

50 슬립 이음은 추진축의 길이에 변화를 주기 위해 사용한다.

51 포크에 화물을 적재하고 주행할 때 포크와 지면과의 간격은 20~30cm가 적합하다.

52 마스터 실린더를 조립할 때 맨 나중 세척은 브레이크액이나 알코올로 한다.

53 하이 마스트, 3단 마스트, 사이드 시프트 마스트(사이드 클램프), 로드 스태빌라이저, 로테이팅 클램프, 블록 클램프, 힌지드 버킷, 힌지드 포크 등이 있다.

54 **동력 조향장치의 장점** : 작은 조작력으로 조향 조작을 할 수 있고, 조향 기어비를 조작력에 관계없이 선정할 수 있으며, 굴곡 노면에서의 충격을 흡수하여 조향 핸들에 전달되는 것을 방지하고, 조향 핸들의 시미 현상을 줄일 수 있다.

56 **벤트 플러그와 드레인 플러그**
- 벤트 플러그 : 공기를 배출하기 위해 사용하는 플러그
- 드레인 플러그 : 액체를 배출하기 위해 사용하는 플러그

57 리프트 실린더(Lift cylinder)는 포크를 상승·하강시키는 기능을 한다.

59 **교류 발전기의 특징** : 속도 변화에 따른 적용 범위가 넓고 소형·경량이며, 저속에서도 충전 가능한 출력 전압이 발생하며, 실리콘 다이오드로 정류하므로 전기적 용량이 크고, 브러시 수명이 길며, 전압 조정기만 필요하고, 출력이 크고, 고속 회전에 잘 견딘다.

60 지게차의 조향 방식은 후륜(뒷바퀴) 조향이다.

지게차운전기능사 필기 모의고사 ❻ 정답 및 해설

정답

1	④	2	②	3	②	4	④	5	②	6	③	7	①	8	②	9	②	10	②
11	④	12	①	13	①	14	①	15	③	16	②	17	②	18	②	19	②	20	①
21	③	22	④	23	④	24	①	25	④	26	④	27	③	28	③	29	①	30	④
31	②	32	③	33	①	34	①	35	④	36	④	37	②	38	②	39	③	40	④
41	③	42	③	43	②	44	③	45	①	46	①	47	③	48	①	49	②	50	①
51	④	52	④	53	②	54	③	55	③	56	④	57	②	58	①	59	①	60	③

해설

1 등록번호표의 색칠 기준
- 자가용 건설기계 : 녹색 판에 흰색 문자
- 영업용 건설기계 : 주황색 판에 흰색 문자
- 관용 건설기계 : 백색 판에 흑색 문자

4 지게차에서 현가 스프링을 사용하지 않는 이유는 롤링(Rolling, 좌우 진동)이 생기면 적하물이 떨어지기 때문이다.

5 실린더 벽의 마멸은 상사점 부근(윗부분)이 가장 크다.

6 피스톤 링에는 압축가스가 새는 것을 방지하는 압축 링과 엔진 오일을 실린더 벽에서 긁어내리는 작용을 하는 오일 링이 있다.

7 인터록 장치는 변속 중 기어가 이중으로 물리는 것을 방지하고, 로킹 볼은 기어가 빠지는 것을 방지한다.

13 감압(리듀싱) 밸브는 회로 일부의 압력을 릴리프 밸브의 설정압력(메인 유압) 이하로 하고 싶을 때 사용한다.

14 유압 모터는 유압 에너지에 의해 연속적으로 회전운동 함으로서 기계적인 일을 하는 장치이다.

15 등록번호를 부착 또는 봉인하지 아니하거나 등록번호를 새기지 아니한 자는 100만 원 이하의 과태료

16 오일 여과기의 여과입도 수(mesh)가 너무 높으면(여과입도가 너무 조밀하면) 오일 공급 불충분으로 공동(캐비테이션) 현상이 발생한다.

17 방향지시등의 신호를 운전석에서 확인할 수 있는 파일럿 램프가 설치되어 있다.

18 최고 속도의 50%를 감속하여 운행하여야 할 경우 : 노면이 얼어붙은 때, 폭우·폭설·안개 등으로 가시거리가 100미터 이내일 때, 눈이 20mm 이상 쌓인 때

20 건설기계 소유자가 정비업소에 건설기계 정비를 의뢰한 후 정비업자로부터 정비완료통보를 받고 5일 이내에 찾아가지 않을 때 보관·관리 비용을 지불하여야 한다.

21 모든 고속도로에서 건설기계의 최저 속도는 50km/h이다.

22 엔진 오일의 온도가 상승하는 원인 : 과부하 상태에서 연속작업, 오일 냉각기의 불량, 오일의 점도가 부적당할 때(점도가 높을 때), 오일량이 부족할 때 등이다.

23 힌지드 버킷(Hinged bucket)은 석탄, 소금, 비료, 모래 등 흘러내리기 쉬운 화물의 운반용이다.

24 틸트 록 밸브(Tilt lock valve)는 마스트를 기울일 때 갑자기 엔진의 시동이 정지되면 작동하여 그 상태를 유지시키는 작용을 한다. 즉 틸트 레버를 움직여도 마스트가 경사되지 않도록 한다.

25 포크를 하강시킬 때에는 가속페달을 밟지 않고 리프트 레버를 앞으로 민다.

28 틸트 실린더(Tilt cylinder)는 마스트를 앞·뒤로 경사시키는 장치이다.

29 적재 상태에서 마스트는 뒤로 기울어지도록 한다.

30 횡단보도로부터 10m 이내의 곳에는 정차 및 주차를 해서는 안 된다.

32 벨트의 장력은 반드시 회전이 정지된 상태에서 점검해야 한다.

33 좁은 장소에서 지게차를 방향 전환시킬 때에는 뒷바퀴 회전에 주의하여야 한다.

34 카커스 부분은 고무로 피복된 코드를 여러 겹 겹친 층에 해당되며, 타이어 골격을 이룬다.

35 **격리판의 구비조건**
- 비전도성일 것
- 다공성이어서 전해액의 확산이 잘 될 것
- 기계적 강도가 있고, 전해액에 부식되지 않을 것
- 극판에 좋지 못한 물질을 내뿜지 않을 것

38 지게차의 하중을 지지하는 것은 구동차축이다.

39 릴리프 밸브는 유압 펌프 출구와 제어 밸브 입구 사이에 설치된다.

41 유량이 부족하면 작업장치의 작동속도가 느려진다.

43 진공 제동 배력장치(하이드로 백)는 흡기다기관 진공과 대기압과의 차이를 이용한 것이므로 배력장치에 고장이 발생하여도 일반적인 유압 브레이크로 작동할 수 있도록 하고 있다.

45 지게차는 앞바퀴 구동, 뒷바퀴 조향이다.

46 덤프트럭, 콘크리트 믹서 트럭, 콘크리트 펌프, 타워크레인의 번호표 규격은 가로 600mm, 세로 280mm이고, 그 밖의 건설기계 번호표 규격은 가로 400mm, 세로 220mm이다. 덤프트럭, 아스팔트살포기, 노상안정기, 콘크리트 믹서 트럭, 콘크리트 펌프, 천공기(트럭적재식)의 번호표 재질은 알루미늄이다.

48 과급기는 기관의 출력과 토크를 증대시키기 위한 장치이다.

50 **제1종 대형 운전면허로 조종할 수 있는 건설기계** : 덤프트럭, 아스팔트 살포기, 노상안정기, 콘크리트 믹서 트럭, 콘크리트 펌프, 트럭적재식 천공기

51 **교류 발전기의 장점**
- 속도변화에 따른 적용범위가 넓고 소형·경량이다.
- 저속에서도 충전 가능한 출력전압이 발생한다.
- 실리콘 다이오드로 정류하므로 전기적 용량이 크다.
- 브러시 수명이 길고, 전압조정기만 있으면 된다.
- 정류자를 두지 않아 풀리비를 크게 할 수 있다.
- 출력이 크고, 고속회전에 잘 견딘다.
- 실리콘 다이오드를 사용하기 때문에 정류특성이 좋다.

52 **작동유의 열화를 판정하는 방법**
- 점도상태로 확인
- 색깔의 변화나 수분, 침전물의 유무 확인
- 자극적인 악취 유무 확인(냄새로 확인)
- 흔들었을 때 생기는 거품이 없어지는 양상 확인

53 연료분사의 3대 요소는 무화(안개화), 분포(분산), 관통력이다.

55 타이머(Timer)는 기관의 회전속도에 따라 자동적으로 분사시기를 조정하여 운전을 안정되게 한다.

56 예열장치는 한랭한 상태에서 기관을 시동할 때 시동을 원활히 하기 위해 사용한다.

58 **작동유가 과열하면**
- 작동유의 열화 촉진
- 작동유의 점도 저하에 의해 누출 발생
- 유압장치의 효율 저하
- 온도변화에 의해 유압기기의 열 변형 발생
- 유압장치의 작동 불량
- 기계적인 마모 발생

60 제동장치는 속도를 감속시키거나 정지시키기 위한 장치이며, 독립적으로 작동시킬 수 있는 2계통의 제동장치가 있다. 또 경사로에서 정지된 상태를 유지할 수 있는 구조이다.

정답

1	①	2	③	3	②	4	②	5	①	6	④	7	①	8	②	9	④	10	①
11	④	12	③	13	④	14	③	15	④	16	①	17	①	18	③	19	①	20	③
21	③	22	③	23	③	24	③	25	④	26	②	27	④	28	②	29	④	30	③
31	②	32	②	33	①	34	①	35	①	36	②	37	②	38	④	39	②	40	④
41	①	42	②	43	②	44	④	45	①	46	②	47	①	48	③	49	②	50	①
51	①	52	③	53	③	54	②	55	③	56	④	57	③	58	②	59	①	60	③

해설

1 노면이 얼어붙은 경우 또는 폭설로 가시거리가 100미터 이내인 경우 최고 속도의 50%를 감속운행하여야 한다.

2 화물을 포크에 적재하고 경사지를 내려올 때는 기어 변속을 저속 상태로 놓고 후진으로 내려온다.

3 기관 오일 압력이 높아지는 원인 : 윤활유의 점도가 높을 때, 윤활 회로의 일부가 막혔을 때, 유압 조절 밸브(릴리프 밸브) 스프링의 장력이 과다할 때, 유압 조절 밸브가 닫힌 상태로 고장 났을 때

4 자체중량이란 연료, 냉각수 및 윤활유 등을 가득 채우고 휴대공구, 작업용구 및 예비 타이어(예비 타이어를 장착하도록 한 건설기계에만 해당한다)를 싣거나 부착하고, 즉시 작업할 수 있는 상태에 있는 건설기계의 중량을 말한다.

5 디젤기관에서 시동이 잘 안 되는 원인 : 연료 공급 계통에 공기가 혼입되었을 때, 기관의 압축 압력이 낮을 때, 연료가 결핍되었거나 연료 여과기가 막혔을 때, 공급 펌프 및 분사 펌프가 불량할 때, 분사 노즐이 막혔을 때

7 라디에이터의 구비 조건 : 단위면적당 방열량이 클 것, 가볍고 작으며 강도가 클 것, 냉각수

흐름 저항이 적을 것, 공기 흐름 저항이 적을 것

8 교류 발전기에서는 실리콘 다이오드를 정류기로 사용한다.

9 목적지에 도착 후 화물을 내리기 위해 포크를 수평으로 한 후 전진한다

10 접촉저항은 스위치 접점, 배선의 커넥터, 축전지 단자(터미널) 등에서 발생하기 쉽다.

11 건설기계 등록 신청은 건설기계를 취득한 날로부터 2개월(60일) 이내 시·도지사에게 한다.

12 동력행정(폭발행정)에서 피스톤은 상사점에서 하사점으로 내려가고, 흡·배기밸브는 모두 닫혀 있다.

13 정기 검사 신청 기간 내에 정기 검사를 받은 경우, 다음 정기 검사 유효 기간은 종전 검사 유효기간 만료일의 다음날부터 기산한다

14 디젤기관의 노크 방지 방법 : 연료의 착화점이 낮은 것(착화성이 좋은)을 사용할 것, 흡기 압력과 온도, 실린더(연소실) 벽의 온도를 높을 것, 세탄가가 높은 연료를 사용할 것, 압축비 및 압축압력과 온도를 높일 것, 착화지연기간을 짧게 할 것

15 정기 검사는 검사 유효 기간이 끝난 후에 계속 운행하고자 할 때 받는다.

17 건설기계라 함은 건설공사에 사용할 수 있는 기계로서 대통령령으로 정한 것이다.

18 진로 변경 제한선(백색 실선)이 표시되어 있을 때에는 진로를 변경해서는 안 된다.

19 작동유는 마찰 부분의 윤활 작용 및 냉각 작용을 하며, 점도 지수가 높아야 하고, 점도가 낮으면 유압이 낮아진다. 또 공기가 혼입되면 유압기기의 성능은 저하된다.

20 등록말소를 신청할 때 첨부서류 : 건설기계 검사증, 건설기계 등록증, 건설기계의 멸실, 도난 등의 등록말소사유를 확인할 수 있는 서류

22 파스칼의 원리 : "밀폐된 용기 속의 유체 일부에 가해진 압력은 각 부분의 모든 부분에 같은 세기로 전달된다."는 원리이다.

23 도로를 통행하는 차마의 운전자는 교통안전시설이 표시하는 신호 또는 지시와 교통정리를 위한 경찰공무원 등의 신호 또는 지시가 다른 경우에는 경찰공무원등의 신호 또는 지시에 따라야 한다.

24 수랭식 오일 냉각기는 유온을 항상 적정한 온도로 유지하기 위하여 사용하며, 소형으로 냉각 능력은 크지만 고장이 발생하면 오일 중에 물이 혼입될 우려가 있다.

25 카운터 밸런스 밸브(Counter balance valve)는 체크 밸브가 내장된 밸브이며 유압 회로의 한 방향의 흐름에 대해서는 설정된 배압을 생기게 하고, 다른 방향의 흐름은 자유롭게 흐르도록 한다.

26 황색등화가 점멸하는 지역에서는 안전표지의 표시에 주의하면서 진행하여야 한다.

27 유압 모터는 유압에너지에 의해 연속적으로 회전운동함으로서 기계적인 일을 한다.

30 토크 렌치는 볼트와 너트를 조일 때만 사용한다.

31 압력 제어 밸브의 종류 : 릴리프 밸브, 리듀싱(감압) 밸브, 시퀀스(순차) 밸브, 언로드(무부하) 밸브, 카운터 밸런스 밸브

32 화재의 분류 : A급 화재(나무, 석탄 등 연소 후 재를 남기는 일반적인 화재), B급 화재(휘발유, 벤젠 등 유류화재), C급 화재(전기화재), D급 화재(금속화재)

34 좁은 장소에서 지게차를 방향 전환시킬 때에는 뒷바퀴 회전에 주의하여야 한다.

37 하이 마스트, 3단 마스트, 사이드 시프트 마스트(사이드 클램프), 로드 스태빌라이저, 로테이팅 클램프, 블록 클램프, 힌지드 버킷, 힌지드 포크 등이 있다.

38 사다리식 통로의 길이가 10미터 이상인 때에는 5m 이내마다 계단참을 설치할 것

40 힌지드 버킷은 석탄, 소금, 비료, 모래 등 흘러내리기 쉬운 화물의 운반용이다.

41 카바이드에서는 아세틸렌가스가 발생하므로 저장소에 전등 스위치가 옥내에 있으면 안 된다.

42 최소 회전 반지름 : 지게차가 무부하 상태에서 최대 조향각으로 운행할 때 가장 바깥쪽 바퀴의 접지 자국 중심점이 그리는 원의 반경이다.

43 사고로 인한 재해가 가장 많이 발생할 수 있는 것은 벨트이다.

44 롤링(좌우 진동) 발생하면 화물이 떨어지기 쉬우므로 지게차에는 스프링장치가 없다.

45 토 인의 필요성 : 조향 바퀴를 평행하게 회전시키며, 조향 바퀴가 옆 방향으로 미끄러지는 것을 방지하고, 타이어 이상 마멸을 방지한다. 또 조향 링키지 마멸에 따라 토 아웃(Toe-out)이 되는 것을 방지한다

47 지게차의 난기운전(워밍업) 방법
- 엔진을 시동 후 5분 정도 공회전시킨다.
- 리프트 레버를 사용하여 포크의 상승·하강운동을 실린더 전체 행정으로 2~3회 실시한다.
- 포크를 지면으로부터 20cm 정도로 올린 후 틸트 레버를 사용하여 전체 행정으로 포크를 앞뒤로 2~3회 작동시킨다.

48 매뉴얼 밸브(Manual valve)는 변속 레버에 의해 작동되며, 중립, 전진, 후진, 고속, 저속의 선택에 따라 오일 통로를 변환시킨다.

49 인칭조절 페달은 지게차를 전·후진 방향으로 서서히 화물에 접근시키거나 빠른 유압작동으로 신속히 화물을 상승 또는 적재시킬 때 사용하며, 트랜스미션 내부에 설치되어 있다.

50 지게차는 앞바퀴 구동, 뒷바퀴 조향이다.

52 클러치가 미끄러지는 원인 : 클러치 페달의 자유간극(유격)이 작을 때, 클러치판의 마멸이 심할 때, 클러치판에 오일이 묻었을 때(크랭크축 뒤 오일 실 및 변속기 입력축 오일 실 파손), 플라이 휠 및 압력판이 손상 또는 변형되었을 때, 클러치 스프링의 장력이 약하거나, 자유높이가 감소되었을 때

54 오일 압력 경고등은 시동키를 ON으로 하면 점등되었다가 기관 시동 후에는 즉시 소등되어야 한다

55 유압 실린더의 종류에는 단동 실린더, 복동 실린더, 다단 실린더, 램형 실린더 등이 있다.

56 지게차를 주차시킬 때
- 전·후진 레버를 중립 위치로 한다.
- 포크의 끝 부분이 지면에 닿도록 내린 후 마스트를 전방으로 약간 경사시킨다.
- 엔진을 정지시키고 주차 브레이크를 잡아당겨 주차 상태를 유지시킨다.
- 시동 스위치의 키를 빼내어 보관한다.

57 기동전동기의 회전이 안 되는 원인 : 시동스위치의 접촉이 불량할 때, 축전지가 과다 방전되었을 때, 축전지 단자와 케이블의 접촉이 불량하거나 단선되었을 때, 기동전동기 브러시 스프링 장력이 약해 정류자의 밀착이 불량할 때, 기동전동기 전기자 코일 또는 계자 코일이 단락되었을 때

58 화물을 적재하고 주행할 때 포크와 지면과 간격은 20~30cm가 좋다.

59 과급기는 엔진의 배기량이 일정한 상태에서 연소실에 강압적으로 많은 공기를 공급하여 흡입효율을 높이고 출력과 토크를 증대시키기 위한 장치이다.

60 블리드 오프 회로는 유량 제어 밸브를 실린더와 병렬로 연결하여 실린더의 속도를 제어한다.

정답

1	①	2	②	3	④	4	②	5	③	6	②	7	④	8	③	9	②	10	②
11	③	12	②	13	③	14	①	15	②	16	②	17	③	18	②	19	②	20	①
21	④	22	②	23	③	24	②	25	②	26	④	27	③	28	②	29	②	30	②
31	①	32	①	33	④	34	③	35	②	36	①	37	①	38	②	39	②	40	③
41	④	42	①	43	④	44	①	45	②	46	④	47	②	48	①	49	④	50	①
51	④	52	②	53	①	54	②	55	④	56	①	57	①	58	③	59	①	60	②

해설

1 포말 소화기는 거품을 발생시켜 방사하는 것이며 A, B급 화재에 적합하다.

2 지게차의 조향방식은 뒷바퀴 조향이다.

4 **운전 중 휴대전화 사용이 가능한 경우** : 자동차 등이 정지해 있는 경우, 긴급자동차를 운전하는 경우, 각종 범죄 및 재해 신고 등 긴급을 요하는 경우, 안전운전에 지장을 주지 않는 장치로 대통령령이 정하는 장치를 이용하는 경우

5 틸트 레버를 당기면 운전자의 몸쪽 방향으로 기운다.

6 **조향 핸들의 유격이 커지는 원인** : 조향(스티어링) 기어 박스 장착부의 풀림, 조향 기어 링키지 조정 불량, 피트먼 암의 헐거움, 조향 바퀴 베어링 마모, 타이로드의 볼 조인트 마모

8 **흡·배기 밸브의 구비 조건** : 열전도율이 좋을 것, 열에 대한 팽창률이 작을 것, 열에 대한 저항력이 클 것, 가스에 견딜 것, 고온에 잘 견딜 것, 무게가 가벼울 것

10 저항은 전자의 이동을 방해하는 요소이다.

11 지게차의 리프트 실린더 작동회로에 플로 레귤레이터(슬로 리턴) 밸브를 사용하는 이유는 포크를 천천히 하강시키도록 하기 위함이다.

12 수온 조절기가 열린 상태로 고장나면 기관이 과냉한다.

13 교류 발전기는 전압 조정기만 필요하다.

14 피스톤 링 및 실린더 벽의 마모가 과다하면 엔진 오일의 소비가 많아진다.

15 좌우 포크 높이가 다를 경우에는 리프트 체인의 길이로 조정한다.

16 **자기 방전의 원인** : 음극판의 작용 물질이 황산과의 화학 작용으로 황산납이 되기 때문에, 전해액에 포함된 불순물이 국부 전지를 구성하기 때문에, 탈락한 극판 작용 물질이 축전지 내부에 퇴적되기 때문에, 양극판 작용 물질 입자가 축전지 내부에 퇴적되어 단락되기 때문에, 축전지 커버 위에 부착된 전해액이나 먼지 등에 의한 누전으로 인해

17 4행정 사이클 디젤엔진은 흡입행정을 할 때 공기만 흡입한다.

18 실드 빔 형식은 교환할 때 전조등 전체를 교환한다.

19 도로가 일방통행으로 된 때에는 도로의 중앙으로부터 좌측을 통행할 수 있다.

20 등록을 말소한 경우 등록번호표는 10일 이내에 시·도지사에게 반납하여야 한다.

21 출처를 증명하는 서류는 건설기계 제작증, 수입면장, 매수증서(관청으로부터 매수) 등이다.

22 유압 펌프의 토출 유량은 LPM(ℓ/min)이나 GPM을 사용한다.

23 건설기계 형식에 관한 승인을 얻거나 그 형식을 신고한 자는 당사자 간에 별도의 계약이 없는 경우에 건설기계를 판매한 날로부터 12개월 동안 무상으로 건설기계를 정비해 주어야 한다.

24 건널목 가장자리로부터 10m 이내는 주차 및 정차금지 장소이다.

25 **파스칼의 원리**
   • 밀폐된 용기 속의 액체 일부에 가해진 압력은 각부에 똑같은 세기로 전달된다.
   • 액체의 압력은 면에 대하여 직각으로 작용한다.
   • 각 점의 압력은 모든 방향으로 같다.

26 노면이 얼어붙은 곳에서는 최고 속도의 50/100을 줄인 속도로 운행하여야 한다.

27 크랭킹 압력(Cranking pressure)이란 릴리프 밸브에서 포펫 밸브(Poppet valve)를 밀어 올려 유압유가 흐르기 시작할 때의 압력이다.

28 천장크레인은 산업용 기계에 속한다.

29 유압 액추에이터는 유압 펌프에서 발생된 유압(유체)에너지를 기계적에너지(직선운동이나 회전운동)로 바꾸는 장치이다.

30 건설기계 등록신청은 소유자의 주소지 또는 건설기계 사용 본거지를 관할하는 시·도지사에게 한다.

31 기어 모터는 플런저 모터에 비해 효율이 낮은 단점이 있다.

32 교차로 또는 그 부근에서 긴급자동차가 접근하였을 때에는 교차로를 피하여 도로의 우측 가장자리에 일시 정지한다.

33 유량이 부족하면 작업 장치의 속도가 느려진다.

35 **도수율** : 안전사고 발생 빈도로 근로시간 100만 시간당 발생하는 사고건수

36 방향 제어 밸브에서 내부 누유에 영향을 미치는 요소는 밸브 간극의 크기, 밸브 양단의 압력차이, 유압유의 점도 등이다.

37 드릴작업을 할 때 재료 밑에는 나무판을 받친다.

38 유압유의 점도가 높으면 유압이 높아지며, 유압유 누출은 감소한다.

40 푸트형, 플랜지형, 트러니언형, 클레비스형이 있다.

42 전기기기에 의한 감전 사고를 막기 위하여 필요한 설비는 접지 설비이다.

43 종류 및 점도가 다른 오일을 혼합하여 사용하면 열화가 촉진된다.

44 지게차를 주차할 때 포크는 지면에 내려놓는다.

45 클러치 용량이란 클러치가 전달할 수 있는 회전력의 크기이며, 기관 최대출력의 1.5~2.5배로 설계한다. 용량이 크면 클러치가 접속될 때 기관의 가동이 정지되기 쉽고, 용량이 적으면 클러치가 미끄러진다.

46 지게차를 주차시킬 때에는 포크의 선단이 지면에 달도록 내린 후 마스트를 전방으로 약간 경사 시킨다.

47 라디에이터 캡의 스프링이 약하거나 파손되면 비등점이 낮아져 기관이 과열되기 쉽다.

48 지게차에서 현가 스프링을 사용하지 않는 이유는 롤링(Rolling, 좌우 진동)이 생기면 적하물이 떨어지기 때문이다.

49 토크 컨버터에서 회전력이 최댓값이 될 때를 스톨 포인트(Stall point)라 한다.

51 토치에 점화할 때에는 전용 라이터를 사용하여야 한다.

53 지게차는 앞바퀴 구동, 뒷바퀴 조향이다.

54 화물의 근처에 왔을 때에는 브레이크 페달을 가볍게 밟아 정지할 준비를 한다.

56 인칭 조절 페달은 지게차를 전·후진 방향으로 서서히 화물에 접근시키거나 빠른 유압작동으로 신속히 화물을 상승 또는 적재시킬 때 사용하며, 트랜스미션 내부에 설치되어 있다.

57 적재 상태에서 마스트는 뒤로 기울어지도록 한다.

58 노란색 : 충돌·추락 주의표시

59 **전동 지게차의 동력전달 순서 :** 축전지 → 제어 기구 → 구동 모터 → 변속기 → 종감속 및 차동장치 → 앞바퀴

60 디젤기관은 압축 압력, 폭압 압력이 크기 때문에 마력당 중량이 큰 단점이 있다.

정답

1	④	2	①	3	②	4	③	5	③	6	④	7	①	8	④	9	①	10	①
11	③	12	②	13	④	14	④	15	②	16	①	17	①	18	②	19	③	20	④
21	③	22	①	23	③	24	④	25	②	26	①	27	②	28	④	29	②	30	③
31	③	32	②	33	③	34	①	35	②	36	④	37	②	38	①	39	②	40	②
41	④	42	②	43	①	44	④	45	②	46	③	47	②	48	④	49	②	50	②
51	①	52	②	53	④	54	④	55	②	56	④	57	①	58	③	59	④	60	④

해설

1 지게차의 조향 방식은 후륜(뒷바퀴) 조향이다.

2 압력 제한 밸브는 커먼 레일에 설치되어 커먼 레일 내의 연료 압력이 규정 값보다 높으면 열려 연료의 일부를 연료 탱크로 복귀시킨다.

5 격리판은 양극판과 음극판의 단락을 방지하기 위한 것이며 다공성이고 비전도성인 물체로 만든다.

6 클러치 페달의 유격이 크면 변속할 때 기어가 끌리는 소음이 발생한다.

7 플래셔 유닛이 고장나면 모든 방향지시등이 점멸되지 못한다.

9 **연소실의 구비 조건 :** 연소실 내의 표면적은 최소가 되도록 할 것, 돌출부가 없을 것, 압축 끝에서 혼합기의 와류를 형성하는 구조일 것, 화염 전파 거리가 짧을 것

10 피스톤 링은 기밀(밀봉) 작용, 오일 제어 작용 및 냉각(열전도) 작용 등 3가지 작용을 한다.

11 연료 분사 펌프의 기능이 불량하면 기관이 시동이 잘 안되거나 시동이 되더라도 출력이 저하한다.

12 솔레노이드 스위치는 기동 전동기의 전자석 스위치이다.

14 **연료 압력이 낮은 원인 :** 연료 보유량이 부족할 때, 연료 펌프 및 연료 펌프 내의 체크 밸브의 밀착이 불량할 때, 연료 압력 레귤레이터 밸브의 밀착이 불량할 때, 연료 필터가 막혔을 때, 연료 계통에 베이퍼 록이 발생하였을 때

16 **면허증 반납 :** 면허증 재교부를 받은 후 분실된 면허증을 발견한 때, 면허의 효력이 정지된 때, 면허가 취소된 때

17 예열장치는 한랭한 상태에서 기관을 시동할 때 시동을 원활히 하기 위해 사용한다.

18 정차란 운전자가 5분을 초과하지 아니하고 차를 정지시키는 것으로서 주차 외의 정지 상태를 말한다.

19 건설기계를 취득한 날부터 2월(60일) 이내에 건설기계 등록신청을 해야 한다.

20 플렉시블 호스는 내구성이 강하고 작동 및 움직임이 있는 곳에 사용하기 적합하다.

21 건설기계 폐기인수증명서는 건설기계 폐기업자가 교부한다.

22 카운터 밸런스 밸브는 유압 실린더 등이 중력에 의한 자유낙하를 방지하기 위해 배압을 유지한다.

24 모든 고속도로에서 건설기계의 법정 최고 속도는 80km/h이다.

25 피스톤(플런저) 펌프는 효율이 높고 최고 토출 압력이 높은 장점이 있으나 구조가 복잡한 단점이 있다.

26 유압유의 점도가 너무 낮으면 오일 누설에 영향을 주며, 회로 압력 및 유압 펌프 효율이 떨어진다.

27 **적성 검사 기준** : 두 눈의 시력이 각각 0.3 이상일 것(교정시력 포함), 두 눈을 동시에 뜨고 잰 시력이 0.7 이상일 것(교정시력 포함), 시각은 150도 이상일 것, 55데시벨(보청기를 사용하는 사람은 40데시벨)의 소리를 들을 수 있고, 언어 분별력이 80% 이상일 것

28 작동유의 열화를 확인하는 인자는 오일의 점도, 오일의 냄새, 오일의 색깔 등이다.

31 오일 실(Seal)은 유압 작동부의 오일 누출을 방지하기 위해 사용하는 부품이다.

32 드릴링 할 때 공작물과 드릴이 함께 회전하기 쉬운 때는 구멍 뚫기 작업이 거의 끝날 때이다.

33 하이 마스트, 3단 마스트, 사이드 시프트 마스트(사이드 클램프), 로드 스태빌라이저, 로테이팅 클램프, 블록 클램프, 힌지드 버킷, 힌지드 포크 등이 있다.

34 감압 밸브(리듀싱)는 상시 열려 있다가 유압이 높아지면 닫힌다.

37 안내표지의 바탕색은 녹색이다.

38 쿠션 기구는 유압 실린더에서 피스톤 행정이 끝날 때 발생하는 충격을 흡수하기 위해 설치하는 장치이다.

39 재해 발생 원인으로 가장 높은 비율을 차지하는 것은 작업자의 불안전한 행동이다.

41 차축의 스플라인부는 차동장치의 차동 사이드 기어와 결합되어 있다.

42 화물을 싣고 경사지에서 내려갈 때에는 저속 후진한다.

43 진공식 제동 배력장치에 고장이 발생하여도 통상적인 유압 브레이크는 작동한다.

44 포크의 간격은 파렛트 폭의 1/2~3/4 정도가 좋다.

45 화물을 적재하고 주행할 때 포크와 지면과의 간격은 20~30cm가 좋다.

46 아세틸렌 용접장치의 방호장치는 안전기이다.

47 오일 압력 경고등은 시동 전에는 점등되었다가 시동 후에는 즉시 소등되어야 한다.

49 지게차가 무부하 상태에서 최대 조향각으로 운행할 때 가장 바깥쪽 바퀴의 접지 자국 중심점이 그리는 원의 반경을 최소회전 반지름이라 한다.

50 자체중량이란 연료, 냉각수 및 윤활유 등을 가득 채우고 휴대공구, 작업용구 및 예비 타이어(예비 타이어를 장착하도록 한 건설기계에만 해당한다)를 싣거나 부착하고, 즉시 작업할 수 있는 상태에 있는 건설기계의 중량을 말한다.

51 각종 게이지는 운전 중에 점검한다.

52 **화재의 분류** : A급 화재(연소 후 재를 남기는 일반화재), B급 화재(유류화재), C급 화재(전기화재), D급 화재(금속화재)

54 드릴을 끼운 후 척 렌치(Chuck wrench)는 분리하여야 한다.

59 **수시 검사** : 성능이 불량하거나 사고가 자주 발생하는 건설기계의 안전성 등을 점검하기 위

하여 수시로 실시하는 검사와 건설기계 소유자
의 신청을 받아 실시하는 검사

60 로드 스태빌라이저는 깨지기 쉬운 화물이나 불
안전한 화물의 낙하를 방지하기 위하여 포크
상단에 상하 작동할 수 있는 압력판을 부착한
지게차이다.

정답

1	②	2	①	3	④	4	④	5	②	6	①	7	③	8	②	9	①	10	③
11	①	12	③	13	③	14	③	15	④	16	②	17	②	18	①	19	②	20	④
21	④	22	②	23	①	24	③	25	③	26	②	27	④	28	②	29	④	30	③
31	①	32	③	33	①	34	①	35	①	36	①	37	③	38	①	39	④	40	④
41	④	42	④	43	④	44	④	45	③	46	④	47	④	48	④	49	③	50	①
51	③	52	④	53	④	54	②	55	②	56	④	57	④	58	①	59	②	60	④

해설

3 힌지드 포크는 둥근 목재나 파이프 등을 작업하는 데 사용한다.

4 **과급기(터보 차저)를 부착하였을 때의 장점**
- 동일 배기량에서 출력이 증가하고, 연료 소비율이 감소된다.
- 냉각 손실이 적으며, 고지대에서도 기관의 출력 변화가 적다.
- 연소 상태가 좋아지므로 압축 온도 상승에 따라 착화 지연 기간이 짧아진다.
- 연소 상태가 양호하기 때문에 비교적 질이 낮은 연료를 사용할 수 있다.
- 구조가 간단하고 무게가 가벼우며, 설치가 간단하다.

5 지게차의 하중을 지지하는 것은 구동차축이다.

7 점도 지수는 온도에 따르는 오일의 점도 변화 정도를 표시하는 것이다.

8 틸트 록 장치(Tilt lock system)는 마스트를 기울일 때 갑자기 엔진의 시동이 정지되면 작동하여 그 상태를 유지시키는 작용을 한다. 즉 틸트 레버를 움직여도 마스트가 경사되지 않도록 한다.

9 건식 공기청정기는 정기적으로 엘리먼트를 빼내어 압축 공기로 안쪽에서 바깥쪽으로 불어내어 청소하여야 한다.

10 퓨즈는 전기장치에서 과전류에 의한 화재 예방을 위해 사용하는 부품이다.

11 윤활유의 소비가 증대되는 주요 원인은 연소와 누설이다.

12 실드형 예열 플러그는 보호금속 튜브에 히트코일이 밀봉되어 있으며, 방열량과 열용량이 크고, 열선이 병렬로 접속되어 있다.

13 **수시 검사 :** 성능이 불량하거나 사고가 자주 발생하는 건설기계의 안전성 등을 점검하기 위하여 수시로 실시하는 검사와 건설기계 소유자의 신청을 받아 실시하는 검사

14 **흡기장치의 구비 조건 :** 흡입 부분에는 돌출부가 없을 것, 전체 회전 영역에 걸쳐서 흡입 효율이 좋을 것, 균일한 분배성이 있을 것, 연소 속도를 빠르게 할 것

15 비가 내려 노면이 젖어 있을 때에는 최고 속도의 100분의 20을 줄인 속도로 운행하여야 한다.

16 교류 발전기는 스테이터, 로터, 다이오드, 슬립 링과 브러시, 엔드 프레임 등으로 되어있다.

17 가열한 철판 위에 오일을 떨어뜨리는 방법은 오일의 수분 함유 여부를 판정하기 위한 방법이다.

18 해당 건설기계 운전의 국가기술자격 소지자가 건설기계 조종 시 면허를 받지 않고 작업을 하였을 경우는 무면허이다.

19 기어 모터는 토크 변동이 큰 단점이 있다.

20 안전 거리란 앞차가 갑자기 정지하였을 때 충돌을 피할 수 있는 거리이다.

26 **임시운행 사유** : 확인 검사를 받기 위하여 운행하고자 할 때, 신규 등록을 하기 위하여 건설기계를 등록지로 운행하고자 할 때, 신개발 건설기계를 시험 운행하고자 할 때, 수출을 하기 위하여 건설기계를 선적지로 운행하는 경우

27 12개월 이내에 건설기계의 주행거리가 2만 킬로미터(원동기 및 차동장치의 경우에는 4만 킬로미터)를 초과하거나 가동시간이 2천 시간을 초과한 때에는 12개월이 경과한 것으로 본다.

28 **오일 냉각기의 구비 조건** : 촉매작용이 없을 것, 오일 흐름에 저항이 작을 것, 온도 조정이 잘 될 것, 정비 및 청소하기가 편리할 것

29 **파스칼의 원리**
   • 밀폐 용기 속의 액체 일부에 가해진 압력은 각부에 똑같은 세기로 전달된다.
   • 액체의 압력은 면에 대하여 직각으로 작용한다.
   • 각 점의 압력은 모든 방향으로 같다.

31 경상해란 부상으로 1일 이상 14일 이하의 노동 손실을 가져온 상해 정도

32 블리드 오프 회로는 유량 제어 밸브를 실린더와 병렬로 연결하여 실린더의 속도를 제어한다.

34 **안전표지의 종류** : 금지표지, 경고표지, 지시표지, 안내표지

35 알칼리 또는 산성 세척유가 눈에 들어갔을 경우 수돗물로 씻어낸다.

36 인칭 조절장치는 트랜스미션 내부에 설치되어 있다.

37 렌치의 고정 조에 잡아당기는 힘이 가해져야 한다.

38 지게차에서는 롤링(Rolling ; 좌우 진동)이 생기면 적하물이 떨어지기 때문에 현가 스프링을 사용하지 않는다.

40 의식의 강화는 안전을 위하여 눈으로 보고 손으로 가리키고, 입으로 복창하며 귀로 듣고, 머리로 종합적인 판단을 하는 지적 확인의 특성이다.

43 하이 마스트, 3단 마스트, 사이드 시프트 마스트, 사이드 클램프, 로드 스태빌라이저, 로테이팅 클램프, 블록 클램프, 힌지드 버킷, 힌지드 포크 등이 있다.

44 **클러치의 구비 조건** : 회전 부분의 관성력이 작을 것, 동력 전달이 확실하고 신속할 것, 방열이 잘되어 과열되지 않을 것, 회전 부분의 평형이 좋을 것, 단속 작용이 확실하며 조작이 쉬울 것

45 지게차의 리프트 실린더 작동회로에 플로 레귤레이터(슬로 리턴) 밸브를 사용하는 이유는 포크를 천천히 하강시키도록 하기 위함이다.

46 11.00-20-12PR에서 11.00은 타이어 폭(인치), 20은 타이어 내경(인치), 14PR은 플라이수를 의미한다.

47 틸트 실린더는 마스트 앞·뒤로 경사시키는 장치이다.

48 **조향장치의 구비 조건** : 회전 반경이 작을 것, 조향 조작이 경쾌하고 자유로울 것, 타이어 및 조향장치의 내구성이 클 것, 노면으로부터의 충격이나 원심력 등의 영향을 받지 않을 것

51 **축압기(어큐뮬레이터) 사용 목적** : 압력 보
상, 체적 변화 보상, 에너지 축적, 유압 회로 보
호, 맥동 감쇠, 충격 압력 흡수, 일정 압력 유지

52 평형추(카운터 웨이트)는 지게차의 뒷부분에
설치되어 화물을 실었을 때 앞쪽으로 기울어지
는 것을 방지하기 위하여 설치되어 있다.

53 포크를 하강시킬 때에는 가속 페달을 밟지 않
고 리프트 레버를 앞으로 민다.

55 더스트 실은 피스톤 로드에 있는 먼지 또는 오
염물질 등이 실린더 내로 혼입되는 것을 방지
한다.

56 **토크 컨버터를 장착한 지게차의 동력전달 순
서** : 엔진 → 토크 컨버터 → 변속기 → 종감속
기어 및 차동장치 → 앞 구동축 → 최종감속 기
어 → 앞바퀴

57 크랭크 포지션 센서(CPS, CKP)는 크랭크축과
일체로 되어 있는 센서 휠(Sensor wheel)의
돌기를 검출하여 크랭크축의 각도 및 피스톤의
위치, 기관 회전 속도 등을 검출한다.

59 직권식 기동 전동기의 전기자 코일과 계자 코
일은 직렬로 연결되어 있다.

60 트렌치 호는 기중기의 작업 장치의 일종이다.